Hans Bergmann / Uwe Bergmann
Karola Bergmann / Renate Teifke

Mathematik Übungsbuch

9. / 10. Klasse

Mathematik Übungsbuch
9./10. Klasse

Autoren:
Hans Bergmann, Uwe Bergmann,
Karola Bergmann, Renate Teifke

1. Auflage 2007 (1,01)

Einbandgestaltung: Petra Wöhner, Stuttgart
Zeichnungen: Andreas Florian, Lübeck
Satz: SMP Oehler, Remseck
Druck: Druck Partner Rübelmann, Hemsbach
Printed in Germany
ISBN 978-3-12-920004-9

Hans Bergmann / Uwe Bergmann

Mathematik

9. Schuljahr

Inhalt

Vorwort

Liebe Schülerin, lieber Schüler,

dieses Buch macht dich **fit in Mathematik**. Es bietet dir einfache Erklärungen, vielfältige Übungen und Tests, um deine Leistungen in diesem Fach zu verbessern. Vor dir liegt das gebündelte Wissen im Fach Mathematik vom 9. bis zum 10. Schuljahr – greif zu! Zunächst werden **die wichtigsten Themen** des 9. Schuljahrs bearbeitet; dann folgt das 10. Schuljahr

Mit diesem Buch kannst du den aktuellen Unterrichtsstoff mitlernen oder Inhalte aus vorangegangenen Schuljahren nachschlagen und festigen. Nimm es einfach immer wieder zur Hand und bearbeite einen Abschnitt daraus. Die folgenden Zeichen helfen dir bei der Orientierung:

Lies zunächst die **Regeln** und **Tipps**.

In zahlreichen **Übungen** kannst du die Regeln und Tipps dann anwenden.

Zusammenfassungen bieten dir einen Überblick über dein Wissen.

Mithilfe der **Tests** am Ende eines Kapitels kannst du kontrollieren, ob du alles verstanden und behalten hast.

Bei vielen Aufgaben hast du die Möglichkeit, deine Lösungen sofort ins Buch einzutragen. Für die anderen lege dir ein **Trainingsheft** an. Die richtigen Lösungen aller Aufgaben findest du am Ende eines Buchteils. Ob du nun Stoff wiederholen oder dich auf eine Klassenarbeit vorbereiten möchtest - dieser Band wird dich Schritt für Schritt zum Ziel führen und bringt dir maximalen Durchblick, maximalen Erfolg und maximale Sicherheit.

Und jetzt kann‘s losgehen!

1 Systeme linearer Gleichungen und Ungleichungen

Geradengleichungen

Das musst du über Geraden wissen:

Die allgemeine Form einer linearen Gleichung

$ax + by = c$ (a und b nicht beide 0)

lässt sich umformen in

$y = mx + n$ (m und n nicht beide 0).

Der Graph ihrer Lösungsmenge ist eine Gerade mit der Steigung m und dem y-Abschnitt n. Du musst dabei drei Fälle unterscheiden:

m > 0

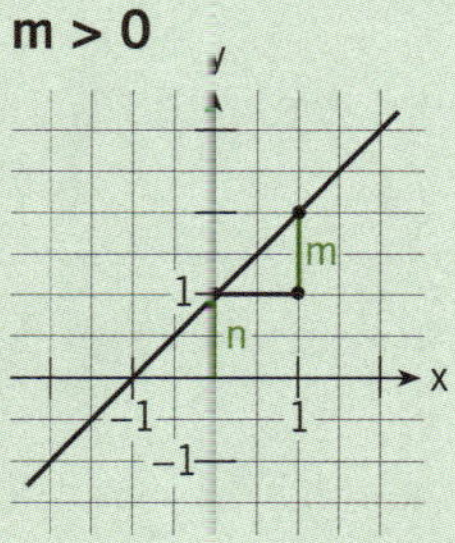

m = 0

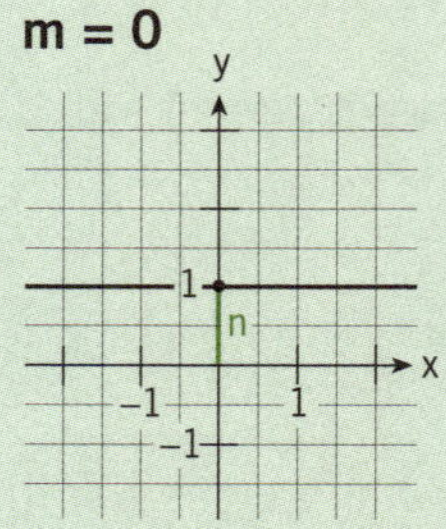

m < 0

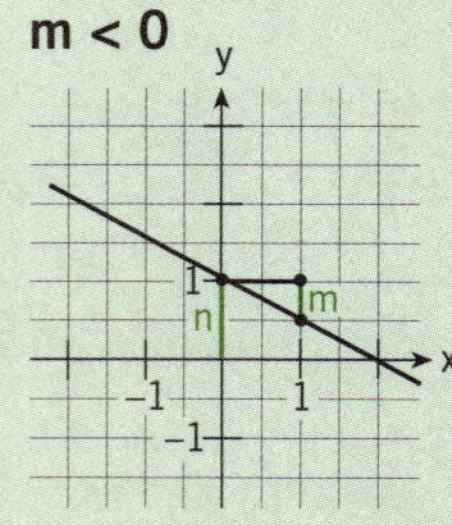

Beispiel $y = 3x - 1$; $m = 3$; $n = -1$

1. Punkt (0|–1) markieren.
2. Von Punkt (0|–1) aus Steigungsdreieck zeichnen:
   1 Einheit nach rechts,
   3 nach oben.
3. Punkte verbinden.

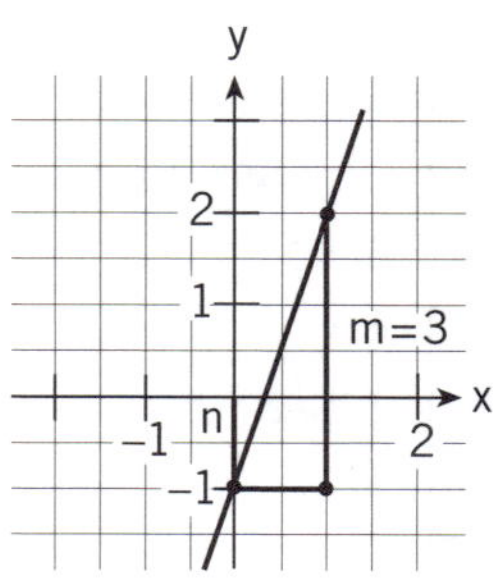

Beispiel

$y = -3x - 1$; $m = -3$; $n = -1$
1. Punkt (0|–1) markieren.
2. Von Punkt (0|–1) aus Steigungsdreieck zeichnen: 1 Einheit nach rechts, 3 nach **unten** (wegen –3).
3. Punkte verbinden.

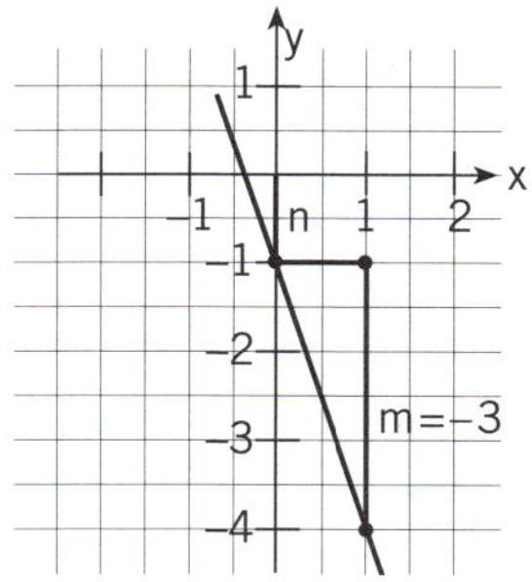

1.

Gib von jeder Gleichung m und b an und zeichne die Graphen.

a) $y = 2x + 1$ b) $y = -2x + 1$ c) $y = x + 2$ d) $y = -x + 2$

2.

Zeichne die Graphen mit Hilfe von m und n.

a) $y = -2x + 1$ b) $y = 2x - 1$ c) $y = 3x$
d) $y = \frac{1}{2}x + 2$ e) $y = -3x - 2$ f) $y = x - 5$
g) $y = 2x$ h) $y = \frac{3}{2}x - 2$ i) $y = -\frac{3}{2}x + 2$

3.

Hier sind verschiedene Graphen gezeichnet. Gib jeweils m und n an und stelle die Gleichungen auf.

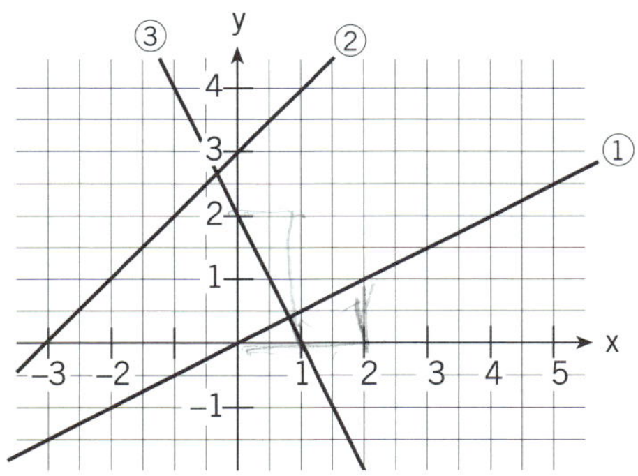

4.

Verfahre wie in Aufgabe 3 und stelle die Geradengleichungen aus m und n auf.

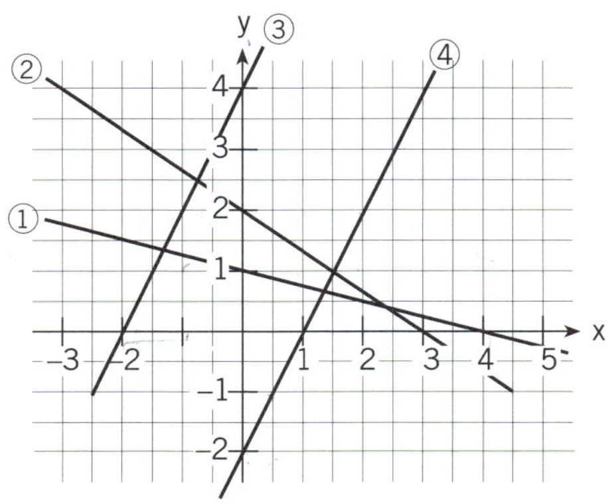

Zeichnerisches Lösen von linearen Gleichungssystemen

Was sind lineare Gleichungssysteme (LGS)?

Ein lineares Gleichungssystem (LGS) mit zwei Variablen besteht aus zwei linearen Gleichungen, die durch „und" (∧) verknüpft sind. Ein Zahlenpaar (x; y) heißt Lösung eines LGS, wenn es Lösung jeder der beiden Gleichungen ist.

So kannst du ein LGS zeichnerisch lösen:

Die Graphen der Lösungsmengen beider Gleichungen sind Geraden. Wo sie sich schneiden, liegen ihre gemeinsamen Lösungen. Dabei können drei Fälle auftreten:

1.

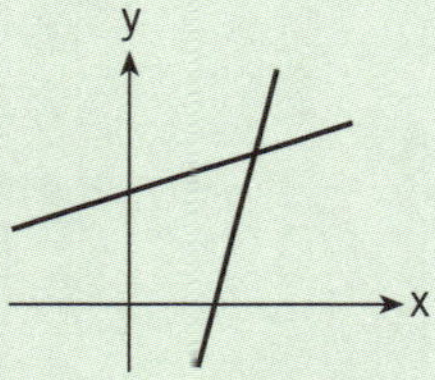

Geraden **schneiden** sich, es gibt also **genau einen** Schnittpunkt. Du erhältst eine einelementige Lösungsmenge, z. B. L = {(2; 3)}.

2.

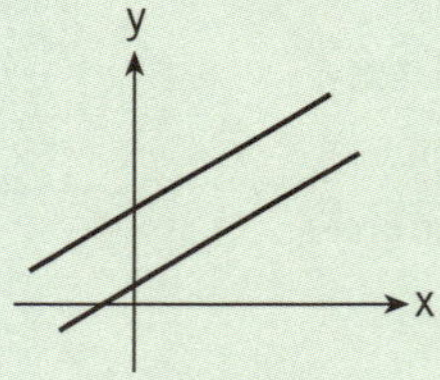

Geraden laufen **parallel**, es gibt also **keine** Schnittpunkte. Du erhältst die leere Lösungsmenge L = { }.

3.

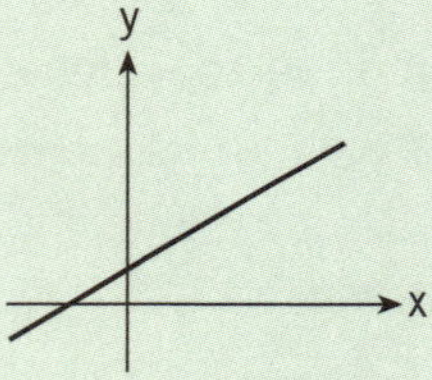

Geraden fallen zusammen (**Doppelgerade**), es gibt also **unendlich viele** Schnittpunkte. Du erhältst eine Lösungsmenge mit unendlich vielen Elementen, also eine Gerade, z. B. $L = \left\{(x; y) \mid y = \frac{1}{2}x + 1\right\}$.

Gesucht ist die Lösungsmenge des LGS $y = 2x - 3 \wedge y = -x + 3$:

Beispiel

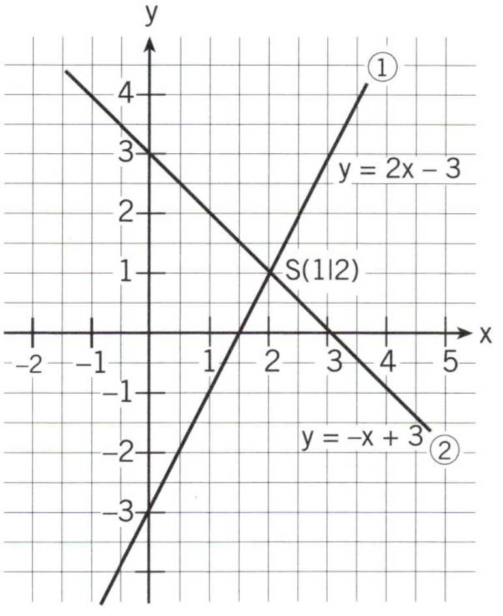

$y = 2x - 3 \rightarrow$ Lösungsmenge
$L_1 = \{(x; y) \mid y = 2x - 3\}$
$y = -x + 3 \rightarrow$ Lösungsmenge
$L_2 = \{(x; y) \mid y = -x + 3\}$

$(2; 1) \in L_1$
$(2; 1) \in L_2 \rightarrow (2; 1) \in L_1 \cap L_2 = L$

Überprüfe duch Einsetzen:
$1 = 2 \cdot 2 - 3$ und $1 = -2 + 3$
(2; 1) ist also Lösung des Systems
$y = 2x - 3 \wedge y = -x + 3$.

1.

Löse diese Aufgaben zeichnerisch. Lies dabei aus deinen Abbildungen die Koordinaten der Schnittpunkte ab und überprüfe rechnerisch, dass die sich ergebenden Zahlenpaare sowohl zu L_1 als auch zu L_2 gehören.

a) $y = \frac{x}{2} - 2 \wedge y = -2x + 3$
b) $y = 3x - 5 \wedge y = x + 1$
c) $y = -2x + 1 \wedge y = 3x + 6$
d) $y = -2x + 3 \wedge y = 3x + 3$
e) $y = 2x - 5 \wedge y = \frac{x}{2} + 1$
f) $y = 2x \wedge y = -x + 3$

2.

Versuche zeichnerisch die Lösungsmengen der Gleichungssysteme
a) $y = 2x - 1 \wedge y = 2x + 2$ und
b) $y = 2x + 1 \wedge y = 2x + 1$
zu ermitteln. Wie verlaufen die Geraden zueinander? Notiere jeweils die Lösungsmenge.

3.*

Löse zeichnerisch:

a) $x + y = 5 \wedge 2x - y = 1$
b) $x + 2y = 6 \wedge x - 3y = 1$
c) $x - y = 4 \wedge x + 2y = 13$
d) $2x - y = 4 \wedge x = \frac{y}{2} + 2$
e) $3x = 2y + 3 \wedge 2x - y = 4$
f) $2x + y = 2 \wedge 4x = 6 - 2y$

Beachte: Hier musst du zuerst die Gleichungen nach y auflösen.

Rechnerisches Lösen von linearen Gleichungssystemen

So funktioniert das Einsetzungsverfahren:

Wir lösen **eine** Gleichung nach x (oder y) auf und setzen den erhaltenen Term für x (oder y) in die zweite Gleichung ein.

$2x - 3y = 13 \wedge 3x - 2y = 12$

Der Übersichtlichkeit wegen, schreiben wir wie folgt:

$2x - 3y = 13$ $3x - 2y = 12$	Gleichheitszeichen unter Gleichheitszeichen setzen und gleiche Variablen untereinander schreiben!
$x = \frac{3}{2}y + \frac{13}{2}$ $3x - 2y = 12$	1. Gleichung nach x aufgelöst. Die 2. Gleichung nicht aus den Augen verlieren!
$x = \frac{3}{2}y + \frac{13}{2}$ $3\left(\frac{3}{2}y + \frac{13}{2}\right) - 2y = 12$	Term für x aus der 1. Gleichung für x in die 2. Gleichung eingesetzt.
$x = \frac{3}{2}y + \frac{13}{2}$ $y = -3$	1. Gleichung nicht vergessen. 2. Gleichung nach y aufgelöst.
$x = \frac{3}{2} \cdot (-3) + \frac{13}{2}$	In die 1. Gleichung für y die Zahl –3 einsetzen.
$x = \frac{3}{2} \cdot (-3) + \frac{13}{2}$ $y = -3$	Die Gleichung y = –3 nicht vergessen.
$x = 2$ $y = -3$	1. Gleichung ausgerechnet.

Aus diesem Gleichungssystem kann man die Lösung sofort ablesen. Sie besitzt die einzige Lösung (2; –3) bzw. die Lösungsmenge L = {(2; –3)}.

Zur Probe setzt man in beide Gleichungen die für x und y gefundenen Werte ein:

$2 \cdot 2 - 3 \cdot (-3) = 13$ $3 \cdot 2 - 2 \cdot (-3) = 12$	2 für x und –3 für y eingesetzt, ergibt eine wahre Gesamtaussage. Also ist (2; –3) Lösung des Gleichungssystems.

1.

Löse die Aufgaben nach dem Einsetzungsverfahren.

a) $5x - 2y = 10 \wedge 6x - 4y = 4$

b) $3x + 5y = 2 \wedge 2x - 3y = -24$

c) $5y + 2x + 1 = 0 \wedge 10y + 3x + 4 = 0$

d) $6y - 12x - 30 = 0 \wedge 3x + 18 - 5y = 0$

e) $4y = 4 - 3x \wedge 5x = 13 + 6y$

f) $3y - 10x - 2 = 0 \wedge 15y + 4 = x$

2.

Bestimme die Lösungsmengen:

a) $3y + 4x = 29 \wedge x - y - 2 = 0$

b) $2x + y + 2 = 0 \wedge x + 3y = 4$

c) $8x = 3y - 5 \wedge 4x - 1 = y$

d) $y = 2x - 5 \wedge y = \frac{1}{2}x + 1$

e) $y = 4x - 1 \wedge y = 5x - 3$

f) $x = 2y - 1 \wedge x = 3y$

3.*

a) Bestätige durch Nachrechnen (1. Gleichung nach y auflösen), dass sich das Gleichungssystem

$3y - 9x = 15 \wedge 2y - 6x = 4$ in

$y = 3x + 5 \wedge 10 = 4$ umformen lässt.

Da die 2. Gleichung immer eine falsche Aussage darstellt, unabhängig von der Wahl der (x; y), kann das Gleichungssystem keine Lösung besitzen. Es gilt $L = \{\}$, d. h. die Lösungsmenge ist leer.

b) Löse die Aufgabe a) zeichnerisch. Wie verlaufen die Geraden zueinander?

c) Berechne L und kontrolliere die Rechnung durch eine Zeichnung:

$2y + 8x = 3 \wedge \frac{1}{2}y + 2x = -1$

4.*

a) Zeige durch Nachrechnen (2. Gleichung nach y auflösen), dass das Gleichungssystem

$\frac{1}{2}y + 3x = 2 \wedge 2y + 12x = 8$ in

$2 = 2 \wedge y = -6x + 4$ umgeformt werden kann.

Da die 1. Gleichung $2 = 2$ immer wahr ist, unabhängig von der Wahl der (x; y), stellt die Lösungsmenge der 2. Gleichung die Lösungsmenge des gesamten Gleichungssystems dar. Es gilt also: $L = \{(x; y) \mid y = -6x + 4\}$.

b) Löse die Aufgabe a) zeichnerisch. Was kannst du über die Geraden aussagen, die du erhältst?

c) Berechne L von $6x + 2y = 4 \wedge x + \frac{1}{3}y = \frac{2}{3}$

Überprüfe auch hier die Rechnung durch eine Zeichnung.

So funktioniert das Additionsverfahren:

Bestimme die Lösungsmenge:

$$\begin{array}{rl} & 3x - 2y = 14 \\ \wedge & 6x + y = 8 \end{array}$$

Diese Aufgabe lässt sich auch nach dem so genannten Additionsverfahren lösen. Dabei versucht man, durch geschicktes Addieren beider Gleichungen eine Variable zu eliminieren. Die andere Variable lässt sich dann bestimmen. Sie wird, wie beim Einsetzungsverfahren, in eine der Gleichungen eingesetzt und berechnet.

$3x - 2y = 14$ $6x + y = 8 \quad \vert \cdot 2$	y soll eliminiert werden. Deshalb multipliziere die 2. Gleichung mit 2.
$3x - 2y = 14$ $12x + 2y = 16$	Addiere die beiden Gleichungen.
$15x = 30$ $x = 2$	Löse nach x auf.
$3x - 2y = 14$ $x = 2$	Vereinfachtes Gleichungssystem.
$3 \cdot 2 - 2y = 14$ $x = 2$	Arbeite nach dem Einsetzungsverfahren: x = 2 in die 1. Gleichung einsetzen.
$y = -4$ $x = 2$	
$L = \{(2; -4)\}$	Notiere die Lösungsmenge.

Probe:

$3 \cdot 2 - 2 \cdot (-4) = 14$ $6 \cdot 2 + (-4) = 8$	Werte für x und y in das **ursprüngliche** Gleichungssystem eingesetzt, ergeben wahre Aussagen. Also ist die Lösung des Gleichungssystems: (2; –4).

Beachte Bei manchen Gleichungssystemen muss man **beide** Gleichungen mit geeigneten Faktoren malnehmen, um eine der Variablen durch Addition zu eliminieren, das heißt zum Verschwinden zu bringen.

Hier musst du beide Gleichungen geschickt multiplizieren, damit du das Additionsverfahren anwenden kannst: **Beispiel**

$8x - 6y = 4 \quad \vert \cdot 7$ $7x - 5y = 6 \quad \vert \cdot (-8)$	x soll eliminiert werden. Multipliziere die 1. Gleichung mt 7 und die 2. mit –8.
$7 \cdot 8x - 7 \cdot 6y = 7 \cdot 4$ $(-8) \cdot 7x - (-8) \cdot 5y = (-8) \cdot 6$	Teilterme ausrechnen.
$56x - 42y = 28$ $-56x + 40y = -48$	Gleichungen addieren.
$-2y = -20$ $y = 10$	Nach y auflösen.
$8x - 6y = 4$ $y = 10$	Vereinfachtes Gleichungssystem.
$8x - 6 \cdot 10 = 4$ $y = 10$	Setze nach dem Einsetzungsverfahren $y = 10$ in die 1. Gleichung ein.
$x = 8$ $y = 10$	1. Gleichung ausrechnen.
$L = \{(8;\ 10)\}$	Notiere die Lösungsmenge.

Probe:

$8 \cdot 8 - 6 \cdot 10 = 4$ $7 \cdot 8 - 5 \cdot 10 = 6$	Lösung ist richtig, da eine wahre Gesamtaussage entsteht.

5.

Rechne jetzt die Aufgabe aus dem Merkekasten links, indem du die **erste** Gleichung mit –2 multiplizierst und dann beide Gleichungen addierst.

6.

Mit welchen Faktoren musst du die Gleichungen aus dem vorausgegangenen Beispiel multiplizieren, wenn y eliminiert werden soll? Führe die Rechnung aus.

7.

Löse nach dem Additionsverfahren:

a) $5y - 3x = -16$
$2y - 5x = 43$

b) $5x - 3y = -3$
$3x - 2y = 21$

c) $3x - 2y = 3$
$9x + 6y = 9$

d) $3x - 8y = -1$
$4x - 6y = 8$

e) $2x - 3y = 19$
$-x + 5y = 15$

f) $4x + 3y = 24$
$5x - 2y = 7$

8.

Arbeite auch hier mit dem Additionsverfahren:

a) $4x - 2y = 6$
$9x + 3y = 36$

b) $19x + 26y = 13$
$14x + 2y = 1$

c) $4x - 2y - 6 = 0$
$3x + y - 12 = 0$

d) $3y - x - 2 = 0$
$5y + 1 = x$

e) $y = \frac{1}{2}x - 1$
$0 = \frac{3}{2}x - y + 4$

f) $4x - 5 = y$
$3x - y = 0$

9.

a) Überprüfe diese Rechnung:

$\frac{15}{2}x + 3y = -3$	1. Gleichung mal 2.
$5x + 2y = 4$	2. Gleichung mal –3.
$15x + 6y = -6$	Gleichungen addieren.
$-15x - 6y = -12$	
$0 = -18$	Addition ausgeführt.
$\frac{15}{2}x + 3y = -3$	Vereinfachtes Gleichungssystem.
$0 = -18$	

Da $0 = -18$ eine falsche Aussage ist, unabhängig von der Wahl der Wertepaare $(x; y)$, kann das Gleichungssystem keine Lösungen besitzen. Es gilt also $L = \{\}$.

b) Rechne die Aufgabe ein weiteres Mal, indem du x eliminierst.

c) Löse das Gleichungssystem auch zeichnerisch. Was kannst du über den Verlauf der Geraden aussagen?

10.

a) Rechne nach:

$$\begin{array}{rcrl} 6x - 3y & = & 12 & \mid \cdot 2 \\ 4x - 2y & = & 8 & \mid \cdot (-3) \\ \hline 12x - 6y & = & 24 & \\ -12x + 6y & = & -24 & \quad \text{Gleichungen addieren.} \\ \hline 0 & = & 0 & \quad \text{Addition ausgeführt.} \\ 6x - 3y & = & 12 & \\ 0 & = & 0 & \quad \text{Vereinfachtes Gleichungssystem.} \end{array}$$

Die Aussage $0 = 0$ ist offenbar immer wahr, unabhängig von der Wahl der $(x; y)$. Also sind alle Lösungen der Gleichung $6x - 3y = 12$ auch Lösungen des ursprünglichen Gleichungssystems.
Wir schreiben daher: $L = \{(x; y) \mid 6x - 3y = 12\}$.

b) Welche Lösungsmenge erhältst du, wenn zuerst x eliminiert werden soll?

c) Löse das Gleichungssystem zeichnerisch. Wie verlaufen jetzt die Geraden?

Denke dran

Ein lineares Gleichungssystem mit zwei Variablen hat entweder **keine** Lösung, **genau eine** Lösung oder **unendlich viele** Lösungen. Du kannst diese Lösungen zeichnerisch oder rechnerisch bestimmen.

11.

Löse die Aufgaben zeichnerisch und rechnerisch:

a) $x + y = 5$
$2x - y = 1$

b) $x + 2y = 6$
$\frac{1}{2}x + y = 4$

c) $2x + 4y = 12$
$3x - 9y = 3$

d) $3x - 3y = 12$
$x + 2y = 13$

e) $2x - y = 4$
$x - \frac{1}{2}y = 2$

f) $2x - 5y = 7$
$3x - 8y = 10$

12.*

Es ist zweckmäßig, die Gleichungen dieser Gleichungssysteme auf die Form $ax + by = c$ zu bringen.

a) $2x + 1 = 5y - 1$
$3x + 5 = 7y + 4$

b) $4x - 3 = 4y + 1$
$2x + 1 = 5y - 3$

c) $3x - 7 = 9y - 1$
$4x + 1 = 10y + 11$

d) $5x - 2 = 2y + 5$
$3y - 1 = 3x + 2$

e) $6x + 1 = 7y + 4$
$5y + 2 = 5x + 2$

f) $8x + 3 = 3y - 2$
$y - 2 = 4x - 3$

Anwendungsaufgaben – Zahlenrätsel

Bei der Lösung von Aufgaben, die zu Gleichungen mit zwei Variablen führen, solltest du folgende Lösungsschritte beachten:

1. Lies die Aufgaben zuerst ganz durch und bestimme dann die auszurechnenden Größen. Bezeichne diese Größen durch Variablen, z. B. x und y.
2. Suche zwei voneinander unabhängige Beziehungen zwischen x und y und schreibe sie als Gleichungen auf.
3. Berechne x und y.
4. Gib das Ergebnis an und führe eine Kontrollrechnung durch.

Beispiel

1. Wie heißt die zweiziffrige Zahl, deren Einerziffer den 3. Teil der Zehnerziffer ausmacht und deren Quersumme 12 beträgt?
   $x \rightarrow$ Einerziffer $y \rightarrow$ Zehnerziffer zweiziffrige Zahl: $10y + x$

2. Die Einerziffer x soll den 3. Teil der Zehnerziffer y ausmachen, d. h.
   $x = \frac{y}{3}$.
   Wenn die Quersumme 12 betragen soll, ergibt sich als 2. Gleichung:
   $x + y = 12$.

3. $x = \frac{y}{3}$
   $x + y = 12$
   $\frac{y}{3} + y = 12 \rightarrow 4y = 36 \rightarrow y = 9$
   $x + 9 = 12 \rightarrow x = 3$

4. Einerziffer $\rightarrow$ 3 Zehnerziffer $\rightarrow$ 9 zweiziffrige Zahl $\rightarrow$ 93

   Probe: Der 3. Teil der Zehnerziffer 9 ist 3.
   Die Quersumme beträgt $3 + 9 = 12$.

1.
Die Summe zweier Zahlen ist 15. Addiert man zum 3fachen der ersten Zahl das 4fache der zweiten, so erhält man 50. Wie heißen beide Zahlen?

2.
Die Summe zweier Zahlen ist 36. Subtrahiert man vom Doppelten der ersten Zahl die zweite, so erhält man wieder 36.

3.
Die Quersumme einer zweiziffrigen Zahl ist 11. Wie heißt die Zahl, wenn die Ziffer der Zehnerstelle um 5 größer ist als die der Einerstelle?

4.
Subtrahiert man 9 von einer zweiziffrigen Zahl, deren Quersumme 13 ist, so erhält man eine zweiziffrige Zahl mit denselben Ziffern, nur in umgekehrter Reihenfolge. Wie heißt die Zahl?

5.
Addiert man 2 zu einer Zahl, so erhält man das Dreifache einer zweiten Zahl. Addiert man 14 zur zweiten Zahl, so erhält man das Vierfache der ersten Zahl. Welche Zahlen sind es?

6.
Die Rechnung für einen Anzug und ein Abendkleid beträgt zusammen 693 €. Das Abendkleid ist 135 € teurer als der Anzug. Wie hoch sind die Einzelpreise?

7.
Addiert man zum Zähler und zum Nenner eines Bruches 2, so erhält man $\frac{7}{8}$. Subtrahiert man vom Zähler und vom Nenner 2, so erhält man $\frac{3}{4}$. Wie heißt der gesuchte Bruch?

8.
Der Quotient zweier Zahlen beträgt 5. Wird jede Zahl um 4 vermindert, so beträgt der neue Quotient 9. Wie heißen die beiden Zahlen?

9.
Von welchen beiden Zahlen ist sowohl die doppelte Summe als auch das 9fache der Differenz 72?

Mischaufgaben

Beispiel Aus 80-prozentigem und 30-prozentigem Alkohol sollen durch Mischung 40 ℓ hergestellt werden, die 50 % Alkohol enthalten. Wie viel ℓ jeder Sorte werden benötigt?

1. **Aufstellen der ersten Gleichung**
   x → ℓ vom 80-prozentigen; y → ℓ vom 30-prozentigen Alkohol
   insgesamt 40 ℓ, also
   $x + y = 40$

2. **Aufstellen der zweiten Gleichung**
   Bestimmen der Alkoholanteile:
   $x \cdot \frac{80}{100}$ ℓ reiner Alkohol; $y \cdot \frac{30}{100}$ ℓ reiner Alkohol

   Für die 40 ℓ der Mischung ergibt sich

   $40 \cdot \frac{50}{100}$ ℓ reiner Alkohol also

   $x \cdot \frac{80}{100} + y \cdot \frac{30}{100} = 40 \cdot \frac{50}{100}$

3. **Lösen des Gleichungssystems**

$$\begin{array}{rl} x + y = 40 & \\ x \cdot \frac{80}{100} + y \cdot \frac{30}{100} = 40 \cdot \frac{50}{100} & \\ \hline x + y = 40 & \to x = 40 - y \\ 80x + 30y = 2000 & \\ \hline 80(40 - y) + 30y = 2000 & \to y = 24 \\ x + y = 40 & \to x = 16 \end{array}$$

4. Man benötigt 16 ℓ vom 80-prozentigen und 24 ℓ vom 30-prozentigen Alkohol, um 40 ℓ 50-prozentigen Alkohol herzustellen.

1.

Aus 70-prozentigem Alkohol und 45-prozentigem Alkohol sollen 80 ℓ 60-prozentiger Alkohol hergestellt werden.
Wie viel Liter jeder Sorte müssen bereitgestellt werden?

2.

Wie viel Liter 75-prozentigen Alkohols muss man zu 30 ℓ 90-prozentigem Alkohol gießen, um 80-prozentigen Alkohol zu erhalten?

3.

Es sollen 80 g Gold vom Feingehalt 750 (d. h. der Anteil an reinem Gold beträgt $\frac{750}{1000}$) hergestellt werden. Es stehen Goldmünzen vom Feingehalt 800 und vom Feingehalt 650 zur Verfügung.
Wie viel Gramm jeder Sorte werden benötigt?

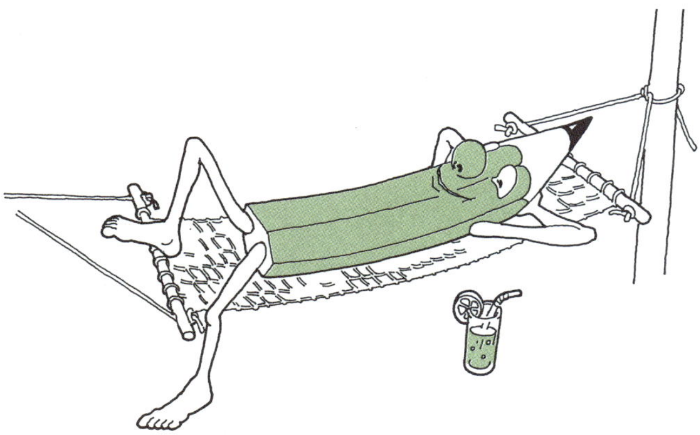

Bewegungsaufgaben

Beispiel Zwei Orte A und B sind 300 km voneinander entfernt. Von A fährt um 6 Uhr ein Güterzug mit 30 km/h Geschwindigkeit in Richtung B ab. Ihm fährt um 9 Uhr ein Personenzug mit 60 km/h von B aus entgegen. Wann und wo begegnen sich die Züge?

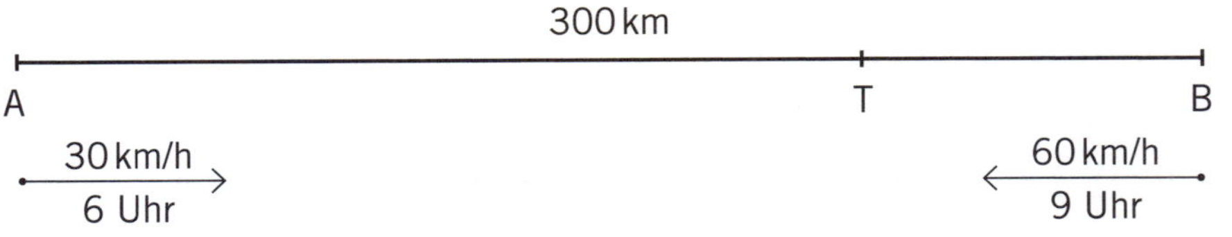

1. $x \rightarrow$ Anzahl der Stunden des Personenzugs bis zum Treffpunkt T
   $y \rightarrow$ Strecke des Personenzugs bis zum Treffpunkt T
   Da er 60 km/h fährt, hat er bis T zurückgelegt:
   $x \cdot 60 = y$
2. Der Güterzug ist 3 Stunden vor dem Personenzug abgefahren und hat mit 30 km/h $(x + 3) \cdot 30$ km zurückgelegt. Er befährt nur $(300 - y)$ km, den Rest der Gesamtstrecke.
   $(x + 3) \cdot 30 = 300 - y$
3. $x \cdot 60 = y$
   $(x + 3) \cdot 30 = 300 - y \quad \rightarrow x = 2\frac{1}{3};\ y = 140$
4. Die Züge treffen sich nach $2\frac{1}{3}$ Stunden 140 km von B entfernt.

1.

Von zwei Orten A und B, die 36 km voneinander entfernt sind, gehen zwei Personen, von denen die eine in jeder Stunde 4 km, die andere 5 km zurücklegt, einander entgegen. Nach wie vielen Stunden treffen sie sich?

2.

Einem Boten, der um 6 Uhr aufbricht und stündlich $4\frac{1}{2}$ km marschiert, wird von demselben Ort aus um 8 Uhr ein anderer nachgeschickt, der jenen um 12 Uhr einholt. Wie viele Kilomenter muss der zweite Bote in der Stunde zurücklegen?

3.

Ein Güterzug, der stündlich 36 km zurücklegt, verlässt um 7.40 Uhr den Ausgangsbahnhof. Im folgt um 9 Uhr ein Personenzug, der mit einer Durchschnittsgeschwindigkeit von 54 km/h fährt. Wann und in welcher Entfernung vom Ausgangsbahnhof überholt letzterer den Güterzug?

4.

Einem Wanderer, der von einem Ort A aufgebrochen ist und in 3 Stunden 12 km zurückgelegt hat, folgt von einem $4\frac{1}{2}$ km hinter A gelegenen Ort $1\frac{1}{2}$ Stunden nach dessen Aufbruch ein anderer, der, um jenen einzuholen, stündlich $1\frac{1}{2}$ km mehr zurücklegt. Wann holt er den ersten ein?

Lineare Gleichungssysteme aus drei Gleichungen mit drei Variablen

So löst du ein LGS mit drei oder mehr Gleichungen:

Das Lösen von Gleichungssystemen mit drei oder mehr Gleichungen funktioniert im Prinzip wie das von zwei Gleichungen. Wir betrachten hier nur das Additionsverfahren, da es im Allgemeinen das einfachste und zuverlässigste ist.

Beispiel:

Gleichungssystem	Umformung	Erläuterung
$5x - 2y + z = 5$ $3x + 3y - 2z = 1$ $2x - 6y + 2z = -2$	$\mid \cdot (-2)$	Es erscheint günstig, die Variable z zu eliminieren. Dazu wird die erste Gleichung mit (–2) multipliziert.
$-10x + 4y - 2z = -10$ $3x + 3y - 2z = 1$ $2x - 6y + 2z = -2$	erste + dritte; zweite + dritte	Nun addiert man die erste und die dritte, sowie die zweite und die dritte Gleichung. In den so erhaltenen Gleichungen fehlt die Variable z.
$-8x - 2y = -12$ $5x - 3y = -1$ $2x - 6y + 2z = -2$		Hier ist ein Gleichungssystem aus zwei Gleichungen mit zwei Variablen entstanden. Die Dritte Gleichung wurde unverändert übernommen.
$-8x - 2y = -12$ $5x - 3y = -1$ $2x - 6y + 2z = -2$	$\mid \cdot (-3)$ $\mid \cdot 2$	Damit y eliminiert werden kann, wird die erste Gleichung mit –3, die zweite mit 2 multipliziert. Die dritte Gleichung wird mitgeführt.
$24x + 6y = 36$ $10x - 6y = -2$ $2x - 6y + 2z = -2$	erste + zweite	Die ersten beiden Gleichungen werden addiert. Danach bleibt nur noch eine Variable übrig. Die zweite und dritte Gleichung werden weiter mitgeführt.
$34x = 34$ $10x - 6y = -2$ $2x - 6y + 2z = -2$	$\mid : 34$	Die erste Gleichung wird nach x aufgelöst. Die beiden anderen Gleichungen werden mitgeführt und der ermittelte x-Wert aus Gleichung 1 eingesetzt.
$x = 1$ $10 \cdot 1 - 6y = -2$ $2 \cdot 1 - 6 \cdot y + 2z = -2$		Nun werden die übrigen Werte durch Einsetzen ermittelt. Es ergibt sich y = 2. Hier ist z = 4.

$$x = 1;\ y = 2;\ z = 4$$

Die Lösung des Gleichungssystems lautet (1; 2; 4), die Lösungsmenge $L = \{(1; 2; 4)\}$.

1.

Überlege, wie du im Beispiel vorgehen musst, wenn du zunächst die Variable y eliminieren willst. Mit welchen Faktoren musst du die Gleichungen multiplizieren? Führe die Rechnung aus.

2.

Löse das Gleichungssystem. Eliminiere dabei zunächst die Variable x.

$$\begin{aligned} 2x + 5y - 3z &= 1 \\ -x + 3y + 2z &= 2 \\ 3x - 2y - 4z &= 0 \end{aligned}$$

3.

Überlege, welche Variable am leichtesten eliminiert werden kann und löse dann das Gleichungssystem:

$$\begin{aligned} 4x - 3y + 2z &= 1 \\ 3x - 7y - 2z &= 2 \\ 8x + y + 10z &= 1 \end{aligned}$$

4.

Löse diese Gleichungssysteme:

a) $$\begin{aligned} 2x - y + z &= 8 \\ x + y - z &= 7 \\ 6x + 4y - 2z &= 40 \end{aligned}$$

b) $$\begin{aligned} 3x - 3y + 4z &= 16 \\ x - 2y - 2z &= -10 \\ 2x - \tfrac{5}{2}y + \tfrac{3}{2}z &= 5 \end{aligned}$$

c) $$\begin{aligned} 3x + 11y + 30z &= 39 \\ x + 3y + 7z &= 10 \\ 2x + 4y + 8z &= 13 \end{aligned}$$

d) $$\begin{aligned} 4x + y - 5z &= 21 \\ 3x + 2y + 4z &= -1 \\ 6x - y + 8z &= 3 \end{aligned}$$

5.*

Hier musst du zunächst die Variablen richtig anordnen:

a) $$\begin{aligned} 2x + 1 - (4z + 3y) &= 1 \\ 8z - 3 &= 4x - (5 - 6y) \\ 9y - 2 - (x + 2z) &= 0 \end{aligned}$$

b) $$\begin{aligned} 3x - 2(2y + z) + 11 &= 0 \\ y - 10 &= 2(x - z) \\ 3x - 3(y - z) &= 2 - 7x \end{aligned}$$

6.*

Manchmal kommen nicht in jeder Gleichung des Systems alle Variablen vor. An dem Lösungsverfahren ändert das nichts. Löse wie gewohnt:

a) $$\begin{aligned} x + y + z &= 14 \\ 6y - 7z &= -82 \\ 4x - 10y &= -17 \end{aligned}$$

b) $$\begin{aligned} x - 2z + 1 &= 0 \\ y + z - 2 &= 0 \\ x + y &= 4 \end{aligned}$$

7.

Wie du weißt, muss ein lineares Gleichungssystem nicht immer eine eindeutige Lösung besitzen.

Beispiel:

$$\begin{aligned} x - 3y + z &= -1 \quad | \cdot (-2) \\ 3x + 3y - 2z &= 1 \\ 2x - 6y + 2z &= 0 \end{aligned}$$

Wir eliminieren zunächst die Variable z.

$$\begin{aligned} -2x + 6y - 2z &= 2 \\ 3x + 3y - 2z &= 1 \\ 2x - 6y + 2z &= 0 \end{aligned}$$

Wir addieren die erste und dritte sowie die zweite und dritte Gleichung.
Die dritte Gleichung wird mitgeführt.

$$\begin{aligned} 0 &= 2 \\ 5x - 3y &= 1 \\ 2x - 6y + 2z &= 0 \end{aligned}$$

Die Aussage 0 = 2 ist immer falsch, unabhängig von der Wahl der Variablen.

Folglich kann das Gleichungssystem keine Lösung besitzen. Die Lösungsmenge lautet $L = \{\}$.

Rechne das Beispiel von oben ein weiteres Mal. Eliminiere diesmal zunächst y.

8.

Bestimme auch hier die Lösungsmenge:

a) $$\begin{aligned} -x + 2y - 3z &= \tfrac{10}{3} \\ 3x - 6y + 9z &= 32 \\ x - 2y + 3z &= 12 \end{aligned}$$

b) $$\begin{aligned} 2x - 6y + 2z &= -2 \\ -x + 3y - z &= 5 \\ 3x - y + 5z &= 2 \end{aligned}$$

9.

Beispiel:

$$\begin{aligned} x - 3y + z &= -1 \quad | \cdot (-2) \\ 3x + 3y - 2z &= 1 \\ 2x - 6y + 2z &= -2 \end{aligned}$$

Wir eliminieren zunächst die Variable z.

$$\begin{aligned} -2x + 6y - 2z &= 2 \\ 3x + 3y - 2z &= 1 \\ 2x - 6y + 2z &= -2 \end{aligned}$$

(erste + dritte; zweite + dritte)

Wir addieren die erste und dritte sowie die zweite und dritte Gleichung.
Die dritte Gleichung wird mitgeführt.

$$\begin{aligned} 0 &= 0 \\ 5x - 3y &= -1 \\ 2x - 6y + 2z &= -2 \end{aligned}$$

Die Aussage ist immer wahr, unabhängig von der Wahl der Variablen.

Das Gleichungssystem besitzt daher unendlich viele Lösungen, und zwar alle diejenigen Werte für x, y und z, die die Gleichungen $5x - 3y = -1$ und $2x - 6y + 2z = -2$ erfüllen.
Die Lösungsmenge lautet $L = \{(x; y; z) \mid 5x - 3y = -1 \wedge 2x - 6y + 2z = -2\}$.

Löse das Gleichungssystem aus dem vorangegangenen Beispiel noch einmal, indem du zunächst y eliminierst.

10.

Löse die folgenden Gleichungssysteme und notiere die Lösungsmengen.

a) $$\begin{aligned} 3x + 2y - 4z &= 4 \\ 6x - 3y + 2z &= 7 \\ -x + 5y - 3z &= 7 \end{aligned}$$

b) $$\begin{aligned} 2x - 2y - 13z &= 18 \\ 2x + 3y + 4z &= -1 \\ x - 6y - 8z &= -3 \end{aligned}$$

c) $$\begin{aligned} 2x + 4y - 2z &= 8 \\ -3x - 6y + 3z &= -12 \\ 7x - 4y - 3z &= -10 \end{aligned}$$

d) $$\begin{aligned} 9x + 3y - 5z &= 14 \\ 5x - 8y + 4z &= 3 \\ 5x + 6y - 7z &= 4 \end{aligned}$$

e) $$\begin{aligned} 8x + 6y + 5z &= 0 \\ -5x + y - 4z &= 3 \\ 4x - 3y + 6z &= 1 \end{aligned}$$

f) $$\begin{aligned} 2x + 5y - z &= 11 \\ -x - 3y + z &= -5 \\ 2x + y + 3z &= 0 \end{aligned}$$

Lineare Ungleichungen

Was sind lineare Ungleichungen?

$y = 3x - 2$ ist eine lineare Gleichung, $y > 3x - 2$ und $y < 3x - 2$ sind dagegen lineare **Ungleichungen** mit zwei Variablen.

Die Gerade $y = -2x + 1$ teilt die gesamte Ebene in eine **Halbebene oberhalb** und in eine **Halbebene unterhalb** der Geraden ein.

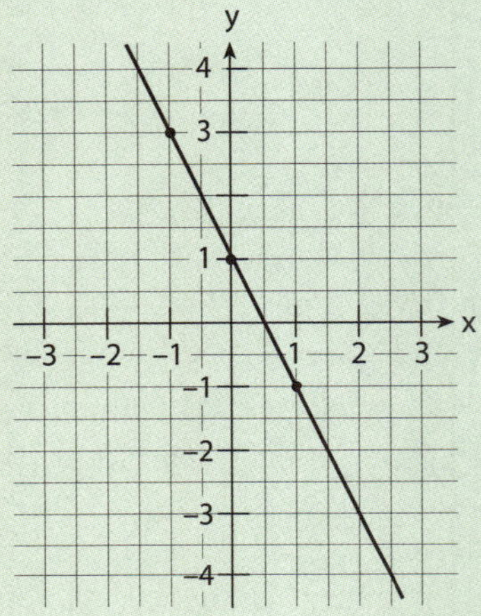

Was sind die Lösungsmengen von Ungleichungen?

Der Graph der Lösungsmenge L der Ungleichung $y < -2x + 1$

$L = \{(x; y) | y < -2x + 1\}$

ist die Halbebene **unterhalb** der Geraden $y = -2x + 1$.
Jeder Punkt dieser Halbebene ist eine Lösung der Ungleichung.

Entsprechendes gilt für die Halbebene **oberhalb** der Geraden:
Sie stellt die Lösungsmenge

$L = \{(x; y) | y > -2x + 1\}$

für die Ungleichung $y > -2x + 1$ dar.

Besitzt eine Ungleichung die Form $y \leqq -2x + 1$ so gehören zu ihrer Lösungsmenge L alle Wertepaare, die Lösung der Gleichung $y = -2x + 1$ **oder** der Ungleichung $y < -2x + 1$ sind.

Zum Graphen der Lösungsmenge der Ungleichung $y \leqq -2x + 1$ gehört demnach die Gerade $y = -2x + 1$, die die Halbebene $y < -2x + 1$ begrenzt, und die Halbebene selbst.

1.

a) Gib von den Zahlenpaaren

(1; –1), (1; 0), (1; 1), (1; 2), (1; 3), (1; 4)

an, ob sie Lösungen von $y = 2x - 1$; $y > 2x - 1$ oder $y < 2x - 1$ sind. Setze dazu die Partner der Zahlenpaare in die Gleichung bzw. Ungleichungen ein und untersuche, ob du jeweils eine wahre oder falsche Aussage erhältst.

b) Zeichne die Graphen. Trage die Punkte ins Koordinatensystem ein. Kontrolliere so die Ergebnisse von a).

2.

Schraffiere die Lösungsmengen:

a) $y > -2x - 1$ b) $y > x - 2$ c) $y > -3x$

d) $y < \frac{1}{2}x + 2$ e) $y > x$ f) $y < -x$

3.

a) Wie lautet die Gleichung für die hier abgebildete Gerade?

b) Welche Lösungsmenge gehört zu der schraffierten Halbebene?

c) Zeichne die Graphen für folgende Ungleichungen:

$y < 3$; $y > 0$; $x < 2$; $x < 0$

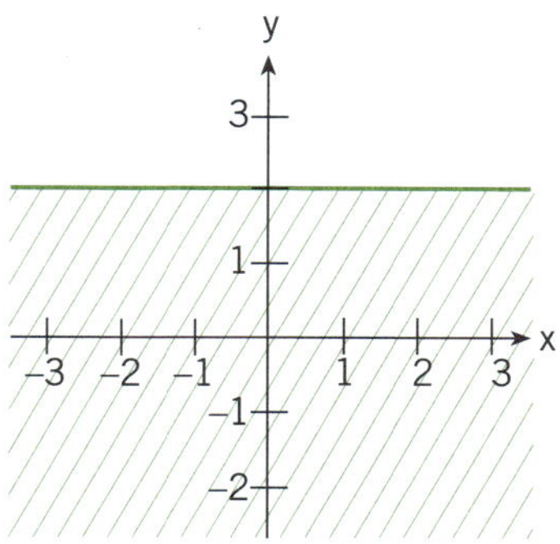

4.

Zeichne den Graphen $y \leqq 2x - 3$.

5.

Zeichne den Graphen von:

a) $y \leqq 3x + 1$ b) $y \geqq 2x$ c) $y \leqq 2$

d) $y < \frac{1}{2}x - 1$ e) $y = -2x + 1$ f) $y \geqq x + 1$

Zeichnerisches Lösen von linearen Ungleichungssystemen

Soll die Lösungsmenge eines Ungleichungssystems konstruiert werden, gehst du schrittweise vor:

Die zu jeder Ungleichung gehörende Halbebene wird eine nach der anderen gezeichnet und zum Schluss das allen gemeinsame Überlappungsgebiet gekennzeichnet.

Beispiel:

$x \leqq 10$

$y \leqq 8$

$y \geqq -x + 4$

$y \leqq 2x$

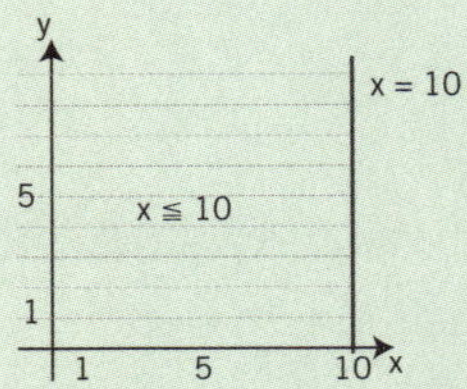

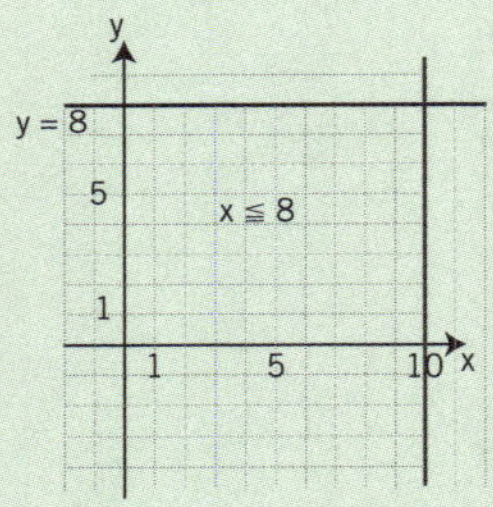

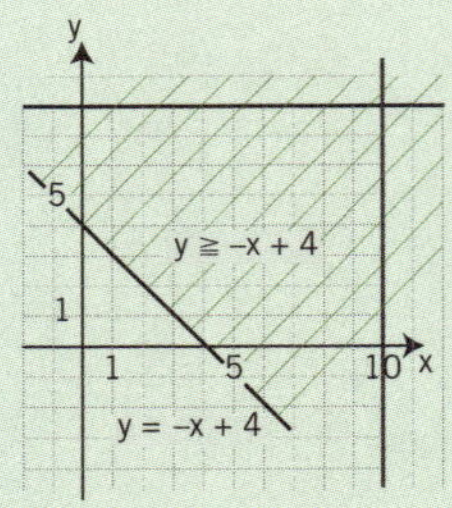

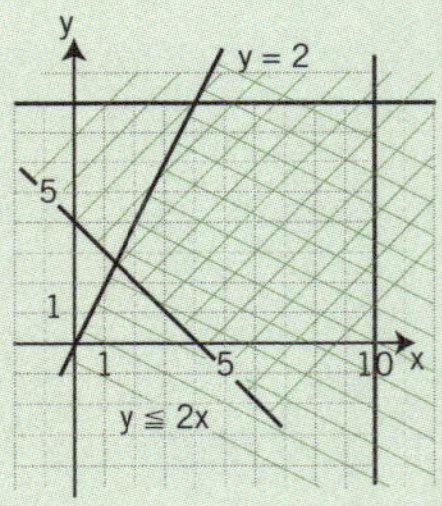

Ergebnis:

In diesem Viereck – einschließlich der Grenzen – liegen **alle** Lösungen des Ungleichungssystems. Es heißt das **Lösungsvieleck**.

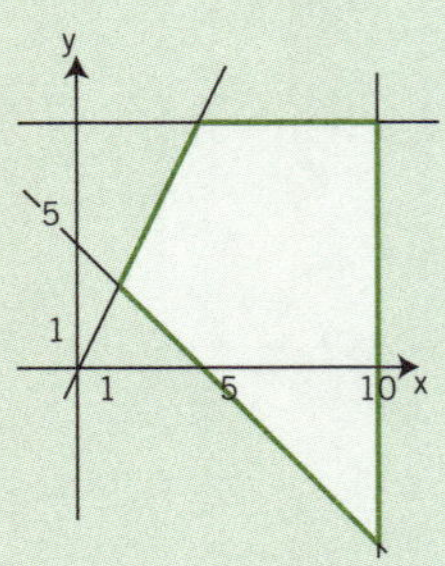

1.

Zeichne die Lösungsmenge dieser Ungleichungssysteme:

a) $x \leqq 8$
$y \leqq 10$
$y \leqq x + 2$
$y \geqq -x$

b) $x \geqq 2$
$y \leqq 6$
$y \leqq x - 2$
$y \geqq -x + 4$

c) $x \geqq -2$
$y \leqq 4$
$y \geqq -x + 4$
$y \geqq x$

2.

Bei manchen Lösungsmengen interessiert man sich nur für die Lösungen mit $x \geqq 0$ und $y \geqq 0$. In solchen Fällen werden diese Bedingungen mit aufgeführt.

a) $x \leqq 8$
$x \geqq 0$
$y \leqq 4$
$y \geqq 0$
$y \geqq -2x + 6$

b) $x \leqq 6$
$x \geqq 0$
$y \leqq -\frac{1}{2}x + 6$
$y \geqq 0$

c) $x \leqq 10$
$x \geqq 0$
$y \leqq \frac{1}{2}x - 2$
$y \geqq 0$

3.*

Welches Ungleichungssystem gehört jeweils zu diesen Lösungsvielecken?

a)

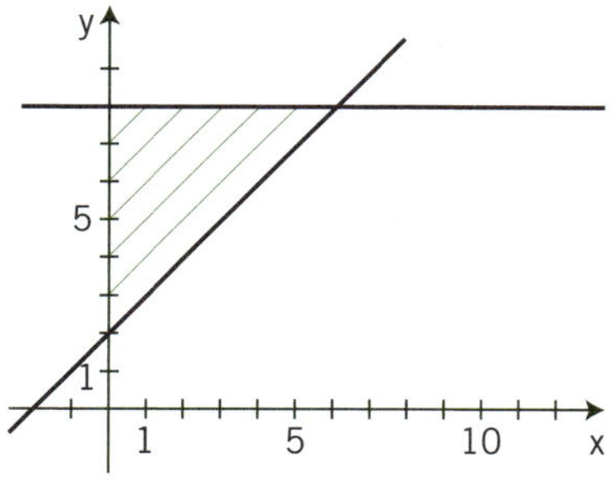

b)

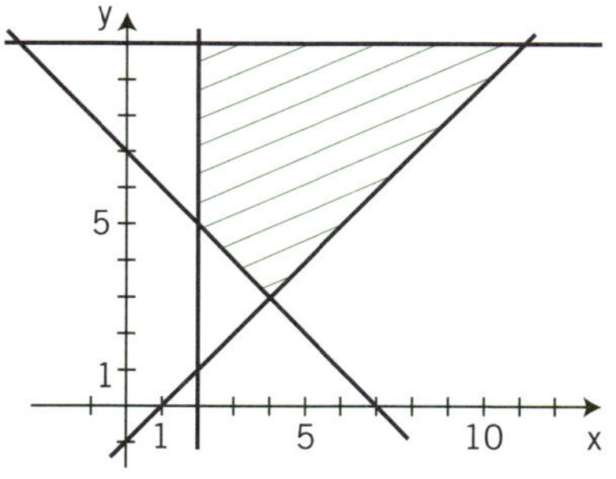

Lösungen linearer Ungleichungssysteme

Beispiel Welche der angegebenen Punkte sind Lösungen?

$x \geqq 1$

$y \geqq 0$

$x \leqq 7$

$y \leqq -\frac{1}{2}x + 5{,}5$

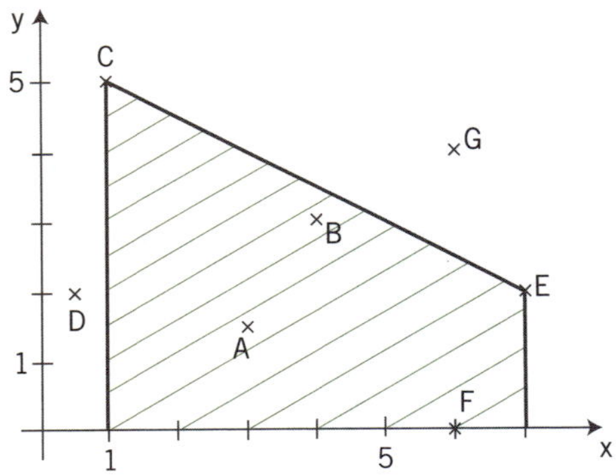

Wir überprüfen die Punkte A, C und G rechnerisch:

	x	y	$x \geqq 1$	$y \geqq 0$	$x \leqq 7$	$y \leqq -\frac{1}{2}x + 5{,}5$	
A	3	1,5	$3 \geqq 1$	$1{,}5 \geqq 0$	$3 \leqq 7$	$1{,}5 \leqq -1{,}5 + 5{,}5$ wahr	(3 | 1,5) ist Lösung
C	1	5	$1 \geqq 1$	$5 \geqq 0$	$1 \leqq 7$	$5 \leqq -0{,}5 + 5{,}5$ wahr	(1 | 5) ist Lösung
G	6	4	$6 \geqq 1$	$4 \geqq 0$	$6 \leqq 7$	$4 \leqq -3 + 5{,}5$ falsch!	(6 | 4) ist keine Lösung!

Beispiel Eine Firma baut zwei Modelle Handys: Anzahl vom ersten Modell x, vom zweiten Modell y. Es müssen von jedem Modell mindestens 100 Stück pro Tag hergestellt werden, aber von Modell y höchstens 400 Stück. Insgesamt können nicht mehr als 700 Handys pro Tag produziert werden. Welche Stückzahlen sind möglich?

$x \geqq 100$

$y \geqq 100$

$y \leqq 400$

$y \leqq -x + 700$

$(x + y \leqq 700)$

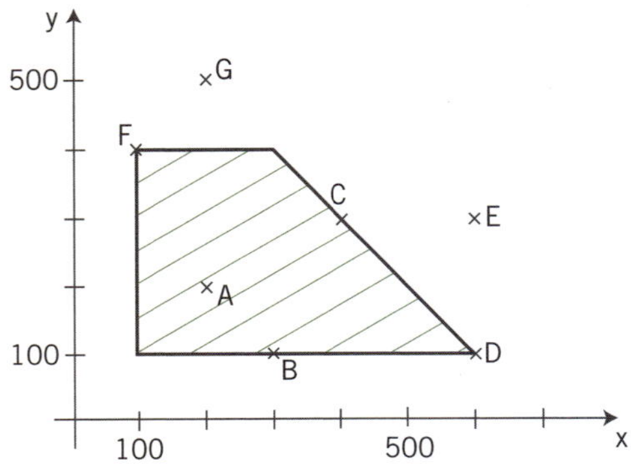

	x	y	$x \geqq 100$	$y \geqq 100$	$y \leqq 400$	$y \leqq -x + 700$	
A	200	200	$200 \geqq 100$	$200 \geqq 100$	$200 \leqq 400$	$200 \leqq -200 + 700$ wahr	Lösung
C	400	300	$400 \geqq 100$	$300 \geqq 100$	$300 \leqq 400$	$300 \leqq -400 + 700$ wahr	Lösung
G	200	500	$200 \geqq 100$	$500 \geqq 100$	$500 \leqq 400$ falsch	$500 \leqq -200 + 700$ wahr	keine Lösung!

1.

Überprüfe die übrigen Punkte von Beispiel 1 rechnerisch. Fülle dazu die Tabelle aus.

	x	y	$x \geqq 1$	$y \geqq 0$	$x \leqq 7$	$y \leqq -\frac{1}{2}x + 5{,}5$	
B							
D							
E							
F							

2.

Verfahre ebenso mit den Punkten von Beispiel 2.

	x	y	$x \geqq 100$	$y \geqq 100$	$x \leqq 400$	$y \leqq -x + 700$	
B							
D							
E							
F							

3.

Die Handys aus Beispiel 2 werden zu Preisen von 50 € (x) und 200 € (y) verkauft. Berechne die Einnahmen, die sich aus den möglichen Stückzahlen ergeben.

Textaufgaben zu linearen Ungleichungssystemen

So kannst du Textaufgaben lösen:

1. Ungleichungen in die y-Form bringen, z. B.:
   $y \leqq -3x + 16$
   $x \geqq 0$
   $y \geqq 0$
2. Die in den Ungleichungen enthaltenen Geraden zeichnen.
3. Die den Ungleichungen entsprechenden Gebiete schraffieren.

Beispiel

In einer Werkstatt befinden sich elektrische Geräte, die 1,5 kW (Kilowatt) bzw. 0,5 kW verbrauchen. Die Sicherung lässt einen Gesamtverbrauch von 8 kW zu. Wie viele Geräte der beiden Sorten können gleichzeitig angeschlossen werden?

Wir setzen fest:

x: Anzahl der Geräte mit 1,5 kW Verbrauch
y: Anzahl der Geräte mit 0,5 kW Verbrauch

Dann ergibt sich:

$1{,}5x + 0{,}5y \leqq 8$

Wir schreiben eine Ungleichung, da man so viele Geräte anschließen kann, dass ihr Gesamtverbrauch nur kleiner oder höchstens gleich 8 kW sein darf. Ferner erhalten wir noch die Ungleichung:

$x \geqq 0$
$y \geqq 0$

d. h., die Anzahl der Geräte kann nur Null oder größer als Null sein. Für obige Aufgabe ergibt sich demnach folgendes Ungleichungssystem:

$$1{,}5x + 0{,}5y \leqq 8$$
$$x \geqq 0$$
$$y \geqq 0$$

Auch dieses Ungleichungssystem lässt sich zeichnerisch lösen.

1.

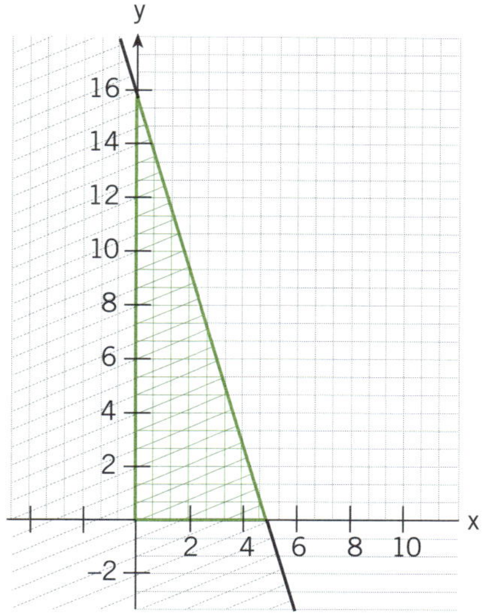

a) Kontrolliere die Richtigkeit der folgenden Abbildung zu dem Beispiel auf S. 34.

b) Die Anzahl x, y der elektrischen Geräte kann natürlich nur ganzzahlig sein. Lies also ganzzahlige Werte für x und y ab, die in der Lösungsmenge liegen.

c) Zeige, dass (3; 4) zur Lösungsmenge gehört. Trage den entsprechenden Punkt in die Abbildung ein.

d) Wir wollen rechnerisch kontrollieren, ob (4; 5) zur Lösungsmenge gehört:

$x = 4, y = 5$

$y \leqq -3x + 16$	$\rightarrow\ 5 \leqq -12 + 16$	
	$\rightarrow\ 5 \leqq 4$	falsch
$x \geqq 0$	$\rightarrow\ 4 \geqq 0$	wahr
$y \geqq 0$	$\rightarrow\ 5 \geqq 0$	wahr

Die Gesamtaussage ist also falsch, da eine Teilaussage falsch ist. (4; 5) gehört demnach nicht zu den Lösungen des Ungleichungssystems.

e) Überprüfe auch rechnerisch, ob (3; 4) zur Lösungsmenge gehört.

2.

Zeichne die Lösungsmengen folgender Ungleichungssysteme:

a)	b)	c)
$4x + 2y \leqq 10$	$6x + 3y \geqq 12$	$y - x \leqq 3$
$x \geqq 0$	$x \geqq 0$	$x \leqq 2$
$y \geqq 0$	$y \geqq 0$	$y \leqq 4$

3.

Eine Baufirma will Kisten und Fässer auf einem Lkw verladen, der höchstens 3 t transportieren darf. Jede Kiste wiegt 80 kg, jedes Fass 50 kg. Wie viele Kisten und Fässer können jeweils verladen werden?

Optimale Lösungen

Was sind optimale Lösungen?

Ist neben einem linearen Ungleichungssystem noch ein weiterer linearer Term G gegeben, so lassen sich Lösungen bestimmen, die G besonders groß oder klein werden lassen. Man nennt sie die für das lineare Ungleichungssystem **optimalen Lösungen**.

Beispiel:

$x \geqq 2$
$y \leqq 6$
$y \leqq x - 2$
$y \geqq -x + 4$

Lösungsvieleck:

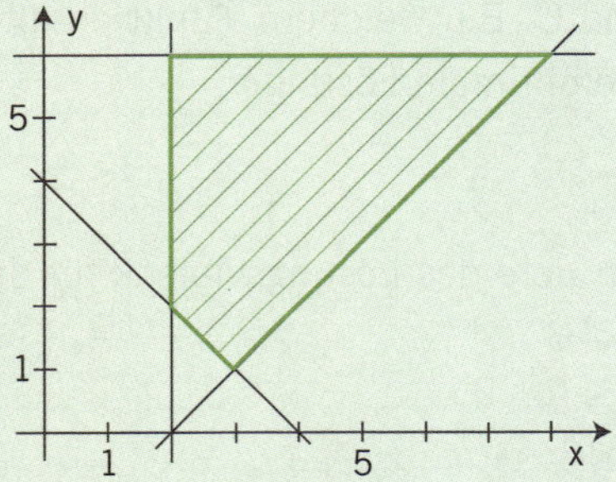

Linearer Term G:
$G = x + 4y$ umformen zu
$y = -\frac{1}{4}x + \frac{G}{4}$

Die Graphen dieses Terms sind Geraden, die alle die Steigung $-\frac{1}{4}$ haben und daher parallel verlaufen. Der y-Achsenabschnitt ist abhängig von G. Für G = 0 ergibt sich die Gerade mit der Gleichung $y = -\frac{1}{4}x$, die durch den Urspung geht.

Zu jedem Lösungspunkt des linearen Ungleichungssystems kann man ein G finden, so dass die zugehörige Gerade durch diesen Punkt verläuft. So gehört z. B. zu A(2|4) $G = 2 + 4 \cdot 4 = 18$ und somit die Gerade $y = -\frac{1}{4}x + \frac{18}{4}$.

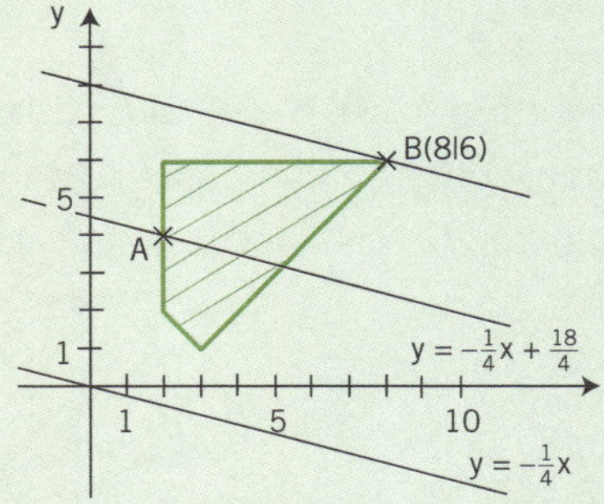

Außerdem liefert jeder Lösungspunkt einen Wert für G. Den **größten Wert** für G erhält man, wenn man die Koordinaten von B(8|6) einsetzt. Dann ist $G = 8 + 4 \cdot 6 = 32$.
Der **optimale Wert**, den das lineare Ungleichungssystem unter der Nebenbedingung $x + 4y = G$ zulässt, ist also $G = 32$.

1.

Konstruiere das Lösungsvieleck für das Ungleichungssystem.

a) $x \geqq 0$
$x \leqq 10$
$y \leqq 8$
$y \geqq 0$
$y \geqq -x + 4$
$y \geqq 2x$

b) Zusätzlich sei der lineare Term $G = 3x + y$ gegeben.
Trage die Punkte A(1 | 5), B(2 | 8) und C(4 | 8) in das Lösungsvieleck ein. Zeichne die Gerade $y = -3x$ sowie dazu parallele Geraden durch die drei Punkte.

c) Berechne jeweils den Wert von G mit den Koordinaten der Punkte A, B und C. Bei welchem Punkt ergibt sich der größte Wert? Wie lautet also die optimale Lösung?

2.

Konstruiere das Lösungsvieleck für das Ungleichungssystem.

a) $x \geqq 0$
$x \leqq 8$
$y \leqq 8$
$y \geqq 0$
$y \leqq x + 2$
$y \geqq -x + 6$

b) Zusätzlich sei der lineare Term $G = 2x + y$ gegeben.
Markiere Punkte innerhalb des Lösungsvielecks. Zeichne die Gerade $y = -2x$ sowie dazu parallele Geraden durch diese Punkte.

c) Berechne den Wert von G an diesen Punkten. Bei welchem Punkt ergibt sich der größte Wert?

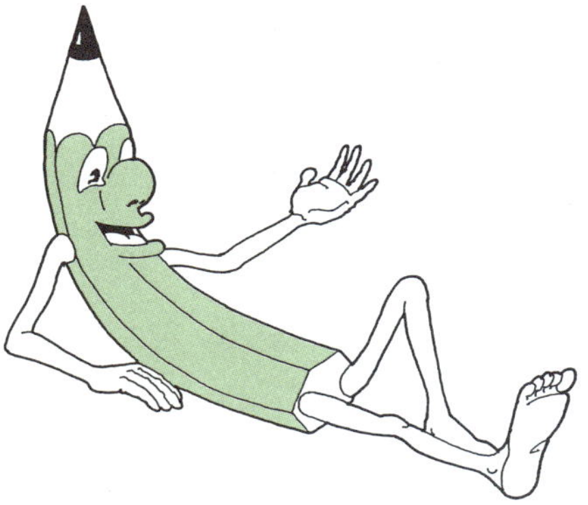

Lineares Optimieren

Viele Probleme aus Handel und Industrie bestehen darin, dass aus bestimmten Rahmenbedingungen (Arbeitskosten, Produktionszeiten, Gewinnerwartungen) ein möglichst gutes – optimales – Ergebnis erzielt werden soll. Solche Probleme lassen sich häufig mit Hilfe des **linearen Optimierens** lösen.

Lösungsplan zum linearen Optimieren:

1. Die Rahmenbedinungen des Problems werden in lineare Ungleichungen umgeformt. Es entsteht ein **lineares Ungleichungssystem**.
2. Die Lösungsmenge des linearen Ungleichungssystems wird als **Lösungsvieleck** dargestellt, das alle Lösungen (x; y) enthält.
3. Die zu optimierende Größe $G = ax + by$ wird durch einen linearen Term (auch Zielfunktion genannt) angegeben. Mit Hilfe von parallelen Geraden wird die optimale Lösung konstruiert.

Beispiel Die Firma SuperSound stellt zwei Typen von CD-Playern her.

(I) Vom Typ A sollen höchstens 60 Stück pro Tag produziert werden.
(II) Vom Typ B sollen höchstens 100 Stück pro Tag produziert werden.
(III) Insgesamt können pro Tag nicht mehr als 120 Modelle hergestellt werden.
(IV) Aus betriebstechnischen Gründen müssen von Modell A mindestens doppelt so viele Geräte hergestellt werden wie von Modell B.
(V) Es werden an jedem Gerät A 10€ und an jedem Gerät B 20€ verdient.

Lösung: Anzahl der Geräte vom Typ A → x, Typ B → y

1. Lineares Ungleichungssystem:
   (I) $x \leqq 60$
   (II) $y \leqq 100$
   (III) $x + y \leqq 120$ also $y \leqq -x + 120$
   (IV) $y \leqq 2x$

Beachte: Da die Anzahl der Geräte nicht negativ sein kann, kommen noch die Bedingungen $x \geqq 0$ und $y \geqq 0$ hinzu.

2. Lösungsvieleck:

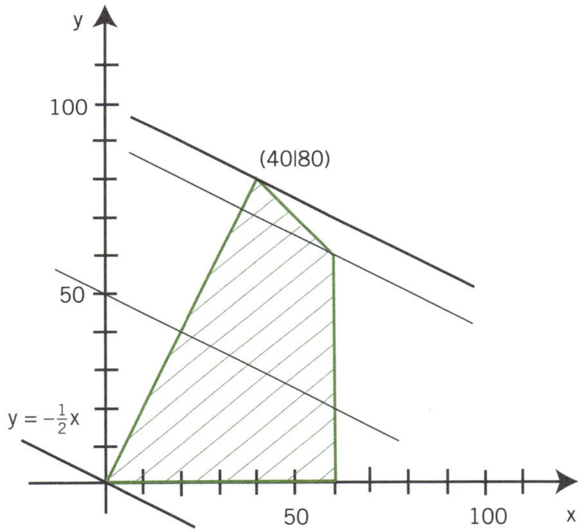

3. Konstruieren der optimalen Lösung:
   (V) $10x + 20y = G$ (Gewinn), also $y = -\frac{1}{2}x + \frac{G}{20}$.

   Wir zeichnen die Gerade $y = -\frac{1}{2}x$ und dazu parallele Geraden, bis wir den optimalen Punkt gefunden haben. Er lautet (40|80).
   Ergebnis: Bei Produktion von 40 Geräten vom Typ A und 80 Geräten vom Typ B wird der optimale Gewinn erzielt, und zwar
   $G = 10 \cdot 40\,€ + 20 \cdot 80\,€ = 2000\,€$.

1.

Die Tischlerei Oppermann stellt Schränke und Schreibtische her. Sie fertigt im Jahr mindestens 20 und höchstens 100 Schränke sowie mindestens 30 und höchstens 150 Schreibtische.
Für die Produktion eines Schranks werden durchschnittlich 10 Stunden, für die eines Schreibtischs 20 Stunden angesetzt. Insgesamt sind nicht mehr als 3000 Arbeitsstunden vorgesehen.
An jedem Schrank werden 300 € verdient, an jedem Schreibtisch 100 €.

a) Wie sollte die Firma ihre Produktion einrichten, wenn ein möglichst hoher Gewinn erzielt werden soll?
b) Wie hoch ist der Gewinn?

2.

Die Baufirma „Hoch+Tief“ bezieht von zwei Ziegeleien Z_1 und Z_2 Steine. Sie kann höchstens 50 t Steine am Tag verarbeiten. Aufgrund von Lieferverträgen müssen von Z_1 mindestens 5 t abgenommen werden und von Z_2 mindestens 8 t. Z_1 kann pro Tag höchstens 40 t, Z_2 dagegen nur 20 t liefern. Pro t Steine der Ziegelei Z_1 beträgt der Verdienst der Baufirma etwa 400 €, bei Z_2 sind es 500 €.

a) Wie viele t Steine müssen von jeder Ziegelei bezogen werden, damit der Gewinn möglichst groß ist?
b) Wie groß ist dieser Gewinn?

3.

Eine Fabrik für Elektrogeräte stellt die Modelle Superpower und Powersuper her. Für jedes Gerät werden drei Einzelteile benötigt, die von drei Maschinen M_1, M_2 und M_3 gefertigt werden. Diese Maschinen können täglich höchstens jeweils 6 Stunden arbeiten.
Die Maschinen benötigen für die Herstellung eines Bauteils folgende Zeiten (in Minuten pro Stück):

	M_1	M_2	M_3
für Superpower	4,5	4	2
für Powersuper	3	4	6

An den Geräten werden 40 € (Superpower) und 30 € (Powersuper) verdient.

a) Wie viele Geräte jedes Typs sind herzustellen, um einen möglichst großen Gewinn zu erzielen?
b) Wie groß ist dieser Gewinn?

Zusammenfassung

Begriffe	Erläuterungen	Beispiele
Lineares Gleichungssystem mit zwei Variablen	Ein lineares Gleichungssystem mit zwei Variablen besteht aus zwei linearen Gleichungen, die durch „und" ($\wedge$) verknüpft sind.	$y = -2x + 4$ $\underline{y = \ \ 4x - 2}$ bzw. $y = -2x + 4 \wedge$ $y = 4x - 2$
Lösung eines linearen Gleichungssystems mit zwei Variablen	Jedes Wertepaar (x; y), das **beide** Gleichungen zu wahren Aussagen macht, heißt Lösung.	(1; 2) ist Lösung von $y = -2x + 4$ $\underline{y = \ \ 4x - 2}$ weil $2 = -2 \cdot 1 + 4$ $2 = 4 \cdot 1 - 2$ wahre Aussagen sind.
Grundmenge des linearen Gleichungssystems	Meist wählt man als Grundmenge sowohl für x als auch für y $\mathbb{Q}$, so dass für die Wertepaare (x; y) gilt $(x; y) \in \mathbb{Q} \times \mathbb{Q}$.	
Lösungsmenge	Die Lösungsmenge eines linearen Gleichungssystems mit zwei Variablen besteht aus den Lösungen, die sowohl zur Lösungsmenge L_1 der ersten Gleichung als auch zu L_2 der zweiten Gleichung gehören: $\mathbf{L = L_1 \cap L_2}$	$y = -2x + 4$ $\underline{y = \ \ 4x - 2}$ $L_1 = \{(x; y) \mid -2x + 4\}$ $L_2 = \{(x; y) \mid 4x - 2\}$ $L = L_1 \cap L_2$ $L = \{(1; 2)\}$

Begriffe	Erläuterungen	Beispiele
Zeichnerisches Lösen von linearen Gleichungssystemen	Die Graphen der Lösungsmengen beider linearer Gleichungen sind Geraden. Wo sie sich schneiden, liegen ihre gemeinsamen Lösungen.	$y = -2x + 4$ ① $y = \ \ 4x - 2$ ② 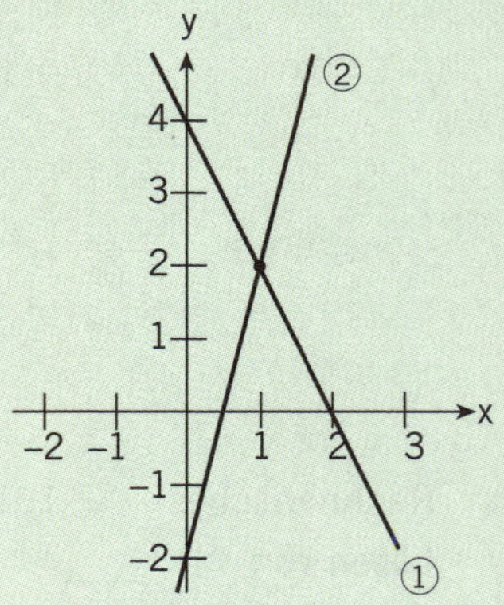 Koordinaten des Schnittpunktes: (1|2) Lösung: $(x; y) = (1; 2)$
Lösungen eines linearen Gleichungssystems mit zwei Variablen	Drei Fälle können auftreten: 1. genau eine Lösung	Für das zeichnerische Lösen bedeutet das: 1. 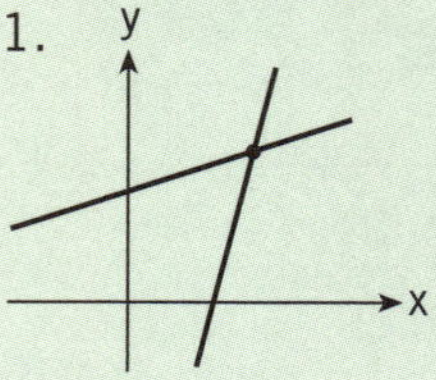 Geraden schneiden sich, Lösungsmenge einelementig: $L = \{(x; y)\}$
	2. keine Lösung	2. 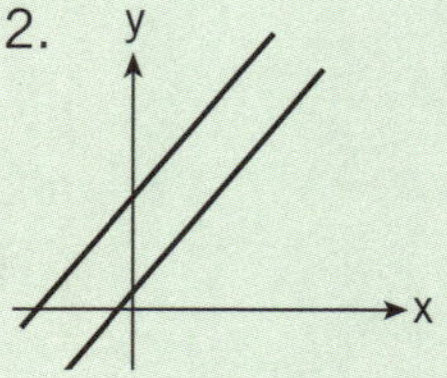 Geraden laufen parallel, Lösungsmenge ist leer: $L = \{\,\}$

Begriffe	Erläuterungen	Beispiele
	3. unendlich viele Lösungen	3. 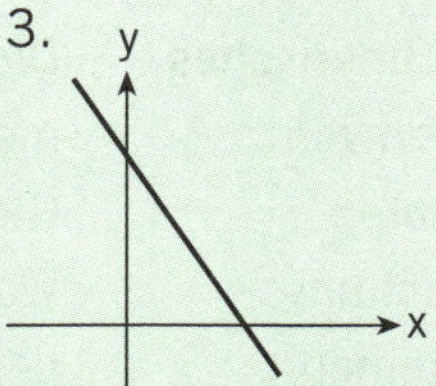 Beide Geraden fallen zusammen (Doppelgerade). L hat unendlich viele Elemente.
Rechnerisches Lösen von linearen Gleichungssystemen mit zwei Variablen	1. Einsetzungsverfahren	Eine Gleichung nach x oder y auflösen und den Term in die zweite Gleichung einsetzen.
	2. Additionsverfahren	Durch geschicktes Addieren beider Gleichungen wird eine Variable eliminiert, die zweite ausgerechnet. Durch Einsetzen des errechneten Wertes in eine der Gleichungen kann die zweite Variable berechnet werden.
Lösungen	1. genau eine Lösung	Man erhält genau einen x-Wert und einen y-Wert. Z. B.: $x = 3,\ y = 4$ $L = \{(3;\ 4)\}$
	2. keine Lösung	Man erhält bei den Umformungen eine **immer falsche** Aussage: $3x + 2y = 4$ $\wedge\ -3x - 2y = 10$ Beide Gleichungen addiert ergibt: $0 = 14$

Begriffe	Erläuterungen	Beispiele
		Keine Lösung möglich, also: L = { }.
	3. unendlich viele Lösungen	Es ergibt sich bei den Umformungen **immer** eine **wahre** Aussage: $3x - 2y = 4$ $\underline{-3x + 2y = -4}$ Beide Gleichungen addiert, führt auf 0 = 0. Also sind alle Lösungen von $3x - 2y = 4$ auch Lösungen des Gleichungssystems, also: $L = \{(x; y) \mid 3x - 2y = 4\}$
Lineare Gleichungssysteme aus drei Gleichungen mit drei Variablen	Additionsverfahren	Eine oder mehrere Gleichungen werden so multipliziert, dass beim Addieren je zweier Gleichungen **dieselbe Variable** eliminiert wird. Dadurch entsteht ein Gleichungssystem aus zwei Gleichungen mit zwei Variablen, das wie bisher gelöst wird.

Begriffe	Erläuterungen	Beispiele
Lösungen	1. Genau eine Lösung	z. B. $x = 3$, $y = -1$, $z = 5$ $L = \{(3; -1; 5)\}$
	2. Keine Lösung	Bei den Umformungen ergibt sich **immer** eine **falsche** Aussage, also: $L = \{\}$
	3. Unendlich viele Lösungen	Bei den Umformungen ergibt sich eine **immer wahre** Aussage, z. B.: $L = \{(x; y; z) \mid x - 5y = 1$ $\wedge\ 2x + 3y - z = 4\}$
Lineare Ungleichungen mit zwei Variablen	$y > 2x + 1$ $y < 2x + 1$ $y \leqq 2x + 1$ sind lineare Ungleichungen mit zwei Variablen.	
Lösungen linearer Ungleichungen mit zwei Variablen	Die Graphen der Lösungsmengen sind Halbebenen.	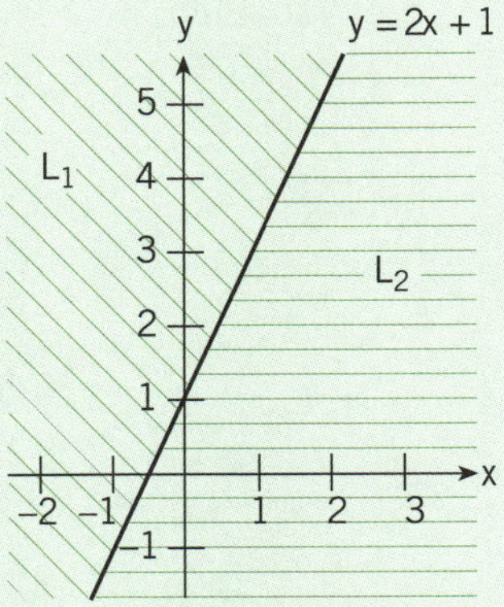 $L_1 = \{(x; y) \mid y > 2x + 1\}$ $L_2 = \{(x; y) \mid y < 2x + 1\}$
	Sollen die Punkte der Geraden zur Lösungsmenge gehören schreibt man:	$L_1 = \{(x; y) \mid y \geqq 2x + 1\}$ $L_2 = \{(x; y) \mid y \leqq 2x + 1\}$

Begriffe	Erläuterungen	Beispiele
Lineare Ungleichungssysteme mit zwei Variablen	Die Lösungsmenge L linearer Ungleichungssysteme mit zwei Variablen umfasst die gemeinsamen Lösungen beider Ungleichungen. Man schreibt: $L = L_1 \cap L_2$	$y \leqq 2x + 1$ ① $y \geqq -x + 4$ ②
Lineares Optimieren	Man sucht unter allen Lösungen eines linearen Ungleichungssystems diejenigen heraus, die für einen linearen Term G den größten bzw. kleinsten Wert liefern.	

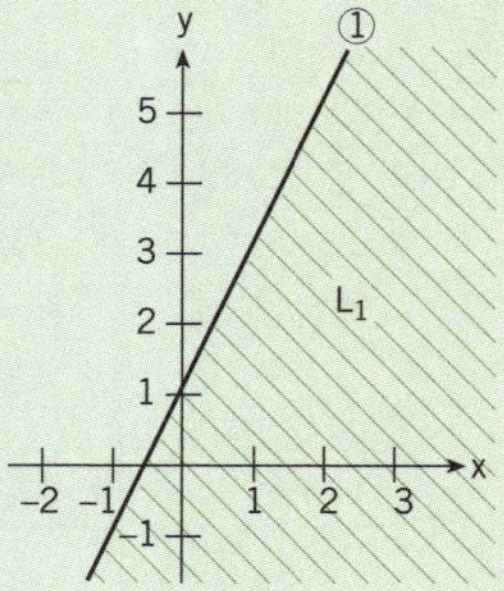

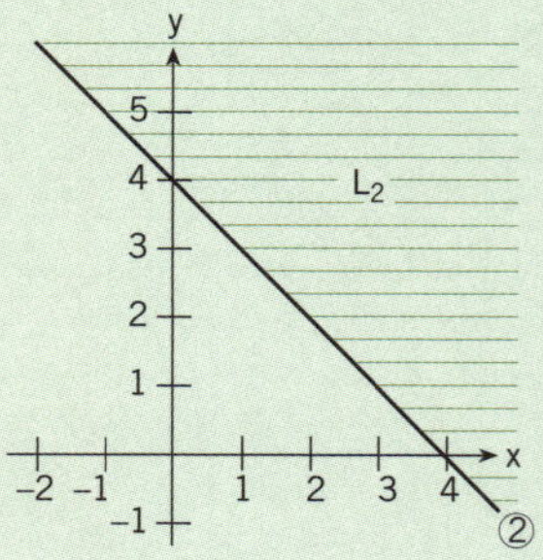

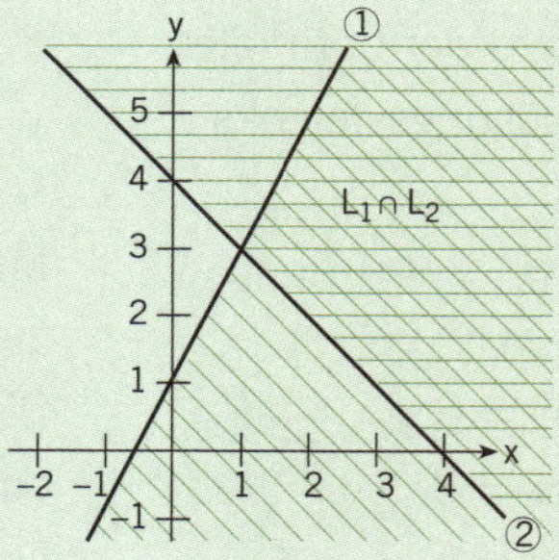

Begriffe	Erläuterungen	Beispiele
Lösungsvieleck	Zu jedem linearen Ungleichungssystem lässt sich ein Lösungsvieleck zeichnen.	**Ungleichungssystem** ① $x \geqq 2$ ② $y \leqq 6$ ③ $y \leqq x - 2$ ④ $y \geqq -x + 4$ 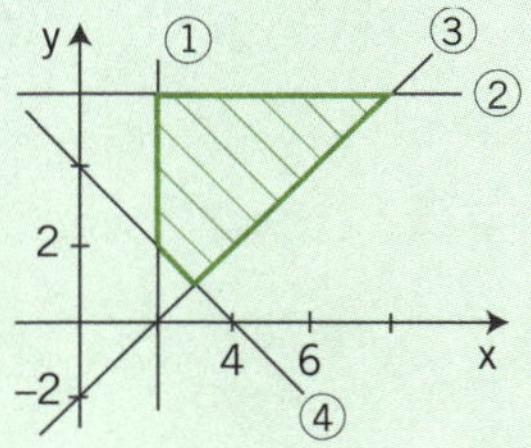
Linearer Term (Zielfunktion) zum Ermitteln der optimalen Lösung	Mit Hilfe eines linearen Terms G wird der optimale Wert des Lösungsvielecks bestimmt: $ax + by = G$ $x + 4y = G$ $P(8\|6) \rightarrow x = 8$ $y = 6$ $8 + 4 \cdot 6 = 32$ $G = 32$	Linearer Term: $x + 4y = G$ $y = -\frac{1}{4}x + \frac{G}{4}$ Mittels der Parallele zu $y = -\frac{1}{4}x$ wird der Punkt (x|y) des Lösungsvielecks gesucht, der das größte G hat. 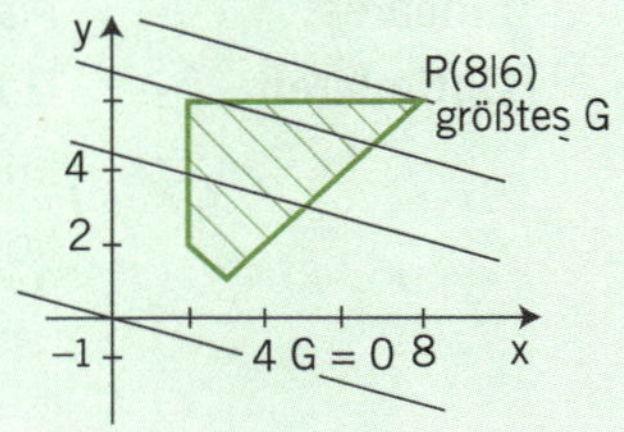

Test

Test 1

a) Untersuche, welche der Zahlenpaare (1; –1), (2; 0), (0; –3), (–1; 1), (–2; –7) zur Lösungsmenge von $y = 2x - 3$ gehören. ______________

b) Zeichne den Graphen der Lösungsmenge.

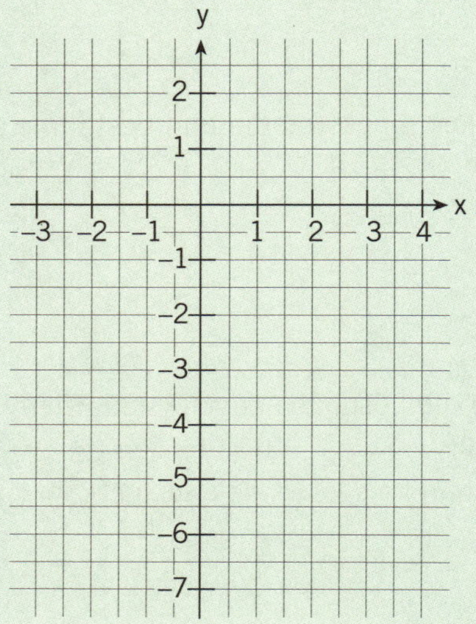

c) Schreibe die Lösungsmenge auf: L = {________________}

Test 2

a) Löse zeichnerisch diese linearen Gleichungssysteme:

① $y = -x + 2$	② $y = x + 1$	③ $y = 3x - 1$
$y = 4x - 2$	$y = x - 2$	$y = 3x - 1$

b) Gib an, für welches Gleichungssystem die entsprechenden Geraden

parallel verlaufen:	aufeinander fallen:	sich schneiden:
______________	______________	______________

Test 3

a) Löse diese Gleichungssysteme rechnerisch:

① $2y - 3x - 13 = 0$
$3y - 2x - 12 = 0$

② $x - 3y - 15 = 0$
$2x - 6y - 8 = 0$

③ $3x - 2y = 1$
$6x - 4y - 2 = 0$

b) Welches der Gleichungssysteme besitzt

genau eine Lösung: ______ unendlich viele Lösungen: ______ keine Lösung: ______

Test 4

Löse die Gleichungssysteme und bestimme die Lösungsmenge:

a) $4x + 2y - 4z = -6$
$3x + 5y - 5z = -1$
$x - 3y + z = -5$

b) $3x - 3y + z = 14$
$2x - 4y - 5z = 0$
$x + 2y - 2z = -3$

Test 5

a) Zeichne die Lösungsmengen (schraffieren) zu:

① $y \leqq 2x + 1$ ② $y > 3x - 2$ ③ $y \geqq x + 3$

b) Zu welchen Lösungsmengen gehört (0; 0) und (1; 1)?

Test 6

a) Zeichne zu diesem Ungleichungssystem die Lösungsmenge:

① $y \leqq x + 3$
$y \geqq 2x - 1$

② $x \leqq 10$
$y \geqq 2x$
$y \geqq -x + 4$

b) Gehört (0; 0) dazu? ______

Test 7

a) Ermittle für diese Ungleichungssysteme das Lösungsvieleck:

α) $x \geqq 0$
$y \leqq 6$
$y \geqq x - 2$
$y \geqq -x + 4$

β) $x \leqq 6$
$x \geqq 0$
$y \leqq 4$
$y \geqq -2x + 6$

b) Für welches (x; y) des jeweiligen Lösungsvielecks nimmt die Linearform $6x + 2y = G$ den größten Wert an?

c) Wie groß wird dann G?

2 Reelle Zahlen

Quadratwurzel

Der Flächeninhalt A des Quadrates ergibt sich aus $A = a \cdot a$ oder $A = a^2$. Das Quadrat mit $a = 12\,m$ besitzt also den Flächeninhalt

$$A = 12\,m \cdot 12\,m = 144\,m^2.$$

Ist dagegen der Flächeninhalt eines Quadrates gegeben, so sucht man häufig die Länge einer Seite.

$$A = 225\,m^2 \rightarrow a = ?$$

Was ist die Quadratwurzel?

Ist A der Flächeninhalt eines Quadrates, so schreibt man für die Berechnung der Seitenlänge a den Ausdruck $\sqrt{A} = a$.
Allgemein ist festgesetzt:

$\sqrt{x}$ ist diejenige nichtnegative Zahl, die quadratiert x ergibt.

Also gilt: $\sqrt{x} \cdot \sqrt{x} = x$

Man nennt $\sqrt{x}$ die **Quadratwurzel** aus x und den Vorgang **Quadratwurzelziehen**. Quadrieren und Quadratwurzelziehen sind zueinander entgegengesetzte (inverse) Operationen.

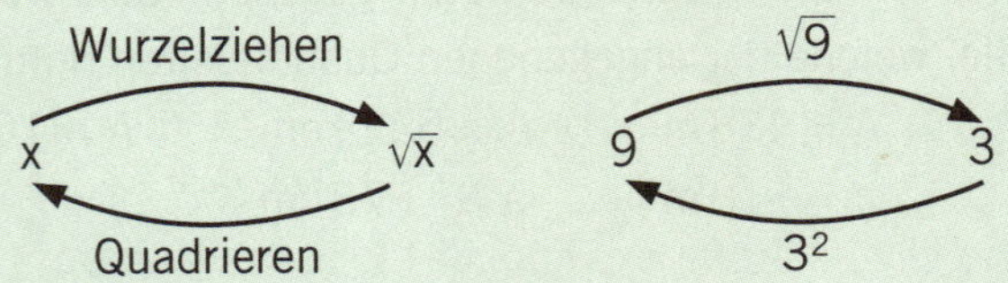

Beachte Die Wurzel lässt sich nur aus $x \geqq 0$ ziehen!

1.

Bestimme die Flächeninhalte der Quadrate:

a (m)	12	25	33	41	56	67
A (m²)						

2.

a) Wie lang sind die Seiten der Quadrate mit folgenden Flächeninhalten?

A (cm²)	36	100	121	625	1296	729	2025
a (cm)							

b) Du kannst deine Rechnung kontrollieren, indem du den Flächeninhalt durch die Seitenlänge dividierst $\left(a = \frac{A}{a}\right)$.
Wenn du richtig gerechnet hast, muss das Ergebnis der Division mit der Seitenlänge übereinstimmen.

Beispiel: $A = 576$; $\frac{576}{a} = a$
Wählt man $a = 26$, so ergibt sich: $\frac{576}{26} \approx 22{,}15$.
Da $22{,}15 \neq 26$, ist $a = 26$ nicht der gesuchte Wert.
Für $a = 24$ ist $\frac{576}{24} = 24$, d. h. $24 = 24$. Also ist $24^2 = 576$.

Man nennt dieses Verfahren **Divisionskontrolle**.
Kontrolliere auf diese Weise die Werte der Tabelle von a).

3.

a) Hier sind die Flächeninhalte von Quadraten gegeben. Überprüfe durch Divisionskontrolle, welche der angegebenen Quadratseiten richtig sind.

①	②	③	④
$A = 784\,cm^2$	$A = 468\,m^2$	$A = 5329\,cm^2$	$A = 16\,525\,m^2$
$a = 28\,cm$	$a = 18\,m$	$a = 73\,cm$	$a = 125\,m$

b) Du kannst zur Kontrolle auch die Seitenlängen quadrieren und mit dem Flächeninhalt vergleichen.

Beispiel: $A = 168\,m^2$ $\quad 14 \cdot 14 = 196$
$a = 14\,m$ $\quad 168 \neq 196$
14 m kann also nicht die Seitenlänge dieses Quadrates sein.

Rechne auf diese Weise die Aufgaben von a) noch einmal.

Intervallschachtelung

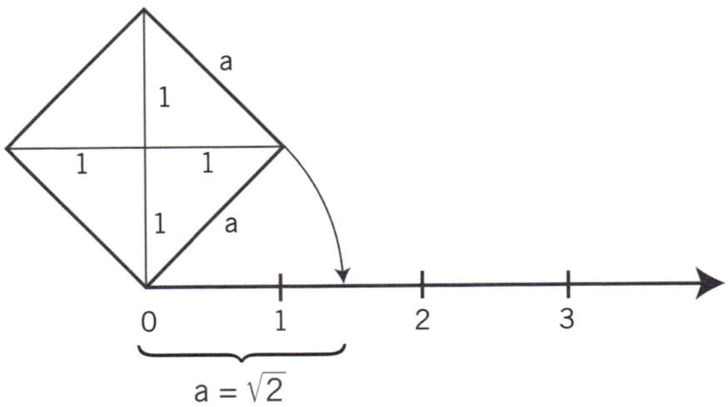

Dieses Quadrat besitzt den Flächeninhalt $A = 2\,cm^2$, da jedes der vier Teildreiecke $\frac{1\,cm \cdot 1\,cm}{2} = \frac{1}{2}cm^2$ groß ist.

Die Länge seiner Seite $a = \sqrt{2}$ lässt sich **geometrisch** bestimmen, wenn man auf der Zahlengerade a abträgt.

$\sqrt{2}$ lässt sich aber auch durch **systematisches Probieren** ermitteln.

So findest du den Wert einer Wurzel:

Das Verfahren, durch immer engere Intervalle die Wurzel zu bestimmen, nennt man **Intervallschachtelung**.

Jedes neue Intervall ist dabei im vorhergehenden enthalten und die Intervalllänge nimmt jedes Mal ab. Gehe dabei so vor:

1. Gesucht wird eine Zahl $a = \sqrt{2}$, die quadriert 2 ergibt, also $a^2 = 2$.

   $a = 1 \rightarrow a^2 = 1 \rightarrow$ a ist zu klein.

   $a = 2 \rightarrow a^2 = 4 \rightarrow$ a ist jetzt zu groß.

   Ergebnis: $a = \sqrt{2}$ liegt zwischen 1 und 2.

   $1 \leqq \sqrt{2} \leqq 2 \rightarrow 1^2 = 1 \leqq 2 \leqq 2^2 = 4$

   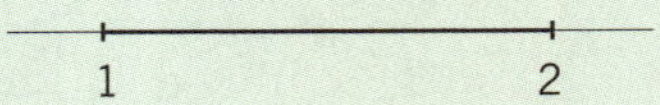

   Intervall: [1; 2]

2. **Wählen eines kleineren Intervalls:**
   Durch Probieren findet man, dass $\sqrt{2}$ zwischen 1,4 und 1,5 liegen muss, denn es gilt:

   $1{,}4 \leqq \sqrt{2} \leqq 1{,}5 \rightarrow 1{,}4^2 = 1{,}96 \leqq 2 \leqq 1{,}5^2 = 2{,}25$

   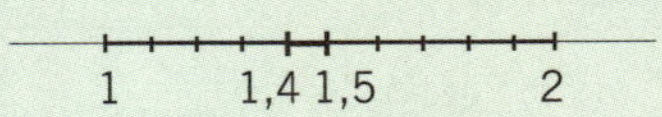

   Intervall: [1,4; 1,5]

3. **Weiteres Verkleinern des Intervalls:**
   Die nächsten Näherungswerte für $\sqrt{2}$ werden aus dem Intervall zwischen 1,4 und 1,5 gewählt.

1.

a) Kontrolliere durch Quadratieren, ob $\sqrt{2}$ im Bereich der angegebenen Intervallgrenzen liegt. Benutze den Taschenrechner.

$1{,}4 \leqq \sqrt{2} \leqq 1{,}5 \qquad 1{,}4^2 = 1{,}96 \leqq 2 \leqq 1{,}5^2 = 2{,}25$

$1{,}41 \leqq \sqrt{2} \leqq 1{,}42 \qquad 1{,}41^2 = \_\_\_\_\_ \leqq 2 \leqq 1{,}42^2 = \_\_\_\_\_$

$1{,}414 \leqq \sqrt{2} \leqq 1{,}415 \qquad 1{,}414^2 = \_\_\_\_\_ \leqq 2 \leqq 1{,}415^2 = \_\_\_\_\_$

$1{,}4142 \leqq \sqrt{2} \leqq 1{,}4143 \qquad 1{,}4142^2 = \_\_\_\_\_ \leqq 2 \leqq 1{,}4143^2 = \_\_\_\_\_$

b) Notiere die Intervalle, in denen $\sqrt{2}$ liegt.
Verwende dazu die Intervallschreibweise.

Beachte: Das Intervall von a bis b, einschließlich der Grenzen a und b wird so geschrieben:

a b → [a; b]

1,4 ... 1,5 → [1,4; 1,5]

2.

a) Entscheide durch Quadratieren mit dem Taschenrechner, in welchem der angegebenen Intervalle $\sqrt{3}$ liegt:

[1,3; 1,4]	[1,7; 1,8]	[1,6; 1,7]
[1,75; 1,76]	[1,74; 1,75]	[1,73; 1,74]
[1,735; 1,736]	[1,733; 1,734]	[1,732; 1,733]

b) Zeichne die Intervalle der Intervallschachtelung für $\sqrt{3}$ auf der Zahlengeraden. Wähle einen passenden Maßstab.

3.*

Ermittle zur Berechnung von $\sqrt{5}$ geeignete Intervalle. Beginne mit 2 und 3, also

$2 \leqq \sqrt{5} \leqq 3 \qquad 2^2 = 4 \leqq 5 \leqq 3^2 = 9$

$\_\_\_\_\_ \leqq \sqrt{5} \leqq \_\_\_\_\_ \qquad \_\_\_\_\_\_\_\_\_\_\_\_\_\_\_\_\_\_\_\_$

$\_\_\_\_\_ \leqq \sqrt{5} \leqq \_\_\_\_\_ \qquad \_\_\_\_\_\_\_\_\_\_\_\_\_\_\_\_\_\_\_\_$

$\_\_\_\_\_ \leqq \sqrt{5} \leqq \_\_\_\_\_ \qquad \_\_\_\_\_\_\_\_\_\_\_\_\_\_\_\_\_\_\_\_$

Wurzelziehen nach dem Heron-Verfahren

So funktioniert das Heron-Verfahren:

Mit Hilfe des Heron-Verfahrens lassen sich von jedem $\sqrt{x}$ Näherungswerte beliebiger Genauigkeit berechnen:

1. Möglichst guten Näherungswert a_1 schätzen: $\sqrt{x} \approx a_1$
2. Divisionskontrolle durchführen: $x : a_1 = a_2$
3. Mittelwert bilden: $\frac{a_1 + a_2}{2} = a_3$
4. Divisionskontrolle durchführen: $x : a_3 = a_4$

Dieses Verfahren wird so lange fortgesetzt, bis der Näherungswert gewünschter Genauigkeit erreicht ist.

Beispiel

Näherungswert für $\sqrt{2}$

1. Man schätzt einen Näherungswert a_1 für $\sqrt{2}$, z. B. $a_1 = 1$, denn $1^2 = 1$.
2. Durch Divisionskontrolle findet man den zugehörigen Wert $a_2 = 2 : 1 = 2$.
3. Einen besseren Näherungswert erhält man durch Mittelwertsbildung:
   $a_3 = \frac{a_1 + a_2}{2} = \frac{1 + 2}{2} = 1{,}5$.
4. Durch Divisionskontrolle bestimmt man $a_4 = 2 : 1{,}5 = 1{,}\overline{3}$
   $a_5 = \frac{a_3 + a_4}{2} = \frac{1{,}5 + 1{,}\overline{3}}{2} = 1{,}41\overline{6}$
   $a_6 = 2 : 1{,}41\overline{6} = 1{,}4117647\ldots$
   $a_7 = \frac{a_5 + a_6}{2} = 1{,}4142156\ldots$
   $a_8 = 2 : a_7 = 1{,}4142114\ldots$

Wenn du a_7 mit a_8 vergleichst, stellst du fest, dass bei den Näherungswerten die ersten 4 Ziffern übereinstimmen. Sie sind bereits gültige Ziffern des Ergebnisses. Wie weit du weiterrechnen musst, hängt davon ab, mit welcher Genauigkeit $\sqrt{2}$ bestimmt werden soll.

1.

a) Berechne $\sqrt{2}$ noch einmal, indem du als ersten Näherungswert $a_1 = 2$ nimmst. Was stellst du fest?

b) Um den Rechenaufwand zu verringern, wählt man den ersten Näherungswert a_1 möglichst dicht an der Wurzel.

Beispiel: $\sqrt{8}$ liegt zwischen 2 und 3, denn $2^2 = 4$ und $3^2 = 9$.
Da 3 näher an $\sqrt{8}$ liegt, nimmt man $a_1 = 3$.

Bestimme für folgende Wurzeln den ersten Näherungswert a_1:
$\sqrt{3}$, $\sqrt{5}$, $\sqrt{12}$, $\sqrt{23}$, $\sqrt{80}$, $\sqrt{110}$, $\sqrt{151}$

2.

Berechne nach dem Heron-Verfahren auf 4 Stellen nach dem Komma genau:
$\sqrt{3}$, $\sqrt{5}$, $\sqrt{8}$, $\sqrt{12}$, $\sqrt{61}$, $\sqrt{91}$, $\sqrt{17}$
Kontrolliere deine Ergebnisse auf dem Taschenrechner.

3.

Sieh dir noch einmal die Näherungswerte a_1 bis a_8 für die Berechnung von $\sqrt{2}$ auf der gegenüberliegenden Seite an. Je zwei von ihnen begrenzen ein Intervall. Notiere es so und überprüfe die Genauigkeit der Näherungswerte:

$a_1 = 1$; $a_2 = 2$ $\rightarrow 1 \leqq \sqrt{2} \leqq 2 \rightarrow 1^2 = 1 \leqq 2 \leqq 2^2 = 4$

$a_4 = 1,\overline{3}$; $a_3 = 1,5$ $\rightarrow 1,\overline{3} \leqq \sqrt{2} \leqq 1,5 \rightarrow$ ______________________________

$a_6 =$ ____; $a_5 =$ ____ $\rightarrow$ ____

$a_8 =$ ____; $a_7 =$ ____ $\rightarrow$ ____

Die reellen Zahlen $\mathbb{R}$

Jeden Bruch kannst du in einen Dezimalbruch umwandeln, indem du den Zähler durch den Nenner dividierst.

Beispiel: $\frac{1}{4} = 1:4 = 0{,}25$; $\frac{2}{3} = 2:3 = 0{,}\overline{6}$

Bei der Umwandlung eines vollständig gekürzten Bruches $\frac{a}{b}$ in einen Dezimalbruch treten folgende Fälle auf:

1. Division geht auf:	Es entsteht ein **abbrechender** Dezimalbruch (z. B. $\frac{3}{4} = 0{,}75$).
2. Division geht nicht auf:	Es entsteht ein **unendlicher rein periodischer** Dezimalbruch (z. B. $\frac{2}{3} = 0{,}\overline{6}$) oder ein **gemischt periodischer** Dezimalbruch (z. B. $\frac{7}{15} = 0{,}4\overline{6}$).

Jeder Dezimalbruch lässt sich auch in einen Bruch umwandeln.

Beispiele: $0{,}4 = \frac{4}{10} = \frac{2}{5}$; $0{,}\overline{4} = \frac{4}{9}$; $0{,}\overline{34} = \frac{34}{99}$

Was sind die reellen Zahlen $\mathbb{R}$?

Alle Zahlen, die sich als Brüche der Form $\frac{a}{b}$ mit $a \in \mathbb{Z}$ und $b \in \mathbb{Z}\setminus\{0\}$ schreiben lassen, heißen **rationale Zahlen**. Diese Zahlen bilden die Menge der rationalen Zahlen $\mathbb{Q}$.

Man kann zeigen, dass sich Zahlen wie $\sqrt{2}$, $\sqrt{31}$, $\sqrt{25{,}7}$ nicht auf diese Form $\frac{a}{b}$ bringen lassen. Sie heißen **irrationale (nicht rationale) Zahlen**. Ihre Dezimalbrüche sind unendlich, aber **nicht periodisch**.

Die Menge der rationalen Zahlen vereinigt mit der Menge der irrationalen Zahlen ergibt die Menge der **reellen Zahlen $\mathbb{R}$**.

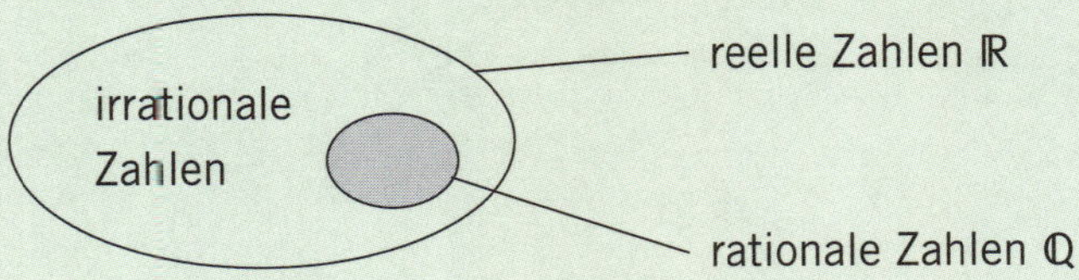

1.

a) Verwandle in Dezimalbrüche:

$\frac{2}{5}$; $\frac{3}{4}$; $\frac{7}{9}$; $\frac{1}{6}$; $\frac{1}{3}$; $\frac{5}{6}$; $\frac{5}{12}$; $\frac{3}{8}$; $\frac{6}{11}$; $\frac{19}{99}$

b) Welche Brüche von a) ergeben
① abbrechende,
② rein periodische,
③ gemischt periodische Dezimalbrüche?

2.

Wandle in Brüche um und kürze soweit wie möglich.

a) 0,3; 0,75; 0,125; 1,7; 1,05
b) 0,05; 7,5; 0,204; 0,245; 6,03
c) $0,\overline{3}$; $0,\overline{6}$; $0,\overline{5}$; $0,\overline{35}$; $0,\overline{63}$

3.

Welche dieser Zahlen 3,5; –25; $0,\overline{3}$; $\frac{1}{3}$; $\sqrt{2}$; 25; $\sqrt{7}$ sind

natürliche Zahlen ____________________

ganze Zahlen ____________________

rationale Zahlen ____________________

irrationale Zahlen ____________________

reelle Zahlen? ____________________

Bedenke: Manche Zahlen musst du mehrfach aufschreiben!

4.

Trage die Zahlen in die entsprechenden Gebiete des Diagramms ein:
$\sqrt{3}$; –5,1; $\frac{2}{3}$; $\sqrt{5}$; $0,\overline{71}$; $2\frac{1}{2}$; $\sqrt{10}$

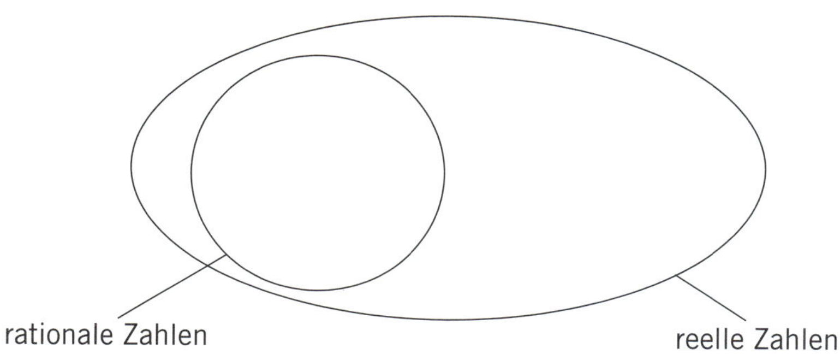

Rechnen mit Quadratwurzeln

So multiplizierst und dividierst du Quadratwurzeln:

$\sqrt{a}$ ist diejenige positive reelle Zahl, deren Quadrat a ergibt.

$\sqrt{a} \cdot \sqrt{a} = (\sqrt{a})^2 = a$ für $a \in \mathbb{R}_+$

$\sqrt{a^2} = a$ für $a \in \mathbb{R}_+$

$\mathbb{R}_+^*$ bezeichnet die Menge der positiven reellen Zahlen **ohne** die 0.
$\mathbb{R}_+$ bezeichnet die Menge der positiven reellen Zahlen **mit** der 0.

Beachte:
$\sqrt{(-2)^2}$ ist nicht −2, sondern +2, denn allgemein gilt:
$\sqrt{a^2} = |a|$ für $a < 0$, d. h. eine Quadratwurzel ist nie negativ, z. B. ist $\sqrt{-4}$ nicht definiert.

Es gilt:

$\sqrt{a} \cdot \sqrt{b} = \sqrt{a \cdot b}$, für $a, b \in \mathbb{R}_+$

$\sqrt{a} : \sqrt{b} = \sqrt{a : b}$ für $a \in \mathbb{R}_+$, $b \in \mathbb{R}_+^*$

So addierst und subtrahierst du Quadratwurzeln:

Eine Summe oder Differenz zweier Quadratwurzeln lässt sich nur dann vereinfachen, wenn die **Radikanden** (die Zahlen unter dem Wurzelzeichen) **gleich** sind. Es gilt dann:

$x\sqrt{a} \pm y\sqrt{a} = (x \pm y)\sqrt{a}$ für $x, y \in \mathbb{R}$, $a \in \mathbb{R}_+$,

zum Beispiel: $3\sqrt{5} + 4\sqrt{5} = (3 + 4)\sqrt{5} = 7\sqrt{5}$

$\sqrt{50} - \sqrt{18} = \sqrt{25 \cdot 2} - \sqrt{9 \cdot 2} = 5\sqrt{2} - 3\sqrt{2}$
$= (5 - 3)\sqrt{2} = 2\sqrt{2}$

1.

a) Vereinfache folgende Ausdrücke. Beachte: Die Wurzelwerte brauchen im Folgenden nicht ausgerechnet zu werden.

$(\sqrt{7})^2$; $\left(\sqrt{\frac{3}{8}}\right)^2$; $(\sqrt{2{,}8})^2$; $(\sqrt{37})^2$; $\left(\sqrt{18\frac{1}{2}}\right)^2$

b) Bestimme:

$\sqrt{16}$; $\sqrt{(-8)^2}$; $\sqrt{\left(\frac{1}{15}\right)^2}$; $-\sqrt{9^2}$; $\sqrt{\frac{1}{144}}$;

$\sqrt{\left(-\frac{3}{4}\right)^2}$; $-\sqrt{(-7)^2}$; $\sqrt{(2{,}3)^2}$; $-\sqrt{23^2}$; $\sqrt{(-23)^2}$

2.

Vereinfache so weit wie möglich:

a) $\sqrt{18}\cdot\sqrt{8}$; $\sqrt{45}\cdot\sqrt{5}$; $\sqrt{16}\cdot\sqrt{4}$; $\sqrt{72}\cdot\sqrt{\frac{1}{2}}$; $\sqrt{45}\cdot\sqrt{0{,}2}$

b) $\sqrt{36\cdot 25}$; $\sqrt{4\cdot 16}$; $\sqrt{676\cdot 81}$; $\sqrt{64\cdot 169}$; $\sqrt{0{,}4\cdot 0{,}9}$

c) $\sqrt{63}:\sqrt{7}$; $\sqrt{125}:\sqrt{5}$; $\sqrt{144}:\sqrt{4}$; $\sqrt{363}:\sqrt{3}$; $\sqrt{486}:\sqrt{6}$

3.

Manche Wurzeln lassen sich durch **teilweises Wurzelziehen** vereinfachen.

Beispiel: $\sqrt{27} = \sqrt{9\cdot 3} = \sqrt{9}\cdot\sqrt{3} = 3\cdot\sqrt{3}$

Berechne ebenso:

$\sqrt{32}$; $\sqrt{44}$; $\sqrt{126}$; $\sqrt{108}$; $\sqrt{128}$; $\sqrt{75}$; $\sqrt{45}$

4.

In den Wurzeltermen können natürlich auch Variablen wie x, y, a, b auftreten. Die Vorgehensweise bleibt die gleiche wie für Zahlenterme.

Beispiel: $a \geqq 0$

$$\sqrt{9a^3} = \sqrt{9\cdot a^2\cdot a} = \sqrt{9}\cdot\sqrt{a^2}\cdot\sqrt{a}$$
$$= 3\cdot a\cdot\sqrt{a}$$

Vereinfache entsprechend ($a, b \geqq 0$):

$\sqrt{16b^3}$; $\sqrt{3a^2}$; $\sqrt{8a^2b^2}$; $\sqrt{25ab^3}$

5.

Manche Ausdrücke lassen sich als **eine** Wurzel schreiben.

Beispiel: $2\sqrt{8} = \sqrt{4}\cdot\sqrt{8} = \sqrt{4\cdot 8} = \sqrt{32}$

$3\sqrt{5}$; $7\sqrt{10}$; $0{,}2\sqrt{5}$; $2\sqrt{9}$; $\frac{1}{2}\sqrt{3}$; $0{,}3\sqrt{2}$

6.

Durch Erweitern kann man Wurzeln im Nenner beseitigen (Nenner rational machen):

Beispiel: $\frac{2}{\sqrt{5}} = \frac{2\cdot\sqrt{5}}{\sqrt{5}\cdot\sqrt{5}} = \frac{2\cdot\sqrt{5}}{5} = \frac{2}{5}\sqrt{5}$

Beseitige die Wurzeln im Nenner und vereinfache, wenn möglich:

$\frac{2}{\sqrt{3}}$; $\frac{3}{\sqrt{6}}$; $\frac{\sqrt{5}}{\sqrt{7}}$; $\frac{\sqrt{12}}{\sqrt{20}}$; $\frac{3\sqrt{2}}{\sqrt{3}}$; $\frac{4\sqrt{8}}{\sqrt{2}}$; $\frac{3\sqrt{7}}{\sqrt{12}}$

7.

Berechne und vergleiche. Was stellst du fest?

a) $\sqrt{4} + \sqrt{16}$ mit $\sqrt{4 + 16}$ b) $\sqrt{36} - \sqrt{25}$ mit $\sqrt{36 - 25}$

8.

Für die Multiplikation und Division von Quadratwurzeln gilt:

$\sqrt{a}\cdot\sqrt{b} = \sqrt{a\cdot b}$ $\sqrt{a}:\sqrt{b} = \sqrt{a:b}$

Für die Addition und Subtraktion gilt **keine** entsprechende Umformungsregel.

Berechne und vergleiche:

$3\sqrt{5} + 4\sqrt{5}$ mit $7\sqrt{5}$

$\sqrt{50} - \sqrt{18}$ mit $5\sqrt{2} - 3\sqrt{2}$ und $2\sqrt{2}$

9.

Vereinfache so weit wie möglich:

$2\sqrt{7} + 4\sqrt{7}$; $\sqrt{12} + \sqrt{3}$; $3\sqrt{7} + 4\sqrt{7} - 2\sqrt{7}$

$6\sqrt{2} - 3\sqrt{2}$; $\sqrt{8} + \sqrt{32}$; $\sqrt{5} + 2\sqrt{3} - \sqrt{3}$

$-8\sqrt{3} + 5\sqrt{3}$; $\sqrt{45} + \sqrt{20}$; $2\sqrt{2} - \sqrt{8} + \sqrt{6}$

10.

Auch diese Terme lassen sich vereinfachen:

$3\sqrt{a} + 5\sqrt{a}$; $7\sqrt{x} - 2\sqrt{x}$; $3\sqrt{a} - 5\sqrt{b} + 4\sqrt{a}$

$2\sqrt{xy} - 5\sqrt{x} + 6\sqrt{xy}$; $3\sqrt{a} - \frac{1}{2}\sqrt{a}$; $0{,}5\sqrt{x} - 2\sqrt{x}$

11.

Diese Terme lassen sich erst dann vereinfachen, wenn man teilweise die Wurzeln zieht:

Beispiel: $\sqrt{9a} + \sqrt{4a} = \sqrt{9} \cdot \sqrt{a} + \sqrt{4} \cdot \sqrt{a}$
$= 3\sqrt{a} + 2\sqrt{a} = 5\sqrt{a}$

Rechne ebenso:

$\sqrt{25x} - \sqrt{16x}$; $\sqrt{100x} - \sqrt{25y} + \sqrt{16x}$; $\sqrt{x} + \sqrt{4x} - \sqrt{9x}$; $\sqrt{3a} - \sqrt{12a}$

12.

Häufig wendet man zur Lösung die binomischen Formeln an:

$(a + b)^2 = a^2 + 2ab + b^2$ $\quad$ $(a - b)^2 = a^2 - 2ab + b^2$

Beispiel: $(\sqrt{2} + \sqrt{3})^2 = (\sqrt{2})^2 + 2\sqrt{2} \cdot \sqrt{3} + (\sqrt{3})^2$
$= 2 + 2\sqrt{6} + 3$
$= 5 + 2\sqrt{6}$

Forme um:

a) $(\sqrt{3} + \sqrt{7})^2$
b) $(\sqrt{8} - \sqrt{2})^2$
c) $(2\sqrt{5} + \sqrt{3})^2$
d) $(\sqrt{5} + \sqrt{3})^2$
e) $(\sqrt{11} - \sqrt{3})^2$
f) $(3\sqrt{6} - 4\sqrt{2})^2$
g) $(\sqrt{0{,}2} - \sqrt{0{,}3})^2$
h) $\left(2\sqrt{\tfrac{1}{2}} - \sqrt{2}\right)^2$
i) $(4\sqrt{1{,}5} - \sqrt{10})^2$

13.

Vereinfache:

a) $(\sqrt{2a} - \sqrt{3b})^2$
b) $(\sqrt{3x} + \sqrt{3y})^2$
c) $(3\sqrt{x} - 3\sqrt{y})^2$
d) $(2\sqrt{a} + 4\sqrt{b})^2$
e) $\left(\tfrac{1}{2} \cdot \sqrt{x} + 2\sqrt{y}\right)^2$
f) $(\sqrt{5x} + \sqrt{20y})^2$

14.*

Terme wie $\frac{2}{\sqrt{3}+\sqrt{5}}$ oder $\frac{3}{2\sqrt{7}-\sqrt{2}}$, bei denen eine Summe oder Differenz von Quadratwurzeln im Nenner vorkommt, werden erweitert (**rational gemacht**), indem man die binomische Formel $(a+b)(a-b) = a^2 - b^2$ anwendet.

1. Beispiel:
$$\frac{2}{\sqrt{3}+\sqrt{5}} = \frac{2\cdot(\sqrt{3}-\sqrt{5})}{(\sqrt{3}+\sqrt{5})\cdot(\sqrt{3}-\sqrt{5})}$$
$$= \frac{2(\sqrt{3}-\sqrt{5})}{(\sqrt{3})^2-(\sqrt{5})^2} = \frac{2(\sqrt{3}-\sqrt{5})}{3-5}$$
$$= \frac{2(\sqrt{3}-\sqrt{5})}{-2} = -(\sqrt{3}-\sqrt{5})$$
$$= -\sqrt{3}+\sqrt{5}$$

2. Beispiel:
$$\frac{3}{2\sqrt{7}-\sqrt{2}} = \frac{3\cdot(2\sqrt{7}+\sqrt{2})}{(2\sqrt{7}-\sqrt{2})\cdot(2\sqrt{7}+\sqrt{2})}$$
$$= \frac{3(2\sqrt{7}+\sqrt{2})}{(2\sqrt{7})^2-(\sqrt{2})^2} = \frac{3(2\sqrt{7}+\sqrt{2})}{4\cdot 7-2}$$
$$= \frac{3(2\sqrt{7}+\sqrt{2})}{26} = \frac{3}{26}(2\sqrt{7}+\sqrt{2})$$

Beseitige die Wurzeln im Nenner:

a) $\frac{4}{\sqrt{5}-\sqrt{2}}$ b) $\frac{12}{\sqrt{11}+\sqrt{21}}$ c) $\frac{5}{\sqrt{2}+3\sqrt{5}}$ d) $\frac{20}{2\sqrt{7}-\sqrt{8}}$

e) $\frac{7}{\sqrt{0{,}2}-\sqrt{1{,}2}}$ f) $\frac{2{,}5}{3\sqrt{5}-2\sqrt{3}}$ g) $\frac{0{,}8}{\sqrt{0{,}5}+\sqrt{1{,}5}}$ h) $\frac{1}{\sqrt{7}-\sqrt{8}}$

i) $\frac{4}{\sqrt{3}+\sqrt{2}}$ k) $\frac{3}{2\sqrt{5}-3\sqrt{2}}$ l) $\frac{12}{3\sqrt{3}+2\sqrt{5}}$ m) $\frac{1}{\sqrt{5}-\sqrt{12}}$

15.*

Auch hier wird der Nenner durch Erweitern **rational gemacht**:

Beispiel: $\frac{2}{\sqrt{3}} = \frac{2\sqrt{3}}{(\sqrt{3})^2} = \frac{2\sqrt{3}}{3} = \frac{2}{3}\sqrt{3}$

Mache den Nenner rational:

a) $\frac{1}{\sqrt{2}}$ b) $\frac{3}{\sqrt{6}}$ c) $\frac{5}{2\sqrt{3}}$ d) $\frac{8}{\sqrt{2}}$

16.*

Vereinfache:

a) $\sqrt{(y^2-2y)^2}$ b) $\sqrt{(1-y)^2}$ c) $\sqrt{y^2(y+1)^2}$

d) $\sqrt{(-42)^2}$ e) $\sqrt{(y+1)^2}$ f) $\sqrt{y^2+6y+9}$

17.

Mache den Nenner rational:

a) $\frac{2}{\sqrt{2}+\sqrt{7}}$ b) $\frac{2}{7+\sqrt{2}}$ c) $\frac{-2}{\sqrt{7}-\sqrt{2}}$ d) $\frac{-2}{\sqrt{2}-\sqrt{7}}$

18.*

Beseitige die Wurzeln im Nenner.

a) $\frac{2\sqrt{3}-3\sqrt{2}}{\sqrt{3}+2\sqrt{2}}$ b) $\frac{2\sqrt{2}+3}{3\sqrt{2}+4}$ c) $\frac{1+\sqrt{5}}{1-\sqrt{5}}$

d) $\frac{2}{1+\sqrt{2}}+\frac{1}{2\sqrt{2}+3}$ e) $\frac{\sqrt{12}-3}{\sqrt{12}+3}$ f) $\frac{\sqrt{10}-\sqrt{2}}{\sqrt{2}+\sqrt{5}}$

19.

Ziehe die Wurzel für $a \in \mathbb{R}_+$ teilweise:

a) $\sqrt{80a^2}$ b) $\sqrt{\frac{350}{99}}$ c) $\sqrt{\frac{144}{a^3}}$, $a \neq 0$ d) $\sqrt{612a^5}$

Zusammenfassung

Begriffe	Erläuterungen	Beispiele
Quadratwurzel	$\sqrt{x}$ ist die nichtnegative Zahl, die quadriert x ergibt.	$\sqrt{9} = 3$, denn $3^2 = 9$
Intervall-schreibweise	Für $1 \leq \sqrt{3} \leq 2$ schreibt man auch $\sqrt{3} \in [1; 2]$ und liest: $\sqrt{3}$ liegt im Intervall von 1 bis 2 (einschließlich der Intervallgrenzen).	
Quadratwurzel-berechnung (Heron-Ver-verfahren)	Das Vefahren, durch immer engere Intervalle die Wurzel zu bestimmen, heißt **Intervallschachtelung**. Jedes neue Intervall ist dabei im vorhergehenden enthalten und die Intervall-länge nimmt jedes Mal ab.	Berechnung von $\sqrt{2}$ 1. Näherungswert schätzen: $\sqrt{2} \approx 1{,}5$ 2. Divisionskontrolle: $2 : 1{,}5 = 1{,}\overline{3}$ 3. Mittelwert bilden: $\frac{1{,}5 + 1{,}\overline{3}}{2} = 1{,}41\overline{6}$ 4. Divisionskontrolle: $2 : 1{,}41\overline{6} \approx 1{,}4118$ 5. Mittelwert bilden: $\frac{1{,}41\overline{6} + 1{,}4118}{2} \approx 1{,}41423$ 6. Divisionskontrolle: …

Begriffe	Erläuterungen	Beispiele
Reelle Zahlen	Alle Zahlen, die sich als Brüche der Form $\frac{a}{b}$ mit $a \in \mathbb{Z}$ und $b \in \mathbb{Z}\setminus\{0\}$ schreiben lassen, heißen **rationale Zahlen**. Zahlen wie $\sqrt{2}$, $\sqrt{3}$ lassen sich nicht auf die Form $\frac{a}{b}$ bringen. Sie heißen **irrationalen Zahlen. Ihre Dezimalbrüche sind unendlich**, aber **nicht periodisch**.	Bezeichnungen: $\mathbb{Q}$ Menge der rationalen Zahlen $\mathbb{R}$ Menge der reellen Zahlen $\mathbb{R}_+^*$ Menge der positiven reellen Zahlen ohne Null $\mathbb{R}_+$ Menge der positiven reellen Zahlen **mit** 0 $\frac{3}{11} = 0,\overline{27}$ (periodisch) $\sqrt{2} = 1,4142...$ (nicht periodisch)
Multiplizieren und Dividieren von Quadratwurzeln	$\sqrt{a} \cdot \sqrt{b} = \sqrt{a \cdot b}$ für $a, b \in \mathbb{R}_+$ $\sqrt{a} : \sqrt{b} = \sqrt{a : b}$ für $a \in \mathbb{R}_+$, $b \in \mathbb{R}_+^*$ **Sonderfälle:** $\sqrt{a} \cdot \sqrt{a} = (\sqrt{a})^2 = a$ für $a \in \mathbb{R}_+$ $\sqrt{a^2} = \lvert a \rvert$ für $a \in \mathbb{R}$	$\sqrt{2} \cdot \sqrt{18} = \sqrt{2 \cdot 18} = \sqrt{36} = 6$ $\sqrt{50} : \sqrt{2} = \sqrt{50 : 2} = \sqrt{25} = 5$ $\sqrt{3} \cdot \sqrt{3} = (\sqrt{3})^2 = 3$ $\sqrt{5^2} = 5$ $\sqrt{(-5)^2} = 5$
Teilweises Wurzelziehen	Lässt sich die Zahl unter dem Wurzelzeichen (Radikand) in ein Produkt zerlegen, in dem ein Faktor eine Quadratzahl ist, so kann man teilweise die Wurzel ziehen.	$\sqrt{50} = \sqrt{25 \cdot 2} = \sqrt{25} \cdot \sqrt{2} = 5 \cdot \sqrt{2}$ $3 \cdot \sqrt{5} = \sqrt{9} \cdot \sqrt{5} = \sqrt{45}$

Begriffe	Erläuterungen	Beispiele
Rationalmachen eines Nenners	Durch Erweitern kann man die Wurzel im Nenner eines Bruchterms beseitigen.	$\frac{7}{\sqrt{2}} = \frac{7 \cdot \sqrt{2}}{\sqrt{2} \cdot \sqrt{2}} = \frac{7 \cdot \sqrt{2}}{2} = \frac{7}{2}\sqrt{2}$
	Hier erweitert man durch Anwendung der binomischen Formel: $(a + b) \cdot (a - b) = a^2 - b^2$	$\frac{7}{5 - \sqrt{2}} = \frac{7(5 + \sqrt{2})}{(5 - \sqrt{2})(5 + \sqrt{2})} = \frac{7(5 + \sqrt{2})}{5^2 - (\sqrt{2})^2} = \frac{7(5 + \sqrt{2})}{25 - 2} = \frac{7(5 + \sqrt{2})}{23}$
Addieren und Subtrahieren von Quadratwurzeln	$x\sqrt{a} \pm y\sqrt{a} = (x \pm y)\sqrt{a}$ für $x, y \in \mathbb{R}$, $a \in \mathbb{R}_+$	$7 \cdot \sqrt{5} - 3\sqrt{5} = (7 - 3)\sqrt{5} = 4\sqrt{5}$ $\sqrt{45} + \sqrt{20} = \sqrt{9 \cdot 5} + \sqrt{4 \cdot 5} = 3\sqrt{5} + 2\sqrt{5} = (3 + 2)\sqrt{5} = 5\sqrt{5}$

Test

Test 1

a) In welchem Intervall liegt $\sqrt{5}$?
Quadriere mit dem Taschenrechner:
[2,10; 2,19]   [2,20; 2,25]

b) Berechne $\sqrt{5}$ nach dem Heron-Verfahren auf drei Stellen nach dem Komma genau.

Test 2

Welche dieser Zahlen sind rationale und welche irrationale Zahlen? Wandle dazu die rationalen Zahlen in die Form $\frac{a}{b}$ um.

$0{,}875 \qquad 0{,}\overline{12} \qquad \sqrt{19}$

Rational: ____________________ Irrational: ____________________

Test 3

Rechne mit diesen Quadratwurzeln:

a) $\sqrt{5} \cdot \sqrt{20} =$ ________________ $\sqrt{135} : \sqrt{15} =$ ________________

b) Ziehe hier teilweise die Wurzel:

$\sqrt{108} =$ ________________________________

c) Schreibe als eine Wurzel:

$3\sqrt{7} =$ ________________________________

d) Mache diese Nenner rational:

$\frac{5}{\sqrt{7}} =$ ________________ $\frac{2}{3 - \sqrt{5}} =$ ________________

e) Vereinfache diese Terme soweit wie möglich:

$7\sqrt{8} - 4\sqrt{8} =$ ________________________________

$\sqrt{20} + \sqrt{45} =$ ________________________________

$(\sqrt{3} - \sqrt{2})^2 =$ ________________________________

3 Quadratische Funktionen

Die quadratische Funktion $x \mapsto x^2$

Der Flächeninhalt eines Quadrates mit der Seitenlänge a wird nach der Formel $A = a^2$ berechnet.

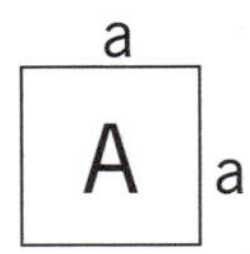

Die Zuordnung

Seitenlänge ↦ Flächeninhalt

$x \mapsto x^2$

ergibt die Funktion mit diesem Graphen.

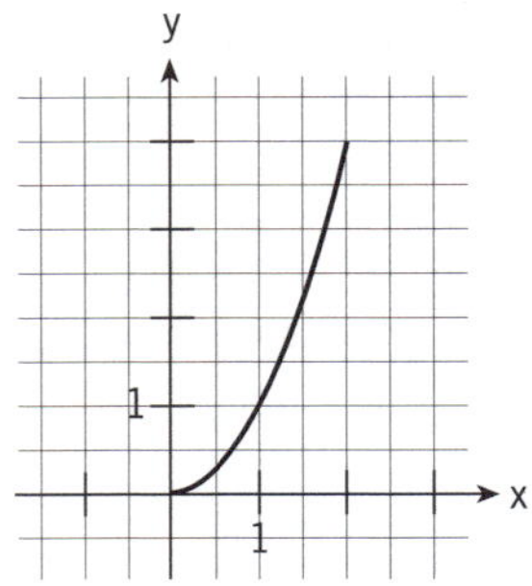

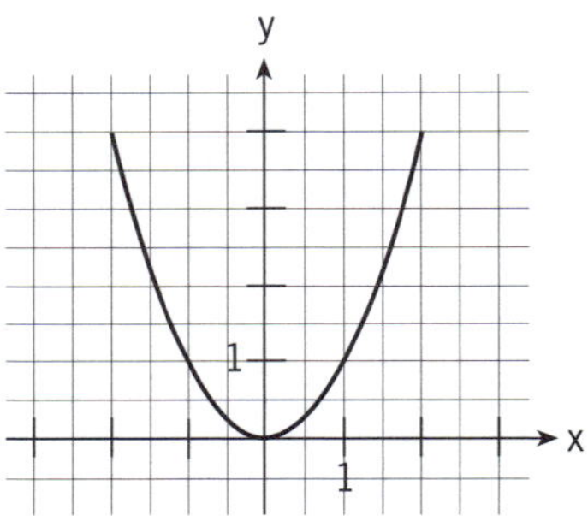

Erweitert man die Definitionsmenge von $\mathbb{Q}^+$ auf $\mathbb{Q}$, so erhält man als Graphen der Funktion eine Parabel.

Was ist die quadratische Funktion $x \mapsto x^2$?

Die Funktion $x \mapsto x^2$ (mit der Funktionsgleichung $y = x^2$) für $x \in \mathbb{Q}$ heißt **quadratische Funktion.**

Ihr Graph ist eine **Parabel** mit dem **Scheitel** im Ursprung des Koordinatensystems.

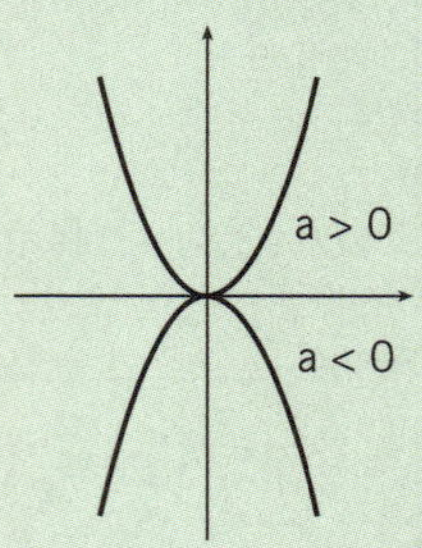

Die Graphen der Funktion $x \mapsto ax^2$ mit $a \neq 0$ sind Parabeln mit der Funktionsgleichung $y = ax^2$. Für $a > 0$ sind die Parabeln nach oben, für $a < 0$ nach unten geöffnet. Ist $a = 1$, so heißt das Bild **Normalparabel**.

Die Scheitelpunkte S aller dieser Parabeln liegen im Ursprung S(0|0).

1.

a) Berechne für die in der Tabelle eingetragenen Seitenlängen x die Flächeninhalte $y = x^2$ und zeichne den Graphen.

x	0	0,5	1	1,5	2
x^2	0	0,25	1	2,25	4

b) Fülle die Tabelle aus und zeichne den Graphen:

x	−2	−1,5	−1	−0,5	0	0,5	1	1,5	2
x^2	4	2,25	1	0,25	0	0,25	1	2,25	4

c) Kannst du den Graphen von b) erzeugen, indem du den Graphen von a) an der y-Achse spiegelst?

2.

Zeichne zu folgenden Funktionen den Graphen in das gleiche Achsenkreuz:

a) $x \mapsto x^2$ b) $x \mapsto \frac{1}{4}x^2$ c) $x \mapsto 2x^2$

d) $x \mapsto -x^2$ e) $x \mapsto -\frac{1}{4}x^2$ f) $x \mapsto -2x^2$

Beachte dabei:

α) Wo liegt jeweils der Scheitel der Parabeln?

β) Ist die y-Achse weiterhin Symmetrieachse jeder einzelnen Parabel?

γ) In welchen der Fälle ist die Parabel nach unten geöffnet?

3.

Von welcher der rechts abgebildeten Parabeln gilt $a < 0$?

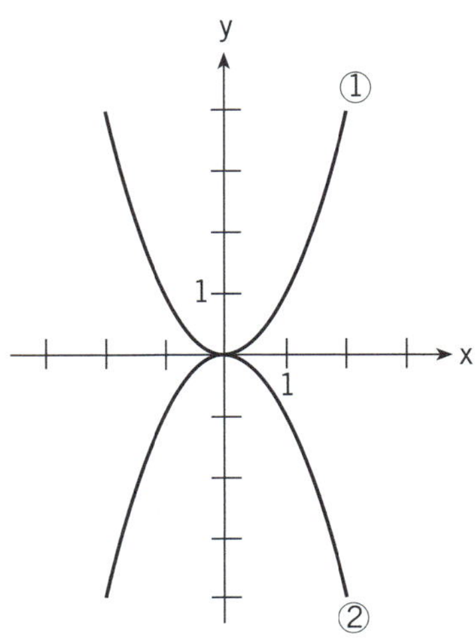

4.

a) Zeichne die Graphen dieser Funktionen jeweils ins gleiche Koordinatensystem.

α) $x \mapsto 2x^2$ und $x \mapsto -2x^2$

β) $x \mapsto x^2$ und $x \mapsto -x^2$

b) Gib die Lage der Symmetrieachsen dieser beiden Parabeln an.

Allgemeine quadratische Funktionen

Wie sieht eine quadratische Funktion aus?

Der Graph der Funktion

$x \mapsto x^2 + bx + c$

ist eine Normalparabel, deren Scheitel um x_s in Richtung der x-Achse und um y_s in Richtung der y-Achse verschoben ist.

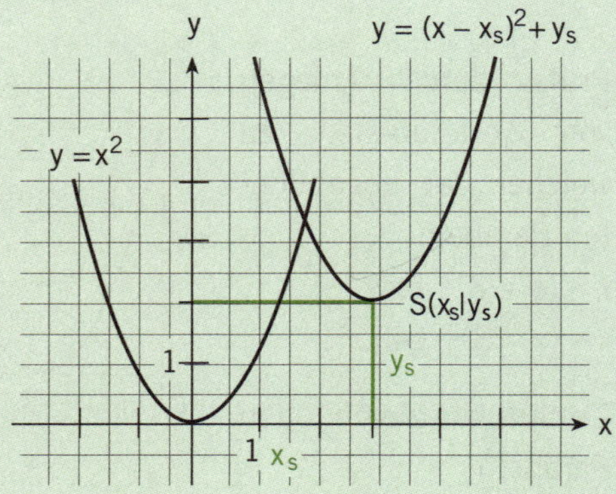

Die Funktionsgleichung

$y = x^2 + bx + c$

lässt sich durch eine quadratische Ergänzung in die **Scheitelform** $y = (x - x_s)^2 + y_s$ bringen. Aus ihr ergibt sich die Lage des **Scheitelpunktes** $S(x_s | y_s)$.

Beispiel

So wandelst du $y = x^2 - 4x - 3$ in die Scheitelform um:

Die quadratische Ergänzung ergibt sich aus der Anwendung der entsprechenden binomischen Formel: $(x - a)^2 = x^2 - 2ax + a^2$

$x^2 - 4x - 3$

Aus $2a = 4$ folgt $a = 2$ und $a^2 = 4$

Daraus ergibt sich folgende Umformung:

quadratische Ergänzung

$$\underbrace{x^2 - 4x \textcircled{+4}}_{(x-2)^2}\ \underbrace{\boxed{-4} - 3}_{-7}$$

$\boxed{-4}$ gleicht die quadratische Ergänzung $\textcircled{+4}$ aus, damit der Wert des Termes nicht verändert wird.

Es gilt also: $x^2 - 4x - 3 = (x - 2)^2 - 7$.

Aus dieser Scheitelform lässt sich die Lage des Scheitelpunktes ablesen: $S(2 | -7)$.

1.

Zeichne die Graphen zu diesen Funktionen:

① $x \mapsto x^2 + 2$	② $x \mapsto x^2 - 2$	③ $x \mapsto \frac{1}{4}x^2 + 3$
④ $x \mapsto 2x^2 - 3$	⑤ $x \mapsto -x^2 + 2$	⑥ $x \mapsto -x^2 - 2$

a) Gib jeweils die Koordinaten $(x_s | y_s)$ des Scheitelpunktes S an.

b) Bei welchen Funktionen sind die Parabeln nach unten geöffnet?

2.

a) Prüfe durch Anlegen von Wertetabellen, zu welcher der abgebildeten Parabeln
$x \mapsto (x + 3)^2$ bzw.
$x \mapsto (x - 3)^2$ gehört.

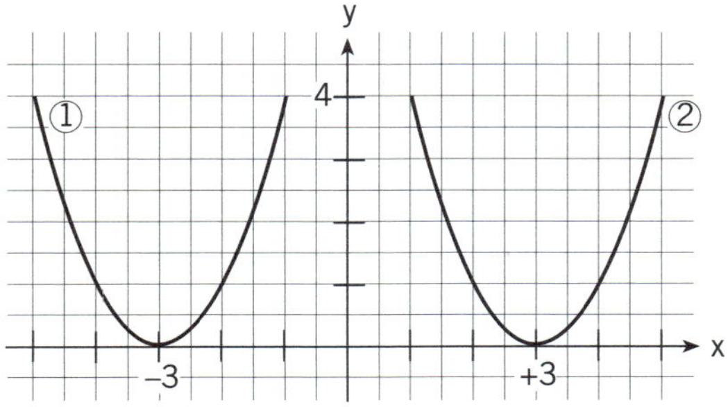

b) Zeichne die zugehörigen Parabeln:
$x \mapsto x^2 + 6x + 9$
$x \mapsto x^2 - 6x + 9$

c) Vergleiche die Abbildungen der Aufgaben a) und b) miteinander. Was stellst du fest?

d) Zu welcher Parabel gehört S(–3|0) und zu welcher S(3|0)?

3.

Ausdrücke wie $(x + 3)^2$ bzw. $(x - 3)^2$ kann man mit Hilfe der binomischen Formeln

$(x + a)^2 = x^2 + 2ax + a^2$ $\qquad$ $(x - a)^2 = x^2 - 2ax + a^2$

umwandeln.

Forme um:

a) $(x + 3)^2$	b) $(x - 3)^2$	c) $(x + 5)^2$	d) $\left(x - \frac{1}{2}\right)^2$
e) $(x + 2{,}5)^2$	f) $(x + 1)^2$	g) $(x - 1)^2$	h) $\left(x - \frac{3}{4}\right)^2$

4.

Beispiel: $x^2 - 12x + 36 = (x - \_\_\_\_)^2$

$x^2 - 2ax + a^2 = (x - a)^2$

Nach den beiden Gleichungen muss $2a = 12$ sein. Also $a = 6$.

Zur Probe rechnet man $a^2 = 36$.

Damit gilt: $x^2 - 12x + 36 = (x - 6)^2$

Wandle diese Terme so in Quadrate zurück:

a) $x^2 + 2x + 1$ b) $x^2 - 6x + 9$ c) $x^2 + x + \frac{1}{4}$

d) $x^2 - 8x + 16$ e) $x^2 + 10x + 25$ f) $x^2 + 3x + 2\frac{1}{4}$

5.

Forme die Ausdrücke mit Hilfe der quadratischen Ergänzung um:

a) $x^2 - 2x - 1$ b) $x^2 + 6x + 5$ c) $x^2 - 8x - 7$

d) $x^2 + x - 1$ e) $x^2 - 10x + 1$ f) $x^2 - x + 2$

6.

a) Prüfe durch Anlegen von Wertetabellen, zu welcher der abgebildeten Parabeln
$x \mapsto (x - 3)^2 - 2$ bzw.
$x \mapsto (x + 3)^2 - 2$
gehört.

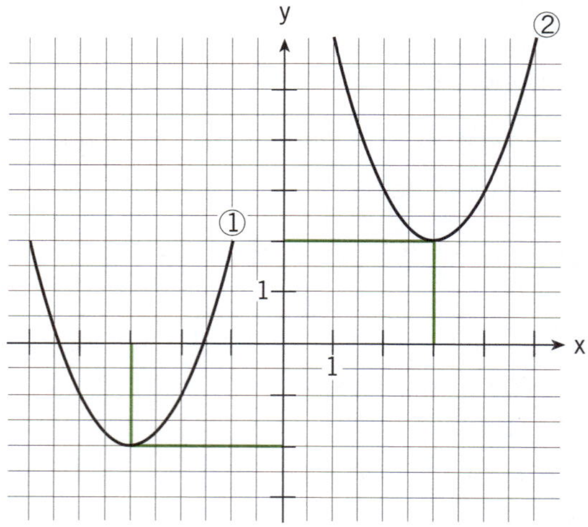

b) Zeichne folgende Parabeln und vergleiche sie mit den in a) abgebildeten:
$x \mapsto x^2 - 6x + 11$
$x \mapsto x^2 + 6x + 7$

c) Forme die folgenden Terme mit Hilfe von quadratischen Ergänzungen um. Vergleiche die Ergebnisse mit Aufgabe a).
$x^2 - 6x + 11$; $x^2 + 6x + 7$

d) Lies von beiden Parabeln die Koordinaten der Scheitelpunkte ab.

Tipp

Zeichne auf dünner Pappe eine Normalparabel. Kennzeichne ihre Symmetrieachse. Schneide sie aus und verwende sie für die Aufgaben als Schablone. Du kannst dir damit viel Arbeit ersparen!

7.

In dieser und in den folgenden Aufgaben geben wir von den quadratischen Funktionen nur noch die Funktionsgleichungen an. Bestimme jeweils die Lage von S und zeichne dann die Parabel:

a) $y = x^2 - 1$ b) $y = x^2 + 2$ c) $y = x^2 - 3$
d) $y = (x - 1)^2$ e) $y = (x + 2)^2$ f) $y = (x - 3)^2$
g) $y = (x - 1)^2 + 2$ h) $y = (x + 2)^2 - 1$ i) $y = (x - 3)^2 + 2$

8.

Lies aus dieser Abbildung die Koordinaten der Scheitelpunkte ab. Welche Funktionsgleichungen gehören demnach jeweils zu den Parabeln ①, ② und ③?

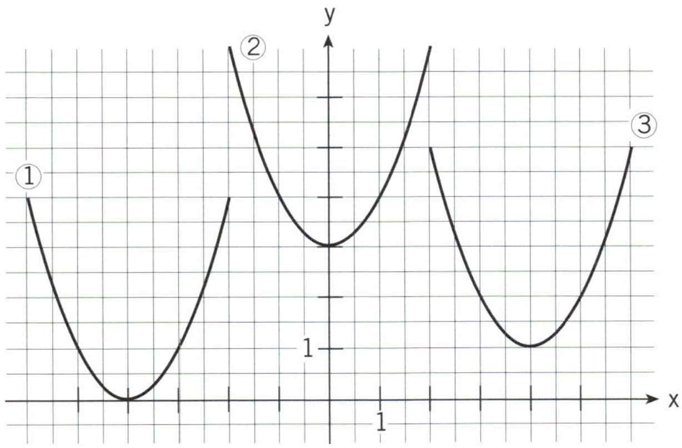

a) $y = (x - 4)^2 + 1$
b) $y = (x + 4)^2$
c) $y = x^2 + 3$

9.

Hier sind die Scheitel S gegeben:

a) S(0|–2) b) S(–2|0) c) S(–2|3)

Welche Funktionsgleichungen gehören zu diesen Scheitelpunkten:

① $y = (x + 2)^2 + 3$ ② $y = (x + 2)^2$ ③ $y = x^2 - 2$

Zeichne die Parabeln.

10.*

Forme diese Gleichungen mit Hilfe von quadratischen Ergänzungen so um, dass man die Koordinaten des jeweiligen Scheitelpunktes ablesen kann.

a) $y = x^2 + 8x - 5$ b) $y = x^2 - 6x + 3$ c) $y = x^2 + 2x - 5$
d) $y = x^2 + x - 1$ e) $y = x^2 + 2x - 3$ f) $y = x^2 - 4x + 2$

Gib die Koordinaten der Scheitelpunkte an.

Extremwerte quadratischer Funktionen

Was sind Extremwerte von quadratischen Funktionen?

Die Parabel ① besitzt im Scheitelpunkt S_1 ihren kleinsten Funktionswert – ihr **Minimum**.
Die Parabel ② erreicht dagegen in S_2 ihren größten Funktionswert – ihr **Maximum**.

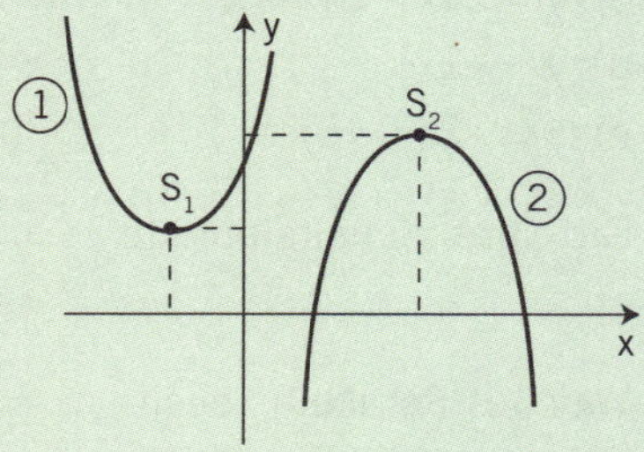

So findest du die Extremwerte:

Ist die Funktionsgleichung in der Form

$$y = ax^2 + bx + c \text{ mit } a \neq 0$$

gegeben, so muss man sie mit Hilfe der quadratischen Ergänzung in die Scheitelform bringen:

$$y = a(x - x_s)^2 + y_s$$

Ist $a > 0$, so hat die Parabel in $S(x_s|y_s)$ ein **Minimum**.
Für $a < 0$ liegt dagegen in $S(x_s|y_s)$ ein **Maximum**.
x_s liefert dann jeweils den x-Wert, für den y_s der maximale bzw. minimale Funktionswert ist.

Beispiel $\mathbf{y = -2x^2 + 12x - 14 = -2[x^2 - 6x + 7]}$

Da $a = -2$, also $a < 0$, muss die Parabel ein Maximum haben.
Für den Ausdruck in der Klammer lässt sich leicht die quadratische Ergänzung bestimmen:

$$y = -2[x^2 - 6x + 9 - 9 + 7]$$
$$y = -2[\underbrace{x^2 - 6x + 9} - 2]$$
$$y = -2[\quad(x - 3)^2\quad - 2]$$
$$y = -2(x - 3)^2 + 4$$

Nach Auflösen der eckigen Klammern erhalten wir die Scheitelform, aus der wir die Koordinaten des Maximums ablesen können: $S(3|4)$.
D. h., diese Parabel nimmt für $x = 3$ das Maximum $y = 4$ an.

1.

α) Zu welcher der abgebildeten Parabeln gehören diese Funktionsgleichungen:

a) $y = 2x^2$
b) $y = 2(x - 2)^2$
c) $y = 2(x - 3)^2 + 2$
d) $y = -2x^2$
e) $y = -2(x - 5)^2 + 2$

β) Gib ihre Scheitelpunkte an.

γ) Welche Parabeln besitzen ein Minimum und welche ein Maximum?

δ) Gib die Koordinaten dieser Extrempunkte an.

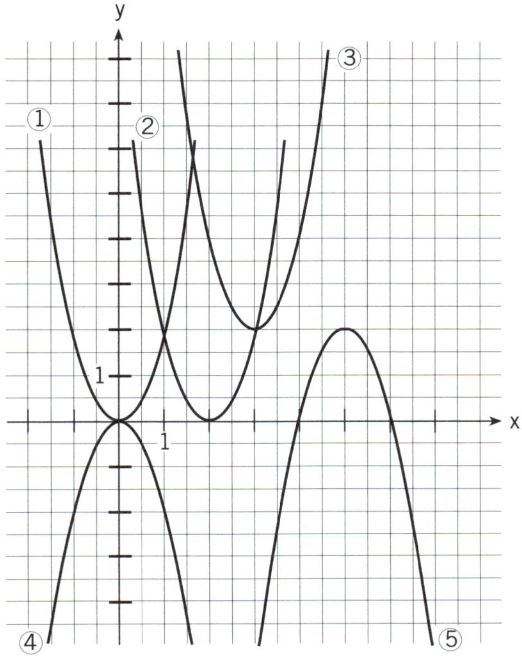

2.

a) Zeichne diese Parabeln (Wertetabellen aufstellen).

① $y = 2(x - 1)^2$ ② $y = -2(x - 1)^2$ ③ $y = \frac{1}{2}x^2$
④ $y = -\frac{1}{2}x^2$ ⑤ $y = -2(x - 3)^2 + 1$ ⑥ $y = 2(x - 3)^2 + 1$

b) Gib von jeder Parabel die Lage des Maximums bzw. Minimums an.

c) Woran kann man an der Funktionsgleichung erkennen, ob die dazugehörige Parabel ein Maximum besitzt?

3.

a) Zeichne diese Parabeln jeweils in das gleiche Koordinatensystem.

① $y = x^2$; $y = 4x^2$; $y = -2x^2$
② $y = x^2$; $y = x^2 - 3$; $y = x^2 + 3$
③ $y = x^2$; $y = (x - 2)^2$; $y = (x + 2)^2$

b) Gib von jeder Parabel die Lage des jeweiligen Extrempunktes an.

4.

a) Auch diese Parabeln sollen jeweils ins gleiche Koordinatensystem gezeichnet werden.

① $y = 2x^2$; $y = 2x^2 - 4$; $y = 2(x - 4)^2$

② $y = -\frac{1}{2}x^2$ $y = -\frac{1}{2}x^2 + 2$; $y = -\frac{1}{2}(x + 2)^2$

③ $y = 3(x - 2)^2$; $y = -3(x - 2)^2$; $y = 3(x - 2)^2 + 1$

b) Bestimme die Extremwerte und notiere die entsprechenden Koordinaten.

5.

a) Zeichne die Parabel für $y = -2x^2 + 12x - 14$ und bestimme die Lage des Maximums.

b) Setze in die obige Funktionsgleichung nacheinander für x die Werte 2; 3; 4 ein. Für welchen x-Wert erhältst du das größte y?

c) Löse ebenso:

① $y = 3x^2 - 12x + 15$ ② $y = 2x^2 - 12x + 18$

③ $y = -x^2 + 4x - 5$ ④ $y = -4x^2 + 8x + 8$

6.

a) Forme die Funktionsgleichungen in die Scheitelform um. Arbeite dazu mit der quadratischen Ergänzung.

① $y = 4x^2 + 24x + 28$ ② $y = 2x^2 - 8x + 10$

③ $y = \frac{1}{2}x^2 + 3x + \frac{7}{2}$ ④ $y = 3x^2 + 12x + 18$

b) Wo liegen die Extrempunkte? Gib jeweils ihre Koordinaten an.

7.*

Gib die Extremwerte (Minimum bzw. Maximum) an:

a) $y = 3x^2 - 1$ b) $y = -2x^2 + 1$ c) $y = -(x + 2)^2$

d) $y = 4(x + 2)^2 - 5$ e) $y = -\frac{1}{4}x^2$ f) $y = -(x - 1)^2 + 3$

g) $y = 3x^2 - 6x + 12$ h) $y = -x^2 + 8x - 12$ i) $y = 5x^2 - 20x + 25$

8.*

Bestimme die Extremwerte:

a) $y = 2x^2 + 12x$ b) $y = -x^2 + 4x - 2$ c) $y = -x^2 - 6x$

d) $y = 2x^2 - 16x - 14$ e) $y = -16x^2$ f) $y = 3x^2 - 6x + 15$

g) $y = -\frac{1}{16}x^2$ h) $y = -(x - 3)^2$ i) $y = -2x^2 + 16x - 24$

9.

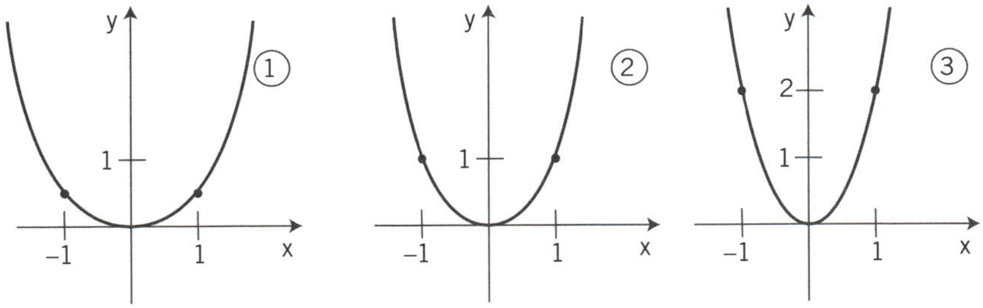

a) Ordne den Parabeln diese Funktionsgleichungen zu

$y = x^2$; $y = \frac{1}{2}x^2$; $y = 2x^2$

Untersuche dazu jeweils den $x = 1$ zugeordneten y-Wert.

b) Gib die Koordinaten x_s, y_s der Extrempunkte an.

10.*

Kannst du jetzt aus diesen Graphen die entsprechenden Funktionsgleichungen ableiten?

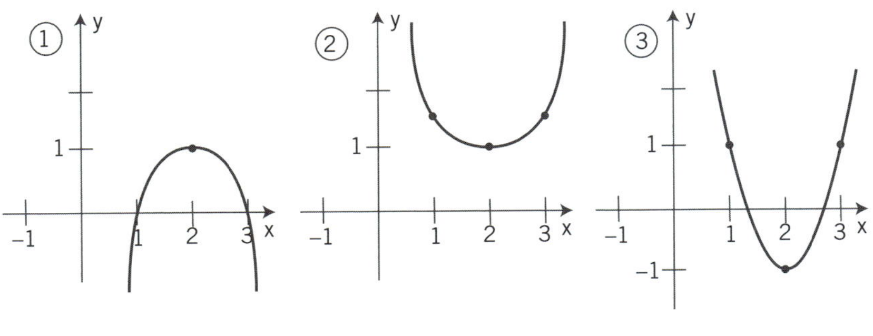

Zusammenfassung

Begriffe	Erläuterungen	Beispiele
Quadratische Funktion $x \mapsto x^2$	Die Funktion $x \mapsto x^2$ für $x \in \mathbb{Q}$ heißt quadratische Funktion. Ihr Graph ist eine Parabel mit Scheitel S im Ursprung des Koordinatensystems (Normalparabel).	$x \mapsto x^2$ Funktionsgleichung $y = x^2$ 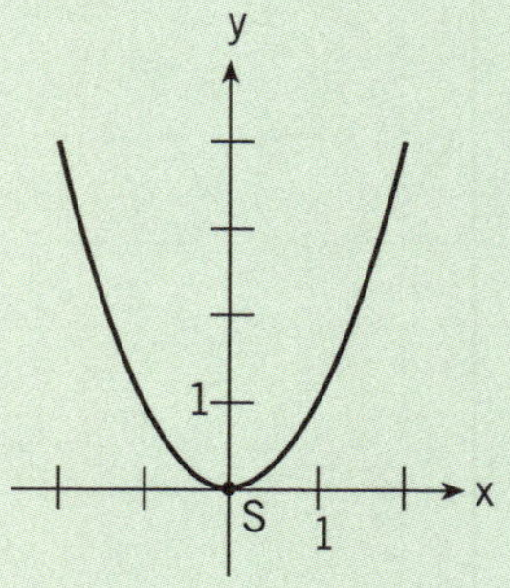
$x \mapsto ax^2$	Die Graphen der Funktionen $x \mapsto ax^2$ mit $a \neq 0$ sind Parabeln. Für $a > 0$ sind die Parabeln nach **oben** geöffnet. Für $a < 0$ sind die Parabeln nach **unten** geöffnet. Ist $a = 1$, so heißt das Bild Normalparabel. Die Scheitelpunkte S aller dieser Parabeln liegen im Ursprung: S(0|0)	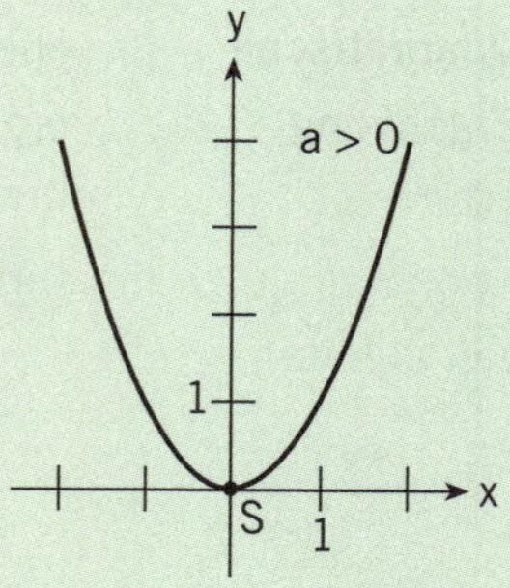 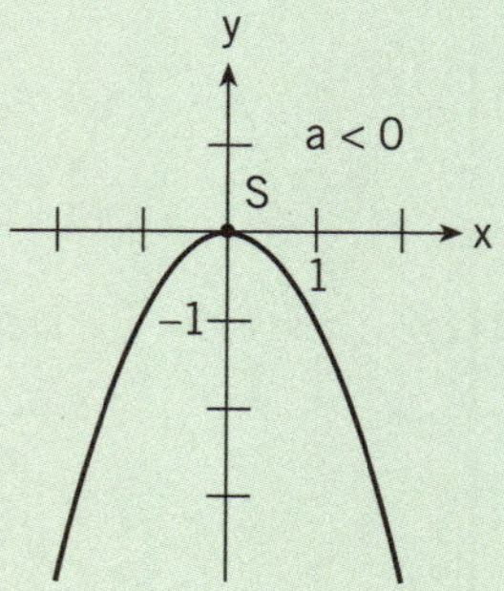

Begriffe	Erläuterungen	Beispiele
$x \mapsto (x - b)^2$	Die Graphen dieser Funktionen ($b \neq 0$) sind wieder Parabeln, deren Scheitelpunkte auf der x-Achse verschoben sind: Bei $b < 0$ nach **links**, bei $b > 0$ nach **rechts**.	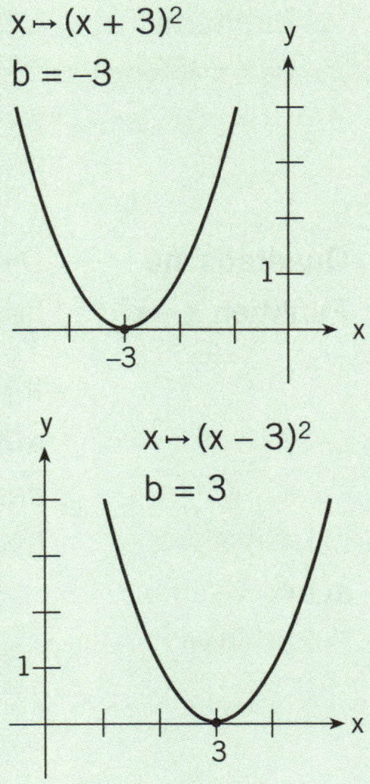
Quadratische Ergänzung	Hierbei wird ein Term so ergänzt, dass er in einen quadratischen Ausdruck umgeformt werden kann.	$x^2 - 6x + 2$ $2b = 6 \rightarrow b = 3$ $x^2 - 6x + 9 + 2 - 9$ quadratische Ergänzung $(x - 3)^2 - 7$ Also: $x^2 - 6x + 2$ $= (x - 3)^2 - 7$
$x \mapsto x^2 + bx + c$	Der Graph dieser Funktion ist eine Normalparabel, deren Scheitel um x_s in Richtung der x-Achse und um y_s in Richtung der y-Achse verschoben ist.	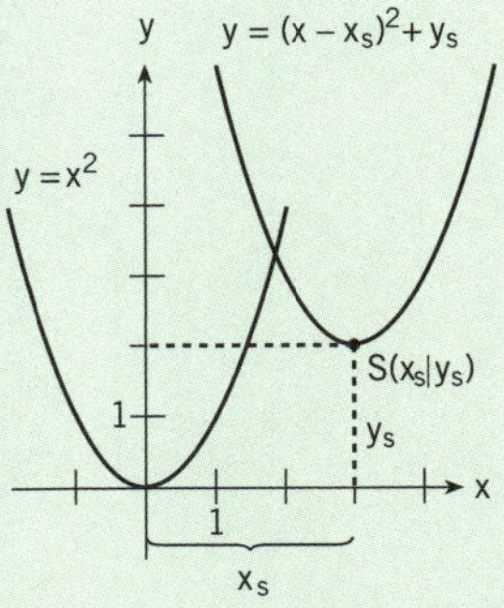

Begriffe	Erläuterungen	Beispiele
Scheitelform **$y = (x - x_s)^2 + y_s$**	Die Funktionsgleichung $y = x^2 + bx + c$ lässt sich durch eine quadratische Ergänzung in die Scheitelform $y = (x - x_s)^2 + y_s$ bringen. Aus ihr ergibt sich die Lage des Scheitelpunktes $S(x_s \| y_s)$.	
Extremwerte quadratischer Funktionen	Kleinster möglicher Funktionswert → **Minimum**, größter möglicher Funktionswert → **Maximum**	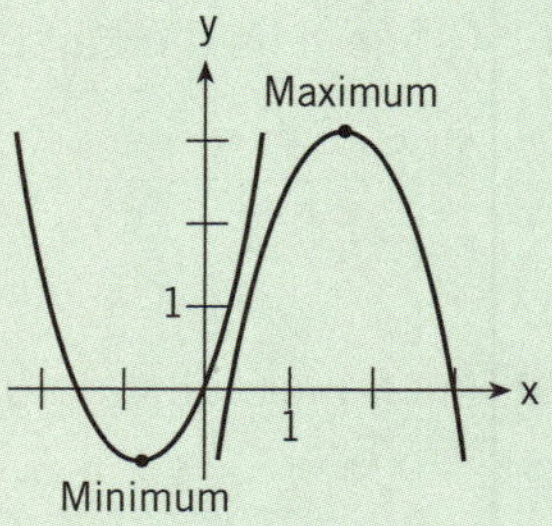
$x \mapsto ax^2 + bx + c$ **$a \neq 0$**	Ist die Funktionsgleichung in der Form $y = ax^2 + bx + c;\ a \neq 0$ gegeben, so muss man sie mit Hilfe der quadratischen Ergänzung in die **Scheitelform** bringen: $y = a(x - x_s)^2 + y_s$. Ist $a > 0$, so hat die Parabel in $S(x_s \| y_s)$ ein Minimum, für $a < 0$ in $S(x_s \| y_s)$ ein Maximum. x_s liefert dann jeweils den x-Wert, für den y_s der maximale bzw. minimale Funktionswert ist.	$y = -2x^2 + 12x - 14$ $y = -2(x^2 - 6x + 7)$ $y = -2(x^2 - 6x + 9 + 7 - 9)$ quadratische Ergänzung $y = -2[(x - 3)^2 - 2]$ $y = -2(x - 3)^2 + 4$ $x_s = 3$ $y_s = 4$ $S(3\|4)$ $a = -2$ $a < 0$ also Maximum. Für $x_s = 3$ beträgt das Maximum $y_s = 4$.

Test

Test 1

Zeichne die Graphen zu folgenden Funktionen ($x \in \mathbb{Q}$):

a) $x \mapsto -x^2$ b) $x \mapsto \frac{1}{4}x^2$ c) $x \mapsto -2x^2$

Test 2

a) Zeichne auch hier die Funktionsgraphen:

① $x \mapsto x^2 - 1$ ② $x \mapsto (x + 3)^2$ ③ $x \mapsto (x - 2)^2$

b) Gib jeweils die Lage des Scheitelpunktes an:

① S(__________) ② S(__________) ③ S(__________)

Test 3

a) Auch hier sollst du die Funktionsgraphen zeichnen:

① $x \mapsto x^2 - 2x + 3$ ② $x \mapsto x^2 + 4x - 1$

b) Wo liegt der Scheitelpunkt der Parabeln?

① S(__________) ② S(__________)

Test 4

a) Ordne diese Funktionsgleichungen den abgebildeten Parabeln zu:

α) $y = -(x + 2)^2$

β) $y = x^2 + 2$

γ) $y = -(x - 3)^2 + 4$

b) Gib die Koordinaten der Extrempunkte an.

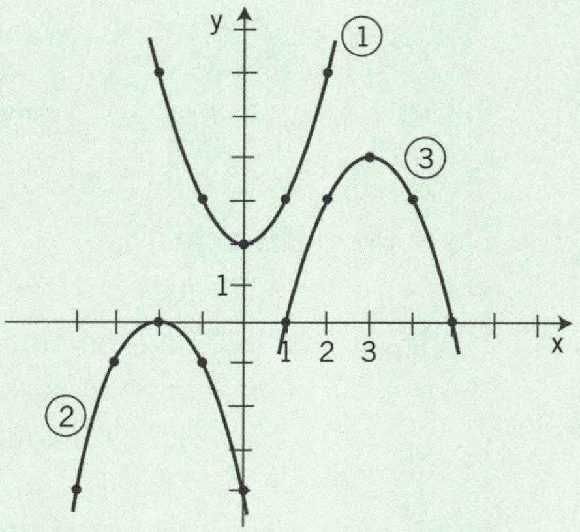

Test 5

Bestimme von diesen Parabeln jeweils die Lage von S und gib an, ob hier ein Minimum oder Maximum liegt. Wandle dazu die Funktionsgleichungen in die Scheitelform um.

a) $y = -2x^2 + 6x$ b) $y = 3x^2 - 6x + 9$

S(________) ________________ S(________) ________________

4 Quadratische Gleichungen

Reinquadratische Gleichungen

Was sind reinquadratische Gleichungen?

Eine Gleichung der Form

$ax^2 + b = 0$ mit $a \neq 0$

heißt **reinquadratische** Gleichung.

$ax^2 + b = 0$

lässt sich immer auf die Form

$x^2 = -\frac{b}{a}$ bzw. $x^2 = c$ mit $-\frac{b}{a} = c$ bringen.

So löst du $x^2 = c$:

Für c > 0 ergibt sich:

$\sqrt{x^2} = \sqrt{c}$	Wurzelziehen auf beiden Seiten
$\lvert x \rvert = \sqrt{c}$	Wurzeln können nur positiv oder Null sein.
$x = \sqrt{c}$ oder $x = -\sqrt{c}$	Lösungen der Betragsgleichung $\lvert x \rvert = \sqrt{c}$
$x = \sqrt{c} \vee x = -\sqrt{c}$	für „oder" verwendet man auch das Zeichen „v"
$L = \{\sqrt{c}; -\sqrt{c}\}$	Lösungsmenge

Probe: $x^2 = c$

$x \to \sqrt{c}$	einsetzen: $\sqrt{c} \cdot \sqrt{c} = c$
$x \to -\sqrt{c}$	einsetzen: $(-\sqrt{c}) \cdot (-\sqrt{c}) = c$

Für c = 0 ergibt sich:

$x^2 = 0 \rightarrow x = 0$, also $L = \{0\}$

Ist dagegen $c < 0$, ist die Gleichung in $\mathbb{R}$ nicht lösbar, da die Quadratwurzel aus einer negativen Zahl in $\mathbb{R}$ nicht existiert, damit $L = \{\}$.

Diese drei Lösungsmöglichkeiten musst du kennen:

$x^2 = c$ hat in der Grundmenge $\mathbb{R}$ für

$c > 0$	**genau zwei** Lösungen, $\sqrt{c}$ bzw. $-\sqrt{c}$
$c = 0$	**genau eine** Lösung, nämlich 0
$c < 0$	**keine** Lösung

Beachte

Die Betragsgleichung $|x| = a$ mit $a \in \mathbb{R}_+$ (d. h. a kann nur positiv oder 0 sein) besitzt die Lösungen $x = a \vee x = -a$ bzw. die Lösungsmenge $L = \{a; -a\}$.

1.

Notiere von jeder dieser Betragsgleichungen die Lösungen und die Lösungsmenge:

a) $|x| = 7$ b) $|x| = \frac{1}{2}$ c) $|x| = 10$

2.

Auch $|x - 2| = 5$ ist eine Betragsgleichung. Man löst sie so:

$|x - 2| = 5$

$x - 2 = 5 \vee x - 2 = -5$

$x = 7 \vee x = -3$

$L = \{7; -3\}$

Löse ebenso:

a) $|x + 2| = 4$ b) $|x - 5| = 3$ c) $|x - 1| = 0$

d $|2x - 4| = 2$ e) $|3x - 1| = 5$ f) $|-4x + 1| = 3$

3.

Beispiel:

$x^2 = 5$

$|x| = \sqrt{5}$

$x = \sqrt{5} \vee x = -\sqrt{5}$

$L = \{\sqrt{5}; -\sqrt{5}\}$

$(x - 3)^2 = 5$

$|x - 3| = \sqrt{5}$

$x - 3 = \sqrt{5} \vee x - 3 = -\sqrt{5}$

$L = \{3 + \sqrt{5}; 3 - \sqrt{5}\}$

Löse in gleicher Weise in $\mathbb{R}$:

a) $x^2 = 9$ b) $x^2 = 12$ c) $x^2 = 25$ d) $x^2 = 1$

e) $(x + 1)^2 = 16$ f) $(x - 4)^2 = 7$ g) $\left(x + \frac{1}{2}\right)^2 = 1$ h) $(x + 2)^2 = 9$

i) $(x - 3)^2 = 8$ j) $(x - 1)^2 = \frac{1}{4}$

4.*

Forme diese Gleichungen um und löse sie in $\mathbb{R}$:

a) $2x^2 + 5 = 6$ b) $3x^2 + 7 = 7$ c) $5x^2 + 8 = 3$

Lösen quadratischer Gleichungen

So löst du allgemeine quadratische Gleichungen in ℝ:

Beispiel:

$x^2 - 5x + 6 = 0$

$x^2 - 5x = -6$

Mit Hilfe der quadratischen Ergänzung soll der Ausdruck $x^2 - 5x$ so ergänzt werden, dass man unter Anwendung der binomischen Formel ein Quadrat erhält:

$a^2 - 2ab + b^2 = (a - b)^2$

$x^2 - 2bx + b^2 = (x - b)^2$

Da wir a dem x zuordnen, müssen wir b aus 2b = 5 bestimmen, d.h. $b = \frac{5}{2}$.
Demnach beträgt die quadratische Ergänzung $\left(\frac{5}{2}\right)^2 = \frac{25}{4}$.

$x^2 - 5x + \left(\frac{5}{2}\right)^2 = -6 + \left(\frac{5}{2}\right)^2$ | Eine Gleichung bleibt nur richtig, wenn auf beiden Seiten das gleiche (in diesem Falle die quadratische Ergänzung) hinzugefügt wird.

$\left(x - \frac{5}{2}\right)^2 = -6 + \frac{25}{4}$ | Anwenden der binomischen Formel.

$\left(x - \frac{5}{2}\right)^2 = \frac{1}{4}$ | Wurzelziehen auf beiden Seiten.

$\left|x - \frac{5}{2}\right| = \frac{1}{2}$ | Betragsgleichung lösen.

$x - \frac{5}{2} = \frac{1}{2} \lor x - \frac{5}{2} = -\frac{1}{2}$

$x = 3 \lor x = 2$

$L = \{2; 3\}$

Überprüfen der Lösungen:

$x = 2 \rightarrow 2^2 - 5 \cdot 2 + 6 = 4 - 10 + 6 = 0$ (wahre Aussage)

$x = 3 \rightarrow 3^2 - 5 \cdot 3 + 6 = 9 - 15 + 6 = 0$ (wahre Aussage)

1.

Ergänze diese Terme zu vollständigen Quadraten.
Ermittle also die jeweilige quadratische Ergänzung und schreibe dann den Ausdruck als Quadrat.

Beispiel: $x^2 - 7x$ wird ergänzt zu $x^2 - 7x + \left(\frac{7}{2}\right)^2 = \left(x - \frac{7}{2}\right)^2$

a) $x^2 - 4x$ b) $x^2 + 3x$ c) $x^2 - 10x$
d) $x^2 - x$ e) $x^2 - 5x$ f) $x^2 + 2x$

2.

Löse jetzt diese quadratische Gleichungen:
a) $x^2 + 2x - 3 = 0$ b) $x^2 - 7x + 10 = 0$ c) $x^2 + 5x + 6 = 0$
d) $x^2 + 10x + 9 = 0$ e) $x^2 - 3x - 40 = 0$ f) $x^2 - x - 12 = 0$

Beachte

Die in den bisherigen Beispielen aufgetretenen Gleichungen hatten die Form
$x^2 + px + q = 0$ mit $p, q \in \mathbb{R}$.
Sie heißt **Normalform** der quadratischen Gleichung.

3.

Bringe diese quadratischen Gleichungen erst in ihre Normalform. Löse sie dann.

Beispiel: $-2x^2 + 4x - 6 = 0 \quad | :(-2)$
$x^2 - 2x + 3 = 0$

a) $3x^2 - 27x + 54 = 0$ b) $-x^2 - 8x - 12 = 0$ c) $\frac{1}{2}x^2 - x - \frac{3}{2} = 0$

4.*

Bringe auch diese Gleichungen zunächst auf die Normalform:
a) $4x - 3 = 2x^2 - 9$ b) $x(x + 8) = 4(2x + 9)$
c) $6(2 - x) = 2x(4 - x)$ d) $9x^2 - 2 = 12x^2 - 7x$
e) $(9 + x)^2 = 2(9x + 45)$ f) $3x^2 + 5x = 10x - 6 + 2x^2$

Lösungsformel für quadratische Gleichungen

Beim Lösen quadratischer Gleichungen interessiert es, zu wissen, ob eine gegebene Gleichung überhaupt Lösungen besitzt oder nicht und wie man sie ohne aufwändiges Umformen findet. Diese Frage kann eine allgemeine Lösungsformel beantworten, die von der **Normalform** ausgeht:

$$\begin{aligned}
x^2 + px + q &= 0 \quad \text{mit } p, q \in \mathbb{R} \\
x^2 + px &= -q \\
x^2 + px + \left(\frac{p}{2}\right)^2 &= \left(\frac{p}{2}\right)^2 - q && \mid \text{quadratische Ergänzung} \\
\left(x^2 + \frac{p}{2}\right)^2 &= \frac{p^2}{4} - q && \mid \text{binomische Formel} \\
\left|x + \frac{p}{2}\right| &= \sqrt{\frac{p^2}{4} - q} && \mid \text{Wurzelziehen}
\end{aligned}$$

Der Term unter der Wurzel heißt **Diskriminante D**. Sein Wert bestimmt das weitere Lösungsverfahren. Nur für $D \geqq 0$ gibt es Lösungen.

$$\begin{aligned}
\left|x + \frac{p}{2}\right| &= \sqrt{D} \\
x_1 &= -\frac{p}{2} - \sqrt{D} \;\vee\; x_2 = -\frac{p}{2} + \sqrt{D}
\end{aligned}$$

Die allgemeine Lösungsformel:

Die quadratische Gleichung in der Normalform

$$x^2 + px + q = 0 \quad \text{mit } p, q \in \mathbb{R}$$

mit der Diskriminante $D = \frac{p^2}{4} - q$

hat in $\mathbb{R}$ folgende Lösungsmengen:

für den Fall $D < 0$: $L = \{\}$

für den Fall $D = 0$: $L = \left\{-\frac{p}{2}\right\}$; $x = -\frac{p}{2}$

für den Fall $D > 0$: $L = \left\{-\frac{p}{2} + \sqrt{D}; -\frac{p}{2} - \sqrt{D}\right\}$; $x_{1,2} = -\frac{p}{2} \pm \sqrt{D}$

Eine quadratische Gleichung hat also **keine**, **genau eine** oder **genau zwei** Lösungen!

Achtung: Ist eine quadratische Gleichung der Form $ax^2 + bx + c = 0$ gegeben, musst du zuerst alle Summanden durch a dividieren, um die Normalform zu erhalten!

1.

a) Bestimme jeweils p und q.
   α) $x^2 + 8x + 12 = 0$ β) $x^2 + 8x + 18 = 0$ γ) $x^2 + 8x + 16 = 0$

b) Berechne D. Gib an, wie viele Lösungen demnach jede der quadratischen Gleichungen besitzen muss.

c) Ermittle die Lösungen.

2.

Ist D = 0 oder D > 0, so wissen wir nicht nur, dass die quadratische Gleichung $x^2 + px + q = 0$ Lösungen besitzt, sondern auch welche es sind:

Für $D = 0$ $x = -\frac{p}{2}$.

Für $D > 0$ $x_1 = -\frac{p}{2} + \sqrt{D}$; $x_2 = -\frac{p}{2} - \sqrt{D}$.

Man kann sich also das Rechnen über die quadratische Ergänzung ersparen.

Beispiel: $x^2 + 3x - 16 = 0 \Rightarrow p = 3; q = -16$

$D = \frac{9}{4} + 16$

$D = 18\frac{1}{4} > 0$. Es gibt also die zwei Lösungen:

$x_1 = -\frac{3}{2} + \sqrt{18\frac{1}{4}}$; $x_2 = -\frac{3}{2} - \sqrt{18\frac{1}{4}}$

(Den Wert der Wurzel rechnen wir hier nur aus, wenn unter der Wurzel eine Quadratzahl steht.)

$L = \left\{-\frac{3}{2} + \sqrt{18\frac{1}{4}}; -\frac{3}{2} - \sqrt{18\frac{1}{4}}\right\}$

Rechne die folgenden Aufgaben ebenso:

a) $x^2 - 6x + 8 = 0$ b) $x^2 - 8x + 16 = 0$ c) $x^2 - 5x - 8 = 0$
d) $x^2 - 3x - 1 = 0$ e) $x^2 - 9x + 14 = 0$ f) $x^2 - x + \frac{1}{4} = 0$

3.*

Löse die Gleichungen. Bringe sie zunächst auf die Normalform.

a) $3x^2 - 6x + 12 = 0$ b) $(x - 3)(x + 2) = 3$ c) $3(x + 1)^2 = 5$
d) $-x^2 + 8x = 16$ e) $\frac{1}{2}x^2 - 3x - 8 = 0$ f) $(x - 2)(x + 1) = 0$

Zeichnerisches Lösen von quadratischen Gleichungen

Die quadratische Gleichung

$x^2 - 2x - 3 = 0$

kann man umformen in

$x^2 = 2x + 3.$

Diese Gleichung bedeutet: Gesucht sind die x-Werte, für die x^2 gleich $2x + 3$ ist. Diese x-Werte erhält man als Lösungen des Gleichungssystems

$y = x^2 \wedge y = 2x + 3.$

Zeichnet man die Graphen der Lösungsmengen dieser Gleichungen, so liefern die x-Werte der Schnittpunkte von Normalparabel und Gerade die Lösungen des Gleichungssystems.

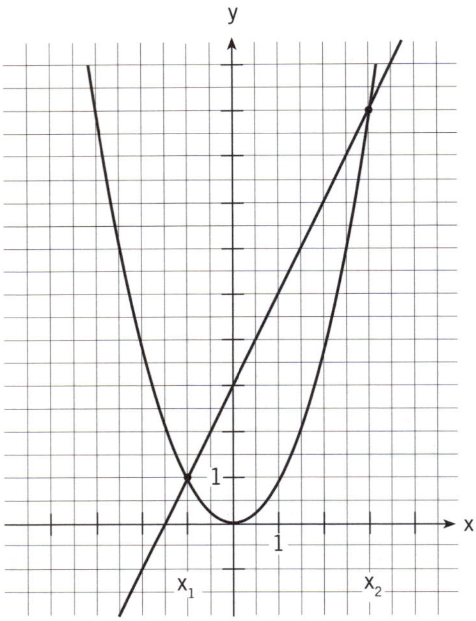

So löst du quadratische Gleichungen zeichnerisch:

Die Schnittpunkte von Normalparabel und Gerade liefern die Lösung des Gleichungssystems $y = x^2 \wedge y = 2x + 3$.

Nur für diese Punkte gilt $x^2 = 2x + 3$, so dass die x-Werte der Schnittpunkte die Lösung von $x^2 = 2x + 3$ bzw. $x^2 - 2x - 3 = 0$ liefern.

Es gilt:

$x_1 = -1; x_2 = 3$

bzw.

$L = \{-1; 3\}$

ist die Lösungsmenge der quadratischen Gleichung.

1.

Löse die Gleichungen zeichnerisch und überprüfe die Lösungen auch rechnerisch (LE = 1 Kästchen).

a) $x^2 + 3x - 4 = 0$ b) $x^2 - 2x + 1 = 0$ c) $x^2 + 4x + 3 = 0$

d) $x^2 + 5x + 4 = 0$ e) $x^2 - x - 20 = 0$ f) $x^2 + 2x - 8 = 0$

2.

a) Löse diese Gleichungen rechnerisch.

α) $x^2 - x + 2 = 0$ β) $x^2 - x - 2 = 0$ γ) $x^2 - x + \frac{1}{4} = 0$

b) Ordne jeder Abbildung die entsprechende quadratische Gleichung zu.

c) Vergleiche die Anzahl der Schnittpunkte zwischen Normalparabeln und Geraden einerseits und die Anzahl der Lösungen der Gleichungen von a).

d) Ordne die Diskriminantenwerte $D > 0$, $D = 0$ und $D < 0$ den Abbildungen zu.

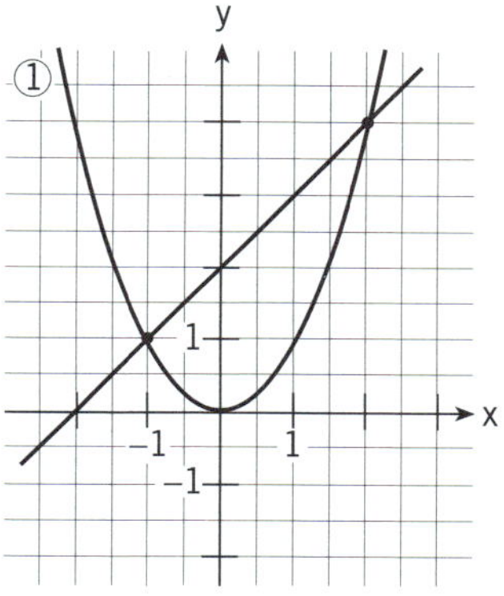

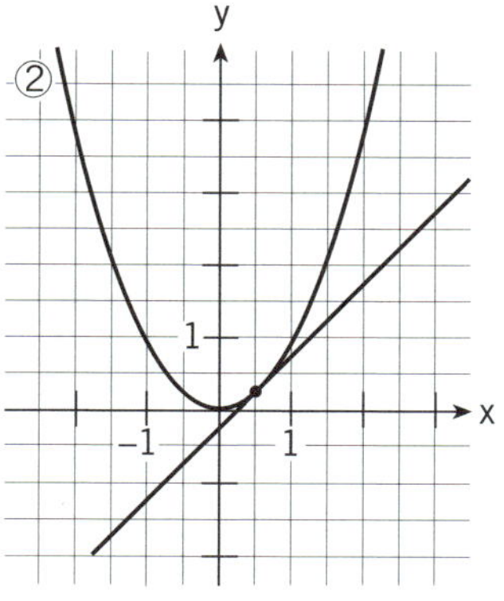

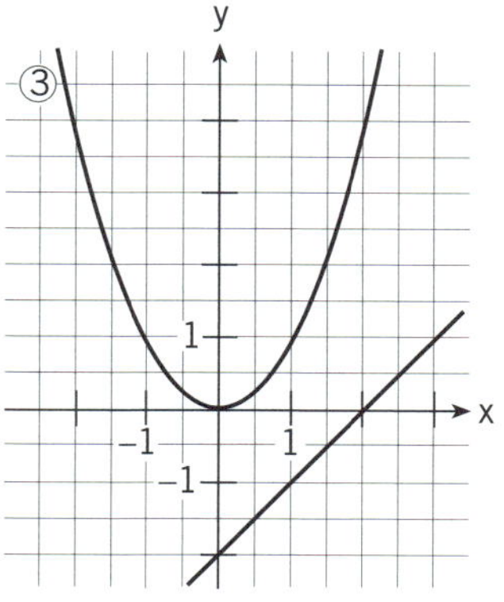

3.

Löse grafisch und rechnerisch. Verwende eine Schablone der Normalparabel.

a) $x^2 + x - 2 = 0$ b) $x^2 + 2x + 1 = 0$ c) $x^2 + x + 2 = 0$

d) $x^2 - 4x + 4 = 0$ e) $x^2 + 2x - 3 = 0$ f) $x^2 + 2x + 3 = 0$

Satz von Vieta

Zwischen den Koeffizienten und den Lösungen einer quadratischen Gleichung besteht dieser Zusammenhang:

Satz von Vieta

Sind x_1, x_2 Lösungen der quadratischen Gleichung

$x^2 + px + q = 0$,

so gilt: $\mathbf{x_1 + x_2 = -p}$ und $\mathbf{x_1 \cdot x_2 = q}$.

Wofür ist dieser Satz nützlich?

1. Du kannst damit die Lösungen deiner quadratischen Gleichung überprüfen.

   Beispiel:
   Du hast für $x^2 - 2x - 3 = 0$ mit $p = -2$ und $p = -3$
   die Lösung $x_1 = 1$ und $x_2 = 3$ errechnet.

   Probe: $x_1 + x_2 = 4 \rightarrow -p = 4 \rightarrow p = -4$
   $x_1 \cdot x_2 = 3 \rightarrow q = 3$
   Diese Lösungen sind also **falsch**, weil sich $p = -2$ und $q = -3$ ergeben müsste!

   Überprüfen der neuen Lösungen $x_1 = -1$ und $x_2 = 3$:
   Probe: $x_1 + x_2 = 2 \rightarrow -p = 2 \rightarrow p = -2$
   $x_1 \cdot x_2 = -3 \rightarrow q = -3$
   Diese Lösungen sind richtig!

2. Du kannst damit, wenn Lösungen vorgegeben sind, die dazugehörige Gleichung aufstellen.

   Beispiel:
   Welche Gleichung gehört zu $x_1 = 1$ und $x_2 = 3$?
   $x_1 + x_2 = 4 \rightarrow -p = 4 \rightarrow p = -4$
   $x_1 \cdot x_2 = 3 \rightarrow q = 3$
   Also ergibt sich $x^2 - 4x + 3 = 0$ als Ergebnis.

1.

a) Überprüfe mit Hilfe des Satzes von Vieta, ob die angegebenen Werte Lösungen der jeweiligen quadratischen Gleichungen sind.

① $x^2 + 3x + 2 = 0$ ② $x^2 - 4x + 3 = 0$ ③ $x^2 - 2x - 15 = 0$
$x_1 = -1;\ x_2 = -2$ $x_1 = 1;\ x_2 = 3$ $x_1 = 3;\ x_2 = -5$

④ $x^2 + x - 2 = 0$ ⑤ $x^2 - x - 6 = 0$ ⑥ $x^2 - 8x + 7 = 0$
$x_1 = 2;\ x_2 = -1$ $x_1 = 2;\ x_2 = -3$ $x_1 = 1;\ x_2 = 7$

b) Für einige Gleichungen sind die angegebenen Werte keine Lösungen. Berechne ihre Lösungen. Kontrolliere sie dann noch mal mit dem Satz von Vieta.

2.

Man kann durch Anwendung des Satzes von Vieta zu vorgegebenen Lösungen die entsprechenden quadratischen Gleichungen herstellen.

Beispiel: $x_1 = 3;\ x_2 = -5$
$x_1 + x_2 = -2$ d.h. $p = 2$
$x_1 \cdot x_2 = -15$ d.h. $q = -15$
$x^2 + 2x - 15 = 0$

a) Berechne die Lösungen der quadratischen Gleichung im Beispiel. Stimmen sie mit x_1 und x_2 überein?

b) Welche quadratischen Gleichungen ergeben sich hier?

① $x_1 = 1;\ x_2 = -3$ ② $x_1 = \frac{1}{2};\ x_2 = 1$ ③ $x_1 = -1;\ x_2 = 5$
④ $x_1 = 0;\ x_2 = 4$ ⑤ $x_1 = -2;\ x_2 = 2$ ⑥ $x_1 = 2;\ x_2 = -5$

3.

Verwandle $(x - 2)(x + 3) = 0$ in die Normalform einer quadratischen Gleichung. Bestimme ihre Lösungen. Erhältst du die Lösungen $x_1 = 2$ und $x_2 = -3$?

Merke:
Wie du weißt, kann ein Produkt nur dann Null sein, wenn mindestens ein Faktor Null ist.
Daraus ergibt sich eine einfache Lösung der obigen Gleichung:

$(x - 2)(x + 3) = 0$
$(x - 2) = 0 \vee (x + 3) = 0$ | 1. Faktor oder 2. Faktor gleich Null!
$x = 2 \quad \vee\ x = -3$

4.

Bestimme die Lösungen dieser Gleichungen:

a) $(x-1)(x+1)=0$

b) $\left(x+\frac{1}{2}\right)\left(x-\frac{1}{4}\right)=0$

c) $(x-5)\left(x+\frac{3}{4}\right)=0$

d) $(x-\sqrt{2})(x+3)=0$

e) $(x+4)(x-\sqrt{3})=0$

f) $(x-3)(x-3)=0$

Merke

Jede quadratische Gleichung $x^2+px+q=0$ mit den Lösungen x_1, x_2 lässt sich in der Form $(x-x_1)(x-x_2)=0$ schreiben. $(x-x_1)$ bzw. $(x-x_2)$ heißen **Linearfaktoren**.

5.

a) Berechne von $x^2-2x-15=0$ die Lösungen x_1, x_2.

b) Wie lautet die Linearfaktorenzerlegung $(x-x_1)(x-x_2)=0$?

c) Multipliziere die Linearfaktoren aus. Erhältst du die Gleichung $x^2-2x-15=0$?

6.

Gib die Lösungen x_1, x_2 an und zerlege die Gleichungen in Linearfaktoren:

a) $x^2-10x+21=0$

b) $x^2+4x-5=0$

c) $x^2-13x+12=0$

d) $x^2-24x+108=0$

e) $x^2-3x-10=0$

f) $x^2-\frac{1}{2}x+\frac{1}{16}=0$

7.*

Löse die Gleichungen und prüfe die Lösungen mit Hilfe des Satzes von Vieta:

a) $2x^2+17x+5=3x-15$

b) $\frac{1}{2}x^2+\frac{3}{2}x=2x+28$

c) $\left(x-\frac{1}{2}\right)(x+1)=0$

d) $x(x-8)-20=0$

e) $2x\left(\frac{x}{2}-1\right)-3=0$

f) $8x+4=x(3-x)-2$

g) $3x(x-2)-2x(x-1)=12$

h) $21+4x(4-x)-x(3x+2)=0$

8.

Löse zeichnerisch:

a) $x^2 + 2x - 3 = 0$
b) $2x^2 - 2x = 4$
c) $x(x - 4) - 5 = 0$
d) $2x(x + 1) = x^2 - 2$
e) $2(x^2 - 5) + 3x = 4x$
f) $x(2x - 3) = x(8 + x) - 10$
g) $x(x - 3) - 4 = 0$
h) $-3 = x(2 - x)$

Kontrolliere die Lösungen mit Hilfe des Satzes von Vieta.

9.

Ermittle die Lösungen:

a) $(x - 15)^2 = 273 - 32x$
b) $122 - 2(x - 3) = (4 - x)^2$
c) $(11 + x)^2 = 2(9x + 63)$
d) $(3x - 3)(x + 4) + (4x - 4)(x - 4) = 60 + 3x$
e) $(x - 4)(x + 4) - 4(2x + 1) = 0$
f) $100 = (5 - x)^2 + 16(x + 3)$
g) $(5x - 18)^2 - (7x - 30)^2 = -72$
h) $(2x + 1)^2 + 3(x + 4)^2 = 84$

10.

Ermittle die Lösungen:

a) $(x - 4)(x + 4) = 0$
b) $\left(x - \frac{1}{2}\right)(x + \sqrt{2}) = 0$
c) $(x - 3)\left(x + \frac{3}{2}\right) = 0$
d) $(x - 2)(x + \sqrt{5}) = 0$
e) $(x + 2)x = 0$
(**Bedenke:** für x könnte man ausführlicher $(x - 0)$ schreiben.)
f) $x(x - 1) = 0$
g) $\left(x + \frac{3}{4}\right)\left(x + \frac{3}{4}\right) = 0$

11.*

Zerlege in Linearfaktoren:

a) $x^2 - 6x + 8 = 0$
b) $x^2 + 4x - 21 = 0$
c) $x^2 + \frac{9}{2}x + 2 = 0$
d) $x^2 + 3x = 0$
e) $x^2 - \frac{3}{2}x - 1 = 0$
f) $x^2 + x - 6 = 0$

Zusammenfassung

Begriffe	Erläuterungen	Beispiele
Betrag	Der Betrag einer Zahl ist ihr Abstand vom Nullpunkt. Der Betrag kann nur positiv oder Null sein.	$\lvert 0{,}4\rvert = 0{,}4$ $\lvert -1{,}5\rvert = 1{,}5$ $\lvert 0\rvert = 0$
Betragsgleichung	Die Betragsgleichung $\lvert x\rvert = a$ mit $x \in \mathbb{R}$ und $a \in \mathbb{R}_+$ besitzt die Lösungen $x = a \vee x = -a$ bzw. die Lösungsmenge $L = \{a; -a\}$	$\lvert x\rvert = 4$ $x = 4 \vee x = -4$ $L = \{4; -4\}$ „v" Zeichen für „oder"
Quadratische Gleichung und Betragsgleichung	$x^2 = 3$ $\lvert x\rvert = \sqrt{3}$ $x = \sqrt{3} \vee x = -\sqrt{3}$ $L = \{\sqrt{3}; -\sqrt{3}\}$	
Normalform einer quadratischen Gleichung	$x^2 + px + q = 0$ mit $p, q \in \mathbb{R}$ $x \in \mathbb{R}$	$-3x^2 + 9x - 1 = 0 \quad \mid :(-3)$ $x^2 - 3x + \frac{1}{3} = 0$ also: $p = -3$; $q = \frac{1}{3}$
Lösungsverfahren für quadratische Gleichungen	1. Arbeiten mit der quadratischen Ergänzung	$x^2 - 2x - 3 = 0$ $x^2 - 2x = 3$ $x^2 - 2x + (1)^2 = (1)^2 + 3$ quadratische Ergänzung $(x - 1)^2 = 4$ $\lvert x - 1\rvert = 2$ $x_1 = 3 \vee x_2 = -1$

Begriffe	Erläuterungen	Beispiele
	2. Graphisches Lösen Normalparabel und Gerade zum Schnitt bringen.	$x^2 - 2x - 3 = 0$ $x^2 = 2x + 3$ $y = x^2 \wedge y = 2x + 3$ 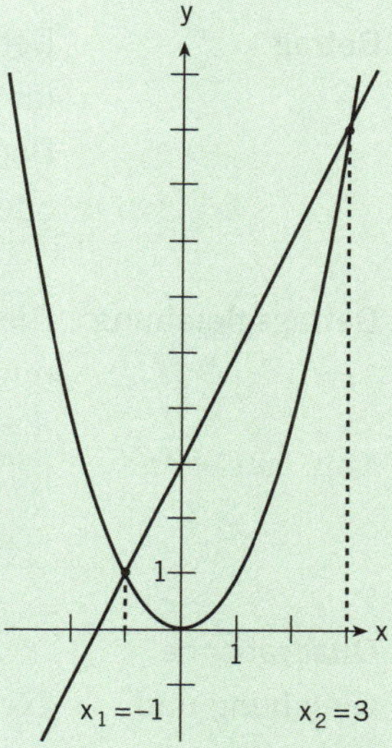
	3. Arbeiten nach der Lösungsformel $x^2 + px + q = 0$ $x_{1,2} = -\frac{p}{2} \pm \sqrt{\frac{p^2}{4} - q}$	$x^2 - 2x - 3 = 0$ $p = -2;\ q = -3$ $x_1 = -\frac{-2}{2} + \sqrt{\frac{(-2)^2}{4} - (-3)}$ $x_1 = 1 + \sqrt{4} = 3$ $x_2 = 1 - \sqrt{4} = -1$
Diskriminante	Der Ausdruck unter der Wurzel in der Lösungsformel $D = \frac{p^2}{4} - q$ heißt Diskriminante D.	$x^2 - 2x - 3 = 0$ $p = -2;\ q = -3$ $D = \frac{(-2)^2}{4} - (-3)$ $D = 4$

Begriffe	Erläuterungen	Beispiele
Lösungen einer quadratischen Gleichung	Die Anzahl möglicher Lösungen einer quadratischen Gleichung $x^2 + px + q = 0$ hängt vom Wert der Diskriminante D ab	$D > 0$ genau zwei Lösungen $x_{1,2} = -\frac{p}{2} \pm \sqrt{\frac{p^2}{4} - q}$ $D = 0$ eine Lösung $x = -\frac{p}{2}$ $D < 0$ keine Lösung $L = \{\}$
Satz von Vieta	Sind x_1, x_2 Lösungen der quadratischen Gleichung $x^2 + px + q = 0$, so gilt $x_1 + x_2 = -p$ und $x_1 \cdot x_2 \;\; = q$.	$x^2 - 2x - 3 = 0$ $p = -2;\ q = -3$ $x_1 = 3;\ x_2 = -1$ $x_1 + x_2 = 3 + (-1) = 2$ $x_1 \cdot x_2 \;\; = 3 \cdot (-1) = -3$
Linearfaktoren	Jede quadratische Gleichung $x^2 + px + q = 0$ mit den Lösungen x_1, x_2 lässt sich in der Form $(x - x_1)(x - x_2) = 0$ schreiben. $(x - x_1)$ bzw. $(x - x_2)$ heißen **Linearfaktoren**.	$x^2 - 2x - 3 = 0$ $x_1 = 3;\ x_2 = -1$ $(x - 3)(x + 1) = 0$

Test

Test 1

Löse diese Betragsgleichungen:

a) $|x| = 5$ ________________________

b) $|x + 3| = 2$ ________________________

Test 2

Welche Lösungsmengen ergeben sich hier?

a) $x^2 = 81$ ________________________

b) $(x - 5)^2 = 7$ ________________________

Test 3

Löse die quadratische Gleichung ($x \in \mathbb{R}$)

$x^2 + x - 6 = 0$

a) mit Hilfe der quadratischen Ergänzung,
b) zeichnerisch,
c) mittels der Lösungsformel.

Test 4

Bestimme zu jeder Gleichung die Diskriminante und gib jeweils die Anzahl der Lösungen an:

a) $x^2 - 6x + 12 = 0$ ________________________

b) $x^2 - 4x + 4 = 0$ ________________________

c) $x^2 - 2x - 3 = 0$ ________________________

Test 5

a) Sind die Werte $x_1 = 2$ und $x_2 = 3$ Lösungen der Gleichung $x^2 - 5x - 6 = 0$? Überprüfe es mit Hilfe des Satzes von Vieta.

b) Löse zur Kontrolle die quadratische Gleichung.

5 Satzgruppe des Pythagoras

Der Satz des Pythagoras

Der Satz des Pythagoras gilt **nur** für **rechtwinklige** Dreiecke. Er stellt eine wichtige Beziehung zwischen den Seiten dieser Dreiecke her.

Bezeichnungen im rechtwinkligen Dreieck:

Im rechtwinkligen Dreieck verwendet man folgende Begriffe:

Die Seite, die dem rechten Winkel gegenüberliegt, heißt **Hypotenuse**.
Die Schenkel des rechten Winkels sind die **Katheten**.
Die Höhe h teilt die Hypotenuse in die **Hypotenusenabschnitte** p und q.

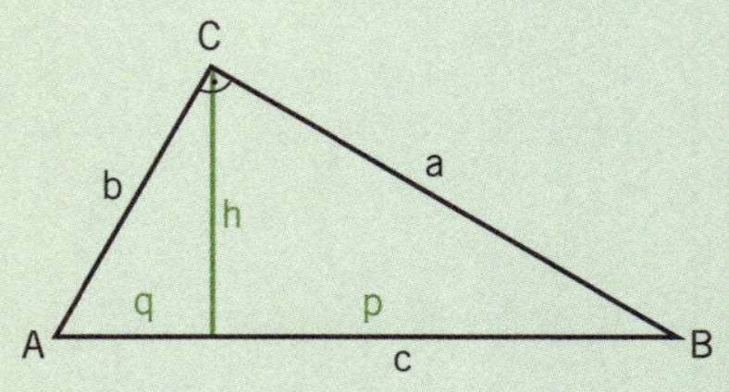

Satz des Pythagoras:

Im **rechtwinkligen** Dreieck ist das Hypotenusenquadrat so groß wie die Summe der beiden Kathetenquadrate:

$c^2 = a^2 + b^2$

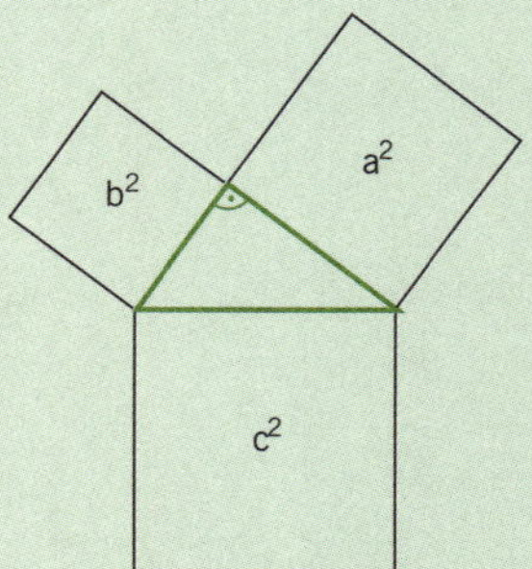

Beispiel Sind von einem rechtwinkligen Dreieck ($\gamma = 90°$) zwei Seiten gegeben, so lässt sich mit Hilfe des ‚Pythagoras' die dritte berechnen.

$a = 5\,cm;\ c = 10\,cm$
$b^2 = c^2 - a^2$
$b = \sqrt{c^2 - a^2}$
$b = \sqrt{100\,cm^2 - 25\,cm^2} = \sqrt{75\,cm^2} \approx 8{,}66\,cm$

1.

a) Zeichne in dein Heft das rechtwinklige Dreieck aus $c = 5\,cm$, $b = 3\,cm$, $a = 4\,cm$ zweimal und ergänze die Dreiecke schrittweise wie aus der Abbildung zu ersehen ist.

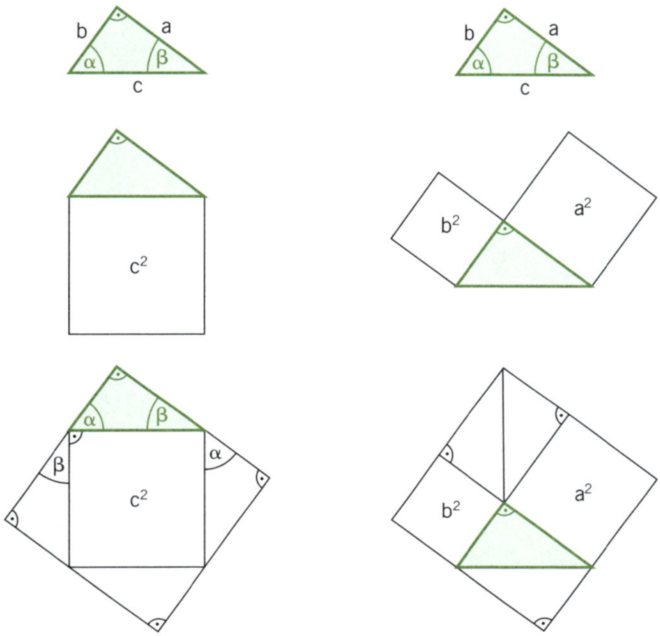

b) Begründe, warum schließlich zwei gleich große Quadrate entstehen mit jeweils der Seitenlänge $a + b$.

c) Nimm von jedem der gleich großen Quadrate 4 gleich große Dreiecke weg. Welche Flächen bleiben jeweils übrig? Es gilt also $c^2 = a^2 + b^2$.

2.

Berechne von diesem Dreieck jeweils die fehlende Seite. Bestimme die nicht aufgehenden Wurzelwerte auf eine Stelle nach dem Komma (Werte runden!).

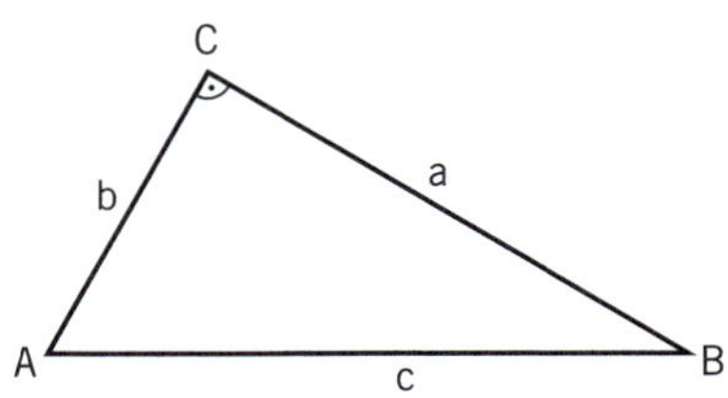

a) $a = 7\,cm$; $b = 8\,cm$

b) $a = 8\,cm$; $c = 10\,cm$

c) $b = 12\,cm$; $c = 13\,cm$

d) $b = 9\,cm$; $c = 11\,cm$

e) $a = 7\,cm$; $b = 12\,cm$

f) $a = 3\,cm$; $c = 7\,cm$

Beachte Die Formel für den Satz des Pythagoras ist abhängig von der Lage des rechten Winkels im Dreieck. So gilt hier

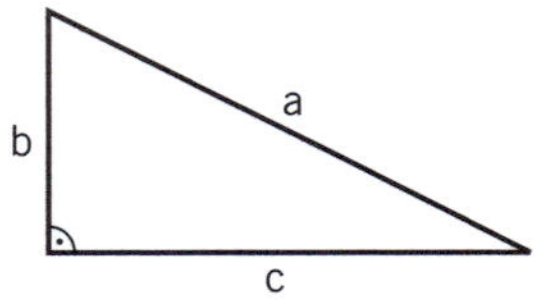

$$a^2 = b^2 + c^2$$

3.

a) Schreibe unter jede Figur den ‚Pythagoras‘:

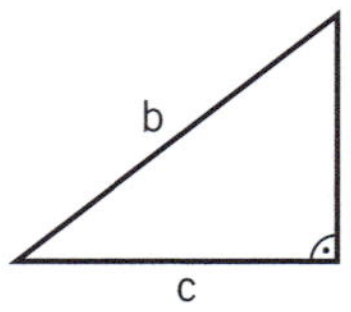

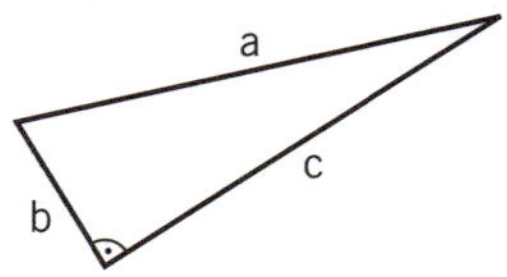

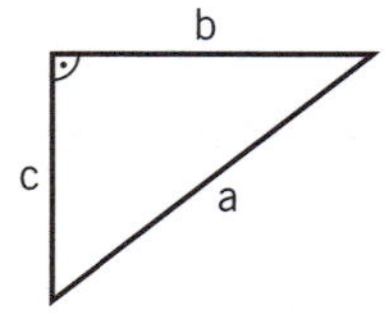

① ______________ ② ______________ ③ ______________

b) Berechne für jedes dieser Dreiecke die Seite b, wenn a = 8 cm und c = 5,5 cm lang ist.

4.

Eine 8 m lange Leiter soll so gegen eine Hauswand gelehnt werden, dass ihr Fußpunkt 3 m vom Haus entfernt ist. In welcher Höhe stößt die Leiter gegen das Haus? Fertige zunächst eine Skizze an.

5.

Dieses 25 cm hohe Wasserglas hat einen Durchmesser von 8 cm. Wie viel cm kann man den Strohhalm höchstens in das Glas stecken?

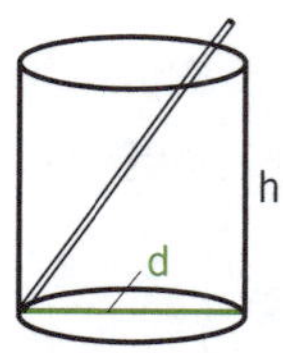

6.

Zwei 6 m lange Dachflächen s stoßen rechtwinklig aneinander.

a) Wie breit ist der Boden b?

b) Berechne die Höhe h des Daches.

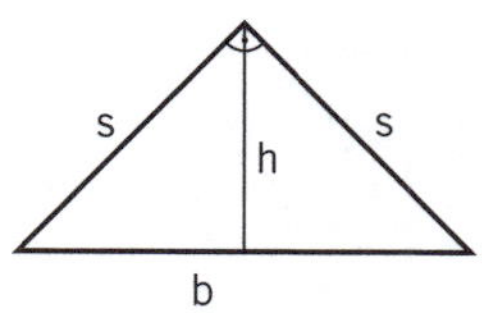

7.*

Der Satz des Pythagoras besagt:

Wenn ein Dreieck rechtwinklig ist ($\gamma = 90°$), **dann** gilt $a^2 + b^2 = c^2$.

Es gilt aber auch die Umkehrung des Satzes.

Formuliere zu Ende:

Wenn in einem Dreieck $a^2 + b^2 = c^2$ gilt,

dann ____

8.*

Überprüfe diese Dreiecke auf Rechtwinkligkeit. Berechne dazu jeweils $a^2 + b^2 = c^2$.

a) c = 8,5 cm; a = 7,5 cm; b = 4 cm

b) c = 7,5 cm; a = 6 cm; b = 4,5 cm

c) c = 5 cm; a = 4 cm; b = 4,5 cm

Kontrolliere deine Ergebnisse mit Hilfe von Konstruktionen. Wann ist $\gamma = 90°$?

9.*

a) Bilde Zahlen mit Hilfe dieser Gleichungen:

$a = 2uv$ $b = u^2 - v^2$ $c = u^2 + v^2$

Dabei sollen u, v, ganzzahlig und $u > v$ sein. Die so gebildeten Zahlen heißen **pythagoräische Zahlen**.

Fülle die Tabelle aus.

u	v	a	b	c	$a^2 + b^2$	c^2
2	1	4	3	5	16 + 9 = 25	25
3	1					
3	2					
4	1					
4	2					
4	3					

b) Übertrage die Tabelle in dein Heft. Berechne die pythagoräischen Zahlen für u = 5.

c) Setze die Terme für a, b, c in $a^2 + b^2 = c^2$ ein. Erhältst du einen allgemein gültigen Ausdruck?

Anwendungsaufgaben

Beim Lösen von Anwendungsaufgaben gehst du am besten so vor:

Zeichne dir als Lösungshilfe für diese Aufgaben jeweils eine **Planfigur**, in die du die gegebenen und gesuchten Größen einträgst. Für die Anwendung des Satzes des Pythagoras ist es wichtig, die **Lage des rechten Winkels** zu kennzeichnen; denn ihm gegenüber liegt immer die Hypotenuse.

1.

Wie groß ist die Diagonale d dieses Quadrates mit a = 12 cm?

Zeichne in die Abbildung die Planfigur. Berechne die Quadratwurzel auf eine Stelle nach dem Komma (zwei Stellen ausrechnen, dann runden).

2.

Ein Rechteck hat die Seiten a = 12 cm und b = 8 cm. Wie lang ist die Diagonale d?

3.

Die Diagonale eines Quadrates ist 8 cm lang.

a) Wie lang ist die Seite? Planfigur zeichnen!

b) Wie groß ist der Umfang des Quadrates?

c) Berechne den Flächeninhalt.

4.

Ein Rechteck ist 15 cm lang. Seine Diagonale beträgt 20 cm.

a) Wie lang ist die andere Rechteckseite?

b) Bestimme Umfang und Flächeninhalt.

5.*

Von einem gleichseitigen Dreieck mit s = 8 cm soll die Höhe h berechnet werden. Die Planfigur ist bereits gezeichnet.

a) Gib von dem Teildreieck ADC die Hypotenuse und die Katheten an.

b) Überprüfe ob gilt:

$$h^2 + \left(\frac{s}{2}\right)^2 = s^2$$

$$h^2 = s^2 - \left(\frac{s}{2}\right)^2$$

$$h^2 = s^2 - \frac{s^2}{4} = \frac{3}{4}s^2$$

$$h = \sqrt{\frac{3}{4}s^2}$$

$$h = \frac{s}{2}\sqrt{3}$$

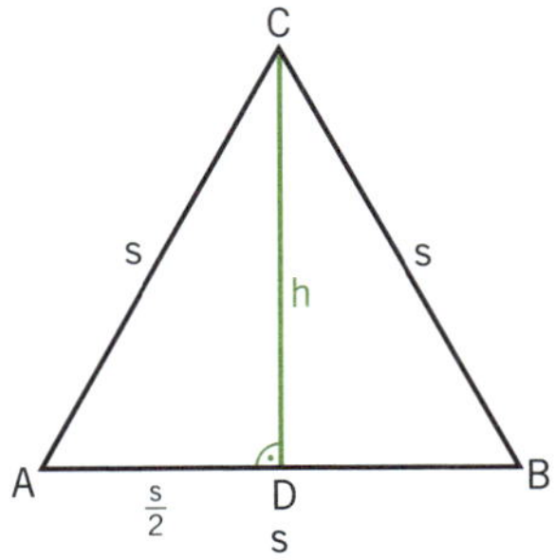

c) Berechne h (auf eine Stelle nach dem Komma runden).

6.

Jetzt soll von einem gleichschenkligen Dreieck mit a = b = 9 cm und c = 6 cm die Höhe bestimmt werden.

a) Vervollständige diese Figur zur Planfigur.

b) Stelle die Formel für h auf.

c) Berechne h.

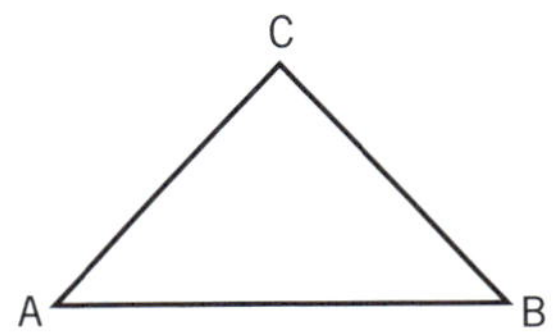

7.

Berechne die Flächeninhalte dieser Dreiecke. Du musst dazu jeweils erst die Höhe berechnen.

a) s = 16 cm

b) a = b = 10 cm; c = 8 cm

c) s = 20 cm

d) a = b = 12 cm; c = 10 cm

e) s = 40 cm

f) a = b = 20 cm; c = 14 cm

8.

Von einem gleichschenkligen Trapez sind a = 35 cm, c = 15 cm und h = 8 cm lang.

a) Wie lang ist d (siehe Planfigur)?

b) Berechne b.

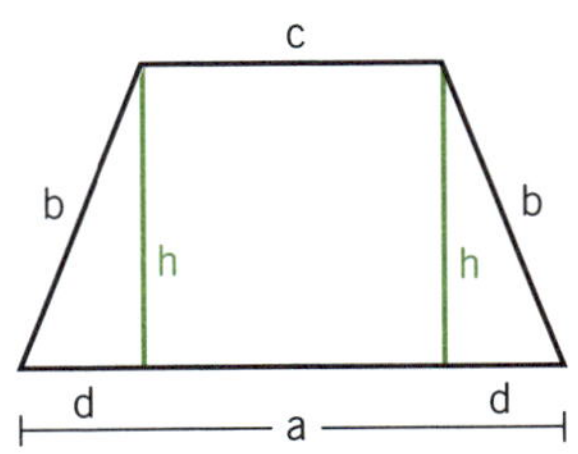

9.

Dieses Trapez ist rechtwinklig mit a = 35 cm, c = 15 cm und h = 8 cm. Vervollständige die Planfigur und berechne b.

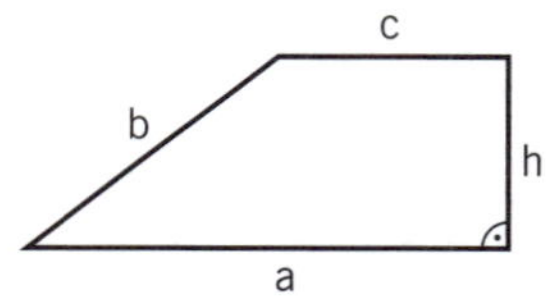

10.

Ein Drachenviereck besitzt die Diagonalen e = 12 cm und f = 30 cm. Der obere Abschnitt von f ist 10 cm lang.

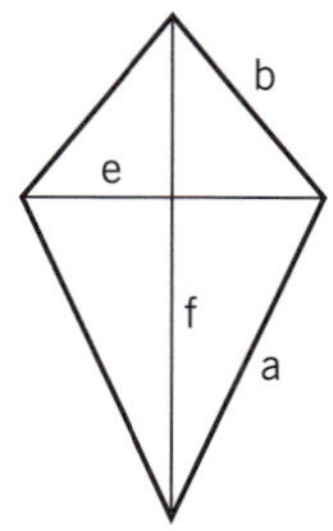

a) Berechne a und b.

b) Wie groß sind Flächeninhalt und Umfang?

c) Verschiebe die Diagonale e um 5 cm nach oben. Wie groß sind jetzt A und U?

d) Die Diagonale wird um 5 cm nach unten verschoben. Welche Werte nehmen jetzt A und U an?

11.*

Dem Kreis mit r = 10 cm ist ein regelmäßiges Sechseck umbeschrieben. Berechne Umfang und Flächeninhalt des Sechsecks.
Bedenke dabei: Ein regelmäßiges Sechseck besteht aus 6 gleichseitigen Dreiecken.

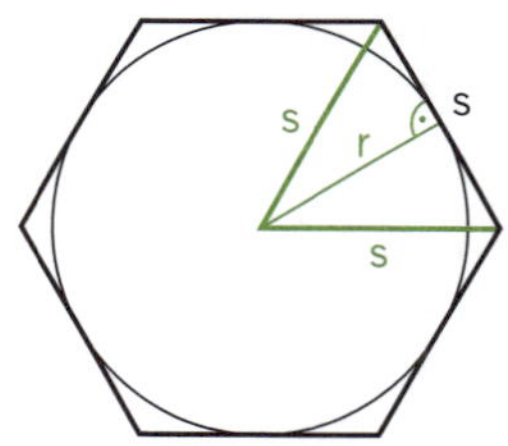

12.

Jetzt ist dem Kreis mit r = 10 cm ein regelmäßiges Sechseck einbeschrieben. Auch hier sollen Umfang und Flächeninhalt berechnet werden. Vervollständige dazu die Planfigur.

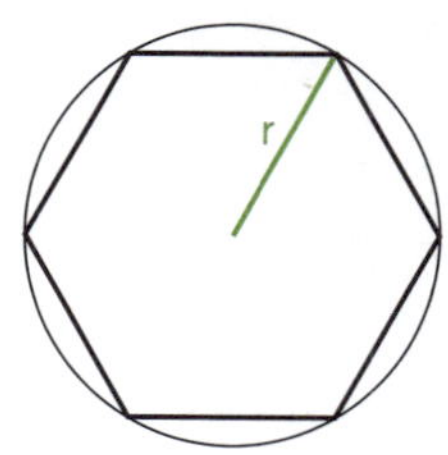

13.

Ermittle für die Kreise

a) r = 8 cm b) r = 12 cm c) r = 15 cm

jeweils Flächeninhalt und Umfang der ein- und umbeschriebenen regelmäßigen Sechsecke.

14.*

a) Berechne die Länge der fehlenden Strecken. Rechne aber die Wurzeln nicht aus (z. B. $\sqrt{2}$ cm).

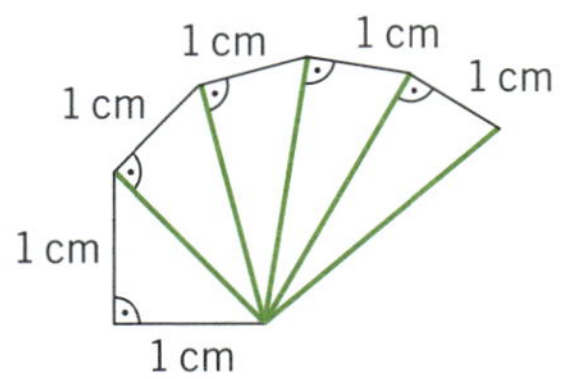

b) Gehe hier entsprechend vor. Konstruiere in deinem Heft insgesamt 6 Dreiecke.

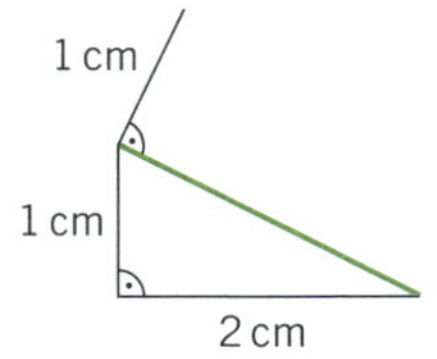

15.

Der Dachfirst dieses Spitzdaches soll durch einen Balken abgestützt werden. Wie lang muss er gewählt werden?
Fertige in deinem Heft eine vollständige Planfigur an.

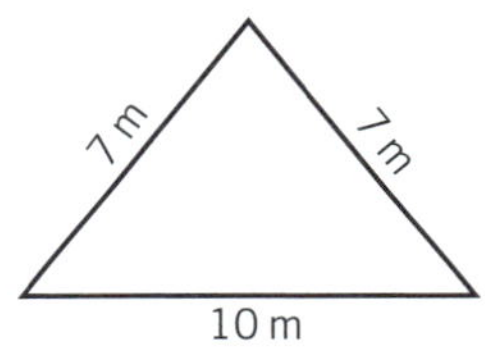

16.

Malermeister Pink lehnt seine 7,2 m lange Leiter an eine Hauswand. Das untere Leiterende muss aus Sicherheitsgründen 1,2 m entfernt von der Hauswand stehen. In welcher Höhe berührt die Leiter oben die Hauswand? Fertige eine Planfigur an!

17.*

a) Eine 26 m hohe Tanne ist vom Sturm abgeknickt worden. Die Knickstelle liegt 9 m über dem Erdboden. Wie weit liegt die Spitze vom Fuß des Stammes entfernt?

b) Bei einer zweiten 26 m hohen Tanne ist die Spitze 18 m vom Fuß aufgekommen. In welcher Höhe befindet sich hier der Knick?

Flächenverwandlung durch Scherung

Wozu braucht man eine Scherung?

Mit Hilfe der Scherung lassen sich Parallelogramme (Rechtecke) und Dreiecke in flächengleiche Figuren verwandeln.

Scherung eines Parallelogramms (Rechtecks):

Ein gegebenes Rechteck mit den Seiten a und b soll in ein flächengleiches Rechteck mit den Seiten a und der neuen Seite b′ verwandelt werden:

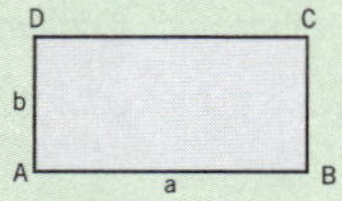

Ausgangsfigur

→

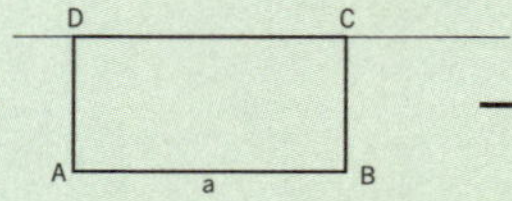

Parallele zu a

→

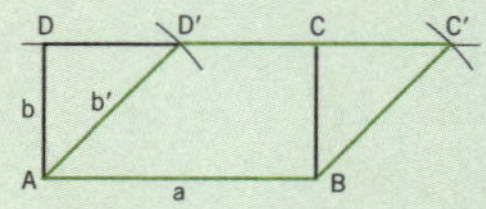

Mit dem Zirkel b′ abtragen

Scherung eines Dreiecks:

Das Dreieck ABC soll in ein flächengleiches Dreieck verwandelt werden unter Beibehaltung der Grundlinie c, aber mit der neuen Seite a′:

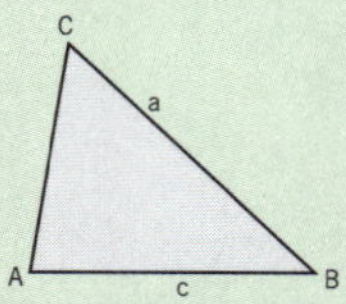

Ausgangsfigur

→

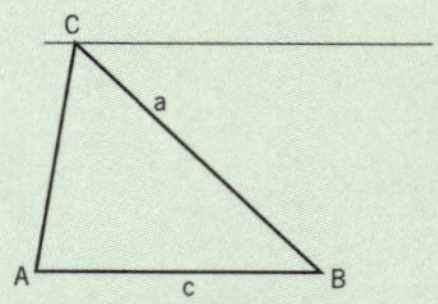

Parallele zu c durch C

→

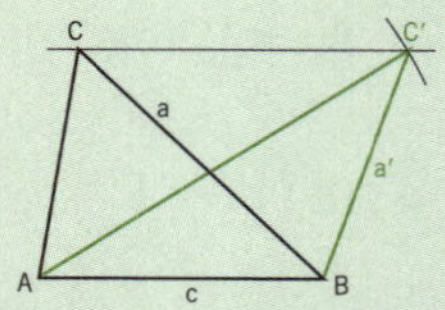

Mit dem Zirkel a′ abtragen

1.

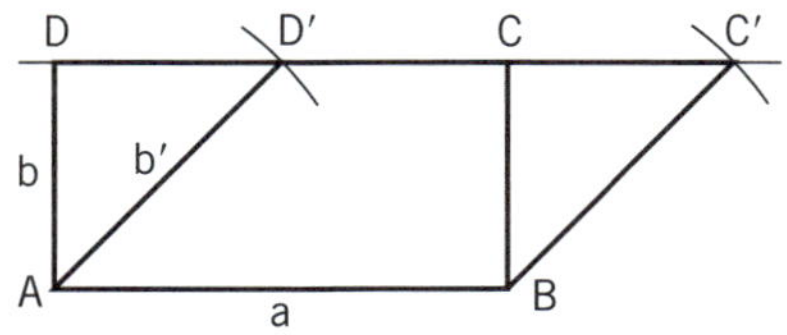

Zeichne ein Rechteck mit a = 6 cm und b = 3 cm. Verlängere $\overline{DC}$ über C hinaus. Schlage mit b′ = 4 cm je einen Kreisbogen um A und B, der die Parallele in D′ und C′ schneidet. Verbinde A mit D′ und B mit C′.
Was kannst du über die Flächeninhalte von Figur und Bildfigur aussagen? Berechne sie!

2.

Führe folgende Scherungen aus:

a) Rechteck mit a = 6 cm, b = 4 cm in Parallelogramm mit b′ = 5 cm.
b) Parallelogramm mit a = 7 cm, b = 4 cm, α = 70° in Parallelogramm mit b′ = 5 cm.
c) Parallelogramm von b) in ein Rechteck.

3.

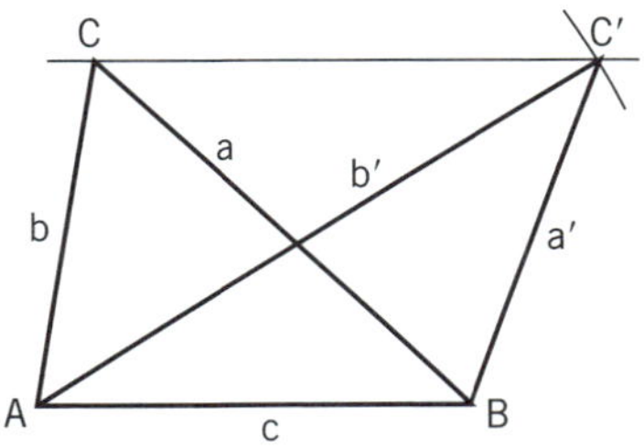

Zeichne ein Dreieck mit c = 5 cm, b = 4 cm, a = 6 cm. Konstruiere durch C eine Parallele zur Seite c. Schlage mit b′ = 5,5 cm um A einen Kreisbogen. Bezeichne seinen Schnittpunkt mit der Parallelen mit C′.
Was kannst du über die Flächeninhalte beider Dreiecke aussagen? Berechne sie. Miss dazu die Höhe h_c.

4.*

a) Ein Parallelogramm mit a = 6 cm, b = 3,5 cm, α = 60° soll in ein flächeninhaltsgleiches Rechteck mit a′ = 8 cm verwandelt werden.
Begründe diese Konstruktionsschritte und führe sie in deinem Heft aus.

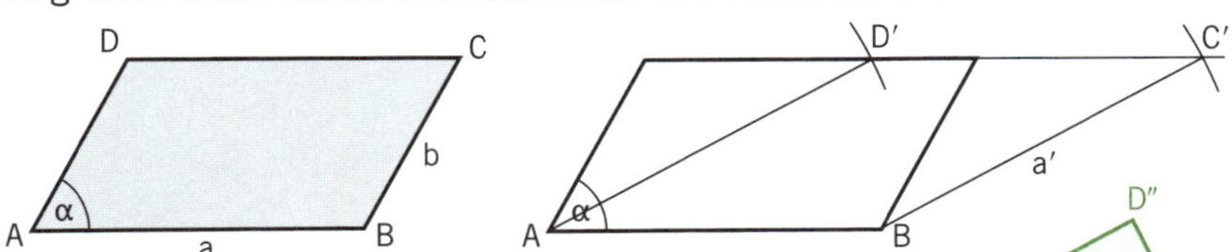

b) Berechne zur Kontrolle die Flächeninhalte von Parallelogramm und Rechteck. Miss dazu h_a bzw. b′ aus.

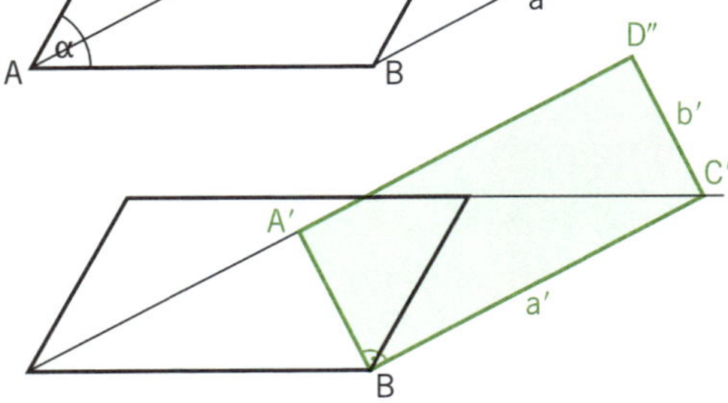

Kathetensatz

Der Kathetensatz im rechtwinkligen Dreieck stellt eine Beziehung her zwischen den Flächeninhalten eines Quadrates und eines Rechtecks.
Dadurch wird es möglich, ein gegebenes Rechteck durch Konstruktion in ein flächengleiches Quadrat zu verwandeln.

Kathetensatz

Im rechtwinkligen Dreieck ist das Quadrat über einer Kathete flächeninhaltsgleich dem Rechteck, gebildet aus der Hypotenuse und dem **anliegenden** Hypotenusenabschnitt.

$a^2 = c \cdot p$
$b^2 = c \cdot q$

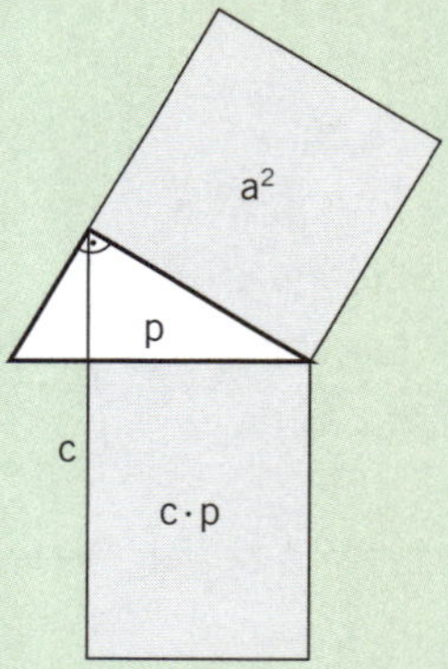

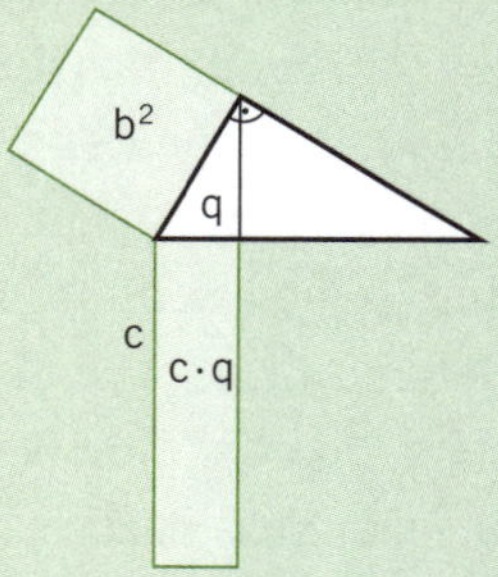

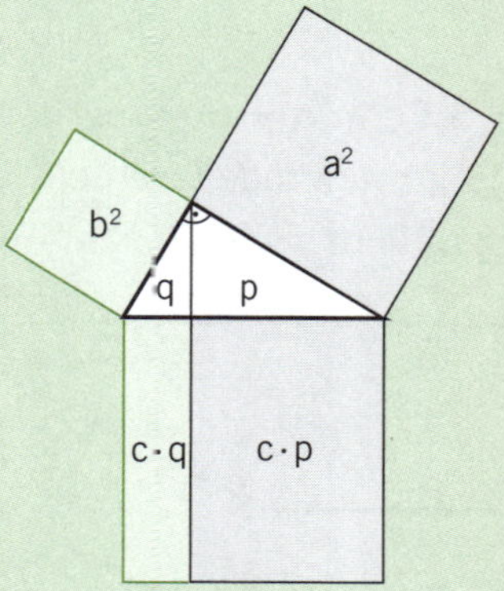

Fasse die Konstruktionsfiguren zum Kathetensatz so zu einer Zeichnung zusammen:

$$\begin{array}{r} a^2 = c \cdot p \\ + \; b^2 = c \cdot q \\ \hline a^2 + b^2 = c \cdot p + c \cdot q \\ a^2 + b^2 = c(p + q) \\ a^2 + b^2 = c^2 \end{array}$$

Ergebnis: Der Satz des Pythagoras lässt sich auch mit Hilfe des Kathetensatzes beweisen.

1.

a) Konstruiere ein rechtwinkliges Dreieck mit $\gamma = 90°$, $a = 4\,cm$ und $b = 3\,cm$. Zeichne über b das Kathetenquadrat b^2 und führe dann folgende Konstruktionen aus:

Scherung unter Beibehaltung von $\overline{EA}$

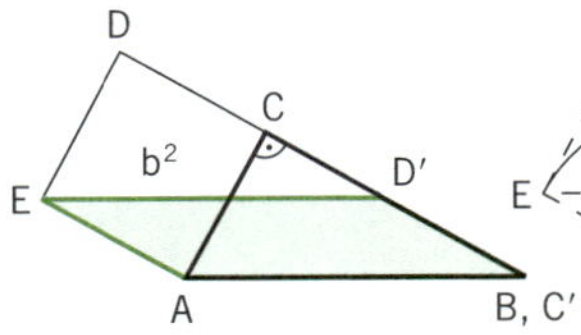

Drehung um A um 90°

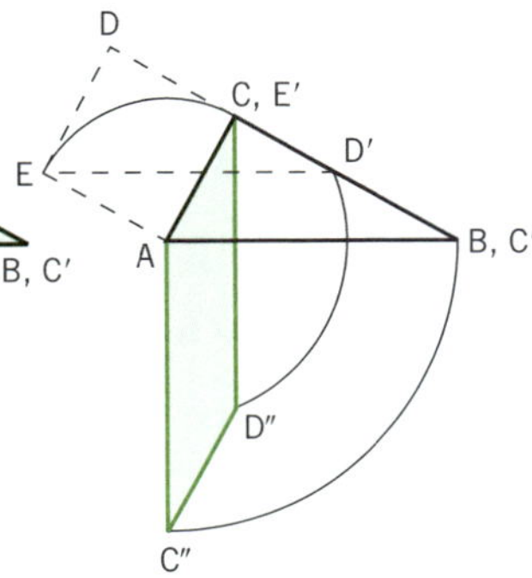

Scherung unter Beibehaltung von $\overline{AC''}$

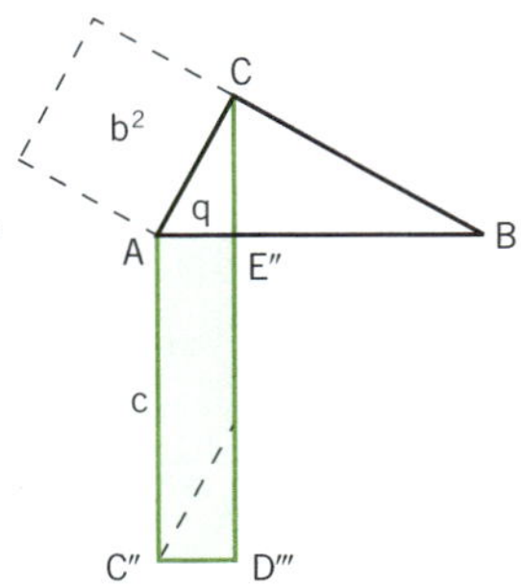

Ergebnis: Das Kathetenquadrat b^2 ist flächeninhaltsgleich dem Rechteck $c \cdot q$.

b) Führe die gleiche Konstruktion noch einmal für das Kathetenquadrat a^2 durch. Welches Rechteck erhältst du jetzt? Beachte, dass der andere Hypotenusenabschnitt mit p bezeichnet wird.

2.

Sind in einem **rechtwinkligen** Dreieck die Hypotenusenabschnitte p und q bekannt, so lassen sich die Seiten a, b, c berechnen.

$p + q = c$ $\qquad$ $c \cdot q = b^2$ $\qquad$ $c \cdot p = a^2$

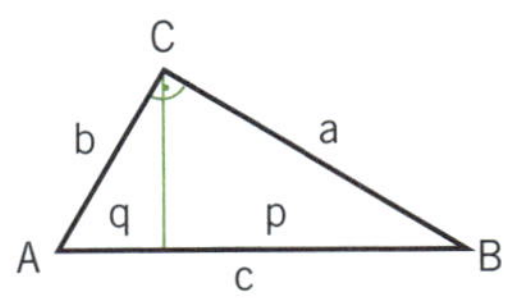

Wie lang sind hier jeweils die Seiten a, b, c?

a) $p = 4\,cm$, $q = 5\,cm$ $\qquad$ b) $p = 3\,cm$, $q = 7\,cm$ $\qquad$ c) $p = 2\,cm$, $q = 5\,cm$ $\qquad$ d) $p = 3\,cm$, $q = 3\,cm$

3.

Ermittle auch hier mit Hilfe des Kathetensatzes die fehlenden Größen für das rechtwinklige Dreieck mit $\gamma = 90°$.

	a)	b)	c)	d)	e)	f)	g)	h)
a	8 cm					9 cm		
b		5 cm					11 cm	9 cm
c	10 cm			12 cm	15 cm			15 cm
p			5 cm	4 cm		6 cm		
q		3 cm	6 cm		7 cm		7 cm	

4.

a) Welche Seite ist jetzt Hypotenuse?

b) Kennzeichne in der Abbildung den zu b anliegenden Hypotenusenabschnitt mit q und den zu c anliegenden mit p.

c) $q = 3{,}5\,\text{cm}$; $a = 5\,\text{cm}$
Berechne c, b.

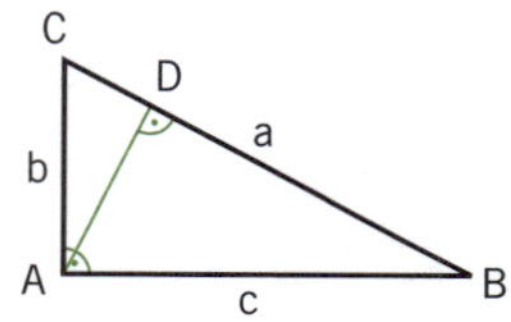

Beachte

Merkregel für die Anordnung der Hypotenusenabschnitte p und q:

p und q liegen immer mit dem „Rücken" an der Höhe h.

q ← „Rücken" → p

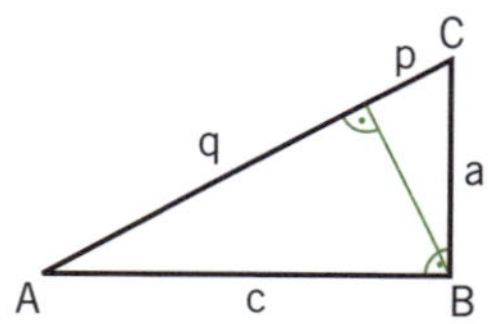

5.

a) Berechne jetzt b, a und c, wenn $p = 4\,\text{cm}$ und $q = 5\,\text{cm}$ gegeben sind. $(\beta = 90°)$

b) Kontrolliere deine Rechnung, indem du $a^2 + c^2$ ermittelst.
Erhältst du b^2?

6.

Ein Rechteck mit den Seiten x = 4 cm und y = 9 cm soll in ein flächeninhaltsgleiches Quadrat verwandelt werden. Berechne die Seitenlänge des Quadrats. Setze dazu x = q und y = c.

7.

Die Rechnung der Aufgabe 6 soll jetzt durch eine Konstruktion ersetzt werden. Es soll also das Rechteck in ein flächeninhaltsgleiches Quadrat verwandelt werden. Wir müssen dazu die Ableitung zum Kathetensatz rückwärts durchlaufen.

Ausgangspunkt ist das Rechteck

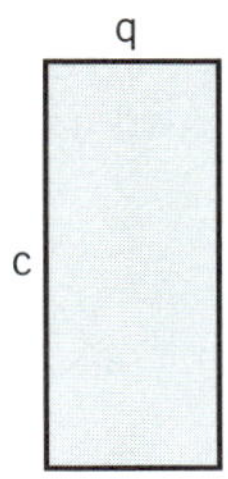

Zum Rechteck konstruieren wir mit Hilfe des Thaleskreises das rechtwinklige Dreieck (Seite c antragen, Mittelpunkt M bestimmen, Kreis mit der Höhe h schneiden).

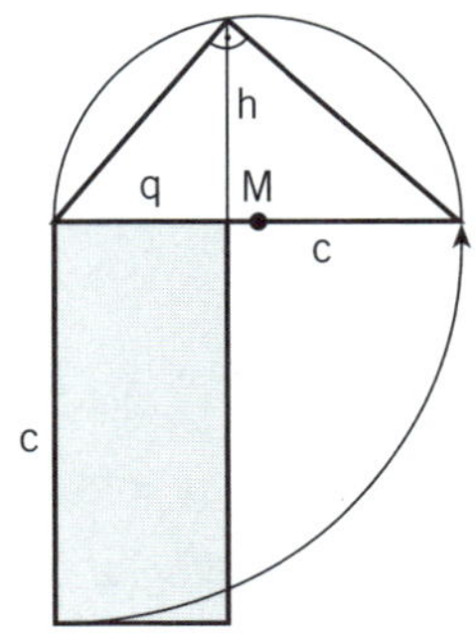

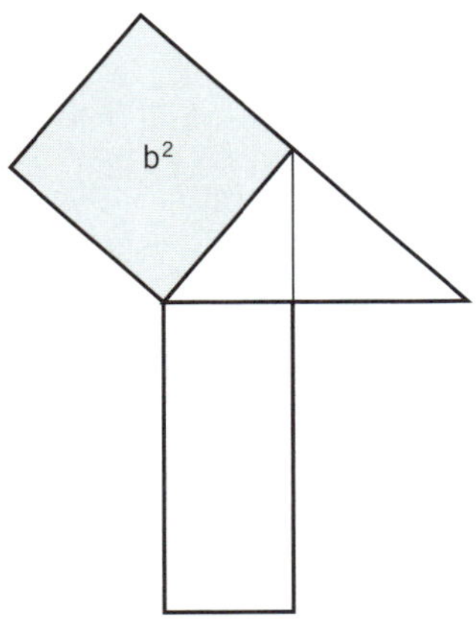

Jetzt lässt sich das gesuchte Quadrat zeichnen.

Führe die Konstruktion für q = 4 cm und c = 9 cm durch. Miss die Seite b aus und vergleiche den Wert mit der Lösung von Aufgabe 6.

8.*

a) Verwandle die Rechtecke in ein Quadrat:

① x = 2 cm y = 8 cm	② x = 4 cm y = 6,25 cm	③ x = 3 cm y = 6 cm

Miss jeweils die Länge der Quadratseite.

b) Ermittle die Länge der Quadratseiten rechnerisch und vergleiche sie mit den Werten von Aufgabe a).

Höhensatz

Der Höhensatz ist der letzte der drei Sätze, die zur Satzgruppe des Pythagoras zusammengefasst werden.

Höhensatz

Im rechtwinkligen Dreieck ist das Quadrat über der Höhe gleich dem Rechteck aus den Hypotenusenabschnitten

$$h^2 = p \cdot q$$

Wir wollen **beweisen**, das $h^2 = p \cdot q$ gilt:

Satz des Pythagoras für das Teildreieck ADC:
$b^2 = h^2 + q^2$

Kathetensatz für b:
$b^2 = c \cdot q$

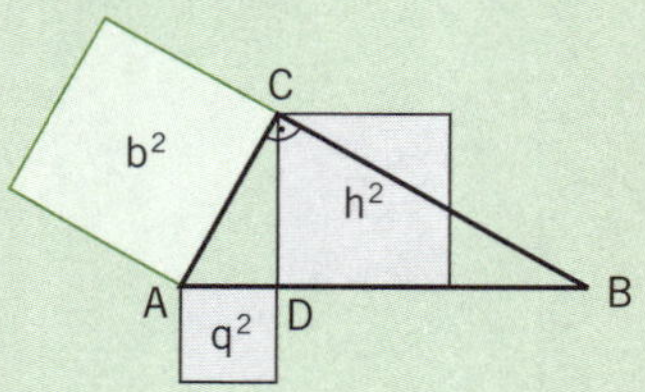

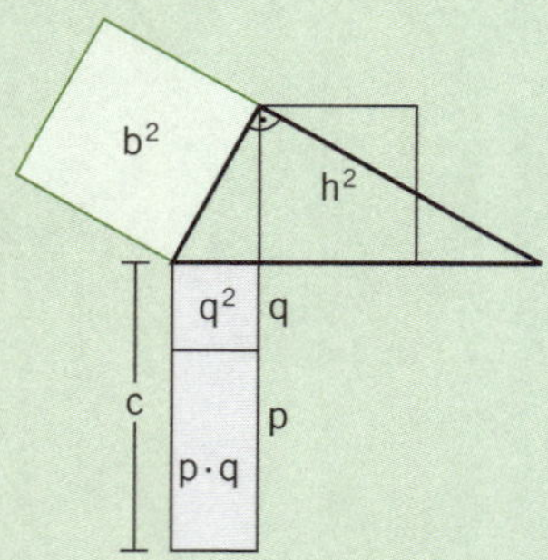

Es gilt:

$$c \cdot q = b^2 \text{ und } h^2 + q^2 = b^2$$

Daraus ergibt sich:

$$\begin{aligned} h^2 + q^2 &= c \cdot q \\ h^2 &= c \cdot q - q^2 \\ h^2 &= (c - q) \cdot q \\ h^2 &= p \cdot q \end{aligned}$$

1.

a) In einem rechtwinkligen Dreieck sind $p = 4\,cm$ und $q = 5\,cm$. Wie groß ist die Höhe? Denke daran:

$$h^2 = p \cdot q \quad \text{also} \quad h = \sqrt{p \cdot q}$$

Bestimme h auf eine Stelle nach dem Komma (runden!)

b) Berechne auch hier jeweils h

$p = 8\,cm$, $q = 4\,cm$; $p = 2\,cm$, $q = 8\,cm$

2.

Berechne mit Hilfe des Höhensatzes die fehlenden Größen des rechtwinkligen Dreiecks ($\gamma = 90°$).

	a)	b)	c)	d)	e)	f)	g)	
p	3 cm		6 cm	5 cm		6 cm	3 cm	
q	4 cm	5 cm		5 cm	3 cm		6 cm	
h		4 cm	7 cm		4 cm	5 cm		

3.

Bestimme die fehlenden Größen. Überlege, welcher Flächensatz sich jeweils am besten eignet.

a)

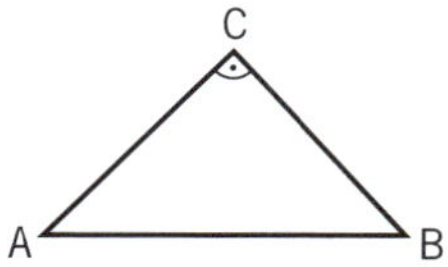

a	5 cm	4 cm		
b	6 cm			
c		10 cm		
h			20 cm	
p			4 cm	8 cm
q				6 cm

b)

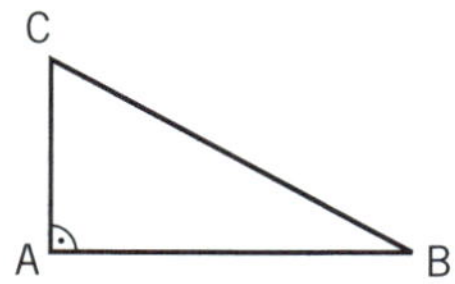

a	12 cm	9 cm		
b		4 cm		
c	5 cm			12 cm
h			30 cm	
p				
q			5 cm	8 cm

Vermischte Aufgaben

1.

a) Ein 12 m hoher Mast ist im Sturm in 3 m Höhe abgeknickt worden. Seine Spitze berührt jetzt den Boden. Wie viele m ist die Spitze vom Fuß des Mastes entfernt?

b) Ein anderer Mast wurde in 2 m Höhe geknickt. Seine Spitze ist jetzt 15 m vom Fuß des Mastes entfernt. Wie lang ist der Mast?

2.

Henning will sich einen Drachen bauen. Die Stäbe sind 40 cm und 90 cm lang. Das obere Dreieck ist 20 cm hoch.

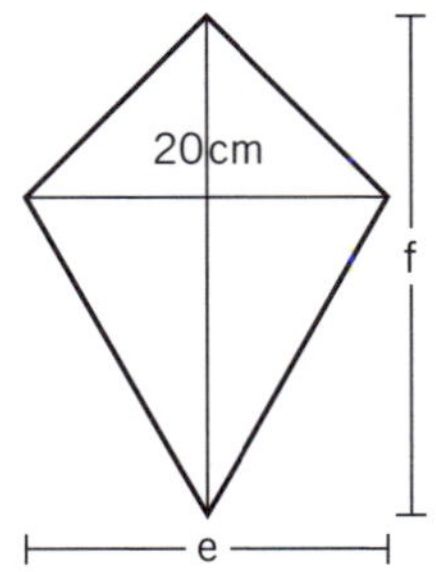

a) Wie lang muss der Faden sein, der das Drachenkreuz umspannt?

b) Wie viel cm² Papier benötigt er zum Bespannen des Drachens?

3.

In einen Zylinder (r = 10 cm, h = 30 cm), einen Würfel (a = 20 cm) und in einen Quader (a = 20 cm, b = 30 cm, h = 40 cm) soll jeweils eine Leiste möglichst weit hineingesteckt werden. Wie viel cm passt sie in jeden dieser Körper? Zeichne zu jeder Aufgabe eine Planfigur.

4.

a) In einem 2,30 m hohen Raum liegt eine Kiste (a = 2 m, b = 1 m, c = 1 m). Sie soll um die Kante K gekippt werden, sodass sie aufrecht steht. Ist das möglich?

b) Wie lang darf a höchstens sein, damit sich die Kiste aufrichten lässt?

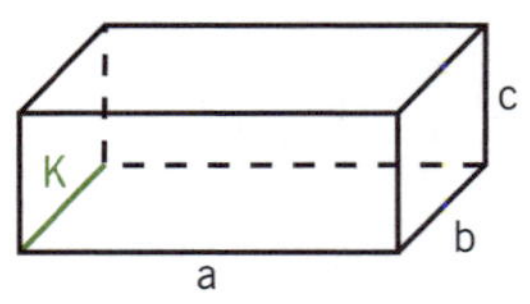

5.

Von einem gleichschenkligen Trapez sind gegeben:

a) $a = 6\,cm$, $c = 4\,cm$, $h = 3\,cm$

b) $a = 8\,cm$, $e = 6\,cm$, $h = 4\,cm$

Berechne jeweils Flächeninhalt und Umfang.

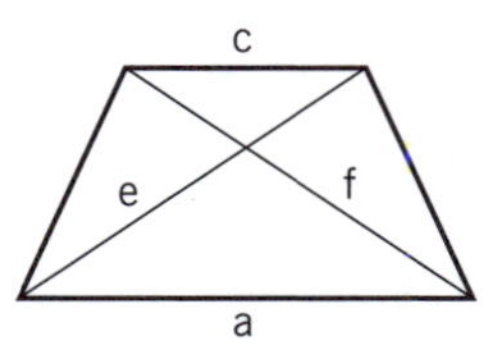

6.

Der Giebel eines Hauses hat diese Abmessungen.

a) Wie lang sind die beiden Dachkanten?

b) Wie groß ist der Flächeninhalt des Giebels?

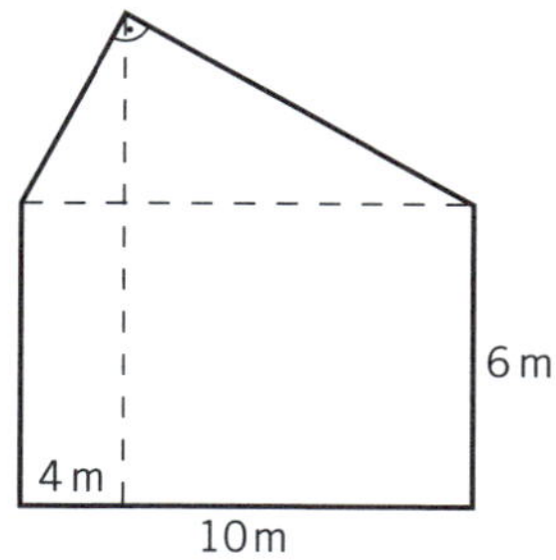

7.

Einem Kreis mit $r = 12\,cm$ ist je ein Quadrat ein- und umbeschrieben. Berechne von beiden Quadraten Flächeninhalt und Umfang.

8.

a) Wie weit kann man von einem 120 m hohen Turm sehen? Setze für den Erdradius 6400 km.

b) Ein Schiff mit einem 20 m hohen Mast verschwindet gerade am Horizont. Wie weit ist es entfernt?

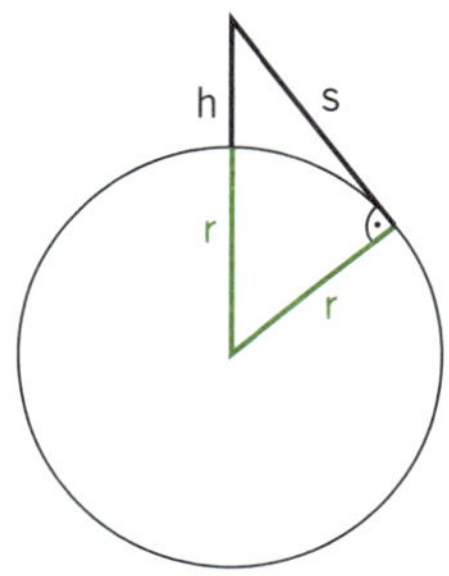

9.*

Ein Tetraeder besteht aus vier gleichseitigen Dreiecken. Berechne seine Oberfläche ($s = 20\,cm$).

10.*

a) Zeige, dass die Gleichungen

$a = 2n + 1$

$b = 2n(n + 1)$

$c = 2n^2 + 2n + 1$ mit $n \geqq 1$, ganzzahlig

pythagoräische Zahlen ergeben.

b) Berechne für $n = 1, 2, 3, 4$ die pythagoräischen Zahlen.

11.*

$a = 3$, $b = 4$ und $c = 5$ sind bekanntlich pythagoräische Zahlen.
Untersuche, ob auch:

a) $2 \cdot 3$; $2 \cdot 4$ und $2 \cdot 5$ b) $3 \cdot 3$; $3 \cdot 4$ und $3 \cdot 5$ c) $4 \cdot 3$; $4 \cdot 4$ und $4 \cdot 5$

wieder pythagoräische Zahlen sind. Kannst du das begründen?

Beachte Bei manchen Aufgaben musst du den Satz des Pythagoras mehrfach anwenden:

Beispiel: Wie lang ist die Raumdiagonale d dieses Quaders?

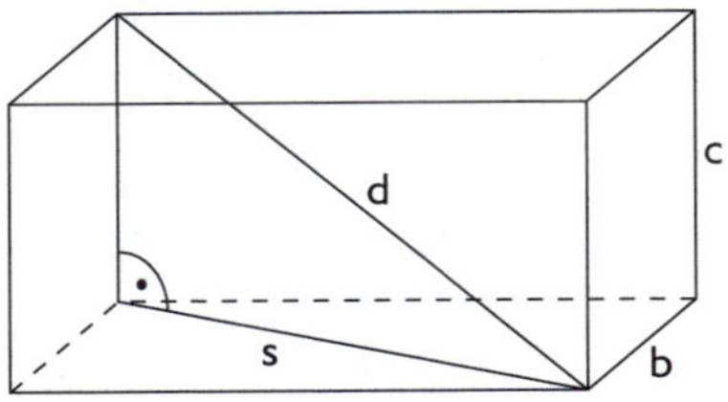

Durch das Einzeichnen der Flächendiagonale s wird deutlich, dass d die Hypotenuse eines rechtwinkligen Dreiecks mit den Seiten c, s und d ist.

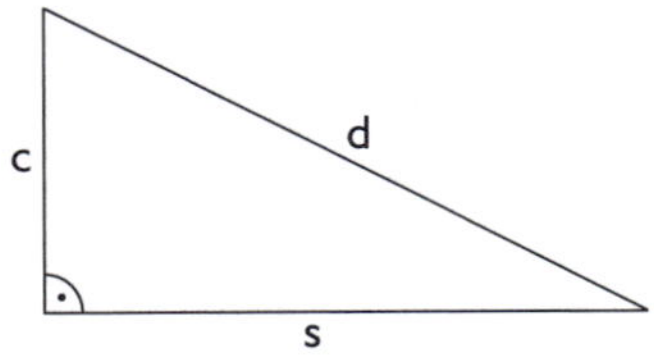

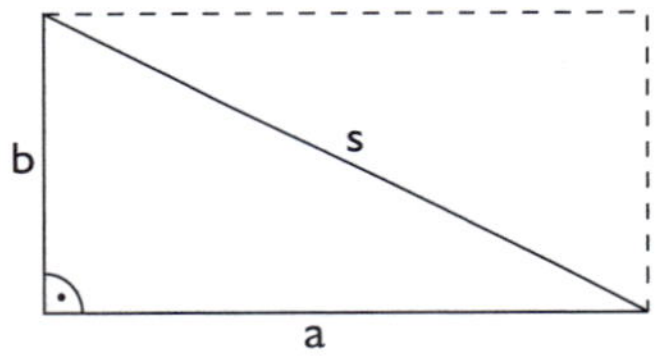

s ist aber selbst Hypotenuse eines rechtwinkligen Dreiecks, das aus a, b und s gebildet wird.

12.

a) Berechne s aus $a = 8\,\text{cm}$ und $b = 4\,\text{cm}$.

b) Bestimme nun d für $c = 3\,\text{cm}$ und dem eben berechneten s.

c) Zeige, dass du d auch ohne vorheriges Berechnen von s so ermitteln kannst: $d = \sqrt{a^2 + b^2 + c^2}$

d) Berechne für den Würfel mit der Kantenlänge $a = 5\,\text{cm}$ die Raumdiagonale.

α) Rechne erst s, dann d aus.

β) Ermittle d wie in Aufgabe c) ohne Zwischenrechnung.

Zusammenfassung

<table>
<tr><th>Begriffe</th><th>Erläuterungen</th><th>Beispiele</th></tr>
<tr>
<td>Bezeichungen im rechtwinkligen Dreieck</td>
<td>Hypotenuse: Seite, die dem rechten Winkel gegenüberliegt.

Katheten: Schenkel des rechten Winkels.

Hypotenusenabschnitte:
Die Höhe h teilt die Hypotenuse in die Hypotenusenabschnitte.</td>
<td>

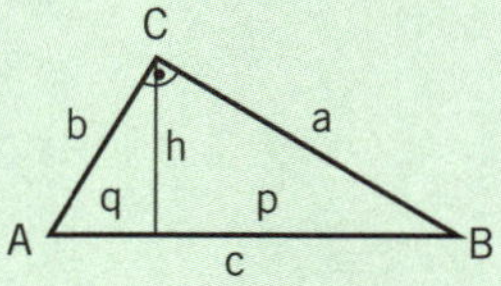

Hypotenuse: c
Katheten: a, b
Hypotenusenabschnitte: p, q

Diese Buchstaben liegen so, dass sie mit dem „Rücken“ an die Höhe h „anlehnen“.

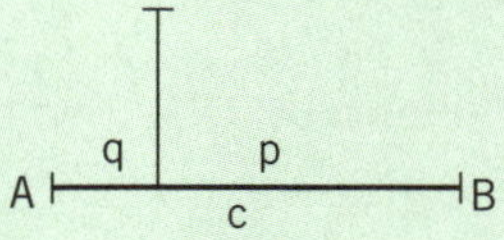

</td>
</tr>
<tr>
<td>Satz des Pythagoras</td>
<td>Im rechtwinkligen Dreieck ist das Hypotenusenquadrat so groß wie die Summe der beiden Kathetenquadrate.

Es gilt auch die Umkehrung: Sind in einem Dreieck die beiden Kathetenquadrate so groß wie das Hypotenusenquadrat, so ist das Dreieck rechtwinklig.</td>
<td>

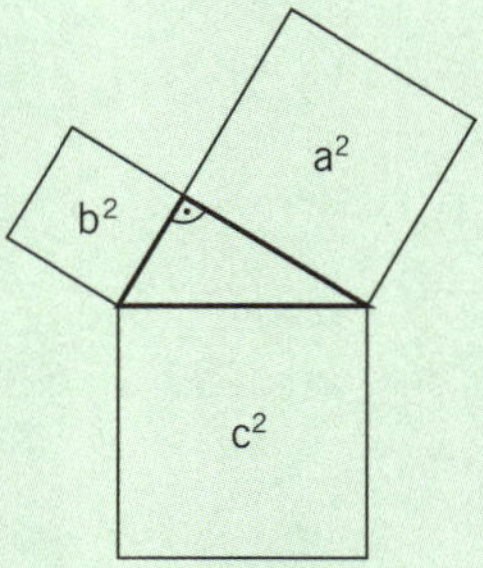

$c^2 = a^2 + b^2$

</td>
</tr>
</table>

Begriffe	Erläuterungen	Beispiele
Kathetensatz	Im rechtwinkligen Dreieck ist das Quadrat über einer Kathete flächeninhaltsgleich dem Rechteck, gebildet aus der Hypotenuse und dem **anliegenden** Hypotenusenabschnitt.	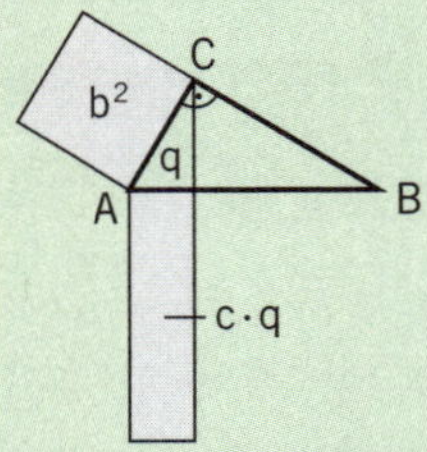 zur Kathete b ist q **anliegend**, also $b^2 = c \cdot q$ 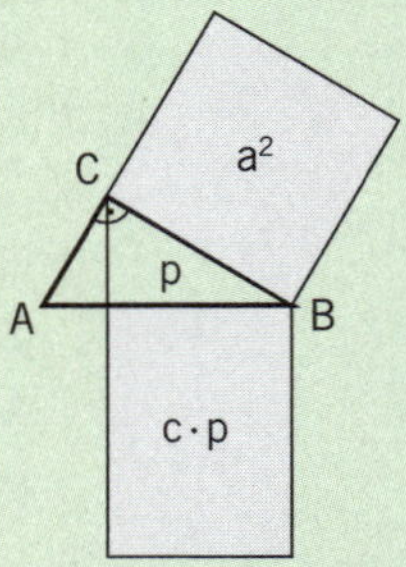 zur Kathete a ist p **anliegend**, also $a^2 = c \cdot p$
Höhensatz	Im rechtwinkligen Dreieck ist das Quadrat über der Höhe flächeninhaltsgleich dem Rechteck, gebildet aus den Hypotenusenabschnitten.	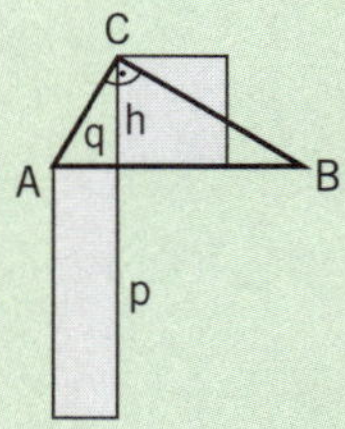 $h^2 = q \cdot p$
Pythagoräische Zahlen	Sind die drei Seitenlängen eines rechtwinkligen Dreiecks ganzzahlig, so heißen sie auch pythagoräische Zahlen. Sie bilden ein pythagoräisches Zahlentripel.	5; 12; 13 bilden ein pythagoräisches Zahlentripel, weil $5^2 + 12^2 = 13^2$ $25 + 144 = 169$

Test

Test 1

Gib für diese Dreiecke jeweils sämtliche Flächensätze (Satz des Pythagoras, Höhensatz, Kathetensatz) an. Bezeichne dabei die Hypotenusenabschnitte immer mit p und q. Ordne die Buchstaben so an, dass sie mit dem „Rücken“ zur Höhe liegen.

a)

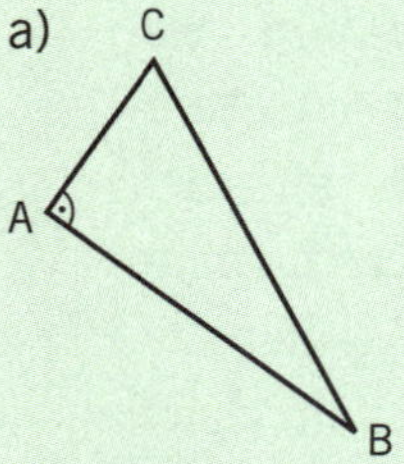

b)

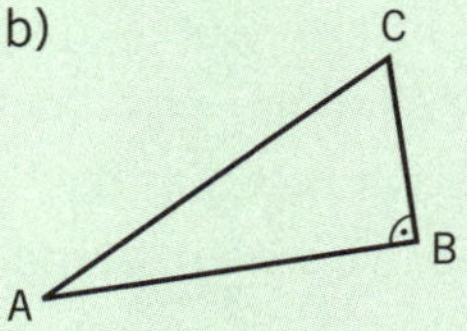

Test 2

Fülle die Tabelle aus:

a) $\alpha = 90°$

a	8 cm			
b	5 cm	6 cm		
c		8 cm		
h			12 cm	
p			9 cm	12 cm
q				4 cm

b) $\beta = 90°$

a	20 cm			
b	30 cm	25 cm		
c		15 cm		
h			10 cm	
p				4 cm
q			6 cm	9 cm

Test 3

Berechne Flächeninhalt und Umfang eines regelmäßigen Sechsecks mit s = 10 cm.

Test 4

Von einem gleichschenkligen Trapez sind a = 40 cm, c = 30 cm und h = 10 cm. Wie groß sind Umfang und Flächeninhalt?

Test 5

Wie weit kann man von einem 300 m hohen Turm sehen? Setze für den Erdradius 6400 km ein.

Test 6

Wie weit kann man einen Stab in einen quaderförmigen Behälter mit a = 2,50 m, b = 3 m und c = 6 m höchstens stecken?

6 Strahlensätze

Der erste Strahlensatz

In der Abbildung werden zwei Strahlen von parallelen Geraden geschnitten, die alle den gleichen Abstand voneinander haben. Dadurch schneiden die Geraden aus jedem Strahl gleich lange Strecken der Länge m bzw. n heraus. Folglich ist die Länge der Strecke $\overline{SA} = 4 \cdot m$ und $\overline{SA'} = 7 \cdot m$.

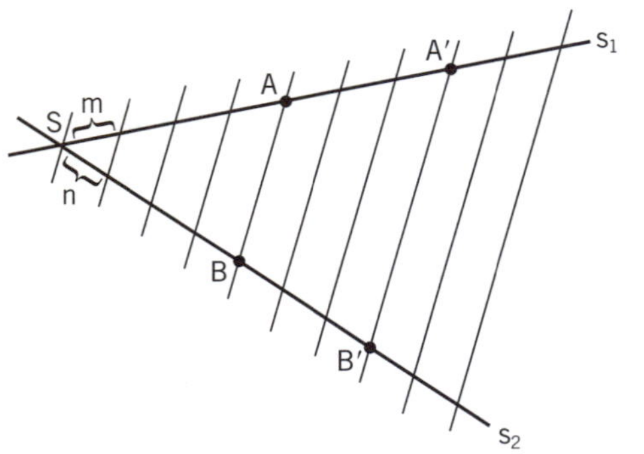

Was ist ein Streckenverhältnis?

Der Quotient der Maßzahlen von Streckenlängen wie $\overline{SA} : \overline{SA'}$ wird auch Streckenverhältnis genannt.

Man schreibt: $\overline{SA} : \overline{SA'} = \frac{\overline{SA}}{\overline{SA'}} = \frac{4\,m}{7\,m} = \frac{4}{7} = 4:7$

1. Strahlensatz:

Werden zwei Strahlen, die von einem Punkt S ausgehen, von zwei parallelen Geraden geschnitten, so verhalten sich die Streckenabschnitte des einen Strahls wie die **entsprechenden** Streckenabschnitte des anderen Strahls:

$\frac{\overline{SA}}{\overline{SA'}} = \frac{\overline{SB}}{\overline{SB'}}$ $\left(\text{oder } \frac{a}{a'} = \frac{b}{b'}\right)$

bzw. $\frac{\overline{SA}}{\overline{AA'}} = \frac{\overline{SB}}{\overline{BB'}}$ $\left(\text{oder } \frac{a}{c} = \frac{b}{d}\right)$

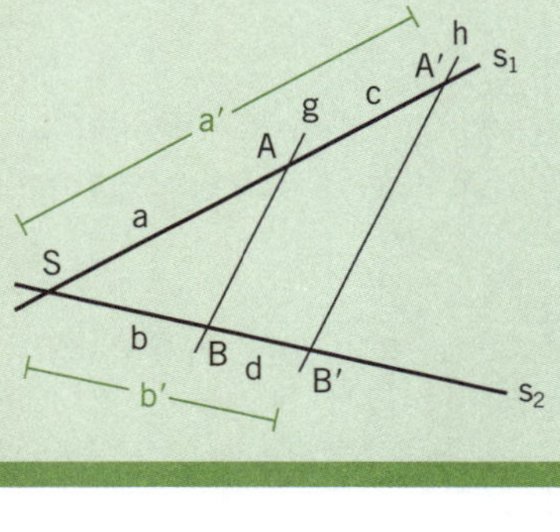

Beachte

Der 1. Strahlensatz gilt auch, wenn die Parallelen nicht auf derselben Seite von S liegen. Dabei könnten die Punkte A′ und B′ auch durch eine Punktspiegelung (bzw. Drehung um 180°) des Dreiecks SDC um S entstanden sein.

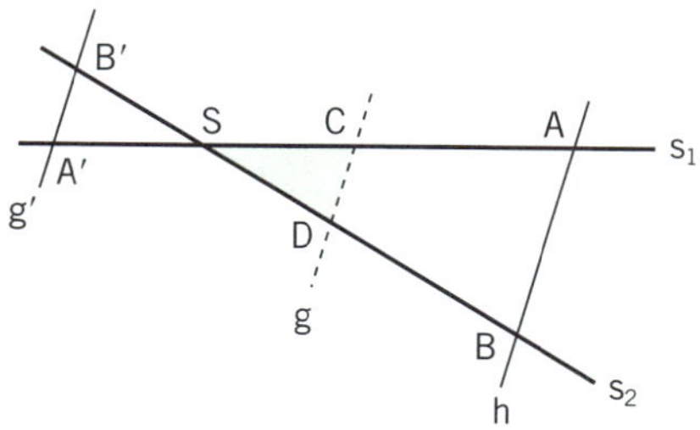

1.

Notiere alle nach dem 1. Strahlensatz geltenden Streckenverhältnisse.

2.

a)

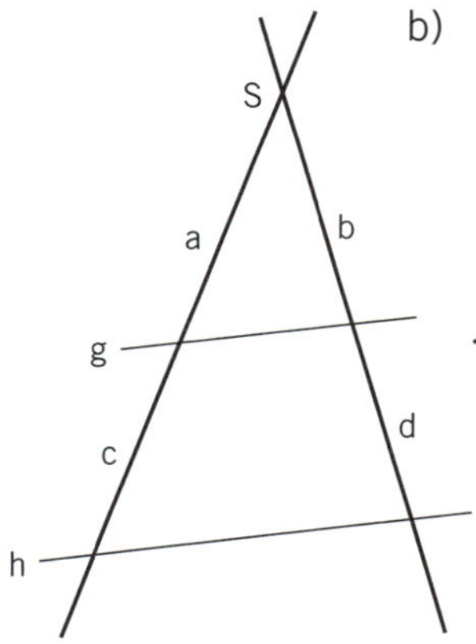

b)

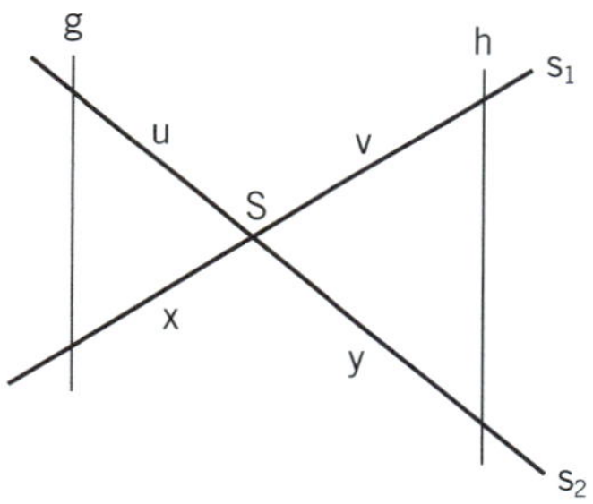

Bei den Abbildungen seien g und h parallele Geraden. Welche Gleichungen von Streckenverhältnissen ergeben sich nach dem 1. Strahlensatz?

3.

Berechne den 4. Streckenabschnitt (4. Proportionale).

Beispiel: a = 3 cm, b = 6 cm, a′ = 5 cm, b′ = x cm

Es gilt nach dem 1. Strahlensatz

$\frac{a}{a'} = \frac{b}{b'}$, d. h. $\frac{3}{5} = \frac{6}{x}$.

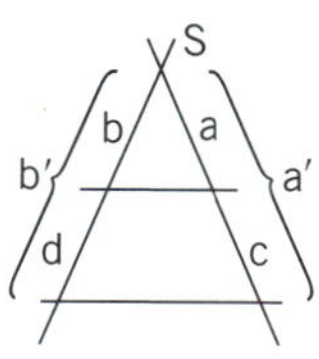

Für das Rechnen ist es jedoch einfacher, den Strahlensatz so umzustellen, dass man mit der gesuchten Größe beginnt, also

$\frac{b'}{b} = \frac{a'}{a}$, d. h. $\frac{x}{6} = \frac{5}{3}$. Folglich ist $x = \frac{5 \cdot 6}{3} = 10$, also b′ = 10 cm.

Probe: Es gilt tatsächlich $\frac{3}{5} = \frac{6}{10}$.

Berechne die Länge des fehlenden Steckenabschnitts und mache die Probe.

a) a = 5 cm, b = 3 cm, c = 4 cm, d = x

b) a′ = 7 cm, b = 6 cm, b′ = 14 cm, a = x

c) a = 4 cm, b = 3,6 cm, d = 2,8 cm, c = x

d) a = 12 cm, a′ = 18 cm, b = 12 cm, b′ = x

Der zweite Strahlensatz

2. Strahlensatz:

Werden zwei Strahlen, die von einem Punkt S ausgehen, von zwei parallelen Geraden geschnitten, so verhalten sich die **Streckenabschnitte auf den Parallelen** wie die von **S aus gemessenen entsprechenden Abschnitte** (Scheitelabschnitte) auf einem Strahl.

$$\frac{\overline{AB}}{\overline{A'B'}} = \frac{\overline{SA}}{\overline{SA'}} \quad \left(\text{oder } \frac{x}{y} = \frac{a}{a'}\right)$$

bzw. $$\frac{\overline{AB}}{\overline{A'B'}} = \frac{\overline{SB}}{\overline{SB'}} \quad \left(\text{oder } \frac{x}{y} = \frac{b}{b'}\right)$$

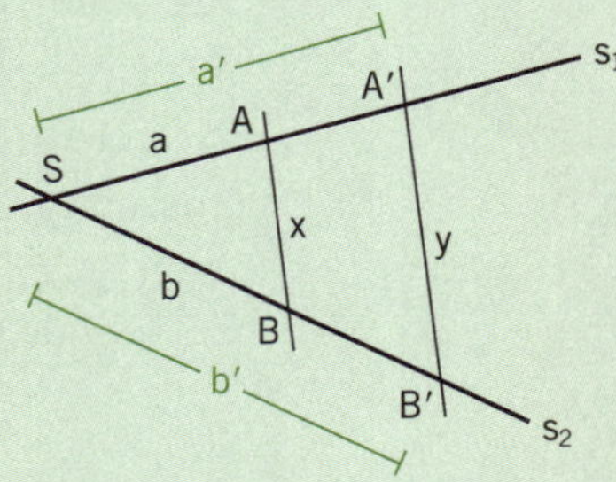

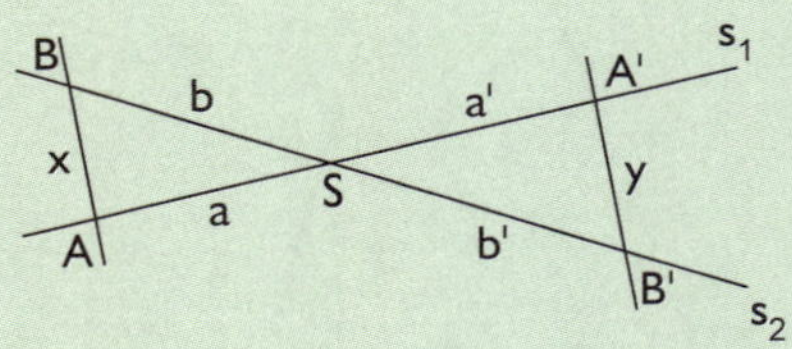

Beachte:
Der **erste** Strahlensatz sagt nur etwas über die Abschnitte auf den **Strahlen**, der **zweite** Strahlensatz auch über die Abschnitte auf den **Parallelen** aus.

Es ist wichtig, sich klarzumachen, welches jeweils die **entsprechenden** Streckenabschnitte sind.

Beachte, dass $\frac{x}{y}$ und $\frac{a}{b}$ keine wahre Proportion ergeben, weil der y entsprechende Abschnitte nicht b, sondern a + b ist.

Folglich gilt $\frac{x}{y} = \frac{a}{a+b}$!

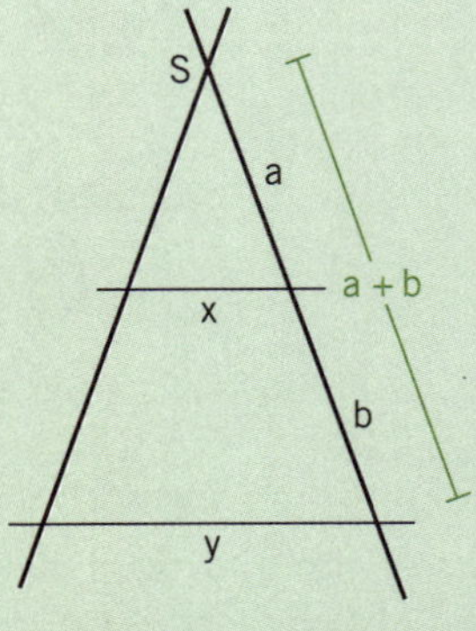

1.

a)

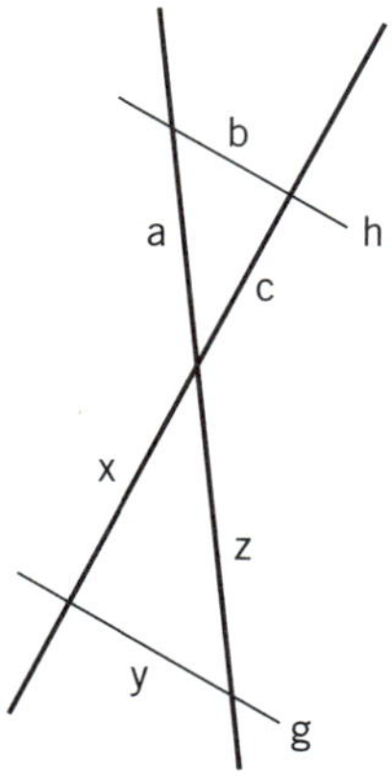

b)

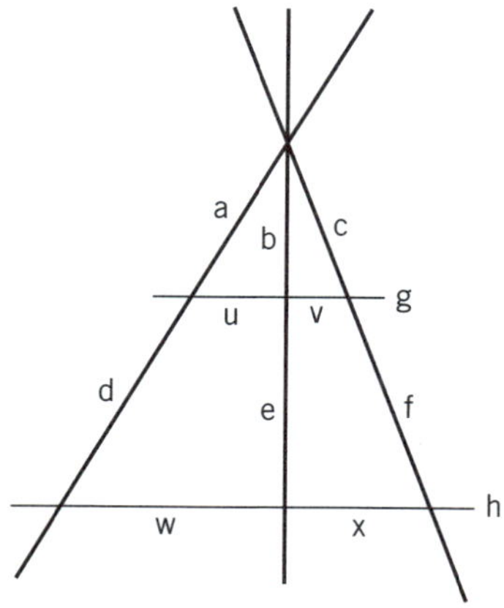

Bei den Abbildungen seien g und h parallel. Welche Verhältnisgleichungen gelten nach dem 2. Strahlensatz?

2.

Es sei p parallel zu q. Sind die Längen dreier Streckenabschnitte gegeben, so lässt sich der vierte berechnen.

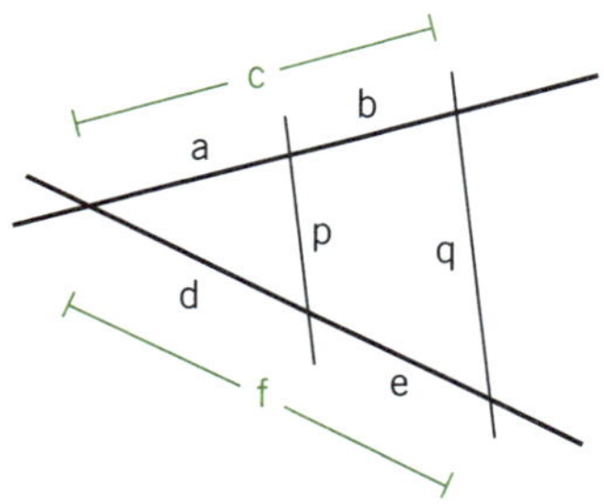

Beispiel: $a = 4{,}5\,\text{cm}$ $\quad q = 4{,}4\,\text{cm}$
$c = 6\,\text{cm}$ $\quad p = x$

Nach dem 2. Strahlensatz gilt:

$\frac{x}{q} = \frac{a}{c}$ und somit $x = \frac{a}{c} \cdot q = \frac{4{,}5}{6} \cdot 4{,}4\,\text{cm} = 3{,}3\,\text{cm}$.

Berechne entsprechend:

a) $d = 6\,\text{cm}$	b) $q = 14\,\text{cm}$	c) $a = 35\,\text{cm}$	d) $e = 64\,\text{cm}$
$p = 9\,\text{cm}$	$a = 6{,}3\,\text{cm}$	$b = 5\,\text{cm}$	$d = 60\,\text{cm}$
$q = 12\,\text{cm}$	$c = 9{,}8\,\text{cm}$	$q = 32\,\text{cm}$	$p = 45\,\text{cm}$

3.

Berechne den fehlenden Streckenabschnitt. Gib an, ob du den 1. oder den 2. Strahlensatz verwendet hast. (Benutze die Figur aus dem Beispiel von Aufgabe 2).

a) $a = 8\,\text{cm}$	b) $e = 2{,}7\,\text{cm}$	c) $p = 18\,\text{cm}$	d) $b = 5{,}6\,\text{cm}$
$c = 17\,\text{cm}$	$d = 3{,}6\,\text{cm}$	$q = 29\,\text{cm}$	$c = 8\,\text{cm}$
$p = 3{,}2\,\text{cm}$	$b = 3{,}6\,\text{cm}$	$f = 87\,\text{cm}$	$f = 6\,\text{cm}$

Teilung von Strecken

Eine wichtige Anwendung der Strahlensätze ist die Teilung von Strecken. Liegt der Teilpunkt T_i der Strecke $\overline{AB}$ zwischen A und B, spricht man von **innerer** Teilung. Befindet es sich dagegen außerhalb der Strecke, heißt er **äußerer** Teilpunkt T_a.

Was ist eine harmonische Teilung?

Teilt man eine Strecke **innen und außen** in demselben Verhältnis, so nennt man das eine **harmonische Teilung** der Strecke.

Dabei gilt $\frac{\overline{AT_i}}{\overline{T_iB}} = \frac{\overline{AT_a}}{\overline{T_aB}} = \frac{3}{2} = 3:2$

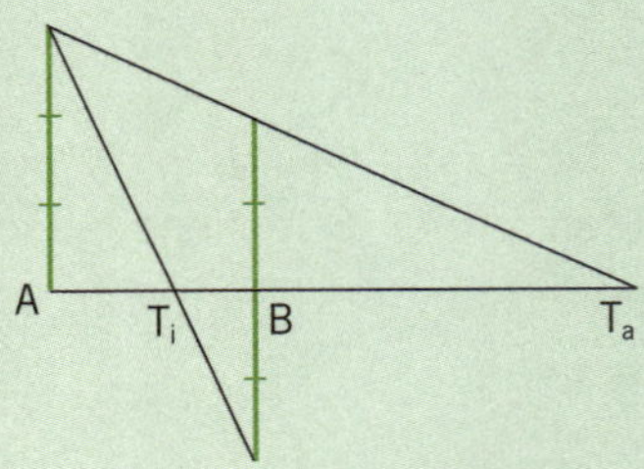

So konstruierst du eine harmonische Teilung:

Die Strecke $\overline{AB}$ soll harmonisch im Verhältnis 3 : 1 geteilt werden.

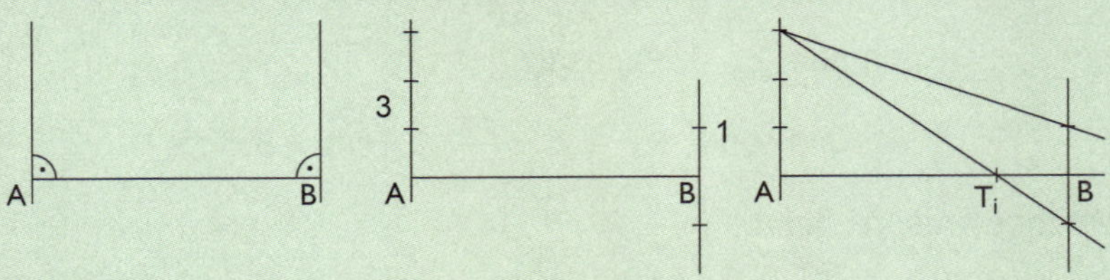

Parallelen einzeichnen (am einfachsten senkrecht zu $\overline{AB}$)

gleichlange Abschnitte antragen: 3 bzw. 1

Strahlen einzeichnen.

1.

a) Teile eine 8 cm lange Strecke $\overline{AB}$ **innen** im Verhältnis

α) 5 : 3 β) 2 : 1 γ) 3 : 2

Miss die Teilstrecken x und y aus und kontrolliere deine Zeichnung, indem du x : y bildest.

So kannst du die Teilstrecken berechnen:

$\frac{x}{y} = \frac{5}{3} \rightarrow$ 2. Strahlensatz

$y = 8 - x$

$\frac{x}{8-x} = \frac{5}{3} \rightarrow 3 \cdot x = 5 \cdot (8 - x)$

$x = 5\,\text{cm}$

$y = 8 - x \rightarrow y = 3\,\text{cm}$

Kontrolle: $\frac{x}{y} = \frac{5}{3}$

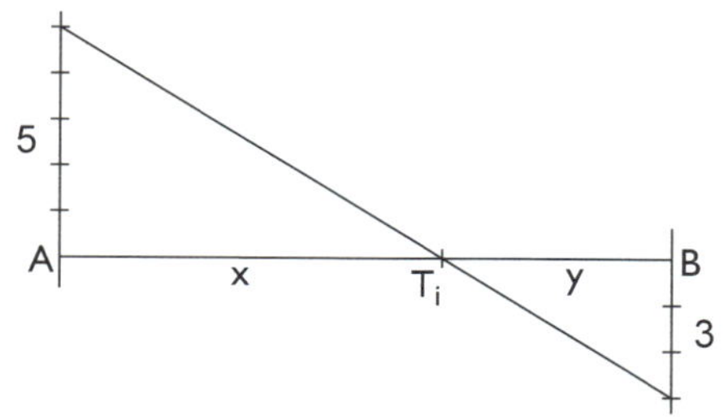

b) Berechne und prüfe so die Teilstrecken für β) und γ).

2.

a) Teile ein 6 cm lange Strecke **außen** im Verhältnis

α) 3 : 2 β) 4 : 3 γ) 7 : 2

Miss die auftretenden Streckenlängen und überprüfe deine Zeichnung durch Berechnung der Streckenverhältnisse.

Du kannst auch für die äußere Teilung die Teilstrecken berechnen. Gehe so vor:

$\frac{6+x}{x} = \frac{3}{2}$ → 2. Strahlensatz

$2 \cdot (6 + x) = 3 \cdot x$ → $x = 12\,\text{cm}$

$y = 6 + x$ → $y = 18\,\text{cm}$

Kontrolle: $\frac{y}{x} = \frac{18}{12} = \frac{3}{2}$

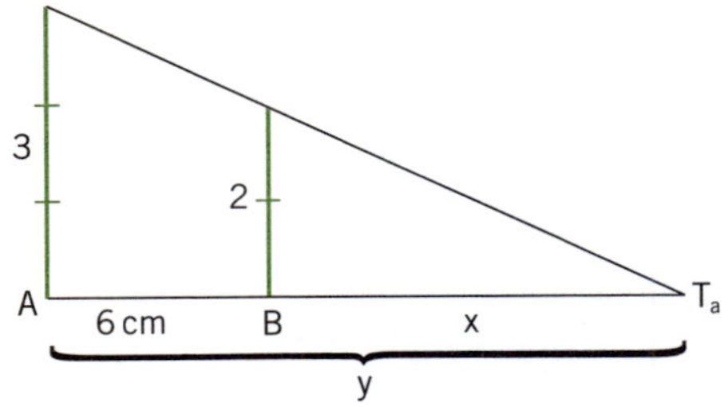

b) Berechne und prüfe ebenso die Teilstrecken für β) und γ).

3.

Teile folgende Strecken harmonisch:

a) $\overline{AB} = 4\,\text{cm};\ 3:1$

b) $\overline{AB} = 5\,\text{cm};\ 3:2$

c) $\overline{AB} = 7\,\text{cm};\ 5:2$

Konstruiere und rechne.

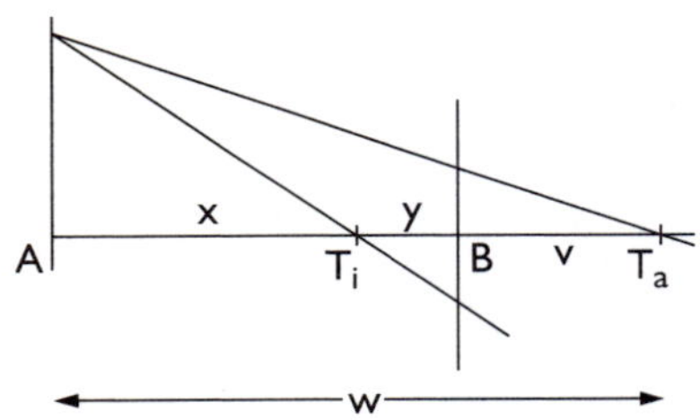

Vermischte Aufgaben

1.

Berechne die vierte Proportionale. Gib an, welchen Strahlensatz du jeweils verwendet hast.

a) $a = 9\,\text{cm}$, $a' = 12\,\text{cm}$, $b' = 8\,\text{cm}$
b) $a' = 24\,\text{cm}$, $b = 8\,\text{cm}$, $b' = 12\,\text{cm}$
c) $b' = 5\,\text{cm}$, $e = 6\,\text{cm}$, $f = 12\,\text{cm}$
d) $a = 4{,}8\,\text{cm}$, $a' = 7{,}6\,\text{cm}$, $f = 19\,\text{cm}$
e) $a = 3\,\text{cm}$, $a' = 7\,\text{cm}$, $e = 2{,}7\,\text{cm}$
f) $a = 6{,}4\,\text{cm}$, $b = 8\,\text{cm}$, $d = 7\,\text{cm}$

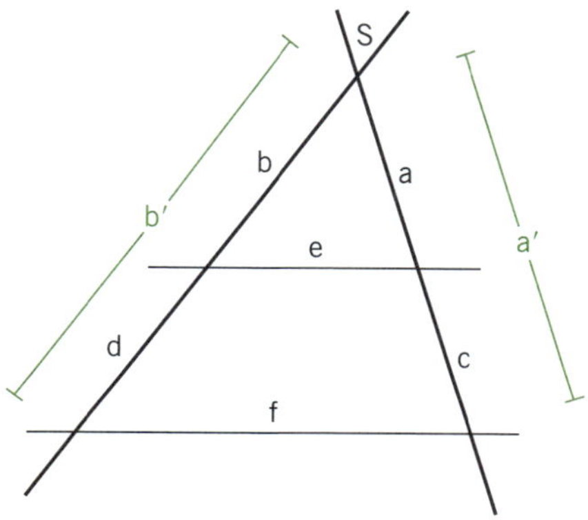

2.

Konstruiere die vierte Proportionale und miss ihre Länge. Überprüfe die Richtigkeit der Konstruktion durch Rechnung:

a) $\overline{SA} = 5\,\text{cm}$, $\overline{AA'} = 1\,\text{cm}$, $\overline{SB} = 4\,\text{cm}$
b) $\overline{SA'} = 8\,\text{cm}$, $\overline{SB} = 4{,}5\,\text{cm}$, $\overline{SB'} = 6\,\text{cm}$
c) $\overline{AA'} = 2{,}1\,\text{cm}$, $\overline{SA'} = 5{,}7\,\text{cm}$, $\overline{SB'} = 7{,}6\,\text{cm}$

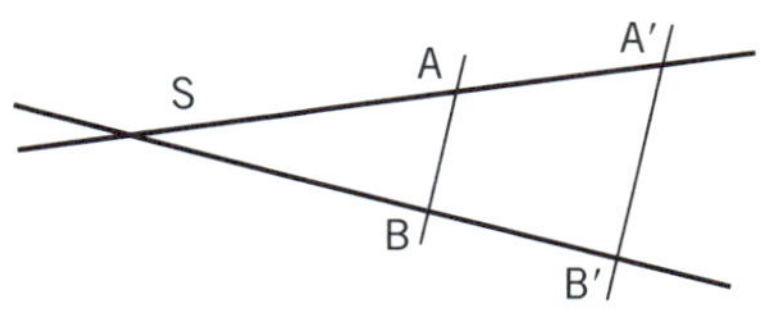

3.

Teile eine 8 cm lange Strecke im Verhältnis

α) 5 : 3 β) 5 : 11

a) innen und b) außen.

Miss darüber hinaus die auftretenden Streckenlängen und überprüfe die Genauigkeit deiner Konstruktion auch rechnerisch.

4.

Teile eine 6 cm lange Strecke harmonisch im Verhältnis

a) 3 : 1 b) 8 : 4

Berechne auch die Länge der Streckenabschnitte.

Anwendungen der Strahlensätze

1.
Wie hoch ist ein Baum, der einen 12 m langen Schatten wirft, wenn gleichzeitig ein neben ihm stehendes Kind, das 1,50 m groß ist, einen 1 m langen Schatten besitzt?
Zeichne zunächst eine Strahlenfigur und rechne dann.

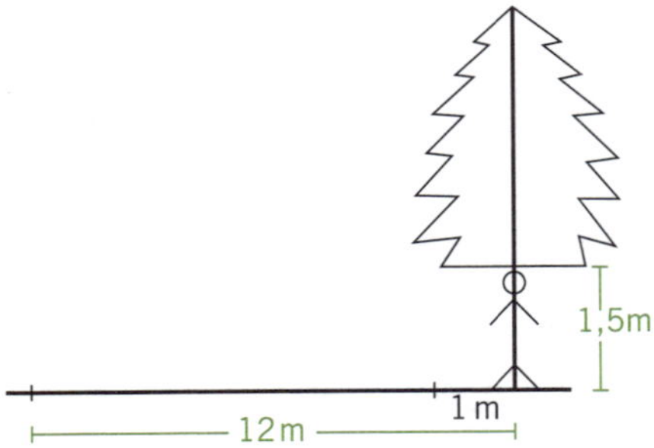

2.
Der Schatten eines Mastes fällt mit dem Schatten eines Stabs zusammen.
Wie hoch ist der Mast?
Zeichne maßstabsgetreu und rechne.

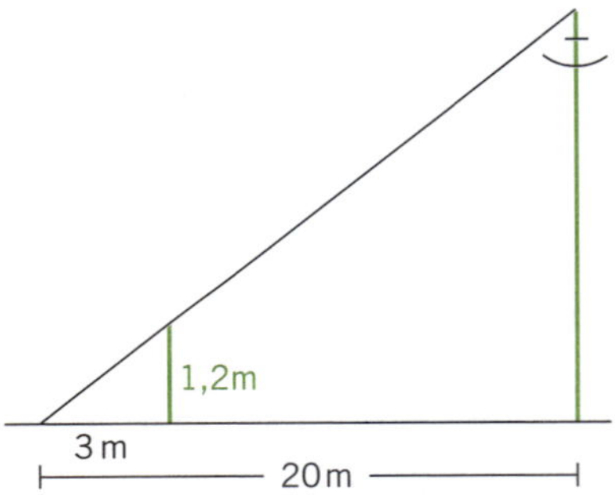

3.
Wie hoch ist ein Leuchtturm, der um 12 Uhr mittags einen 50 m langen Schatten wirft, wenn der Schatten des 1,80 m großen Leuchtturmwärters gleichzeitig 1,20 m lang ist?
Fertige zunächst eine Skizze wie in Aufgabe 1 oder 2 an.

4.
Mit einer aus zwei rechtwinkligen Stäben bestehenden Visiereinrichtung (Jakobsstab) lässt sich die Höhe eines Gebäudes bestimmen.

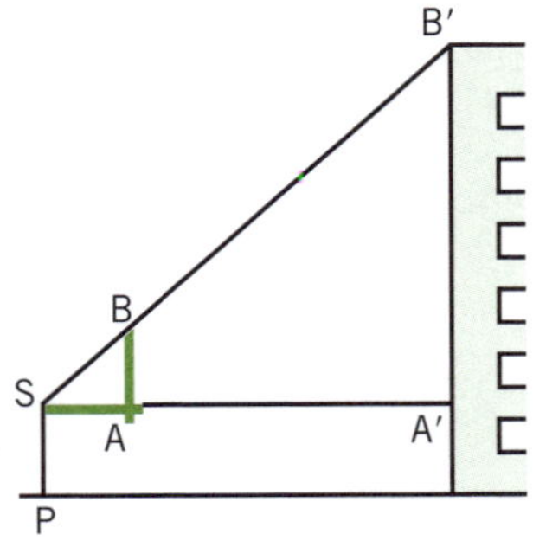

Es sei
$\overline{SA} = 40\,\text{cm}$,
$\overline{AB} = 25\,\text{cm}$,
$\overline{SA'} = 15\,\text{m}$
und
$\overline{SP} = 1{,}80\,\text{m}$.

Berechne die Höhe des Gebäudes. Achte dabei auf die unterschiedlichen Maßeinheiten.

5.
Berechne die Längen der Verstrebungen des nebenstehenden Stahlträgers.

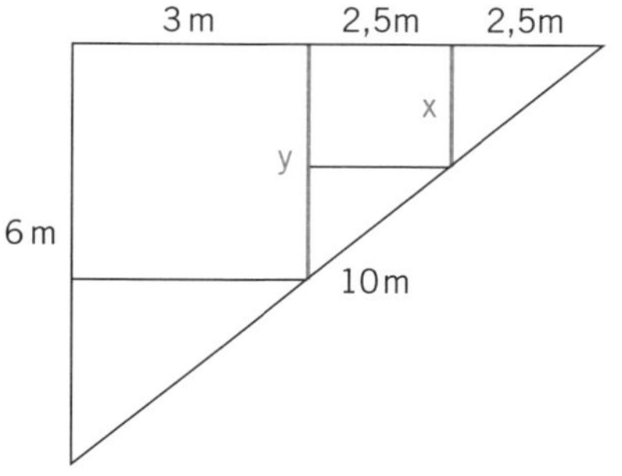

6.
Berechne die Breite des Flusses, wenn die folgenden Streckenlängen bekannt sind:
$\overline{AB} = 64\,\text{cm}$, $\overline{AA'} = 21\,\text{m}$, $\overline{A'B'} = 96\,\text{m}$

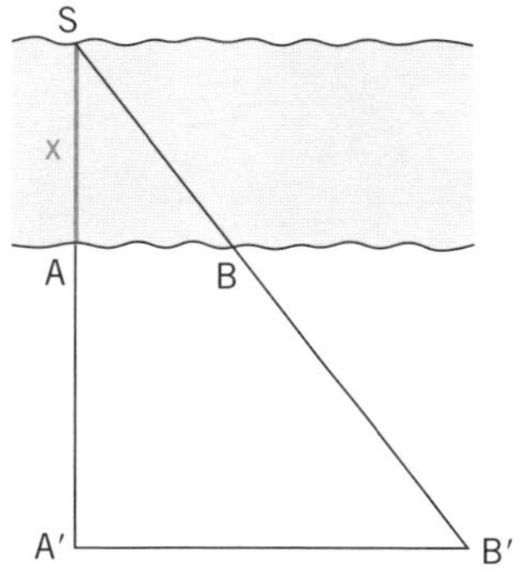

7.
Wie lässt sich in diesem Fall die Breite des Flusses bestimmen?

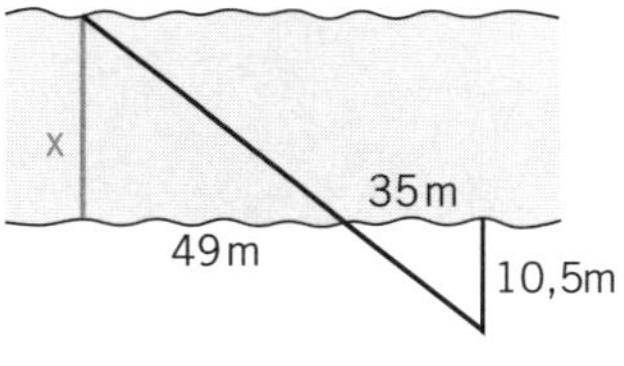

8.
Berechne die Entfernung der beiden an dem See gelegenen Ort Adorf und Bestadt.

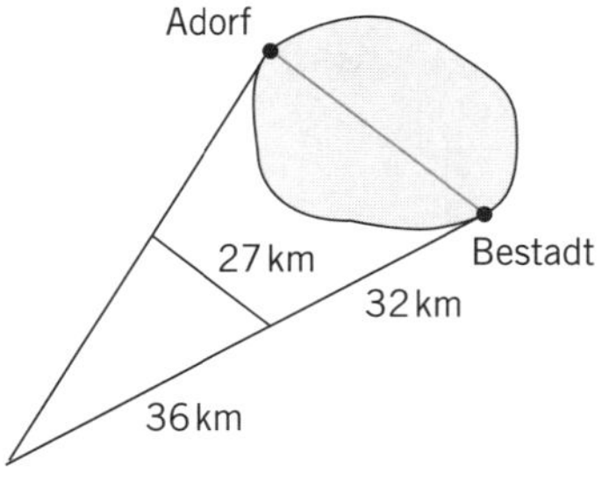

Zusammenfassung

Begriffe	Erläuterungen	Beispiele
Streckenverhältnis	Der Quotient von Maßzahlen von Strecken wird Streckenverhältnis genannt	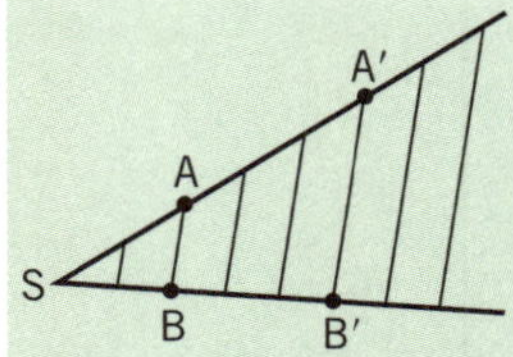 $\overline{SA}:\overline{SA'} = \frac{\overline{SA}}{\overline{SA'}} = \frac{2}{5} = 2:5$
1. Strahlensatz	Werden zwei Strahlen, die von einem Punkt S ausgehen, von zwei parallelen Geraden geschnitten, so verhalten sich die Längen der Streckenabschnitte des einen Strahls wie die **entsprechenden Streckenabschnitte** des anderen Strahls.	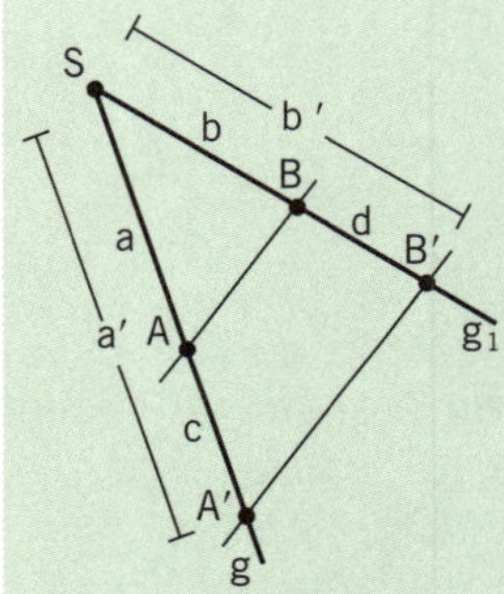 $\frac{\overline{SA}}{\overline{SA'}} = \frac{\overline{SB}}{\overline{SB'}}$ oder $\frac{a}{a'} = \frac{b}{b'}$ bzw. $\frac{\overline{SA}}{\overline{AA'}} = \frac{\overline{SB}}{\overline{BB'}}$ oder $\frac{a}{c} = \frac{b}{d}$
2. Strahlensatz	Werden zwei Strahlen, die von einem Punkt S ausgehen, von zwei parallelen Geraden geschnitten, so verhalten sich die Längen der Streckenabschnitte auf den Parallelen wie die von **S aus gemessenen entsprechenden** Abschnitte (Scheitelabschnitte) auf einem Strahl.	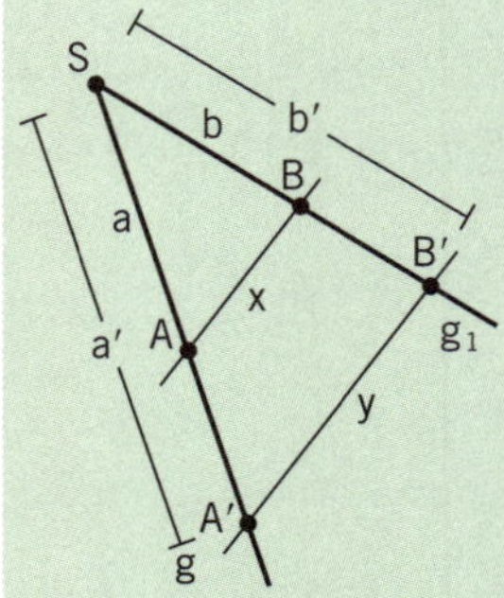 $\frac{\overline{AB}}{\overline{A'B'}} = \frac{\overline{SA}}{\overline{SA'}}$ oder $\frac{x}{y} = \frac{a}{a'}$ bzw. $\frac{\overline{AB}}{\overline{A'B'}} = \frac{\overline{SB}}{\overline{SB'}}$ oder $\frac{x}{y} = \frac{b}{b'}$

Begriffe	Erläuterungen	Beispiele
Teilung einer Strecke	Eine Strecke lässt sich mit Hilfe des 2. Strahlensatzes **innen** und **außen** teilen	Teilverhältnis 3:2 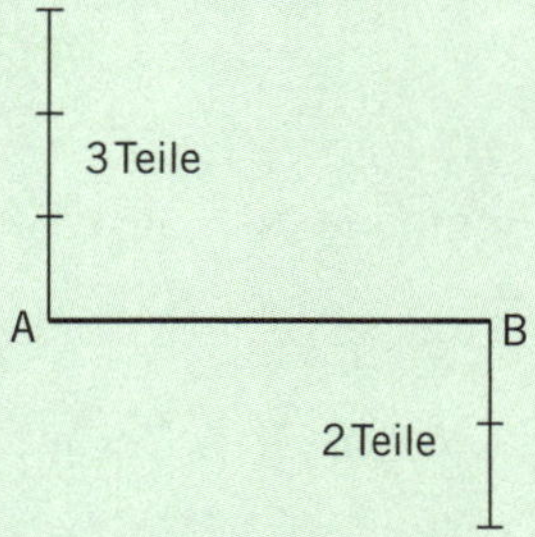 Die zur Teilung dienenden Streckenabschnitte müssen parallel verlaufen. 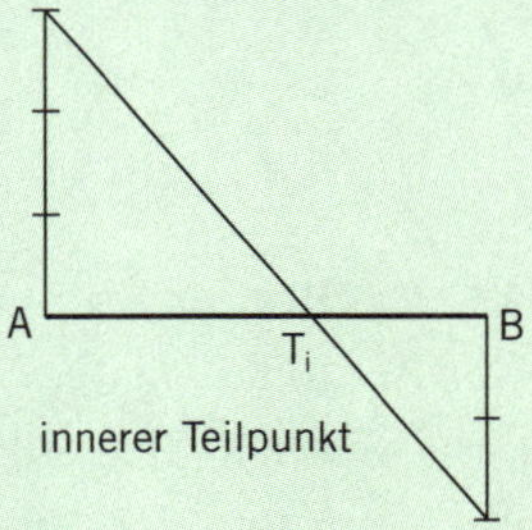 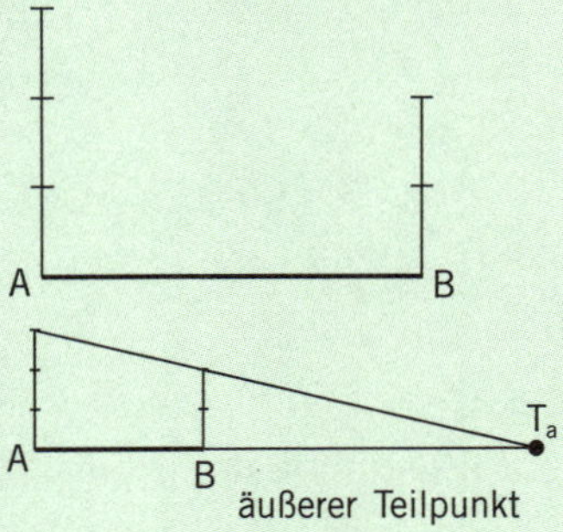
Harmonische Teilung	Bei einer harmonischen Teilung wird eine Strecke innen und außen **im gleichen** Verhältnis geteilt.	Teilverhältnis 3 : 1 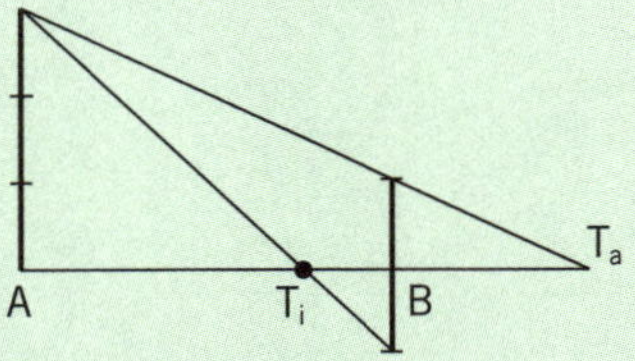 $\frac{\overline{AT_i}}{\overline{T_iB}} = \frac{\overline{AT_a}}{\overline{T_aB}} = \frac{3}{1}$

Test

Test 1

Berechne die Länge von x:

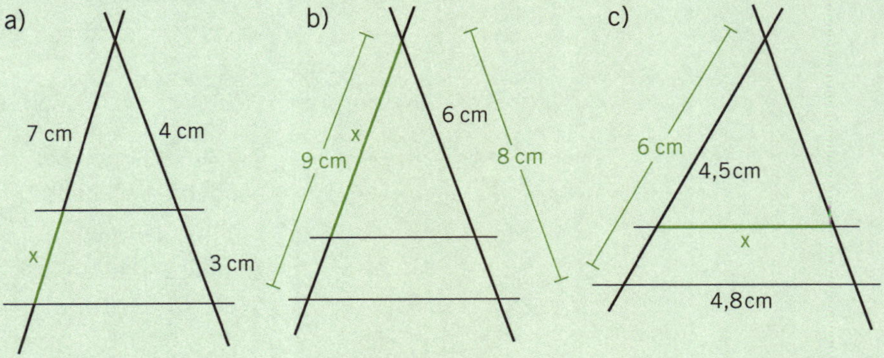

Test 2

Auf der Strecke $\overline{AB} = 8\,cm$ liegt der Punkt C so zwischen A und B, dass $\overline{AC} = 5\,cm$ ist.

a) In welchem Teilverhältnis teilt C die Strecke $\overline{AB}$? Konstruiere C.

b) Konstruiere den zugehörigen äußeren Teilpunkt.

Test 3

Teile die Strecke $\overline{AB} = 6\,cm$ harmonisch im Verhältnis 4 : 1.
Berechne auch die Länge der Streckenabschnitte.

Test 4

Bestimme die Breite des Flusses

a) durch Konstruktion (Maßstab 1 : 1000),

b) durch Rechnung.

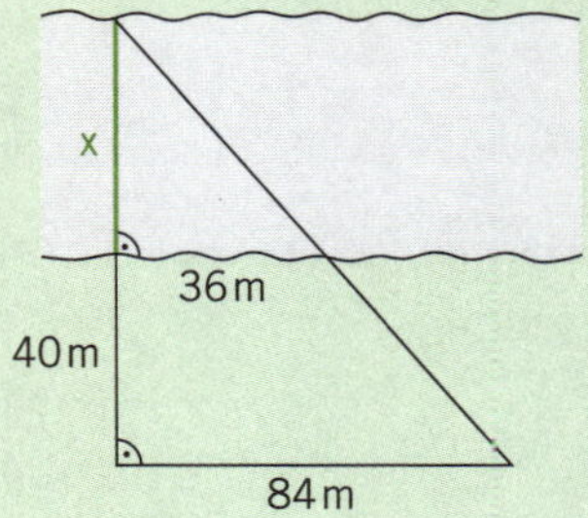

Test 5

Berechne die Höhe des Baumes.

Dabei ist a = 24 mm, f = 45 mm und e = 60 m.

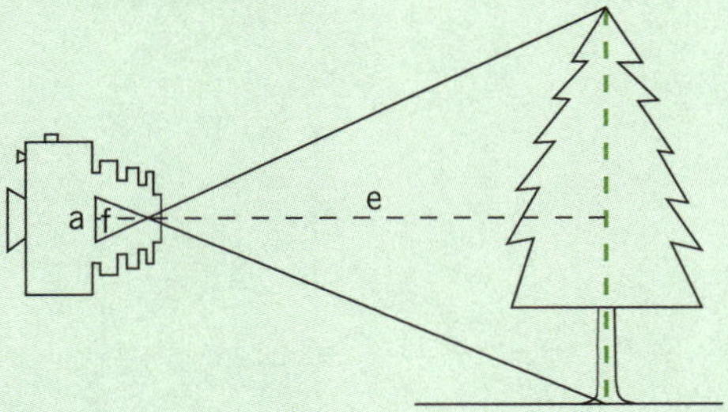

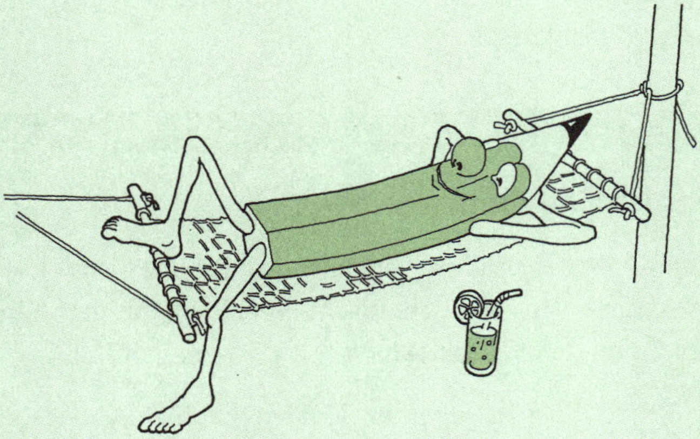

7 Zentrische Streckungen

Definition der zentrischen Streckung

Das Dreieck ABC wurde durch eine **zentrische Streckung** in das Dreieck A′B′C′ abgebildet. Dabei ist der Punkt S das **Streckzentrum**.

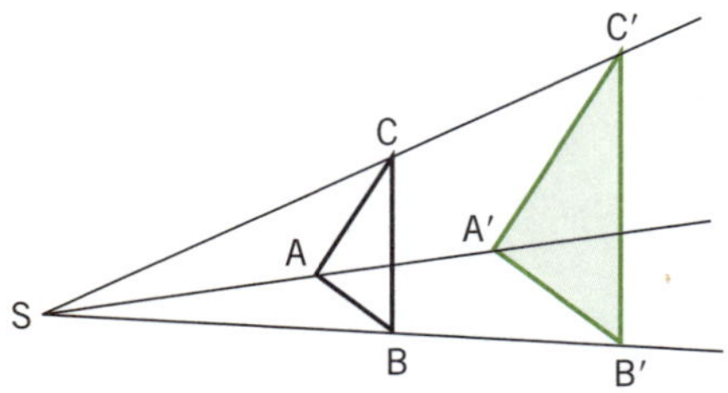

Die folgenden Proportionen ergeben sich aus der Abbildung nach dem 1. Strahlensatz und sind konstant:

$\frac{\overline{SA'}}{\overline{SA}} = \frac{\overline{SB'}}{\overline{SB}} = \frac{\overline{SC'}}{\overline{SC}} = k.$

Wir nennen k den **Streckfaktor** der zentrischen Streckung, denn es gilt

$\frac{\overline{SA'}}{\overline{SA}} = k \Leftrightarrow \overline{SA'} = k \cdot \overline{SA}.$

Die Strecke $\overline{SA'}$ hat die k-fache Länge der Strecke $\overline{SA}$, sie ist also um den **Faktor k gestreckt**.

Allgemein wird festgesetzt:

Was ist eine zentrische Streckung?

Eine Abbildung, bei der jedem Punkt P der Ebene ein Punkt P′ zugeordnet wird, heißt **zentrische Streckung** mit dem **Streckzentrum S** und dem **Streckfaktor k** ($k \neq 0$), wenn gilt:

1. P′ und P liegen auf einer Geraden durch S.
2. Es gilt immer $\frac{\overline{SP'}}{\overline{SP}} = k$ bzw. $\overline{SP'} = k \cdot \overline{SP}$
3. Ist P = S, so ist auch P′ = S.

1.

a) Miss die notwendigen Streckenlängen und berechne k.

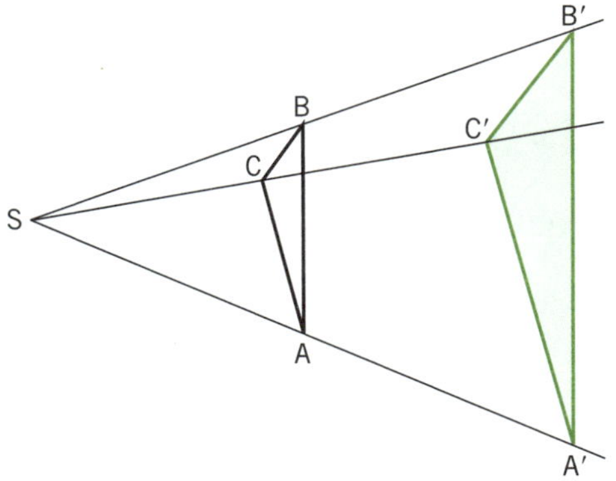

b) Miss die Längen der Strecken $\overline{A'B'}$, $\overline{A'C'}$ und $\overline{B'C'}$ sowie $\overline{AB}$, $\overline{AC}$ und $\overline{BC}$. Bilde die Quotienten einander entsprechender Strecken und vergleiche sie. Was stellst du fest?

2.

Die Strecke $\overline{AB} = 3\,\text{cm}$ soll mit dem Streckfaktor $k = 2$ vom Punkt S aus zentrisch gestreckt werden. Konstruiere die Bildstrecke so:

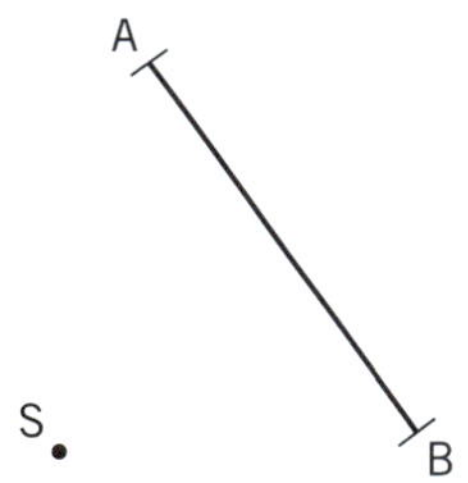

a) Zeichne von S aus Strahlen durch A und B.

b) Um A', das Bild von A, zu erhalten, zeichnen wir einen Hilfsstrahl von S aus und tragen darauf zwei gleich lange Abschnitte a ab. Denn es muss gelten:

$\frac{\overline{SA'}}{\overline{SA}} = 2 = \frac{2a}{a}$.

Konstruiere A' wie in der Zeichnung.

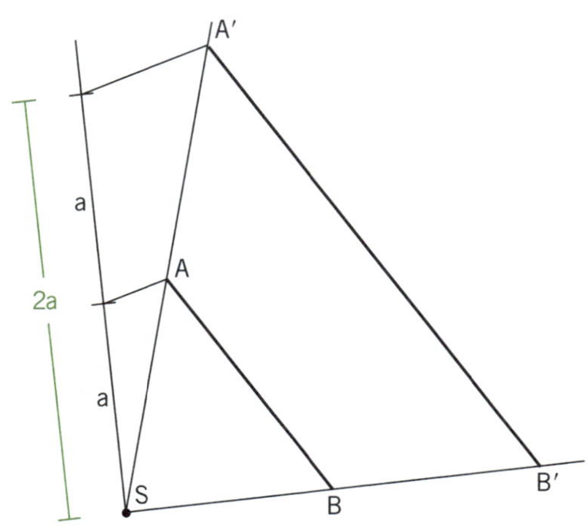

c) Konstruiere nun B', indem du eine Parallele zu $\overline{AB}$ durch A' zeichnest.

d) Überprüfe die Genauigkeit deiner Konstruktion durch Messen von $\overline{SB'}$ und $\overline{SB}$ und Berechnen von $\frac{\overline{SB'}}{\overline{SB}}$. Welches Ergebnis erwartest du?

e) Miss die Länge von $\overline{A'B'}$. Welches Ergebnis ist hier bei genauer Zeichnung zu erwarten?

Konstruktionen zur zentrischen Streckung

Für alle zentrischen Streckungen mit k > 0 gilt:

Bei einer zentrischen Streckung mit dem Streckfaktor k ist die Länge der **Bildstrecke** k-mal so groß wie die Länge der **Urbildstrecke**.

So konstruierst du zu einer gegebenen Figur ihr zentrisch gestrecktes Bild:

Gegeben sei das Dreieck ABC und die Lage des Streckzentrums S. Es soll mit k = 1,5 zentrisch gestreckt werden.

Gehe so vor:

1. Zeichne Strahlen durch A, B und C.
2. Zeichne einen Hilfsstrahl und trage auf ihm die Strecken a für das Teilverhältnis k so ab:

   $k = 1{,}5 = \frac{3}{2} = \frac{3a}{2a}$

3. Konstruiere einen Bildpunkt, z. B. A′.
4. Zeichne Parallelen durch A′ zu den Seiten von ABC.

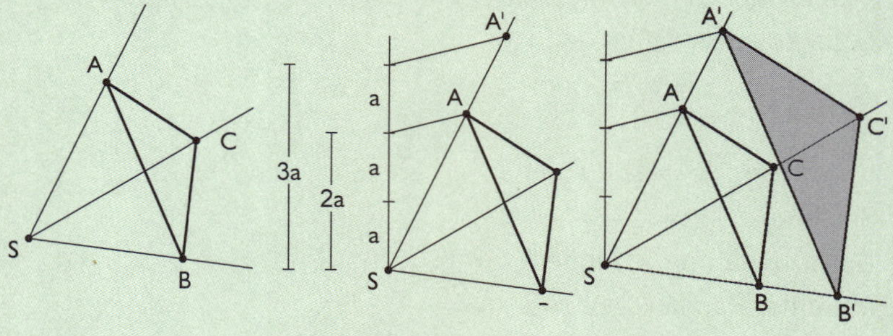

1.

Zeichne das Dreieck ABC mit $\overline{AB} = 3{,}6\,cm$, $\overline{BC} = 2{,}4\,cm$ und $\overline{AC} = 4\,cm$ sowie den Punkt S.

Konstruiere das Dreieck A′B′C′, das aus ABC durch eine zentrische Streckung mit k = 1,5 entsteht.

a) Konstruiere dabei zunächst A′ und beachte, dass gelten muss

$k = 1{,}5 = \frac{3}{2} = \frac{\overline{SA'}}{\overline{SA}}$!

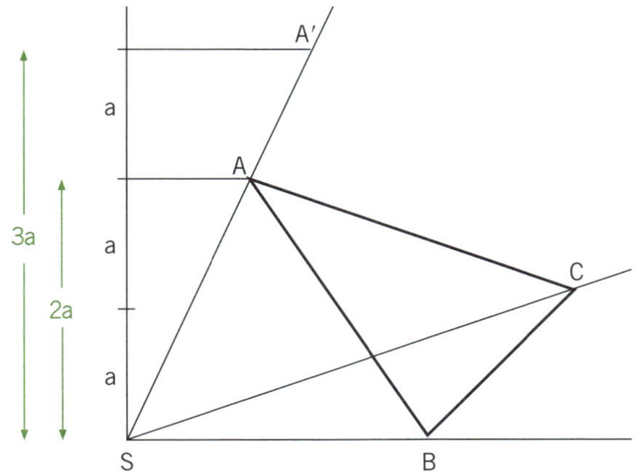

b) Konstruiere B′ und C′ durch Zeichnen von Parallelen zu $\overline{AB}$ und $\overline{AC}$ durch A′.

c) Miss die Längen von $\overline{SA'}$, $\overline{SB'}$, $\overline{SC'}$, $\overline{A'B'}$, $\overline{A'C'}$ und $\overline{B'C'}$ und kontrolliere dein Ergebnis durch Rechnung.

2.

Zeichne das Viereck ABCD mit A(4|0), B(4|2), C(0|4) und D(–2|0). Konstruiere das Bildviereck A′B′C′D′ bei einer zentrischen Streckung mit S(0|–2) und $k = \frac{5}{3}$.

3.

Gegeben ist das Dreieck ABC mit A(3|2), B(4|1) und C(4|3). Außerdem ist A′(7|4) das Bild von A bei einer zentrischen Streckung mit Streckzentrum S(1|1).

a) Konstruiere auch B′ und C′.

b) Bestimme k.

4.

Gegeben sind die Dreiecke ABC mit A(–1|–2), B(3|0) und C(1|2) sowie PQR mit P(–3|–1), Q(3|2) und R(0|5). Untersuche, ob das Dreieck PQR das Bild des Dreiecks ABC bei einer zentrischen Streckung sein kann.

a) Zeichne dazu Geraden durch A und P, B und Q sowie C und R und prüfe, ob sie sich in einem Punkt, dem Streckzentrum S, schneiden. Gib gegebenenfalls die Koordinaten von S an.

b) Bestimme k.

Bedeutung des Streckfaktors k

|k| < 1:

Ist bei einer zentrischen Streckung der Streckfaktor k vom Betrag her kleiner als 1, so ist das Bild kleiner als das Urbild und liegt näher am Streckzentrum.

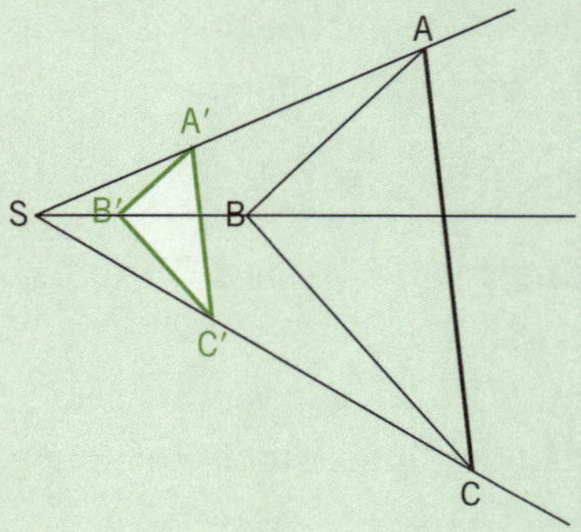

Bei dieser Streckung sind die Dreiecksseiten der Ursprungsfigur größer als die der Bildfigur, also gilt

$$\frac{\overline{A'B'}}{\overline{AB}} = \frac{\overline{B'C'}}{\overline{BC}} = \frac{\overline{A'C'}}{\overline{AC}} = k < 1$$

Positiver und negativer Streckfaktor:

Liegen bei einer zentrischen Streckung Bild **und** Urbild
- auf derselben Seite von S, so ist k positiv;
- auf verschiedenen Seiten von S, so ist k negativ.

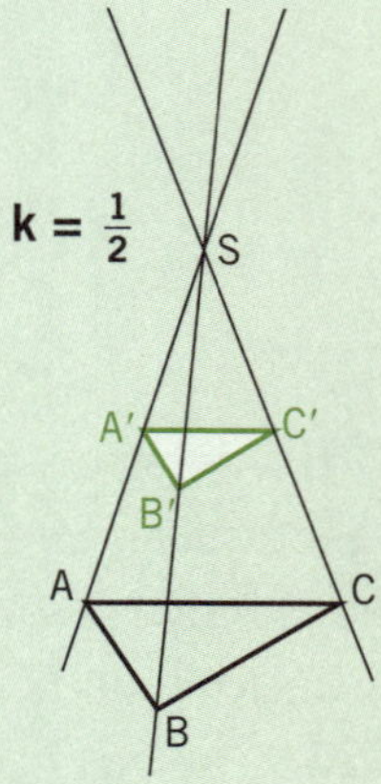

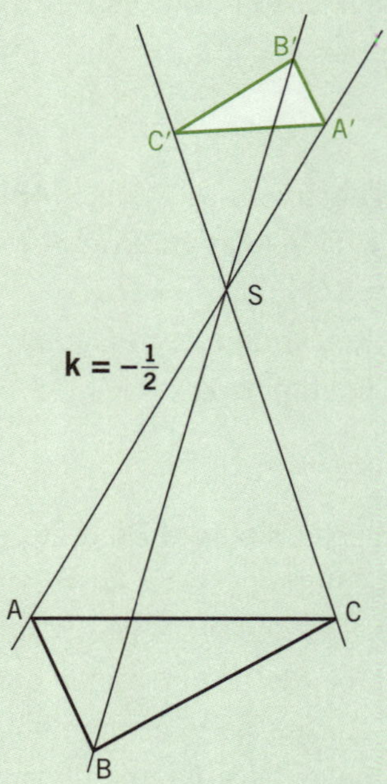

1.

Bilde das Dreieck ABC ab mit einer zentrischen Streckung mit Zentrum S und Streckfaktor $k = \frac{2}{3}$.

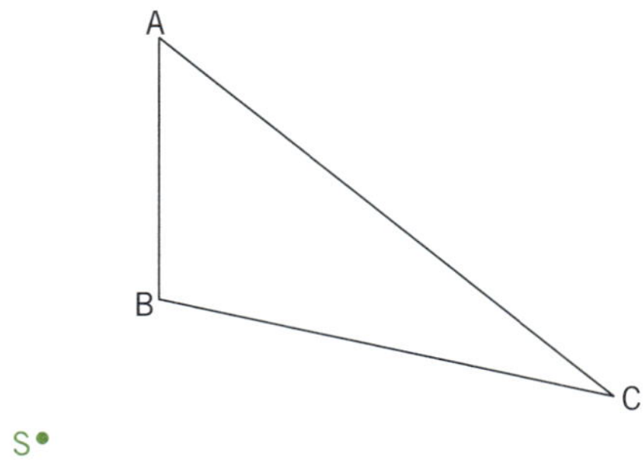

2.

Zeichne das Viereck ABCD mit A(–12|2), B(8|–4), C(8|6) und D(–2|12). Konstruiere das Bildviereck A′B′C′D′, wenn S(0|0) und $k = \frac{1}{2}$ ist.

3.

Aus der Lage von Urbild, Streckzentrum und Bild ergeben sich die unterschiedlichen Werte für k. Bestimme k durch Abmessen.

a)

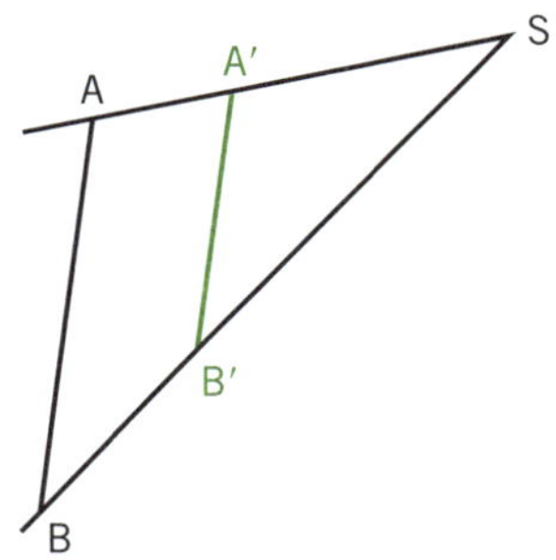

b)

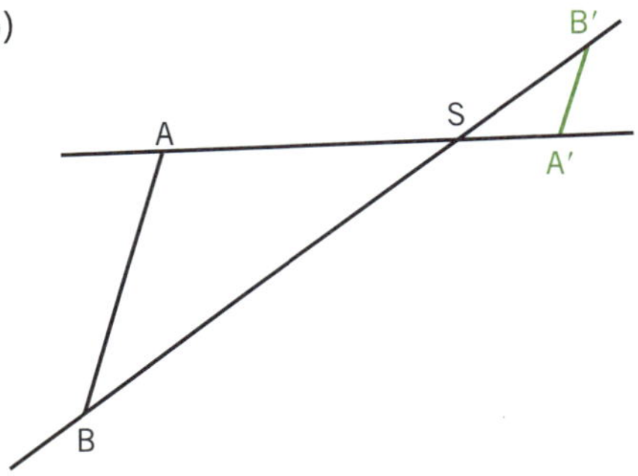

c)

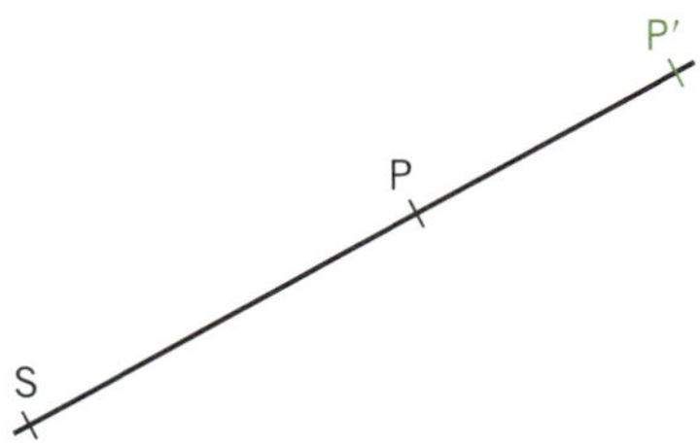

d)

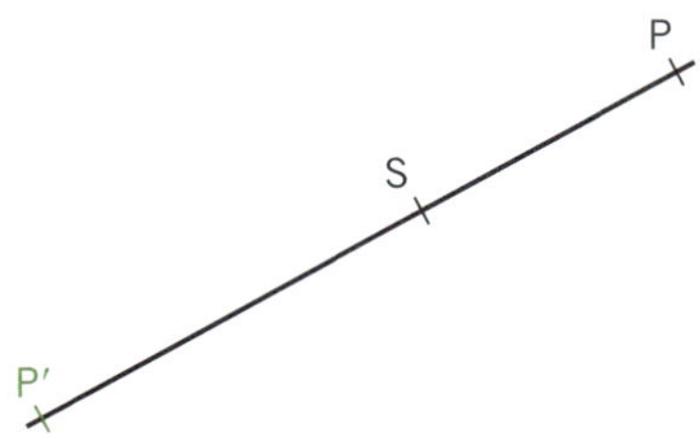

4.

P_1, P_2, P_3 und P_4 sind die Bilder jeweils von P bei verschiedenen zentrischen Streckungen mit dem Zentrum S. Bestimme jeweils k durch Ausmessen.

a)

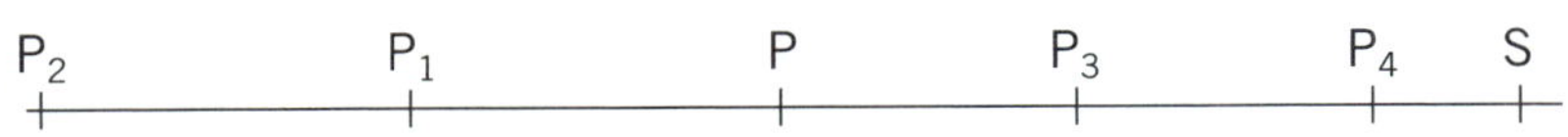

b)

5.

Setze die richtigen Wörter „kleiner“ bzw. „größer“ ein:

zu 4 a): Wenn das Bild von P weiter von S entfernt liegt, dann wird k

_____________.

Wenn das Bild von P näher an S liegt, dann wird k

_____________.

zu 4 b): Wenn das Bild von P weiter von S entfernt liegt, dann wird k

_____________.

Wenn das Bild von P näher an S liegt, dann wird k

_____________.

6.

Das Dreieck ABC soll mit dem Faktor $k = -2$ zentrisch gestreckt werden. Beachte dabei: Die Konstruktion des Bilddreiecks vollzieht sich für $k = -2$ in zwei Schritten:

1. Punktspiegelung von ABC an S.
2. Streckung des gespiegelten Dreiecks jetzt um den Faktor $k = 2$.

Zeichne das Dreieck ABC ab und konstruiere das Bilddreieck in deinem Heft. Miss auch die notwendigen Strecken und überprüfe die Genauigkeit deiner Konstruktion durch Rechung.

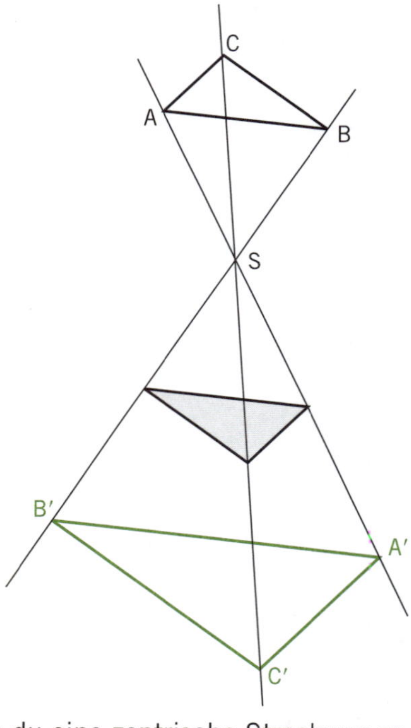

7.

Bilde das Viereck ABCD mit A(3|2), B(0|4), C(–3|–1) und D(1|–2) ab, indem du eine zentrische Streckung an S(1|1) durchführst mit:

a) $k = \frac{3}{2}$ b) $k = -\frac{3}{2}$

8.

Wie verhalten sich die Größe und die Lage von Bild und Urbild zueinander, wenn bei einer zentrischen Streckung

a) $k > 1$ b) $0 < k < 1$ c) $-1 < k < 0$ d) $-1 > k$

ist?

9.

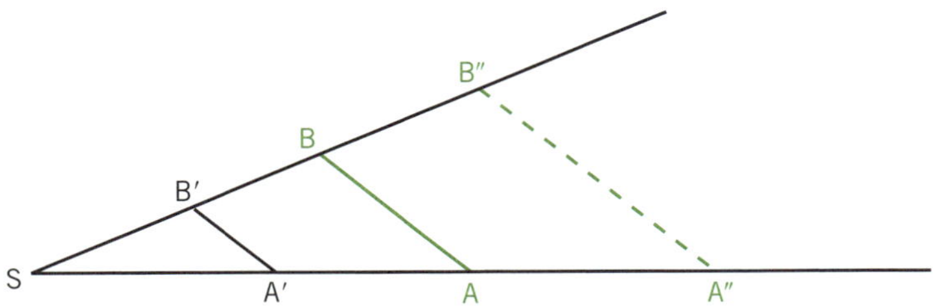

Miss die notwendigen Streckenlängen und berechne k, wenn bei einer zentrischen Streckung mit Streckzentrum S

a) $\overline{A'B'}$ das Bild von $\overline{AB}$ ist,

b) $\overline{A''B''}$ das Bild von $\overline{A'B'}$ ist,

c) $\overline{A''B''}$ das Bild von $\overline{AB}$ ist.

10.

Zeichne das Dreieck ABC mit A(0|2), B(3|1) und C(1|4). Konstruiere das Bilddreieck bei einer zentrischen Streckung mit S(0|0) und

a) $k = 2$ b) $k = -2$.

Gib jeweils die Koordinaten der Bildpunkte an.

11.*

Zeichne ein gleichschenkliges Trapez mit a = 4 cm, c = 3 cm und h = 2,5 cm. Wähle den Eckpunkt A als Streckzentrum und führe eine zentrische Streckung durch mit

a) $k = \frac{1}{2}$ b) $k = \frac{3}{2}$ c) $k = -\frac{3}{2}$.

12.*

a) Zeichne die Dreiecke ABC mit A(8|0), B(4|8) und C(0|0) sowie DEF mit D(6|1), E(2|1) und F(4|5).

b) Konstruiere das Zentrum S derjenigen zentrischen Streckung, die ABC auf DEF abbildet.

c) Bestimme k.

13.

Gegeben ist das Dreieck ABC durch seine Eckpunkte A(–0,5|–1,5), B(3,5|–1,5) und C(1|1,5).

a) Konstruiere das Bilddreieck A′B′C′ bei einer zentrischen Streckung mit S(1|–4) und k = 2.

b) Miss die Längen der Seiten $c = \overline{AB}$ und $c' = \overline{A'B'}$.

c) Zeichne die Höhen h_c und h'_c und miss ihre Längen.

d) Berechne den Flächeninhalt A_1 und A_2 der Dreiecke ABC und A′B′C′ nach den Formeln
$A_1 = \frac{1}{2}c \cdot h_c$ und $A_2 = \frac{1}{2}c' \cdot h'_c$.

e) Bilde das Verhältnis $\frac{A_2}{A_1}$ der beiden Flächeninhalte und stelle einen Zusammenhang zu dem Wert von k her.

f) Überprüfe, ob die einander entsprechenden Seiten von Figur und Bildfigur parallel verlaufen.

g) Wie verhält es sich mit den entsprechenden Winkeln von Figur und Bildfigur? Bleiben sie bei der Abbildung gleich?

Eigenschaften der zentrischen Streckung:

1. Alle Seiten einer Figur werden in dazu parallele Seiten abgebildet.
2. Die Abbildung ist **winkeltreu**, d. h. das Bild jedes Winkels ist ein gleich großer Winkel.
3. Die Form einer Figur bleibt erhalten. So sind zum Beispiel die Bilder von Strecken wieder Strecken, Dreiecke wieder Dreiecke usw.
4. Bei einer zentrischen Streckung mit dem Streckfaktor k ist der Flächeninhalt A_2 der Bildfigur k^2-mal so groß wie der Flächeninhalt A_1 des Urbildes.

   $A_2 = k^2 \cdot A_1$

Zusammenfassung

Begriffe	Erläuterungen	Beispiele
Zentrische Streckung	Streckzentrum S Streckfaktor k: $\frac{\overline{SA'}}{\overline{SA}} = \frac{\overline{SB'}}{\overline{SB}} = \frac{\overline{SC'}}{\overline{SC}} = k$ gestreckte Strecken: $\overline{SA'} = k \cdot \overline{SA}$ $\overline{SB'} = k \cdot \overline{SB}$ $\overline{SC'} = k \cdot \overline{SC}$	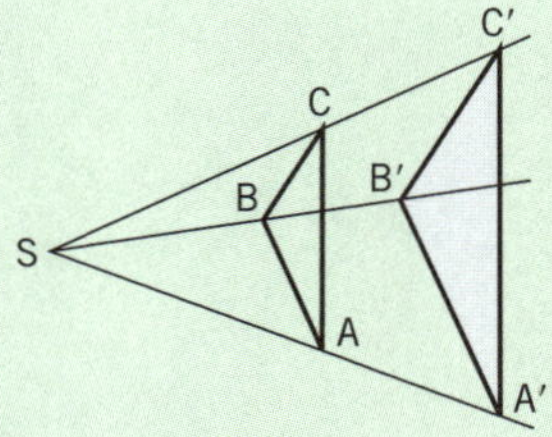
Kennzeichnung der zentrischen Streckung	Eine Abbildung, bei der jedem Punkt P der Ebene genau ein Punkt P′ zugeordnet wird, heißt **zentrische Streckung** mit dem Streckzentrum S und dem Streckfaktor k ($k \neq 0$), wenn gilt: 1. P und P′ liegen auf einer Geraden durch S. 2. Es gilt immer $\frac{\overline{SP'}}{\overline{SP}} = k$ bzw. $\overline{SP'} = k \cdot \overline{SP}$ 3. Ist P = S, so ist auch P′ = S.	
Konstruktion einer zentrischen Streckung	Die Strecke $\overline{AB}$ soll von S um den Streckfaktor $k = \frac{3}{2}$ gestreckt werden. Konstruktion von $k = \frac{3}{2} = \frac{3a}{2a}$ (nach dem 1. Strahlensatz) und von A′. Konstruieren von $\overline{A'B'}$: 1. Strahl von S durch B zeichnen. 2. Die Parallele durch A′ zu $\overline{AB}$ schneidet den Strahl in B′. 3. $\overline{A'B'}$ ist die gestreckte Strecke.	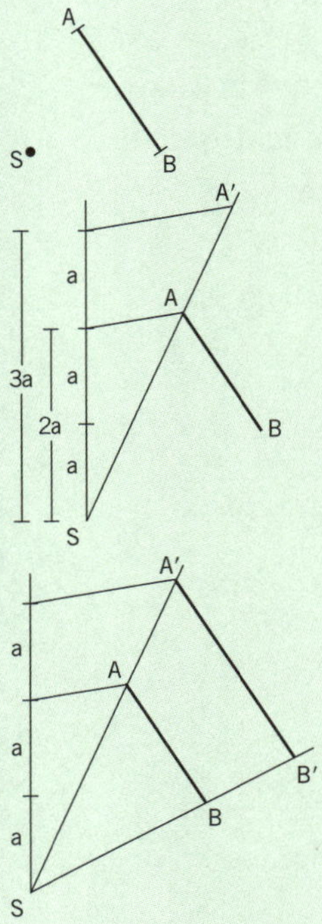

Begriffe	Erläuterungen	Beispiele
Streckfaktor	$\lvert k \rvert < 1$: Bildfigur ist kleiner als Urbild und liegt näher an S.	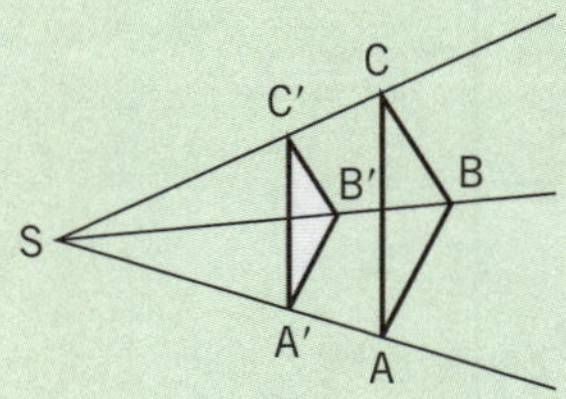
	$\lvert k \rvert > 1$: Bildfigur ist vergrößert und liegt weiter entfernt von S als Urbild.	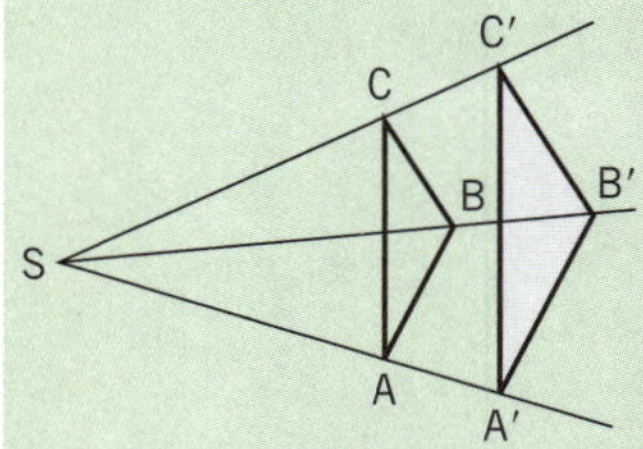
	$k > 0$: Bild und Urbild liegen auf der gleichen Seite von S.	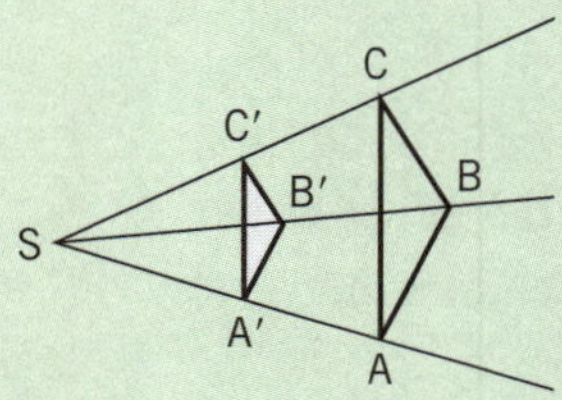
	$k < 0$: Bild und Urbild liegen auf verschiedenen Seiten von S.	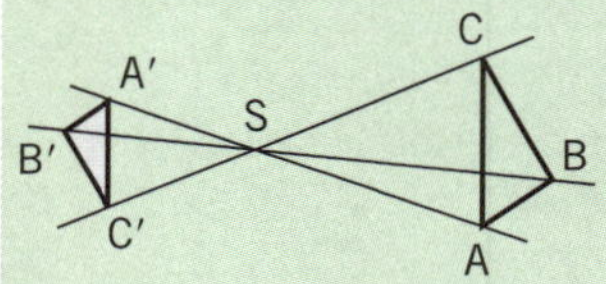
Eigenschaften der zentrischen Streckung	1. Alle Seiten einer Figur werden auf dazu parallele Seiten abgebildet. 2. Die Abbildung ist **winkeltreu**, d. h. das Bild jedes Winkels ist ein gleich großer Winkel. 3. Die Form einer Figur bleibt erhalten. 4. Der Flächeninhalt A_2 der Bildfigur ist das k^2-fache des Urbildes.	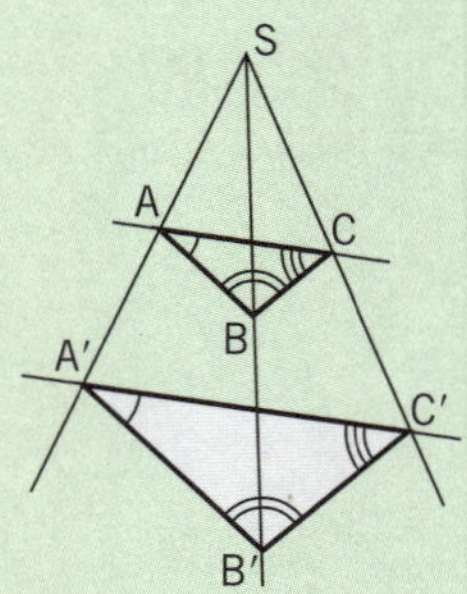 Strecken werden in Strecken, Geraden in Geraden, Dreiecke in Dreiecke usw. abgebildet. $A_2 = k^2 \cdot A_1$

Test

Test 1

Zeichne ein Dreieck mit a = 3 cm, b = 4 cm und c = 5 cm. Konstruiere sein Bild bei einer zentrischen Streckung mit

a) Streckzentrum A, k = 2
b) Streckzentrum C, $k = \frac{1}{3}$
c) Streckzentrum B, $k = -\frac{1}{2}$
d) Streckzentrum: Mittelpunkt der Seite c, k = 2,5.

Gib jeweils die Seitenlängen der Bilddreiecke an.

Test 2

a) Zeichne ein gleichschenkliges Trapez mit a = 6 cm, c = 4 cm und h = 1,5 cm.
b) Verlängere die Schenkel b und d bis sie sich schneiden und bezeichne den Schnittpunkt mit S.
c) Wie groß ist k, wenn die Strecke c das Bild der Strecke a bei einer zentrischen Streckung von S aus ist?

Test 3

a) Zeichne die Dreiecke ABC mit A(–6|0), B(6|0) und C(2|8) sowie PQR mit P(–5|–3), Q(0|1) und R(2|–3).
b) Zeige, dass PQR nicht das Bild von ABC bei einer zentrischen Streckung sein kann. Verbinde dazu die Eckpunkte von Bild und Urbild und versuche, das Streckzentrum zu konstruieren. Was stellst du fest?
c) Verändere P so, dass PQR das Bild von ABC ist und bestimme dann S und k.

Test 4

Ein Rechteck mit a = 4 cm und b = 2,5 cm wird mit dem Faktor k = 2 zentrisch gestreckt. Berechne den Flächeninhalt des Bildes, indem du

a) zunächst die Seitenlängen des Bildrechtecks berechnest,
b) die Formel benutzt.

8 Ähnliche Figuren

Der Begriff der Ähnlichkeit

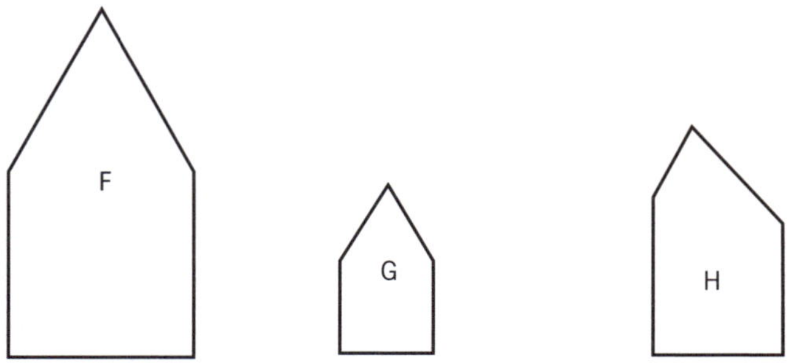

Beim Vergleich der Figuren F und G kämest du sicher zu dem Urteil, sie seien „ähnlich", bei F und H dagegen „nicht ähnlich".
In der Mathematik muss man diesen vagen Begriff der „Ähnlichkeit" durch eine Definition schärfer fassen:

Was sind ähnliche Figuren?

Figuren, die durch zentrische Streckung oder Kongruenzabbildungen aufeinander abgebildet werden können, heißen **ähnlich**.
Wir schreiben F ~ G.

Beispiel a)

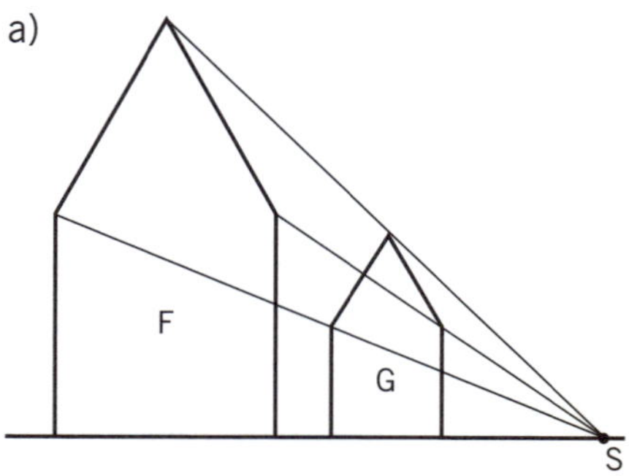

b)

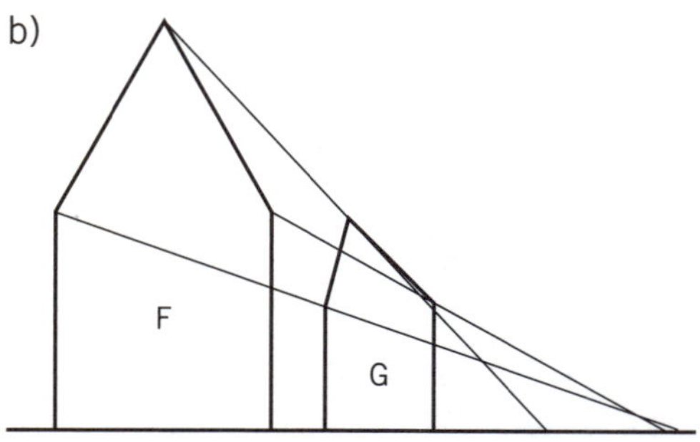

Nur bei a) schneiden sich die Verbindungsgeraden entsprechender Punkte in einem Punkt S, dem Streckzentrum. Also **F ~ G**.
Bei b) trifft das nicht zu. F und G sind also **nicht** ähnlich.

1.

a) Ist es möglich, das Zentrum einer zentrischen Streckung zu konstruieren, die F auf G abbildet?
b) Durch welche Kongruenzabbildung lässt sich F auf G abbilden?

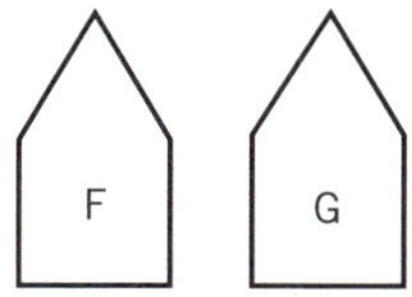

2.

Durch welche der Abbildungen
zentrische Streckung,
Parallelverschiebung,
Punktspiegelung oder
Spiegelung
lassen sich diese Figuren aufeinander abbilden? Welche sind also jeweils ähnlich zueinander?

a)
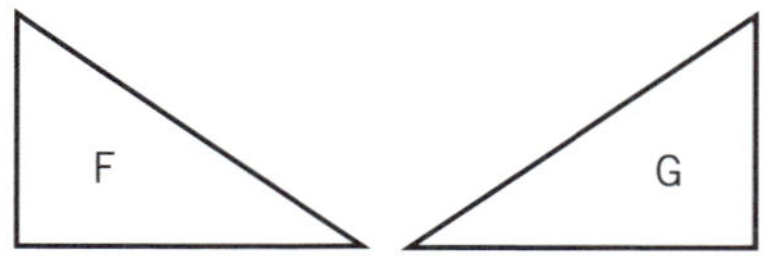

b)
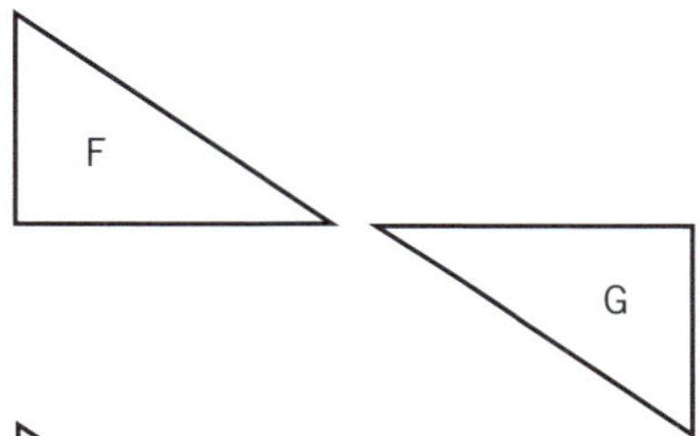

c)
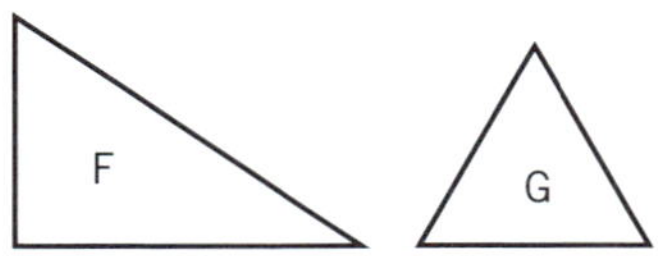

3.

a)
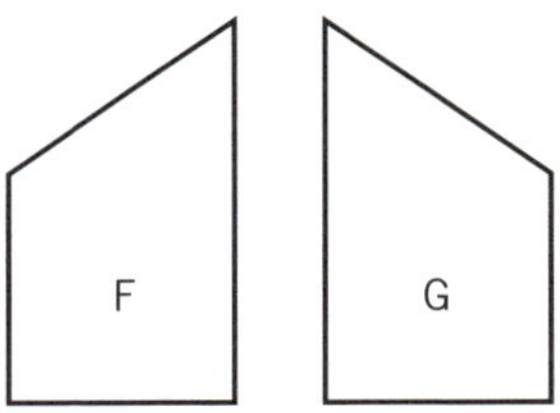

b)
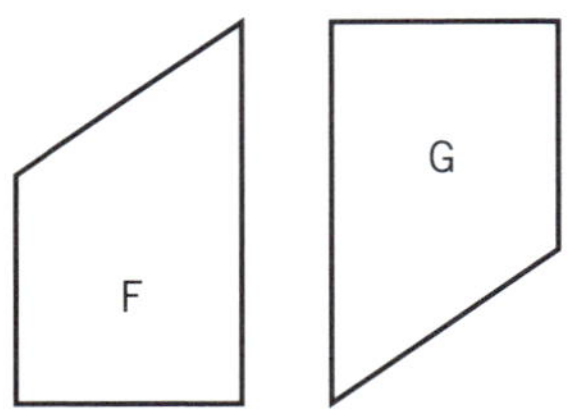

c)
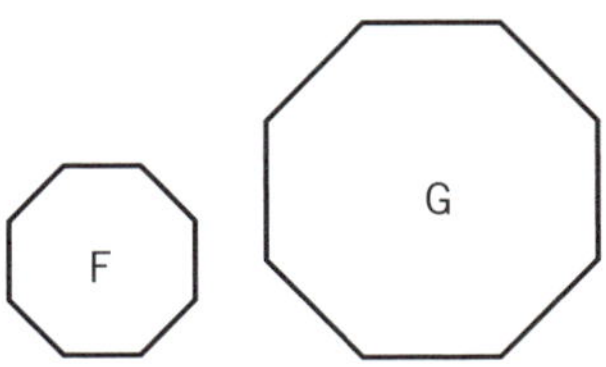

d)
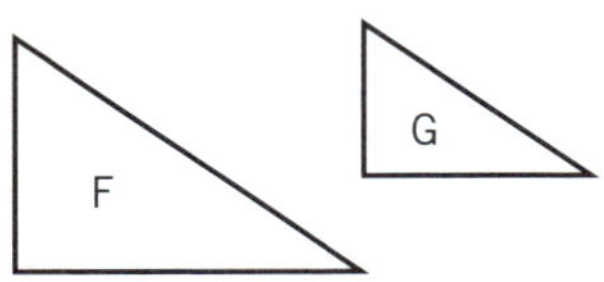

Gib an, ob die Figuren jeweils ähnlich zueinander sind und durch welche Abbildung z. B. Punktspiegelung, zentrische Streckung, Geradenspiegelung, Parallelverschiebung sie aufeinander abgebildet werden können.
Konstruiere für die Streckungen jeweils das Streckzentrum hier im Buch.

Eigenschaften ähnlicher Figuren

Winkel und Seitenlängen ähnlicher Figuren:

In ähnlichen Figuren sind entsprechende Winkel gleich groß und das Verhältnis der Längen entsprechender Seiten ist immer gleich.

Sonderfälle für Ähnlichkeit:

Sind zwei Figuren **kongruent**, dann sind sie auch **ähnlich**.

Beispiele

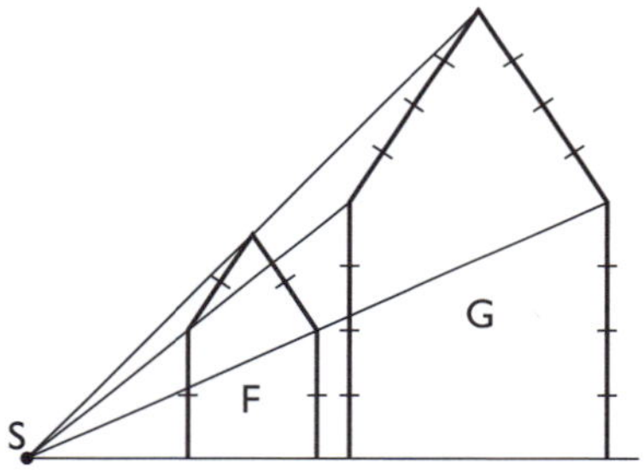

1. F ist durch zentrische Streckung mit $k = 2$ in G abgebildet. Also sind F und G ähnlich: F ~ G.
   Alle entsprechenden Winkel sind gleich groß. Die entsprechenden Seiten von G und F verhalten sich wie 2 : 1, d. h. jede Seite von G ist doppelt so groß wie die entsprechende Seite von F.

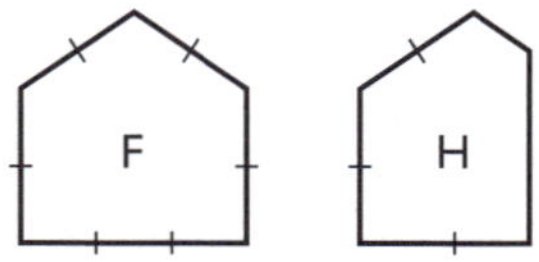

2. Hier sind zwar die entsprechenden Winkel beider Figuren gleich groß, da aber die Seitenverhältnisse entsprechender Seiten nicht gleich gleich groß sind, sind F und H **nicht** ähnlich.

1.

Miss die Winkel der beiden Figuren. Bestimme die Seitenverhältnisse entsprechender Seiten. Sind F und G ähnlich? Begründe.

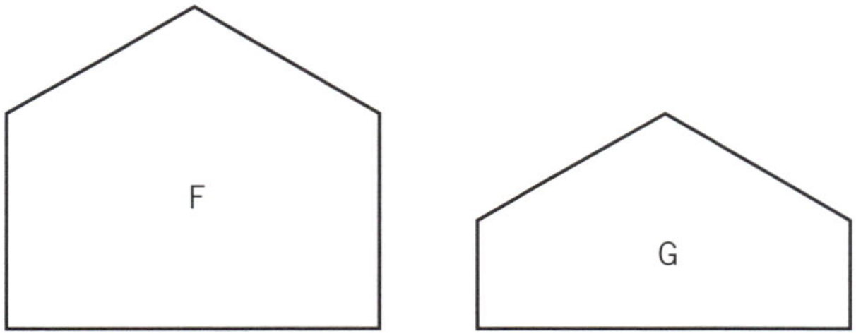

2.

a)

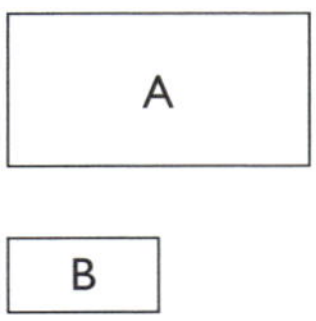

b)

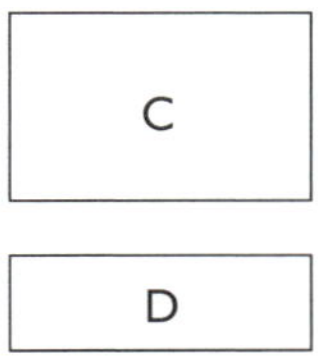

c)

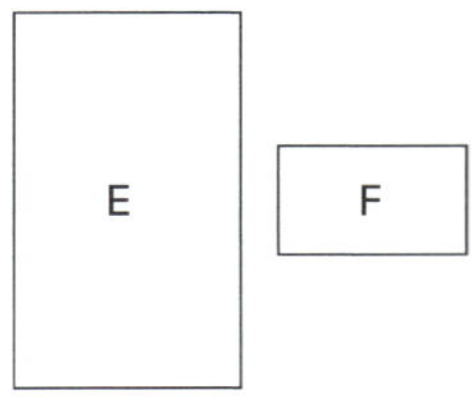

Untersuche die Winkel und Seitenverhältnisse dieser Figuren. In welchen Aufgaben sind die Rechtecke ähnlich zueinander?

3.*

a) Zeichne das Viereck ABCD mit A(–4|3), B(–2|2), C(–1|5) und D(–4|5).
b) Spiegele es an der y-Achse und gib die Koordinaten der Bildpunkte A′, B′, C′ und D′ an.
c) Strecke das Viereck A′B′C′D′ von S(0|0) aus mit dem Faktor $k = 2$ und gib die Koordinaten der Bildpunkte A″, B″, C″ und D″ an.
d) Sind die Vierecke ABCD und A″B″C″D″ ähnlich?

4.*

Welche der folgenden Aussagen ist richtig? Begünde jeweils deine Auswahl.
a) Alle Quadrate sind zueinander ähnlich.
b) Alle Rechtecke sind zueinander ähnlich.
c) Alle gleichseitigen Dreiecke sind zueinander ähnlich.
d) Alle gleichschenkligen Dreiecke sind zueinander ähnlich.

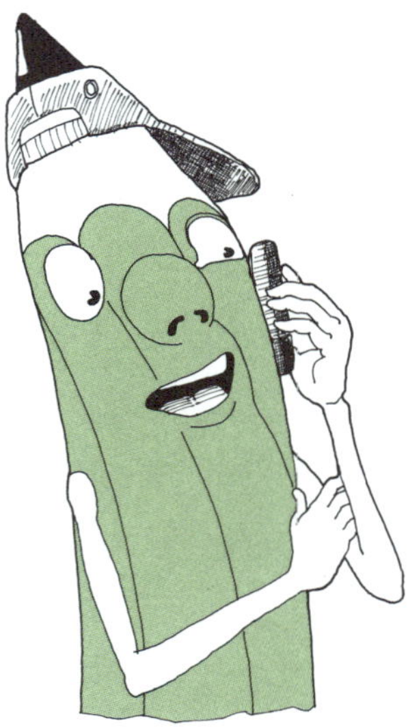

Ähnliche Dreiecke

Die beiden Dreiecke ABC und A′B′C′ stimmen in ihren Winkeln überein. Sie lassen sich auf diese Weise anordnen:

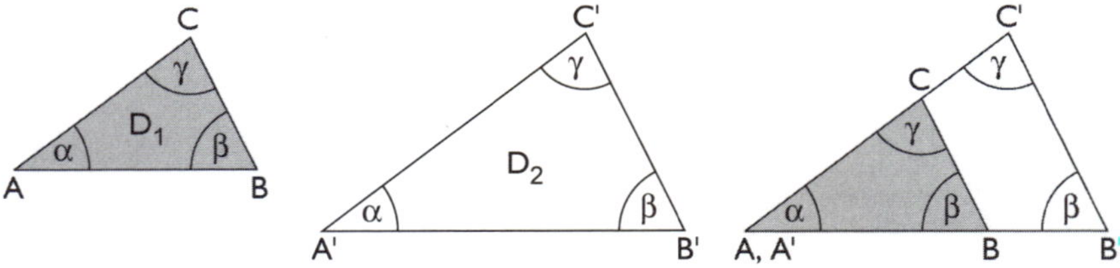

Daraus folgt: $D_1 \sim D_2$, denn nach den Strahlensätzen ergibt sich auch die Gleichheit der Verhältnisse entsprechender Seitenlängen. Bei Dreiecken folgt also aus der Gleichheit der Winkel die Gleichheit der Seitenverhältnisse und damit ihre Ähnlichkeit.

Wann sind zwei Dreiecke zueinander ähnlich?

Da im Dreieck die Winkelsumme 180° beträgt und man aus zwei gegebenen Winkeln die Größe des dritten berechnen kann, gilt:

Zwei Dreiecke sind schon ähnlich, wenn sie in je **zwei Winkelgrößen** übereinstimmen.

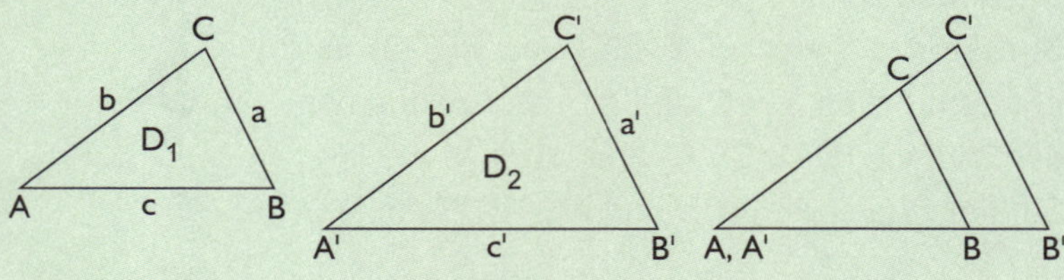

Sind von den Dreiecken die Seitenverhältnisse $\frac{a'}{a} = \frac{b'}{b} = \frac{c'}{c} = k$, also gleich groß, so folgt wieder $D_1 \sim D_2$.

Besitzen zwei Dreiecke **gleiche Verhältnisse entsprechender Seitenlängen**, so sind sie ähnlich.

1.

Zeichne die Dreiecke
ABC mit a = 4 cm, b = 3 cm und c = 5 cm,
DEF mit d = 7,5 cm, e = 6 cm und f = 4,5 cm,
PQR mit p = 4 cm, q = 5 cm und r = 6 cm.
Welche der Dreiecke sind ähnlich? Begründe.

2.

Zeichne die Dreiecke
ABC mit A(–4|–2,5), B(1|–2,5) und C(0,5|3),
DEF mit D(0|2), E(4|–1) und F(5|4) und
PQR mit P(–1,5|–3), Q(6|–5,5) und R(3|3)
und untersuche sie auf Ähnlichkeit.

3.

Das Rechteck ABCD wird wie in der Abbildung in drei Dreiecke zerlegt. Wir wollen zeigen, dass die Teildreiecke ähnlich sind.

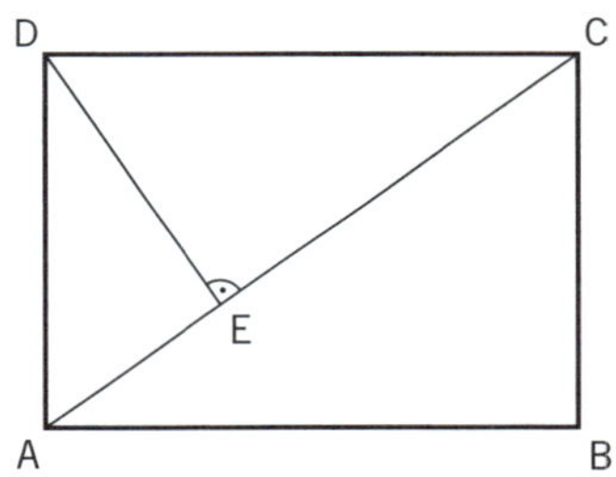

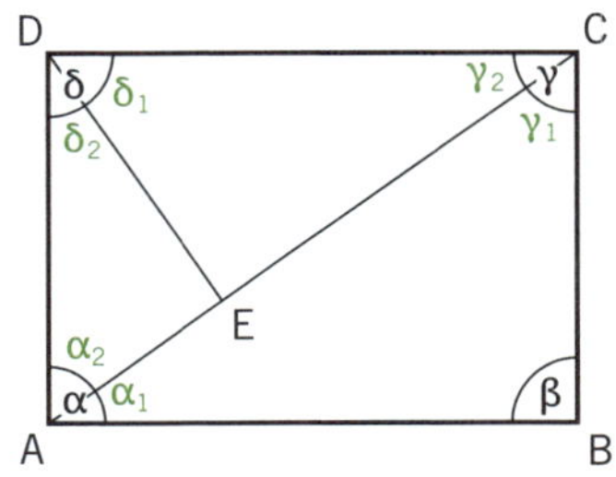

Dazu prüfen wir zunächst die Ähnlichkeit der Dreiecke ABC und CDE.

a) Im Dreieck ABC ist $\beta = 90°$. Welcher Winkel von CDE ist ebenso groß?
b) Zeige, das α_1 und γ_2 gleich groß sind.
c) Zeige nun, dass ABC und AED ähnlich sind.

4.

Begründe:
a) ADF ~ FEC,
b) ADF ~ ABC.

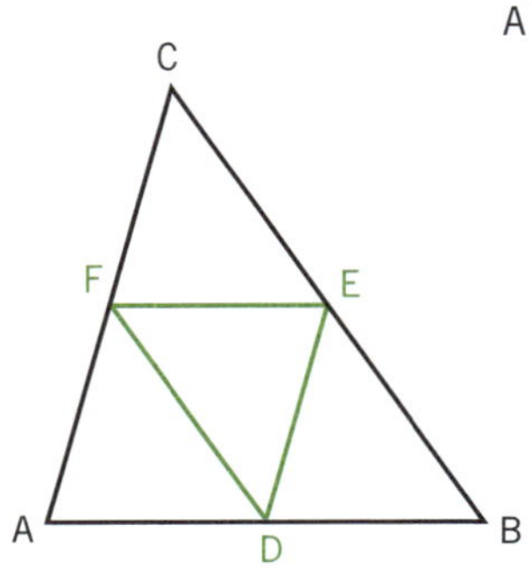

Ähnlichkeit am rechtwinkligen Dreieck

So überprüfst du, ob zwei Dreiecke ähnlich sind:

Willst du überprüfen, ob zwei Dreiecke ähnlich sind, hast du zwei Möglichkeiten:

1. **Untersuchen der Winkel**
   Gleiche Winkel → ähnliche Dreiecke
2. **Prüfen der Seitenverhältnisse**
   Alle Seitenverhältnisse entsprechen der Seiten sind gleich → ähnliche Dreiecke

1.

Begründe, warum die Teildreiecke F_1 und F_2 ähnlich sind.

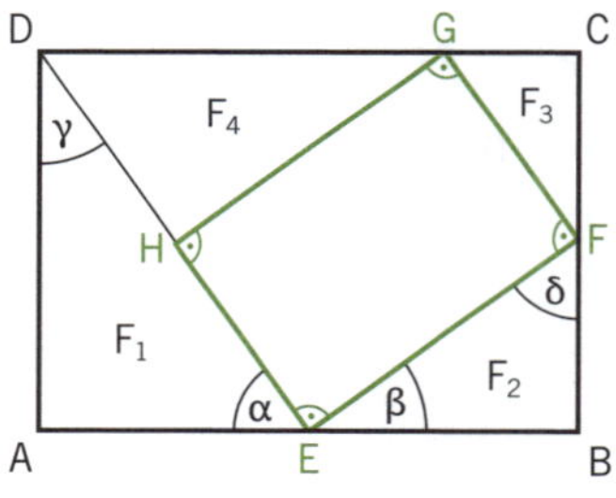

a) Überprüfe dazu zunächst, ob beide Dreiecke rechte Winkel besitzen.
   Bei der Suche nach weiteren gleich großen Winkeln wenden wir nun einige elementare Sätze über Winkel an.
   Es gilt in AED: $\alpha = 180° - 90° - \gamma = 90° - \gamma$ (Winkelsumme im Dreieck).
   Außerdem gilt: $180° = \alpha + 90° + \beta$, folglich $\alpha = 90° - \beta$ (gestreckter Winkel. Damit sind die Winkel β und γ gleich groß.

b) Zeige ebenso, dass F_2 und F_3 ähnlich sind.

c) Gilt auch noch $F_3 \sim F_4$?

2.

a) Zeichne ein rechtwinkliges Dreieck ABC mit den Winkeln
   $\alpha = 55°$, $\beta = 35°$ und $\gamma = 90°$.

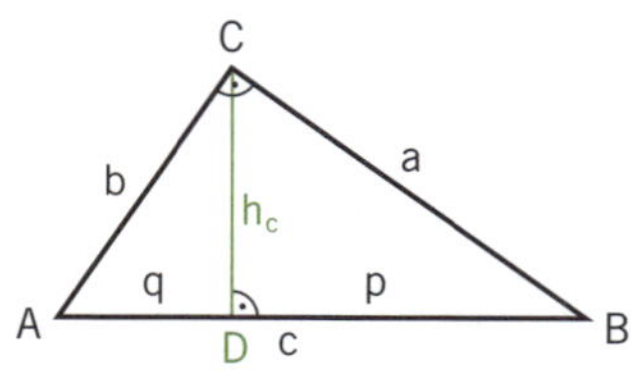

b) Zeichne die Höhe h_c ein. Der Höhenfußpunkt heißt D.

c) Überprüfe, ob die Dreiecke ADC und DBC ähnlich zu ABC sind.

3.

Wie du in Aufgabe 2 gesehen hast, wird das rechtwinklige Dreieck ABC durch die Höhe h_c in zwei rechtwinklige Teildreiecke zerlegt, die zu ABC ähnlich sind.

Trage in der Tabelle die einander entsprechenden Seiten der drei Dreiecke ein, z. B. müssen die Hypotenusen einander entsprechen.

ABC	ADC	DBC
a	h_c	
b		
c		

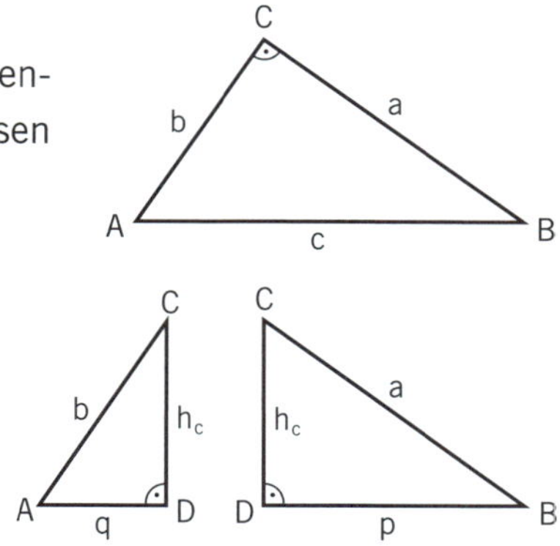

Da die Deiecke ABC und ADC ähnlich zueinander sind, müssen auch die Verhältnisse der Längen entsprechender Seiten übereinstimmen.

Danach ergibt sich: $\frac{a}{h_c} = \frac{b}{q} = \frac{c}{b}$

Betrachten wir davon nur die letzte Verhältnisgleichung $\frac{b}{q} = \frac{c}{b}$, so können wir umformen zu $b^2 = c \cdot q$ und erhalten den Kathetensatz.

4.

Mache das Gleiche mit ABC und DBC.

5.

Auch bei den ähnlichen Dreiecken ADC und DBC gibt es gleiche Seitenverhältnisse. Notiere sie und forme sie so um, dass sich ein bekannter Satz ergibt. Wie lautet der Name des Satzes?

Tipp

Wir können nun noch den Satz des Pythagoras herleiten, ohne – wie früher – mit Flächeninhalten zu arbeiten. Die beiden Teilaussagen des Kathetensatzes $a^2 = c \cdot p$ und $b^2 = c \cdot q$ ergeben nämlich zusammengenommen $a^2 + b^2 = c \cdot p + c \cdot q = c \cdot (p + q) = c^2$, wobei bekanntermaßen $c = p + q$ ist.

6.

a) Begründe, warum die Dreiecke ADC und BCE zueinander ähnlich sind.

b) Leite daraus ab, dass gilt: $\overline{AD} \cdot \overline{BC} = \overline{AC} \cdot \overline{BE}$

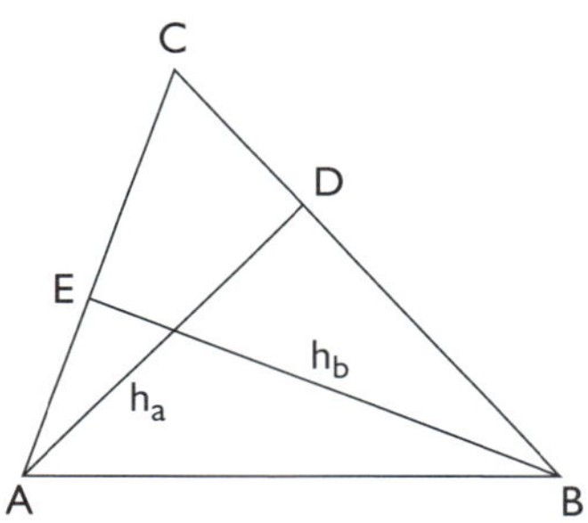

Ähnlichkeit am Kreis

1.

Zeichne einen Kreis mit dem Radius r = 4 cm und darin eine Sehne mit den Endpunkten A und B. Zeichne über der Sehne mehrere Umfangswinkel (Winkel, deren Scheitelpunkte auf dem Kreis liegen und deren Schenkel durch A und B gehen). Miss die Größen der Umfangswinkel. Was stellst du fest?

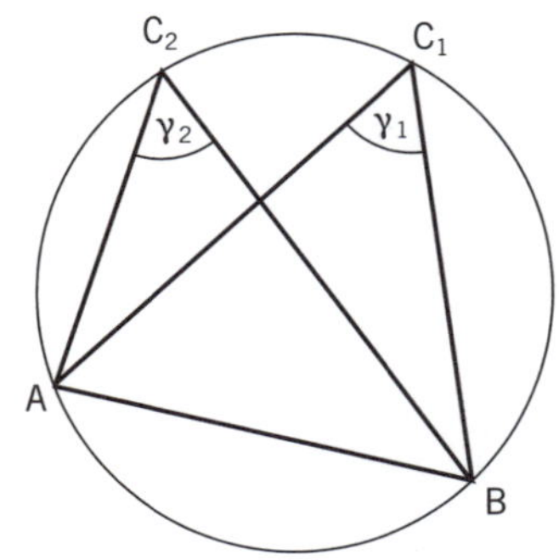

Folgende Sätze solltest du kennen:

Umfangswinkel:

Umfangswinkel über derselben Sehne sind gleich groß.

Sehnensatz:

Schneiden sich zwei Sehnen in P, so ist das Produkt der Längenabschnitte der einen Sehne gleich dem der anderen.

$\overline{PA} \cdot \overline{PB} = \overline{PC} \cdot \overline{PD}$

Sekantensatz:

Schneiden sich zwei Sekanten in einem Punkt P außerhalb des Kreises, so gilt:

$\overline{PA} \cdot \overline{PB} = \overline{PC} \cdot \overline{PD}$

2.

Zeichne einen Kreis mit r = 4 cm und darin die Sehnen $\overline{AB}$ und $\overline{CD}$, die sich in P schneiden.

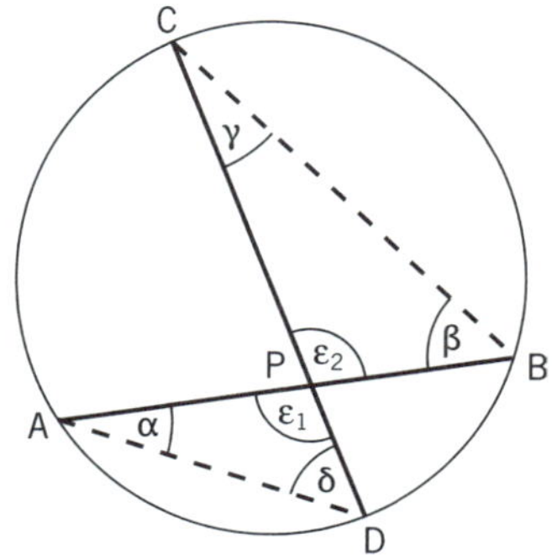

Behauptung: Die Dreiecke ADP und PBC sind ähnlich.

a) Begründe, warum die Winkel ε_1 und ε_2 gleich groß sind.
b) Gib eine Sehne an, zu der die Winkel α und γ Umfangswinkel sind. (Daraus folgt $\alpha = \gamma$.)
c) Zeige ebenso, dass $\beta = \delta$ ist.

3.

Wie wir in Aufgabe 2 gesehen haben, sind die Dreiecke ADP und PBC ähnlich. Folglich sind die Verhältnisse der Längen entsprechender Strecken gleich.

a) Gib die $\overline{PA}$ und $\overline{PB}$ entsprechenden Strecken an und stelle die geeigneten Proportionen auf.
b) Forme so um, dass der Sehnensatz $\overline{PA} \cdot \overline{PB} = \overline{PC} \cdot \overline{PD}$ gilt.

4.

a) Weise nach, dass die Dreiecke ADP und CPB ähnlich sind, indem du zwei Paare gleich großer Winkel findest.
b) Stelle eine Proportion auf, in der die Strecken $\overline{AP}$ und $\overline{PB}$ vorkommen.

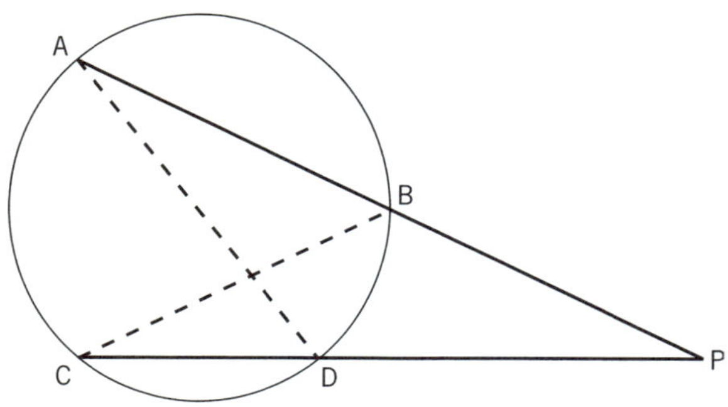

c) Forme so um, dass sich der Sekantensatz ergibt: $\overline{PA} \cdot \overline{PB} = \overline{PC} \cdot \overline{PD}$.

Vermischte Aufgaben

1.

Zeichne drei Rechtecke mit den Seiten $a_1 = 4\,cm$, $b_1 = 6\,cm$, $a_2 = 3\,cm$, $b_2 = 4{,}5\,cm$, $a_3 = 5\,cm$ und $b_3 = 7\,cm$.
Welche der Rechtecke sind zueinander ähnlich? Begründe deine Antwort.

2.

Zeichne folgende Dreiecke und ordne sie so an, dass sie einen Winkel gemeinsam haben.

a) $c = 2\,cm$, $b = 3\,cm$, $\alpha = 50°$ und $c' = 5\,cm$, $b' = 7{,}5\,cm$, $\alpha' = 50°$
b) $c = 5\,cm$, $a = 3\,cm$, $\gamma = 100°$ und $c' = 2{,}5\,cm$, $a' = 1{,}5\,cm$, $\gamma' = 100°$
c) $a = 4\,cm$, $b = 3\,cm$, $c = 5\,cm$ und $a' = 8\,cm$, $b' = 6\,cm$, $c' = 10\,cm$

Sind die Dreiecke ähnlich?
Ermittle jeweils S und k derjenigen zentrischen Streckung, die die Dreiecke aufeinander abbildet.

3.

Zeichne das nebenstehende Drachenviereck in dein Heft.
Zeige, dass die Dreiecke ABE und CDE nicht ähnlich sind

a) durch Messen der Winkel,
b) durch Vergleich der Verhältnisse entsprechender Seiten.

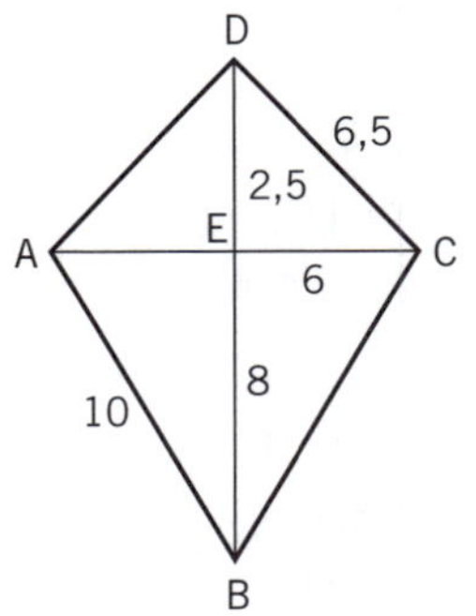

4.*

In einem rechtwinkligen Dreieck mit rechtem Winkel α seien $\beta = 40°$ und $\gamma = 50°$.

a) Zeige, das ABC und ADC ähnlich sind.
b) Bilde die Verhältnisse entsprechender Seiten und leite daraus den Kathetensatz ab.
c) Mache das Gleiche mit ABC und ABD.

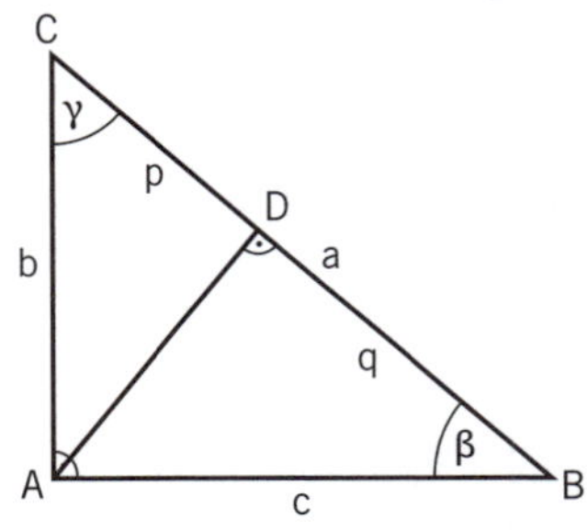

5.

Zeige, dass die Dreiecke ASD und CBS ähnlich zueinander sind.

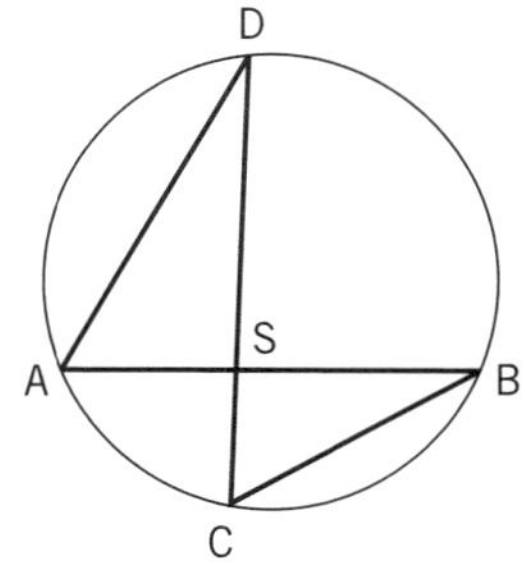

6.

Ein Archäologe findet bei Ausgrabungen das Bruchstück einer kreisförmigen Schale. Wie groß war ihr Durchmesser?
Verwende den Sehnensatz.

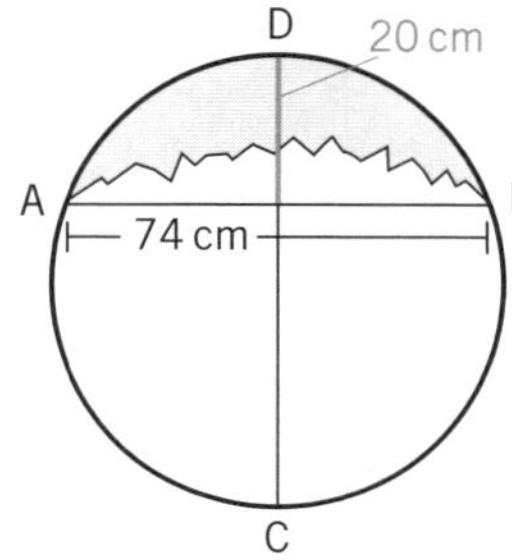

7.

Im Trapez sei E der Schnittpunkt der Diagonalen. Durch die Diagonalen entstehen 4 Dreiecke D_1, D_2, D_3 und D_4.
Untersuche, welche der Dreiecke ähnlich zueinander sind.
Tipp: Zeichne entsprechende Scheitel- und Wechselwinkel ein.

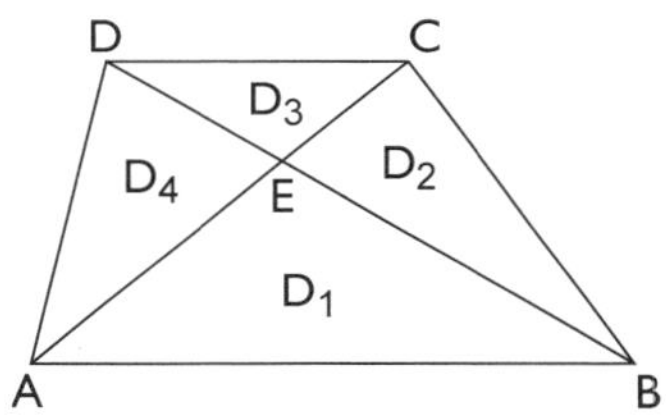

8.

Untersuche jetzt im Parallelogramm die entsprechenden Dreiecke D_1, D_2, D_3, D_4 auf Ähnlichkeit. Beachte auch hier den Lösungstipp von Aufgabe 7.

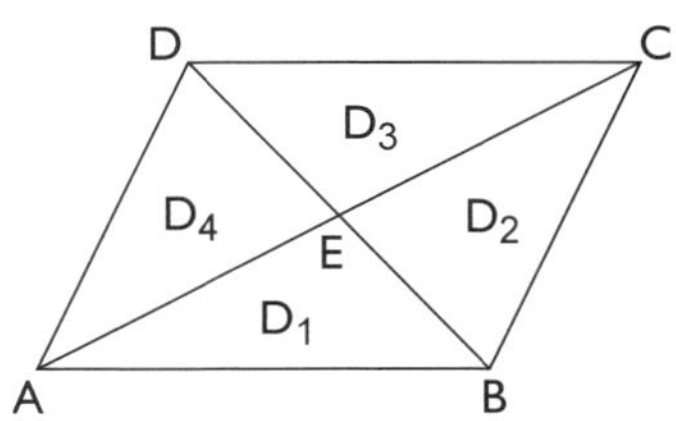

Zusammenfassung

Begriffe	Erläuterungen	Beispiele
Ähnlichkeit	Figuren, die durch zentrische Streckung oder Kongruenzabbildung aufeinander abgebildet werden können, heißen **ähnlich**.	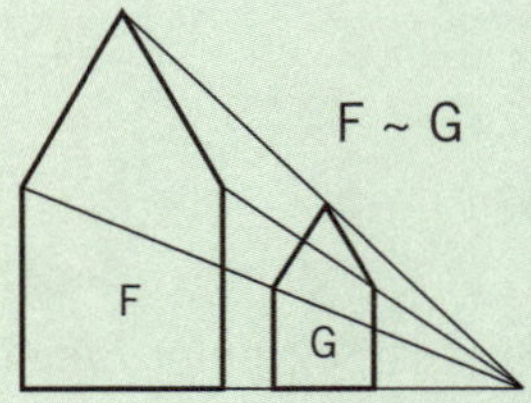
Eigenschaften ähnlicher Figuren	In ähnlichen Figuren sind entsprechende Winkel gleich groß und das Verhältnis der Längen entsprechender Seiten ist immer gleich.	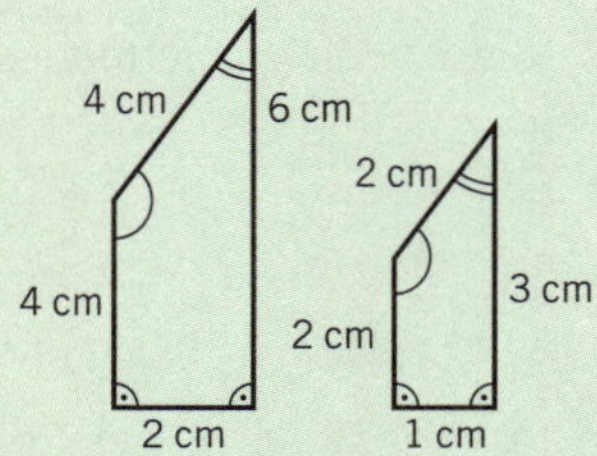 $\frac{4}{2} = \frac{4}{2} = \frac{2}{1} = \frac{6}{3} = 2$
Ähnliche Dreiecke	1. Zwei Dreiecke sind ähnlich, wenn sie in zwei Winkelgrößen übereinstimmen. 2. Stimmen in zwei Dreiecken die Verhältnisse entsprechender Seiten überein, so sind sie ähnlich.	
Ähnlichkeit am Kreis	**Sehnensatz:** Schneiden sich zwei Sehnen in P, so ist das Produkt der Längen der Sehnenabschnitte der einen Sehne gleich dem Produkt der anderen.	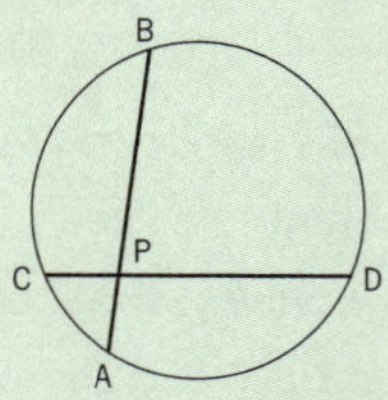 $\overline{PA} \cdot \overline{PB} = \overline{PC} \cdot \overline{PD}$
	Sekantensatz: Schneiden sich zwei Sekanten in einem Punkt P außerhalb des Kreises, so ist das Produkt der Längen der Sekantenabschnitte (von P aus gemessen) der einen Sekante gleich dem Produkt der anderen.	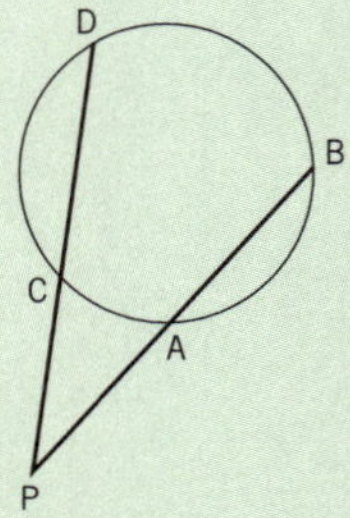 $\overline{PA} \cdot \overline{PB} = \overline{PC} \cdot \overline{PD}$

Test

Test 1

Welche der folgenden Aussagen sind wahr? Begründe.

a) Alle regelmäßigen Sechsecke sind ähnlich.
b) Alle rechtwinkligen Dreiecke sind ähnlich.
c) Alle rechtwinklig-gleichschenkligen Dreiecke sind ähnlich.
d) Alle gleichschenkligen Dreiecke sind ähnlich.

Test 2

Gegeben sind je zwei Winkelgrößen der Dreiecke ABC und A′B′C′. Untersuche, ob die Dreiecke ähnlich sind.

a) $\alpha = 35°$, $\beta = 48°$ und $\beta' = 48°$, $\gamma' = 97°$
b) $\alpha = 63°$, $\beta = 47°$ und $\alpha' = 63°$, $\beta' = 70°$
c) $\alpha = 91°$, $\gamma = 28°$ und $\beta' = 28°$, $\gamma' = 51°$
d) $\alpha = 68°$, $\beta = 53°$ und $\alpha' = 59°$, $\gamma' = 68°$

Test 3

Im Trapez sei E der Schnittpunkt der Diagonalen.

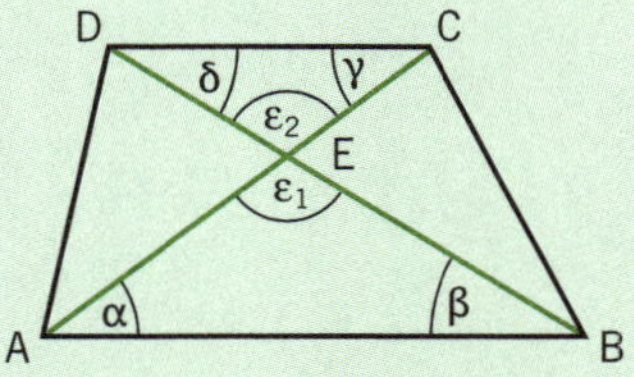

a) Zeige, dass die Dreiecke ABE und CDE ähnlich sind. (Suche dazu gleich große Winkel, z. B. Scheitel- oder Wechselwinkel.)
b) Zeige, dass gilt $\frac{\overline{AE}}{\overline{BE}} = \frac{\overline{CE}}{\overline{DE}}$.

Test 4

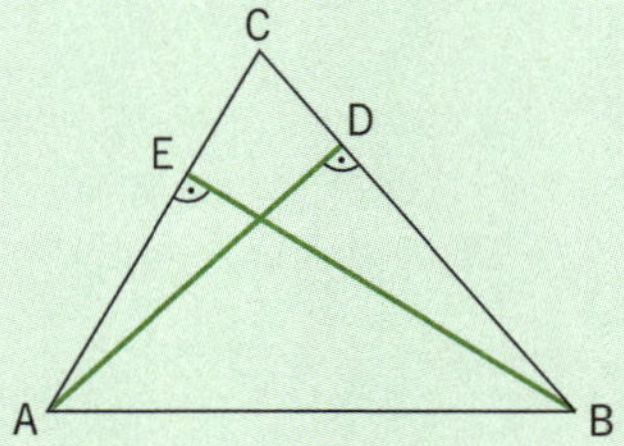

a) Begründe, warum ADC ähnlich zu BCE ist.
b) Folgere daraus, dass gilt: $\overline{AD} \cdot \overline{BC} = \overline{AC} \cdot \overline{BE}$.

Lösungen

1 Systeme linearer Gleichungen und Ungleichungen

Geradengleichungen

1.

a) $m = 2;\ n = 1$ b) $m = -2;\ n = 1$

c) $m = 1;\ n = 2$ d) $m = -1;\ n = 2$

a) 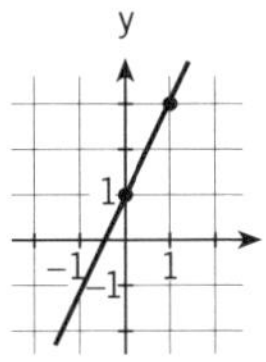
b) 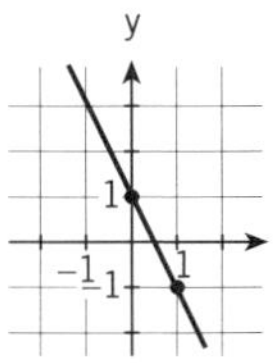
c) 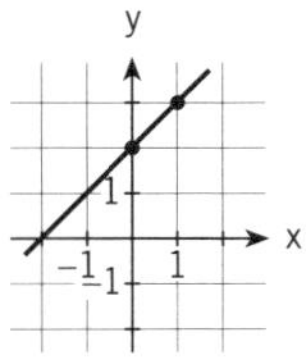
d) 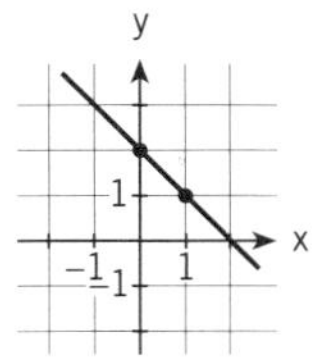

2.

a) $m = -2;\quad n = 1$ b) $m = 2;\quad n = -1$ c) $m = 3;\quad n = 0$

d) $m = \frac{1}{2};\quad n = 2$ e) $m = -3;\quad n = -2$ f) $m = 1;\quad n = -5$

g) $m = 2;\quad n = 0$ h) $m = \frac{3}{2};\quad n = -2$ i) $m = -\frac{3}{2};\quad n = 2$

3.

① $m = \frac{1}{2};\quad n = 0;\quad y = \frac{1}{2}x$

② $m = 1;\quad n = 3;\quad y = x + 3$

③ $m = -2;\quad n = 2;\quad y = -2x + 2$

4.

① $m = -\frac{1}{4};\quad n = 1;\quad y = -\frac{1}{4}x + 1$

② $m = -\frac{2}{3};\quad n = 2;\quad y = -\frac{2}{3}x + 2$

③ $m = 2;\quad n = 4;\quad y = 2x + 4$

④ $m = 2;\quad n = -2;\quad y = 2x - 2$

Zeichnerisches Lösen von linearen Gleichungssystemen

1.

a) 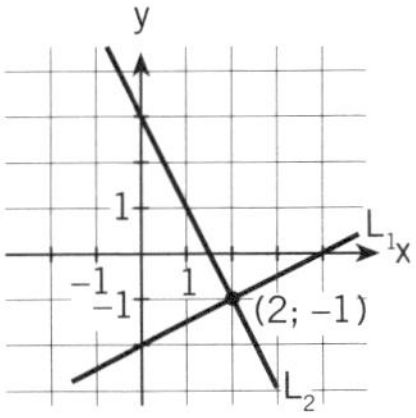

S(2; –1)

Die Aussage $-1 = \frac{2}{2} - 2 \wedge -1 = -2 \cdot 2 + 3$ ist wahr.

$L = \{(2; -1)\}$

b) $L = \{(3; 4)\}$ c) $L = \{(-1; 3)\}$

d) $L = \{(0; 3)\}$ e) $L = \{(4; 3)\}$

f) $L = \{(1; 2)\}$

2.

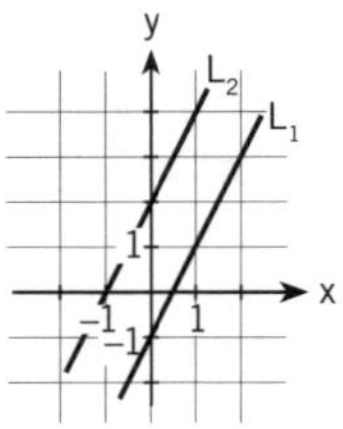

a) Die Geraden verlaufen parallel.
$L = \{\}$

b) Die Geraden sind identisch.
$L = \{(x;\, y) \mid y = 2x + 1\}$

3.

a) $y = -x + 5 \wedge y = 2x - 1$
$L = \{(2;\, 3)\}$

b) $y = -\frac{x}{2} + 3 \wedge y = \frac{x}{3} - \frac{1}{3}$
$L = \{(4;\, 1)\}$

c) $y = x - 4 \wedge y = -\frac{x}{2} + 6\frac{1}{2}$
$L = \{(7;\, 3)\}$

d) $y = 2x - 4 \wedge y = 2x - 4$
$L = \{(x;\, y) \in \mathbb{Q} \times \mathbb{Q} \mid y = 2x - 4\}$

e) $y = \frac{3}{2}x - \frac{3}{2} \wedge y = 2x - 4$
$L = \{(5;\, 6)\}$

f) $y = -2x + 2 \wedge y = -2x + 3$
$L = \{\}$

Rechnerisches Lösen von linearen Gleichungssystemen

1.

a)

$$5x - 2y = 10$$
$$6x - 4y = 4$$

$$x = \frac{2}{5}y + 2$$
$$6x - 4y = 4$$

1. Gleichung nach x aufgelöst.

$$x = \frac{2}{5}y + 2$$
$$\wedge\ 6\left(\frac{2}{5}y + 2\right) - 4y = 4$$

Term für x in die 2. Gleichung eingesetzt.

$$x = \frac{2}{5}y + 2$$
$$y = 5$$

2. Gleichung nach y aufgelöst.

$$x = \frac{2}{5} \cdot 5 + 2$$
$$y = 5$$

y = 5 in die 1. Gleichung eingesetzt

$$x = 4$$
$$y = 5$$

1. Gleichung ausgerechnet.

$L = \{(4;\, 5)\}$

Probe:
$$5 \cdot 4 - 2 \cdot 5 = 10$$
$$6 \cdot 4 - 4 \cdot 5 = 4$$

$$10 = 10$$
$$4 = 4$$

Die Gesamtaussage ist wahr!

b) $L = \{(-6; 4)\}$ c) $L = \{(2; -1)\}$ d) $L = \{(-1; 3)\}$

e) $L = \left\{\left(2; -\frac{1}{2}\right)\right\}$ f) $L = \left\{\left(-\frac{2}{7}; -\frac{2}{7}\right)\right\}$

2.

a) $L = \{(5; 3)\}$ b) $L = \{(-2; 2)\}$ c) $L = \{(2; 7)\}$

d) $L = \{(4; 3)$ e) $L = \{2; 7)\}$ f) $L = \{(-3; -1)\}$

3.

b) Die Geraden verlaufen parallel zueinander.

c)

$$\begin{aligned} y &= -4x + \tfrac{3}{2} \\ \tfrac{1}{2}y + 2x &= -1 \end{aligned}$$

$$\begin{aligned} y &= -4x + \tfrac{3}{2} \\ \tfrac{1}{2}\left(-4x + \tfrac{3}{2}\right) + 2x &= -1 \end{aligned}$$

$$\begin{aligned} y &= -4x + \tfrac{3}{2} \\ \tfrac{3}{4} &= -1 \end{aligned}$$

$$L = \{\}$$

4.

b) Es entsteht eine Doppelgerade.

c)

$$\begin{aligned} 6x + 2y &= 4 \\ x &= -\tfrac{1}{3}y + \tfrac{2}{3} \end{aligned}$$

$$\begin{aligned} 6\left(-\tfrac{1}{3}y + \tfrac{2}{3}\right) + 2y &= 4 \\ x &= -\tfrac{1}{3}y + \tfrac{2}{3} \end{aligned}$$

$$\begin{aligned} 4 &= 4 \\ x &= -\tfrac{1}{3}y + \tfrac{2}{3} \end{aligned}$$

$$L = \left\{(x; y) \mid x = -\tfrac{1}{3}y + \tfrac{2}{3}\right.$$

5.

$$\begin{aligned} 3x - 2y &= 14 \quad | \cdot (-2) \\ \wedge \quad 6x + y &= 8 \end{aligned}$$

$$\left.\begin{aligned} -6x + 4y &= -28 \\ 6x + y &= 8 \end{aligned}\right\} +$$

$$\begin{aligned} 5y &= -20 \\ y &= -4 \end{aligned}$$

$$\begin{aligned} y &= -4 \\ 6x + y &= 8 \end{aligned}$$

$$\begin{aligned} y &= -4 \\ 6x - 4 &= 8 \end{aligned}$$

$$\begin{aligned} y &= -4 \\ x &= 2 \end{aligned}$$

$$L = \{(2; -4)\}$$

6.

1. Gleichung mit 5 und 2. Gleichung mit –6 multiplizieren oder 1. Gleichung · (–5) und 2. Gleichung · 6.

$$\begin{aligned} 8x - 6y &= 4 \quad | \cdot 5 \\ 7x - 5y &= 6 \quad | \cdot (-6) \end{aligned}$$

$$\left.\begin{aligned} 40x - 30y &= 20 \\ -42x + 30y &= -36 \end{aligned}\right\} +$$

$$\begin{aligned} -2x &= -16 \\ x &= 8 \end{aligned}$$

$$\begin{aligned} 8x - 6y &= 4 \\ x &= 8 \end{aligned}$$

$$\begin{aligned} 8 \cdot 8 - 6y &= 4 \\ x &= 8 \end{aligned}$$

$$\begin{aligned} y &= 10 \\ x &= 8 \end{aligned}$$

$$L = \{(8; 10)\}$$

7.

a) $L = \{(-13; -11)\}$ b) $L = \{(-69; -114)\}$ c) $L = \{(1; 0)\}$
d) $L = \{(5; 2)\}$ e) $L = \{(20; 7)\}$ f) $L = \{(3; 4)\}$

8.

a) $L = \{(3; 3)\}$ b) $L = \left\{\left(0; \frac{1}{2}\right)\right\}$ c) $L = \{(3; 3)\}$
d) $L = \left\{\left(-\frac{13}{2}; -\frac{3}{2}\right)\right\}$ e) $L = \left\{\left(-5; -\frac{7}{2}\right)\right\}$ f) $L = \{(5; 15)\}$

9.

b) Er ergibt sich die gleiche falsche Aussage $0 = -18$.
c) Die Geraden verlaufen parallel zueinander.

10.

b) $L = \{(x; y) \in \mathbb{Q} \times \mathbb{Q} \mid 6x - 3y = 12\}$, also die gleiche wie vorher.
c) Es entsteht eine Doppelgerade. $y = 2x - 4 \wedge y = 2x - 4$.

11.

a) $L = \{(2; 3)\}$
$y = -x + 5 \wedge y = 2x - 1$

b) $L = \{\}$
$y = -\frac{1}{2}x + 3 \wedge y = -\frac{1}{2}x + 4$

c) $L = \{(4; 1)\}$
$y = -\frac{1}{2}x + 3 \wedge y = \frac{1}{3}x - \frac{1}{3}$

d) $L = \{7; 3\}$
$y = x - 4 \wedge y = -\frac{1}{2}x + \frac{13}{2}$

e) $L = \{(x; y) \in \mathbb{Q} \times \mathbb{Q} \mid y = 2x - 4\}$
$y = 2x - 4 \wedge y = 2x - 4$

f) $L = \{(6; 1)\}$
$y = \frac{2}{5}x - \frac{7}{5} \wedge y = \frac{3}{8}x - \frac{5}{4}$

12.

a) $2x - 5y = -2$
$3x - 7y = -1$
$L = \{(9; 4)\}$

b) $4x - 4y = 4$
$2x - 5y = -4$
$L = \{(3; 2)\}$

c) $3x - 9y = 6$
$4x - 10y = 10$
$L = \{(5; 1)\}$

d) $5x - 2y = 7$
$-3x + 3y = 3$
$L = \{(3; 4)\}$

e) $6x - 7y = 3$
$-5x + 5y = 0$
$L = \{(-3; -3)\}$

f) $8x - 3y = -5$
$-4x + y = -1$
$L = \{(2; 7)\}$

Anwendungsaufgaben – Zahlenrätsel

1.

Erste Zahl: x

Zweite Zahl: y

$$\begin{aligned} x + y &= 15 \\ 3x + 4y &= 50 \\ \hline x &= 10 \\ y &= 5 \end{aligned}$$

Die erste Zahl heißt 10, die zweite Zahl 5.

2.

Erste Zahl: x

Zweite Zahl: y

$$\begin{aligned} x + y &= 36 \\ 2 \cdot x - y &= 36 \\ \hline x &= 24 \\ y &= 12 \end{aligned}$$

Die erste Zahl heißt 24, die zweite 12.

3.

Einerziffer: x

Zehnerziffer: y

$$\begin{aligned} x + y &= 11 \\ y &= x + 5 \\ \hline x &= 3 \\ y &= 8 \end{aligned}$$

Die Zahl heißt 83.

4.

Einerziffer: x

Zehnerziffer: y

y ist die Zehnerziffer, das bedeutet, wir haben y Zehner, also $y \cdot 10$. Addieren wir dazu die Einer, so ergibt sich die Gesamtzahl aus der Addition der Zehner und Einer, also: $(y \cdot 10 + x)$.

$$\begin{aligned} x + y &= 13 \\ (y \cdot 10 + x) - 9 &= x \cdot 10 + y \\ \hline x &= 6 \\ y &= 7 \end{aligned}$$

Die Zahl heißt 76.

5.

erste Zahl: x

zweite Zahl: y

$$\begin{aligned} x + 2 &= 3y \\ y + 14 &= 4x \\ \hline x &= 4 \\ y &= 2 \end{aligned}$$

Es sind die Zahlen 4 und 2.

6.

x: Anzug

y: Abendkleid

$$\begin{aligned} x + y &= 693 \\ x + 135 &= y \\ \hline x &= 279 \\ y &= 414 \end{aligned}$$

Der Anzug kostet 279€, das Abendkleid 414€.

7.

x: Zähler

y: Nenner

$$\frac{x+2}{y+2} = \frac{7}{8}$$
$$\frac{x-2}{y-2} = \frac{3}{4}$$

$$8(x+2) = 7(y+2)$$
$$4(x-2) = 3(y-2)$$

$$8x - 7y = -2$$
$$4x - 3y = 2$$

$$x = 5$$
$$y = 6$$

Der Bruch ist $\frac{5}{6}$.

8.

$$\frac{x}{y} = 5$$
$$\frac{x-4}{y-4} = 9$$

$$x = 5y$$
$$x - 4 = 9(y-4)$$

$$x = 40$$
$$y = 8$$

Die Zahlen sind 40 und 8.

9.

$$2(x+y) = 72$$
$$9(x-y) = 72$$

$$x = 22$$
$$y = 14$$

Die beiden Zahlen heißen 22 und 14.

Mischaufgaben

1.

x: Anzahl der ℓ des 70-prozentigen Alkohols

y: Anzahl der ℓ des 45-prozentigen Alkohols

$$x + y = 80$$
$$\frac{70}{100}x + \frac{45}{100}y = \frac{60}{100} \cdot 80$$

$$x = 48$$
$$y = 32$$

Man muss 48ℓ 70-prozentigen Alkohol und 32ℓ 45-prozentigen Alkohol nehmen, um 80ℓ 60-prozentigen Alkohol zu erhalten.

2.

x: Anzahl der ℓ des 75-prozentigen Alkohols

y: Anzahl der ℓ des 80-prozentigen Alkohols

$$x + 30 = y$$
$$\frac{75}{100}x + 30 \cdot \frac{90}{100} = \frac{80}{100}y$$

$$x = 60$$
$$y = 90$$

Man muss 60ℓ vom 75-prozentigen Alkohol dazugießen, um 90ℓ 80-prozentigen Alkohol herzustellen.

3.

x: Anzahl der g Gold vom Feingehalt 800

y: Anzahl der g Gold vom Feingehalt 650

$$x + y = 80$$
$$x \cdot \frac{800}{1000} + y \cdot \frac{650}{1000} = 80 \cdot \frac{750}{1000}$$
$$x = 53\tfrac{1}{3}$$
$$y = 26\tfrac{2}{3}$$

Um 80 g 750er Gold herzustellen, werden $53\frac{1}{3}$ g 800er Gold und $26\frac{2}{3}$ g 650er Gold gebraucht.

Bewegungsaufgaben

1.

x: Anzahl der Stunden bis zum Treffpunkt

y: Entfernung des Treffpunktes von A

$$4x = y$$
$$36 - 5x = y$$
$$x = 4$$
$$y = 16$$

Sie treffen sich nach 4 Stunden, 16 km von A entfernt.

2.

x: Geschwindigkeit des 2. Boten

y: Entfernung des Treffpunktes

$$4\tfrac{1}{2} \cdot 6 = y$$
$$x \cdot 4 = y$$
$$x = 6\tfrac{3}{4}$$
$$y = 27$$

Der 2. Bote muss $6\frac{3}{4}$ km in der Stunde zurücklegen. Die Boten treffen sich nach 27 km.

3.

x: Anzahl der Stunden von 7.40 Uhr an bis zum Treffpunkt

y: Entfernung vom Ausgangsbahnhof

$36 \cdot x = y$	
$54\left(x - 1\frac{1}{3}\right) = y$	$x - 1\frac{1}{3}$; denn der Personenzug fährt $1\frac{1}{3}$ Std. später ab.
$x = 4$ $y = 144$	Die Züge treffen sich um 11.40 Uhr (4 Std. nach 7.40 Uhr) in 144 km Entfernung vom Ausgangsbahnhof.

4.

x: Anzahl der Stunden bis zum Treffpunkt

y: Entfernung des Treffpunktes von A

$4 \cdot x = y$	Geschwindigkeit des 1. Wanderers: 12 km : 3 h = 4 km/h
$5\frac{1}{2}\left(x - 1\frac{1}{2}\right) = y - 4\frac{1}{2}$	Geschwindigkeit des 2. Wanderers: 4 km/h + $1\frac{1}{2}$ km/h = $5\frac{1}{2}$ km/h. Der 2. Wanderer braucht nur noch $y - 4\frac{1}{2}$ km zurücklegen.
$x = 2\frac{1}{2}$ $y = 10$	

Die Wanderer treffen sich nach $2\frac{1}{2}$ Stunden 10 km von A entfernt.

Lineare Gleichungssysteme aus drei Gleichungen mit drei Variablen

1.

Die Gleichungen müssten folgendermaßen multipliziert werden, um y zu eliminieren:

$5x - 2y + z = 5 \quad | \cdot (-3)$

$3x + 3y - 2z = 1 \quad | \cdot 2$

$2x - 6y + 2z = -2$

Als Lösungsmenge ergibt sich wieder: L = {(1; 2; 4)}

2.

Ansatz, um x zu eliminieren:

$2x + 5y - 3z = -1 \quad | \cdot (-3)$

$-x + 3y + 2z = 2 \quad | \cdot 6$

$3x - 2y - 4z = 0 \quad | \cdot 2$

$-6x - 15y + 9z = 3$	Man addiert die 1. und 3. sowie die 2. und 3. Gleichung
$-6x + 18y + 12z = 12$	
$6x - 4y - 8z = 0$	

Als Lösung ergibt sich (4; 0; 3), die Lösungsmenge lautet L = {(4; 0; 3)}.

3.

Es erscheint am günstigsten, z zu eliminieren:

$$\begin{aligned} 4x - 3y + 2z &= 1 \quad &| \cdot 5 \\ 3x - 7y - 2z &= 2 \quad &| \cdot 5 \\ 8x + y + 10z &= 1 \end{aligned}$$

$$\begin{aligned} 20x - 15y + 10z &= 5 \\ 15x - 35y - 10z &= 10 \\ 8x + y + 10z &= 1 \end{aligned}$$

Addieren der 1. und 2. sowie der 2. und 3. Gleichung

$$\begin{aligned} 35x - 50y &= 15 \quad &| : 5 \\ 15x - 35y - 10z &= 10 \\ 23x - 34y &= 11 \end{aligned}$$

Hier ist es sinnvoll die 1. Gleichung durch 5 zu kürzen!

$$\begin{aligned} 7x - 10y &= 3 \\ 15x - 35y - 10z &= 10 \\ 23x - 34y &= 11 \end{aligned}$$

Als Lösung ergibt sich (–1; –1; 1). Die Lösungsmenge lautet L = {(–1; –1; 1)}.

4.

a) Lösung (5; 3; 1), L = {(5; 3; 1)}

b) Lösung (2; 2; 4), L = {(2; 2; 4)}

c) Lösung $\left(\frac{5}{6}; \frac{3}{2}; \frac{2}{3}\right)$, $L = \left\{\left(\frac{5}{6}; \frac{3}{2}; \frac{2}{3}\right)\right\}$

d) Lösung (3; –1; –2), L = {(3; –1; –2)}

5.

a) richtig geordnet:

$$\begin{aligned} 2x - 3y - 4z &= 0 \\ -4x - 6y + 8z &= -2 \\ -x + 9y - 2z &= 2 \end{aligned}$$

Lösung $\left(-\frac{1}{8}; \frac{1}{6}; \frac{-3}{16}\right)$, $L = \left\{\left(-\frac{1}{8}; \frac{1}{6}; \frac{-3}{16}\right)\right\}$

b) richtig geordnet:

$$\begin{aligned} 3x - 4y - 2z &= -11 \\ 2x - y - 2z &= -10 \\ 10x - 3y + 3z &= 2 \end{aligned}$$

Lösung (–1; 0; 4), L = {(–1; 0; 4)}

6.

a) Lösung $\left(-\frac{1}{2}; \frac{3}{2}; 13\right)$, $L = \left\{\left(-\frac{1}{2}; \frac{3}{2}; 13\right)\right\}$

b) Lösung (5; –1; 3), L = {(5; –1; 3)}

7.

Ansatz, um y zu eliminieren:

$$\begin{aligned} x - 3y + z &= -1 \quad &| \cdot 2\\ 3x + 3y - 2z &= 1 \quad &| \cdot 2\\ 2x - 6y + 2z &= 0 \end{aligned}$$

$$\begin{aligned} 2x - 6y + 2z &= -2\\ 6x + 6y - 4z &= 2\\ 2x - 6y + 2z &= -0 \end{aligned}$$

Addieren der 1. und 2. sowie der 2. und 3. Gleichung.
Die 2. Gleichung wird mitgeführt.

$$\begin{aligned} 8x - 2z &= 0\\ 6x + 6y - 4z &= 2\\ 8x - 2z &= 2 \end{aligned}$$

$L = \{\}$

Hier liegt der Widerspruch in der 1. und 3. Gleichung, folglich kann das Gleichunssystem keine Lösung besitzen.

8.

a)
$$\begin{aligned} -x + 2y - 3z &= \tfrac{10}{3}\\ 3x - 6y + 9z &= 32\\ x - 2y + 3z &= 12 \end{aligned}$$

Addieren der 1. und 3. Gleichung.
Die 2. Gleichung wird mitgeführt.

$$\begin{aligned} 0 &= \tfrac{46}{3}\\ 3x - 6y + 9z &= 32 \end{aligned}$$

$L = \{\}$

Die Aussage $0 = \frac{46}{3}$ ist immer falsch, somit hat das Gleichungssystem keine Lösung.

b)
$$\begin{aligned} 2x - 6y + 2z &= -2 \quad &| :2\\ -x + 3y - z &= 5\\ 3x - y + 5z &= 2 \end{aligned}$$

$$\begin{aligned} x - 3y + z &= -1\\ -x + 3y - z &= 5\\ 3x - y + 5z &= 2 \end{aligned}$$

Addieren der ersten beiden Gleichungen.

$$\begin{aligned} 0 &= 4\\ 3x - y + 5z &= 2 \end{aligned}$$

$L = \{\}$

$0 = 4$ falsche Aussage, damit Widerspruch.

9.

Ansatz, um y zu eliminieren:

$$\begin{aligned} x - 3y + z &= -1 \quad | \cdot 2 \\ 3x + 3y - 2z &= 1 \\ 2x - 6y + 2z &= -2 \end{aligned}$$

$$\begin{aligned} 2x - 6y + 2z &= -2 \\ 3x + 3y - 2z &= 1 \\ 2x - 6y + 2z &= -2 \end{aligned}$$

Addieren der 1. und 2. sowie 2. und 3. Gleichung.
Die 2. Gleichung wird mitgeführt.

$$\begin{aligned} 5x - 3y \phantom{{}-2z} &= -1 \quad | \cdot (-1) \\ 3x + 3y - 2z &= 1 \\ 5x - 3y \phantom{{}-2z} &= -1 \end{aligned}$$

Dann Addieren der 1. und 3. Gleichung.
Die 2. und 3. Gleichung werden mitgeführt.

$$\begin{aligned} 0 &= 0 \\ 3x + 3y - 2z &= 1 \\ 5x - 3y &= -1 \end{aligned}$$

Das Gleichungssystem besitzt unendlich viele Lösungen.

$L = \{(x; y; z) \mid 3x + 3y - 2z = 1 \wedge 5x - 3y = -1)\}$

10.

a) $L = \{(2; 3; 2)\}$

b) $L = \{(-1; 3; -2)\}$

c) $L = \{(x; y; z) \mid 7x - 4y - 3z = -10 \wedge 2x + 4y - 2z = 8\}$

d) $L = \{(3; 4; 5)\}$

e) $L = \{(-2; 1; 2)\}$

f) $L = \{\ \}$

Lineare Ungleichungen

1.

a) Lösung von $y = 2x - 1$ ist das Zahlenpaar (1; 1).
Lösungen von $y > 2x - 1$ sind (1; 2), (1; 3), (1; 4).
Lösungen von $y < 2x - 1$ sind (1; –1), (1; 0).

b)

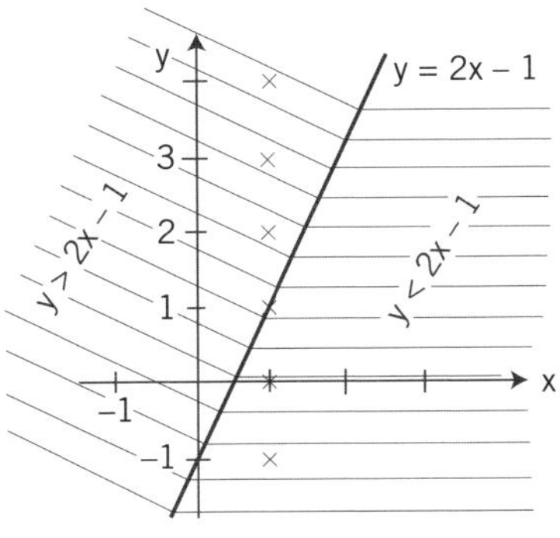

2.

a) 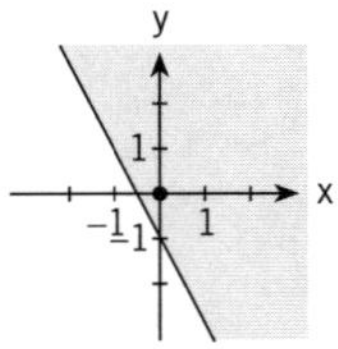

Für (0; 0) gilt:

$0 > -1$

b) 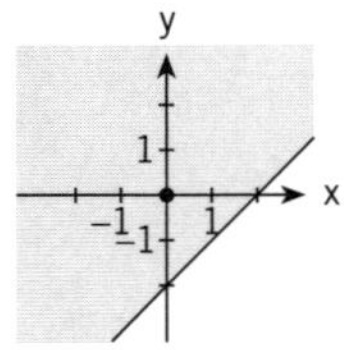

Für (0; 0) gilt:

$0 > -2$

c) 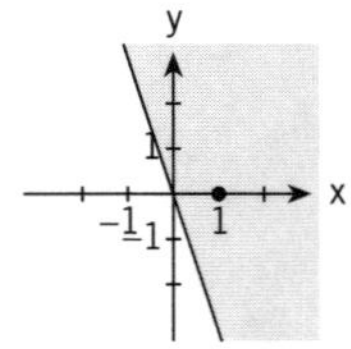

Für (1; 0) gilt:

$0 > -3$

d) 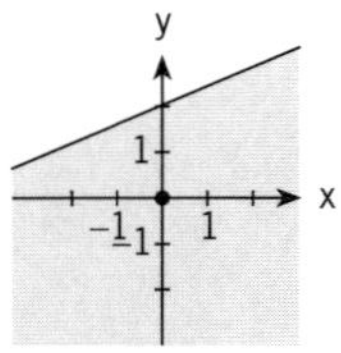

Für (0; 0) gilt:

$0 < 2$

e) 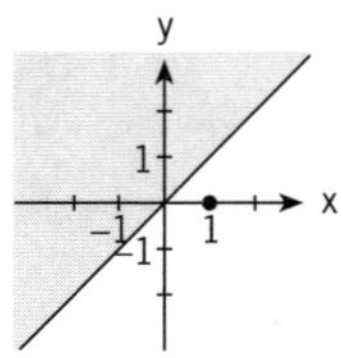

Für (1; 0) gilt:

$0 \not> 1$

f) 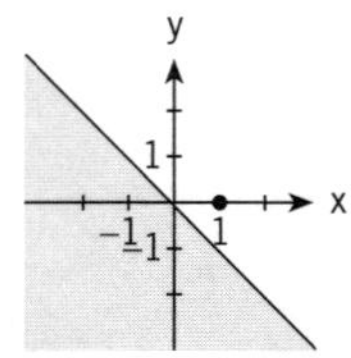

Für (1; 0) gilt:

$0 \not< -1$

3.

a) $y = 2$

b) $L = \{(x;\, y) \in \mathbb{Q} \times \mathbb{Q} \mid y < 2\}$

c) $y < 3$ $\quad y > 0$ $\quad x < 2$ $\quad x < 0$

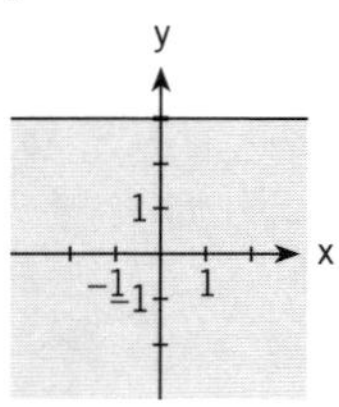
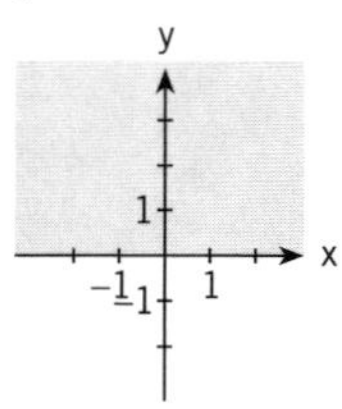
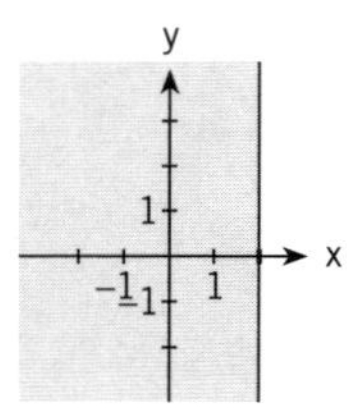
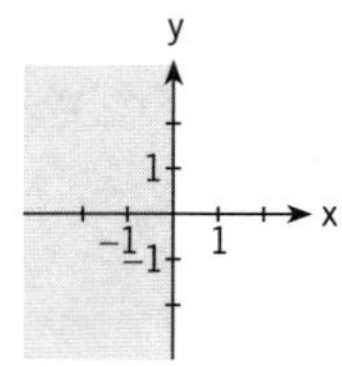

4.

Bei dieser und den folgenden Abbildungen ist die Gerade, wenn sie zur Lösungsmenge gehört, dicker gezeichnet.

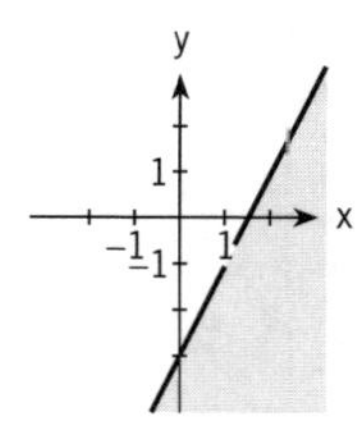

5.

a) 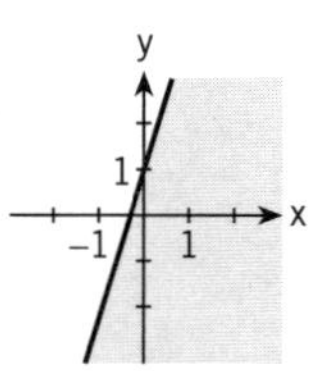

b) 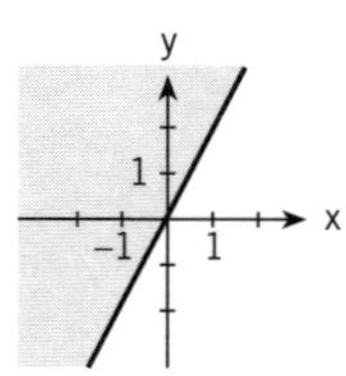

c) 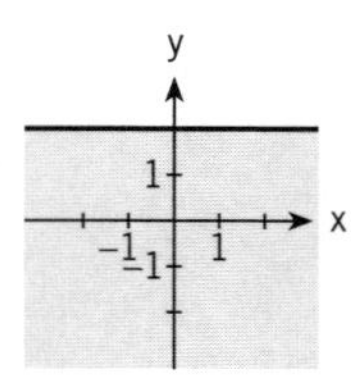

d) 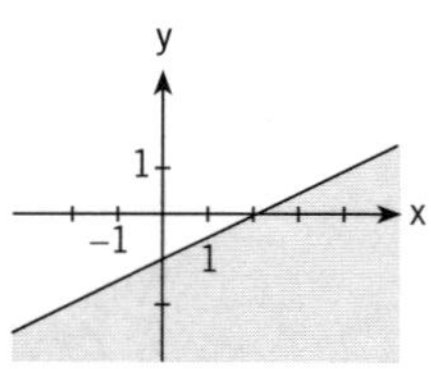

e) 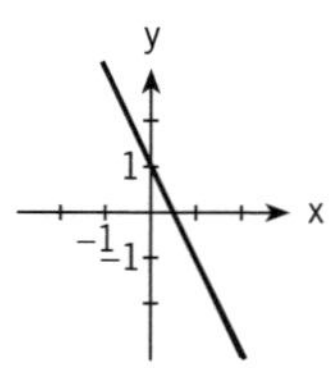

f) 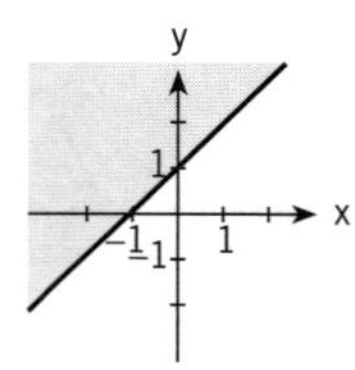

Zeichnerisches Lösen von linearen Ungleichungen

1.

a)

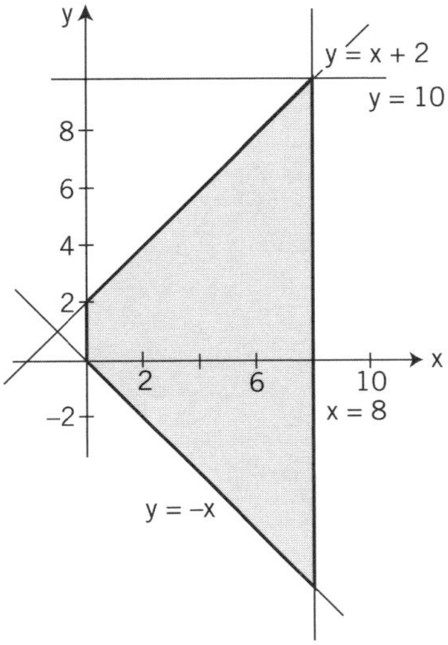

b)

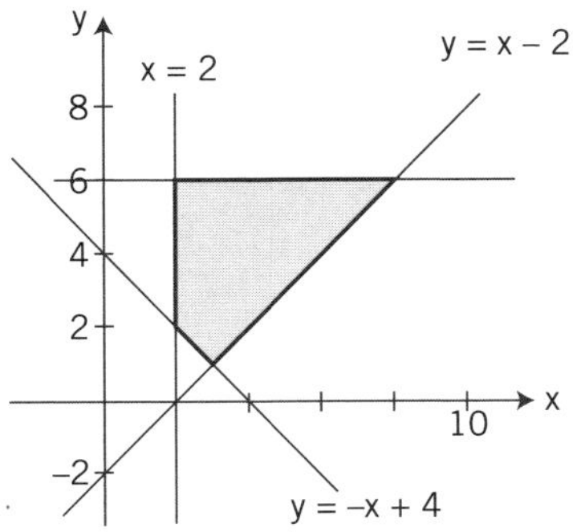

c)

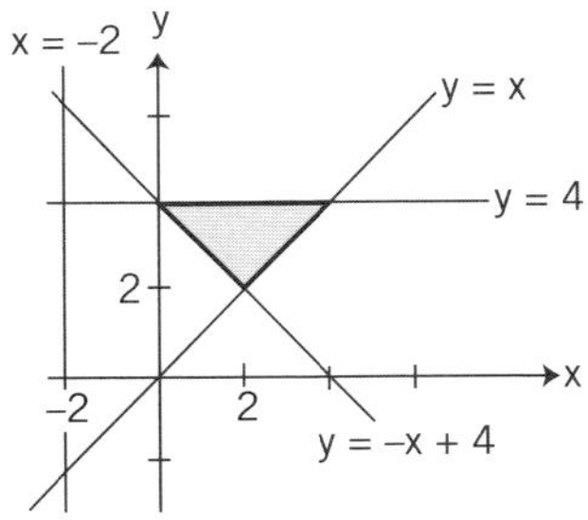

2.

a)

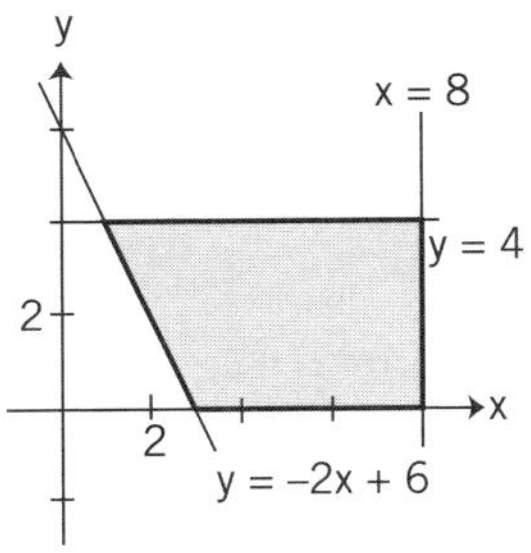

b)

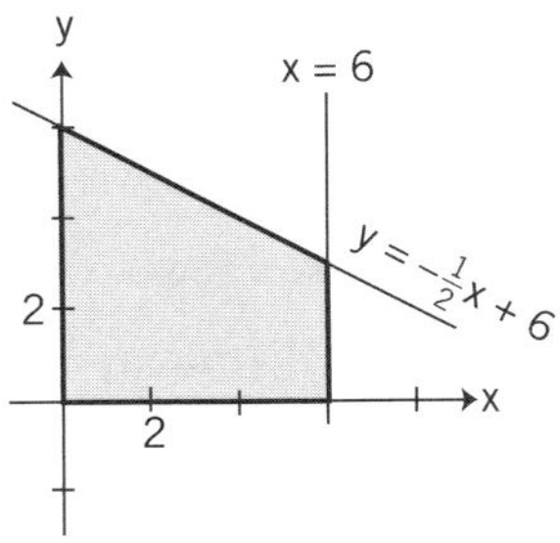

c)

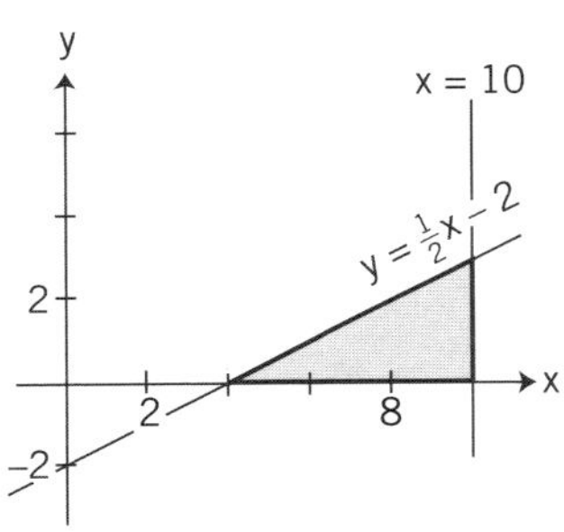

3.

a) $x \geqq 0$

$y \leqq 8$

$y \geqq x + 2$

b) $x \geqq 2$

$y \leqq 10$

$y \geqq x - 1$

$y \geqq -x + 7$

Lösungen linearer Ungleichungssysteme

1.

	x	y	$x \geqq 1$	$y \geqq 0$	$x \leqq 7$	$y \leqq -\frac{1}{2}x + 5,5$	
B	4	3	$4 \geqq 1$	$3 \geqq 0$	$4 \leqq 7$	$3 \leqq -2 + 5,5$ wahr	(4|3) ist Lösung
D	0,5	2	$0,5 \ngeqq 1$	Widerspruch, also			(0,5|2) keine Lösung
E	7	2	$7 \geqq 1$	$2 \geqq 0$	$7 \leqq 7$	$2 \leqq -3,5 + 5,5$ wahr	(7|2) ist Lösung
F	6	0	$6 \geqq 1$	$0 \geqq 0$	$6 \leqq 7$	$0 \leqq -3 + 5,5$ wahr	(6|0) ist Lösung

2.

	x	y	$x \geqq 100$	$y \leqq 400$	$y \leqq -x + 700$	
B	300	100	$300 \geqq 100$	$100 \leqq 400$	$100 \leqq -300 + 700$ wahr	Lösung
D	600	100	$600 \geqq 100$	$100 \leqq 400$	$100 \leqq -600 + 700$ wahr	Lösung
E	600	300	$600 \geqq 100$	$300 \leqq 400$	$300 \leqq -600 + 700$ falsch	keine Lösung
F	100	400	$100 \geqq 100$	$400 \leqq 400$	$400 \leqq -100 + 700$ wahr	Lösung

3.

	x	y	ax + by	Einnahmen
A	200	200	50€·200 + 200€·200	50000€
B	300	100	50€·300 + 200€·100	35000€
C	400	300	50€·400 + 200€·300	80000€
F	100	400	50€·100 + 200€·400	85000€

Textaufgaben zu linearen Ungleichungssystemen

1.

b) Beispiele: (0,5), (2; 2), (2; 4), (4; 1).

e) $y \leqq -3x + 16 \rightarrow 4 \leqq -9 + 16$

$4 \leqq 7$ wahr

$x \geqq 0 \rightarrow 3 \geqq 0$ wahr

$y \geqq 0 \rightarrow 4 \geqq 0$ wahr

Die Gesamtaussage ist wahr, deshalb gehört (3; 4) zur Lösungsmenge.

2.

a) $x \geqq 0 \quad y \geqq 0$

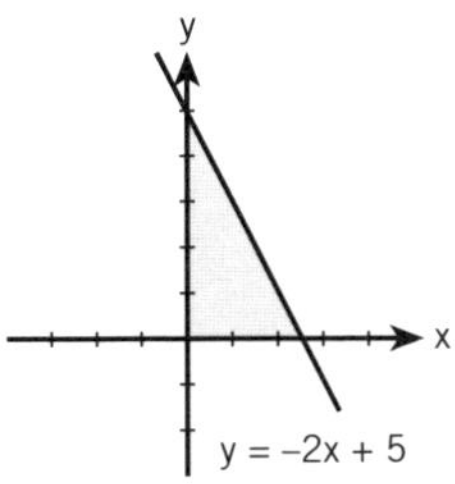

b) $x \geqq 0 \quad y \geqq 0$

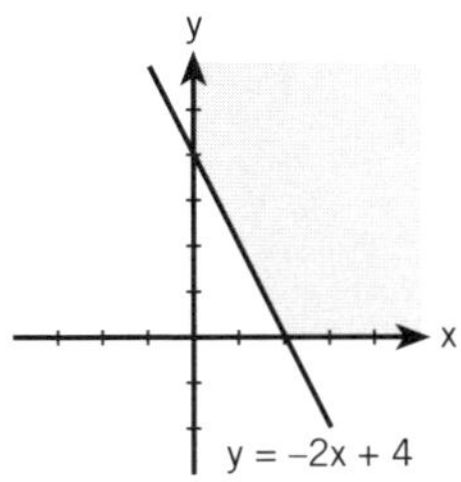

c)

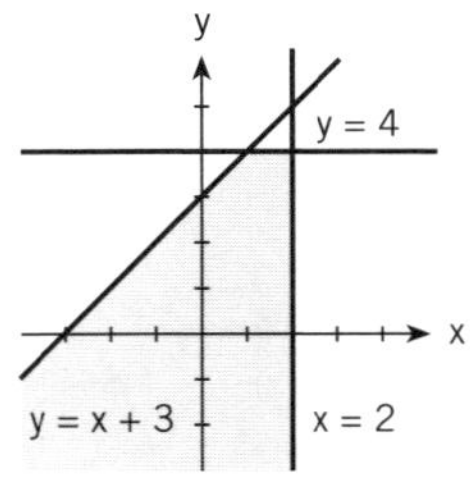

3.

Kisten → x; Fässer → y

$$80 \cdot x + 50 \cdot y \leqq 3000$$
$$50y \leqq -80x + 3000$$
$$y \leqq -\tfrac{8}{5}x + 60$$
$$y \leqq -1{,}6x + 60$$

z. B. mögliche Lösungen:

$L_1(31|10)$:

$$31 \cdot 80 + 10 \cdot 50 \leqq 3000$$
$$2480 + 500 \leqq 3000$$
$$2980 \leqq 3000$$

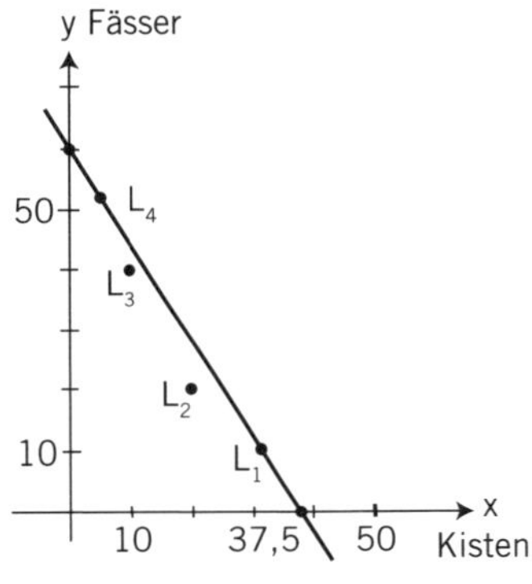

$L_2(20|20)$:

$$20 \cdot 80 + 20 \cdot 50 \leqq 3000$$
$$2600 \leqq 3000$$

$L_3(10|40)$:

$$10 \cdot 80 + 40 \cdot 50 \leqq 3000$$
$$2800 \leqq 3000$$

$L_4(5|52)$:

$$5 \cdot 80 + 52 \cdot 50 \leqq 3000$$
$$3000 \leqq 3000$$

Bei z. B. 31 Kisten und 10 Fässern oder 5 Kisten und 52 Fässern hat der Lkw eine optimale Ausnutzung.

Optimale Lösungen

1.

a) b)

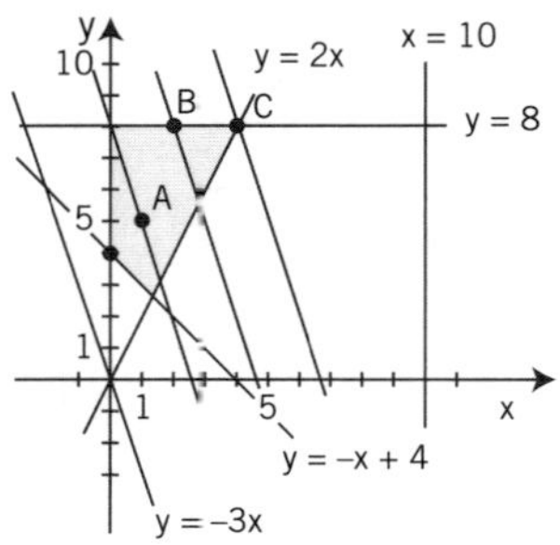

c) A(1|5): G = 3·1 + 5 = 8

B(2|8): G = 3·2 + 8 = 14

C(4|8): G = 3·4 + 8 = 20

⇒ C(4|8) optimale Lösung

2.

a) b)

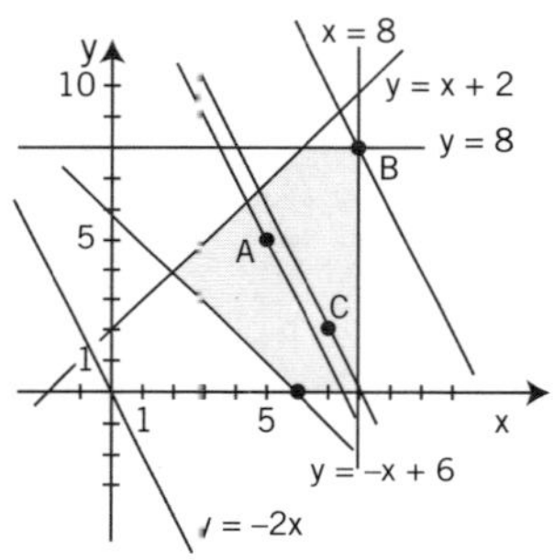

c) z. B. frei gewählte Punkte A(5|5), B(8|8), C(7|2)

A(5|5): G = 2·5 + 5 = 15

B(8|8): G = 2·8 + 8 = 24

C(7|2): G = 2·7 + 2 = 16

⇒ B(8|8) optimale Lösung

Lineares Optimieren

1.

Anzahl der Schränke → x

Anzahl der Schreibtische → y

① $x \geqq 20$

② $x \leqq 100$

③ $y \geqq 30$

④ $y \leqq 150$

⑤ $x \cdot 10 + y \cdot 20 \leqq 3000$

also $y \leqq -\frac{1}{2}x + 150$

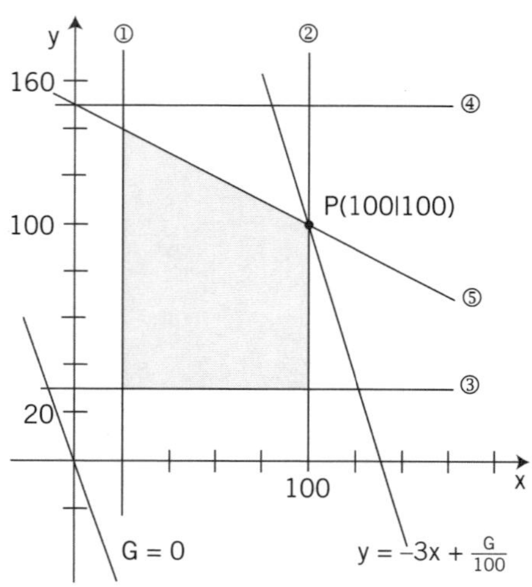

a) $x \cdot 300 + y \cdot 100 = G$
$100y = -300x + G$
$x = -3x + \frac{G}{100}$

optimaler Wert:
P(100|100) → x = 100 → Schränke
y = 100 → Schreibtische

b) $G = 100 \cdot 300 + 100 \cdot 100 = 40000$
$G = 40000$ €

2.

Steine von Z_1 → x
Steine von Z_2 → y
① $x + y \leqq 50$, also $y \leqq -x + 50$
② $x \geqq 5$
③ $y \geqq 8$
④ $x \leqq 40$
⑤ $y \leqq 20$

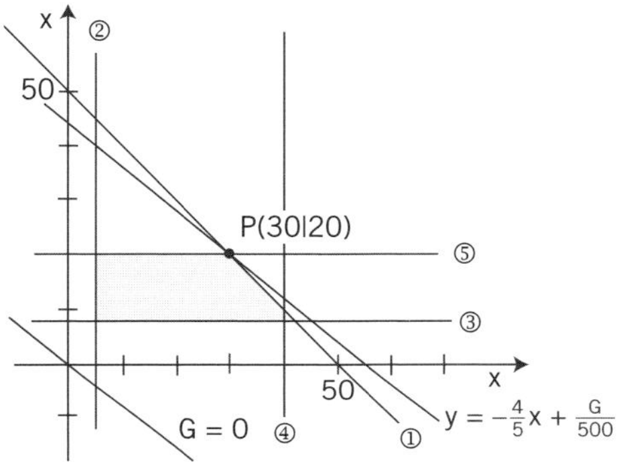

a) $x \cdot 400 + y \cdot 500 = G$
$500y = -400x + G$
$y = -\frac{4}{5}x + \frac{G}{500}$

optimaler Wert:
P(30|20) → x = 30 → t Steine von Z_1
y = 20 → t Steine von Z_2

b) $G = 30 \cdot 400 + 20 \cdot 500 = 22000$
$G = 22000$ €

3.

Anzahl an Superpower → x
Anzahl an Powersuper → y
① $4{,}5 \cdot x + 3 \cdot y \leqq 360$; 6 h = 360 min
also $y \leqq -1{,}5x + 120$
② $4 \cdot x + 4 \cdot y \leqq 360$
also $y \leqq -x + 90$
③ $2 \cdot x + 6 \cdot y \leqq 360$
also $y \leqq -\frac{1}{3}x + 60$
④ $x \geqq 0$
⑤ $y \geqq 0$

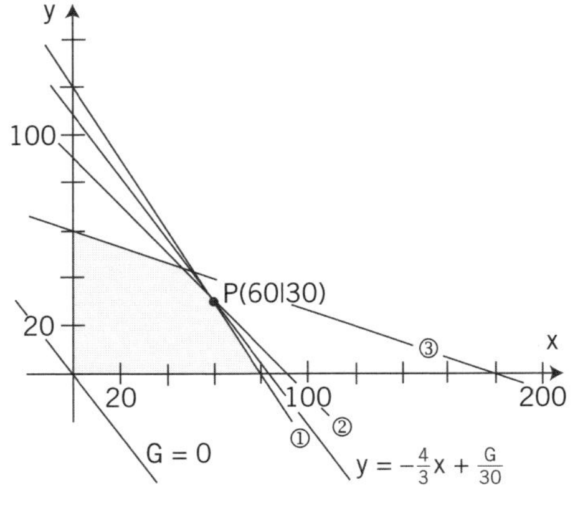

a) $x \cdot 40 + y \cdot 30 = G$
$30y = -40x + G$
$y = -\frac{4}{3}x + \frac{G}{30}$

optimaler Wert:
P(60|30) → x = 60 → Geräte Superpower
y = 30 → Geräte Powersuper

b) $60 \cdot 40 + 30 \cdot 30 = 3300$
$G = 3300$ €

Test

Test 1

a) (1; –1), (0; –3), (–2; –7)

b)

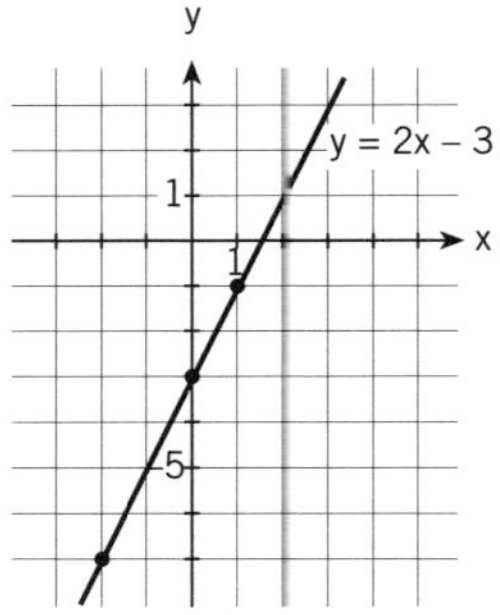

c) L = {(x; y) | y = 2x – 3}

Test 2

a) ① y = –x + 2
y = 4x – 2
L = {(0,8 | 1,2)}

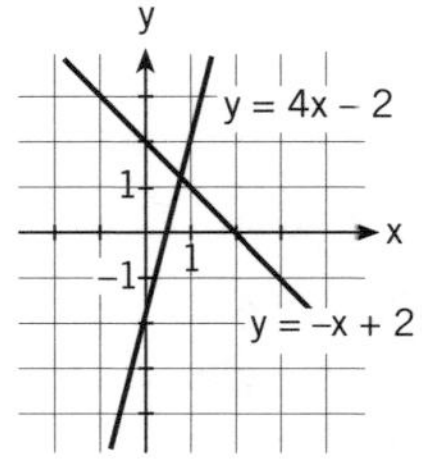

② y = x + 1 ∧ y = x – 2
L = { }

③ y = 3x – 1 ∧ y = 3x – 1
L = {(x; y) | y = 3x – 1}

b) parallel verlaufen: ②
aufeinander fallen: ③
sich schneiden: ①

Test 3

a) ① L = {(–3; 2)}
② L = { }
③ L = {(x; y) | 3x – 2y = 1}

b) genau eine Lösung: ①
unendlich viele Lösungen: ③
keine Lösungen: ②

Test 4

a) L = {(x; y; z) | x – 3y + z = –5}

b) L = {(3; –1; 2)}

Test 5

a) ①

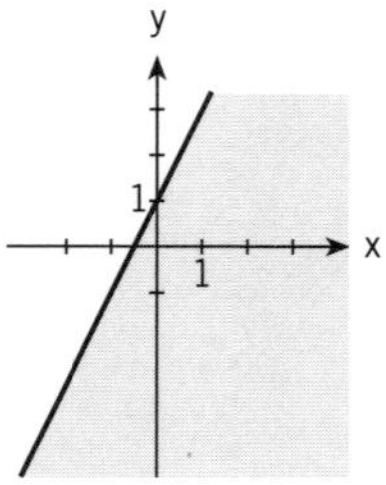

②

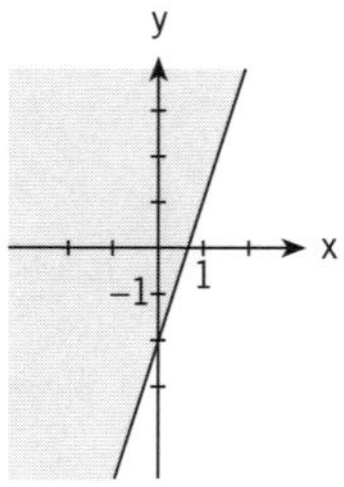

③

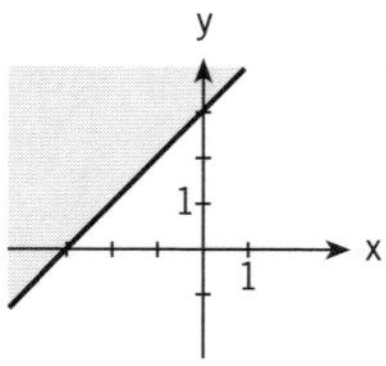

Bei ① und ③ gehören die Geraden zur Lösungsmenge und sind daher fett gezeichnet.

b) zu ① gehört (0; 0) und (1; 1).

Test 6

a)

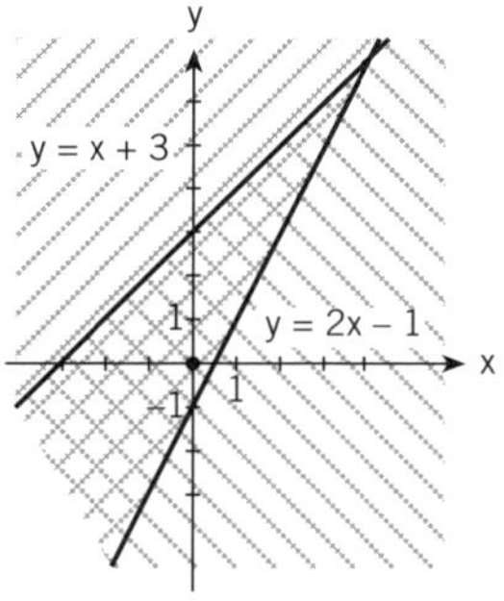

Der doppelt schraffierte Bereich sowie die Geraden selbst gehören zur Lösungsmenge!

b) Ja!

Test 7

a) α) ① $x \geqq 0$ ② $y \leqq 6$ ③ $y \geqq x - 2$ ④ $y \geqq -x + 4$

β) ① $x \leqq 6$ ② $x \geqq 0$ ③ $y \leqq 4$ ④ $y \geqq -2x + 6$

α)

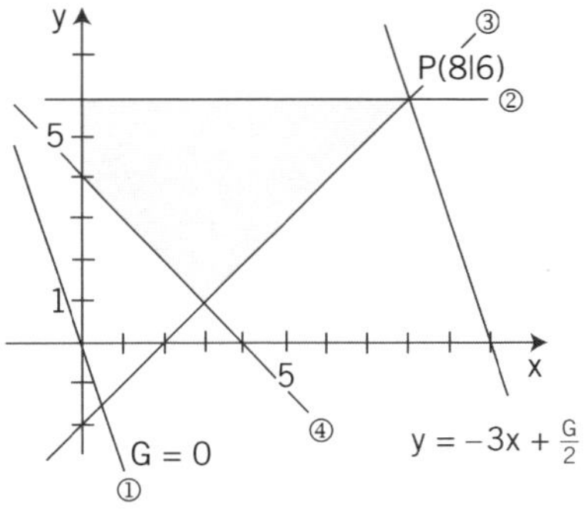

$$6x + 2y = G$$
$$2y = -6x + G$$
$$y = -3x + \frac{G}{2}$$

β)

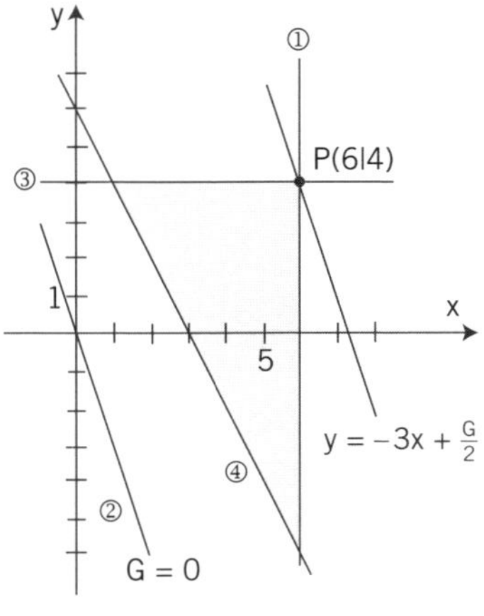

b) α) maximaler Wert: P(8|6) β) maximaler Wert: P(6|4)

c) α) $6 \cdot 8 + 2 \cdot 6 = G$
$G = 60$

β) $6 \cdot 6 + 2 \cdot 4 = G$
$G = 44$

2 Reelle Zahlen

Quadratwurzel

1.

a(m)	12	25	33	41	56	67
A(m^2)	144	625	1089	1681	3136	4489

2.

a)

A(cm^2)	36	100	121	625	1296	729	2025
a (m)	6	10	11	25	36	27	45

3.

a) Bei ① und ③ sind die Quadratseiten richtig.

Intervallschachtelung

1.

a) $1{,}41^2 = 1{,}9881$ $\quad 1{,}42^2 = 2{,}0164$

$1{,}414^2 = 1{,}999396$ $\quad 1{,}415^2 = 2{,}002225$

$1{,}4142^2 = 1{,}99996164$ $\quad 1{,}4143^2 = 2{,}00024449$

b) $\sqrt{2}$ liegt im Intervall [1,4; 1,5]; [1,41; 1,42]; [1,414; 1,415]; [1,4142; 1,4143].

2.

a) $\sqrt{3}$ liegt im Intervall [1,7; 1,8]; [1,73; 1,74]; [1,732; 1,733]

b)

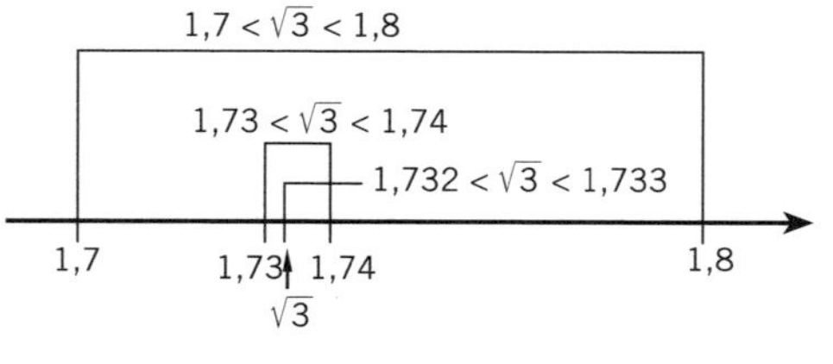

3.

$2{,}2 \leqq \sqrt{5} \leqq 2{,}3$ $\quad 2{,}2^2 = 4{,}84 \leqq 5 \leqq 2{,}3^2 = 5{,}29$

$2{,}23 \leqq \sqrt{5} \leqq 2{,}24$ $\quad 2{,}23^2 = 4{,}9729 \leqq 5 \leqq 2{,}24^2 = 5{,}0176$

$2{,}236 \leqq \sqrt{5} \leqq 2{,}237$ $\quad 2{,}236^2 = 4{,}999696 \leqq 5 \leqq 2{,}237^2 = 5{,}004169$

Wurzelziehen nach dem Heron-Verfahren

1.

a) $a_1 = 2$

$a_2 = 2:2 = 1$

$a_3 = \frac{2+1}{2} = 1{,}5$

Für a_3 bis a_8 erhält man die gleichen Näherungswerte wie im Beispiel!

b)

	$\sqrt{3}$	$\sqrt{5}$	$\sqrt{12}$	$\sqrt{23}$	$\sqrt{80}$	$\sqrt{110}$	$\sqrt{151}$
a_1	2	2	3	5	9	10	12

2.

$\sqrt{3}$: $a_1 = 2$

$a_2 = 3:2 = 1{,}5$

$a_3 = \frac{2+1{,}5}{2} = 1{,}75$

$a_4 = 3:1{,}75 = 1{,}714$

$a_5 = 1{,}732$

$a_6 = 1{,}7321$

$a_7 = 1{,}73205$

$a_8 = 1{,}73205$

$\sqrt{3} \approx 1{,}73205$

$\sqrt{5} \approx 2{,}2360$

$\sqrt{8} \approx 2{,}8284$

$\sqrt{12} \approx 3{,}4641$

$\sqrt{61} \approx 7{,}8102$

$\sqrt{91} \approx 9{,}5393$

$\sqrt{17} \approx 4{,}1231$

3.

$a_4 = 1{,}\overline{3}$; $a_3 = 1{,}5 \rightarrow 1{,}\overline{3} \leqq \sqrt{2} \leqq 1{,}5 \rightarrow 1{,}7777776\ldots \leqq 2 \leqq 2{,}25$

$a_6 = 1{,}4117647$; $a_5 = 1{,}41\overline{6} \rightarrow 1{,}4117647 \leqq \sqrt{2} \leqq 1{,}41\overline{6}$

$\rightarrow 1{,}9930795 \leqq 2 \leqq 2{,}0069442\ldots$

$a_8 = 1{,}4142114$; $a_7 = 1{,}4142156 \rightarrow 1{,}4142114 \leqq \sqrt{2} \leqq 1{,}4142156$

$\rightarrow 1{,}9999938 \leqq 2 \leqq 2{,}0000057$

a_7 und a_8 liefern schon sehr genaue Näherungswerte für $\sqrt{2}$.

Die reellen Zahlen $\mathbb{R}$

1.

a) $\frac{2}{5} = 0{,}4$ $\quad \frac{3}{4} = 0{,}75$ $\quad \frac{7}{9} = 0{,}\overline{7}$ $\quad \frac{1}{6} = 0{,}1\overline{6}$ $\quad \frac{1}{3} = 0{,}\overline{3}$

$\frac{5}{6} = 0{,}8\overline{3}$ $\quad \frac{5}{12} = 0{,}41\overline{6}$ $\quad \frac{3}{8} = 0{,}375$ $\quad \frac{6}{11} = 0{,}\overline{54}$ $\quad \frac{19}{99} = 0{,}\overline{19}$

b) ① $\frac{2}{5}; \frac{3}{4}; \frac{3}{8}$ $\quad$ ② $\frac{7}{9}; \frac{1}{3}; \frac{6}{11}; \frac{19}{99}$ $\quad$ ③ $\frac{1}{6}; \frac{5}{6}; \frac{5}{12}$

2.

a) $\frac{3}{10}$; $\frac{3}{4}$; $\frac{1}{8}$; $\frac{17}{10}$; $\frac{21}{20}$

b) $\frac{1}{20}$; $\frac{15}{2}$; $\frac{51}{250}$; $\frac{49}{200}$; $\frac{603}{100}$

c) $\frac{3}{9} = \frac{1}{3}$; $\frac{6}{9} = \frac{2}{3}$; $\frac{5}{9}$; $\frac{35}{99}$; $\frac{63}{99} = \frac{7}{11}$

3.

natürlich: 25

ganz: 25; –25

rational: 25; –25; 3,5; $0,\overline{3}$; $\frac{1}{3}$

irrational: $\sqrt{2}$; $\sqrt{7}$

reell: 25; –25; 3,5; $0,\overline{3}$; $\frac{1}{3}$; $\sqrt{2}$; $\sqrt{7}$

4.

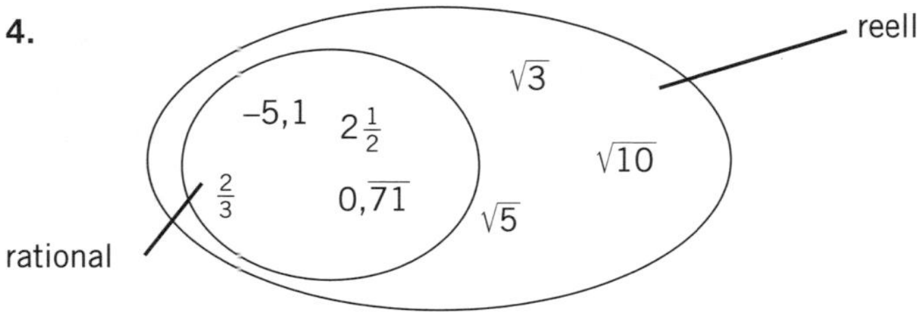

Rechnen mit Quadratwurzeln

1. a) 7; $\frac{3}{8}$; 2,8; 37; $18\frac{1}{2}$

b) 4; 8; $\frac{1}{5}$; –9; $\frac{1}{12}$; $\frac{3}{4}$; –7; 2,3; –23; 23

2. a) 12; 15; 8; 6; 3

b) 30; 8; 234; 104; 0,6

c) 3; 5; 6; 11; 9

3. $\sqrt{32} = \sqrt{16 \cdot 2} = 4\sqrt{2}$; $2\sqrt{11}$; $3\sqrt{14}$; $6\sqrt{3}$; $8\sqrt{2}$; $5\sqrt{3}$; $3\sqrt{5}$

4. $\sqrt{16b^3} = \sqrt{16 \cdot b^2 \cdot b} = 4b \cdot \sqrt{b}$ $a \cdot \sqrt{3}$; $2ab \cdot \sqrt{2}$; $5b \cdot \sqrt{ab}$

5. $3\sqrt{5} = \sqrt{9} \cdot \sqrt{5} = \sqrt{9 \cdot 5} = \sqrt{45}$; $\sqrt{490}$; $\sqrt{0,2}$; $\sqrt{36}$; $\sqrt{0,75}$; $\sqrt{0,18}$

6. $\frac{2}{\sqrt{3}} = \frac{2 \cdot \sqrt{3}}{\sqrt{3} \cdot \sqrt{3}} = \frac{2}{3}\sqrt{3}$; $\frac{1}{2}\sqrt{6}$; $\frac{\sqrt{5}}{\sqrt{7}} = \frac{\sqrt{5} \cdot \sqrt{7}}{7} = \frac{1}{7}\sqrt{35}$; $\frac{1}{5}\sqrt{15}$; $\sqrt{6}$; 8; $\frac{1}{2}\sqrt{21}$

7. a) $2 + 4 = 6$ und $\sqrt{20}$

b) $6 - 5 = 1$ und $\sqrt{11}$ Hier sind die Ergebnisse nicht gleich!

8. $3\sqrt{5} + 4\sqrt{5} \approx 15,65$ und $7\sqrt{5} \approx 15,65$

$\sqrt{50} - \sqrt{18} \approx 2,83$ und $5\sqrt{2} - 3\sqrt{2} \approx 2,83$ und $2\sqrt{2} \approx 2,83$

9.

$(2 + 4)\sqrt{7} = 6\sqrt{7}$;	$2\sqrt{3} + \sqrt{3} = 3\sqrt{3}$;	$5\sqrt{7}$
$3\sqrt{2}$;	$6\sqrt{2}$;	$\sqrt{5} + \sqrt{3}$
$-3\sqrt{3}$;	$5\sqrt{5}$;	$\sqrt{6}$

10. $8\sqrt{a}$; $5\sqrt{x}$; $7\sqrt{a} - 5\sqrt{b}$; $8\sqrt{xy} - 5\sqrt{x}$; $\frac{5}{2}\sqrt{a}$; $-1{,}5\sqrt{x}$

11. $5\sqrt{x} - 4\sqrt{x} = \sqrt{x}$; $10\sqrt{x} - 5\sqrt{y} + 4\sqrt{x} = 14\sqrt{x} - 5\sqrt{y}$; $\sqrt{x} + 2\sqrt{x} - 3\sqrt{x} = 0$;
$\sqrt{3a} - 2\sqrt{3a} = -\sqrt{3a}$

12.

a) $(\sqrt{3} + \sqrt{7})^2 = (\sqrt{3})^2 + 2\sqrt{3}\cdot\sqrt{7} + (\sqrt{7})^2$
$= 3 + 2\sqrt{21} + 7$
$= 10 + 2\sqrt{21}$

b) 2

c) $(2\sqrt{5} + \sqrt{3})^2 = (2\sqrt{5})^2 + 2(2\sqrt{5}\cdot\sqrt{3}) + (\sqrt{3})^2$
$= 4\cdot 5 + 4\sqrt{15} + 3$
$= 23 + 4\sqrt{15}$

d) $8 + 2\sqrt{15}$

e) $14 - 2\sqrt{33}$

f) $86 - 48\sqrt{3}$

g) $0{,}5 - 2\sqrt{0{,}06}$

h) 0

i) $34 - 8\sqrt{15}$

13.

a) $2a - 2\sqrt{6ab} + 3b$	b) $3x + 6\sqrt{xy} + 3y$	c) $9x - 18\sqrt{xy} + 9y$
d) $4a + 16\sqrt{ab} + 16b$	e) $\frac{1}{4}x + 2\sqrt{xy} + 4y$	f) $5x + 20\sqrt{xy} + 20y$

14.

a) $\frac{4}{3}(\sqrt{5} + \sqrt{2})$	b) $-\frac{6}{5}(\sqrt{11} - \sqrt{21})$	c) $-\frac{5}{43}(\sqrt{2} - 3\sqrt{5})$
d) $2\sqrt{7} + \sqrt{8}$	e) $-7(\sqrt{0{,}2} + \sqrt{1{,}2})$	f) $\frac{2{,}5(3\sqrt{5} + 2\sqrt{3})}{33}$
g) $-0{,}8(\sqrt{0{,}5} - \sqrt{1{,}5})$	h) $-\sqrt{7} - \sqrt{8}$	i) $4(\sqrt{3} - \sqrt{2})$
k) $\frac{6\sqrt{5} + 9\sqrt{2}}{2}$	l) $\frac{36\sqrt{3} - 24\sqrt{5}}{7}$	m) $\frac{\sqrt{5} + \sqrt{12}}{-7}$

15.

a) $\frac{1}{\sqrt{2}} = \frac{\sqrt{2}}{(\sqrt{2})^2} = \frac{\sqrt{2}}{2} = \frac{1}{2}\sqrt{2}$ b) $\frac{1}{2}\sqrt{6}$ c) $\frac{5}{6}\sqrt{3}$ d) $4\sqrt{2}$

16.

a) $y^2 - 2y = y(y - 2)$	b) $1 - y$	c) $y\cdot(y + 1)$
d) 42	e) $y + 1$	f) $\sqrt{(y + 3)^2} = y + 3$

17.

a) $-\frac{2}{5}(\sqrt{2}-\sqrt{7})$ b) $\frac{14-2\sqrt{2}}{47}$ c) $-\frac{2}{5}(\sqrt{7}+\sqrt{2})$ d) $\frac{2}{5}(\sqrt{2}+\sqrt{7})$

18.

a) $\frac{6-7\sqrt{6}+12}{-5}=\frac{1}{5}(7\sqrt{6}-18)$ b) $\frac{\sqrt{2}}{2}=\frac{1}{2}\sqrt{2}$

c) $\frac{1+2\sqrt{5}+5}{1-5}=\frac{3+\sqrt{5}}{-2}=\frac{1}{2}(-3-\sqrt{5})$ d) $\frac{2-2\sqrt{2}}{-1}+\frac{2\sqrt{2}-3}{-1}=\frac{-1}{-1}=1$

e) $\frac{12-6\sqrt{12}+9}{3}=7-4\sqrt{3}$

f) $\frac{2\sqrt{5}-5\sqrt{2}-2+\sqrt{10}}{-3}=\frac{1}{3}(5\sqrt{2}+2-2\sqrt{5}-\sqrt{10})$

19.

a) $4a\sqrt{5}$ b) $\frac{5}{3}\cdot\sqrt{\frac{14}{11}}$ c) $\frac{12}{a}\sqrt{\frac{1}{a}}$ d) $6a^2\sqrt{17a}$

Test

Test 1

a) $\sqrt{5}$ liegt im Intervall [2,20; 2,25].

b) Heron-Verfahren: Näherung für $\sqrt{5}$:

1. Geschätzter Näherungswert $a_1 = 2$; denn $2^2 = 4$
2. Divisionskontrolle $a_2 = 5:2 = 2{,}5$
3. Mittelwertsbildung $a_3 = \frac{a_1+a_2}{2} = \frac{2+2{,}5}{2} = 2{,}25$
4. Divisionskontrolle $a_4 = 5:2{,}25 = 2{,}\overline{2}$
5. Mittelwertsbildung $a_5 = \frac{a_3+a_4}{2} = \frac{2{,}25+2{,}22}{2} = 2{,}236111\ldots$

$\sqrt{5} \approx 2{,}236$ (Taschenrechner: $\sqrt{5} \approx 2{,}23606\ldots$)

Test 2

rational: $\frac{875}{1000}$; $\frac{12}{99}$

irrational: $\sqrt{19}$

Test 3

a) $\sqrt{100} = 10$; $\sqrt{9} = 3$

b) $\sqrt{108} = \sqrt{4\cdot9\cdot3} = 2\cdot3\cdot\sqrt{3} = 6\sqrt{3}$

c) $3\sqrt{7} = \sqrt{9\cdot7} = \sqrt{63}$

d) $\frac{5}{7}\sqrt{7}$; $\frac{3+\sqrt{5}}{2}$

e) $3\sqrt{8}$; $2\sqrt{5}+3\sqrt{5}=5\sqrt{5}$; $5-2\sqrt{6}$

Die quadratische Funktion $x \mapsto x^2$

1.

a)

x	0	0,5	1	1,5	2
x^2	0	0,25	1	2,25	4

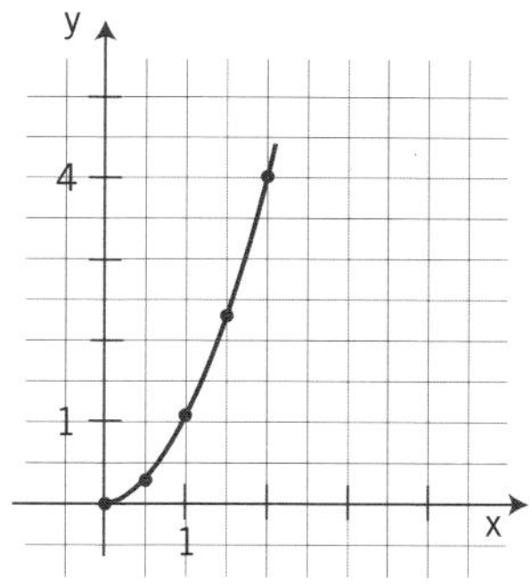

b)

x	−2	−1,5	−1	−0,5	0	0,5	1	1,5	2
x^2	4	2,25	1	0,25	0	0,25	1	2,25	4

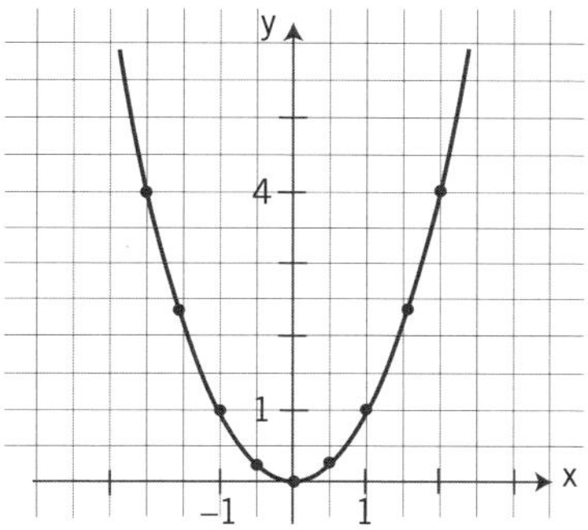

c) Ja, d. h. die y-Achse ist Symmetrieachse.

2.

α) (0|0) β) Ja. γ) d), e), f)

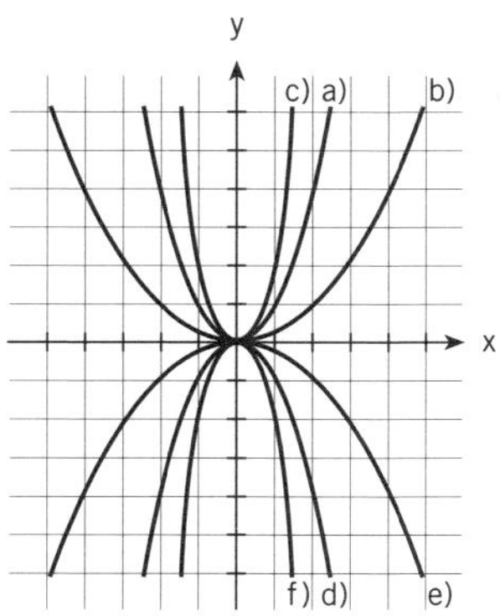

Abb. zu 2.

3.

von ②

4.

a)

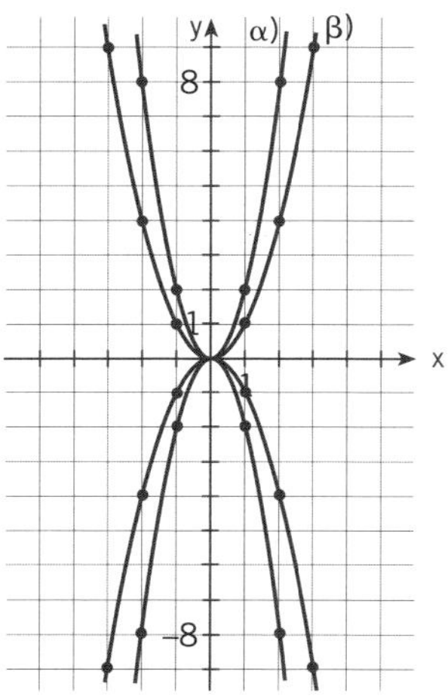

b) Die Symmetrieachsen dieser beiden Parabeln sind die x-Achse sowie die y-Achse.

Allgemeine quadratische Funktionen

1.

① 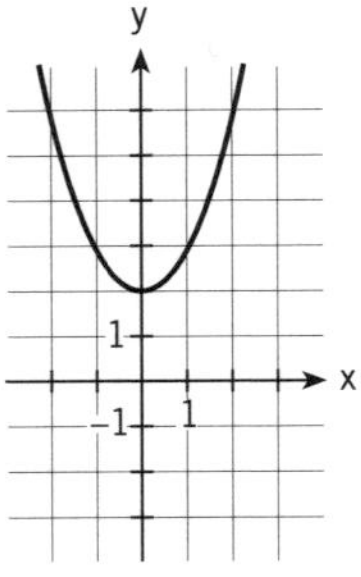

② 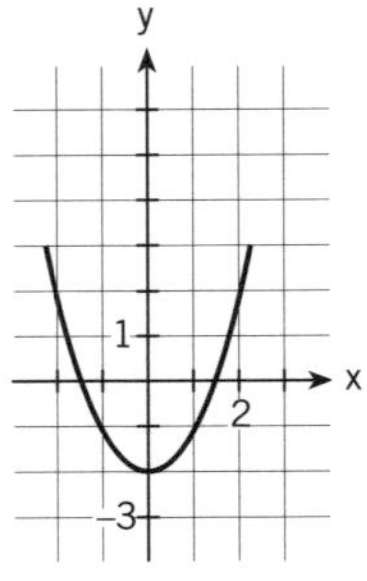

③ 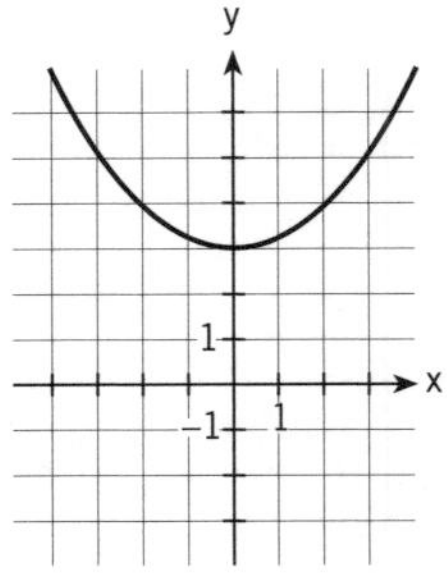

④ 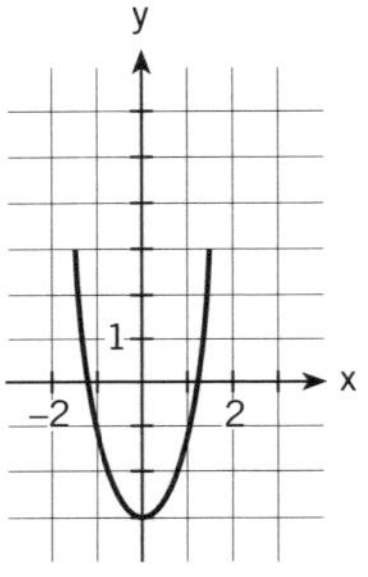

⑤ 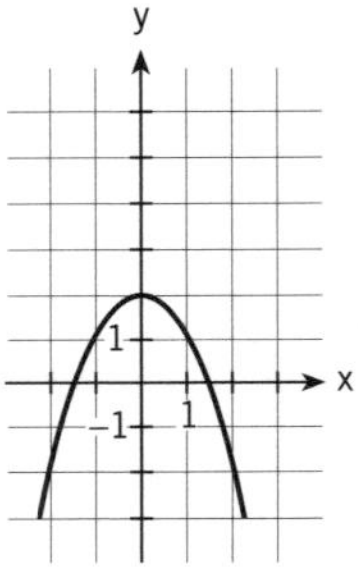

⑥ 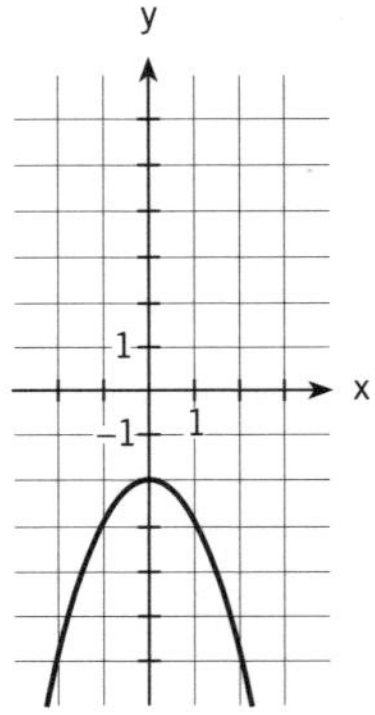

a) ① (0|2) ② (0|−2) ③ (0|3)
④ (0|−3) ⑤ (0|2) ⑥ (0|−2)

b) ⑤; ⑥

2.

a) ① gehört zu $x \mapsto (x + 3)^2$
② gehört zu $x \mapsto (x - 3)^2$

c) Die Abbildungen sind jeweils gleich.

d) S(−3|0) gehört zu ①
S(3|0) gehört zu ②

3.

a) $x^2 + 6x + 9$
b) $x^2 - 6x + 9$
c) $x^2 + 10x + 25$
d) $x^2 - x + \frac{1}{4}$
e) $x^2 + 5x + 6{,}25$
f) $x^2 + 2x + 1$
g) $x^2 - 2x + 1$
h) $x^2 - \frac{3}{2}x + \frac{9}{16}$

4.

a) $(x + 1)^2$
b) $(x - 3)^2$
c) $\left(x + \frac{1}{2}\right)^2$
d) $(x - 4)^2$
e) $(x + 5)^2$
f) $\left(x + \frac{3}{2}\right)^2$

5.

a) $x^2 - 2x - 1$
$= (x - 1)^2 - 2$

Aus $2b = 2$ ergibt sich $b = 1$ und $b^2 = 1$. Der Term lässt sich so umformen:
$\underbrace{x^2 - 2x \textcircled{+1}}_{(x-1)^2} \underbrace{- 1 \textcircled{-1}}_{-2}$ quadratische Ergänzung

b) $x^2 + 6x + 5 = \underbrace{x^2 + 6x \textcircled{+9}}_{(x+3)^2} \underbrace{+ 5 \textcircled{-9}}_{-4}$
$= (x + 3)^2 - 4$

c) $(x - 4)^2 - 23$

d) $\left(x + \frac{1}{2}\right)^2 - \frac{5}{4}$

e) $(x - 5)^2 - 24$

f) $\left(x - \frac{1}{2}\right)^2 + \frac{7}{4}$

6.

a) $x \mapsto (x - 3)^2 + 2$ gehört zu ②.
$x \mapsto (x + 3)^2 - 2$ gehört zu ①.

b) Sie sind identisch mit denen von a).

c) $x^2 - 6x + 11 = (x - 3)^2 + 2$
$x^2 + 6x + 7 = (x + 3)^2 - 2$

d) $S_1(-3|-2)$, $S_2(3|2)$

7.

a)
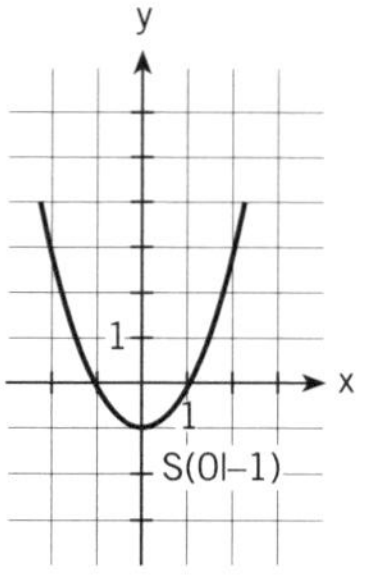

b)
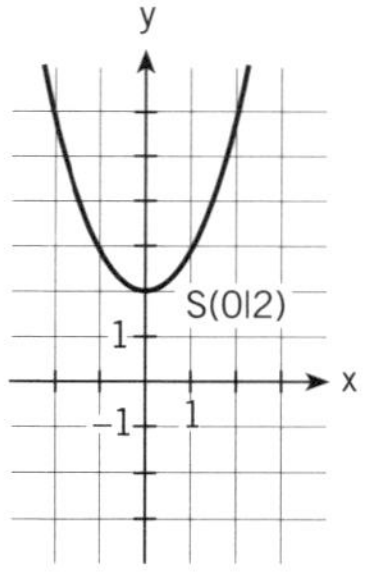

c)
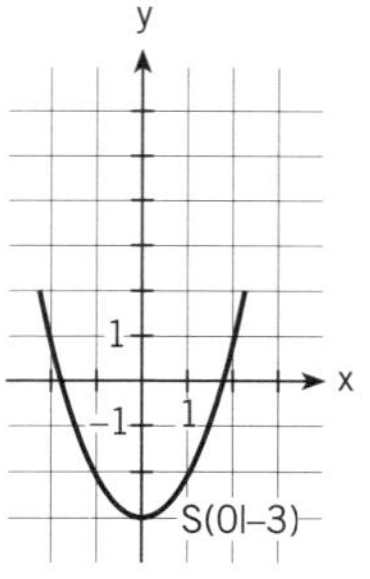

Beachte: Von den übrigen Parabeln sind nur noch die Scheitelpunkte angegeben.

d) S(1|0) e) S(–2|0) f) S(3|0)

g) S(1|2) h) S(–2|–1) i) S(3|2)

8.

① : S(–4|0) ② : S(0|3) ③ : S(4|1)

①/b ②/c ③/a

9.

a) ③ b) ② c) ①

10.

a) $(x + 4)^2 - 21$
$S(-4|-21)$

b) $(x - 3)^2 - 6$
$S(3|-6)$

c) $(x + 1)^2 - 6$
$S(-1|-6)$

d) $\left(x + \frac{1}{2}\right)^2 - \frac{5}{4}$
$S\left(-\frac{1}{2}\middle|-\frac{5}{4}\right)$

e) $(x + 1)^2 - 4$
$S(-1|-4)$

f) $(x - 2)^2 - 2$
$S(2|-2)$

Extremwerte quadratischer Funktionen

1.

α) a)/① b)/② c)/③ d)/④ e)/⑤

β) a) $S(0|0)$ b) $S(2|0)$ c) $S(3|2)$ d) $S(0|0)$ e) $S(5|2)$

γ) Minimum: ①, ②, ③ Maximum: ④, ⑤

δ) Die Koordinaten der Extremwerte entsprechen genau den Scheitelpunktskoordinaten der jeweiligen Parabel!

2.

a) ①
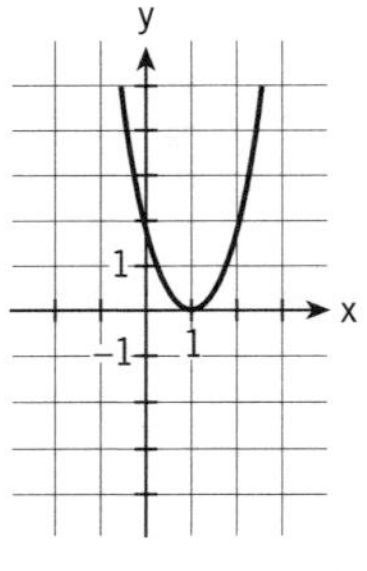

②
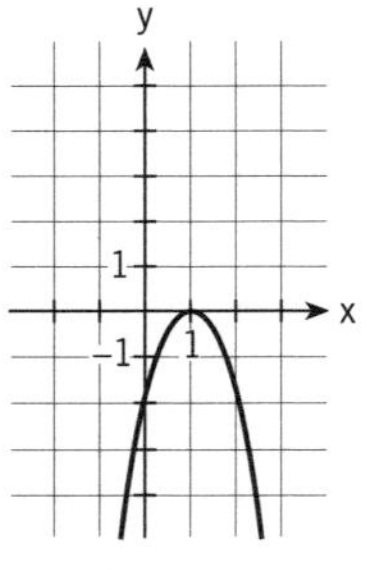

③
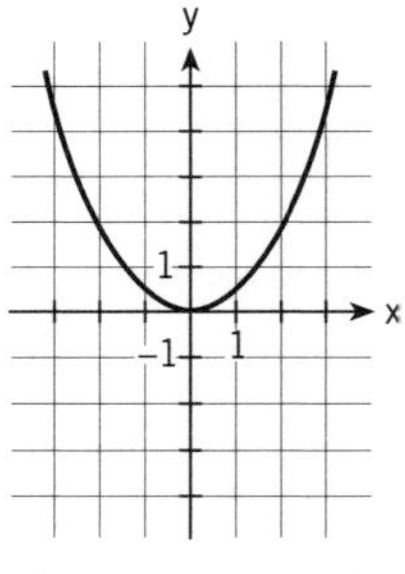

Beachte: Von den übrigen Parabeln sind nur noch die Scheitelpunkte angegeben.

b) ① $S(1|0)$/Minimum ② $S(1|0)$/Maximum ③ $S(0|0)$/Minimum
④ $S(0|0)$/Maximum ⑤ $S(3|1)$/Maximum ⑥ $S(3|1)$/Minimum

c) Ist der Koeffizient des quadratischen Gliedes der Funktionsgleichung negativ, so besitzt die Parabel ein Maximum.

3.

a) ①

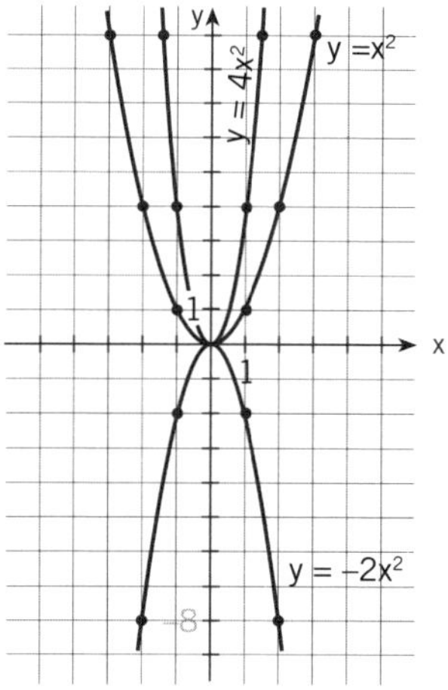

②

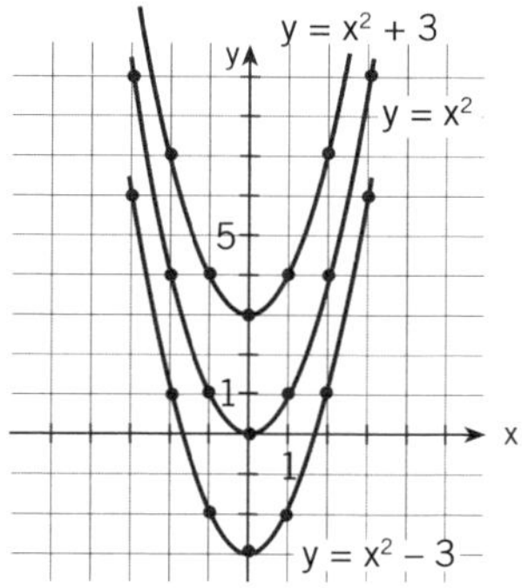

③

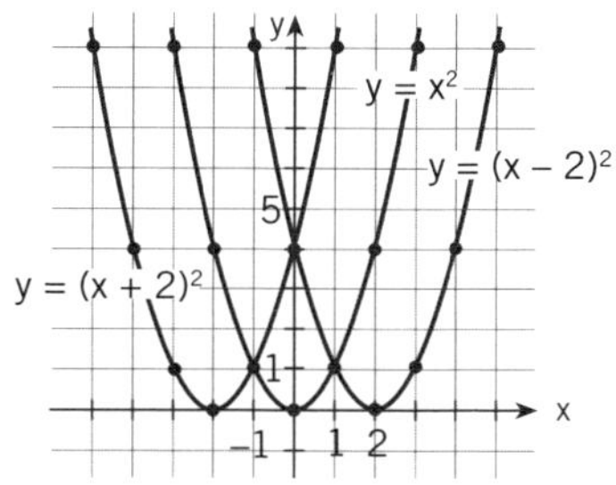

b) $y = x^2$: Minimum (0|0)
$y = 4x^2$: Minimum (0|0)
$y = -2x^2$: Maximum (0|0)

$y = x^2 - 3$: (0|–3) Minimum
$y = x^2 + 3$: (0|3) Minimum
$y = (x - 2)^2$: (2|0) Minimum
$y = (x + 2)^2$: (–2|0) Minimum

4.

a), b) ①

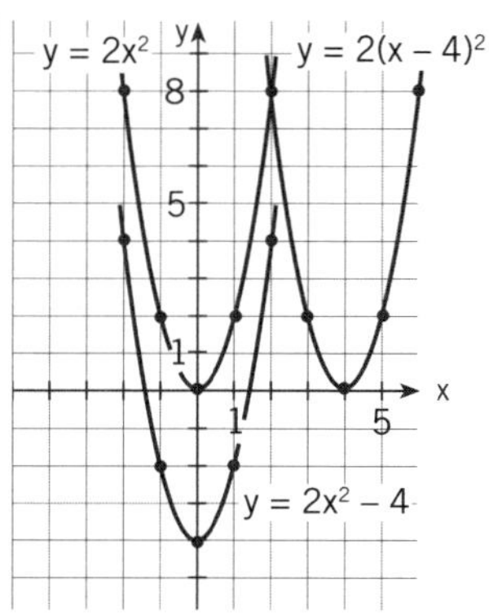

②

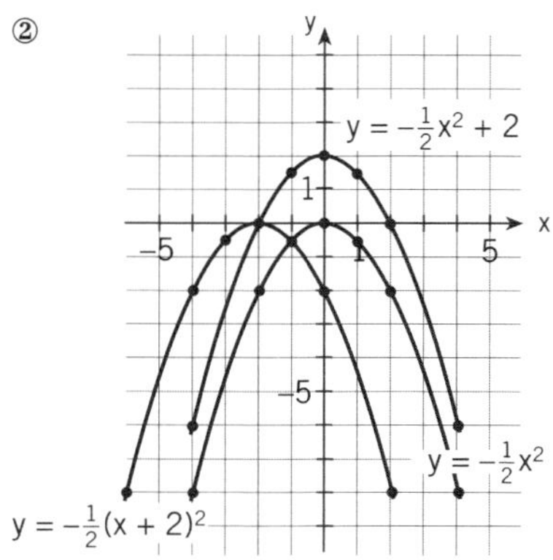

$y = 2x^2$: (0|0) Minimum
$y = 2x^2 - 4$: (0|–4) Minimum
$y = 2(x - 4)^2$: (4|0) Minimum

$y = -\frac{1}{2}x^2$: (0|0) Maximum
$y = -\frac{1}{2}x^2 + 2$: (0|2) Maximum
$y = -\frac{1}{2}(x + 2)^2$: (–2|0) Maximum

③

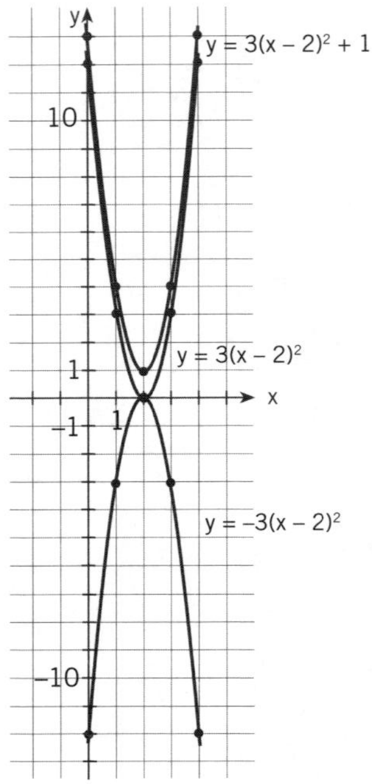

b)

$y = 3(x - 2)^2$: (2|0) Minimum

$y = -3(x - 2)^2$: (2|0) Maximum

$y = 3(x - 2)^2 + 1$: (2|1) Minimum

5.

a)

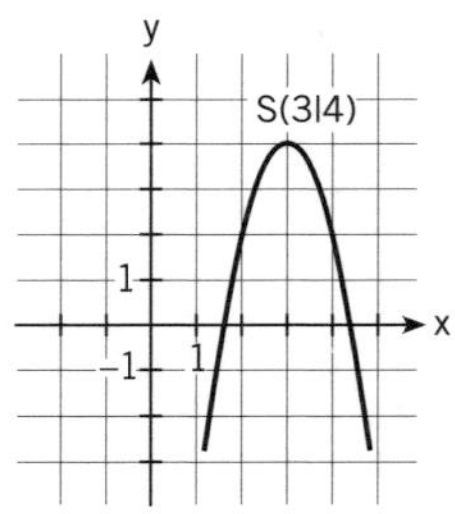

zu 5c) ①

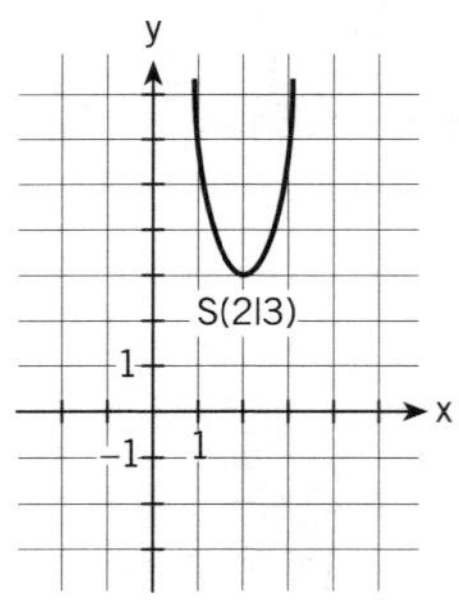

b) Für x = 3.

c) ① $y = 3[x^2 - 4x + 5]$

$y = 3[\underbrace{x^2 - 4x + 4} + 5 - 4]$

$y = 3[(x - 2)^2 + 1]$

$y = 3(x - 2)^2 + 3$

a = 3, d. h. Minimum!

S(2|3)

② $y = 2(x - 3)^2$

a = 2 (Minimum)

S(3|0)

③ $y = -(x - 2)^2 - 1$

a = –1 (Maximum)

S(2|–1)

④ $y = -4(x - 1)^2 + 12$

a = –4 (Maximum)

S(1|12)

6.

a), b) ① $y = 4x^2 + 24x + 28$

$y = 4[x^2 + 6x + 7]$

$y = 4[\underbrace{x^2 + 6x + 9} + 7 - 9]$

$y = 4[(x + 3)^2 - 2]$

$y = 4(x + 3)^2 - 8$

Scheitelform $\Rightarrow$ S(–3|–8)

$a = 4$ $\Rightarrow$ S Minimum

② $y = 2(x - 2)^2 + 2 \Rightarrow S(2|2)$ Min.

③ $y = \frac{1}{2}(x + 3)^2 - 1 \Rightarrow S(-3|-1)$ Min.

④ $y = 3(x + 2)^2 + 6 \Rightarrow S(-2|6)$ Min.

7.

a) Min.: S(0|–1)
b) Max.: S(0|1)
c) Max.: S(–2|0)
d) Min.: S(–2|–5)
e) Max.: S(0|0)
f) Max.: S(1|3)
g) $y = 3(x - 1)^2 + 9$
Min.: S(1|9)
h) $y = -(x - 4)^2 + 4$
Max.: S(4|4)
i) $y = 5(x - 2)^2 + 5$
Min.: S(2|5)

8.

a) $y = 2(x + 3)^2 - 18$
S(–3|–18) Min.
b) $y = -(x - 2)^2 + 2$
S(2|2) Max.
c) $y = -(x + 3)^2 + 9$
S(–3|9) Max.
d) $y = 2(x - 4)^2 - 46$
S(4|–46) Min.
e) $y = -16x^2$
S(0|0) Max.
f) $y = 3(x - 1)^2 + 12$
S(1|12) Min.
g) $y = -\frac{1}{16}x^2$
S(0|0) Max.
h) $y = -(x - 3)^2$
S(3|0) Max.
i) $y = -2(x - 4)^2 + 8$
S(4|8) Max.

9.

a) $y = x^2$: $x = 1 \rightarrow y = 1$ Parabel ②
$y = \frac{1}{2}x^2$: $x = 1 \rightarrow y = \frac{1}{2}$ Parabel ①
$y = 2x^2$: $x = 1 \rightarrow y = 2$ Parabel ③

b) ② : S(0|0);
① : S(0|0);
③ : S(0|0)

10.

① $y = -(x - 2)^2 + 1$
② $y = \frac{1}{2}(x - 2)^2 + 1$
③ $y = 2(x - 2)^2 - 1$

Test

Test 1

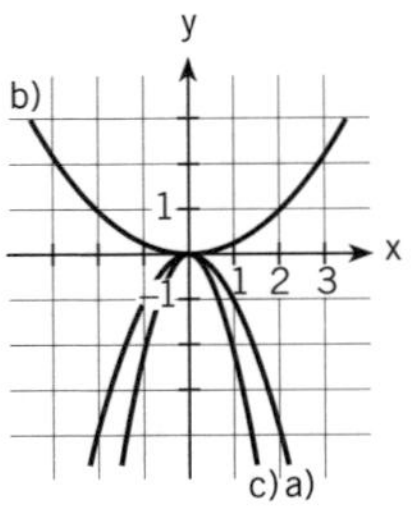

Test 2

a)

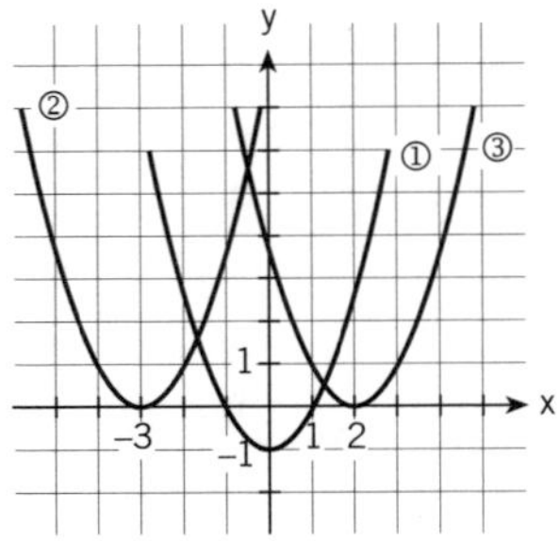

b) ① S(0|−1)

② S(−3|0)

③ S(2|0)

Test 3

a), b)

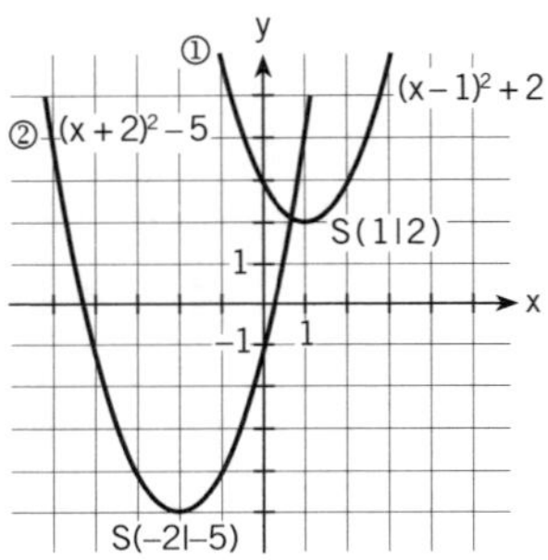

Test 4

a) ① zu β; ② zu α; ③ zu γ

b) α): Maximum bei S(−2|0)

β): Minimum bei S(0|2)

γ): Maximum bei S(3|4)

Test 5

a) $y = -2x^2 + 6x$, da $a < 0 \rightarrow$ Maximum

$y = -2[x^2 - 3x]$

$y = -2\left[\underbrace{x^2 - 3x + \frac{9}{4}} - \frac{9}{4}\right]$ | quadratische Ergänzung

$y = -2\left[\left(x - \frac{3}{2}\right)^2 - \frac{9}{4}\right]$

$y = -2\left(x - \frac{3}{2}\right)^2 + \frac{9}{2}$

Maximum $S\left(\frac{3}{2}\middle|\frac{9}{2}\right)$

b) $y = 3x^2 - 6x + 9$, da $a > 0 \rightarrow$ Minimum

$y = 3[x^2 - 2x + 3]$

$y = 3[\underbrace{x^2 - 2x + 1} + 3 - 1]$ | quadratische Ergänzung

$y = 3[(x - 1)^2 + 2]$

$y = 3(x - 1)^2 + 6$

Minimum S(1|6)

Quadratische Gleichungen 4

Reinquadratische Gleichungen

1.

a) $x = 7 \lor x = -7$; $L = \{7; -7\}$

b) $x = \frac{1}{2} \lor x = -\frac{1}{2}$; $L = \left\{\frac{1}{2}; -\frac{1}{2}\right\}$

c) $x = 10 \lor x = -10$; $L = \{10; -10\}$

2.

a) $x + 2 = 4 \lor x + 2 = -4$
$x = 2 \lor x = -6$
$L = \{2; -6\}$

b) $L = \{8; 2\}$

c) $L = \{1\}$

d) $L = \{3; 1\}$

e) $L = \left\{2; -\frac{4}{3}\right\}$

f) $L = \left\{-\frac{1}{2}; 1\right\}$

3.

a) $x^2 = 9$
$\sqrt{x^2} = \sqrt{9}$
$|x| = 3$
$x = 3 \lor x = -3$
$L = \{3; -3\}$

b) $L = \{\sqrt{12}; -\sqrt{12}\}$ oder $L = \{2\sqrt{3}; -2\sqrt{3}\}$

c) $L = \{5; -5\}$

d) $L = \{1; -1\}$

e) $(x + 1)^2 = 16$
$\sqrt{(x+1)^2} = \sqrt{16}$
$|x + 1| = 4$
$x + 1 = 4 \lor x + 1 = -4$
$x = 3 \lor x = -5$
$L = \{3; -5\}$

f) $L = \{4 + \sqrt{7}; 4 - \sqrt{7}\}$

g) $L = \left\{\frac{1}{2}; -1\frac{1}{2}\right\}$

h) $L = \{1; -5\}$

i) $L = \{3 + \sqrt{8}; 3 - \sqrt{8}\}$

j) $L = \left\{1\frac{1}{2}; \frac{1}{2}\right\}$

4.

a) $x^2 = \frac{1}{2}$ $L = \left\{\sqrt{\frac{1}{2}}; -\sqrt{\frac{1}{2}}\right\}$

b) $x^2 = 0$ $L = \{0\}$

c) $x^2 = -1$ $L = \{\}$

Lösen quadratischer Gleichungen

1.

a) $x^2 - 4x + 2^2 = (x - 2)^2$

b) $x^2 + 3x + \left(\frac{3}{2}\right)^2 = \left(x + \frac{3}{2}\right)^2$

c) $x^2 - 10x + 5^2 = (x - 5)^2$

d) $x^2 - x + \left(\frac{1}{2}\right)^2 = \left(x - \frac{1}{2}\right)^2$

d) $x^2 - 5x + \left(\frac{5}{2}\right)^2 = \left(x - \frac{5}{2}\right)^2$

f) $x^2 + 2x + 1 = (x + 1)^2$

2.

a)

$$x^2 + 2x = 3$$
$$x^2 + 2x + 1^2 = 3 + 1^2$$
$$(x + 1)^2 = 4$$
$$\sqrt{(x + 1)^2} = \sqrt{4}$$
$$|x + 1| = 2$$
$$x + 1 = 2 \lor x + 1 = -2$$
$$x = 1 \lor \quad x = -3$$
$$L = \{1; -3\}$$

Probe:

$x = 1$ $\quad 1 + 2 - 3 = 0$

$x = -3$ $\quad (-3)^2 + 2 \cdot (-3) - 3 = 9 - 6 - 3 = 0$

b) $L = \{5; 2\}$ c) $L = \{-2; -3\}$ d) $L = \{-1; -9\}$

e) $L = \{8; -5\}$ f) $L = \{4; -3\}$

3.

a) $x^2 - 9x + 18 = 0$
$L = \{6; 3\}$

b) $x^2 + 8x + 12 = 0$
$L = \{-2; -6\}$

c) $x^2 - 2x - 3 = 0$
$L = \{3; -1\}$

4.

a) $x^2 - 2x - 3 = 0$
$L = \{3; -1\}$

b) $x^2 - 36 = 0$
$L = \{6; -6\}$

c) $x^2 - 7x + 6 = 0$
$L = \{6; 1\}$

d) $x^2 - \frac{7}{3}x + \frac{2}{3} = 0$
$L = \left\{2; \frac{1}{3}\right\}$

e) $x^2 - 9 = 0$
$L = \{3; -3\}$

f) $x^2 - 5x + 6 = 0$
$L = \{3; 2\}$

Lösungsformel für quadratische Gleichungen

1.

a) α) $p = 8$
$q = 12$

β) $p = 8$
$q = 18$

γ) $p = 8$
$q = 16$

b) α) $D = \frac{8^2}{4} - 12$
$D = 4$
2 Lösungen

β) $D = -2$
keine Lösung

γ) $D = 0$
1 Lösung

c) α) $L = \{-2; -6\}$ β) $L = \{\,\}$ c) $L = \{-4\}$

2.

a) $p = -6$

$q = 8$

$D = \frac{36}{4} - 8$

$D = 1 > 0$, d. h. es gibt 2 Lösungen!

$x_1 = \frac{6}{2} + \sqrt{1} = 4$

$x_2 = \frac{6}{2} - \sqrt{1} = 2$

$L = \{4; 2\}$

b) $D = 0$

$L = \{4\}$

c) $D = 14\frac{1}{4}$

$L = \left\{\frac{5}{2} + \sqrt{14\frac{1}{4}}; \frac{5}{2} - \sqrt{14\frac{1}{4}}\right\}$

d) $D = \frac{13}{4}$

$L = \left\{\frac{3}{2} + \sqrt{\frac{13}{4}}; \frac{3}{2} - \sqrt{\frac{13}{4}}\right\}$

e) $D = \frac{25}{4}$

$L = \{7; 2\}$

f) $D = 0$

$L = \left\{\frac{1}{2}\right\}$

3.

a) $x^2 - 2x + 4 = 0$

$D = -3$

$L = \{\,\}$

b) $x^2 - x - 9 = 0$

$D = 9\frac{1}{4}$

$L = \left\{\frac{1}{2} + \sqrt{9\frac{1}{4}}; \frac{1}{2} - \sqrt{9\frac{1}{4}}\right\}$

c) $x^2 + 2x - \frac{2}{3} = 0$

$D = 1\frac{2}{3}$

$L = \left\{-1 + \sqrt{1\frac{2}{3}}; -1 - \sqrt{1\frac{2}{3}}\right\}$

d) $x^2 - 8x + 16 = 0$

$D = 0$

$L = \{4\}$

e) $x^2 - 6x - 16 = 0$

$D = 25$

$L = \{8; -2\}$

f) $x^2 - x - 2 = 0$

$D = 2\frac{1}{4} = \frac{9}{4}$

$L = \{2; -1\}$

Zeichnerisches Lösen von quadratischen Gleichungen

1.

a) $y = x^2$

$\wedge\ y = -3x + 4$

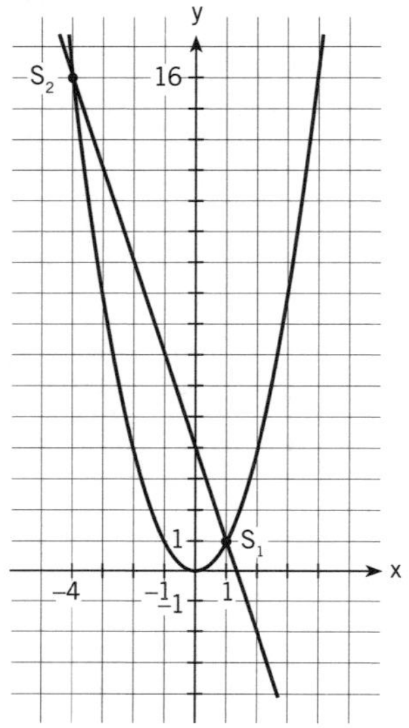

$S_1(1 | 1)$, $S_2(-4 | 16)$

$L = \{1; -4\}$

b) $y = x^2$

$\wedge\ y = 2x - 1$

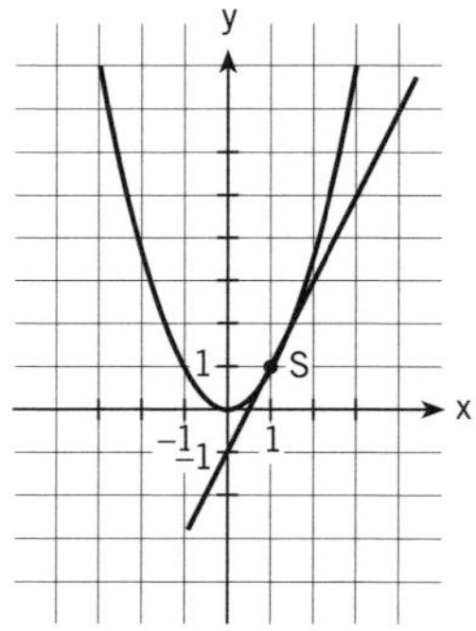

$S(1 | 1)$, $L = \{1\}$

c) $S_1(-1 | 1)$, $S_2(-3 | 9)$

$L = \{-1; -3\}$

d) $S_1(-1 | 1)$, $S_2(-4 | 16)$

$L = \{-1; -4\}$

e) $S_1(5 | 25)$, $S_2(-4 | 16)$

$L = \{5; -4\}$

f) $S_1(2 | 4)$, $S_2(-4 | 16)$

$L = \{2; -4\}$

2.

a) α) $L = \{\}$ β) $L = \{2; -1\}$ γ) $L = \left\{\frac{1}{2}\right\}$

b) ①/β) ②/γ) ③/α)

c) 2 Schnittpunkte: 2 Lösungen

1 Schnittpunkt: 1 Lösung

kein Schnittpunkt: keine Lösung

d) ①/$D > 0$; ②/$D = 0$; ③/$D < 0$

3.

a) $S_1(1|1)$; $S_2(-2|4)$
$L = \{1; -2\}$

b) $S = (-1|1)$
$L = \{-1\}$

c) $L = \{\}$

d) $S = (2|4)$
$L = \{2\}$

e) $S_1(1|1)$; $S_2(-3|9)$
$L = \{1; -3\}$

f) $L = \{\}$

Satz von Vieta

1.

a) ① ja ② ja
③ nein ④ nein
⑤ nein ⑥ ja

b) ③ $x_1 = 5$; $x_2 = -3$
④ $x_1 = 1$; $x_2 = -2$
⑤ $x_1 = 3$; $x_2 = -2$

2.

a) Ja!

b) ① $x_1 + x_2 = -2$, d. h. $p = 2$
$x_1 \cdot x_2 = -3$, d. h. $q = -3$
also: $x^2 + 2x - 3 = 0$
② $x^2 - \frac{3}{2}x + \frac{1}{2} = 0$
③ $x^2 - 4x - 5 = 0$
④ $x^2 - 4x = 0$
⑤ $x^2 - 4 = 0$
⑥ $x^2 + 3x - 10 = 0$

3.

$x^2 + x - 6 = 0$; ja

4.

a) $x_1 = 1$; $x_2 = -1$

b) $x_1 = -\frac{1}{2}$; $x_2 = \frac{1}{4}$

c) $x_1 = 5$; $x_2 = -\frac{3}{4}$

d) $x_1 = \sqrt{2}$; $x_2 = -3$

e) $x_1 = -4$; $x_2 = \sqrt{3}$

f) $x_1 = 3$; $x_2 = 3$

5.

a) $x_1 = 5$; $x_2 = -3$

b) $(x - 5)(x + 3) = 0$

c) Ja.

6.

a) $x_1 = 7$; $x_2 = 3$
$(x - 7)(x - 3) = 0$

b) $x_1 = 1$; $x_2 = -5$
$(x - 1)(x + 5) = 0$

c) $x_1 = 12$; $x_2 = 1$
$(x - 12)(x - 1) = 0$

d) $x_1 = 18$; $x_2 = 6$
$(x - 18)(x - 6) = 0$

e) $x_1 = 5$, $x_2 = -2$
$(x - 5)(x + 2) = 0$

f) $x_1 = \frac{1}{4}$; $x_2 = \frac{1}{4}$
$\left(x - \frac{1}{4}\right)\left(x - \frac{1}{4}\right) = 0$

7.

a) $x^2 + 7x + 10 = 0$
$x_1 = -2;\ x_2 = -5$

b) $x^2 - x - 56 = 0$
$x_1 = 8;\ x_2 = -7$

c) $x^2 + \frac{1}{2}x - \frac{1}{2} = 0$
$x_1 = \frac{1}{2};\ x_2 = -1$

d) $x^2 - 8x - 20 = 0$
$x_1 = 10;\ x_2 = -2$

e) $x^2 - 2x - 3 = 0$
$x_1 = 3;\ x_2 = -1$

f) $x^2 + 5x + 6 = 0$
$x_1 = -2;\ x_2 = -3$

g) $x^2 - 4x - 12 = 0$
$x_1 = 6;\ x_2 = -2$

h) $x^2 - 2x - 3 = 0$
$x_1 = 3;\ x_2 = -1$

8.

a) $y = x^2$
$\wedge\ y = -2x + 3$
$S_1(1|1);\ S_2(-3|9)$
$x_1 = 1;\ x_2 = -3$

b) $x^2 - x - 2 = 0$
$y = x^2$
$\wedge\ y = x + 2$
$S_1(2|4);\ S_2(-1|1)$
$x_1 = 2;\ x_2 = -1$

c) $x^2 - 4x - 5 = 0$
$y = x^2$
$\wedge\ y = 4x + 5$
$S_1(5|25);\ S_2(-1|1)$
$x_1 = 5;\ x_2 = -1$

d) $x^2 + 2x + 2 = 0$
$y = x^2$
$\wedge\ y = -2x - 2$
$L = \{\}$, da kein Schnittpunkt

e) $x^2 - \frac{1}{2}x - 5 = 0$
$y = x^2$
$\wedge\ y = \frac{1}{2}x + 5$
$S_1\left(\frac{5}{2}\middle|\frac{25}{4}\right);\ S_2(-2|4)$
$x_1 = \frac{5}{2};\ x_2 = -2$

f) $x^2 - 11x + 10 = 0$
$y = x^2$
$\wedge\ y = 11x - 10$
$S_1(10|100);\ S_2(1|1)$
$x_1 = 10;\ x_2 = 1$

g) $x^2 - 3x - 4 = 0$
$y = x^2$
$\wedge\ y = 3x + 4$
$S_1(4|16);\ S_2(-1|1)$
$x_1 = 4;\ x_2 = -1$

h) $x^2 - 2x - 3 = 0$
$y = x^2$
$\wedge\ y = 2x + 3$
$S_1(3|9);\ S_2(-1|1)$
$x_1 = 3;\ x_2 = -1$

9.

a) $x^2 + 2x - 48 = 0$
$x_1 = 6;\ x_2 = -8$

b) $x^2 - 6x - 112 = 0$
$x_1 = 14;\ x_2 = -8$

c) $x^2 + 4x - 5 = 0$
$x_1 = 1;\ x_2 = -5$

d) $x^2 - 2x - 8 = 0$
$x_1 = 4;\ x_2 = -2$

e) $x^2 - 8x - 20 = 0$
$x_1 = 10;\ x_2 = -2$

f) $x^2 + 6x - 27 = 0$
$x_1 = 3;\ x_2 = -9$

g) $x^2 - 10x + 21 = 0$
$x_1 = 7;\ x_2 = 3$

h) $x^2 + 4x - 5 = 0$
$x_1 = 1;\ x_2 = -5$

10.

a) $x_1 = 4$; $x_2 = -4$
b) $x_1 = \frac{1}{2}$; $x_2 = -\sqrt{2}$
c) $x_1 = 3$; $x_2 = -\frac{3}{2}$
d) $x_1 = 2$; $x_2 = -\sqrt{5}$
e) $x_1 = -2$; $x_2 = 0$
f) $x_1 = 0$; $x_2 = 1$
g) $x_1 = -\frac{3}{4}$; $x_2 = -\frac{3}{4}$

11.*

a) $(x - 4)(x - 2) = 0$
b) $(x - 3)(x + 7) = 0$
c) $\left(x + \frac{1}{2}\right)(x + 4) = 0$
d) $(x + 3)x = 0$
e) $(x - 2)\left(x + \frac{1}{2}\right) = 0$
f) $(x - 2)(x + 3) = 0$

Test

Test 1

a) $x = 5 \lor x = -5$
b) $x = -1 \lor x = -5$

Test 2

a) $L = \{-9; 9\}$
b) $L = \{5 + \sqrt{7}; 5 - \sqrt{7}\}$

Test 3

a) $x^2 + x = 6$
$x^2 + x + \frac{1}{4} = 6 + \frac{1}{4}$
$\left(x + \frac{1}{2}\right)^2 = \frac{25}{4}$
$\left|x + \frac{1}{2}\right| = \frac{5}{2}$
$x = 2 \lor x = -3$
$L = \{2; -3\}$

b) $x^2 = -x + 6$
Normalparabel und Gerade zum Schnitt bringen:
$y = x^2 \land y = -x + 6$

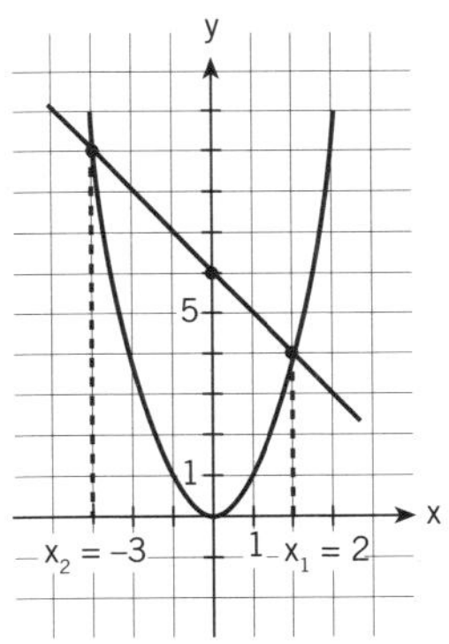

c) $x = -\frac{1}{2} \pm \sqrt{\frac{1}{4} + 6}$
$x = -\frac{1}{2} \pm \sqrt{\frac{25}{4}}$
$x_1 = 2$; $x_2 = -3$
$L = \{2; -3\}$

Test 4

a) $D = \frac{36}{4} - 12 = -3$
keine Lösung; $L = \{\}$
b) $D = \frac{16}{4} - 4 = 0$
eine Lösung, $x = -\frac{p}{2}$
c) $D = \frac{4}{4} + 3 = 4$
genau **zwei** Lösungen
$x_{1,2} = -\frac{p}{2} \pm \sqrt{D}$

Test 5

a) $x_1 \cdot x_2 = 2 \cdot 3 = 6$; $6 \neq q$
$x_1 + x_2 = 2 + 3 = 5$; $5 = -p$
Damit können diese Werte **nicht** Lösung sein!
b) $x_{1,2} = \frac{5}{2} \pm \sqrt{\frac{25}{4} + 6} = \frac{5}{2} \pm \frac{7}{2}$
$x_1 = -1$; $x_2 = 6$
$L = \{-1; 6\}$

5 Satzgruppe des Pythagoras

Der Satz des Pythagoras

1.

b)

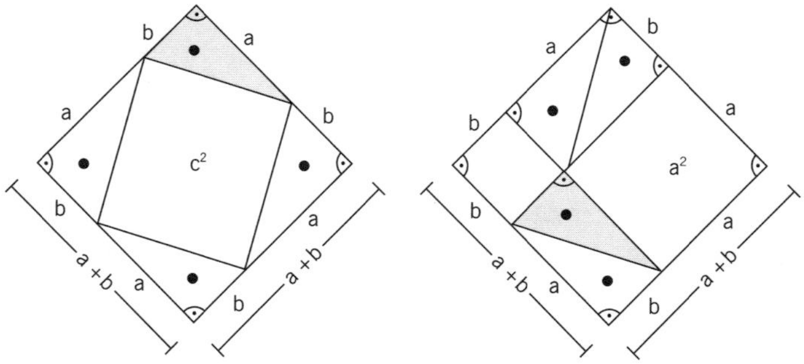

c) Die mit • versehenen Flächen werden entfernt.

2.

a) $c = \sqrt{49\,\text{cm}^2 + 64\,\text{cm}^2}$; $c \approx 10{,}6\,\text{cm}$ b) $b = \sqrt{100\,\text{cm}^2 - 64\,\text{cm}^2}$; $b = 6$ cm

c) $a = 5\,\text{cm}$ d) $a \approx 6{,}3\,\text{cm}$ e) $c = 13{,}9\,\text{cm}$ f) $b \approx 6{,}3\,\text{cm}$

3.

a) ① $b^2 = a^2 + c^2$ ② $a^2 = b^2 + c^2$ ③ $a^2 = c^2 + b^2$

b) ① $b = \sqrt{64\,\text{cm}^2 + 30{,}25\,\text{cm}^2}$ $b \approx 9{,}7\,\text{cm}$

② $b = \sqrt{64\,\text{cm}^2 - 30{,}25\,\text{cm}^2}$ $b \approx 5{,}8\,\text{cm}$

③ $b = \sqrt{64\,\text{cm}^2 - 30{,}25\,\text{cm}^2}$ $b \approx 5{,}8$ cm

4.

$h = \sqrt{64\,\text{m}^2 - 9\,\text{m}^2}$ $h \approx 7{,}4\,\text{m}$

In 7,4 m Höhe stößt die Leiter gegen die Hauswand.

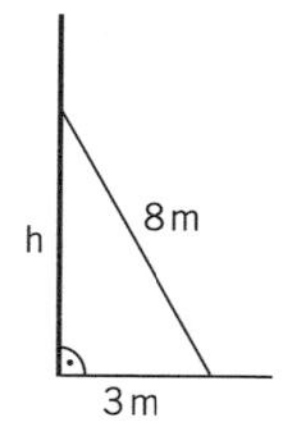

5.

$x = \sqrt{64\,\text{cm}^2 + 625\,\text{cm}^2}$; $x \approx 26{,}2\,\text{cm}$

Man kann den Strohhalm höchstens 26,2 cm in das Glas stecken.

6.

a) $b = \sqrt{2s^2}$; $b = \sqrt{72\,\text{m}^2}$; $b \approx 8{,}5\,\text{m}$. Der Boden ist 8,5 m breit.

b) $h^2 + \left(\frac{b}{2}\right)^2 = s^2$; $h = \sqrt{s^2 - \frac{b^2}{4}}$; $h = \sqrt{36\,\text{m}^2 - 18\,\text{m}^2}$; $h \approx 4{,}2\,\text{m}$

Die Dachhöhe beträgt etwa 4,2 m.

7. … dann ist das Dreieck rechtwinklig ($\gamma = 90°$).

8.

a) $72{,}25\,cm^2 = 56{,}25\,cm^2 + 16\,cm^2$; rechtwinklig, $\gamma = 90°$

b) $56{,}25\,cm^2 = 36\,cm^2 + 20{,}25\,cm^2$; rechtwinklig, $\gamma = 90°$

c) $25\,cm^2 \neq 16\,cm^2 + 20{,}25\,cm^2$; nicht rechtwinklig

9.

a), b)

u	v	a	b	c	$a^2 + b^2$	c^2
3	1	6	8	10	36 + 64 = 100	100
3	2	12	5	13	144 + 25 = 169	169
4	1	8	15	17	64 + 225 = 289	289
4	2	16	12	20	256 + 144 = 400	400
4	3	24	7	25	576 + 49 = 625	625
5	1	10	24	26	100 + 576 = 676	676
5	2	20	21	29	400 + 441 = 841	841
5	3	30	16	34	900 + 256 = 1156	1156
5	4	40	9	41	1600 + 81 = 1681	1681

c) $(2uv)^2 + (u^2 - v^2)^2 = (u^2 + v^2)^2$

$4u^2v^2 + u^4 - 2u^2v^2 + v^4 = u^4 + 2u^2v^2 + v^4$

$u^4 + 2u^2v^2 + v^4 = u^4 + 2u^2v^2 + v^4$ ja!

Anwendungsaufgaben

1.

$d^2 = a^2 + a^2$; $d^2 = 2a^2$; $d = a\sqrt{2}$

$d = 12 \cdot \sqrt{2}\,cm \approx 17\,cm$

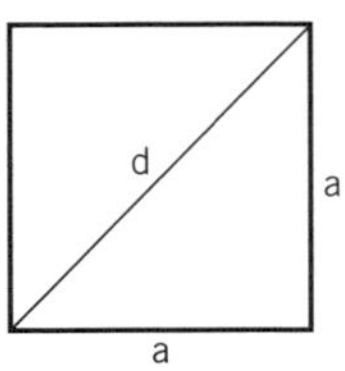

2.

$d^2 = a^2 + b^2$

$d = \sqrt{144\,cm^2 + 64\,cm^2} \approx 14{,}4\,cm$

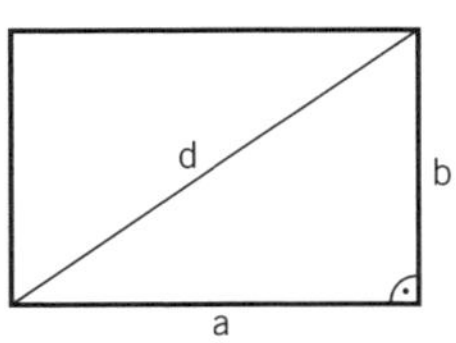

3.

a) $d^2 = 2a^2$; $a = \sqrt{\frac{d^2}{2}}$

$a = \sqrt{32\,cm^2} \approx 5{,}7\,cm$

b) $U = 4 \cdot 5{,}7\,cm = 22{,}8\,cm$

c) $A = a^2 = 32\,cm^2$

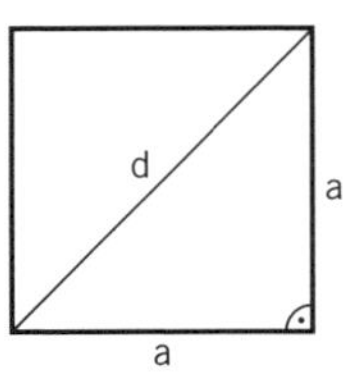

4.

a) $b^2 = d^2 - a^2$

$b = \sqrt{400\,cm^2 - 225\,cm^2} \approx 13{,}2\,cm^2$

b) $U = 2 \cdot 15\,cm + 2 \cdot 13{,}2\,cm = 56{,}4\,cm$

$A = 15\,cm \cdot 13{,}2\,cm = 198\,cm^2$

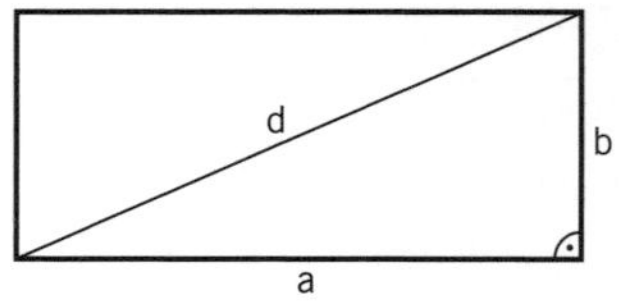

5.

a) s: Hypotenuse; h und $\frac{s}{2}$: Katheten

c) $h = \frac{8\,cm}{2} \cdot \sqrt{3}$; $h \approx 6{,}9\,cm$

6.

a)

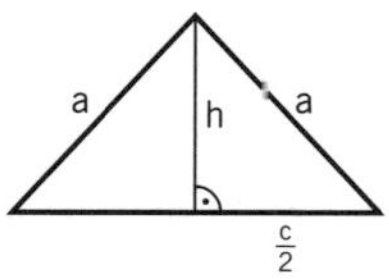

b) $h^2 = a^2 - \frac{c^2}{4}$

$h = \sqrt{a^2 - \frac{c^2}{4}}$

c) $h = \sqrt{81\,cm^2 - 9\,cm^2} \approx 8{,}5\,cm$

7.

a) gleichseitiges Dreieck mit $h = \frac{s}{2} \cdot \sqrt{3}$; $h \approx 13{,}9\,cm$

$A = \frac{16\,cm \cdot 13{,}9\,cm}{2} = 111{,}20\,cm^2$

b) gleichschenkliges Dreieck mit $h = \sqrt{a^2 - \frac{c^2}{4}}$; $h \approx 9{,}2\,cm$

$A = \frac{8\,cm \cdot 9{,}2\,cm}{2} = 36{,}8\,cm^2$

c) $h \approx 17{,}3\,cm$

$A = \frac{20\,cm \cdot 17{,}3\,cm}{2} = 173\,cm^2$

d) $h \approx 10{,}9\,cm$

$A = \frac{10\,cm \cdot 10{,}9\,cm}{2} = 54{,}5\,cm^2$

e) $h \approx 34{,}6\,cm$ $A = 692\,cm^2$

f) $h \approx 18{,}7\,cm$ $A = 130{,}9\,cm^2$

8.

a) $c + 2d = a$; $d = \frac{a - c}{2}$; $d = 10\,cm$

b) $b^2 = h^2 + d^2$

$b = \sqrt{h^2 + d^2}$; $b = \sqrt{64\,cm^2 + 100\,cm^2} \approx 12{,}8\,cm$

9.

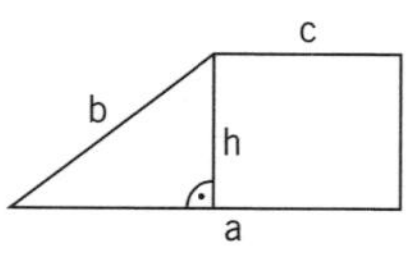

$d = a - c$; $d = 20\,cm$

$b = \sqrt{d^2 + h^2}$;

$b = \sqrt{400\,cm^2 + 64\,cm^2} \approx 21{,}5\,cm$

10.

a) $b^2 = \left(\frac{e}{2}\right)^2 + (10\,cm)^2$; $\quad b = \sqrt{36\,cm^2 + 100\,cm^2}$; $\quad b \approx 11{,}7\,cm$

$a^2 = \left(\frac{e}{2}\right)^2 + (20\,cm)^2$; $\quad a = \sqrt{36\,cm^2 + 400\,cm^2}$; $\quad a \approx 20{,}9\,cm$

b) $A = \frac{12\,cm \cdot 30\,cm}{2} = 180\,cm^2$

$U = 2 \cdot 20{,}9\,cm + 2 \cdot 11{,}7\,cm = 65{,}2\,cm$

c) Der obere Abschnitt von f beträgt nur noch 5 cm.

$b = \sqrt{36\,cm^2 + 25\,cm^2}$; $b_1 \approx 7{,}8\,cm$

Der untere Abschnitt von f ist jetzt 25 cm lang.

$a_1 = \sqrt{36\,cm^2 + 625\,cm^2}$; $a_1 = 25{,}7\,cm$

$A_1 = A = 180\,cm^2$ (da die Diagonalen in ihren Längen unverändert sind)

$U_1 = 2 \cdot 25{,}7\,cm + 2 \cdot 7{,}8\,cm = 67\,cm$

d) Der obere Abschnitt von f beträgt 15 cm, der untere ebenfalls. Ein Drachenviereck mit vier gleich langen Seiten heißt Raute.

$a_2 = \sqrt{36\,cm^2 + 225\,cm^2}$; $a_2 \approx 16{,}2\,cm$

$b_2 = \sqrt{36\,cm^2 + 225\,cm^2}$; $\quad b_2 \approx 16{,}2\,cm$

$A_2 = A_1 = A = 180\,cm^2$; $\quad U_2 = 2a_2 + 2b_2 = 64{,}8\,cm$

11.

Seitenlänge der gleichseitigen Dreiecke: s; Höhe: $r = 10\,cm$

Bestimmung von s:

$s^2 = r^2 + \frac{s^2}{4}$; $\quad \frac{3}{4}s^2 = r^2$; $\quad s = \sqrt{\frac{4}{3}r^2}$; $\quad$ (oder $\frac{s}{2}\sqrt{3}$; $s = \frac{2r}{\sqrt{3}}$) $\quad s \approx 11{,}5\,cm$

$A_D = \frac{11{,}5\,cm \cdot 10\,cm}{2} = 57{,}5\,cm^2$; $\quad A_{6\text{-Eck}} = 6 \cdot A_D = 345\,cm^2$

$U_{6\text{-Eck}} = 6 \cdot s = 69\,cm$

12.

$r^2 = h^2 + \frac{r^2}{4}$; $\quad h = \sqrt{\frac{3}{4}r^2} \approx 8{,}7\,cm$

$A_D = 43{,}5\,cm^2$

$A_{6\text{-Eck}} = 6 \cdot A_D = 261\,cm^2$

$U_{6\text{-Eck}} = 6 \cdot r = 60\,cm$

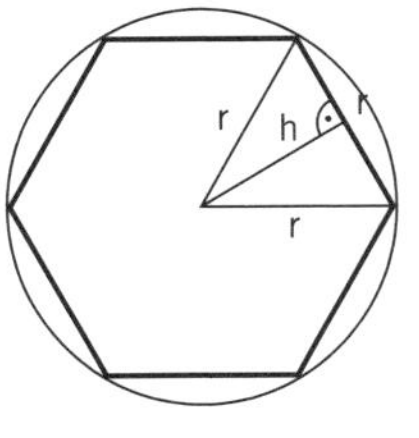

13.

einbeschriebenes Sechseck	umbeschriebenes Sechseck
$h = \sqrt{\frac{3}{4}r^2} = \frac{r}{2}\sqrt{3}$	$s = \sqrt{\frac{4}{3}r^2} = \frac{2r}{\sqrt{3}}$
$A = 6 \cdot \frac{1}{2} \cdot r \cdot h = 3rh$	$A = 6 \cdot \frac{1}{2} \cdot r \cdot s = 3rs$
a) $h \approx 6{,}9\,\text{cm}$; $A \approx 165{,}6\,\text{cm}^2$ $U = 6r = 48\,\text{cm}$	a) $s \approx 9{,}2\,\text{cm}$; $A \approx 220{,}8\,\text{cm}^2$ $U = 6s = 55{,}2\,\text{cm}$
b) $h \approx 10{,}4\,\text{cm}$; $A \approx 374{,}4\,\text{cm}^2$ $U = 72\,\text{cm}$	b) $s \approx 13{,}9\,\text{cm}$; $A \approx 500{,}4\,\text{cm}^2$ $U = 83{,}4\,\text{cm}$
c) $h \approx 13\,\text{cm}$; $A \approx 585\,\text{cm}^2$ $U = 90\,\text{cm}$	c) $s \approx 17{,}3\,\text{cm}$; $A \approx 778{,}5\,\text{cm}^2$ $U = 103{,}8\,\text{cm}$

14.

a) $a_1^2 = 1\,\text{cm}^2 + 1\,\text{cm}^2$; $a_1 = \sqrt{2}\,\text{cm}$; $a_2^2 = 1\,\text{cm}^2 + 2\,\text{cm}^2$; $a_2 = \sqrt{3}\,\text{cm}$
$a_3 = \sqrt{4}\,\text{cm} = 2\,\text{cm}$; $a_4 = \sqrt{5}\,\text{cm}$; $a_5 = \sqrt{6}\,\text{cm}$

b) $a_1^2 = 1\,\text{cm}^2 + 4\,\text{cm}^2$; $a_1 = \sqrt{5}\,\text{cm}$; $a_2 = \sqrt{6}\,\text{cm}$
$a_3 = \sqrt{7}\,\text{cm}$; $a_4 = \sqrt{8}\,\text{cm}$; $a_5 = \sqrt{9}\,\text{cm} = 3\,\text{cm}$; $a_6 = \sqrt{10}\,\text{cm}$

15.

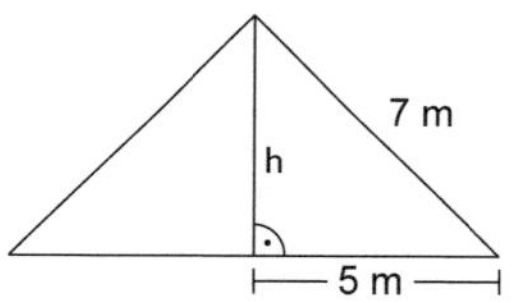

$$h^2 + 5^2\,\text{m}^2 = 7^2\,\text{m}^2$$
$$h^2 = 49\,\text{m}^2 - 25\,\text{m}^2$$
$$h = \sqrt{24}\,\text{m} \approx 4{,}9\,\text{m}$$

16.

$$h^2 = 7{,}2^2\,\text{m}^2 - 1{,}2^2\,\text{m}^2$$
$$h^2 = 50{,}4\,\text{m}^2$$
$$h = \sqrt{50{,}4}\,\text{m} \approx 7{,}1\,\text{m}$$

17.

a) $x^2 + 9^2 = 17^2$
$$x = \sqrt{17^2 - 9^2} = \sqrt{289 - 81}$$
$$x = 14{,}4222 \approx 14{,}4\,\text{m}$$

b) $x^2 + 18^2 = (26 - x)^2$
$$x^2 + 324 = 676 - 52x + x^2$$
$$52x = 352$$
$$x = 6{,}7692 \approx 6{,}8\,\text{m}$$

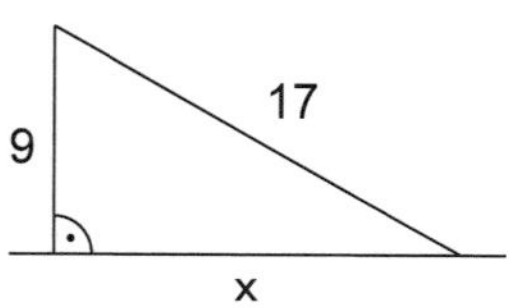

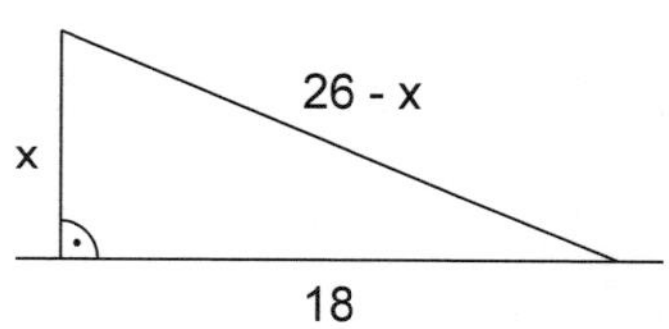

Flächenverwandlung durch Scherung

1.

Der Flächeninhalt des Rechtecks ist gleich dem Flächeninhalt des Parallelogramms, da sie in Grundseite und Höhe übereinstimmen: $A_R = A_P = 6\,cm \cdot 3\,cm = 18\,cm^2$

2.

a) 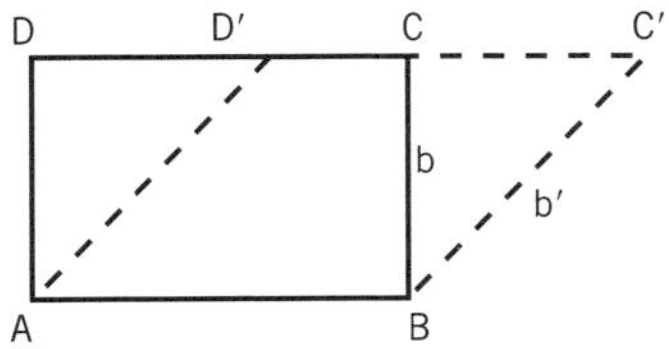

b) 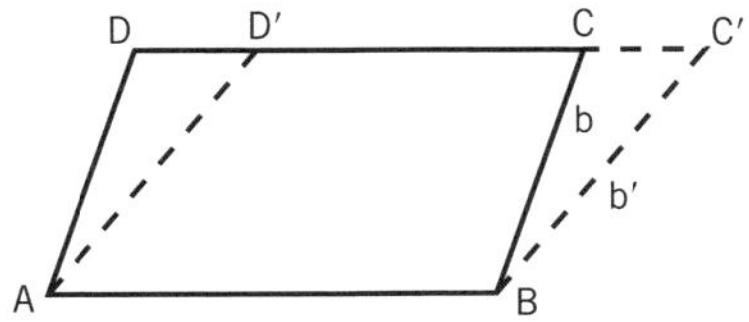

Es gibt auch die Lösungsmöglichkeit, das Parallelogramm nach links zu scheren.

c) 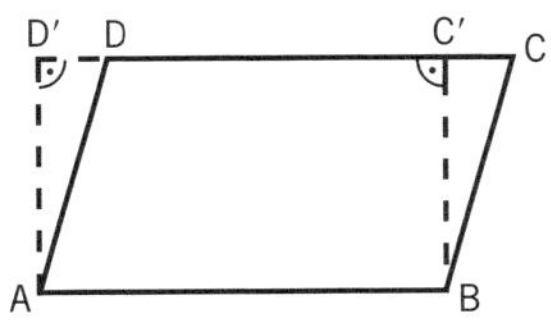

3.

Der Flächeninhalt des ersten Dreiecks ist gleich dem Flächeninhalt des gescherten Dreiecks, da sie in Grundseite und Höhe übereinstimmen.

$h_c = 3{,}9\,cm$

$A_D = \frac{c \cdot h_c}{2} = \frac{5 \cdot 3{,}9}{2}\,cm^2 = 9{,}75\,cm^2$

4.

a) 1. Das Parallelogramm ABCD wird durch Scherung in das flächengleiche Parallelogramm ABC′D′ mit a′ = 8 cm verwandelt.
2. ABC′D′ wird unter Beibehaltung von a′ durch Scherung in das flächengleiche Rechteck A′BC′D″ verwandelt.

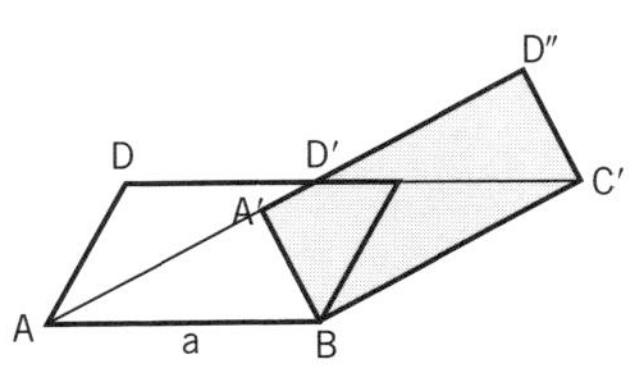

b) Die Genauigkeit der Messwerte von h_a und b′ hängt natürlich von der Genauigkeit der Konstruktion ab:

$h_a \approx 3{,}1\,cm \rightarrow A_P \approx 6\,cm \cdot 3{,}1\,cm = 18{,}6\,cm^2$

$b' \approx 2{,}3\,cm \rightarrow A_R \approx 8\,cm \cdot 2{,}3\,cm = 18{,}4\,cm^2$

$A_P \approx A_R$

Kathetensatz

1.

b) □ CBDE $\xrightarrow{\text{Scherung}}$ ▱ ABDE′ $\xrightarrow{\text{Drehung}}$ ▱ A′BD′E″ $\xrightarrow{\text{Scherung}}$ ▯ E‴A′BD″

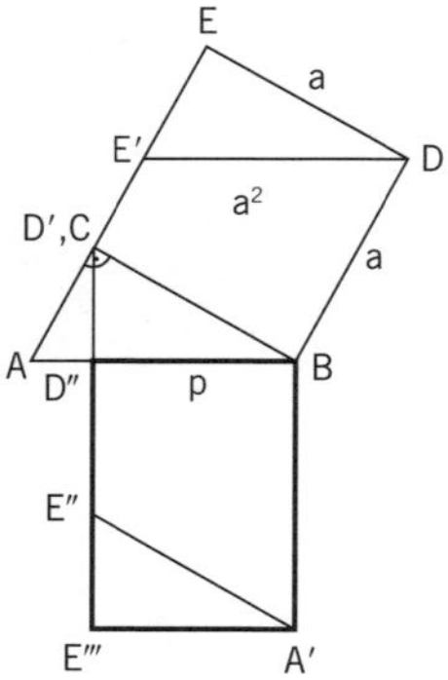

2.

a) $c = p + q$; $c = 9\,\text{cm}$

$b = \sqrt{c \cdot q}$; $b = \sqrt{9\,\text{cm} \cdot 5\,\text{cm}} \approx 6{,}7\,\text{cm}$

$a = \sqrt{c \cdot p}$; $a = \sqrt{9\,\text{cm} \cdot 4\,\text{cm}} = 6\,\text{cm}$

b) $c = 10\,\text{cm}$; $a \approx 5{,}5\,\text{cm}$; $b \approx 8{,}4\,\text{cm}$

c) $c = 7\,\text{cm}$; $a \approx 3{,}7\,\text{cm}$; $b \approx 5{,}9\,\text{cm}$

d) $c = 6\,\text{cm}$; $a = b \approx 4{,}2\,\text{cm}$

3.

	a)	b)	c)	d)	e)	f)	g)	h)
a	–	6,6 cm	7,4 cm	6,9 cm	11 cm	–	13,3 cm	12 cm
b	6 cm	–	8,1 cm	9,8 cm	10,2 cm	10,1 cm	–	–
c	–	8,3 cm	11 cm	–	–	13,5 cm	17,3 cm	–
p	6,4 cm	5,3 cm	–	–	8 cm	–	10,3 cm	9,6 cm
q	3,6 cm	–	–	8 cm	–	7,5 cm	–	5,4 cm

4.

a) Seite a

b) $\overline{CD} = q$; $\overline{DB} = p$

c) $p = a - q = 1{,}5\,\text{cm}$; $c = \sqrt{5\,\text{cm} \cdot 1{,}5\,\text{cm}} \approx 2{,}7\,\text{cm}$; $b \approx 4{,}2\,\text{cm}$

5.

a)

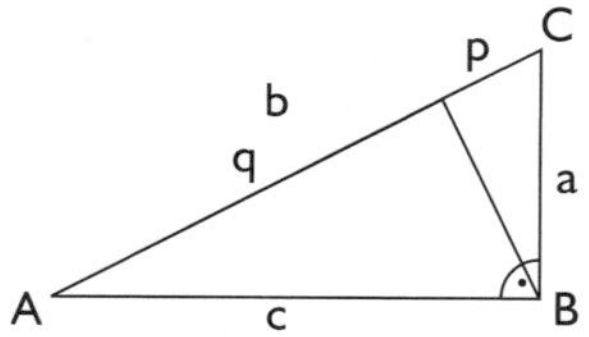

$b = q + c = 9\,\text{cm}$

$b \cdot p = a^2$ $\qquad$ $b \cdot q = c^2$

$a^2 = 36\,\text{cm}^2$ $\qquad$ $c^2 = 45\,\text{cm}^2$

$a = 6\,\text{cm}$ $\qquad$ $c = \sqrt{45}\,\text{cm} \approx 6{,}7\,\text{cm}$

b) $36\,\text{cm}^2 + 45\,\text{cm}^2 = 81\,\text{cm}^2$ ja!

6.

$c \cdot q = b^2$; $b = \sqrt{c \cdot q} = \sqrt{36\,\text{cm}^2} = 6\,\text{cm}$

Die Seitenlänge des Quadrats beträgt 6 cm.

7.

$q \cdot c = b^2$; $b = \sqrt{q \cdot c} = \sqrt{36\,cm^2} = 6\,cm$

Es ergibt sich wie bei Aufgabe 6 für b = 6 cm.

8.

1) x = 2 cm, y = 8 cm, b = 4 cm

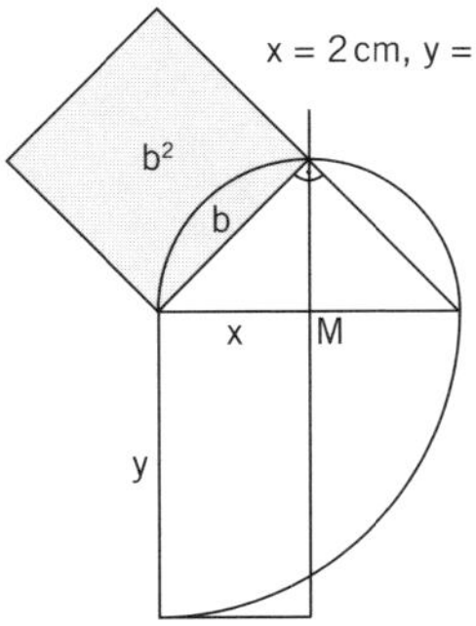

2) x = 4 cm
y = 6,25 cm
b = 5 cm

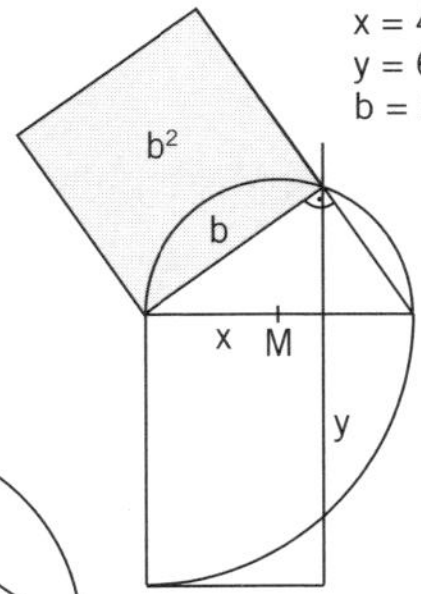

3)

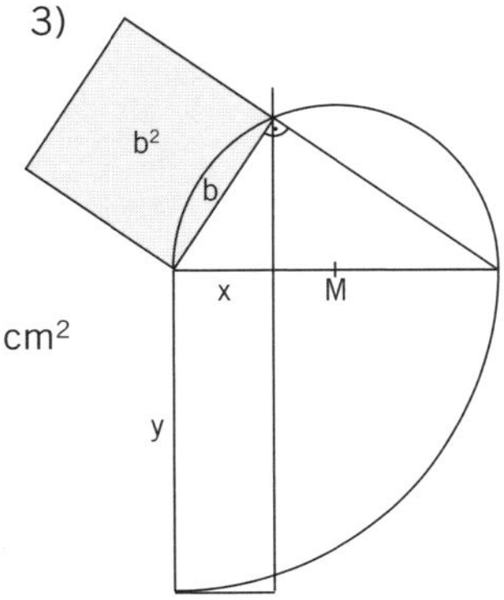

x = 3 cm
y = 6 cm
b = 4,2 cm

b) 1) $A_R = 2\,cm \cdot 8\,cm = 16\,cm^2$
$A_Q = 16\,cm^2$
$b = \sqrt{16\,cm^2} = 4\,cm$

2), 3) analog zu 1)!

Höhensatz

1.

a) $h^2 = 4 \cdot 5\,cm^2$
$h = \sqrt{20\,cm} \approx 4{,}5\,cm$

b) $h = \sqrt{32}\,cm \approx 5{,}7\,cm$
$h = \sqrt{16}\,cm = 4\,cm$

2.

a) $h \approx 3{,}5\,cm$ b) $p = 3{,}2\,cm$ c) $q \approx 8{,}2\,cm$ d) $h = 5\,cm$
e) $p \approx 5{,}3\,cm$ f) $q \approx 4{,}2\,cm$ g) $h \approx 4{,}2\,cm$

3.

a)

a	–	–	20,4 cm	10,6 cm
b	–	9,2 cm	102 cm	9,2 cm
c	7,8 cm	–	104 cm	14 cm
h	3,8 cm	3,7 cm	–	6,9 cm
p	3,2 cm	1,6 cm	–	–
q	4,6 cm	8,4 cm	100 cm	–

b)

a	–	–	185 cm	18 cm
b	10,9 cm	–	182,5 cm	13,4 cm
c	–	8,1 cm	30,4 cm	–
h	4,6 cm	3,6 cm	–	8,9 cm
p	9,9 cm	1,8 cm	180 cm	10 cm
q	2,1 cm	7,3 cm	–	–

Vermischte Aufgaben

1.

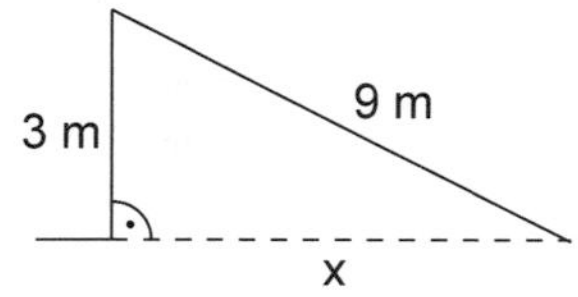

a) $(3\,m)^2 + x^2 = (9\,m)^2$

$x = \sqrt{81\,m^2 - 9\,m^2} \approx 8{,}5\,m$

8,5 m ist die Mastspitze vom Fuß entfernt.

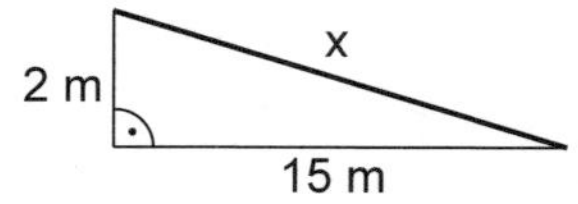

b) $(2\,m)^2 + (15\,m)^2 = x^2$

$x = \sqrt{14\,m^2 + 225\,m^2} \approx 15{,}1\,m$

Der Mast ist 15,1 m + 2 m = 17,1 m hoch.

2. Die Höhe des unteren Dreiecks beträgt 70 cm.

a) $a = \sqrt{(20\,cm)^2 + (20\,cm)^2} \approx 28{,}3\,cm$

$b = \sqrt{(70\,cm)^2 + (20\,cm)^2} \approx 72{,}8\,cm$

$U_{Dr} = 2a + 2b = 202{,}2\,cm$

Der Faden muss rund 2 m lang sein.

b) $A_{Dr} = \frac{e \cdot f}{2}$

$A_{Dr} = \frac{40\,cm \cdot 90\,cm}{2} = 1800\,cm^2$

Er benötigt 1800 cm² Papier.

3.

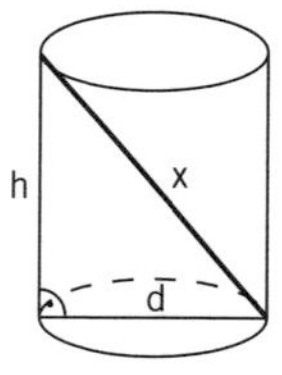

$x = \sqrt{h^2 + d^2}$

$x = \sqrt{900\,cm^2 + 400\,cm^2} \approx 36{,}1\,cm$

Die Leiste kann 36,1 cm tief in den Zylinder gesteckt werden.

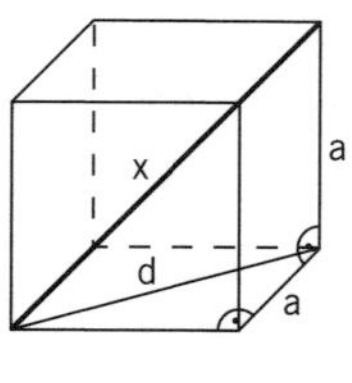

$d = \sqrt{a^2 + a^2} = \sqrt{2a^2} = a \cdot \sqrt{2};\ d \approx 28{,}3\,cm$

$x^2 = d^2 + a^2$

$x = \sqrt{d^2 + a^2} = \sqrt{800\,cm^2 + 400\,cm^2} \approx 34{,}6\,cm$

Die Leiste kann 34,6 cm tief in den Würfel gesteckt werden.

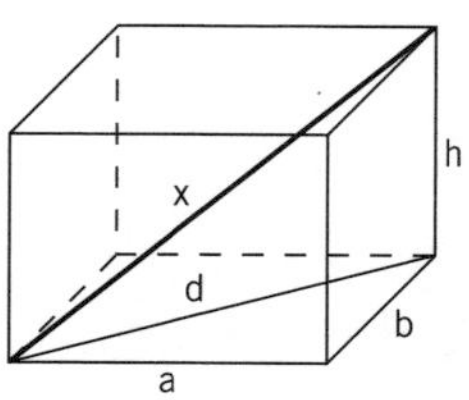

$d = \sqrt{a^2 + b^2};\ d \approx 36{,}1\,cm$

$x^2 = d^2 + h^2$

$x = \sqrt{d^2 + h^2} = \sqrt{1300\,cm^2 + 1600\,cm^2} \approx 53{,}9\,cm$

In den Quader kann die Leiste 53,9 cm tief gesteckt werden.

4.

a) d muss kleiner als die Raumhöhe sein:

$d = \sqrt{a^2 + b^2} = \sqrt{4\,m^2 + 1\,m^2} \approx 2{,}2\,m$

Die Kiste lässt sich aufrichten.

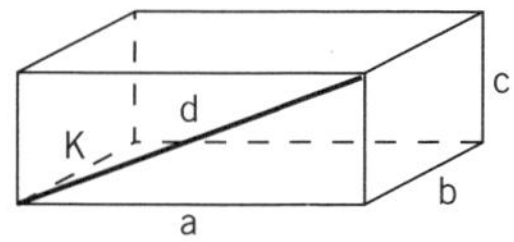

b) Ansatz mit d = 2,30 m:

$d = \sqrt{d^2 - c^2} = \sqrt{5{,}29\,m^2 - 1\,m^2} \approx 2{,}07\,m$

a darf höchstens 2,07 m lang sein.

5.

a) $A_T = m \cdot h$; $m = 5\,cm$; $A_T = 15\,cm^2$

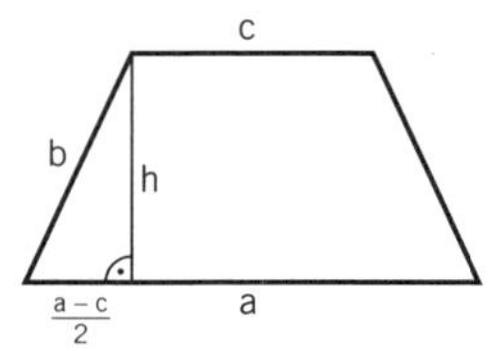

$b = \sqrt{h^2 + \left(\frac{a-c}{2}\right)^2}$

$b = \sqrt{9\,cm^2 + 1\,cm^2} \approx 3{,}2\,cm$

$U_T = a + c + 2b = 16{,}4\,cm$

b) $e^2 = x^2 + h^2$

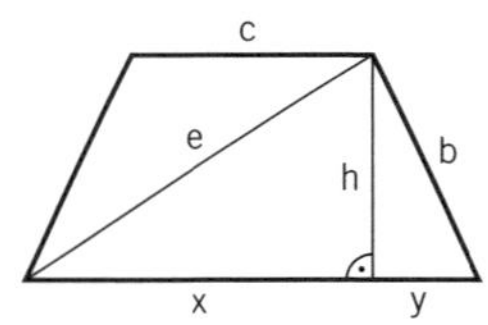

$x = \sqrt{e^2 - h^2}$; $x = \sqrt{36\,cm^2 - 16\,cm^2} \approx 4{,}5\,cm$

$y = a - x = 3{,}5\,cm$

$c = a - 2y = 8\,cm - 2 \cdot 3{,}5\,cm = 1\,cm$

$A_T = \frac{8\,cm + 1\,cm}{2} \cdot 4\,cm = 18\,cm^2$

$b = \sqrt{h^2 + y^2}$; $b = \sqrt{16\,cm^2 + 12{,}25\,cm^2} \approx 5{,}3\,cm$

$U_T = 19{,}6\,cm$

6.

a) Höhensatz: $h^2 = 4\,m \cdot 6\,m$; $h = \sqrt{24\,m^2} \approx 4{,}9\,m$

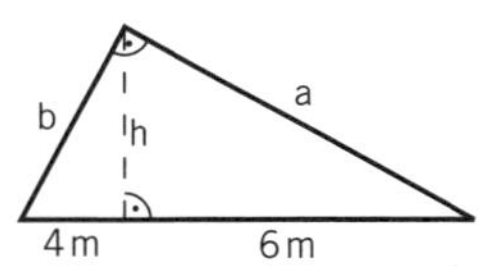

$a = \sqrt{(4{,}9\,m)^2 + 36\,m^2} \approx 7{,}7\,m$

$b = \sqrt{(4{,}9\,m)^2 + 16\,m^2} \approx 6{,}3\,m$

Die Dachkanten sind 7,7 m und 6,3 m lang.

Oder mit Hilfe des Kathetensatzes:

$a = \sqrt{c \cdot p}$; $a = \sqrt{10\,m \cdot 6\,m} \approx 7{,}7\,m$

$b = \sqrt{c \cdot q}$; $b = \sqrt{10\,m \cdot 4\,m} \approx 6{,}3\,m$

b) Der Giebelflächeninhalt setzt sich aus den Flächeninhalten des Rechtecks sowie des Dreiecks zusammen:

$A_{Giebel} = 10\,m \cdot 6\,m + \frac{10\,m \cdot 4{,}9\,m}{2} = 84{,}5\,m^2$

7.

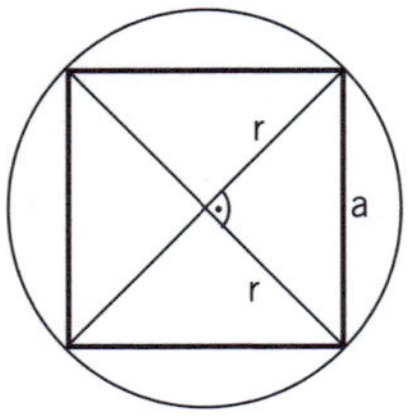

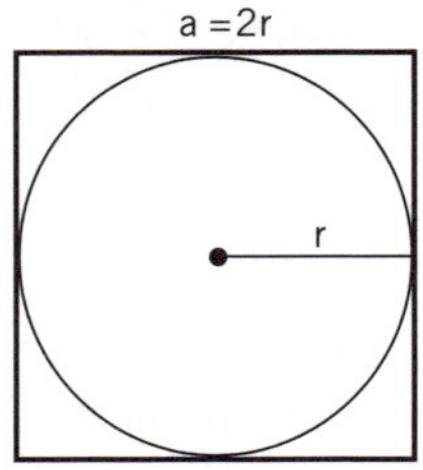

$a = \sqrt{2r^2} = r \cdot \sqrt{2}$

$a \approx 17\,cm$

$A_Q = (17\,cm)^2 = 289\,cm^2$

$U_Q = 4 \cdot 17\,cm = 68\,cm$

$a = 24\,cm$

$A_Q = (24\,cm)^2 = 576\,cm^2$

$U_Q = 4 \cdot a = 96\,cm$

8.

a) $s = \sqrt{(h + r)^2 - r^2}$; $s = \sqrt{h^2 + 2hr}$

$s = \sqrt{(0{,}120\,km)^2 + 2 \cdot 0{,}120\,km \cdot 6400\,km} = \sqrt{1536\,km^2} \approx 39{,}2\,km$

Man kann etwa 39,2 km weit vom Turm blicken.

b) $h = 20\,m$; $s = \sqrt{h^2 + 2hr}$

$s = \sqrt{(0{,}02\,km)^2 + 2 \cdot 0{,}02\,km \cdot 6400\,km} = \sqrt{256{,}0004\,km^2} \approx 16\,km$

Das Schiff ist rund 16 km entfernt.

9.

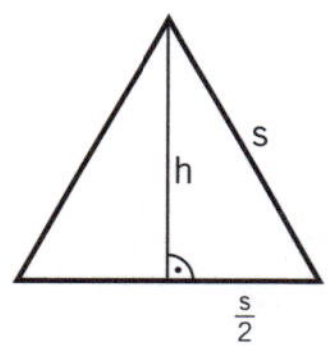

$h = \sqrt{s^2 - \frac{s^2}{4}} = \sqrt{400\,cm^2 - 100\,cm^2} \approx 17{,}3\,cm$

$A_D = \frac{20\,cm \cdot 17{,}3\,cm}{2} = 173\,cm^2$

Der Oberflächeninhalt des Tetraeders beträgt

$4 \cdot A_D = 692\,cm^2$.

10.

a) $(2n + 1)^2 + (2n(n + 1))^2 = (2n^2 + 2n + 1)^2$

$4n^2 + 4n + 1 + (2n^2 + 2n)^2 = (2n^2 + 2n + 1)^2$

$4n^2 + 4n + 1 + 4n^2 + 8n^2 + 4n^2 = 4n^4 + 4n^3 + 4n^2 + 4n^3 + 4n^2 + 2n + 2n^2 + 2n + 1$

$4n^2 + 8n^2 + 8n^2 + 4n + 1 = 4n^2 + 8n^2 + 8n^2 + 4n + 1$

b)

n	a	b	c
1	3	4	5
2	5	12	13
3	7	24	25
4	9	40	41

11.

a) $6^2 + 8^2 = 10^2$
$36 + 64 = 100$

b) $9^2 + 12^2 = 15^2$
$81 + 144 = 225$

c) $12^2 + 16^2 = 20^2$
$144 + 256 = 400$

Es ergeben sich jeweils wieder pythagoräische Zahlen. Begründung: Es gilt z. B.

$(2 \cdot 3)^2 + (2 \cdot 4)^2 = (2 \cdot 5)^2$

$2^2 \cdot 3^2 + 2^2 \cdot 4^2 = 2^2 \cdot 5^2$

$2^2(3^2 + 4^2) = 2^2 \cdot 5^2$ dividieren durch 2^2 ergibt:

$3^2 + 4^2 = 5^2$

12.

a) $s^2 = 64\,\text{cm}^2 + 16\,\text{cm}^2 = 80\,\text{cm}^2$
$s = \sqrt{80}\,\text{cm} \approx 8{,}9\,\text{cm}$

b) $d^2 = 80\,\text{cm}^2 + 9\,\text{cm}^2 = 89\,\text{cm}^2$
$d = \sqrt{89}\,\text{cm} \approx 9{,}4\,\text{cm}$

c) $d = \sqrt{64 + 16 + 9}\,\text{cm}$
$d = \sqrt{89}\,\text{cm} \approx 9{,}4\,\text{cm}$

d) α) $s^2 = 25\,\text{cm}^2 + 25\,\text{cm}^2 = 50\,\text{cm}^2$
$s = \sqrt{50}\,\text{cm} \approx 7{,}1\,\text{cm}$
$d^2 = 50\,\text{cm}^2 + 25\,\text{cm}^2 = 75\,\text{cm}^2$
$d = \sqrt{75}\,\text{cm} \approx 8{,}7\,\text{cm}$

β) $d = \sqrt{25 + 25 + 25}\,\text{cm} = \sqrt{75}\,\text{cm}$
$\approx 8{,}7\,\text{cm}$

Test

Test 1

a) Pythagoras: $a^2 = b^2 + c^2$ — Höhensatz: $h^2 = p \cdot q$ — Kathetensatz: $b^2 = p \cdot a$; $c^2 = q \cdot a$

b) Phythagoras: $b^2 = a^2 + c^2$ — Höhensatz: $h^2 = p \cdot q$ — Kathetensatz: $a^2 = q \cdot b$; $c^2 = p \cdot b$

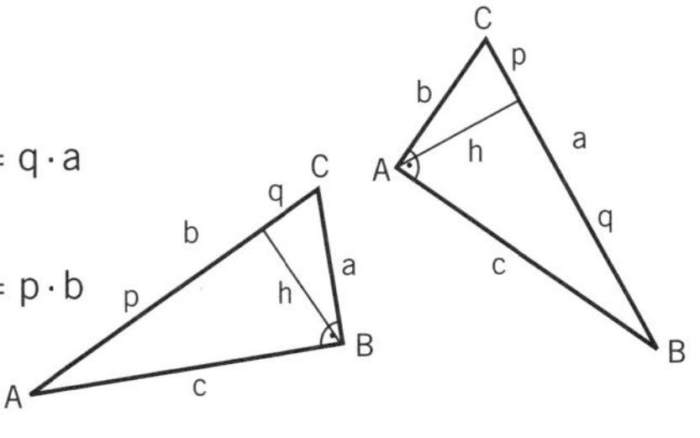

Test 2

a)

a	–	10 cm	25 cm	16 cm
b	–	–	15 cm	13,9 cm
c	6,2 cm	–	20 cm	8 cm
h	3,9 cm	4,8 cm	–	6,9 cm
p	3,1 cm	3,6 cm	–	–
q	4,9 cm	6,4 cm	16 cm	–

b)

a	–	20 cm	11,7 cm	10,8 cm
b	–	–	22,7 cm	13 cm
c	22,4 cm	–	19,5 cm	7,2 cm
h	14,9 cm	12 cm	–	6 cm
p	16,7 cm	9 cm	16,7 cm	–
q	13,3 cm	16 cm	–	–

Test 3

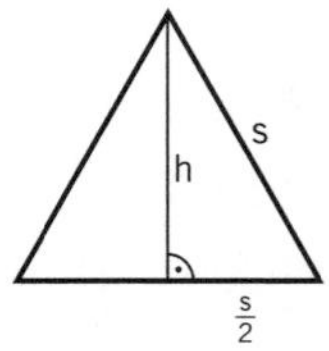

$h = \sqrt{s^2 - \frac{s^2}{4}}$; $h = \sqrt{100\,cm^2 - 25\,cm^2} \approx 8{,}7\,cm$

$A_D = 43{,}5\,cm^2$

$A_{6\text{-Eck}} = 6 \cdot A_D = 261\,cm^2$; $U_{6\text{-Eck}} = 6 \cdot s = 60\,cm$

Test 4

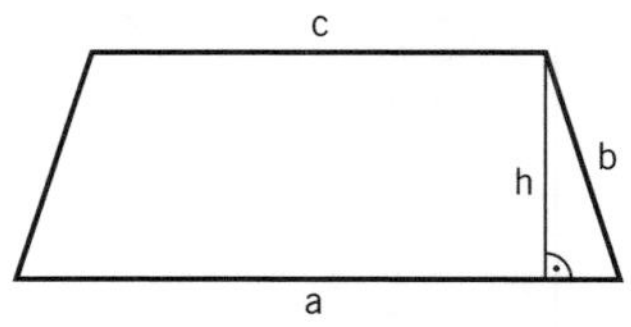

$A_T = \frac{40\,cm + 30\,cm}{2} \cdot 10\,cm = 350\,cm^2$

$b = \sqrt{h^2 + \left(\frac{a-c}{2}\right)^2} = \sqrt{100\,cm^2 + 25\,cm^2} \approx 11{,}2\,cm$

$U_T = a + c + 2b = 92{,}4\,cm$

Test 5

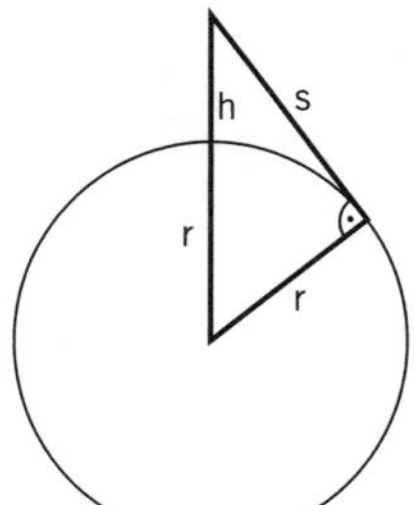

$300\,m = 0{,}3\,km$

$s = \sqrt{h^2 + 2hr}$

$s = \sqrt{(0{,}3\,km)^2 + 2 \cdot 0{,}3\,km \cdot 6400\,km}$

$s = \sqrt{3840{,}09\,km^2} \approx 61{,}97\,km$

Man kann rund 62 km weit vom Turm blicken.

Test 6

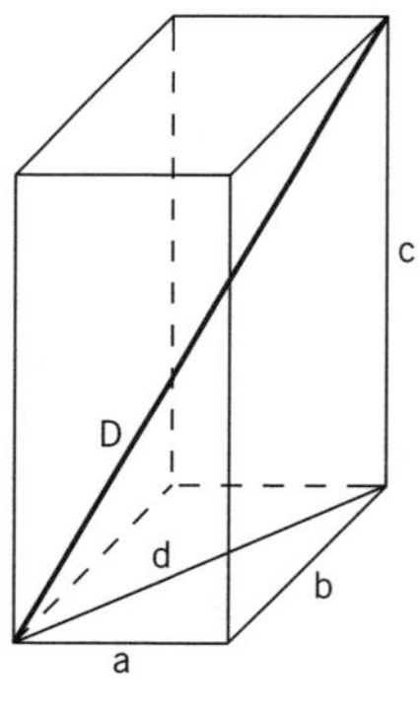

Man muss die Raumdiagonale D ermitteln!

$d = \sqrt{a^2 + b^2}$; $d = \sqrt{15{,}25^2} \approx 3{,}9\,m$

$D = \sqrt{d^2 + c^2}$; $D = \sqrt{51{,}25\,m^2} \approx 7{,}2\,m$

Man kann den Stab höchstens 7,2 m hineinstecken.

Strahlensätze 6

Der erste Strahlensatz

1.

$\frac{\overline{SC}}{\overline{SA}} = \frac{\overline{SD}}{\overline{SB}}$ $\frac{\overline{SC}}{\overline{CA}} = \frac{\overline{SD}}{\overline{DB}}$ $\frac{\overline{SA'}}{\overline{SA}} = \frac{\overline{SB'}}{\overline{SB}}$ $\frac{\overline{SA'}}{\overline{CA}} = \frac{\overline{SB'}}{\overline{DB}}$

Dazu kommen noch die jeweils umgekehrten Verhältnisse.

2.

a) $\frac{b}{b+d} = \frac{a}{a+c}$; $\frac{b}{d} = \frac{a}{c}$; $\frac{d}{b+d} = \frac{c}{a+c}$

b) $\frac{x}{v} = \frac{u}{y}$; $\frac{x}{x+v} = \frac{u}{u+y}$; $\frac{v}{x+v} = \frac{y}{u+y}$

3.

a) $\frac{d}{b} = \frac{c}{a}$; $d = \frac{4\,\text{cm}}{5\,\text{cm}} \cdot 3\,\text{cm} = 2{,}4\,\text{cm}$; Probe: $\frac{2{,}4}{3} = \frac{4}{5} = 0{,}8$

b) $\frac{a}{a'} = \frac{b}{b'}$; $a = \frac{6\,\text{cm}}{14\,\text{cm}} \cdot 7\,\text{cm} = 3\,\text{cm}$; Probe: $\frac{3}{7} = \frac{6}{14}$

c) $\frac{c}{a} = \frac{d}{b}$; $c \approx 3{,}1\,\text{cm}$

d) $\frac{b'}{b} = \frac{a'}{a}$; $b' = 18\,\text{cm}$

Der zweite Strahlensatz

1.

a) $\frac{b}{y} = \frac{a}{z}$; $\frac{b}{y} = \frac{c}{x}$

b) $\frac{u}{w} = \frac{a}{a+d}$; $\frac{u}{w} = \frac{b}{b+e}$; $\frac{v}{x} = \frac{b}{b+e}$; $\frac{v}{x} = \frac{c}{c+f}$;

$\frac{u+v}{w+x} = \frac{a}{a+d} = \frac{b}{b+e} = \frac{c}{c+f}$

2.

a) $\frac{f}{q} = \frac{d}{p}$; $f = \frac{6\,\text{cm}}{9\,\text{cm}} \cdot 12\,\text{cm} = 8\,\text{cm}$

b) $\frac{p}{a} = \frac{q}{c}$; $p = 9\,\text{cm}$

c) $\frac{p}{a} = \frac{q}{a+b}$; $p = 28\,\text{cm}$

d) $\frac{q}{e+d} = \frac{p}{d}$; $q = 93\,\text{cm}$

3.

a) 2. Strahlensatz: $\frac{q}{c} = \frac{p}{a}$; $q = \frac{3{,}2\,\text{cm}}{8\,\text{cm}} \cdot 17\,\text{cm} = 6{,}8\,\text{cm}$

b) 1. Strahlensatz: $\frac{a}{b} = \frac{d}{e}$; $a = 4{,}8\,\text{cm}$

c) 2. Strahlensatz: $\frac{d}{f} = \frac{p}{q}$; $d = 54\,\text{cm}$

d) 1. Strahlensatz: $\frac{b}{c} = \frac{e}{f}$; $e = \frac{5{,}6\,\text{cm}}{8\,\text{cm}} \cdot 6\,\text{cm} = 4{,}2\,\text{cm}$

Teilung von Strecken

1.

a) β) $x = 5{,}3\,\text{cm},\ y = 2{,}7\,\text{cm}$ γ) $x = 4{,}8\,\text{cm},\ y = 3{,}2\,\text{cm}$

b) β) $\frac{x}{y} = \frac{2}{1};\ y = 8 - x$

$\frac{x}{8-x} = \frac{2}{1} \rightarrow x = 2(8 - x)$

$3x = 16$

$x = 5{,}\overline{3} \approx 5{,}3\,\text{cm}$

$y = 8 - x \rightarrow y = 2{,}7\,\text{cm}$

γ) $\frac{x}{y} = \frac{3}{2},\ y = 8 - x$

$\frac{x}{8-x} = \frac{3}{2} \rightarrow 2x = 3(8 - x)$

$5x = 24$

$x = 4{,}8\,\text{cm}$

$y = 8 - x \rightarrow y = 3{,}2\,\text{cm}$

2.

a) β) $x = 18\,\text{cm},\ y = 24\,\text{cm}$ γ) $x = 2{,}4\,\text{cm},\ y = 8{,}4\,\text{cm}$

b) β) $\frac{6+x}{x} = \frac{4}{3} \rightarrow 3(6 + x) = 4x$

$x = 18\,\text{cm}$

$y = 6 + x \rightarrow y = 24\,\text{cm};$

$\frac{24}{18} = \frac{4}{3}$

γ) $\frac{6+x}{x} = \frac{7}{2} \rightarrow 2(6 + x) = 7x$

$5x = 12\,\text{cm}$

$x = 2{,}4\,\text{cm}$

$y = 6 + x \rightarrow y = 8{,}4\,\text{cm};$

$\frac{8{,}4}{2{,}4} = \frac{2{,}1}{0{,}6} = 3{,}5 = \frac{7}{2}$

3.

a) $x = 3\,\text{cm},\ y = 1\,\text{cm};\ \frac{x}{y} = \frac{3}{1}$
$w = 6\,\text{cm},\ v = 2\,\text{cm};\ \frac{w}{v} = \frac{6}{2} = \frac{3}{1}$

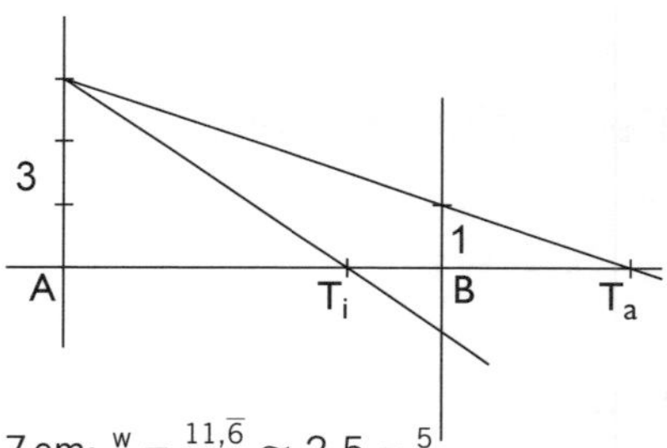

b) $x = 3\,\text{cm};\ y = 2\,\text{cm};\ \frac{x}{y} = \frac{3}{2}$
$w = 15\,\text{cm},\ v = 10\,\text{cm};\ \frac{w}{v} = \frac{15}{10} = \frac{3}{2}$

c) $x = 5\,\text{cm},\ y = 2\,\text{cm};\ \frac{x}{y} = \frac{5}{2}$
$w = 11{,}\overline{6}\,\text{cm} \approx 11{,}7\,\text{cm},\ v = 4{,}\overline{6}\,\text{cm} \approx 4{,}7\,\text{cm};\ \frac{w}{v} = \frac{11{,}\overline{6}}{4{,}\overline{6}} \approx 2{,}5 = \frac{5}{2}$

Vermischte Aufgaben

1.

a) $\frac{b}{b'} = \frac{a}{a'}$ (1. Str.); $b = 6\,\text{cm}$

b) $\frac{a}{a'} = \frac{b}{b'}$ (1. Str.); $a = 16\,\text{cm}$

c) $\frac{b}{e} = \frac{b'}{f}$ (2. Str.); $b = 2{,}5\,\text{cm}$

d) $\frac{e}{a} = \frac{f}{a'}$ (2. Str.); $e = 12\,\text{cm}$

e) $\frac{f}{a'} = \frac{e}{a}$ (2. Str.); $f = 6{,}3\,\text{cm}$

f) $\frac{c}{a} = \frac{d}{b}$ (1. Str.); $c = 5{,}6\,\text{cm}$

2.

a) $\overline{SB'} = 4{,}8\,\text{cm};\ \overline{BB'} = 0{,}8\,\text{cm}$ b) $\overline{SA} = 6\,\text{cm}$

c) $\overline{SA} = 3{,}6\,\text{cm};\ \overline{SB} = 4{,}8\,\text{cm};\ \overline{BB'} = 2{,}8\,\text{cm}$

3.

α) a) innen:

$x = 5\,cm$, $y = 3\,cm$

rechnerisch:

$\frac{x}{8-x} = \frac{5}{3} \rightarrow x = 5$

$8 - x = y \rightarrow y = 3$

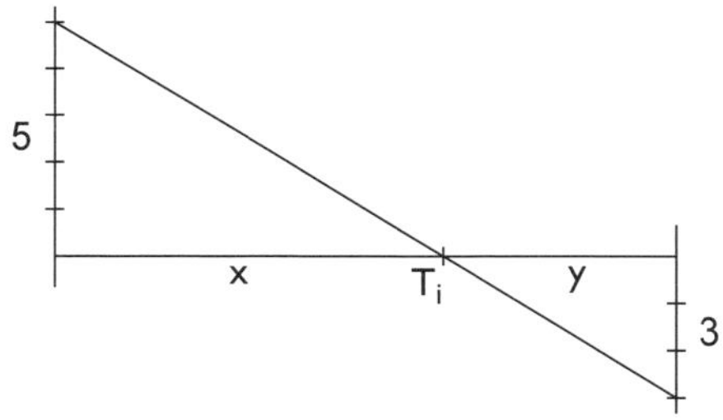

b) außen: ohne Abbildung

$\frac{8+x}{x} = \frac{5}{3}$

$3(8 + x) = 5x$

$24 = 2x \quad \rightarrow x = 12\,cm$ Probe: $\frac{20}{12} = \frac{5}{3}$

$y = 8 + x \rightarrow y = 20\,cm$

β) a) innen:

$\frac{x}{8-x} = \frac{5}{11}$

$11x = 5(8 - x)$

$16x = 40 \rightarrow x = 2{,}5\,cm$

$8 - x = y \quad \rightarrow y = 5{,}5\,cm$

Probe: $\frac{2{,}5}{5{,}5} = \frac{5}{11}$

b) außen:

$\frac{x}{8+x} = \frac{5}{11}$

$11x = 5(8 + x)$

$6x = 40 \rightarrow x = \frac{20}{3} = 6{,}\overline{6} \approx 6{,}7\,cm$

Hinweis:

Hier liegt T_a **links** von A!

$y = 8 + x \rightarrow y = \frac{44}{3} = 14{,}\overline{6} \approx 14{,}7\,cm$

Probe: $\frac{\frac{20}{3}}{\frac{44}{3}} = \frac{20}{44} = \frac{5}{11}$

4.

a)

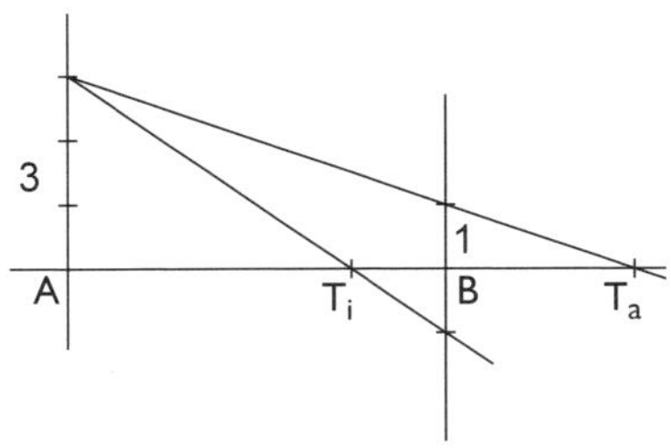

$\overline{AT_i} = 4{,}5\,cm$ $\overline{AT_a} = 9\,cm$

$\overline{T_iB} = 1{,}5\,cm$ $\overline{T_aB} = 3\,cm$

b)

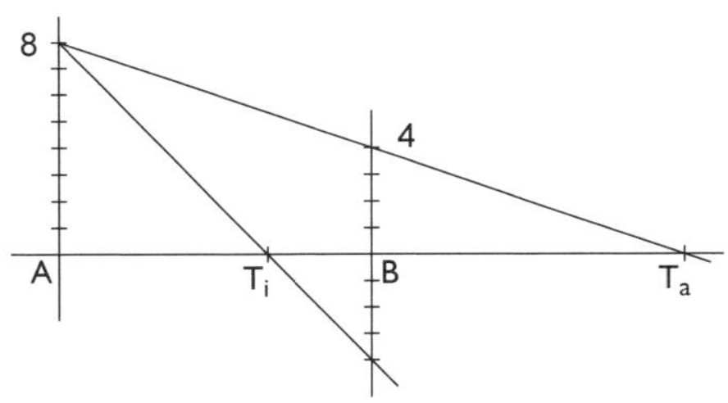

$\overline{AT_i} = 4\,cm$ $\overline{AT_a} = 12\,cm$

$\overline{T_iB} = 2\,cm$ $\overline{T_aB} = 6\,cm$

Anwendungen der Strahlensätze

Da man Streckenverhältnisse verschieden angeben kann, können verschiedene Lösungswege richtig sein.

1. $\frac{x}{1{,}5} = \frac{12}{1}$; $x = \frac{12}{1} \cdot 1{,}5$; $x = 18$ Der Baum ist 18 m hoch.

2. $\frac{x}{20} = \frac{1,2}{3}$; $x = \frac{1,2}{3} \cdot 20 = 8$

Der Mast ist 8 m hoch.

3. $\frac{x}{50} = \frac{1,80}{1,20}$; $x = 75$

Der Leuchtturm ist 75 m hoch.

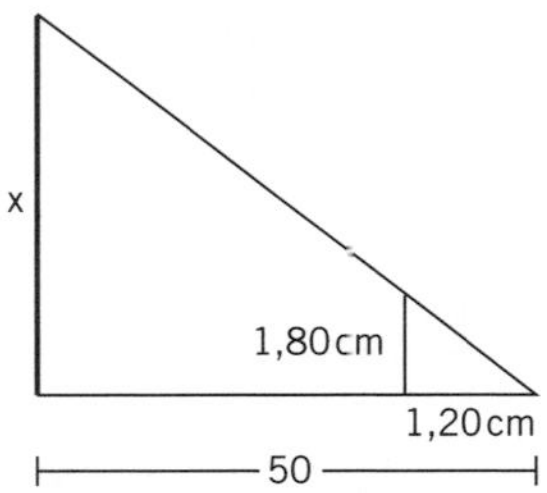

4. $\frac{\overline{SA}}{\overline{AB}} = \frac{\overline{SA'}}{\overline{A'B'}}$;

$\overline{A'B'} = \frac{1500\,cm \cdot 25\,cm}{40\,cm} = 937{,}5\,cm$
$= 9{,}375\,m$

Das Gebäude ist
9,375 m + 1,80 m = 11,175 m hoch.

5.
$\frac{y}{6} = \frac{5}{8}$, $y = 3{,}75$; $\frac{x}{3{,}75} = \frac{2{,}5}{5}$; $x = 1{,}875\,m$

(Mehrere Lösungswege sind möglich.)

6. $\frac{x}{x + \overline{AA'}} = \frac{\overline{AB}}{\overline{A'B'}}$; $x = \frac{64}{96} \cdot (x + 21)$; $x = \frac{1344}{32} = 42$

Der Fluss ist 42 m breit.

7. $\frac{x}{49} = \frac{10{,}5}{35}$; $x = 14{,}7\,m$

Die Breite des F usses beträgt 14,7 m.

8. $\frac{x}{27} = \frac{68}{36}$; $x = 51\,km$

Die Orte sind 51 km voneinander entfernt.

Test

Test 1

a) $\frac{x}{7} = \frac{3}{4}$; $x = 5{,}25\,cm$
b) $\frac{x}{9} = \frac{6}{8}$; $x = 6{,}75\,cm$
c) $\frac{x}{4{,}8} = \frac{4{,}5}{6}$; $x = 3{,}6\,cm$

Test 2

a) 5 : 3
b) $\overline{AT_a} = 20\,cm$; $\overline{T_aB} = 12\,cm$

Test 4

b) $\frac{x}{x + 40} = \frac{36}{84}$; $x = 30\,m$
Der Fluss ist 30 m breit

Test 5

$\frac{x}{a} = \frac{e}{f}$; $x = \frac{e \cdot a}{f}$; $x = 32\,m$
Die Baumhöhe beträgt 32 m.

Test 3

$\overline{AT_i} = 4{,}8\,cm$ $\quad$ $\overline{AT_a} = 8\,cm$
$\overline{T_iB} = 1{,}2\,cm$ $\quad$ $\overline{T_aB} = 2\,cm$

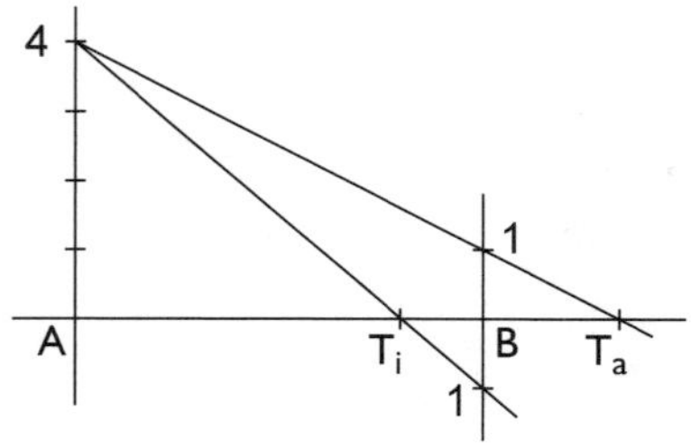

Zentrische Streckungen 7

Definition der zentrischen Streckung

1.

a) $\overline{SA'} = 6\,\text{cm}$; $\overline{SA} = 3\,\text{cm} \Rightarrow k = 2$

b) $\frac{\overline{A'B'}}{\overline{AB}} = \frac{4{,}2}{2{,}1} = 2$; $\frac{\overline{A'C'}}{\overline{AC}} = \frac{3{,}2}{1{,}6} = 2$; $\frac{\overline{B'C'}}{\overline{BC}} = \frac{1{,}4}{0{,}7} = 2$

Die Quotienten haben immer den Wert 2.

2.

d) Man erwartet, dass der Quotient $\frac{\overline{SB'}}{\overline{SB}} = 2$ ist.

e) $\overline{A'B'} = 6\,\text{cm}$ ist zu erwarten.

Konstruktionen zur zentrischen Streckung

1.

c) Die Quotienten von $\frac{\overline{SA'}}{\overline{SA}}, \frac{\overline{SB'}}{\overline{SB}}, \frac{\overline{A'B'}}{\overline{AB}}$ usw. müssen immer den Wert $\frac{3}{2} = 1{,}5$ ergeben, dann ist die Streckung korrekt durchgeführt worden.

2.

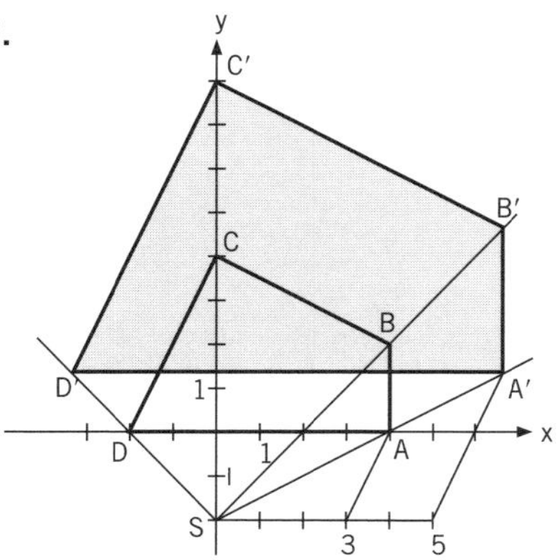

3.

a) $B'(10|1)$, $C'(10|7)$

b) $\frac{\overline{SA'}}{\overline{SA}} = \frac{6{,}6}{2{,}2} = 3$; $\frac{\overline{SB'}}{\overline{SB}} = \frac{9}{3} = 3$; $k = 3$

4.

a) $S(3|-4)$

b) $\frac{\overline{SP}}{\overline{SA}} = \frac{6{,}6}{4{,}4} = 1{,}5$

$\frac{\overline{SQ}}{\overline{SB}} = \frac{6}{4} = 1{,}5$

$k = 1{,}5$

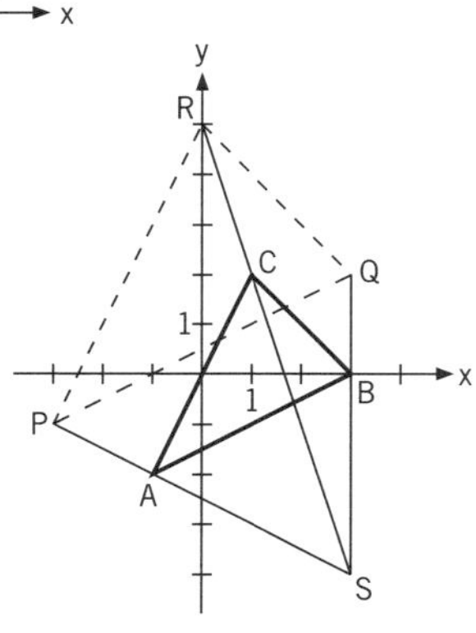

Bedeutung des Streckfaktors k

1.

Verbinde A, B, C mit S. Lege einen Hilfsstrahl mit drei gleich langen Einheiten fest. Verbinde A mit der 3. Längeneinheit, zeichne dazu eine Parallele durch die 2. Längeneinheit, dies ergibt A′. Zeichne von A′ aus die Parallelen zu den Dreiecksseiten, das ergibt B′ und C′.

$\overline{A'B'} = \frac{5}{2}\,cm$; $\overline{B'C'} = 3\,cm$; $\overline{C'A'} = 3{,}8\,cm$

2.

A′(–6|1), B′(4|–2),
C′(4|3), D′(–1|6)

3.

a) $k = \frac{2}{3}$
b) $k = \frac{-1}{3}$
c) $k = \frac{5}{3}$
d) $k = \frac{-3}{2}$

4.

a) $k_1 = \frac{7{,}5}{5} = \frac{3}{2}$; $k_2 = \frac{10}{5} = 2$; $k_3 = \frac{3}{5}$; $k_4 = \frac{1}{5}$
b) $k_1 = \frac{-6}{4} = \frac{-3}{2}$; $k_2 = \frac{-8}{4}$; $k_3 = \frac{-3}{4}$; $k_4 = \frac{-1}{4}$

5.

a) … größer
… kleiner

b) … kleiner
… größer

6. –

7.

a) A′(4|2,5); B′(5,5|–0,5); C′(–5|–2); D′(1|–3,5)
b) A″(–2|–0,5); B″(–3,5|2,5); C″(7|4); D″(1|5,5)

8.

a) Das Bild ist größer und weiter von S entfernt als das Urbild.
b) Das Bild ist kleiner und liegt näher an S als das Urbild.
c) Das Bild ist kleiner und liegt näher an S, jedoch auf der anderen Seite.
d) Das Bild ist größer und weiter von S entfernt, jedoch auf der anderen Seite.

9.

a) $\frac{\overline{SA'}}{\overline{SA}} = \frac{2{,}5}{4{,}5} = \frac{5}{9} = k_1$
b) $\frac{\overline{SA''}}{\overline{SA'}} = \frac{7}{2{,}5} = \frac{14}{5} = k_2$
c) $\frac{\overline{SA''}}{\overline{SA}} = \frac{7}{4{,}5} = \frac{14}{9} = k$

10.

a) A′(0|4); B′(6|2); C′(2|8)
b) A″(0|–4); B″(–6|–2); C″(–2|–8)

11.

a), b) analog c)

c) zentrische Streckung mit $k = \frac{-3}{2}$, Streckzentrum A

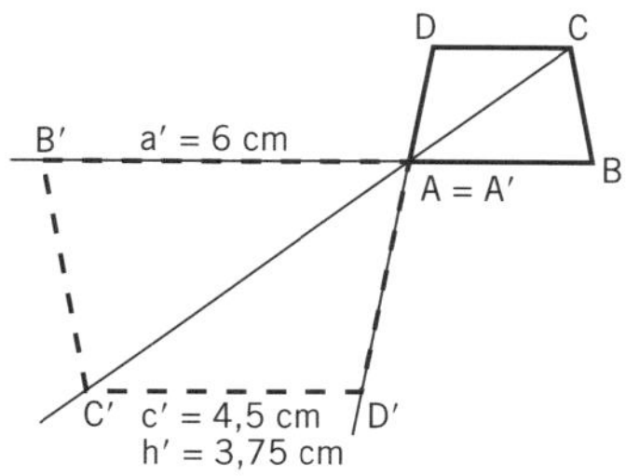

12.

b) Streckzentrum S bei (4|2) (Der Schnittpunkt der Geraden durch C und E, A und D sowie B und F liefert S.)

c) $\frac{\overline{SF}}{\overline{SB}} = \frac{3}{6} = \frac{1}{2}$; $\frac{\overline{SD}}{\overline{SA}} = \frac{\overline{SE}}{\overline{SC}} = \frac{2{,}25}{4{,}5} = \frac{1}{2}$; $k = \frac{1}{2}$

13.

a) A′(–2|1); B′(6|1); C′(1|7)

b) $\overline{AB} = 4\,cm$; $\overline{A'B'} = 8\,cm$

c) $h_c = 3\,cm$; $h_c' = 6\,cm$

d) $A_1 = 6\,cm^2$; $A_2 = 24\,cm^2$

e) $A_2 : A_1 = 24\,cm^2 : 6\,cm^2 = 4 = 2^2$, also $2^2 \cdot 6 = 24$, also $k^2 \cdot A_1 = A_2$

f) Ja, sie verlaufen parallel.

g) Ja, sie bleiben gleich.

Test

Test 1

a) a = 6 cm; b = 8 cm; c = 10 cm

b) a = 1 cm; b = $1\frac{1}{3}$ cm (1,3 cm); c = $1\frac{2}{3}$ cm (1,6 cm)

c) a = 1,5 cm; b = 2 cm; c = 2,5 cm

d) a = 7,5 cm; b = 10 cm; c = 12,5 cm

Test 2

c) $k = \frac{4\,cm}{6\,cm} = \frac{2}{3}$ oder: $k = \frac{\overline{SC}}{\overline{SB}} = \frac{3{,}4\,cm}{5{,}1\,cm} = \frac{2}{3}$

Test 3

b) Die Gerade durch A und P verläuft nicht durch den Schnittpunkt der Geraden durch C und Q sowie B und R.

c) P(–4|–3), S(–2|–6), $k = \frac{1}{2}$

Test 4

a) $a' = 2 \cdot 4\,cm = 8\,cm$, $b' = 2 \cdot 2{,}5\,cm = 5\,cm$

$A' = 8\,cm \cdot 5\,cm = 40\,cm^2$

b) $A' = k^2 \cdot A$; $A = 4\,cm \cdot 2{,}5\,cm = 10\,cm^2$

$A' = 22 \cdot 10\,cm^2 = 4 \cdot 10\,cm^2 = 40\,cm^2$

8 Ähnliche Figuren

Der Begriff der Ähnlichkeit

1.

a) Nein. b) Geradenspiegelung oder Parallelverschiebung

2.

a) F ~ G; Geradenspiegelung b) F ~ G; Punktspiegelung

c) F und G sind nicht ähnlich zueinander.

3.

a) ja; Geradenspiegelung b) ja; Punktspiegelung (Drehung um 180°)

c) ja; zentrische Streckung d) ja; zentrische Streckung

Eigenschaften ähnlicher Figuren

1.

Die Winkel sind gleich groß. Die Figuren sind dennoch nicht ähnlich, da die Verhältnisse entsprechender Seiten unterschiedlich sind:
Grundseite Verhältnis 1 : 1; Höhe Verhältnis 2 : 1

2.

a) A ~ B: Winkel gleich groß, Seitenverhältnis jeweils 2 : 1

b) Winkel gleich groß, Verhältnisse entsprechender Seiten jedoch unterschiedlich.

c) E ~ F: Winkel gleich groß, nach Drehung um 90° entsprechende Seitenverhältnisse jeweils 2 : 1.

3.

b) A′(4|3), B′(2|2), C′(1|5), D′(4|5) c) A″(8|6), B″(4|4), C″(2|10), D″(8|10)

d) Ja.

4.

a) richtig (Winkel und Seitenverhältnisse stimmen immer überein).

b) nein; Gegenbeispiel:

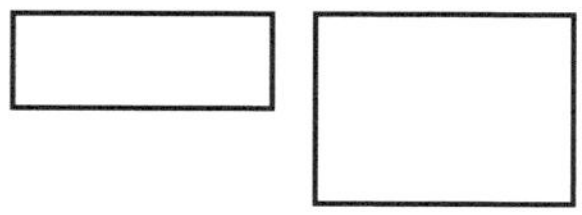

c) ja (Winkel und Seitenverhältnisse stimmen immer überein.)

d) nein; Gegenbeispiel:

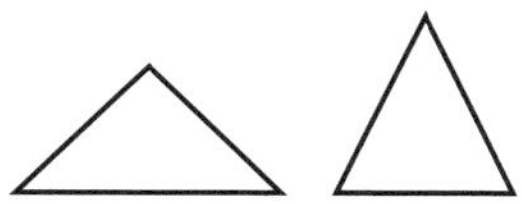

Ähnliche Dreiecke

1.

ABC und DEF sind zueinander ähnlich. Die beiden Dreiecke stimmen in allen Winkelgrößen überein: 90° + 54° + 36° = 180°

2.

Keines der Dreiecke ist zu einem anderen ähnlich, da sie weder in den Winkelgrößen noch in den Seitenverhältnissen übereinstimmen.

3.

a) DEC = 90°

b) α_1 und γ_2 sind Wechselwinkel.

c) zwei gleich große Winkel.

4.

a) $\sphericalangle$ FAD und $\sphericalangle$ CFE bzw. $\sphericalangle$ ADF und $\sphericalangle$ FEC sind gleich groß (Stufenwinkel).

b) $\sphericalangle$ FAD = $\sphericalangle$ CAB; $\sphericalangle$ ADF und $\sphericalangle$ ABC sind Stufenwinkel.

Ähnlichkeit am rechtwinkligen Dreieck

1.

a) F_1: $\sphericalangle$ DAE = 90°; F_2: $\sphericalangle$ EBF = 90°

b) F_2: $\sphericalangle$ EBF = 90°; F_3: $\sphericalangle$ FCG = 90°
$\delta = 180° - 90° - \beta = 90° - \beta$
$180° = \delta + 90° + \varepsilon \Leftrightarrow \delta = 90° - \varepsilon$
Folglich sind β und ε gleich groß.

c) Ja, Beweis analog b)

2.

c) Alle Dreiecke sind rechtwinklig!
Darüber hinaus haben ADC und ABC den Winkel α gemeinsam und sind somit ähnlich, und DBC und ABC haben den Winkel β gemeinsam und sind somit ähnlich.

3.

ABC	ADC	DBC
a	h_c	p
b	q	h_c
c	b	a

4.

$\frac{a}{p} = \frac{b}{h_c} = \frac{b}{a}$

Wir betrachten $\frac{a}{p} = \frac{c}{a} \Leftrightarrow a^2 = c \cdot p$

5.

$\frac{h_c}{p} = \frac{q}{h_c} = \frac{b}{a}$

Betrachte $\frac{h_c}{p} = \frac{q}{h_c} \Leftrightarrow h_c{}^2 = q \cdot p$ **Höhensatz**

6.

a) Beide Dreiecke haben jeweils einen rechten Winkel: $\sphericalangle ADC = \sphericalangle BEC = 90°$
Ferner haben beide Dreiecke den Winkel $\sphericalangle ACB$ gemeinsam und damit sind sie ähnlich zueinander.

b) Die Verhältnisse entsprechender Seiten bei der zentrischen Streckung sind gleich groß:
$\frac{\overline{AC}}{\overline{AD}} = \frac{\overline{BC}}{\overline{BE}}$ $\qquad \overline{AC} \cdot \overline{BE} = \overline{BC} \cdot \overline{AD}$

Ähnlichkeit am Kreis

1.

Alle Umfangswinkel sind gleich groß!

2.

a) ε_1 und ε_2 sind Scheitelwinkel.
b) α und γ sind zur Sehne $\overline{DB}$ Umfangswinkel.
c) Zur Sehne $\overline{AC}$ sind β und δ Umfangswinkel.

3.

a) $\frac{\overline{PA}}{\overline{PC}} = \frac{\overline{PD}}{\overline{PB}}$ b) –

4.

a) $\sphericalangle DCB$ und $\sphericalangle DAB$ sind Umfangswinkel über der Sehne $\overline{DB}$;
$\sphericalangle CBA$ und $\sphericalangle CDA$ sind Umfangswinkel zur Sehne $\overline{CA}$.

b) $\frac{\overline{PA}}{\overline{PC}} = \frac{\overline{PD}}{\overline{PB}}$

Vermischte Aufgaben

1.

Die Rechtecke R_1 und R_2 sind ähnlich, da gilt: $\frac{4}{3} = \frac{6}{4{,}5} = 1{,}\overline{3}$

2.

a) Die Dreiecke sind ähnlich; S = A; $k = \frac{5}{2} = \frac{7{,}5}{3} = 2{,}5$

b) Die Dreiecke sind ähnlich; S = C; $k = \frac{2{,}5}{5} = \frac{1{,}5}{3} = 0{,}5$

c) Die Dreiecke sind ähnlich; z. B. S = A; $k = \frac{8}{4} = \frac{6}{3} = \frac{10}{5} = 2$

3.

a) $\sphericalangle EDC = 68°$ $\sphericalangle ECD = 22°$
$\sphericalangle BAE = 53°$ $\sphericalangle ABE = 37°$

b) $\frac{10}{6{,}5} \approx 1{,}5$; $\frac{8}{6} = 1{,}\overline{3}$; $\frac{6}{2{,}5} = 2{,}4$

4.

a) ADC: $\sphericalangle ADC = 90°$
$\sphericalangle CAD = 90° - \gamma = 40°$, also Übereinstimmung zweier Winkel.

b) $\frac{b}{a} = \frac{p}{b} \Leftrightarrow b^2 = p \cdot a$

c) ABD: $\sphericalangle ADB = 90°$; $\sphericalangle BAD = 90° - \beta = 50°$
$\frac{c}{a} = \frac{q}{c} \Leftrightarrow c^2 = q \cdot a$

5.

1. Die Winkel $\sphericalangle CSB$ und $\sphericalangle ASD$ sind gleich groß, da sie Scheitelwinkel sind.
2. Die Winkel $\sphericalangle ADC$ und $\sphericalangle CBA$ sind gleich groß, da sie Umfangswinkel zu Sehne $\overline{AC}$ sind. (oder: $\sphericalangle DAB$ und $\sphericalangle BCD$ gleich, da Umfangswinkel zur Sehne $\overline{DB}$).

6.

Der Durchmesser sei d = x + 20 cm. Nach dem Sehnensatz gilt:

$20\,\text{cm} \cdot x = 37\,\text{cm} \cdot 37\,\text{cm} \Rightarrow x = 68{,}45\,\text{cm}$.

Die Schale hatte einen Durchmesser von 88,45 cm.

7.

$D_1 \sim D_3$

1. Die Winkel $\sphericalangle BEA$ und $\sphericalangle DEC$ sind gleich groß, da sie Scheitelwinkel sind.
2. Die Winkel $\sphericalangle BAE$ und $\sphericalangle ECD$ sind gleich groß, da sie Wechselwinkel sind.

8.

$D_1 \sim D_3$: 1. Scheitelwinkel ∢AEB und ∢DEC
2. Wechselwinkel ∢BAE und ∢ECD

$D_2 \sim D_4$: 1. Scheitelwinkel ∢BEC und ∢AED
2. Wechselwinkel ∢BCE und ∢EAD

Test

Test 1

a) Ja, Winkel und Seitenverhältnisse stimmen immer überein.

b) Nein; Gegenbeispiel:

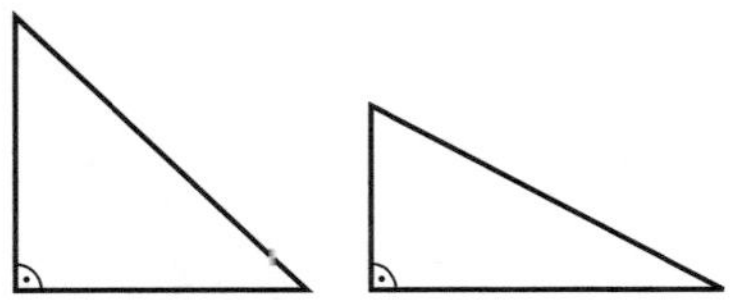

d) Nein; Gegenbeispiel:

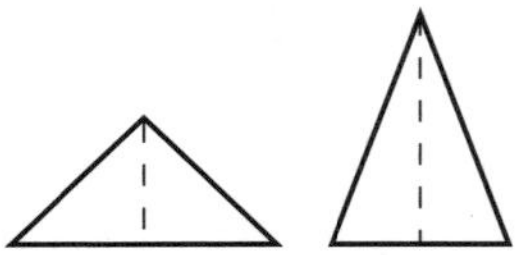

c) Ja; siehe a)

Test 2

a) $\gamma = 97°$, $\alpha' = 35°$; ähnlich

b) $\gamma = 70°$; $\gamma' = 47°$; ähnlich

c) $\beta = 61°$, $\alpha' = 101°$; nicht ähnlich

d) $\gamma = 59°$, $\beta' = 53°$; ähnlich

Test 3

a) ε_1 und ε_2 sind Scheitelwinkel, also gleich groß; α und γ sowie β und δ sind Wechselwinkel, also gleich groß.

b) Entsprechende Seiten sind $\overline{AE}$ und $\overline{CE}$ bzw. $\overline{BE}$ und $\overline{DE}$.
Folglich gilt $\frac{\overline{AE}}{\overline{CE}} = \frac{\overline{BE}}{\overline{DE}} \Leftrightarrow \overline{AE} \cdot \overline{DE} = \overline{CE} \cdot \overline{BE} \Leftrightarrow \frac{\overline{AE}}{\overline{BE}} = \frac{\overline{CE}}{\overline{DE}}$

Test 4

a) Beide Dreiecke sind rechtwinklig und haben den Winkel ∢BCA gemeinsam.

b) Entsprechende Seiten sind: $\overline{AD}$ und $\overline{BE}$ bzw. $\overline{AC}$ und $\overline{BC}$.
Folglich gilt $\frac{\overline{AD}}{\overline{BE}} = \frac{\overline{AC}}{\overline{BC}} \Leftrightarrow \overline{AD} \cdot \overline{BC} = \overline{AC} \cdot \overline{BE}$

Hans Bergmann / Karola Bergmann / Renate Teifke

Mathematik

10. Schuljahr

Inhalt

Prüfungsteil

1

Vorwort

Liebe Schülerin, lieber Schüler,

dieses Buch macht dich **fit in Mathematik**. Es bietet dir einfache Erklärungen, vielfältige Übungen und Tests, um deine Leistungen in diesem Fach zu verbessern. Vor dir liegt das gebündelte Wissen im Fach Mathematik vom 9. bis zum 10. Schuljahr – greif zu! Zunächst werden **die wichtigsten Themen** des 9. Schuljahrs bearbeitet; dann folgt das 10. Schuljahr

Mit diesem Buch kannst du den aktuellen Unterrichtsstoff mitlernen oder Inhalte aus vorangegangenen Schuljahren nachschlagen und festigen. Nimm es einfach immer wieder zur Hand und bearbeite einen Abschnitt daraus. Die folgenden Zeichen helfen dir bei der Orientierung:

Lies zunächst die **Regeln** und **Tipps**.

In zahlreichen **Übungen** kannst du die Regeln und Tipps dann anwenden.

Zusammenfassungen bieten dir einen Überblick über dein Wissen.

Mithilfe der **Tests** am Ende eines Kapitels kannst du kontrollieren, ob du alles verstanden und behalten hast.

Bei vielen Aufgaben hast du die Möglichkeit, deine Lösungen sofort ins Buch einzutragen. Für die anderen lege dir ein **Trainingsheft** an. Die richtigen Lösungen aller Aufgaben findest du am Ende eines Buchteils. Ob du nun Stoff wiederholen oder dich auf eine Klassenarbeit vorbereiten möchtest - dieser Band wird dich Schritt für Schritt zum Ziel führen und bringt dir maximalen Durchblick, maximalen Erfolg und maximale Sicherheit.

Und jetzt kann's losgehen!

1 Lineare Gleichungssysteme

Lineare Gleichungen

Was sind lineare Gleichungen?

Die Aussageform $2x - y = 1$ ist eine **lineare Gleichung** mit den Variablen x und y.
Setzt man die Werte x und y eines Zahlenpaares (x; y) in eine solche lineare Gleichung ein, entsteht eine **Aussage**, die wahr oder falsch sein kann:

Beispiel: (3; 5) → x = 3 und y = 5
$2x - y = 1 \rightarrow 6 - 5 = 1$ → **wahre** Aussage

(5; 3) → x = 5 und y = 3
$2x - y = 1 \rightarrow 10 - 3 = 1$ → **falsche** Aussage

Diese Zahlenpaare heißen **geordnete** Zahlenpaare, weil an der ersten Stelle **immer** der x-Wert stehen soll.

Was ist die Lösungsmenge?

Weil das geordnete Zahlenpaar (3; 5) die Gleichung $2x - y = 1$ in eine wahre Aussage überführt, ist (3; 5) **Lösung** dieser Gleichung.
Alle Lösungen der Gleichung bilden die **Lösungsmenge L** der betreffenden Gleichung.
Man schreibt: $L = \{(x; y) \mid 2x - y = 1\}$

Wie sieht der Graph aus?

Alle Lösungen einer linearen Gleichung ergeben eine Gerade. Sie ist der **Graph** der Lösungsmenge.

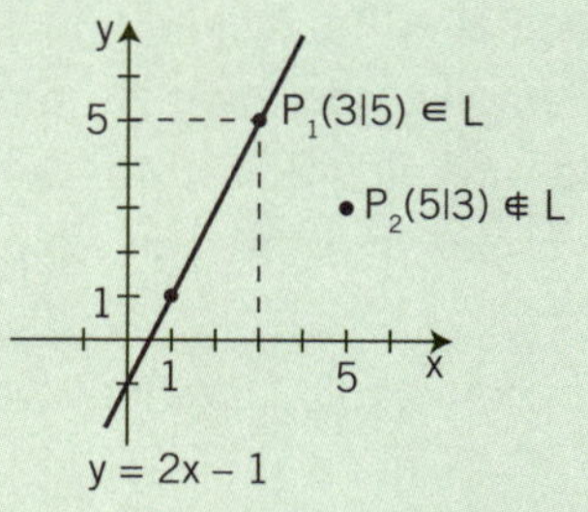

1.

Setze in die lineare Gleichung $2x - y = 5$ nacheinander die Wertepaare (1; 0), (1; –3), (–2; 1), (–1; 1) und (2; –1) ein.

Beachte: In Wertepaaren steht der **x-Wert** immer an **erster** Stelle.

a) Notiere alle Aussagen, die du erhältst.
b) Welche dieser Aussagen sind wahr?
c) Welche Wertepaare sind Lösungen der Gleichung $2x - y = 5$?

2.

Prüfe, welche der Zahlenpaare (–1; 5), (–1; 1), (1; 1), (0; –2), (2; –1), (–2; –1) Lösungen der linearen Gleichung $6x + 3y = 9$ sind.

a) Notiere dazu alle Aussagen.
b) Welche dieser Aussagen sind wahr?
c) Welche Wertepaare sind also die Lösungen von $6x + 3y = 9$?
d) Zeichne zur Gleichung $6x + 3y = 9$ den Graphen der Lösungsmenge. Löse die Gleichung nach y auf und lege eine Wertetabelle an.
e) Liegen alle Lösungen, die du in c) gefunden hast, auf der Geraden?

3.

a) Zeichne den Graphen der Lösungsmenge von $2x - y = 5$. Löse dazu die Gleichung nach y auf.
b) Trage die Lösungen, die du in Aufgabe 1 gefunden hast, in das Koordinatensystem ein. Liegen sie alle auf der Geraden?

4.

a) Zeichne den Graphen der Lösungsmenge von $6x - 2y = 4$.
b) Kontrolliere mit Hilfe deiner Zeichnung, welche dieser Zahlenpaare Lösungen sind: (–1; –5), (–1; 3), (0; –2), (1; 1); (2; 1).

Zeichnerisches Lösen von linearen Gleichungssystemen

Beim zeichnerischen Lösen linearer Gleichungssysteme mit zwei Gleichungen gehst du so vor:

1. Zeichne die Graphen der linearen Gleichungen.
2. Ermittle die Koordinaten ihres Schnittpunktes.
3. Überprüfe die Werte von 2. durch Einsetzen in die linearen Gleichungen.
4. Notiere die Lösung bzw. die Lösungsmenge.

Beachte

Dabei können **drei Fälle** auftreten:

1.	2.	3.
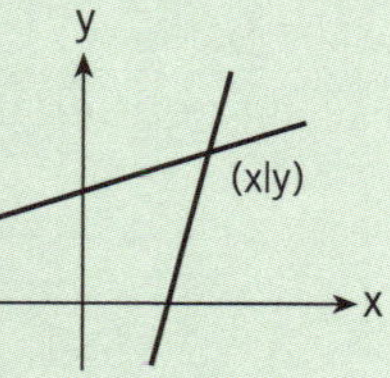	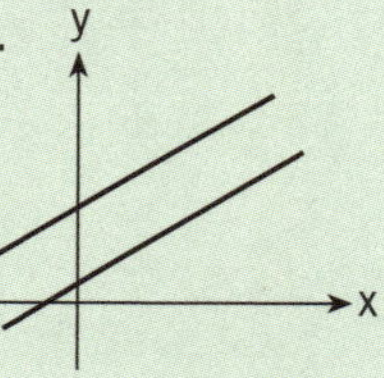	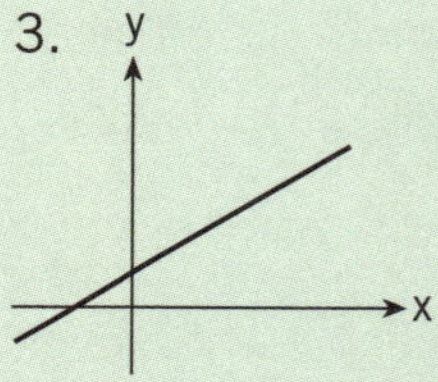
Geraden schneiden sich	Geraden laufen parallel	Geraden fallen zusammen (Doppelgerade)
genau ein Schnittpunkt	**keine** Schnittpunkte	**unendlich viele** Schnittpunkte
eine Lösung $L = \{(x; y)\}$	**keine** Lösung $L = \{\}$	**unendlich viele** Lösungen $L = \mathbb{Q}$

Beispiel

Gleichungssystem: $y = -2x + 4 \wedge y = 4x - 2$ ($\wedge$: Zeichen für „und")

Schnittpunkt: $(1 | 2)$

Lösung: $x = 1 \wedge y = 2$ also $(1; 2)$

Lösungsmenge: $L = \{(1; 2)\}$

Probe: $2 = -2 + 4 \wedge 2 = 4 - 2$

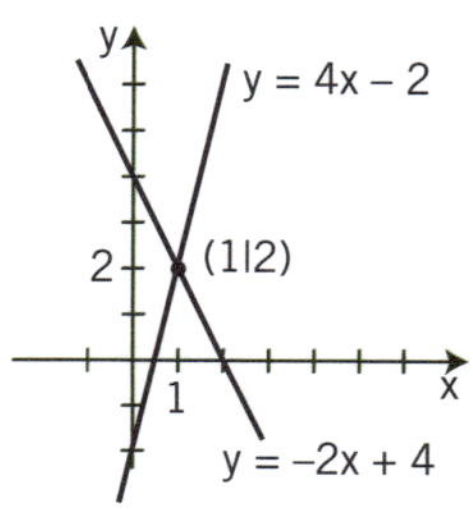

1.

a) Zeichne die Graphen der beiden linearen Gleichungen $y = -2x + 4$ und $y = 4x - 2$.

b) Lies aus deiner Abbildung die Koordinaten des Schnittpunktes der Geraden ab. Zeige durch Einsetzen, dass das sich ergebende Zahlenpaar sowohl Lösung von $y = -2x + 4$ als auch Lösung von $y = 4x - 2$ ist.

c) Vergleiche deine Zeichnungen mit der Abbildung auf S. 10. Was fällt dir auf?

2.

Löse diese Aufgaben zeichnerisch:

a) $y = -2x + 3 \land y = \frac{x}{2} - 2$

b) $y = x + 1 \land y = 3x + 5$

c) $y = 3x + 6 \land y = -2x + 1$

d) $y = 3x + 3 \land y = -2x + 3$

e) $y = \frac{x}{2} + 1 \land y = 2x - 5$

f) $y = -x + 3 \land y = 2x$

3.

a) Versuche zeichnerisch die Lösungen des Gleichungssystems
$y = 3x - 1 \land y = 3x + 2$
zu ermitteln.

b) Wie verlaufen die Geraden zueinander?

c) Gibt es eine Lösung?

4.

a) Bestimme die Lösung des Gleichungssystems $y = 3x + 1 \land y = 3x + 1$ durch Zeichnung.

b) Wie verlaufen die Geraden zueinander?

c) Gibt es eine Lösung?

5.

Löse die Aufgaben zeichnerisch. Wie verlaufen die Geraden zueinander?

a) $y = 2x - 1 \land y = 2x + 2$

b) $y = x + 4 \land y = -2x - 2$

c) $y = 3x + 1 \land 3x = y - 1$

d) $y = 3x - 5 \land y = -x - 1$

e) $y = -2x + 2 \land y = -2x + 3$

f) $3x = y + 4 \land y = 3x - 4$

Rechnerisches Lösen von linearen Gleichungssystemen

So löst du lineare Gleichungssysteme rechnerisch:

Bei der rechnerischen Lösung von linearen Gleichungssystemen ist es das Ziel, aus zwei Gleichungen mit **zwei** Variablen **eine** Gleichung mit **einer** Variablen zu erhalten.
Die Lösung der Gleichung mit einer Variablen ist leicht bestimmbar. Setzt man diese Lösung in eine der beiden Gleichungen mit zwei Variablen ein, so lässt sich die noch fehlende Variable bestimmen.

Für solche Gleichungssysteme stehen zwei Lösungsverfahren zur Verfügung:

1. **Einsetzungsverfahren**
   Beim Einsetzungsverfahren lösen wir eine Gleichung nach x (oder y) auf und setzen den erhaltenen Ausdruck für x (oder y) in die zweite Gleichung ein.

2. **Additionsverfahren**
   Manche Aufgaben lassen sich auch nach dem so genannten Additionsverfahren lösen. Dabei versucht man, durch geschicktes Addieren beider Gleichungen eine Variable zum Verschwinden zu bringen. Die andere Variable lässt sich dann bestimmen. Sie wird wie beim Einsetzungsverfahren berechnet.

Diese Lösungen eines linearen Gleichungssystems können auftreten:

Ein lineares Gleichungssystem mit zwei Variablen hat entweder **keine** Lösung, **genau eine** Lösung oder **unendlich viele** Lösungen.

Führt die Rechnung auf Ausdrücke wie $3 = 5$ oder $4 = 0$, so besitzt das betreffende Gleichungssystem **keine** Lösung, weil diese Aussagen unabhängig von x und y immer falsch sind. Ergeben sich dagegen die immer richtigen Aussagen wie $0 = 0$ oder $3 = 3$, so erhältst du **unendlich viele** Lösungen.

So arbeitest du nach dem Einsetzungsverfahren:

Beispiel: $4x - 3y = 13 \wedge 6x - 2y = 12$

Um beim Rechnen eine größere Übersichtlichkeit zu erzielen, schreiben wir die Gleichungssysteme jetzt in folgender Weise:

$4x - 3y = 13$ $\wedge\ 6x - 2y = 12$	Gleichheitszeichen unter Gleichheitszeichen setzen und gleiche Variablen untereinander schreiben.
$x = \frac{3}{4}y + \frac{13}{4}$ $\wedge\ 6x - 2y = 12$	Erste Gleichung nach x aufgelöst. Die zweite Gleichung nicht aus den Augen verlieren!
$x = \frac{3}{4}y + \frac{13}{4}$ $\wedge\ 6\left(\frac{3}{4}y + \frac{13}{4}\right) - 2y = 12$	Ausdruck für x aus der ersten Gleichung für x in die zweite eingesetzt.
$x = \frac{3}{4}y + \frac{13}{4}$ $\wedge\ y = -3$	Erste Gleichung nicht vergessen. Zweite Gleichung nach y aufgelöst.
$x = \frac{3}{4} \cdot (-3) + \frac{13}{4}$ $\wedge\ y = -3$	In die erste Gleichung für y die Zahl –3 einsetzen. Die Gleichung y = –3 nicht vergessen.
$x = 1$ $y = -3$	Erste Gleichung ausgerechnet.

Aus diesem Gleichungssystem kann man die Lösung sofort ablesen. Es besitzt die einzige Lösung (1; –3) bzw. die Lösungsmenge $L = \{(1; -3)\}$.

Zur Probe setzt man in beide Gleichungen die für x und y gefundenen Werte ein:

$4 \cdot 1 - 3 \cdot (-3) = 13$ $6 \cdot 1 - 2 \cdot (-3) = 12$	1 für x und –3 für y eingesetzt, ergibt eine wahre Gesamtaussage. Daher ist (1; –3) Lösung des Gleichungssystems.

1.

Kontrolliere das Ergebnis des Beispiels mit Hilfe einer Zeichnung.

2.

Löse die Aufgaben wie im Beispiel:

a) $6y - 4x = 4$
$\wedge\ 5y - 2x = 10$

b) $2y - 3x = -24$
$\wedge\ 3y + 5x = 2$

c) $10x + 3y + 4 = 0$
$\wedge\ 5x + 2y + 1 = 0$

So löst du die Aufgaben nach dem Additionsverfahren:

Beispiel:

$3x - 2y = 16$ $\wedge\ 6x + y = 7$	y soll verschwinden. Deshalb multipliziere die zweite Gleichung mit 2.
$3x - 2y = 16$ $\wedge\ 12x + 2y = 14$	Addiere die beiden Gleichungen.
$15x = 30$ $x = 2$	Löse nach x auf.
$3x - 2y = 16$ $\wedge\ x = 2$	Vereinfachtes Gleichungssystem.
$3 \cdot 2 - 2y = 16$ $\wedge\ x = 2$	Arbeite nach dem Einsetzungsverfahren: $x = 2$ in die erste Gleichung einsetzen.
$y = -5$ $\wedge\ x = 2$	
$L = \{(2; -5)\}$	Notiere die Lösungsmenge.

Probe:

$3 \cdot 2 - 2 \cdot (-5) = 16$ $\wedge\ 6 \cdot 2 + (-5) = 7$	Werte für x und y in das ursprüngliche Gleichungssystem eingesetzt, ergeben wahre Aussagen. Also ist die Lösung des Gleichungssystems (2; –5).

3.

Rechne jetzt die Aufgabe noch einmal, indem du die erste Gleichung mit –2 multiplizierst und dann beide Gleichungen addierst.

4.

Bei manchen Gleichungssystemen muss man **beide** Gleichungen mit geeigneten Faktoren multiplizieren, um eine der Variablen zu eliminieren.

Beispiel:

$8x - 6y = 4 \quad \mid \cdot 7$ $7x - 5y = 6 \quad \mid \cdot (-8)$	x soll verschwinden. Multipliziere die erste Gleichung mit 7 und die zweite mit –8.

a) Rechne die Aufgabe zu Ende.

b) Mit welchen Faktoren musst du die Gleichungen multiplizieren, wenn y eliminiert werden soll? Führe die Rechnung aus.

5.

Löse nach dem Additionsverfahren:

a) $2x - 5y = 43 \wedge 5x - 3y = -16$

b) $3y - 2x = 21 \wedge 5y - 3x = -3$

c) $6x + 9y = 9 \wedge 2x - 3y = -3$

6.

Löse die Aufgaben zeichnerisch und rechnerisch:

a) $2y - x = 1 \wedge y + x = 5$

b) $\frac{1}{2}y + x = 4 \wedge 2x + y = 6$

c) $y - \frac{1}{2}x = 2 \wedge 2y - x = 4$

7.

Bringe die Gleichungen dieser Gleichungssysteme erst auf die Form $ax + by = c$. Löse sie dann rechnerisch.

a) $3y + 5 = 7x + 4 \wedge 2y + 1 = 5x - 1$

b) $2y + 1 = 5x - 3 \wedge 4y - 3 = 4x + 1$

c) $4y + 1 = 10x + 11 \wedge 3y - 7 = 9x - 1$

8.

Wähle bei diesen Aufgaben jeweils das Lösungsverfahren selbst:

a) $3y + 2 = 4x - 2 \wedge 2y - 3 = 2x - 1$

b) $5y - 1 = 2x + 1 \wedge 7y + 4 = 3x + 5$

c) $2y + 5 = 6x + 9 \wedge 3y - 3 = 9x + 12$

d) $6x + 15 = 3y + 6 \wedge 3x + 6 = y + 4$

e) $3y + 2 = 12x + 8 \wedge 2y - 1 = 8x + 3$

f) $7y + 4 = 6x - 3 \wedge 2x - 2 = 3y + 1$

9.

Überprüfe stets deine Rechnung. Sind diese Gleichungssysteme richtig gelöst? Berichtige die falschen Ergebnisse.

a) $x + 6y = 7 \wedge 2x - 3y + 16 = 0$ $\quad L = \{(-3; 2)\}$

b) $y - 2x = -3 \wedge 2y - 4 = 6x$ $\quad L = \{(-5; 7)\}$

c) $6x + 1 = 2y + 5 \wedge 3y + 2 = 2x + 3$ $\quad L = \{(1; 1)\}$

Anwendungen linearer Gleichungssysteme

Lösungsschritte bei der Lösung von Aufgaben, die zu Gleichungen mit zwei Variablen führen:

1. Lies die Aufgaben zuerst ganz durch und bestimme erst dann die auszurechnenden Größen. Bezeichne diese Größen durch Variablen, z. B. x und y.
2. Zeichne, wenn möglich, zur Aufgabe eine Skizze. Trage in die Skizze die gegebenen und gesuchten Größen ein.
3. Suche zwei voneinander unabhängige Beziehungen zwischen x und y und schreibe sie als Gleichungen auf.
4. Berechne x und y.

Beispiel

1. Zahlenrätsel

Wie heißt die zweiziffrige Zahl, deren Einerziffer den 3. Teil der Zehnerziffer ausmacht und deren Quersumme 12 beträgt?

Lösung:

Einerziffer: x   Zehnerziffer: y   zweiziffrige Zahl: $10y + x$

Die Einerziffer x soll den 3. Teil der Zehnerziffer y ausmachen, d. h. $x = \frac{y}{3}$.

Wenn die Quersumme 12 betragen soll, ergibt sich als zweite Gleichung:

$$x + y = 12$$

Die Textaufgabe führt also auf das Gleichungssystem

$$x = \frac{y}{3} \quad \wedge \quad x + y = 12$$

mit der Lösung: $x = 3$ und $y = 9$.

Daraus lässt sich die gesuchte zweiziffrige Zahl so gewinnen:

$$10y + x \quad \rightarrow \quad 90 + 3 = 93$$

1.

Die Summe zweier Zahlen ist 15. Addiert man zum 3fachen der ersten Zahl das 4fache der zweiten, so erhält man 50. Wie heißen beide Zahlen?

2.

Die Summe zweier Zahlen ist 36. Zieht man vom Doppelten der ersten Zahl die zweite ab, so erhält man wieder 36.

3.

Wie heißt die Zahl, deren Zehnerziffer der 4. Teil der Einerziffer ist und deren Quersumme 5 beträgt?

4.

Die Differenz zweier Zahlen beträgt 10. Addiert man zu dem Doppelten der ersten Zahl das Vierfache der zweiten, so erhält man 110. Wie lauten die beiden Zahlen?

Beispiel

2. Bewegungsaufgaben

Zwei Orte A und B sind 300 km voneinander entfernt. Von A fährt um 6 Uhr ein Güterzug mit 30 km/h Geschwindigkeit in Richtung B ab. Ihm fährt um 9 Uhr ein Personenzug mit 60 km/h von B aus entgegen. Wann und wo begegnen sich die Züge?

Lösung: Anzahl der **Stunden** bis zur Begegnung: x

Anzahl der bis dahin zurückgelegten **km**: y

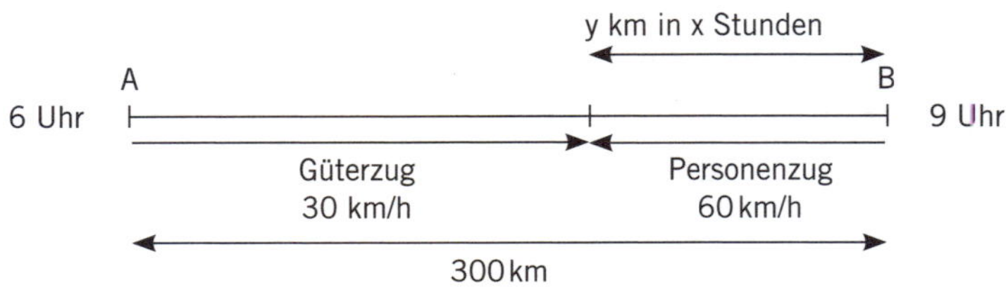

Der Personenzug benötigt bis zum Punkt der Begegnung x Stunden und legt in dieser Zeit y km zurück. Da der Personenzug 60 km/h fährt, hat er bis zum Treffpunkt

$$x \cdot 60 = y$$

km zurückgelegt.

Der Güterzug ist 3 Stunden vor dem Personenzug abgefahren und hat bei 30 km/h Geschwindigkeit $(x + 3) \cdot 30$ km zurückgelegt. Er fährt nur den Rest der Gesamtstrecke, der noch nicht vom Personenzug befahren worden ist, also $300 - y$ km.

Daraus ergibt sich die zweite Gleichung:

$$(x + 3) \cdot 30 = 300 - y$$

5.

Löse das Gleichungssystem und bestätige, dass sich die Werte $x = 2\frac{1}{3}$ und $y = 140$ ergeben.
Daraus folgt die Lösung:
Personenzug und Güterzug treffen sich um 11.20 Uhr. (Zu 9 Uhr müssen $2\frac{1}{3}$ h = 2 h 20 min addiert werden).
Der Treffpunkt liegt 140 km von B bzw. 160 km von A entfernt.

6.

Von zwei Orten A und B, die 36 km voneinander entfernt sind, gehen sich zwei Personen einander entgegen, von denen die eine in jeder Stunde 4 km, die andere 5 km zurücklegt. Nach wie vielen Stunden treffen sie zusammen?

7.

Einem Boten, der um 6 Uhr aufbricht und stündlich $4\frac{1}{2}$ km marschiert, wird von demselben Ort aus um 8 Uhr ein anderer nachgeschickt, der jenen um 12 Uhr einholt. Wie viele Kilometer muss der zweite Bote in der Stunde zurücklegen?

8.

Ein Wanderer beginnt seine Tour in Wendessen. Er schafft in drei Stunden 12 km. Sein Freund startet $1\frac{1}{2}$ Stunden später in Ahlum. Von Wendessen bis Ahlum sind es 4,5 km.

Da der Freund stündlich 1,5 km mehr zurücklegt als der Wanderer, hofft er, ihn bald einzuholen. Wie viele Stunden ist der Wanderer dann unterwegs? Wie viele km ist dieser Punkt von Wendessen entfernt?

Zusammenfassung

Begriffe	Erläuterungen	Beispiele
Lineares Gleichungssystem mit zwei Variablen	Ein lineares Gleichungssystem mit zwei Variablen besteht aus zwei linearen Gleichungen, die durch „und" (∧) verknüpft sind.	$y = -2x + 4$ $\wedge\ y = 4x - 2$ $G = \mathbb{Q} \times \mathbb{Q}$
Lösung eines linearen Gleichungssystems mit zwei Variablen	Jedes Wertepaar (x; y), das **beide** Gleichungen zu wahren Aussagen macht, heißt Lösung.	(1; 2) ist Lösung von $y = -2x + 4$ $\wedge\ y = 4x - 2$ weil $2 = -2 \cdot 1 + 4$ $\wedge\ 2 = 4 \cdot 1 - 2$ wahre Aussagen sind.
Zeichnerisches Lösen von linearen Gleichungssystemen	Die Graphen der Lösungsmengen beider linearer Gleichungen sind Geraden. Wo sie sich schneiden, liegen ihre gemeinsamen Lösungen.	$y = -2x + 4$ ① $\wedge\ y = 4x - 2$ ② 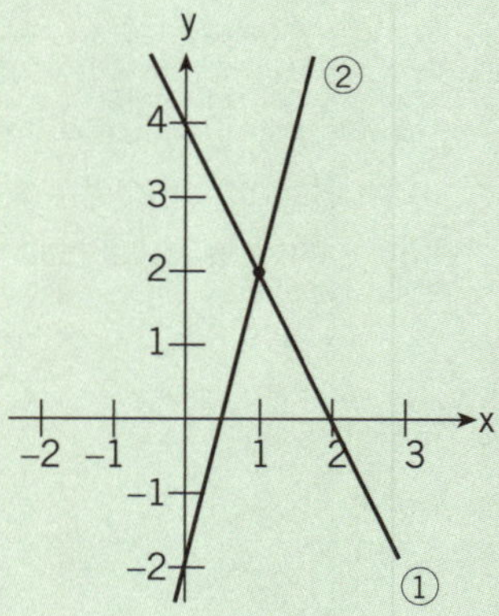 Koordinaten des Schnittpunktes: (1|2) Lösung: (x; y) = (1; 2) L = {(1; 2)}

Begriffe	Erläuterungen	Beispiele
Lösungen eines linearen Gleichungssystems mit zwei Variablen	Drei Fälle können auftreten:	Für das zeichnerische Lösen bedeutet das:
	1. genau eine Lösung: Geraden schneiden sich. Man erhält **genau einen** x-Wert und einen y-Wert. Die Lösungsmenge ist einelementig: L = {(x; y)}	**1.** 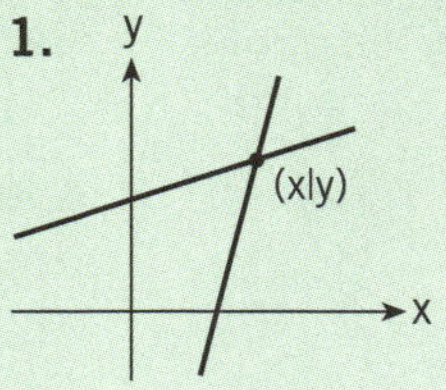
	2. keine Lösung: Geraden laufen parallel. Es ergibt sich bei den Umformungen eine **immer falsche** Aussage wie 4 = 6. Die Lösungsmenge ist leer: L = { }	**2.** 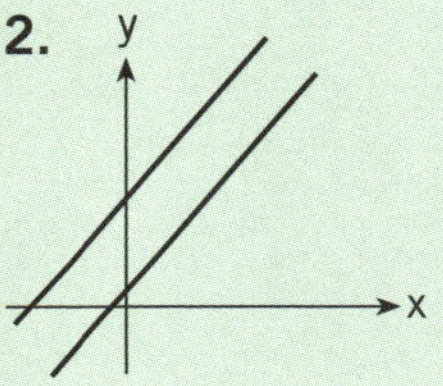
	3. unendlich viele Lösungen: Beide Geraden fallen zusammen (Doppelgerade). Es entsteht bei den Umformungen eine **immer wahre** Aussage wie 0 = 0. Die Lösungsmenge hat unendlich viele Elemente. L = $\mathbb{Q}$	**3.** 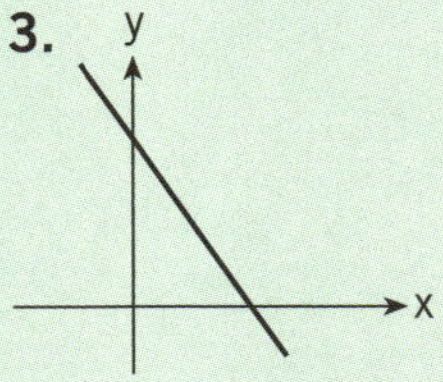

Begriffe	Erläuterungen	Beispiele
Rechnerisches Lösen von linearen Gleichungssystemen mit zwei Variablen	**Einsetzungsverfahren:** Eine Gleichung nach x oder y auflösen und den Term in die zweite Gleichung einsetzen. **Additionsverfahren:** Durch geschicktes Addieren beider Gleichungen wird eine Variable eliminiert, die zweite ausgerechnet. Durch Einsetzen des errechneten Wertes in eine der Gleichungen kann die zweite Variable berechnet werden.	

Test

Test 1

a) Löse diese linearen Gleichungssysteme zeichnerisch:

1) $y + x = 3 \wedge y - 4x = -2$

2) $y - 2x = 3 \wedge \frac{1}{2}y - x = 2$

3) $y - 3x = 2 \wedge 2y - 6x = 4$

b) Gib an, für welches Gleichungssystem die entsprechenden Geraden parallel verlaufen, aufeinander fallen, sich schneiden.

Test 2

a) Löse diese Gleichungssysteme rechnerisch:

1) $2y - 3x - 11 = 0$
$\wedge\ 3y - 2x - 9 = 0$

2) $2x - 5y + 10 = 0$
$\wedge\ -4x + 10y - 20 = 0$

3) $3x - y - 4 = 0$
$\wedge\ -9x + 3y + 9 = 0$

b) Welches dieser Gleichungssysteme besitzt genau eine Lösung, unendlich viele Lösungen, keine Lösung?

Test 3

Subtrahiert man 9 von einer zweiziffrigen Zahl, deren Quersumme 13 ist, so erhält man eine zweiziffrige Zahl mit denselben Ziffern, nur in umgekehrter Reihenfolge. Wie heißt die Zahl?

Test 4

Ein Güterzug, der stündlich 36 km zurücklegt, verlässt um 7.40 Uhr den Ausgangsbahnhof. Ihm folgt um 9 Uhr ein Personenzug, der mit einer Durchschnittsgeschwindigkeit von 54 km/h fährt. Wann und in welcher Entfernung vom Ausgangsbahnhof überholt der Personenzug den Güterzug?

2 Quadratische Funktionen

Die quadratische Funktion $x \mapsto x^2$

Der Flächeninhalt eines Quadrates mit der Seitenlänge x wird bekanntlich nach der Formel $A = x^2$ berechnet.

Stellst du dir in einer Tabelle für bestimmte Seitenlängen x die entsprechenden Flächeninhalte x^2 der zugeordneten Quadrate zusammen, so erhältst du:

x	0	0,5	1	1,5	2
x^2	0	0,25	1	2,25	4

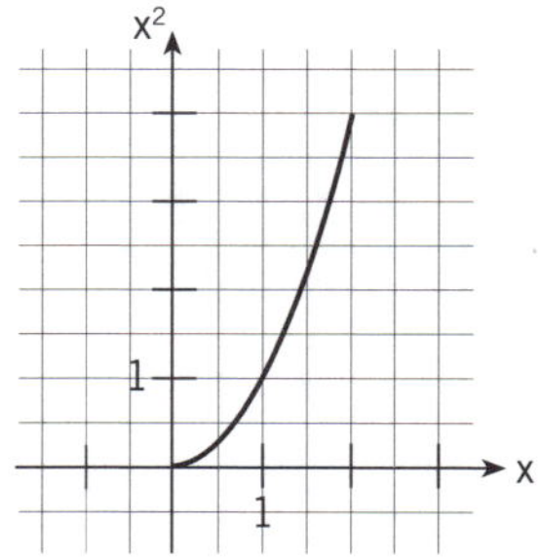

Die Beziehung Seitenlänge → Flächeninhalt ist eine quadratische Funktion $x \mapsto x^2$. Der Definitionsbereich der Funktion dieses Beispiels wird von $\mathbb{Q}_+$ auf $\mathbb{Q}$ bzw. $\mathbb{R}$ erweitert.

Was sind quadratische Funktionen?

Die Funktion $x \mapsto x^2$ (mit der Funktionsgleichung $y = x^2$) für $x \in \mathbb{R}$ heißt **quadratische Funktion.**
Ihr Graph ist eine **Parabel** mit dem **Scheitel** im Ursprung des Koordinatensystems.

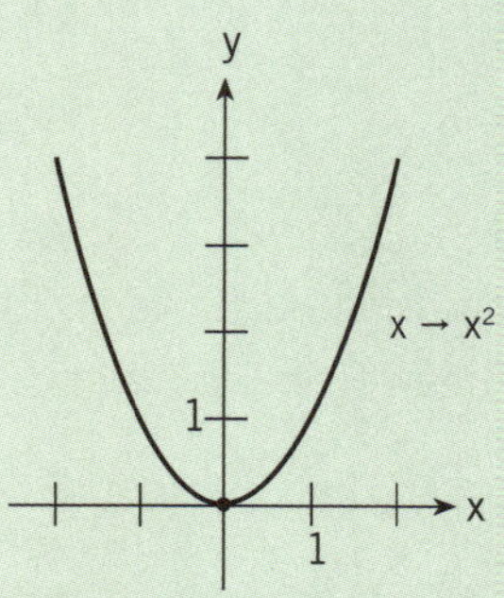

Die Graphen der Funktion $x \mapsto ax^2$ mit x, a aus $\mathbb{Q}$ (oder x aus $\mathbb{R}$) und $a \neq 0$ sind ebenfalls Parabeln. Für $a > 0$ sind die Parabeln nach oben, für $a < 0$ nach unten geöffnet. Ist $a = 1$, so heißt das Bild **Normalparabel.**

Die Scheitelpunkte S aller dieser Parabeln liegen im Nullpunkt S(0|0).

1.

a) Fülle die Tabelle aus und überprüfe den Graphen.

x	–2	–1,5	–1	–0,5	0	0,5	1	1,5	2
x^2									

b) Gib die Symmetrieachse der Parabel an.

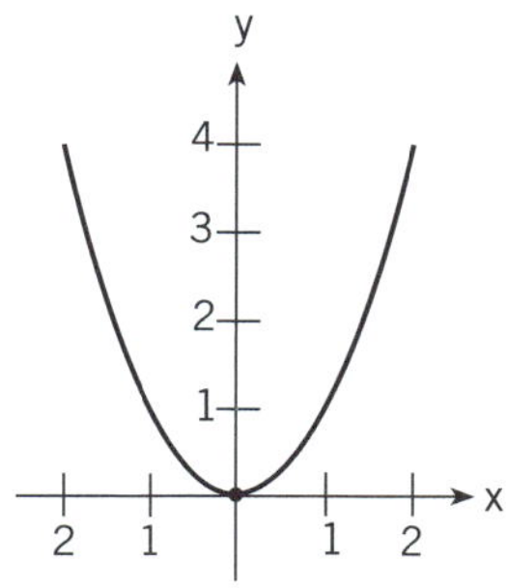

2.

Zeichne zu folgenden Funktionen Graphen jeweils in das gleiche Achsenkreuz.

① $x \mapsto x^2$; $x \mapsto -x^2$ ② $x \mapsto 3x^2$; $x \mapsto -3x^2$ ③ $x \mapsto \frac{1}{2}x^2$; $x \mapsto -\frac{1}{2}x^2$

a) Wo liegen die Scheitel der Parabeln?
b) Ist die y-Achse Symmetrieachse jeder einzelnen Parabel?
c) In welchen der Fälle ist die Parabel nach unten geöffnet?

3.

Von welcher der hier abgebildeten Parabeln gilt $a < 0$?

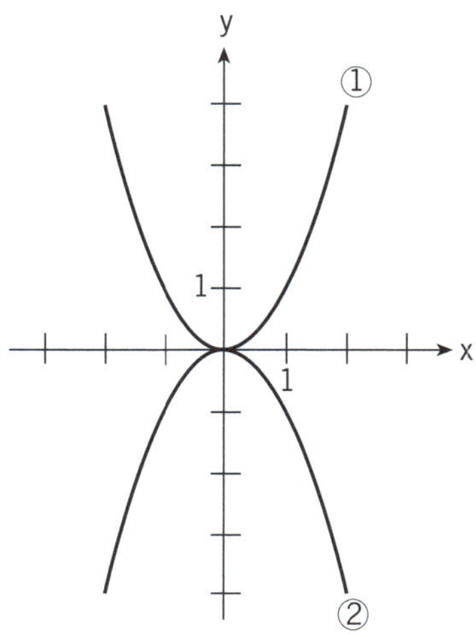

4.

Zeichne die Graphen zu diesen Funktionen:

① $x \mapsto -x^2 + 3$
② $x \mapsto 2x^2 - 2$
③ $x \mapsto \frac{1}{4}x^2 + 1$

a) Gib jeweils die Koordinaten $(x_s | y_s)$ des Scheitelpunktes S an.
b) Bei welchen Funktionen sind die Parabeln nach unten geöffnet?

Allgemeine quadratische Funktionen

Nicht immer sind die Funktionsgleichungen quadratischer Funktionen so einfach gebaut wie in den bisherigen Beispielen.

So sieht der Graph von $x \mapsto x^2 + bx + c$ aus:

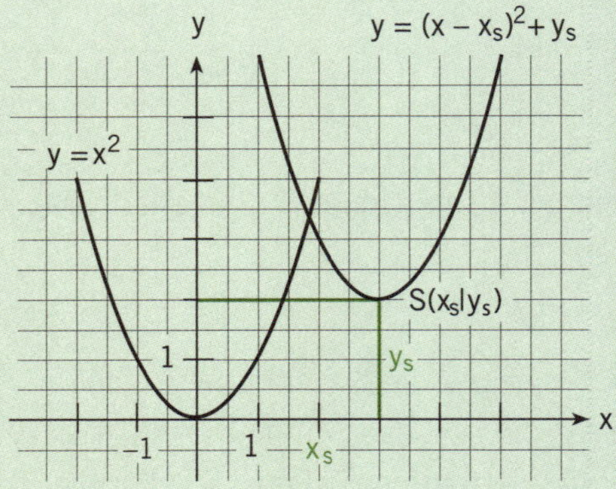

Der Graph der Funktion

$x \mapsto x^2 + bx + c$

mit x, b und c aus ℝ kann aus einer Normalparabel abgeleitet werden, deren Scheitel um x_s in Richtung der x-Achse und um y_s in Richtung der y-Achse verschoben ist. Die Funktionsgleichung

$y = x^2 + bx + c$

lässt sich durch eine quadratische Ergänzung in die Form $y = (x - x_s)^2 + y_s$ bringen. Aus ihr ergibt sich die Lage des **Scheitelpunktes $S(x_s|y_s)$**.

So ermittelst du den Scheitelpunkt:

Ist die Funktionsgleichung einer quadratischen Funktion in der Form

$y = x^2 + bx + c$

gegeben, so gehe folgendermaßen vor:

1. Mit Hilfe der quadratischen Ergänzung
   $y = (x - x_s)^2 + y_s$
   aufstellen.
2. Koordinaten des Scheitelpunktes ablesen.
3. $S(x_s|y_s)$ zeichnen.
4. Parabel in S zeichnen (Schablone!).

1.

Zeichne auf dünner Pappe eine Normalparabel. Kennzeichne ihre Symmetrieachse. Schneide sie aus und verwende sie für die folgenden Aufgaben als Schablone.

2.

a) Prüfe durch Anlegen von Wertetabellen, zu welcher der abgebildeten Parabeln $x \mapsto (x+4)^2$ bzw. $x \mapsto (x-4)^2$ gehört.

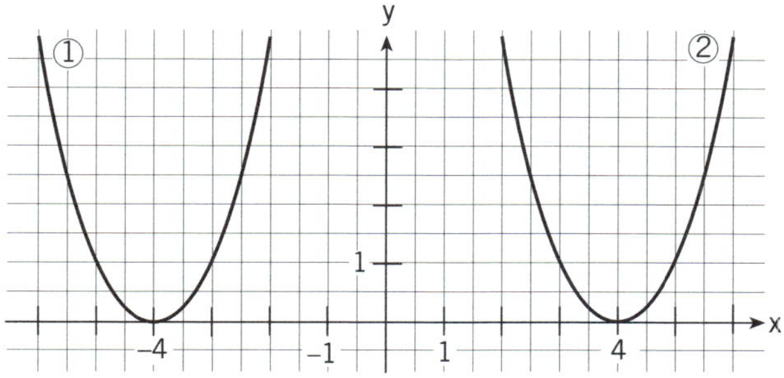

b) Zu welcher Parabel gehört S(–4|0) und zu welcher S(4|0)?

3.

a) Ordne diesen drei Parabeln die entsprechenden quadratischen Funktionen zu.
$x \mapsto x^2$;
$x \mapsto (x-3)^2$;
$x \mapsto (x+5)^2$. Rechne dazu jeweils zwei Kontrollwerte aus.

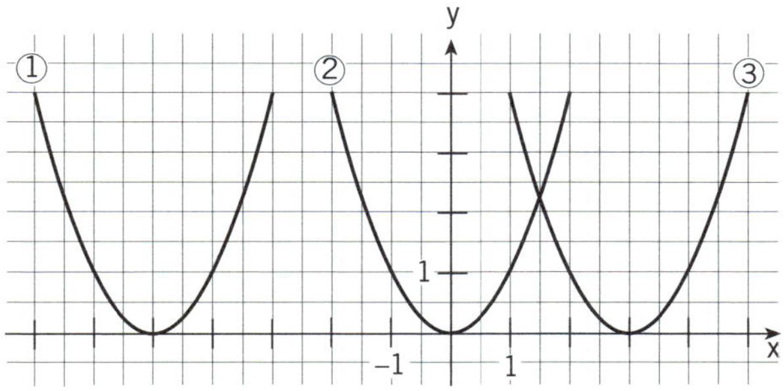

b) Bestimme die Koordinaten ihrer Scheitelpunkte S.

4.

a) Ordne den Graphen die entsprechenden Funktionen zu:
$x \mapsto x^2 - 3$
$x \mapsto x^2 + 2$

b) Zeichne die Graphen dieser Funktionen in dein Heft:
① $x \mapsto x^2 - 1$ ② $x \mapsto x^2 + 3$
Markiere zunächst ihre Scheitelpunkte und verwende dann die Schablone.

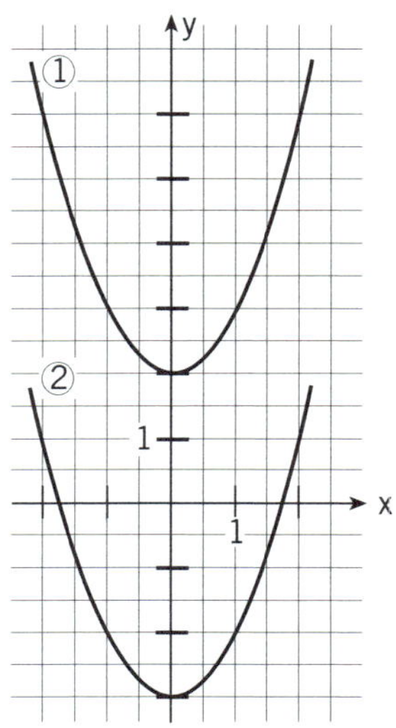

So kannst du allgemeine quadratische Funktionen in die Scheitelform überführen:

Ist die Funktionsgleichung einer quadratischen Funktion in der Form

$$y = x^2 + bx + x$$

gegeben, ist es zweckmäßig, den Term in die Scheitelform umzuformen.

Beispiel 1 (Binomische Formel):

$x^2 - 8x + 16 = (x - \square)^2$

$x^2 - 2bx + b^2 = (x - b)^2$

Nach den beiden Gleichungen muss $2b = 8$ sein, also $b = 4$. Zur Probe rechnet man $b^2 = 16$. Es gilt also: $x^2 - 8x + 16 = (x - 4)^2$

Beispiel 2 (Quadratische Ergänzung):

$x^2 - 4x - 5$

Aus $2b = 4$ folgt $b = 2$ und $b^2 = 4$

Daraus ergibt sich folgende Umformung:

quadratische Ergänzung ↓

$$\underbrace{x^2 - 4x \enclose{circle}{+4}}_{(x-2)^2} \underbrace{- 5 \boxed{-4}}_{-9}$$

$\boxed{-4}$ gleicht die quadratische Ergänzung $\enclose{circle}{+4}$ aus, damit der Wert des Termes nicht verändert wird.

Es gilt also: $x^2 - 4x - 5 = (x - 2)^2 - 9$

5.

Verwandle die Terme mit den entsprechenden binomischen Formeln:

$x^2 + 2bx + b^2 = (x + b)^2$ $\qquad$ $x^2 - 2bx + b^2 = (x - b)^2$

a) $x^2 + 4x + 4$ $\qquad$ b) $x^2 + 10x + 25$ $\qquad$ c) $x^2 + x + \frac{1}{4}$

d) $x^2 - x + \frac{1}{4}$ $\qquad$ e) $x^2 - 10x + 25$ $\qquad$ f) $x^2 - 6x + 9$

6.

Forme die Ausdrücke mit der quadratischen Ergänzung um:

a) $x^2 - 2x - 3$ $\qquad$ b) $x^2 + 6x + 2$ $\qquad$ c) $x^2 - 8x - 1$

d) $x^2 - 10x + 9$ $\qquad$ e) $x^2 + 4x + 5$ $\qquad$ f) $x^2 + x - 1$

7.

a) Prüfe durch Anlegen von Wertetabellen, zu welcher der abgebildeten Parabeln
$x \mapsto (x-3)^2 + 2$ bzw.
$x \mapsto (x+3)^2 - 2$
gehört.

b) Lies von beiden Parabeln die Koordinaten der Scheitelpunkte ab.

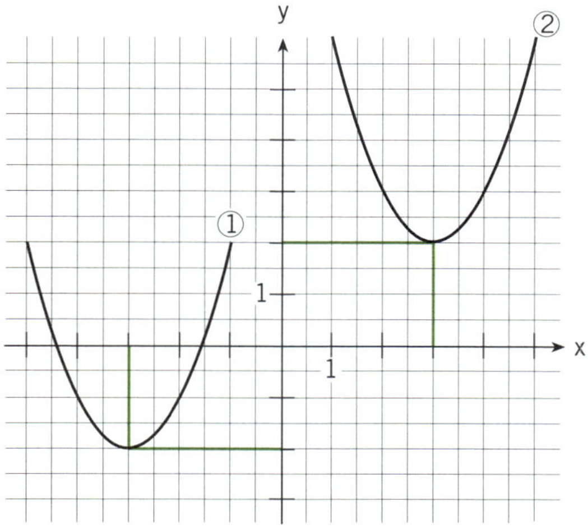

8.

In dieser Aufgabe geben wir von den quadratischen Funktionen nur noch die Funktionsgleichungen an.
Bestimme zunächst die Lage von S und zeichne dann jeweils die drei Parabeln jeder Teilaufgabe in das gleiche Achsenkreuz:

a) $y = x^2 + 3$ $\quad$ $y = (x+3)^2$ $\quad$ $y = (x+3)^2 - 1$

b) $y = x^2 - 2$ $\quad$ $y = (x-2)^2$ $\quad$ $y = (x-2)^2 + 3$

9.

Bringe diese Funktionsgleichungen in die Scheitelform
$y = (x - x_s)^2 + y_s$.
Zeichne dann die Funktionsgraphen.

a) $y = x^2 - 6x + 10$

b) $y = x^2 + 2x - 2$

c) $y = x^2 + 8x + 14$

10.

Zeichne die Funktionsgraphen zu

a) $x \mapsto x^2 - 2x - 3$ $\quad$ b) $x \mapsto x^2 + 6x + 8$

c) $x \mapsto x^2 - 4x + 1$ $\quad$ d) $x \mapsto x^2 + 2x - 2$

Gib von jeder Parabel die Lage von S an.

Zusammenfassung

Begriffe	Erläuterungen	Beispiele
Quadratische Funktion $x \mapsto x^2$	Die Funktion $x \mapsto x^2$ für $x \in \mathbb{R}$ heißt quadratische Funktion. Ihr Graph ist eine Parabel mit Scheitel S im Ursprung des Koordinatensystems (Normalparabel).	$x \mapsto x^2$ Funktionsgleichung $y = x^2$ Graph 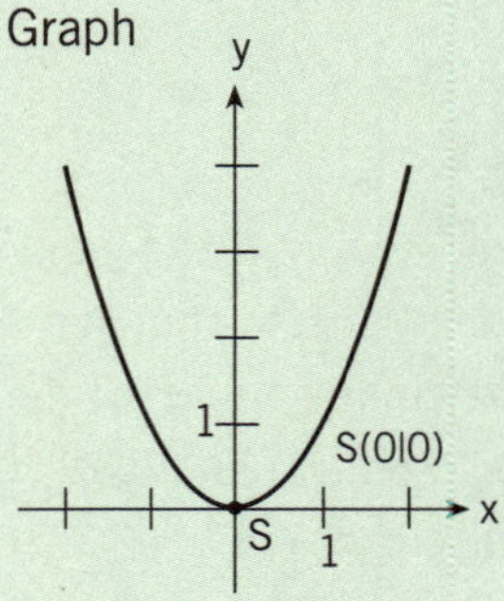
$x \mapsto ax^2$	Die Graphen der Funktionen $x \mapsto ax^2$ mit $a \neq 0$ sind Parabeln. Für $a > 0$ sind die Parabeln nach **oben** geöffnet. Für $a < 0$ sind die Parabeln nach **unten** geöffnet. Ist $a = 1$, so heißt das Bild **Normalparabel**. Die Scheitelpunkte S aller dieser Parabeln liegen im Ursprung: S(0|0) Für $a > 1$ oder $a < -1$ wird die Parabel schmaler, für $0 < a < 1$ oder $-1 < a < 0$ breiter.	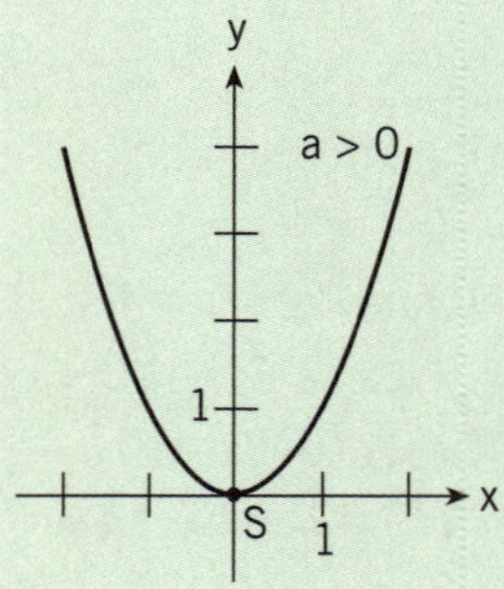 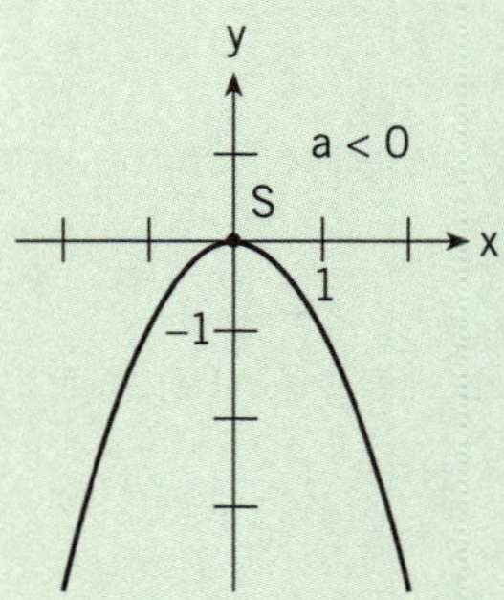

Begriffe	Erläuterungen	Beispiele
$x \mapsto (x-b)^2$	Die Graphen dieser Funktionen ($b \neq 0$) sind wieder Parabeln, deren Scheitelpunkte auf der x-Achse verschoben sind: Bei $b < 0$ nach **links**, bei $b > 0$ nach **rechts**.	$x \mapsto (x+3)^2$ $b = -3$ 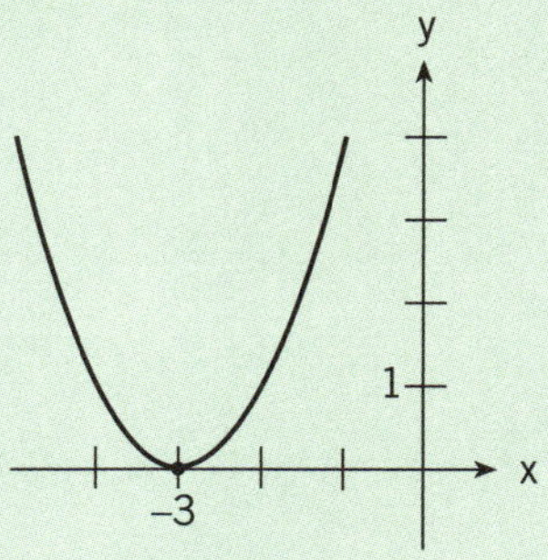 $x \mapsto (x-3)^2$ $b = 3$ 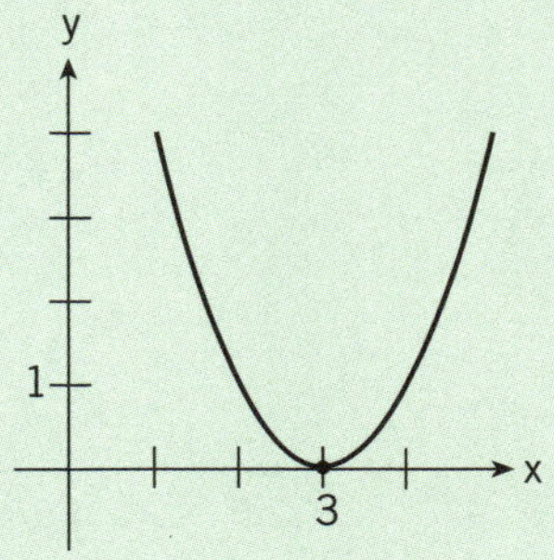
$x \mapsto x^2 + c$	Auch die Graphen dieser Funktionen sind Parabeln. Ihre Scheitelpunkte sind auf der y-Achse verschoben: Bei $c > 0$ nach **oben**, bei $c < 0$ nach **unten**.	$x \mapsto x^2 + 1$ $c = 1$ 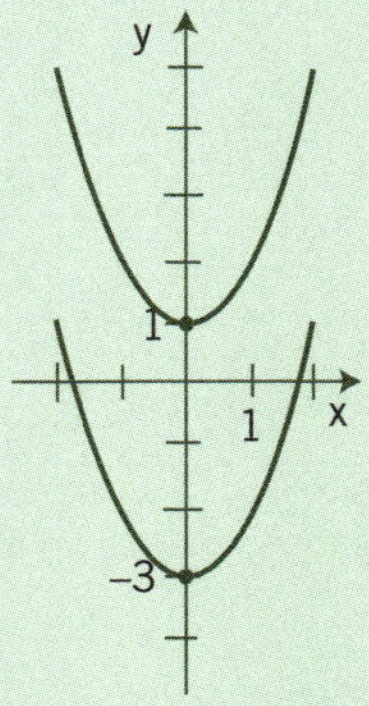 $x \mapsto x^2 - 3$ $c = -3$

Begriffe	Erläuterungen	Beispiele
Quadratische Ergänzung	Hierbei wird ein Term so **ergänzt**, dass er in einen quadratischen Ausdruck umgeformt werden kann.	$x^2 - 6x + 2$ $2b = 6 \rightarrow b = 3 \rightarrow b^2 = 9$ $x^2 - 6x + 9 + 2 - 9$ quadratische Ergänzung $(x - 3)^2 - 7$ Also: $x^2 - 6x + 2 = (x - 3)^2 - 7$
$x \mapsto x^2 + bx + c$	Der Graph dieser Funktion ist eine Normalparabel, deren Scheitel um x_s in Richtung der x-Achse und um y_s in Richtung der y-Achse verschoben ist. Die Funktionsgleichung $y = x^2 + bx + c$ lässt sich durch eine quadratische Ergänzung in die **Scheitelfom** $y = (x - x_s)^2 + y_s$ bringen. Aus ihr ergibt sich die Lage des Scheitelpunktes $S(x_s \mid y_s)$.	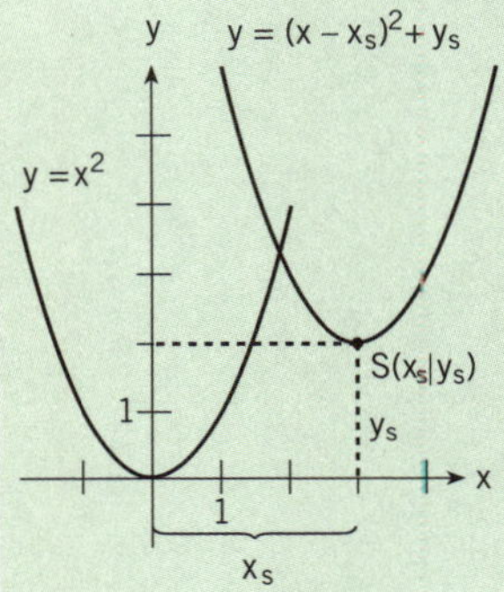 $y = x^2 - 6x + 11$ $y = (x - 3)^2 + 2$ $x_s = 3;\ y_s = 2$ $S(3 \mid 2)$

Test

Test 1

Zeichne die Graphen für folgenden Funktionen in ℝ:

a) $x \mapsto \frac{1}{2}x^2$

b) $x \mapsto 3x^2$

Test 2

a) Zeichne auch hier die Funktionsgraphen:

① $x \mapsto -x^2 - 3$

② $x \mapsto 2x^2 + 3$

b) Gib jeweils die Koordinaten des Scheitelpunktes $S(x_s | y_s)$ an.

c) Bei welcher Funktion ist die Parabel nach unten geöffnet?

Test 3

Auch hier sollst du die Funktionsgraphen ermitteln. Bestimme zunächst S und zeichne dann

a) $x \mapsto x^2 - 4x + 5$

b) $x \mapsto x^2 + 2x - 3$

Test 4

Zu welchen der abgebildeten Parabeln gehören diese Funktionen?

a) $x \mapsto 2x^2$

b) $x \mapsto (x - 4)^2$

c) $x \mapsto (x - 2)^2 + 3$

d) $x \mapsto x^2 + 2x - 2$

e) $x \mapsto -3x^2 + 1$

f) $x \mapsto -(x + 5)^2 - 2$

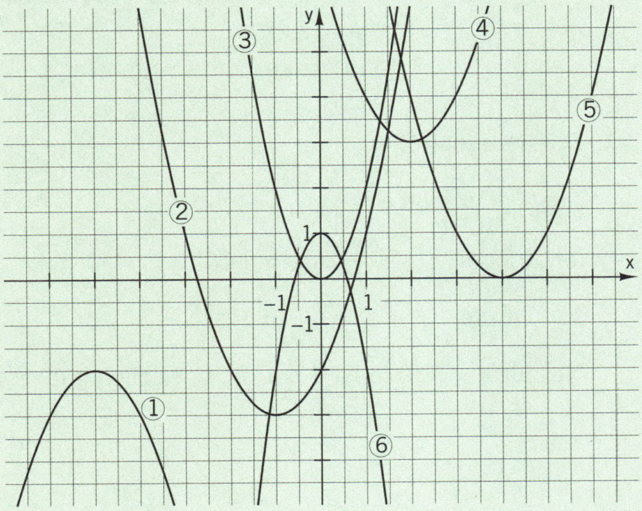

3 Reelle Zahlen

Wurzelziehen

Was ist $\sqrt{x}$?

Ist A der Flächeninhalt eines Quadrates, so schreibt man für die Bestimmung der Seitenlänge a den Ausdruck $\sqrt{A} = a$.

$\sqrt{x}$ ist diejenige nichtnegative Zahl, die quadriert x ergibt.

Beispiel: $\sqrt{4} = 2$, denn $2^2 = 4$

Beispiel Willst du überprüfen, ob ein Quadrat mit $A = 2{,}25\,\text{cm}^2$ Flächeninhalt die Seitenlänge $a = 1{,}2\,\text{cm}$ oder $a = 1{,}5\,\text{cm}$ besitzt, so hast du zwei Möglichkeiten:

1. Kontrolle durch Quadrieren:

Ist $a^2 = A$? $a = 1{,}2\,\text{cm} \rightarrow a^2 = 1{,}44\,\text{cm}^2$

$a = 1{,}5\,\text{cm} \rightarrow a^2 = 2{,}25\,\text{cm}^2$

Damit ist $a = 1{,}5\,\text{cm}$ die gesuchte Seitenlänge.

2. Divisionskontrolle:

Aus $a^2 = A$ folgt $a = \frac{A}{a}$

$a = 1{,}2\,\text{cm}$ $\quad \frac{2{,}25\,\text{cm}^2}{1{,}2\,\text{cm}} = 1{,}875\,\text{cm}$

$a = 1{,}5\,\text{cm}$ $\quad \frac{2{,}25\,\text{cm}^2}{1{,}5\,\text{cm}} = 1{,}5\,\text{cm}$

Nur für $a = 1{,}5\,\text{cm}$ ist $\frac{A}{a} = 1{,}5\,\text{cm}$, folglich gilt $\sqrt{2{,}25\,\text{cm}^2} = 1{,}5\,\text{cm}$.

1.

Berechne ohne Taschenrechner: $\sqrt{36}$; $\sqrt{3600}$; $\sqrt{10000}$; $\sqrt{25}$; $\sqrt{2500}$; $\sqrt{0{,}25}$; $\sqrt{2{,}25}$; $\sqrt{0{,}0625}$.

Schätze dazu jeweils einen Näherungswert a_1 und überprüfe ihn durch die Divisionskontrolle $\frac{x}{a_1} = a_2$. Du hast den Wurzelwert gefunden, wenn $\frac{x}{a_1} = a_1$ gilt.

Beispiel: $\sqrt{1{,}44}$ → $a_1 = 1{,}2$; $x = 1{,}44$

$$\frac{1{,}44}{1{,}2} = 1{,}2$$

also $\sqrt{1{,}44} = 1{,}2$

2.

Entscheide durch Divisionskontrolle, welcher Näherungswert jeweils der Wurzelwert von $\sqrt{x}$ ist.

a) $\sqrt{324}$; $a_1 = 16$ oder $a_2 = 18$?

b) $\sqrt{529}$; $a_1 = 23$ oder $a_2 = 24$?

c) $\sqrt{256}$; $a_1 = 14$ oder $a_2 = 16$?

d) $\sqrt{1{,}69}$; $a_1 = 1{,}1$ oder $a_2 = 1{,}3$?

3.

Du sollst $\sqrt{576}$ bestimmen und wählst als Näherungswert $a_1 = 12$.
Ist $a_1 = 12$ zu groß oder zu klein gewählt?
Ermittle es wie folgt:

$\frac{576}{12} = 48$ → 12 ist zu **klein**, weil $a_2 = 48$ größer als a_1 ist.

Untersuche, ob diese Näherungswerte jeweils zu groß oder zu klein gewählt wurden:

a) $\sqrt{400}$ → $a_1 = 25$

b) $\sqrt{196}$ → $a_1 = 13$

c) $\sqrt{625}$ → $a_1 = 35$

d) $\sqrt{361}$ → $a_1 = 18$

4.

Berechne von diesen quadratischen Grundstücken jeweils die Zaunlänge:

a) $A = 324\,m^2$ b) $A = 400\,m^2$ c) $A = 900\,m^2$ d) $A = 225\,m^2$

5.

a) Eine rechteckige Weide von $576\,m^2$ soll eingezäunt werden. Eine Seite ist $a = 16\,m$ lang. Wie lang wird der Zaun? Bedenke, dass $A = a \cdot b$ gilt.

b) Wie lang würde der Zaun bei einer quadratischen Weidefläche gleicher Größe?

Wurzelziehen durch Näherungsverfahren (Heron-Verfahren)

Nicht immer geht das Wurzelziehen auf. Du kannst dann Näherungswerte für Wurzeln nach dem **Heron-Verfahren** berechnen.

Bei diesem Verfahren geht es darum, einen geschätzten Näherungswert a systematisch zu verbessern.

Dabei prüft man den geschätzten Näherungswert a_1 durch die Divisionskontrolle. Ist der geschätzte Wert zu groß, liefert die Divisionskontrolle einen zu kleinen Wert a_2. Ist er dagegen zu klein, erhältst du nun ein zu großes a_2. Der gesuchte Wurzelwert muss demnach zwischen a_1 und a_2 liegen. Deshalb rechnest du mit dem

arithmetischen Mittel $\frac{a_1 + a_2}{2} = a_3$ weiter.

a_3 wird wieder mittels der Divisionskontrolle überprüft. Du erhältst a_4. Diesen Prozess setzt du so lange fort, bis die gewünschte Genauigkeit erreicht ist.

So funktioniert das Heron-Verfahren:

1. Möglichst guten Näherungswert a_1 schätzen.
   $\sqrt{x} \approx a_1$
2. Divisionskontrolle durchführen.
   $x : a_1 = a_2$
3. Mittelwert bilden.
   $\frac{a_1 + a_2}{2} = a_3$
4. Divisionskontrolle durchführen usw.
   $x : a_3 = a_4$

Gesucht ist eine **Näherung für $\sqrt{2}$.** **Beispiel**

1. Man schätzt einen Näherungswert a_1 für $\sqrt{2}$, z. B. $a_1 = 1$, denn $1^2 = 1$
2. Durch Divisionskontrolle findet man den zugehörigen Wert a_2:
   $a_2 = 2 : 1 = 2$
3. Einen besseren Näherungswert erhält man durch Mittelwertsbildung:
   $a_3 = \frac{a_1 + a_2}{2} = \frac{1 + 2}{2} = 1{,}5$
4. Durch Divisionskontrolle bestimmt man $a_4 = 2 : 1{,}5 = 1{,}\overline{3}$
   $a_5 = \frac{a_3 + a_4}{2} = \frac{1{,}5 + 1{,}\overline{3}}{2} = 1{,}41\overline{6}$ (Mittelwertsbildung)
   $a_6 = 2 : 1{,}41\overline{6} \approx 1{,}4118$ (Divisionskontrolle)
5. In a_5 und a_6 stimmen die ersten beiden Ziffern nach dem Komma überein. Sie sind bereits gültige Ziffern des Ergebnisses. Wie weit du weiterrechnen musst, hängt davon ab, mit welcher Genauigkeit $\sqrt{2}$ bestimmt werden soll.

1.
Berechne $\sqrt{2}$ noch einmal, indem du als ersten Näherungswert $a_1 = 2$ nimmst. Was stellst du fest?

2.
Ermittle für folgende Wurzeln den ersten Näherungswert a_1:
$\sqrt{6}$; $\sqrt{15}$; $\sqrt{66}$; $\sqrt{120}$; $\sqrt{266}$

3.
Berechne nach dem Heron-Verfahren auf zwei Stellen nach dem Komma genau.

Beachte: Um den Rechenaufwand zu verringern, wählt man den ersten Näherungswert a_1 so, dass er möglichst dicht an der Wurzel liegt.

Beispiel: $\sqrt{17}$ liegt zwischen 4 und 5, denn $4^2 = 16$ und $5^2 = 25$.
Da 4 näher an $\sqrt{17}$ liegt als 5, nimmt man $a_1 = 4$.

$\sqrt{17}$; $\sqrt{7}$; $\sqrt{5}$; $\sqrt{12}$; $\sqrt{61}$; $\sqrt{91}$

Reelle Zahlen

Bei der Umwandlung eines vollständig gekürzten Bruches $\frac{a}{b}$ in einen Dezimalbruch treten folgende Fälle auf:

1. Division geht auf: Man erhält einen **endlichen** (oder abbrechenden) Dezimalbruch (z. B. $\frac{1}{4} = 0{,}25$).
2. Division geht nicht auf: Man erhält einen **unendlichen** (oder nicht abbrechenden) **periodischen** Dezimalbruch (z. B. $\frac{1}{3} = 0{,}33... = 0{,}\overline{3}$; $\frac{1}{6} = 0{,}166... = 0{,}1\overline{6}$)

Die so entstandenen Dezimalbrüche lassen sich in Brüche der Form $\frac{a}{b}$ zurückverwandeln:

$0{,}6 = \frac{6}{10} = \frac{3}{5}$ $\qquad$ $0{,}\overline{3} = \frac{3}{9} = \frac{1}{3}$

Es gibt aber Dezimalbrüche wie $\sqrt{2} = 1{,}414213...$, die sich nicht in Brüche der Form $\frac{a}{b}$ umwandeln lassen.

Was sind rationale und irrationale Zahlen?

Zahlen, die sich als Brüche der Form $\frac{a}{b}$ mit $a \in \mathbb{Z}$ und $b \in \mathbb{Z}\backslash\{0\}$ schreiben lassen, heißen **rationale Zahlen**. Sie lassen sich als endliche oder unendlich periodische Dezimalbrüche darstellen.

Zahlen wie $\sqrt{2}$ oder $\sqrt{24{,}8}$ lassen sich nicht auf die Form $\frac{a}{b}$ bringen. Sie heißen **irrationale (nichtrationale) Zahlen**. Ihre Dezimalbrüche sind unendlich, aber nicht periodisch.

Die Menge der rationalen Zahlen $\mathbb{Q}$ vereinigt mit der Menge der irrationalen Zahlen ergibt die Menge der **reellen Zahlen** $\mathbb{R}$.

1.
Verwandle in Dezimalbrüche: $\frac{3}{4}$; $\frac{4}{5}$; $\frac{1}{3}$; $\frac{5}{6}$; $\frac{6}{15}$; $\frac{3}{11}$; $\frac{7}{9}$

2.
Welche Brüche von Aufgabe 1 ergeben
a) abbrechende Dezimalbrüche,
b) periodische Dezimalbrüche?

Periodische Dezimalbrüche schreibt man kürzer so:

$0{,}160160\ldots = 0{,}\overline{160}$

$0{,}4888\ldots = 0{,}4\overline{8}$

3.
a) Schreibe kürzer:
$0{,}333\ldots$; $0{,}7999\ldots$; $0{,}4141\ldots$; $0{,}734734\ldots$; $0{,}888\ldots$; $0{,}0404\ldots$
b) Scheibe ausführlich: $0{,}\overline{71}$; $0{,}0\overline{6}$; $0{,}\overline{57}$; $0{,}\overline{209}$; $0{,}\overline{4}$; $0{,}3\overline{8}$

Merke

Jeder Dezimalbruch lässt sich so in einen Bruch umwandeln:

$0{,}6 = \frac{6}{10} = \frac{3}{5}$; $0{,}\overline{7} = \frac{7}{9}$; $0{,}\overline{24} = \frac{24}{99} = \frac{8}{33}$

4.
Verwandle in Brüche und kürze soweit wie möglich:
a) $0{,}75$ b) $0{,}\overline{4}$ c) $0{,}\overline{03}$ d) $0{,}\overline{36}$ e) $0{,}6$ f) $0{,}\overline{28}$

5.
a) Notiere, welche dieser Zahlen

rational ______________________

irrational ______________________

reell ______________________

sind.

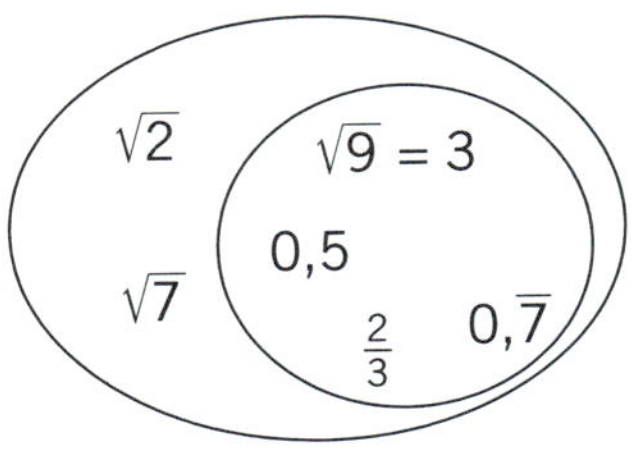

b) Trage die Zahlen in das Mengendiagramm ein:
$0{,}7$; 25; $\sqrt{25}$; $\sqrt{5}$; $\frac{1}{4}$; $\sqrt{3}$; $0{,}\overline{67}$

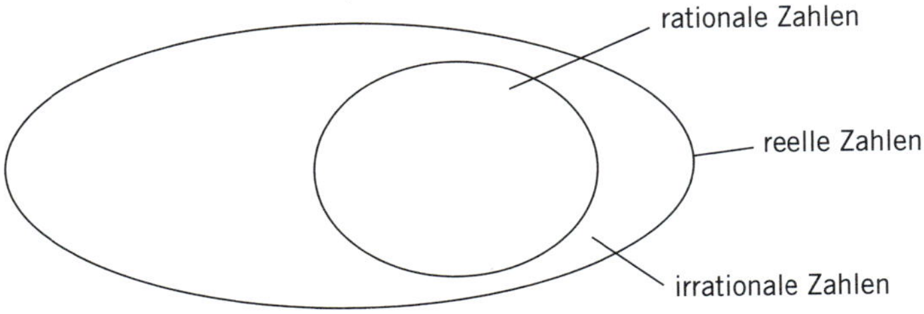

Zusammenfassung

Begriffe	Erläuterungen	Beispiele
Heron-Verfahren	Verfahren, eine Quadratwurzel durch fortgesetzte Division und Mittelwertsbildung näherungsweise zu bestimmen.	Berechnung von $\sqrt{2}$: 1. Näherungswert a_1 schätzen: $\sqrt{2} \approx 1{,}5$ 2. Divisionskontrolle: $2 : 1{,}5 = 1{,}\overline{3}$ 3. Mittelwert der Näherungswerte a_1 und a_2 bilden: $\frac{1{,}5 + 1{,}\overline{3}}{2} = 1{,}41\overline{6}$ 4. Divisionskontrolle: $2 : 1{,}41\overline{6} \approx 1{,}4118$ 5. Mittelwert bilden: $\frac{1{,}41\overline{6} + 1{,}4118}{2} \approx 1{,}41423$ ⋮
Zahlenmengen	**Ganze Zahlen** Zahlen, die sich als Bruch $\frac{a}{b}$ mit $a \in \mathbb{Z}$ und $b \in \mathbb{Z} \setminus \{0\}$ darstellen lassen, heißen **rationale Zahlen**. Zahlen wie $\sqrt{2}$ oder $\sqrt{24{,}8}$ lassen sich **nicht** auf die Form $\frac{a}{b}$ bringen. Sie heißen **irrationale Zahlen**. Ihre Dezimalbrüche sind unendlich, aber nicht periodisch. Alle rationalen und irrationalen Zahlen bilden die Menge der **reellen Zahlen**.	$\mathbb{Z}$: Menge der ganzen Zahlen $\{..., -2, -1, 0, 1, 2, ...\}$ $\mathbb{Q}$: Menge der rationalen Zahlen (Brüche wie $\frac{1}{2}$; 0,5; $0,\overline{3}$) $\mathbb{R}$: Menge der reellen Zahlen $\mathbb{R}_+$: Menge der positiven reellen Zahlen $\mathbb{R}_+^*$: Menge der positiven reellen Zahlen **ohne** 0 $\mathbb{R}_+^* = R_+ \setminus \{0\}$

Test

Test 1

Berechne $\sqrt{7}$ nach dem Heron-Verfahren auf 3 Stellen nach dem Komma genau.

Test 2

a) Verwandle die Brüche in Dezimalbrüche:

$\frac{3}{4}$; $\frac{2}{3}$; $\frac{5}{6}$; $\frac{3}{8}$; $\frac{4}{9}$; $\frac{6}{11}$

b) Welche der Dezimalbrüche sind abbrechend und welche unendlich periodisch?

abbrechend: ______________ unendlich periodisch: ____________

Test 3

Welche dieser Zahlen sind rational und welche irrational?

$\sqrt{7}$; $\frac{3}{7}$; $0{,}4\overline{5}$; $\sqrt{\frac{4}{25}}$; $0{,}\overline{3}$; $\sqrt{23}$

rational: ____________________ irrational: ____________________

4 Quadratische Gleichungen

Reinquadratische Gleichungen

Es ist nicht nur $3^2 = 9$, sondern auch $(-3)^2 = 9$. Daher besitzt die quadratische Gleichung

$x^2 = 9$

als Lösung $x = 3$ oder $x = -3$.

Wir schreiben auch

$x = 3 \quad \vee \quad x = -3$ (v für **oder**)

$x_{1,2} = \pm\sqrt{9} = \pm 3$

Lösungsmenge $L = \{3; -3\}$

Was ist die Lösungsmenge von reinquadratischen Gleichungen?

Die reinquadratische Gleichung $x^2 = a$ besitzt für alle $a \in \mathbb{R}_+$ die beiden Lösungen

$x_1 = +\sqrt{a} \quad \vee \quad x_2 = -\sqrt{a}$

Kurzschreibweise: $x_{1,2} = \pm\sqrt{a}$

bzw. die Lösungsmenge $L = \{+\sqrt{a}; -\sqrt{a}\}$.

Lässt sich der Wurzelwert nicht direkt ablesen, schreibt man die Lösung folgendermaßen:

$x^2 = 7$

$x_1 = +\sqrt{7} \quad \vee \quad x_2 = -\sqrt{7}$

$x_{1,2} = \pm\sqrt{7}$

$L = \{+\sqrt{7}; -\sqrt{7}\}$

1.

Löse:

a) $x^2 = 16$ b) $x^2 = 25$ c) $x^2 = 36$ d) $x^2 = 1$

2.

Nicht immer lassen sich die Quadratwurzeln so einfach lösen wie in Aufgabe 1. Löse.

a) $x^2 = 7$ b) $x^2 = 11$ c) $x^2 = 3$ d) $x^2 = 17$

3.

Die Quadrate solcher Gleichungen können komplizierter gebaut sein:

1. Beispiel:

$(x - 3)^2 = 4$

$x - 3 = 2 \lor x - 3 = -2$

$x_1 = 2 + 3 = 5$

$x_2 = -2 + 3 = 1$

$L = \{1; 5\}$

2. Beispiel:

$(x - 3)^2 = 5$

$x - 3 = +\sqrt{5} \lor x - 3 = -\sqrt{5}$

$x_1 = +\sqrt{5} + 3$

$x_2 = -\sqrt{5} + 3$

$L = \{3 + \sqrt{5}; 3 - \sqrt{5}\}$

Berechne ebenso:

a) $(x + 3)^2 = 16$ b) $(x - 4)^2 = 11$ c) $\left(x - \frac{1}{2}\right)^2 = 1$

d) $(x - 2)^2 = 9$ e) $(x + 8)^2 = 8$ f) $(x + 1)^2 = \frac{1}{4}$

4.

Hier müssen die Gleichungen umgeformt werden:

a) $3x^2 - 5 = 7$ b) $4x^2 + 3 = 11$

c) $x^2 + 2 = 2x^2 - 7$ d) $2x^2 + 6 = 21 - 3x^2$

e) $5x^2 - 9 = 2x^2 + 6$ f) $5 + 8x^2 = 37 + 6x^2$

g) $3x^2 - 4 = 12 - x^2$

Quadratische Ergänzung

Was ist die Normalform?

$x^2 + px + q = 0$ mit p, q aus $\mathbb{R}$,

heißt **Normalform** einer quadratischen Gleichung. Mit Hilfe der **quadratischen Ergänzung** lässt sich diese Normalform in eine reinquadratische Gleichung überführen.

So wandelst du eine quadratische Gleichung in eine reinquadratische Gleichung um:

Beispiel:

$$x^2 - 5x + 4 = 0$$
$$x^2 - 5x = -4$$

$$x^2 - 2bx + b^2 = (x - b)^2$$

Wir müssen b aus 2b = 5 bestimmen, d. h. $b = \frac{5}{2}$.

Demnach beträgt die quadratische Ergänzung $b^2 = \left(\frac{5}{2}\right)^2 = \frac{25}{4}$.

$$x^2 - 5x = -4$$
$$x^2 - 5x + \left(\frac{5}{2}\right)^2 = -4 + \left(\frac{5}{2}\right)^2$$
| Eine Gleichung bleibt nur richtig, wenn auf beiden Seiten das Gleiche (in diesem Fall die quadratische Ergänzung) hinzugefügt wird.

$$\left(x - \frac{5}{2}\right)^2 = -4 + \frac{25}{4}$$
| Anwenden der binomischen Formel.

$$\left(x - \frac{5}{2}\right)^2 = \frac{9}{4}$$
| Lösen dieser reinquadratischen Gleichung.

$$x - \frac{5}{2} = \frac{3}{2} \lor x - \frac{5}{2} = -\frac{3}{2}$$
| $\sqrt{\frac{9}{4}} = \pm\frac{3}{2}$

$$x_1 = \frac{5}{2} + \frac{3}{2} = 4$$

$$x_2 = \frac{5}{2} - \frac{3}{2} = 1$$

Lösungsmenge $L = \{1; 4\}$

Überprüfen der Lösungen:

$x_1 = 4$: $4^2 - 5 \cdot 4 + 4 = 16 - 20 + 4 = 0$ (wahre Aussage)

$x_2 = 1$: $1^2 - 5 \cdot 1 + 4 = 1 - 5 + 4 = 0$ (wahre Aussage)

1.

Löse jetzt diese quadratischen Gleichungen:

a) $x^2 - 5x + 6 = 0$ b) $x^2 + 3x - 10 = 0$ c) $x^2 + 5x + 6 = 0$

d) $x^2 + 8x - 9 = 0$ e) $x^2 - 3x - 40 = 0$ f) $x^2 - x - 12 = 0$

2.

Bringe diese quadratischen Gleichungen auf die Normalform und löse sie.

Beispiel: $-2x^2 + 4x - 6 = 0 \quad | : (-2)$

$x^2 - 2x + 3 = 0$

a) $-3x^2 + 27x - 54 = 0$ b) $2x^2 + 16x + 24 = 0$

c) $\frac{1}{2}x^2 + x - \frac{3}{2} = 0$

3.

Bringe auch diese Gleichungen zunächst auf die Normalform:

a) $9 - 2x^2 = 3 - 4x$ b) $x(x + 8) - 4(2x + 9) = 0$

c) $6(2 - x) - 2x(4 - x) = 0$ d) $9x^2 - 4 = 12x^2 - 7x - 2$

4.

Ergibt der Wurzelwert keine rationale Zahl (geht die Wurzel nicht auf), so brauchst du die Wurzel nicht auszurechnen.

a) $2x^2 - 17 = 4x - 1$ b) $4x^2 + 3 = 8x^2 - 8x - 9$

c) $x(x - 2) = 2(3x - 7)$ d) $8 + x^2 = 6x + 48$

5.

Können diese Ergebnisse stimmen? Überprüfe sie und korrigiere die falschen.

a) $x^2 - 2x = 3$; $L = \{-3; -1\}$

b) $x^2 + 5x = 6$; $L = \{1; 6\}$

c) $x^2 - 3x = 10$; $L = \{-5; 2\}$

Allgemeines Lösungsverfahren

Das Lösen von quadratischen Gleichungen kannst du wesentlich verkürzen, indem du das **allgemeine Lösungsverfahren** anwendest.
Außerdem kannst du damit feststellen, ob und wie viele Lösungen die gegebene quadratische Gleichung besitzt.

So kannst du quadratische Gleichungen lösen:

Die quadratische Gleichung in der **Normalform**

$x^2 + px + q = 0$ mit p, q aus $\mathbb{R}$,

besitzt die **Diskriminante** $D = \frac{p^2}{4} - q$.

Die quadratische Gleichung hat in $\mathbb{R}$ folgende Lösungsmengen:

$D > 0$ $L = \{x_1 = -\frac{p}{2} + \sqrt{D};\ x_2 = -\frac{p}{2} - \sqrt{D}\}$;

kurz: $x_{1,2} = -\frac{p}{2} \pm \sqrt{\frac{p^2}{4} - q}$ **genau 2** Lösungen

$D = 0$ $L = \{-\frac{p}{2}\}$

kurz: $x = -\frac{p}{2}$ **genau 1** Lösung

$D < 0$ $L = \{\}$ **keine** Lösung

Beispiele

① $14x - 20 = 2x^2$

1. Gleichung auf die Normalform bringen:
   $x^2 - 7x + 10 = 0$
2. p und q ablesen: $p = -7;\ q = 10$
3. Diskriminante bestimmen: $D = \frac{49}{4}$
4. Anzahl der Lösungen ermitteln:
   $D = \frac{9}{4} > 0$, also zwei Lösungen
5. Notieren der Lösungen:
   $x_{1,2} = \frac{7}{2} \pm \sqrt{\frac{9}{4}}$
   $x_1 = 5 \vee x_2 = 2$
6. Lösungsmenge: $L = \{2; 5\}$

② $14x - 40 = 2x^2$

$x^2 - 7x + 20 = 0$

$p = -7;\ q = 20$

$D = \frac{49}{4} - 20 = -\frac{31}{4}$

$D < 0$, also keine Lösung

$L = \{\}$

1.

Berechne jeweils die Diskriminante D und die Lösungen:

a) $x^2 - 6x + 10 = 0$ b) $x^2 - 6x + 9 = 0$ c) $x^2 - 6x + 8 = 0$

2.

Löse die folgenden Aufgaben mit Hilfe der Formel. Bestimme jeweils D. Den Wurzelwert brauchst du nur dann auszurechnen, wenn unter der Wurzel eine Quadratzahl steht.

a) $x^2 - 10x + 26 = 0$ b) $x^2 - 10x + 20 = 0$ c) $x^2 - 10x + 25 = 0$

d) $4x^2 = 4x + 48$ e) $\frac{1}{3}x^2 - x = \frac{40}{3}$ f) $x(2x + 9) = x(x + 8)$

g) $x(x - 5) + 8 = 2$ h) $3 - x = x(x + 1)$ i) $9x^2 + 7x = 12x^2 + 2$

3.

Die quadratische Gleichung

$x^2 - x - 2 = 0$

kann man umformen in $x^2 = x + 2$.

Diese Gleichung bedeutet: Gesucht sind die x-Werte, für die $x^2 = x + 2$ ist. Diese x-Werte erhält man als Lösungen des Gleichungssystems

$y = x^2$

$\wedge\ y = x + 2$

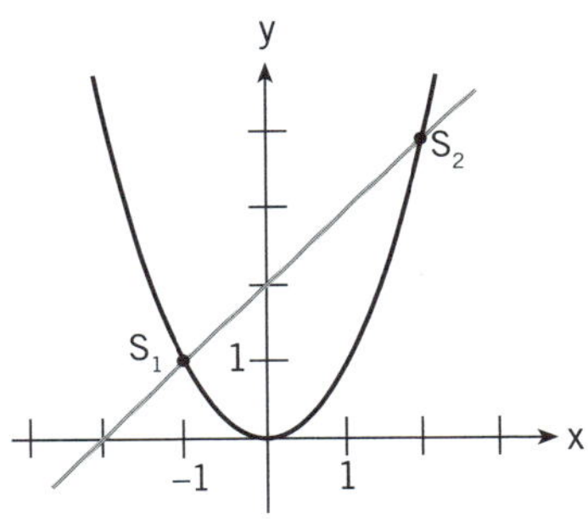

Zeichnet man die Graphen dieser Gleichungen, so liefern die x-Werte der Schnittpunkte von Normalparabel und Gerade die Lösungen des Gleichungssystems.

a) Lies aus der Abbildung die Koordinaten der Schnittpunkte zwischen Normalparabel und Gerade ab.
b) Löse die quadratische Gleichung wie bisher.
c) Vergleiche die x-Werte mit den Lösungen in a).

4.

Löse wie in Aufgabe 3 zeichnerisch und überprüfe die Lösungen auch rechnerisch.

a) $x^2 + 4x + 3 = 0$ b) $x^2 - 2x + 1 = 0$ c) $x^2 + 3x - 4 = 0$

d) $x^2 - 2x + 2 = 0$ e) $x^2 - 2x - 3 = 0$ f) $x^2 - x + \frac{1}{4} = 0$

Satz von Vieta

Wie lautet der Satz von Vieta?

Sind x_1, x_2 Lösungen der quadratischen Gleichung

$$x^2 + px + q = 0 \quad \text{mit } p,\, q \text{ aus } \mathbb{R},$$

so gilt: $x_1 + x_2 = -p$ und $x_1 \cdot x_2 = q$.

1.

a) Prüfe durch Ersetzen von x, dass die Gleichung $x^2 - 5x - 6 = 0$ die Lösungen $x_1 = 6$ und $x_2 = -1$ besitzt.

b) Bilde $x_1 + x_2$ und $x_1 \cdot x_2$ und vergleiche diese Werte mit den Koeffizienten $p = -5$ und $q = -6$ der obigen Gleichung.

2.

a) Überprüfe mit Hilfe des Satzes von Vieta, ob die angegebenen Werte Lösungen der jeweiligen quadratischen Gleichung sind.

① $x^2 + 7x + 6 = 0$; $x_1 = -1$; $x_2 = -6$

② $x^2 - 4x + 3 = 0$; $x_1 = 1$; $x_2 = 3$

③ $x^2 - 2x - 15 = 0$; $x_1 = 3$; $x_2 = 5$

④ $x^2 + 2x - 3 = 0$; $x_1 = 3$; $x_2 = -3$

⑤ $x^2 - x - 6 = 0$; $x_1 = 2$; $x_2 = 3$

⑥ $x^2 + 8x + 7 = 0$; $x_1 = -1$; $x_2 = -7$

b) Für einige Gleichungen sind die angegebenen Werte keine Lösungen. Berechne ihre Lösungen. Kontrolliere sie noch einmal mit dem Satz von Vieta.

3.

Bestimme die Lösungen dieser Gleichungen:

a) $(x - 7)(x + 8) = 0$

b) $\left(x + \frac{2}{3}\right)\left(x - \frac{1}{4}\right) = 0$

c) $(x - \sqrt{5}\,)\left(x + \frac{3}{4}\right) = 0$

d) $(x - 5)(x - 5) = 0$

Wie du weißt, kann ein Produkt nur dann Null sein, wenn **mindestens** ein Faktor Null ist. Daraus ergibt sich eine einfache Lösung der obigen Gleichungen, z. B. für a):

$(x - 7)(x + 8) = 0 \;\rightarrow\; x - 7 = 0$ oder $x + 8 = 0$

$x_1 = 7$ $\qquad x_2 = -8$

Zusammenfassung

Begriffe	Erläuterungen	Beispiele
Normalform einer quadratischen Gleichung	$x^2 + px + q = 0$ mit $p, q \in \mathbb{R}$ $x \in \mathbb{R}$	$-3x^2 + 9x - 1 = 0 \mid :(-3)$ $x^2 - 3x + \frac{1}{3} = 0$ also: $p = -3$; $q = \frac{1}{3}$
Lösungsverfahren für quadratische Gleichungen in Normalform	1. Arbeiten mit der quadratischen Ergänzung	$x^2 - 2x - 3 = 0$ $x^2 - 2x = 3$ $x^2 - 2x + (1)^2 = (1)^2 + 3$ ↖ ↗ quadratische Ergänzung $(x - 1)^2 = 4$ $x - 1 = 2$ $\vee\ x - 1 = -2$ $x_1 = 3 \vee x_2 = -1$
	2. Grafisches Lösen durch Zeichnen der Lösungsmengen: Normalparabel und Gerade zum Schnitt bringen.	$x^2 - 2x - 3 = 0$ $x^2 = 2x + 3$ $y = x^2 \wedge y = 2x + 3$ 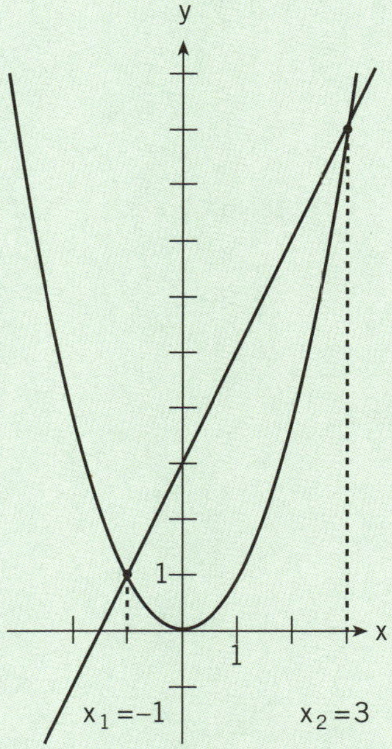 $L = \{-1; 3\}$

Begriffe	Erläuterungen	Beispiele
	3. Arbeiten nach der Lösungsformel $x^2 + px + q = 0$ $x_{1,2} = -\frac{p}{2} \pm \sqrt{\frac{p^2}{4} - q}$	$x^2 - 2x - 3 = 0$ $p = -2;\ q = -3$ $x_{1,2} = -\frac{-2}{2} \pm \sqrt{\frac{(-2)^2}{4} - (-3)}$ $x_1 = 1 + \sqrt{4} = 3$ $x_2 = 1 - \sqrt{4} = -1$
Diskriminante	Der Ausdruck unter der Wurzel in der Lösungsformel heißt Diskriminante D: $D = \frac{p^2}{4} - q$	$x^2 - 2x - 3 = 0$ $p = -2;\ q = -3$ $D = \frac{(-2)^2}{4} - (-3)$ $D = 4$
Lösungen einer quadratischen Gleichung	Die Anzahl möglicher Lösungen einer quadratischen Gleichung $x^2 + px + q = 0$ hängt vom Wert der Diskriminante D ab.	$D > 0$: genau zwei Lösungen $x_{1,2} = -\frac{p}{2} \pm \sqrt{\frac{p^2}{4} - q}$ $D = 0$: eine Lösung $x = -\frac{p}{2}$ $D < 0$: keine Lösung $L = \{\ \}$
Satz von Vieta	Sind x_1, x_2 Lösungen der quadratischen Gleichung $x^2 + px + q = 0$, so gilt: $x_1 + x_2 = -p$ und $x_1 \cdot x_2 = q$.	$x^2 - 2x - 3 = 0$ $p = -2;\ q = -3$ $x_1 = 3;\ x_2 = -1$ $x_1 + x_2 = 3 + (-1) = 2$ $x_1 \cdot x_2 = 3 \cdot (-1) = -3$

Test

Test 1

Löse die Gleichung

$x^2 - x - 2 = 0 \quad (x \in \mathbb{R})$

a) mit Hilfe einer quadratischen Ergänzung,

b) mittels der Lösungsformel,

c) zeichnerisch.

Test 2

Löse diese quadratischen Gleichungen in $\mathbb{R}$. Bestimme jeweils erst die Diskriminante und gib die Anzahl der Lösungen an.

a) $x^2 - 6x + 9 = 0$ b) $x^2 + x - 12 = 0$ c) $x^2 - 4x + 7 = 0$

Test 3

a) Überprüfe, ob

$x_1 = 2;\ x_2 = -6$

Lösungen von

$x^2 + 4x - 12 = 0$

sind.

b) Löse zur Kontrolle die Gleichung.

5 Potenzen – Potenzfunktionen

Potenzen mit Exponenten aus $\mathbb{N}$

Was ist die n-te Potenz?

$$a^n = \underbrace{a \cdot a \cdot \ldots \cdot a}_{n \text{ Faktoren}} \quad (a \text{ aus } \mathbb{R},\ n \text{ aus } \mathbb{N},\ n \geqq 2)$$

a^n heißt **n-te Potenz** von a. Dabei ist a **Basis** (Grundzahl), n heißt **Exponent** (Hochzahl) der Potenz.

Als Erweiterung wird festgesetzt:

$a^1 = a,\ a^0 = 1$ für a aus $\mathbb{R}$.

Beispiel: $5 \cdot 5 \cdot 5 = 5^3$

Was sind Zehnerpotenzen?

Große Zahlen werden oft unter Verwendung von Zehnerpotenzen kürzer dargestellt.
Dabei verwendet man folgende Bezeichnungen:

$1 \cdot 10^6 = 1$ Million	$1 \cdot 10^{12} = 1$ Billion	$1 \cdot 10^{18} = 1$ Trillion
$1 \cdot 10^9 = 1$ Milliarde	$1 \cdot 10^{15} = 1$ Billiarde	$1 \cdot 10^{21} = 1$ Trilliarde

Beispiel:
Entfernung Erde–Sonne: $\underbrace{150\,000\,000}_{8 \text{ Stellen}}\,\text{km} = 1{,}5 \cdot 10^8\,\text{km}$

Diese Darstellung heißt **Normdarstellung**.

Beachte 1 Billion (Deutschland) $= 1 \cdot 10^{12} = 1\,000\,000\,000\,000$
aber
1 billion (USA) $= 1 \cdot 10^9 = 1\,000\,000\,000$

1.

Schreibe kürzer:

a) $4 \cdot 4 \cdot 4$ b) $4 \cdot 4 \cdot 4 \cdot 4 \cdot 4$ c) $\frac{1}{2} \cdot \frac{1}{2} \cdot \frac{1}{2}$

d) $(-2) \cdot (-2) \cdot (-2) \cdot (-2)$ e) $a \cdot a \cdot a \cdot a$ f) $(-x) \cdot (-x) \cdot (-x)$

2.

Berechne und vergleiche. Achte auf Grundzahl und Hochzahl.

a) 2^3 und 3^2 b) 2^5 und 5^2 c) 3^3; $(-3)^3$; -3^3

Merke

Eine Zahl in Normdarstellung besteht aus einer Dezimalzahl zwischen 1 und 10 und einer Zehnerpotenz.

3.

a) Schreibe verkürzt in der Normdarstellung:
143 000 000; 34 Milliarden; 47 500 000 000

b) Scheibe die Normdarstellung ohne Zehnerpotenzen:
$3{,}08 \cdot 10^6$; $9{,}99 \cdot 10^8$; $8{,}43 \cdot 10^{10}$; $1{,}7 \cdot 10^6$

4.

Beispiel:

Dein Taschenrechner zeigt 4.184 09. Dies ist eine Kurzschreibweise von $4{,}184 \cdot 10^9 = 4\,184\,000\,000$.

9 Stellen

a) Welche Zahlen werden dargestellt?

1.12 10 9.9 09 3.2 07 4.02 11

b) Wie zeigt der Taschenrechner die folgenden Zahlen an?
17 340 000 000 000 1 000 000 000 000 46 300 000

Rechnen mit Potenzen

Diese Potenzgesetze musst du können:

Für a, b aus $\mathbb{R}^*$, und m, n aus $\mathbb{N}^*$ gilt: **Beispiele:**

1. Potenzen mit gleicher Basis

a) Multiplikation:

$a^m \cdot a^n = a^{m+n}$ $\qquad$ $3^4 \cdot 3^5 = 3^{4+5} = 3^9$

$\frac{1}{a^m} \cdot \frac{1}{a^n} = \frac{1}{a^{m+n}}$; $a \neq 0$ $\qquad$ $\frac{1}{3^4} \cdot \frac{1}{3^5} = \frac{1}{3^{4+5}} = \frac{1}{3^9}$

b) Division ($a \neq 0$):

$$\frac{a^m}{a^n} = \begin{cases} a^{m-n} & \text{für } m > n \\ 1 & \text{für } m = n \\ \frac{1}{a^{n-m}} & \text{für } m < n \end{cases}$$

$\frac{3^7}{3^5} = 3^{7-5} = 3^2$

$\frac{3^7}{3^7} = 3^{7-7} = 3^0 = 1$

$\frac{3^5}{3^7} = \frac{1}{3^{7-5}} = \frac{1}{3^2}$

2. Potenzen mit gleichen Exponenten

a) Multiplikation:

$(a \cdot b)^n = a^n \cdot b^n$ $\qquad$ $(3 \cdot 5)^4 = 3^4 \cdot 5^4$

b) Division:

$\left(\frac{a}{b}\right)^n = \frac{a^n}{b^n}$; $b \neq 0$ $\qquad$ $\left(\frac{3}{5}\right)^4 = \frac{3^4}{5^4}$

3. Potenzieren einer Potenz

$(a^m)^n = a^{m \cdot n}$ $\qquad$ $(5^2)^3 = 5^{2 \cdot 3} = 5^6$

Merke Mit Hilfe dieser Potenzgesetze lassen sich Terme, in denen Potenzen vorkommen, vereinfachen.

1.

Vereinfache die Terme.

a) $x^3 \cdot x^7$; $z^4 \cdot z^1$; $a^5 \cdot a^5$

b) $\frac{1}{x^4} \cdot \frac{1}{x^5}$; $\frac{1}{z^5} \cdot \frac{1}{z^1}$; $\frac{1}{a^3} \cdot \frac{1}{a^3}$

c) $\frac{x^7}{x^4}$; $\frac{z^5}{z^5}$; $\frac{a^1}{a^1}$

d) $(x^2)^3$; $(z^7)^3$; $(a^1)^5$

2.

Vereinfache jeweils wie im Beispiel:

Beispiele: $(a^3 \cdot b^4)^2 = a^6 \cdot b^8$; $\left(\frac{a^5}{b^3}\right)^2 = \frac{a^{10}}{b^6}$

a) $(a \cdot b^2)^3$; $(x^2 \cdot y^3)^4$; $(p^3 \cdot q^4)^2$; $(3u^2 \cdot v)^3$

b) $\left(\frac{a^2}{b^3}\right)^4$; $\left(\frac{1}{4x^2}\right)^3$; $\left(\frac{2a^2b^5}{b^2}\right)^3$; $\left(\frac{x^2 \cdot y^4}{z^3}\right)^5$

3.

Welche Ausdrücke kannst du vereinfachen?

a) $3^3 \cdot 5^3$; $3^3 + 5^3$

b) $2^4 \cdot 2^5$; $2^4 + 2^5$

4.

Auch Polynome lassen sich dividieren. Man rechnet dann wie beim schriftlichen Dividieren.

Beispiel:

$(\boxed{x^3} : x)\ (\boxed{-2x^2} : x)\ (\boxed{x} : x)$

$(\boxed{x^3} - 6x^2 + 9x - 4) : (x - 4) = x^2 - 2x + 1$

$\underline{-(x^3 - 4x^2)}$ ← $(x - 4) \cdot x^2$, dann den Term abziehen

$\boxed{-2x^2} + 9x$

$\underline{+2x^2 - 8x}$ ← $(x - 4) \cdot (-2x)$, dann abziehen

$\boxed{x} - 4$

$\underline{-x + 4}$ ← $(x - 4) \cdot 1$, dann abziehen

0

Es ergibt sich also: $(x^3 - 6x^2 + 9x - 4) : (x - 4) = x^2 - 2x + 1$

Führe diese Kontrollrechnung für das Beispiel aus:

$(x^2 - 2x + 1) \cdot (x - 4) =$

5.

Rechne ebenso und führe jeweils eine Kontrollrechnung durch.

a) $(x^3 + 3x^2 - 9x + 5) : (x + 5)$

b) $(x^4 + x^3 - 15x^2 + 23x - 10) : (x - 2)$

c) $(a^4 + a^3 - 15a^2 + 23a - 10) : (a + 5)$

d) $(8y^3 + 12y^2 - 18y + 5) : (2y + 5)$

Potenzen mit Exponenten aus $\mathbb{Z}$

Viele Rechnungen mit Potenzen vereinfachen sich, wenn man den Potenzbegriff für Exponenten aus $\mathbb{Z}$ erweitert.

So rechnest du mit negativen Exponenten:

Allgemeine Definition für negative Exponenten ($a \in \mathbb{R}^*$; $m, n \in \mathbb{N}^*$):

Beispiele:

$a^{-n} = \frac{1}{a^n}$ — $5^{-3} = \frac{1}{5^3} = \frac{1}{125}$

Es gelten die Potenzgesetze:

$a^n \cdot a^m = a^{n+m}$ — $5^{-2} \cdot 5^6 = 5^{-2+6} = 5^4$

$\frac{a^n}{a^m} = a^{n-m}$ — $\frac{5^3}{5^7} = 5^{3-7} = 5^{-4} = \frac{1}{5^4}$

So arbeitest du mit Zehnerpotenzen:

Neben sehr großen Zahlen werden auch sehr kleine Zahlen als Produkt mit einer Zehnerpotenz (Normdarstellung) dargestellt.

Beispiele: $0{,}\underbrace{003}_{3}8 = 3{,}8 \cdot 10^{-3}$

$2{,}5 \cdot 10^{-3} = 0{,}\underbrace{002}_{3}5$

1.

Berechne:

a) 5^{-1}; 5^{-2}; 5^{-3}; 3^{-2}; 3^{-3}; 10^{-2}; 1000^{-1}

b) $\left(\frac{1}{2}\right)^{-2}$; $\left(\frac{1}{2}\right)^{0}$; $(-3)^{-3}$; $\left(-\frac{1}{3}\right)^{-3}$; $\left(-\frac{1}{3}\right)^{-4}$; $\left(\frac{3}{4}\right)^{-2}$

c) $(a + b)^{-1}$; $(a + b)^{0}$; $(a + b)^{-2}$

2.

a) Schreibe in der Normdarstellung:
0,00481; 0,000098; 0,00011; 0,0031; 0,0425

b) Schreibe als Dezimalzahl:
$1{,}5 \cdot 10^{-3}$; $4{,}876 \cdot 10^{-5}$; $9 \cdot 10^{-6}$; $2{,}34 \cdot 10^{-4}$; $0{,}7 \cdot 10^{-3}$

3.

Vereinfache wie im Beispiel:

Beispiel: $4^2 \cdot 4^{-3} = \frac{4^2}{4^3} = 4^{-1} = \frac{1}{4}$

a) $2^3 \cdot 2^{-5}$; $2^{-3} \cdot 2^{-5}$; $2^0 \cdot 2^{-4}$; $(-2)^3 \cdot (-2)^{-6}$

b) $x^3 \cdot x^4$; $x^3 \cdot x^{-4}$; $x^{-3} \cdot x^{-4}$

4.

Vereinfache wie im Beispiel:

Beispiel: $\frac{a^3}{a^{-5}} = a^3 \cdot a^5 = a^{3+5} = a^8$

a) $\frac{2^2}{2^3}$; $\frac{2^{-2}}{2^3}$; $\frac{2^2}{2^{-3}}$; $\frac{2^{-2}}{2^{-3}}$

b) $\frac{x^2}{x^5}$; $\frac{x^{-2}}{x^5}$; $\frac{x^{-2}}{x^{-5}}$

5.

Vereinfache die Terme. Fasse dazu die Potenzen mit gleicher Grundzahl zusammen.

a) $x^2 \cdot y^3 \cdot z \cdot x^{-3} \cdot y^2 \cdot z$

b) $a^2 \cdot b^{-3} \cdot a \cdot b^5 \cdot c$

c) $a^2 \cdot b^{-3} \cdot b^{-3}$

d) $0{,}4a^{-4} \cdot 5b^2 \cdot 8a^3$

6.

Vereinfache wie im Beispiel:

Beispiel: $(2^{-2})^3 = \left(\frac{1}{2^2}\right)^3 = \frac{1^3}{2^6} = \frac{1}{64}$ oder $(2^{-2})^3 = 2^{(-2)\cdot 3} = 2^{-6} = \frac{1}{64}$

a) $(2^2)^{-3}$; $(2^{-2})^{-3}$; $\left(\frac{1}{2^{-2}}\right)^3$

b) $(a^3)^{-4}$; $\left(\frac{1}{x^3}\right)^{-2}$; $\frac{1}{(y^2)^{-4}}$

n-te Wurzeln

Was ist die n-te Wurzel?

Allgemein wird festgesetzt:

$x = \sqrt[n]{a}$ entspricht $x^n = a$

$2 = \sqrt[3]{8}$ $2^3 = 8$

d. h., für alle $a \in \mathbb{R}_+$ und $n \in \mathbb{N}^*$ ist $x = \sqrt[n]{a}$ die nichtnegative Zahl $x \geqq 0$, für die $x^n = a$ gilt.
a heißt **Radikand**, n **Wurzelexponent**.

$\sqrt[n]{a}$ heißt **n-te Wurzel** aus a.

Diese Gesetze musst du können:

Für Wurzelterme gilt:

$$\sqrt[n]{a \cdot b} = \sqrt[n]{a} \cdot \sqrt[n]{b} \qquad \sqrt[n]{\frac{a}{b}} = \frac{\sqrt[n]{a}}{\sqrt[n]{b}} \qquad \sqrt[n]{\frac{1}{b}} = \frac{1}{\sqrt[n]{b}}$$

mit $a, b \in \mathbb{R}_+^*$ und $n \in \mathbb{N}^*$.

Sonderfall: Exponent und Wurzelexponent sind gleich

Für $a \in \mathbb{R}_+$ und $n \in \mathbb{N}^*$ gilt:
$\sqrt[n]{a^n} = a$ **Beispiel:** $\sqrt[5]{32} = \sqrt[5]{2^5} = 2$

Beispiel $\sqrt[4]{16} = 2$, weil $2^4 = 16$

Für n = 2 erhalten wir als Sonderfall einer n-ten Wurzel die Quadratwurzel:

$\sqrt[2]{9} = 3$

Wenn keine Verwechslungen möglich sind, schreibst du weiter $\sqrt{9}$ statt $\sqrt[2]{9}$.

1.

Beispiel: $\sqrt[3]{8} = 2$, weil $2^3 = 8$

Ergänze wie im Beispiel:

a) $\sqrt[3]{27} =$ 3, weil $3^3 = 27$ b) $\sqrt[4]{16} =$ 2, weil $2^4 = 16$

c) $\sqrt[5]{100\,000} =$ 10, weil $10^5 = 100000$ c) $\sqrt[2]{25} =$ 5, weil $5^2 = 25$

2.

Beispiel: $\sqrt[3]{a^3 \cdot b^3} = \sqrt[3]{a^3} \cdot \sqrt[3]{b^3} = a \cdot b$

Vereinfache wie im Beispiel:

a) $\sqrt[6]{a^6 \cdot b^6}$ b) $\sqrt[4]{\frac{x^4}{y^4}}$ c) $\sqrt[5]{\frac{1}{z^5}}$

3.

Beispiel: $\sqrt[3]{4^2} \cdot \sqrt[3]{4} = \sqrt[3]{4^2 \cdot 4} = \sqrt[3]{4^3} = 4$

Vereinfache wie im Beispiel:

a) $\sqrt[4]{3^3} \cdot \sqrt[4]{3}$ b) $\sqrt[5]{2^3} \cdot \sqrt[5]{2^2}$ c) $\sqrt[3]{10} \cdot \sqrt[3]{10^2}$

d) $\frac{\sqrt[3]{2^4}}{\sqrt[3]{2}}$ e) $\frac{\sqrt[5]{3^7}}{\sqrt[5]{3^2}}$ f) $\frac{\sqrt[4]{2^6}}{\sqrt[4]{2^2}}$

4.

Beispiel: $\sqrt[3]{24} = \sqrt[3]{8 \cdot 3} = \sqrt[3]{8} \cdot \sqrt[3]{3} = 2 \cdot \sqrt[3]{3}$

Zerlege wie im Beispiel:

a) $\sqrt[3]{2000}$ b) $\sqrt[4]{48}$ c) $\sqrt[5]{64}$

Potenzen mit Exponenten aus $\mathbb{Q}$

So rechnest du mit Wurzeln:

$a^{\frac{1}{n}} = \sqrt[n]{a}$	$a \in \mathbb{R}_+$; $n \in \mathbb{N}^*$
$a^{\frac{m}{n}} = \sqrt[n]{a^m}$	$a \in \mathbb{R}_+$; $n \in \mathbb{N}^*$
$a^{-\frac{m}{n}} = \frac{1}{\sqrt[n]{a^m}}$	$a \in \mathbb{R}_+^*$; $n, m \in \mathbb{N}^*$

Die Potenzen und ihre Rechengesetze sind ursprünglich **nur** für Exponenten aus $\mathbb{N}$ definiert, wie $a^4 = a \cdot a \cdot a \cdot a$. Durch die Festsetzung

$$a^{-n} = \frac{1}{a^n}$$

wurde der Definitionsbereich auf Potenzen mit ganzen Zahlen ($\mathbb{Z}$) erweitert und schließlich durch

$$a^{\frac{m}{n}} = \sqrt[n]{a^m}$$

auf Exponenten mit Brüchen ($\mathbb{Q}$). Für alle diese Exponenten gelten die gleichen Potenzgesetze.

Potenzgesetze für Exponenten aus $\mathbb{Q}$:

Für alle $a, b \in \mathbb{R}_+^*$ und $p, q \in \mathbb{Q}$ gilt:	**Beispiele:**
1. $a^p \cdot a^q = a^{p+q}$	$a^{\frac{2}{3}} \cdot a^{\frac{4}{5}} = a^{\frac{2}{3}+\frac{4}{5}}$
2. $a^p : a^q = \frac{a^p}{a^q} = a^{p-q}$	$a^{\frac{2}{3}} : a^{\frac{4}{5}} = \frac{a^{\frac{2}{3}}}{a^{\frac{4}{5}}} = a^{\frac{2}{3}-\frac{4}{5}}$
3. $(a \cdot b)^p = a^p \cdot b^p$	$(a \cdot b)^{\frac{2}{3}} = a^{\frac{2}{3}} \cdot b^{\frac{2}{3}}$
4. $\left(\frac{a}{b}\right)^p = \frac{a^p}{b^p}$	$\left(\frac{a}{b}\right)^{\frac{2}{3}} = \frac{a^{\frac{2}{3}}}{b^{\frac{2}{3}}}$
5. $(a^p)^q = a^{p \cdot q}$	$\left(a^{\frac{2}{3}}\right)^{\frac{4}{5}} = a^{\frac{2}{3} \cdot \frac{4}{5}}$

1.

Schreibe mit Wurzelzeichen und berechne.

Beispiel: $125^{\frac{2}{3}} = \sqrt[3]{125^2} = \sqrt[3]{5^6} = \left(5^{\frac{6}{3}}\right) = 5^2 = 25$

a) $16^{\frac{3}{4}}$ b) $16^{-\frac{3}{4}}$ c) $\left(\frac{1}{16}\right)^{\frac{3}{4}}$ d) $9^{\frac{1}{2}}$

e) $32^{\frac{1}{5}}$ f) $4^{-\frac{1}{2}}$ g) $81^{-\frac{1}{4}}$

2.

Schreibe als Potenz.

Beispiel: $\sqrt[5]{x^2} = x^{\frac{2}{5}}$

$\sqrt[4]{x^3}$; $\frac{1}{\sqrt[4]{x^3}}$; $\sqrt[9]{y^3}$; $\sqrt[3]{a^{12}}$; $\sqrt[4]{(a-x)^5}$

3.

Vereinfache die folgenden Terme wie in den Beispielen.

Beispiele: $a^{\frac{1}{3}} \cdot a^{\frac{1}{4}} = a^{\frac{1}{3}+\frac{1}{4}} = a^{\frac{7}{12}} = \sqrt[12]{a^7}$

$a^{\frac{1}{4}} : a^{\frac{1}{3}} = a^{\frac{1}{4}-\frac{1}{3}} = a^{-\frac{1}{12}} = \frac{1}{\sqrt[12]{a}}$

$\left(a^{\frac{2}{3}}\right)^{\frac{3}{2}} = a^{\frac{2}{3}\cdot\frac{3}{2}} = a^1 = a$

a) $a^{\frac{1}{2}} \cdot a^{\frac{1}{4}}$; $a^{\frac{1}{3}} \cdot a^{\frac{2}{9}}$; $x^{\frac{5}{6}} \cdot x^{-\frac{7}{12}}$; $x^{-\frac{3}{4}} \cdot x^{-\frac{1}{2}}$

b) $a^{\frac{1}{2}} : a^{\frac{1}{4}}$; $\frac{a^{\frac{3}{4}}}{a^{\frac{1}{2}}}$; $x^{\frac{3}{5}} : x^{\frac{7}{10}}$; $y^{-\frac{1}{7}} : y^{-\frac{1}{14}}$; $a : a^{\frac{2}{5}}$; $x^{-\frac{2}{5}} : x$

c) $\left(x^{\frac{1}{2}}\right)^{\frac{1}{3}}$; $\left(a^{\frac{2}{5}}\right)^{\frac{5}{3}}$; $\left(y^{\frac{7}{12}}\right)^{\frac{12}{7}}$; $\left(a^{\frac{3}{8}}\right)^{0}$; $(a^2)^{\frac{1}{2}}$; $\left(x^{\frac{2}{3}}\right)^{3}$

4.

Schreibe die Wurzeln als Potenzen und vereinfache.

Beispiel: $\sqrt{a} \cdot \sqrt[3]{a} = a^{\frac{1}{2}} \cdot a^{\frac{1}{3}} = a^{\frac{1}{2}+\frac{1}{3}} = a^{\frac{5}{6}} = \sqrt[6]{a^5}$

a) $\sqrt[3]{6} \cdot \sqrt[4]{6}$ b) $\sqrt{9} \cdot \sqrt[3]{9}$ c) $\sqrt{7} : \sqrt[3]{7}$

d) $\sqrt[3]{x} \cdot \sqrt[5]{x}$ e) $\sqrt{a} \cdot \sqrt[n]{a}$ f) $\sqrt[5]{a^3} \cdot \sqrt[10]{a^4}$

g) $\sqrt[5]{a^3} : \sqrt[10]{a^4}$ h) $\sqrt{x} : \sqrt[3]{x^2}$ i) $\sqrt[3]{x} : \sqrt[5]{x^2}$

5.

Zerlege wie im Beispiel.

Beispiel: $8^{\frac{1}{2}} = (2^2 \cdot 2)^{\frac{1}{2}} = (2^2)^{\frac{1}{2}} \cdot 2^{\frac{1}{2}} = 2 \cdot 2^{\frac{1}{2}}$ oder
$\sqrt{8} = \sqrt{4 \cdot 2} = \sqrt{4} \cdot \sqrt{2} = 2 \cdot \sqrt{2}$

a) $12^{\frac{1}{2}}$; $50^{\frac{1}{2}}$; $\sqrt{200}$; $\sqrt{75}$; $16^{\frac{1}{3}}$; $\sqrt[3]{3000}$; $\sqrt[3]{54}$

b) $(4a^2)^{\frac{1}{2}}$; $(4a)^{\frac{1}{2}}$; $(2a^2)^{\frac{1}{2}}$; $(8a)^{\frac{1}{3}}$; $\sqrt[3]{2a^3}$

6.

Vereinfache wie im Beispiel.

Beispiel: $\sqrt{\sqrt[3]{a}} = \left(a^{\frac{1}{3}}\right)^{\frac{1}{2}} = a^{\frac{1}{6}} = \sqrt[6]{a}$

a) $\sqrt[3]{\sqrt[4]{b}}$ b) $\sqrt[3]{\sqrt{x^4}}$ c) $\sqrt[4]{\sqrt[5]{a^{10}}}$ d) $\sqrt{\sqrt{\sqrt{x}}}$

Merke

Rationaler Nenner

Ergibt sich als Ergebnis einer Rechnung ein Bruch mit einem Wurzelausdruck im Nenner, so erweitert man den Bruch, bis die Wurzel im Nenner verschwindet. Auf diese Weise macht man den **Nenner rational**.

7.

Beispiel: $\frac{1}{\sqrt[3]{x}}$ → Erweitern mit $\sqrt[3]{x^2}$

$$\frac{1 \cdot \sqrt[3]{x^2}}{\sqrt[3]{x} \cdot \sqrt[3]{x^2}} = \frac{\sqrt[3]{x^2}}{\sqrt[3]{x^3}} = \frac{\sqrt[3]{x^2}}{x}$$

Mache auch diese Nenner rational.

a) $\frac{1}{\sqrt[4]{x}}$ b) $\frac{1}{\sqrt[5]{a^2}}$ c) $\frac{5}{\sqrt[3]{2}}$ d) $\frac{7}{\sqrt[3]{ab^2}}$ e) $\frac{5}{\sqrt[4]{x^2y}}$

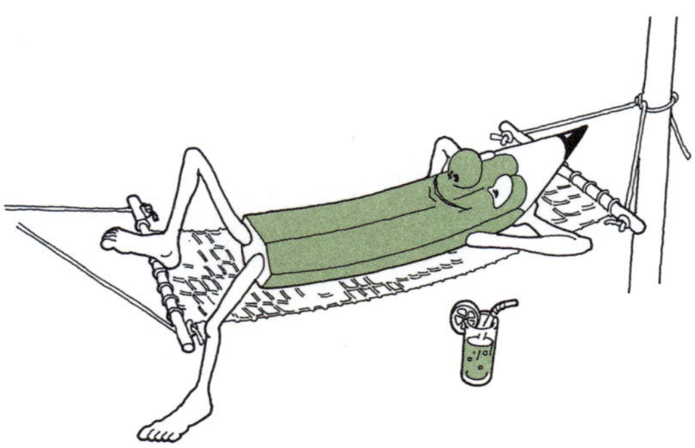

Arbeiten mit dem Taschenrechner

1.

Hast du auf deinem Taschenrechner die Taste [y^x]? Mit dieser Taste kannst du Potenzen berechnen.

Beispiel:

2^3 Tippe ein: [2] [y^x] [3] [=] Ergebnis: 8

2^{-3} Tippe ein: [2] [y^x] [3] [+/–] [=] Ergebnis: 0,125

Berechne wie im Beispiel:

a) 2^6 b) 5^7 c) $0{,}35^4$ d) 3^{-4} e) $0{,}6^{-7}$

f) 3128^4 g) 3128^{-4} h) $5^{0{,}7}$ i) $5^{-0{,}7}$

2.

Auch Potenzen mit rationalen Exponenten kannst du berechnen.

Beispiel:

$3^{\frac{4}{5}}$ [3] [y^x] [(] [4] [÷] [5] [)] [=] Ergebnis: 2.4082247

Berechne:

a) $5^{\frac{3}{4}}$ b) $28^{\frac{2}{7}}$ c) $0{,}378^{\frac{8}{3}}$ d) $32^{\frac{5}{6}}$ e) $1347^{\frac{7}{12}}$

3.

Beispiel:

$5^{-\frac{3}{4}}$ Tippe ein: [5] [y^x] [(] [3] [÷] [4] [)] [+/–] [=]

Ergebnis: 0.2990698 Hier erst das Vorzeichen eingeben!

Berechne:

a) $2^{-\frac{2}{3}}$ b) $35^{-\frac{1}{8}}$ c) $375^{-\frac{2}{5}}$ d) $0{,}333^{-\frac{1}{3}}$ e) $25{,}487^{-\frac{2}{5}}$

4.

Verwandle die Wurzeln in Potenzen und berechne mit dem Taschenrechner:

a) $\sqrt[4]{2}$ b) $\sqrt[3]{10}$ c) $\sqrt[5]{28^2}$ d) $\sqrt[6]{0{,}87^3}$ e) $\sqrt[5]{3{,}756^4}$

Potenzfunktionen mit Exponenten aus ℕ und aus ℤ

Was sind Potenzfunktionen?

Die Funktionen $x \mapsto x^n$ $x \in \mathbb{R}$, $n \in \mathbb{N}^*$ heißen **Potenzfunktionen**. Ihre Graphen heißen **Normalparabeln n-ter Ordnung**.

Beispiele:

$x \mapsto x^2$

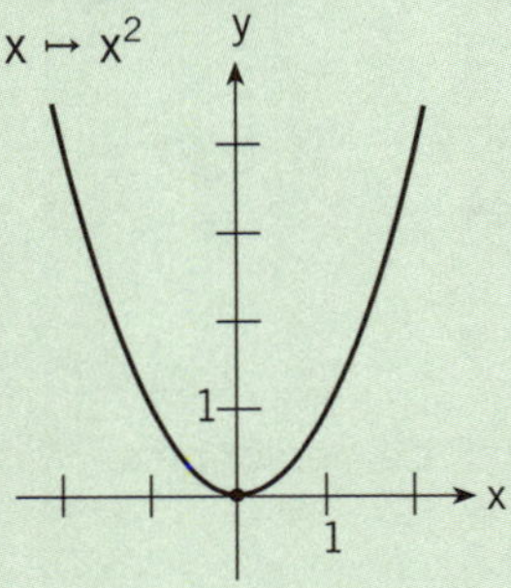

$x \mapsto x^3$

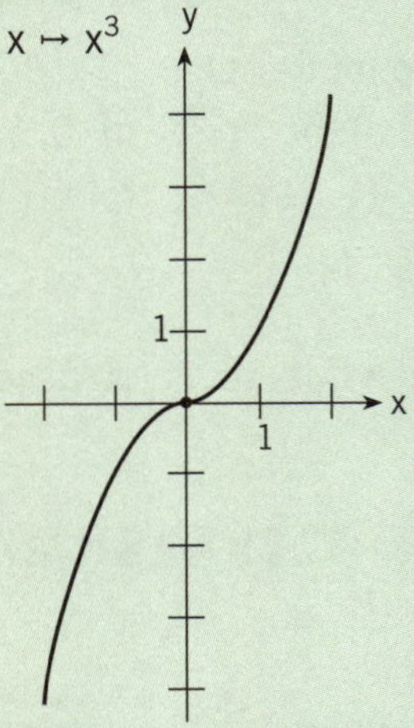

Die Graphen der Funktionen $x \mapsto x^{-n}$ bzw. $x \mapsto \frac{1}{x^n}$, mit x aus $\mathbb{R}^*$ und n aus $\mathbb{N}^*$ heißen **Hyperbeln**. Sie sind auch Potenzfunktionen.

Beispiele:

$x \mapsto x^{-1}$
bzw. $x \mapsto \frac{1}{x}$

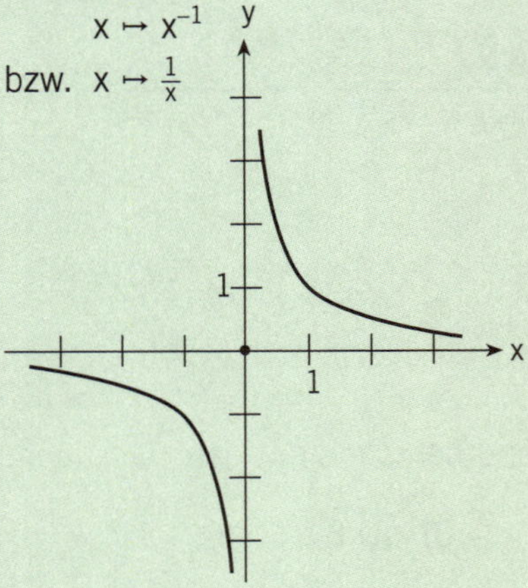

$x \mapsto x^{-2}$
$x \mapsto \frac{1}{x^2}$

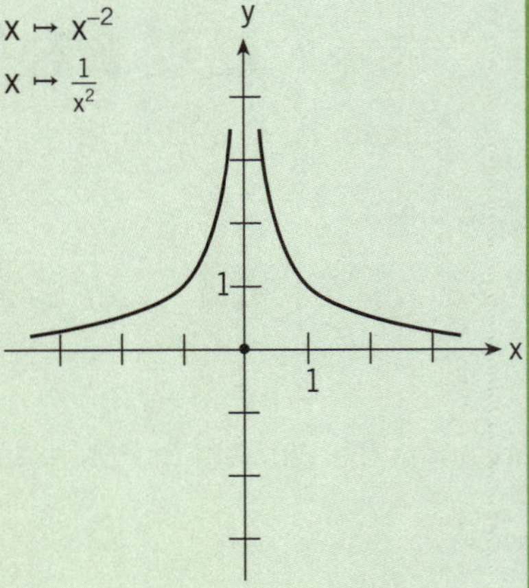

1.

Untersuche die Funktionen $x \mapsto x^2$; $x \mapsto x^3$; $x \mapsto x^4$ und $x \mapsto x^5$ mit x aus ℝ.

a) Fülle die Wertetabelle aus.

x	–3	–2	–1	0	1	2	3
x^2							
x^3							
x^4							
x^5							

b) Welche Besonderheiten zeigt die Tabelle für $x = 0$, $x = 1$, $x = -1$?

c) Zeichne die Graphen für diese Funktionen.

d) Beschreibe die Symmetrieeigenschaften der Graphen.

2.

Zeichne die Graphen für diese Funktionen:

a) $x \mapsto x^3$

b) $x \mapsto \frac{1}{2}x^3$

c) $x \mapsto 2x^3$

d) $x \mapsto x^4$

e) $x \mapsto \frac{1}{4}x^4$

f) $x \mapsto 2x^4$

3.

Untersuche jetzt die Funktionen $x \mapsto x^{-1}$; $x \mapsto x^{-2}$; $x \mapsto x^{-3}$ und $x \mapsto x^{-4}$ für x aus ℝ*.

a) Schreibe die Funktionen auch so: $x \mapsto \frac{1}{x}$.

b) Fülle die Wertetabelle aus:

x	–3	–2	–1	–0,5	0	0,5	1	2	3
$\frac{1}{x}$									
$\frac{1}{x^2}$									
$\frac{1}{x^3}$									
$\frac{1}{x^4}$									

c) Welche Besonderheiten zeigt die Tabelle für $x = 0$, $x = 1$, $x = -1$?

d) Zeichne die Graphen der Funktionen.

e) Was kannst du über die Symmetrieeigenschaften der Graphen aussagen?

Zusammenfassung

Begriffe	Erläuterungen	Beispiele
Potenzen mit Exponenten aus $\mathbb{N}$	$a^n = \underbrace{a \cdot a \cdot \ldots \cdot a}_{n\text{-mal}}$ für alle $a \in \mathbb{R}$; $n \in \mathbb{N}^*$ mit $n \geqq 2$ $a^1 = a$ $a^0 = 1$	$7^3 = 7 \cdot 7 \cdot 7$ $7^1 = 7$ $7^0 = 1$
Bezeichnungen bei Potenzen	a^n – n-te Potenz von a a – Basis n – Exponent	7^3 7 Basis 3 Exponent
Potenzen mit Exponenten aus $\mathbb{Z}$	$a^{-n} = \frac{1}{a^n}$ für alle $a \in \mathbb{R}^*$; $n \in \mathbb{N}^*$	$7^{-3} = \frac{1}{7^3}$
n-te Wurzeln	Für alle $a \in \mathbb{R}_+$ und $n \in \mathbb{N}^*$ ist $x = \sqrt[n]{a}$ die reelle Zahl $x \geqq 0$, für die $x^n = a$ gilt.	$\sqrt[3]{125} = 5$, denn $5^3 = 125$
Bezeichnungen	a = Radikand n = Wurzelexponent	$\sqrt[3]{125}$ 125 → Radikand 3 → Wurzelexponent
Potenzen mit Exponenten aus $\mathbb{Q}$	Für alle $a \in \mathbb{R}_+^*$ und $n, m \in \mathbb{N}^*$ gilt: $a^{\frac{1}{n}} = \sqrt[n]{a}$ $a^{\frac{m}{n}} = \sqrt[n]{a^m}$ $a^{-\frac{m}{n}} = \frac{1}{\sqrt[n]{a^m}}$	$a^{\frac{1}{5}} = \sqrt[5]{a}$ $a^{\frac{3}{4}} = \sqrt[4]{a^3}$ $a^{-\frac{5}{2}} = \frac{1}{\sqrt[2]{a^5}}$

Begriffe	Erläuterungen	Beispiele
Potenzgesetze	Für alle $a, b \in \mathbb{R}_+^*$ und $p, q \in \mathbb{Q}$ gilt: 1. $a^p \cdot a^q = a^{p+q}$ 2. $a^p : a^q = \frac{a^p}{a^q} = a^{p-q}$ 3. $(a \cdot b)^p = a^p \cdot b^p$ 4. $\left(\frac{a}{b}\right)^p = \frac{a^p}{b^p}$ 5. $(a^p)^q = a^{p \cdot q}$	 $a^{\frac{2}{3}} \cdot a^{\frac{4}{5}} = a^{\frac{2}{3}+\frac{4}{5}}$ $a^{\frac{2}{3}} : a^{\frac{4}{5}} = a^{\frac{2}{3}-\frac{4}{5}}$ $(a \cdot b)^{\frac{2}{3}} = a^{\frac{2}{3}} \cdot b^{\frac{2}{3}}$ $\left(\frac{a}{b}\right)^{\frac{2}{3}} = \frac{a^{\frac{2}{3}}}{b^{\frac{2}{3}}}$ $\left(a^{\frac{2}{3}}\right)^{\frac{4}{5}} = a^{\frac{2}{3} \cdot \frac{4}{5}}$
Rechenregeln für Wurzeln	Für alle $a, b \in \mathbb{R}^*$ und $n \in \mathbb{N}^*$ gilt: $\sqrt[n]{a \cdot b} = \sqrt[n]{a} \cdot \sqrt[n]{b}$ $\sqrt[n]{\frac{a}{b}} = \frac{\sqrt[n]{a}}{\sqrt[n]{b}}$ $\sqrt[n]{\frac{1}{b}} = \frac{1}{\sqrt[n]{b}}$	 $\sqrt[3]{3000} = \sqrt[3]{1000} \cdot \sqrt[3]{3}$ $= 10 \cdot \sqrt[3]{3}$ $\sqrt[4]{\frac{3}{16}} = \frac{\sqrt[4]{3}}{\sqrt[4]{16}} = \frac{\sqrt[4]{3}}{2}$ $\sqrt[3]{\frac{1}{125}} = \frac{1}{\sqrt[3]{125}} = \frac{1}{5}$
Potenzfunktionen mit Exponenten aus $\mathbb{N}$	$x \mapsto x^n$ mit $x \in \mathbb{R}$ und $n \in \mathbb{N}^*$ Die Graphen dieser Potenzfunktionen heißen **Normalparabeln n-ter Ordnung**:	n gerade: 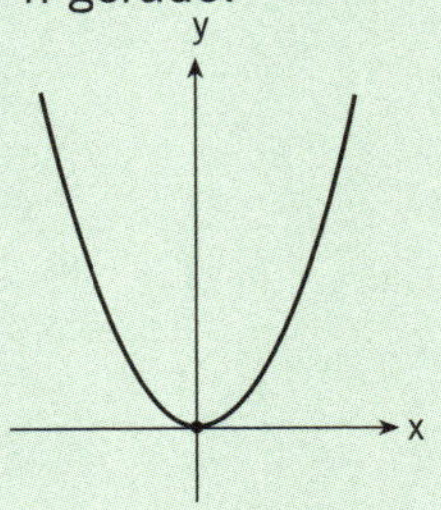 n ungerade: 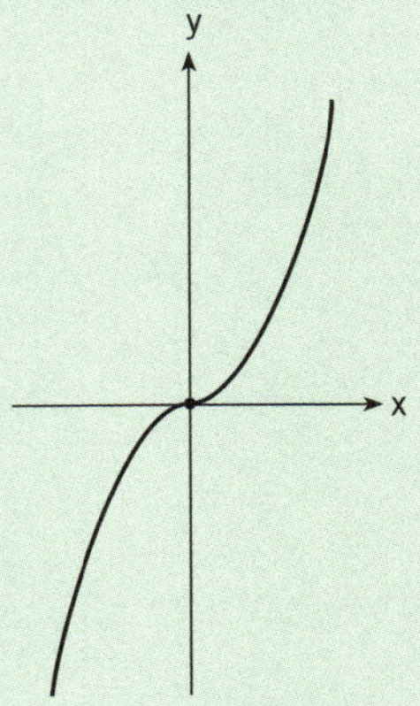

Begriffe	Erläuterungen	Beispiele
Potenzfunktionen mit Exponenten aus $\mathbb{Z}$	$x \mapsto x^{-n}$ bzw. $x \mapsto \frac{1}{x^n}$ Die Graphen dieser Funktionen heißen **Hyperbeln**.	n gerade: 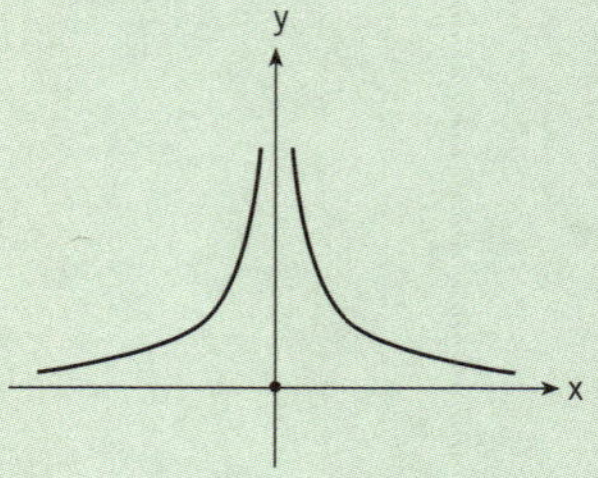 n ungerade: 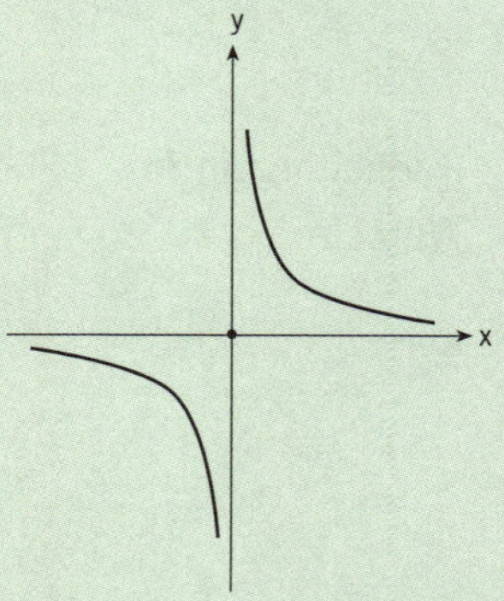

Test

Test 1

Berechne: $\left(-\frac{1}{2}\right)^4$; $\left(\frac{2}{3}\right)^{-3}$; $0{,}1^{-4}$

Test 2

a) Schreibe verkürzt in der Normdarstellung:
27 000 000; 0,000 15

b) Schreibe ohne Zehnerpotenzen:
$7{,}05 \cdot 10^5$; $1{,}25 \cdot 10^{-4}$

Test 3

Vereinfache:

a) $\frac{x^{-3} \cdot x^4}{x^3}$; $(x^{-2})^4 \cdot (x^5)^{-1}$

b) $\left(\frac{x^3}{y^2}\right)^3$; $(x^3y^4)^{-2}$

Test 4

Zeichne diese Funktionen:

a) $x \mapsto \frac{1}{4} \cdot x^3$ für $x \in \mathbb{R}$

b) $x \mapsto \frac{2}{x^2}$ für $x \in \mathbb{R}^*$

Test 5

a) Berechne: $\sqrt[3]{1000}$; $\sqrt[4]{\frac{1}{16}}$

b) Schreibe als Wurzel und berechne: $25^{\frac{1}{2}}$; $27^{-\frac{1}{3}}$

Test 6

Vereinfache und schreibe das Ergebnis als Wurzel:

$a^{\frac{2}{3}} \cdot a^{\frac{1}{4}}$; $\left(x^{\frac{1}{2}}\right)^{\frac{2}{5}}$; $\left(a^{-\frac{1}{2}}\right)^{\frac{3}{4}}$

Test 7

Schreibe als Potenzen und vereinfache:

a) $\sqrt{a^3} \cdot \sqrt[3]{a^4}$; $\sqrt[3]{x} : \sqrt[5]{x^4}$

b) $\sqrt[3]{\sqrt[5]{a^6}}$; $\sqrt{\sqrt{\sqrt{x}}}$

6 Exponential- und Logarithmusfunktionen

Exponentialfunktionen

Was ist exponentielles Wachstum?

Exponentielles Wachstum liegt dann vor, wenn eine Größe b in gleichen Zeitspannen um einen bestimmten konstanten Faktor $a > 1$ zunimmt. a heißt **Wachstumsfaktor**.

Ist $0 < a < 1$, spricht man dagegen von **exponentiellem Zerfall** oder **exponentieller Abnahme**.

Exponentielles Wachstum lässt sich kennzeichnen durch die Funktion

$x \mapsto b \cdot a^x$ mit $a > 1$, $b > 0$, $x \in \mathbb{R}$,

exponentieller Zerfall oder **exponentielle Abnahme** durch

$x \mapsto b \cdot a^x$ mit $0 < a < 1$, $b > 0$, $x \in \mathbb{R}$.

Eine Funktion der Form $x \mapsto a^x$ mit $x \in \mathbb{R}$ und $a \in \mathbb{R}_+^*$ heißt **Exponentialfunktion** zur Basis a.

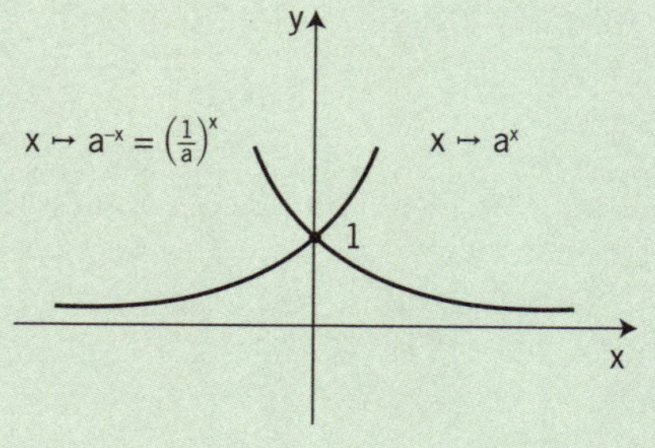

Beispiel Eine $1\,cm^2$ große Bakterienkultur wächst an jedem Tag um das 4fache. Beschreibe das Wachstum als Funktion.

nach dem 1. Tag → $1\,cm^2 \cdot 4 = 4\,cm^2 = 1\,cm^2 \cdot 4^1$
nach dem 2. Tag → $4\,cm^2 \cdot 4 = 16\,cm^2 = 1\,cm^2 \cdot 4^2$
nach dem 3. Tag → $16\,cm^2 \cdot 4 = 64\,cm^2 = 1\,cm^2 \cdot 4^3$

Ergebnis: Exponentielles Wachstum $x \mapsto 1\,cm^2 \cdot 4^x$

1.

Ein Millionär kann sein Vermögen in jedem Jahr verdreifachen. In diesem Jahr besitzt er eine Million €.

a) Wie viel € besitzt er **nach** 1 Jahr, 2 Jahren, 3 Jahren?

b) Wie viel € besaß er dagegen **vor** 1 Jahr (–1), 2 Jahren (–2), 3 Jahren (–3)?

c) Fülle die Tabelle aus und zeichne den Graphen der Funktion.

x (Zeit in Jahren)	–3	–2	–1	0	1	2	3	4
y (Vermögen in Millionen €)			$\frac{1}{3}$	1	3			

·3 ·3 ·3

2.

Ein Spieler verliert in jedem Jahr ein Drittel seines Vermögens. In diesem Jahr besitzt er noch eine Million €.

a) Wie viel € besitzt er **nach** 1 Jahr, 2 Jahren, 3 Jahren?

b) Wie viel € besaß er dagegen **vor** 1 Jahr, 2 Jahren, 3 Jahren?

c) Fülle die Tabelle aus und zeichne den Graphen der Funktion.

x (Zeit in Jahren)	–3	–2	–1	0	1	2	3	4
y (Vermögen in Millionen €)			3	1	$\frac{1}{3}$			

3.

In einer Pflanzenkultur befinden sich zu Beginn der Beobachtung 5000 Pflanzen. Die Zahl der Pflanzen nimmt in einem Monat um 20% zu.

Beachte: 20 % = 0,2 Zunahme bedeutet, dass eine Vermehrung um das 1 + 0,2 = 1,2fache erfolgt.

a) Wie viele Pflanzen sind es nach 1 Monat, 2 Monaten, 3 Monaten?

b) Wie viele Pflanzen waren es 1 Monat, 2 Monate, 3 Monate vor Beobachtungsbeginn?

c) Fülle die Tabelle aus und zeichne den Graphen.

x (Zeit in Monaten)	–4	–3	–2	–1	0	1	2	3	4
y (Anzahl der Pflanzen)					5000				

·____ ·1,2 ·____

d) Prüfe durch Einsetzen der Tabellenwerte, dass sich das Wachstum durch die folgende Exponentialfunktion beschreiben lässt (Taschenrechner y^x -Taste): $x \mapsto 5000 \cdot 1{,}2^x \quad x \in \mathbb{R}$

Logarithmusfunktionen

Was ist eine Umkehrfunktion?

Zu einer gegebenen Funktion, bei der jeder y-Wert von genau einem x-Wert angenommen wird, kann man die Umkehrfunktion bilden, indem man x und y in der Funktionsgleichung vertauscht. Die Logarithmusfunktion ist die **Umkehrfunktion** zur Exponentialfunktion.

Exponentialfunktion: $y = a^x$

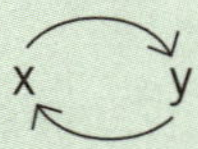

Logarithmusfunktion: $x = a^y$

Was ist die Logarithmusfunktion?

Die Umkehrfunktion zu $x \mapsto a^x$ mit $x \in \mathbb{R}$ und $a > 0$, $a \neq 1$ wird bezeichnet mit $x \mapsto \log_a x$. ($x \in \mathbb{R}_+^*$)

Sie heißt **Logarithmusfunktion zur Basis a**.

Es gilt:
$y = \log_a x$ entspricht $x = a^y$.

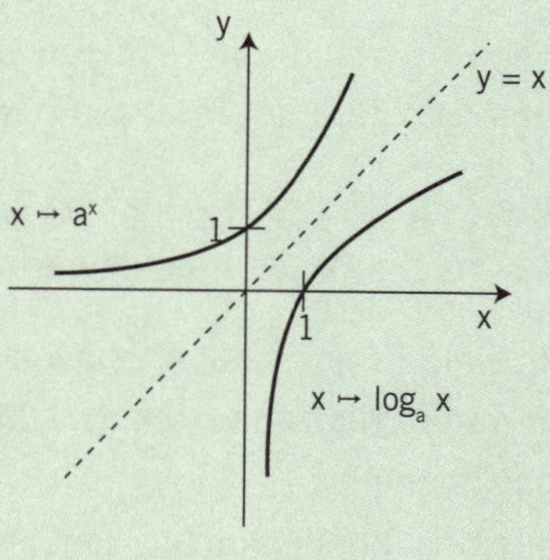

Die Logarithmusfunktion ist nur für positive x-Werte definiert ($x \neq 0$).

Ihren Graphen erhältst du durch Spiegelung des Graphen der Exponentialfunktion an der Geraden $y = x$ (Winkelhalbierende durch den 1. und 3. Quadranten).

1.

a) Fülle für die Exponentialfunktion $x \mapsto 2^x$, $x \in \mathbb{R}$, die Tabelle aus und zeichne den Graphen.

x	–3	–2	–1	0	1	2	3
y	$\frac{1}{8}$						

b) Fülle die Tabelle für die **Umkehrfunktion** aus, in dem du in der Tabelle zu a) die x-Werte und die y-Werte vertauscht.

x	$\frac{1}{8}$						
y	–3	–2					

c) Zeichne den Graphen in das Koordinatensystem zu a) mit ein. Zeichne die Spiegelachse der beiden Graphen.

2.

Die Umkehrfunktion zu Aufgabe 1a) heißt **Logarithmusfunktion zur Basis 2**.

Man schreibt kurz: $x \mapsto \log_2 x$ mit $x \in \mathbb{R}_+^*$

Aus den Tabellen folgt z. B.: $\log_2 8 = 3$ entspricht $2^3 = 8$

gleich

Merkregel: $\log_2 8 = 3$ entspricht $2^3 = 8$

hoch

Was gilt entsprechend für $\log_2 4 = 2$; $\log_2 1 = 0$; $\log_2\left(\frac{1}{8}\right) = -3$; $\log_2\left(\frac{1}{32}\right) = -5$?

3.

gleich

$\log_2 16 = x$ entspricht $2^x = 16$, also $x = 4$; denn $2^4 = 16$

hoch

daher $\log_2 16 = 4$

$\log_{10}\left(\frac{1}{100}\right) = x$ entspricht $10^x = \frac{1}{100}$, also $x = -2$,

denn $10^{-2} = \frac{1}{100}$, daher $\log_{10}\left(\frac{1}{100}\right) = -2$

Löse entsprechend:

a) $\log_2 8 = x$ b) $\log_2\left(\frac{1}{16}\right) = x$ c) $\log_2 64 = x$

4.

$\log_2 x = 3$ entspricht $2^3 = x$, also $x = 8$

Löse entsprechend:

a) $\log_2 x = 5$ b) $\log_2 x = 3$ c) $\log_{10} x = 3$

Rechnen mit Logarithmen

Für das Rechnen mit Logarithmen gelten folgende Regeln:

	Beispiele:
1. $\log_a(u\cdot v) = \log_a u + \log_a v$	$\log_{10}(8\cdot 5) = \log_{10}8 + \log_{10}5$
2. $\log_a\frac{u}{v} = \log_a u - \log_a v$	$\log_{10}\frac{8}{5} = \log_{10}8 - \log_{10}5$
3. $\log_a\frac{1}{v} = -\log_a v$	$\log_{10}\frac{1}{5} = -\log_{10}5$
4. $\log_a u^r = r\cdot\log_a u$	$\log_{10}5^3 = 3\cdot\log_{10}5$

für $u, v \in \mathbb{R}_+^*$ und $a \in \mathbb{R}^*$ mit $a \neq 1$ und $r \in \mathbb{R}$.

1.

Beispiel: $\log_2\frac{4}{16} = \log_2 4 - \log_2 16 = 2 - 4 = -2$

Berechne mit Hilfe von Regel 1 und 2.

a) $\log_2(4\cdot 16)$ b) $\log_2\left(\frac{32}{4}\right)$ c) $\log_{10}(10\cdot 1000)$ d) $\log_{10}\left(\frac{1000}{10}\right)$

2.

Beispiel: $\log_{10}\left(\frac{1}{100}\right) = \log_{10}\left(\frac{1}{10^2}\right) = -\log_{10}10^2 = -2\log_{10}10 = -2\cdot 1 = -2$

Löse mit Hilfe von Regel 3 und 4.

a) $\log_2\left(\frac{1}{4}\right)$ b) $\log_2\left(\frac{1}{16}\right)$ c) $\log_{10}\left(\frac{1}{10000}\right)$ d) $\log_{10}\left(\frac{1}{1000}\right)$

3.

Beispiel: $\log_2 16 = \log_2 2^4 = 4\cdot\log_2 2 = 4\cdot 1 = 4$

Löse mit Hilfe von Regel 4.

a) $\log_2 64$ b) $\log_2 32$ c) $\log_{10}100$ d) $\log_{10}10000$

e) $\log_2 2^{\frac{3}{4}}$ f) $\log_2 2^{-\frac{1}{2}}$ g) $\log_{10}10^{\frac{4}{5}}$ h) $\log_{10}10^{-\frac{2}{3}}$

4.

Fasse zu Produkten, Quotienten bzw. Potenzen zusammen.

Beispiele: $\log_2 16 - \log_2 4 = \log_2\left(\frac{16}{4}\right) = \log_2 4 = 2$

$\frac{1}{2}\log_2 16 = \log_2 16^{\frac{1}{2}} = \log_2\sqrt{16} = \log_2 4 = 2$

a) $\log_5 25 + \log_5 5$ b) $\log_7 7 - \log_7 49$ c) $\frac{1}{2}\log_5 625$

d) $2\log_4 64$ e) $\frac{1}{2}\log_2 16 - 2\log_2 4$ f) $\frac{1}{3}\log_2 8$

5.

$\log_2 3 = 1{,}5850$ $\log_2 5 = 2{,}3219$

Berechne mit diesen Werten die folgenden Logarithmen.

Beispiel: $\log_2 24 = \log_2(2^3 \cdot 3) = 3 \cdot \log_2 2 + \log_2 3 = 3 + 1{,}5850 = 4{,}5850$

a) $\log_2 15$ b) $\log_2 12$ c) $\log_2 9$

d) $\log_2 100$ e) $\log_2\left(\frac{3}{10}\right)$ f) $\log_2\left(\frac{6}{15}\right)$

Merke

Statt $\log_{10}x$ schreibt man kurz **lg x** und spricht von **Zehnerlogarithmen** oder **dekadischen Logarithmen**.

6.

Auf deinem Taschenrechner findest du die Taste LOG. Mit dieser Taste kannst du Zehnerlogarithmen bestimmen.

Beispiele: lg 100 Tippe: 100 LOG Ergebnis: 2

lg 6,47 Tippe: 6,47 LOG Ergebnis: 0,8109 (gerundet)

lg 8 Tippe: 8 LOG Ergebnis: 0,9031 (gerundet)

Berechne mit dem Taschenrechner und runde auf 4 Stellen hinter dem Komma.

lg 6; lg 15; lg 1372; lg 0,0347; lg 23,785

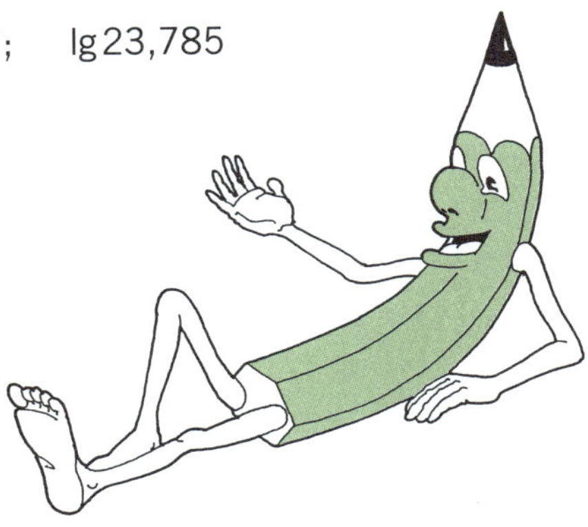

Zusammenfassung

Begriffe	Erläuterungen	Beispiele
Exponential-funktion	Eine Funktion der Form $x \mapsto a^x$ mit $x \in \mathbb{R}$ und $a \in \mathbb{R}^*$ heißt **Exponentialfunktion** zur Basis a.	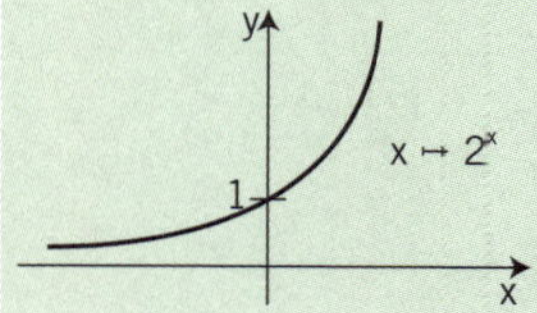
Exponentielles Wachstum – exponentieller Zerfall	**Wachstum:** $x \mapsto b \cdot a^x$ mit $a > 1$, $b > 0$, $x \in \mathbb{R}$ $x = 0$ $0 \mapsto b \cdot a^0$ $0 \mapsto b \cdot 1$ **Zerfall:** $x \mapsto b \cdot a^x$ mit $0 < a < 1$, $b > 0$, $x \in \mathbb{R}$	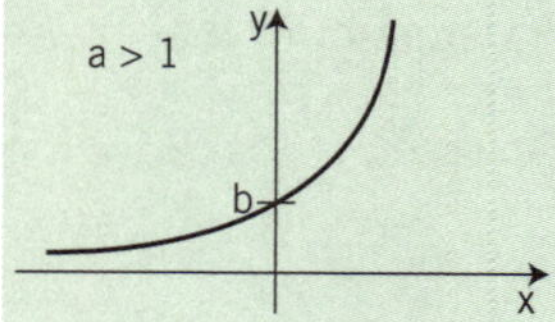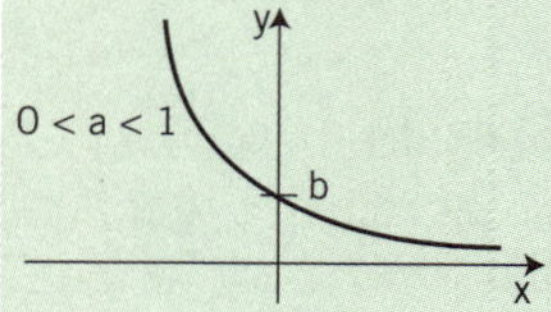
Logarithmus-funktion	Die Umkehrfunktion zu $x \mapsto a^x$ mit $a > 0$, $a \neq 1$ und $x \in \mathbb{R}$ heißt **Logarithmusfunktion** $x \mapsto \log_a x$ mit $x \in \mathbb{R}_+^*$ **Es gilt:** $y = \log_a x$ entspricht $x = a^y$	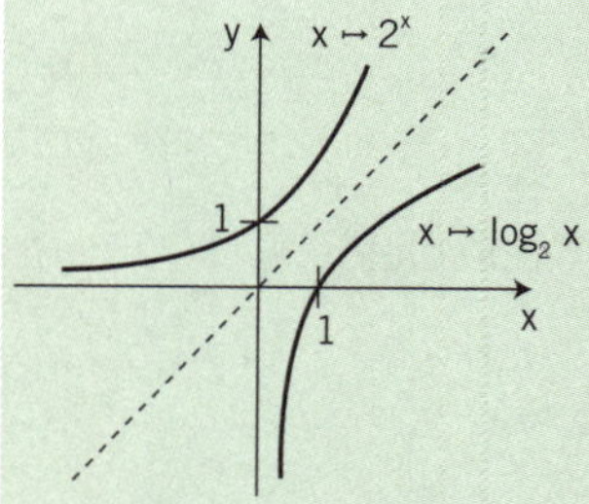 gleich $\log_2 16 = 4$ hoch entspricht $2^4 = 16$
Rechnen mit Logarithmen	Für $u, v \in \mathbb{R}_+^*$ und $a \in \mathbb{R}_+^*$, $a \neq 1$, $r \in \mathbb{R}$ gilt: 1. $\log_a(u \cdot v) = \log_a u + \log_a v$ 2. $\log_a \frac{u}{v} = \log_a u - \log_a v$ 3. $\log_a \frac{1}{v} = -\log_a v$ 4. $\log_a u^r = r \log_a u$	

Test

Test 1

Gegeben sind die Funktionen $x \mapsto 2^x$ und $x \mapsto \left(\frac{1}{2}\right)^x$ mit $x \in \mathbb{R}$.

a) Fülle die Wertetabelle aus:

x	-2	-1	0	1	2
2^x					
$\left(\frac{1}{2}\right)^x$					

b) Zeichne die Graphen der Funktionen.

Test 2

a) Fülle für die Exponentialfunktion $x \mapsto 3^x$ mit $x \in \mathbb{R}$ die Wertetabelle aus:

x	-2	-1	0	1	2
$y = 3^x$					

b) Bilde zu $x \mapsto 3^x$ die Logarithmusfunktion $x \mapsto \log_3 x$, indem du in der Tabelle von a) die Werte für x und y vertauschst.

x					
$y = \log_3 x$	-2	-1	0	1	2

c) Zeichne beide Funktionen ins gleiche Koordinatensystem.

Test 3

Löse mit Hilfe der Rechenregeln für Logarithmen:

a) $\log_2(8 \cdot 32)$ b) $\log_2\left(\frac{8}{32}\right)$ c) $\log_{10}\left(\frac{1}{1000}\right)$ d) $\log_3 9^2$

7 Kreisberechnungen

Flächeninhalt und Umfang

So berechnest du den Umfang und Flächeninhalt des Kreises:

$U_o = 2r \cdot \pi; \; \pi \approx 3,14$ $\qquad A_o = r^2 \cdot \pi$

oder $U_o = d \cdot \pi; \; 2r = d$ $\qquad$ oder $A_o = \frac{d^2}{4} \cdot \pi$

So werden Kreisteile berechnet:

Die Fläche des Kreissektors (Kreisausschnittes) S wird von zwei Radien und dem **Bogen** b begrenzt. α bezeichnet den **Mittelpunktswinkel**.

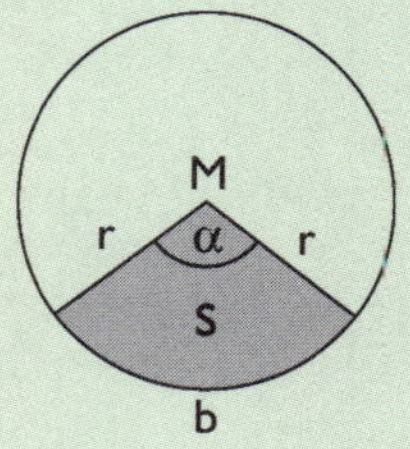

Berechnung von S:

Zu 360° gehört die ganze Kreisfläche $r^2 \cdot \pi$

Zu 1° gehört $\frac{r^2 \cdot \pi}{360°}$

Zu α gehört $S = \frac{r^2 \cdot \pi}{360°} \cdot \alpha$

Berechnung von b:

Zu 360° gehört der ganze Kreisumfang $2r \cdot \pi$

Zu 1° gehört $\frac{2r \cdot \pi}{360°}$

Zu α gehört $b = \frac{2r \cdot \pi}{360°} \cdot \alpha = \frac{r \cdot \pi}{180°} \cdot \alpha$

Es gilt also zusammenfassend:

$S = \frac{r^2 \cdot \pi}{360°} \cdot \alpha \qquad b = \frac{2r \cdot \pi}{360°} \cdot \alpha = \frac{r \cdot \pi}{180°} \cdot \alpha \qquad S = \frac{1}{2} \cdot r \cdot b$

Hinweis Ab hier rechnen wir der Einfachheit halber immer mit dem Näherungswert $\pi \approx 3,14$!

Die folgenden Aufgaben sollst du **ohne** Taschenrechner lösen. Setze für π den Wert 3,14. Runde die Ergebnisse auf 2 Stellen nach dem Komma.

Beachte

1.

Berechne von diesen Kreisen A_0 und U_0:

a) $r = 5\,cm$ b) $d = 12\,cm$ c) $r = 7{,}5\,cm$ d) $r = 1{,}2\,cm$

2.

Ist U_0 gegeben, kannst du A_0 ausrechnen und aus A_0 lässt sich U_0 bestimmen. In jedem Fall musst du zunächst r ermitteln. Dazu mussst du die entsprechenden Formeln umformen.

Welche dieser Umformungen sind richtig? Prüfe es nach.

a) $r = \frac{2U_0}{\pi}$ b) $r = \frac{U_0}{2\pi}$ c) $r = \sqrt{\frac{A_0}{\pi}}$ d) $r = \sqrt{\frac{A_0}{2\pi}}$

3.

a) Ermittle die jeweils fehlenden Größen r und A_0:

1) $U_0 = 18{,}84\,cm$ 2) $U_0 = 25{,}12\,cm$ 3) $U_0 = 50{,}24\,cm$

b) Jetzt ist jeweils A_0 gegeben. Berechne r und U_0.

1) $A_0 = 113{,}04\,cm^2$ 2) $A_0 = 314\,cm^2$ 3) $A_0 = 78{,}5\,cm^2$

4.

a) Der Umfang eines kreisrunden Teiches beträgt 150,72 m. Wie groß ist die Fläche?

b) Um den Teich führt ein 2 m breiter Weg. Wie lang wird der äußerste Rand des Weges? Bestimme erst den neuen Radius.

c) Wie groß ist die Fläche des Weges?

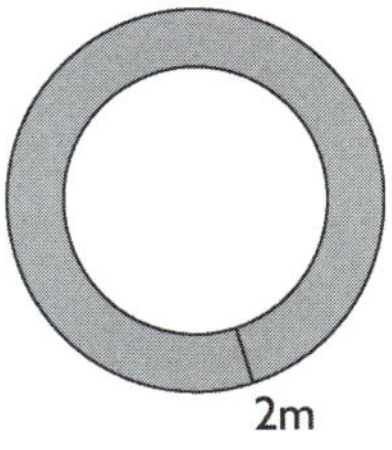

5.

Der große Zeiger einer Uhr ist $R = 5\,cm$, der kleine $r = 3\,cm$ lang.

a) Welchen Weg legt jede Zeigerspitze bei einer vollen Umdrehung zurück?

b) Wie viele Umdrehungen führt jeder Zeiger in 12 Stunden aus?

c) Berechne die Wege, die jede Zeigerspitze in 12 Stunden zurücklegt.

6.

a) Aus diesem Stück Blech soll ein möglichst großer kreisrunder Deckel ausgestanzt werden. Wie groß ist die Restfläche des Bleches?

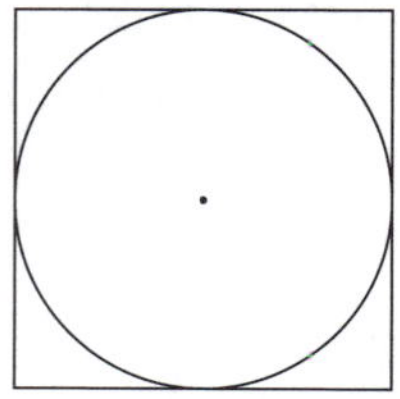

16 cm

b) Jetzt sollen 4 gleich große Deckel ausgestanzt werden. Wie groß ist jetzt die Restfläche?

c) Berechne auch die Restfläche, wenn 16 gleich große Deckel hergestellt werden sollen. Vergleiche die Restflächen, die sich in a), b) und c) ergeben. Was stellst du fest?

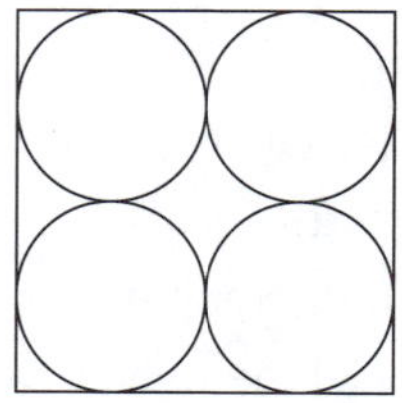

16 cm

7.

a) Wie lang ist dieser Halbkreisbogen?
b) Berechne die Gesamtbogenlänge der 3 mittleren Halbkreise.
c) Welche Länge ergeben alle kleinen Halbkreise insgesamt?

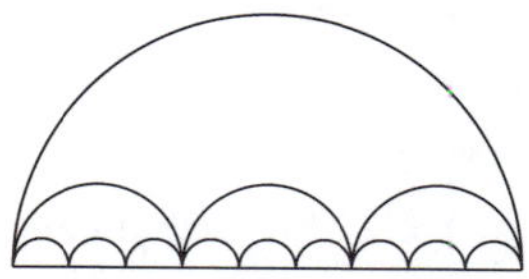

d = 18 cm

d) Vergleiche die Ergebnisse der Aufgaben a) bis c). Was stellst du fest?

8.

a) Wie groß ist S, wenn $r = 12\,\text{cm}$ und $\alpha = 60°$?
b) Wie groß ist der Mittelpunktswinkel der Restfläche? Berechne die Restfläche.
c) Addiere beide Teilflächen. Erhältst du den Flächeninhalt des Gesamtkreises?

9.

a) Ermittle b, wenn $r = 20\,\text{cm}$ und $\alpha = 45°$.
b) Berechne die Bogenlänge, die vom Kreis übrig bleibt.
c) Addiere beide Bogenlängen. Erhältst du U_0?

10.

Wie groß sind jeweils S und b?

a) $r = 15\,cm$, $\alpha = 120°$
b) $r = 9\,cm$, $\alpha = 60°$
c) $r = 8\,cm$, $\alpha = 90°$
d) $r = 12\,cm$, $\alpha = 240°$

11.

Von Omas Wecker ist der große Zeiger 6 cm, der kleine 4 cm lang.

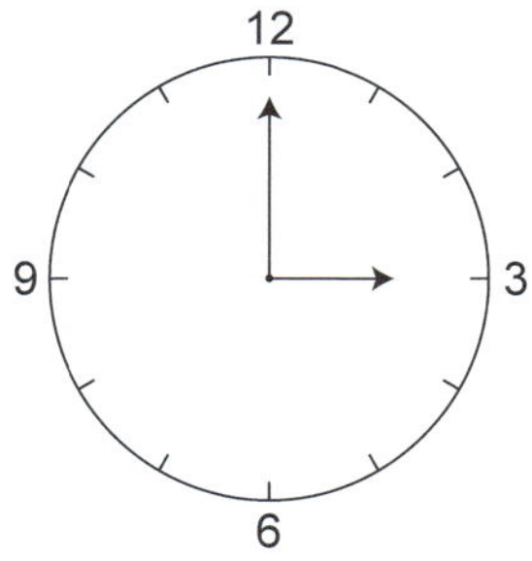

a) Welchen Mittelpunktswinkel überstreicht der große Zeiger in 10 min, 25 min, 45 min?
b) Welche Mittelpunktswinkel sind es beim kleinen Zeiger in 2, 3, 8 Stunden?
c) Wie groß ist der Flächeninhalt des Kreissektors, den der große Zeiger in 40 min überstreicht?
d) Wie groß ist diese Fläche für den kleinen Zeiger in 9 Stunden?

12.

Berechne den Flächeninhalt der gefärbten Fläche für

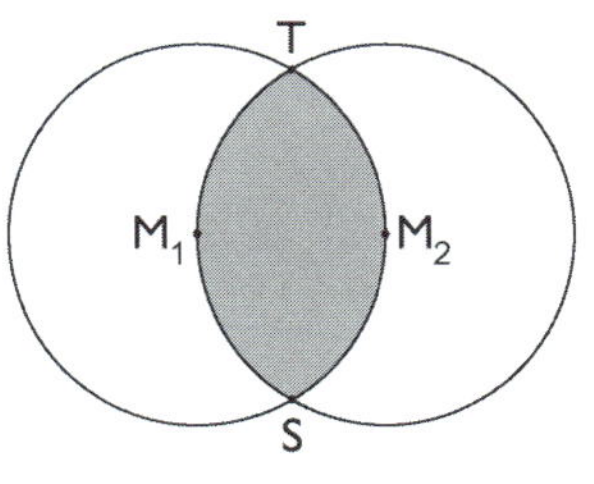

a) $r = 1\,cm$
b) $r = 4{,}5\,cm$

13.

Frau Kaiser hat zwei Kuchen gebacken; in einer kleinen Springform von 21 cm Durchmesser und in einer großen von 24,5 cm Durchmesser. Oben werden beide Kuchen mit Schokoglasur versehen und dann teilt sie den größeren in 16 gleichgroße Stücke und den kleineren in 12. Auf welchen Stücken ist mehr Schokoglasur?

14.

Ein Quadrat und ein Kreis gleichen Umfangs werden übereinander gelegt (U = 20 cm). Wie lang ist x?

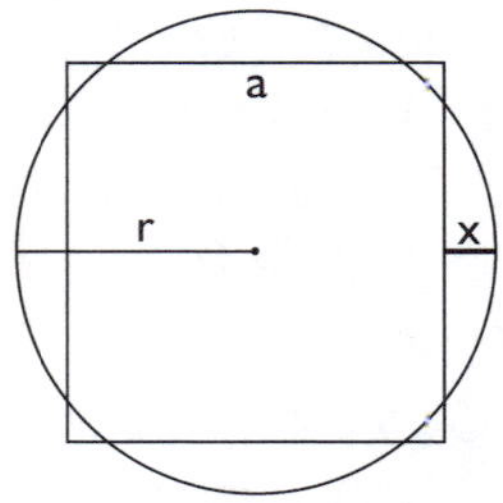

Zusammenfassung

Begriffe	Erläuterungen	Beispiele
Kreisberechnungen	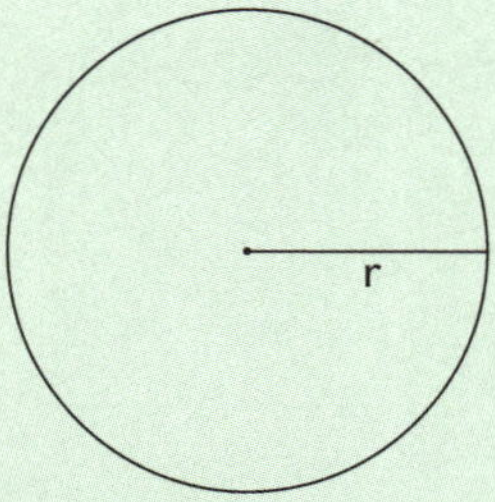 	$r = 10\,cm$
	Umfang des Kreises: $U_o = 2r \cdot \pi;\ \pi \approx 3{,}14$ $2r = d$ $U_o = d \cdot \pi$	$U_o = 2 \cdot 10\,cm \cdot 3{,}14$ $= 62{,}8\,cm$ $d = 2 \cdot 10\,cm = 20\,cm$ $U_o = 20\,cm \cdot 3{,}14$ $= 62{,}8\,cm$
	Flächeninhalt des Kreises: $A_o = r^2 \cdot \pi$ $A_o = \frac{d^2}{4} \cdot \pi$	$r = 10\,cm$ $A_o = 100\,cm^2 \cdot 3{,}14$ $= 314\,cm^2$ $A_o = \frac{400\,cm^2}{4} \cdot 3{,}14$ $= 314\,cm^2$
Kreisteile	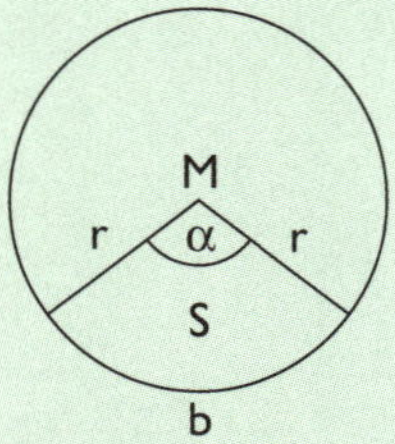 Kreissektor S Bogenlänge b Mittelpunktswinkel α	

Begriffe	Erläuterungen	Beispiele
Berechnungen der Kreisteile	$S = \frac{r^2 \cdot \pi}{360°} \cdot \alpha$	$r = 3\,cm$ $\alpha = 20°$ $S = \frac{9\,cm^2 \cdot 3{,}14}{360°} \cdot 20°$ $= 1{,}57\,cm^2$
	$b = \frac{2r \cdot \pi}{360°} \cdot \alpha$ $= \frac{r \cdot \pi}{180°} \cdot \alpha$	$r = 3\,cm$ $\alpha = 20°$ $b = \frac{6\,cm \cdot 3{,}14}{360°} \cdot 20°$ $= \frac{3{,}14\,cm}{3} \approx 1{,}05\,cm$ $b = \frac{3{,}14\,cm}{3}$
	$S = \frac{1}{2} \cdot r \cdot b$ Diese Formel benutzt man nur dann, wenn b schon berechnet wurde.	$S = \frac{1}{2} \cdot 3\,cm \cdot \frac{3{,}14}{3}\,cm$ $= 1{,}57\,cm^2$

Test

Test 1

Stelle die Formeln zusammen, die man für folgende Berechnungen benötigt:

a) Kreisumfang
b) Flächeninhalt eines Kreises
c) Flächeninhalt eines Kreissektors S
d) Bogenlänge b

Test 2

Der große Zeiger einer Turmuhr ist 1,20 m, der kleine 80 cm lang.

a) Welche Bogenlänge beschreibt jeder Zeiger in einer Stunde?
b) Wie groß sind die Flächeninhalte der dabei entstehenden Sektoren?
c) Wie groß ist der Flächeninhalt des Kreisringes, der durch die Bahnen der Zeigerspitzen begrenzt ist?

Test 3

Wie groß ist die Kreisfläche, wenn der Umfang des Kreises 6,28 m beträgt?

8 Satzgruppe des Pythagoras

Kathetensatz

Im rechtwinkligen Dreieck verwendet man folgende Begriffe:

Die Seite, die dem rechten Winkel gegenüberliegt, heißt **Hypotenuse**. Die Schenkel des rechten Winkels sind die **Katheten**. Die Höhe h teilt die Hypotenuse in die **Hypotenusenabschnitte** p und q.

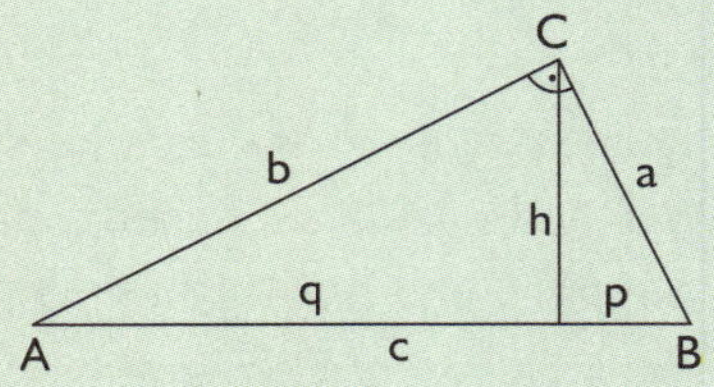

Kathetensatz des Euklid:

Im rechtwinkligen Dreieck ist das Quadrat über einer Kathete flächengleich zum Rechteck, gebildet aus der Hypotenuse und dem anliegenden Hypotenusenabschnitt. Es gilt also:

$a^2 = p \cdot c$

$b^2 = q \cdot c$

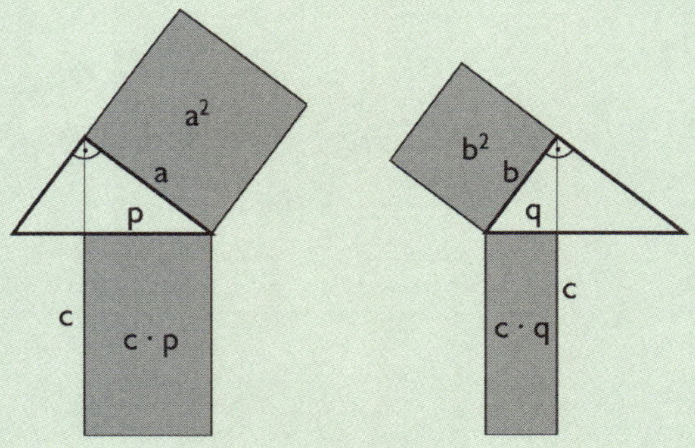

1.

Berechne mit Hilfe des Kathetensatzes die fehlenden Größen für das rechtwinklige Dreieck mit $\gamma = 90°$.

a)

a		6 m		8 dm	4 cm
p	2 cm	5 m	3,2 cm		2,5 cm
c	8 cm		5 cm	4 dm	

b)

b	10 cm		8 dm		12 cm
q	5 cm	4 cm		3 cm	
c		14 cm	14 dm	10 cm	18 cm

2.

In einem rechtwinkligen Dreieck sind die Hypotenusenabschnitte p und q bekannt. Berechne die Seiten a, b und c des Dreiecks.

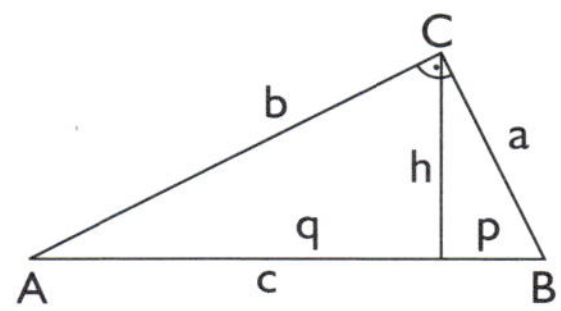

a) $p = 2\,cm$
$q = 3\,cm$

b) $p = 4\,cm$
$q = 5\,cm$

c) $p = 5\,cm$
$q = 11\,cm$

3.

Rechtwinklige Dreiecke können auch so aussehen:

a) Welche Seite ist hier die Hypotenuse?

b) Kennzeichne in der Abbildung den anliegenden Hypotenusenabschnitt zu $\overline{AB}$ mit p, den zu $\overline{AC}$ mit q und berechne für $p = 5\,cm$ und $q = 2\,cm$ die Seiten des Dreiecks.

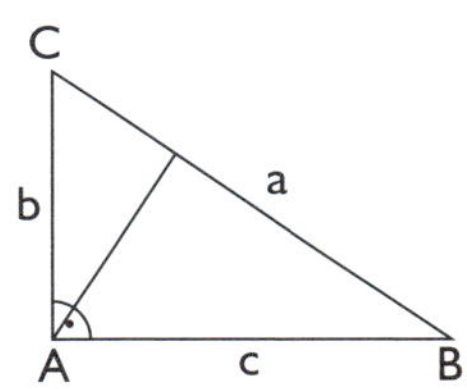

4.

Im Dreieck ABC sind die Hypotenusenabschnitte p und q jeweils 3 cm lang. Wie lang sind die Seiten c und a?

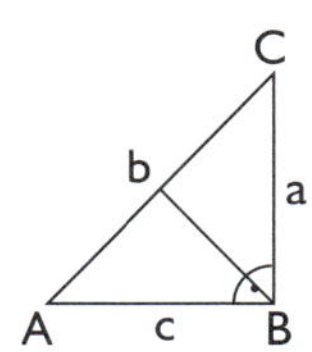

5.

a) Kennzeichne in der Abbildung den zu b anliegenden Hypotenusenabschnitt mit q und den zu c anliegenden mit p.

b) $q = 3{,}5\,cm$; $a = 5\,cm$
Berechne jetzt die Seiten b und c.

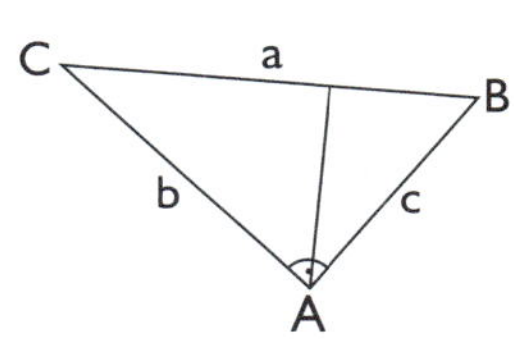

Satz des Pythagoras

Um den Flächeninhalt des Quadrates über der Hypotenuse c zu bestimmen, wendest du zweimal den Kathetensatz an.

$$a^2 + b^2 = p \cdot c + q \cdot c = c\underbrace{(p + q)}_{c}$$
$$a^2 + b^2 = c^2$$

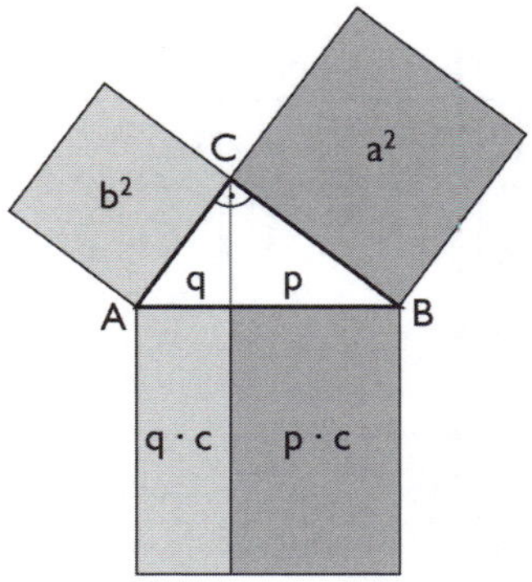

Satz des Pythagoras:

Im rechtwinkligen Dreieck ist die Summe der Kathetenquadrate gleich dem Hypotenusenquadrat.

Dies ist der **Satz des Pythagoras**:

$$a^2 + b^2 = c^2$$

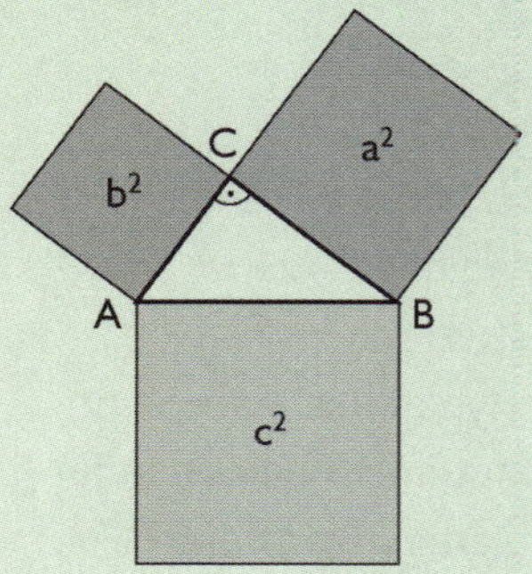

Sind in einem rechtwinkligen Dreieck nur zwei Seiten bekannt, so kannst du die dritte Seite mit Hilfe des Satzes des Pythagoras berechnen.

Beispiel Gegeben ist ein rechtwinkliges Dreieck mit $a = 3\,\text{cm}$, $c = 4\,\text{cm}$. Wie lang ist die Seite b?

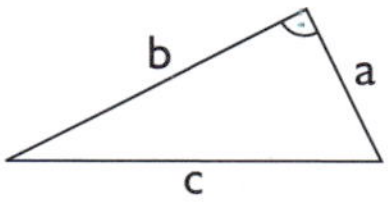

$$a^2 + b^2 = c^2$$
$$b^2 = c^2 - a^2$$
$$b = \sqrt{c^2 - a^2}$$

Für b ergibt sich also:

$$b^2 = 16\,\text{cm}^2 - 9\,\text{cm}^2 = 7\,\text{cm}^2, \text{ also } b \approx 2{,}65\,\text{cm}$$

1.

Berechne die fehlenden Größen der Dreiecke ($\gamma = 90°$). Runde, wenn nötig.

a	5 cm		8 cm		12 dm	4 cm
b	4 cm	8 dm		6 cm	16 dm	
c		10 dm	17 cm	13 cm		9 cm

2.

Berechne den Flächeninhalt eines gleichseitigen Dreiecks mit 6 cm Seitenlänge.

a) Die Höhe h kannst du nach Pythagoras berechnen. Überlege dazu: Welche Seite ist im Dreieck DBC die Hypotenuse? Wie heißen die Katheten?

b) Bestimme h. Runde, wenn nötig.

c) Wie groß ist der Flächeninhalt des Dreiecks ABC?

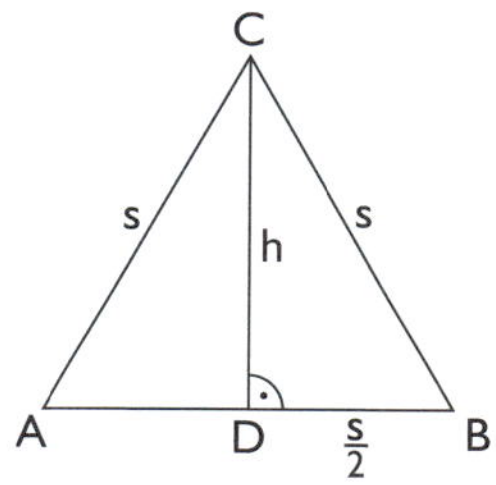

3.

Wie groß sind Höhe und Flächeninhalt eines gleichschenkligen Dreiecks mit der Grundseite c und den Schenkeln s?

a) $c = 6\,cm$, $s = 5\,cm$

b) $c = 16\,cm$, $s = 21\,cm$

4.

Wie lang ist die Diagonale d eines Rechtecks mit:

a) $a = 4\,cm$, $b = 5\,cm$

b) $a = 3\,cm$, $b = 7\,cm$?

5.

Berechne die Diagonale eines Quadrates mit:

a) $a = 5\,cm$

b) $a = 8\,cm$

c) $a = 9\,cm$

d) $a = 12\,cm$

6.

Wie lang ist die **Seite** eines Quadrates mit der Diagonalen

a) $d = 8\,cm$

b) $d = 30\,cm$

c) $d = 18\,cm$

d) $d = 45\,cm$?

Höhensatz

Ein rechtwinkliges Dreieck ABC wird durch die Höhe h in zwei rechtwinklige Teildreiecke zerlegt.

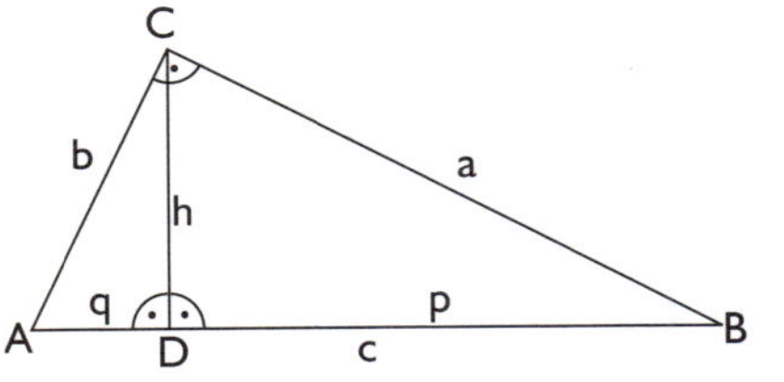

Für das Teildreieck DBC ergibt sich nach dem Satz des Pythagoras: $h^2 = a^2 - p^2$

Im Gesamtdreieck ABC den Kathetensatz angewendet: $a^2 = c \cdot p$

Daraus folgt:

$$h^2 = c \cdot p - p^2$$
$$h^2 = p(c - p)$$
$$c - p = q$$
$$\mathbf{h^2 = p \cdot q}$$

Höhensatz des Euklid

$h^2 = p \cdot q$

Im rechtwinkligen Dreieck ist das Quadrat über der Höhe flächengleich zum Rechteck gebildet aus den Hypotenusenabschnitten p und q.

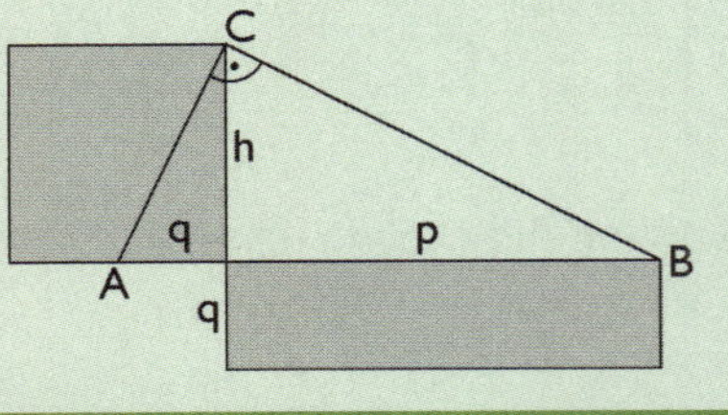

1.

Berechne die fehlenden Größen nach dem Höhensatz ($\gamma = 90°$):

h		4 cm	6 dm		14 dm	24 cm
p	8 cm		9 dm	18 cm		16 cm
q	8 cm	2,5 cm		8 cm	7 dm	

2.

Von einem Dach, dessen Dachflächen rechtwinklig zusammenstoßen, sind p und q bekannt.

a) Berechne die Höhe h des Daches.

b) Wie lang müssen a und b sein?
Wende den Kathetensatz an.

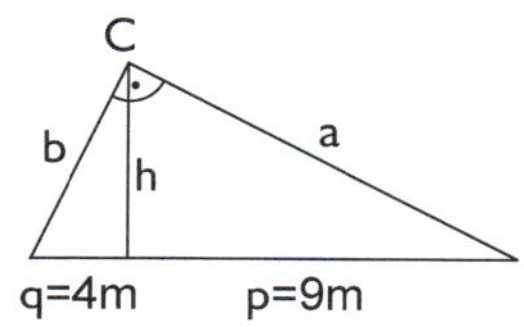

3.

Bestimme die fehlenden Größen. Überlege vorher, welcher Flächensatz sich am besten eignet.

a)

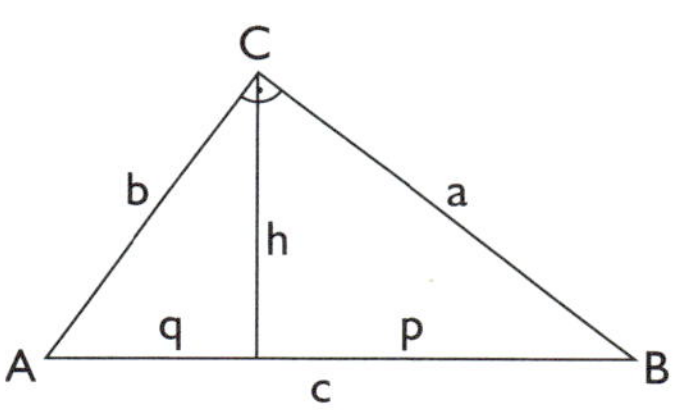

a	3 cm	6 m		
b	6 cm			13 cm
c		9 m		
h			24 dm	
p			17 dm	
q				5 cm
A				

b)

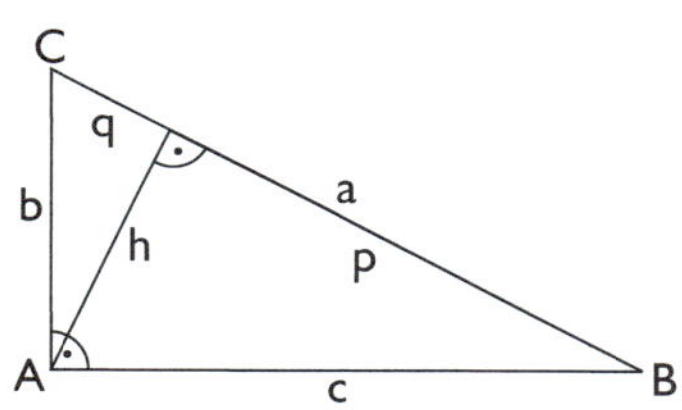

a		40 dm		
b				12 m
c	65 cm			
h				4 m
p	55,4 cm	25 dm	16 cm	
q			9 cm	
A				

Anwendungen der Flächensätze

Beachte beim Rechnen diese Lösungsschritte:

1. Lies den Aufgabentext sorgfältig durch und fertige dir eine Skizze an.
2. Trage in die Skizze ein, was gegeben und was gesucht ist.
3. Überlege, welchen Flächensatz du für die Berechnung der gesuchten Größe einsetzen kannst.
4. Führe die Rechnung aus und kontrolliere sie.

Beispiel

Von einem rechtwinkligen Dreieck sind die Seiten $a = 3\,cm$ und $b = 4\,cm$ bekannt.
Wie groß ist die Höhe?

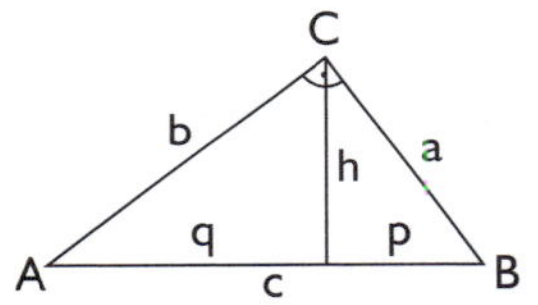

Die Höhe kannst du entweder mit dem **Satz des Pythagoras** $h^2 = a^2 - p^2$ oder dem **Höhensatz** $h^2 = p \cdot q$ bestimmen.

Pythagoras:

$h = \sqrt{a^2 - p^2}$

Hier musst du zunächst p berechnen:

$p = \frac{a^2}{c}$ (Kathetensatz)

c ergibt sich aus:
$c = \sqrt{a^2 + b^2}$ (Pythagoras)
$c = \sqrt{9\,cm^2 + 16\,cm^2} = 5\,cm$

Somit ist $p = \frac{9\,cm^2}{5\,cm} = 1{,}8\,cm$

Für h erhältst du also:

$h = \sqrt{9\,cm^2 - 3{,}24\,cm^2}$
$h = 2{,}4\,cm$

Höhensatz:

$h = \sqrt{p \cdot q}$

$p = \frac{a^2}{c}$ (Kathetensatz)

$q = \frac{b^2}{c}$ (Kathetensatz)

$c = \sqrt{a^2 + b^2}$ (Pythagoras)
$c = 5\,cm$

$p = \frac{9\,cm^2}{5\,cm} = 1{,}8\,cm$

$q = \frac{16\,cm^2}{5\,cm} = 3{,}2\,cm$

$h = \sqrt{1{,}8\,cm \cdot 3{,}2\,cm}$
$h = 2{,}4\,cm$

1.

Wie lang sind die Schenkel eines gleichschenkligen Dreiecks mit der Grundseite g und der Höhe h? Bedenke: Die Höhe halbiert die Seite g.

a) $g = 24\,cm$, $h = 5\,cm$ b) $g = 120\,cm$, $h = 8\,cm$

2.

Berechne die Raumdiagonale $\overline{AG}$ des Quaders:

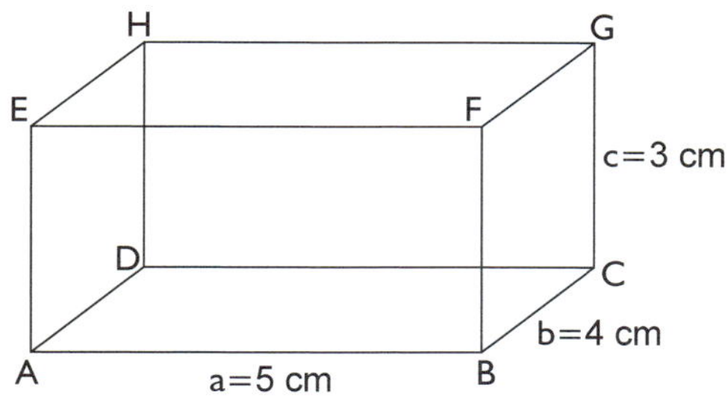

Gehe dabei so vor:

1. Zeichne die Diagonale $\overline{AC}$ der Grundfläche in die Abbildung.
2. Wo liegt im Dreieck ABC ein rechter Winkel? Kennzeichne ihn. Was ist also die Hypotenuse, was sind die Katheten?
3. Berechne die Diagonale $\overline{AC}$.
4. Zeichne die Raumdiagonale $\overline{AG}$ in die Abbildung. Welche Seite ist im Dreieck ACG die Hypotenuse? Berechne ihre Länge.

3.

Bestimme den Umfang und den Flächeninhalt einer Raute, von der die beiden Diagonalen e und f gegeben sind.

a) $e = 40\,cm$, $f = 42\,cm$ b) $e = 10\,cm$, $f = 24\,cm$

c) $e = 31\,m$, $f = 17\,m$

4.

Zum Bau eines Flugdrachens werden zwei Stäbe von $e = 40\,cm$ und $f = 60\,cm$ Länge verwendet. Der Stab e teilt f im Verhältnis 1 : 2.

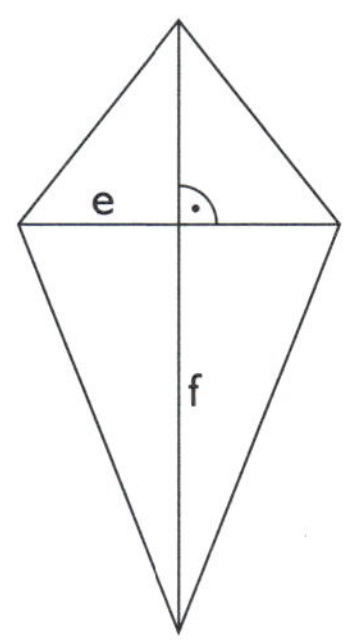

a) Wie lang muss der Faden sein, der das Drachenkreuz umspannt?

b) Wie viel cm^2 Seidenpapier benötigt man, um den Drachen zu bespannen?

5.

Ein anderer Drachen hat die Form eines regelmäßigen Sechsecks. Er wurde aus drei 80 cm langen Stäben hergestellt.

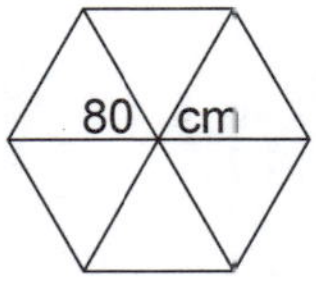

a) Berechne den Umfang des Sechsecks.

b) Wie groß ist seine Fläche?

6.

Berechne von einem Kreis mit r = 5 cm

a) den Umfang und den Flächeninhalt des einbeschriebenen Quadrates,

b) den Umfang und den Flächeninhalt des umbeschriebenen Quadrates.

7.

Ein Turmdach hat die Form einer quadratischen Pyramide mit a = 8 m und h = 12 m.

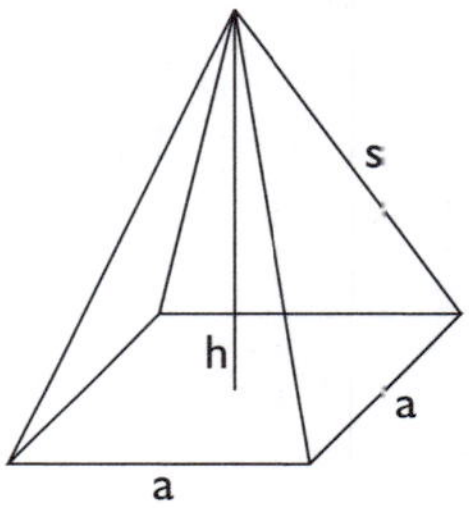

a) Es soll mit Kupferblech beschlagen werden. Wie viel m^2 Blech benötigt man?

b) Wie lang sind die Turmkanten s insgesamt?

8.

Diese rechtwinkligen Dreiecke bilden eine Dreiecksspirale.

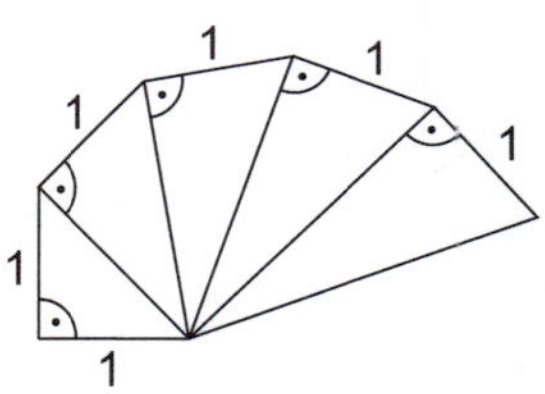

a) Übertrage die Abbildung in dein Heft und konstruiere drei weitere Dreiecke.

b) Berechne von allen Dreiecken jeweils die Hypotenuse. Rechne die Wurzelwerte nicht aus.

Zusammenfassung

Begriffe	Erläuterungen	Beispiele
Bezeichnungen im rechtwinkligen Dreieck	**Hypotenuse:** Seite, die dem rechten Winkel gegenüberliegt. **Katheten:** Schenkel des rechten Winkels. **Hypotenusenabschnitte:** Die Höhe h teilt die Hypotenuse in die Hypotenusenabschnitte.	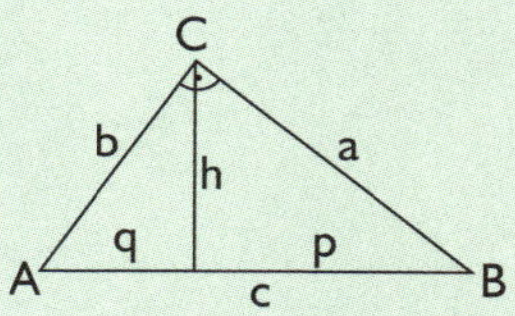 Hypotenuse: c Katheten: a, b Hypotenusenabschnitte: p, q Diese Buchstaben liegen so, dass sie mit dem „Rücken“ an die Höhe h „anlehnen“. 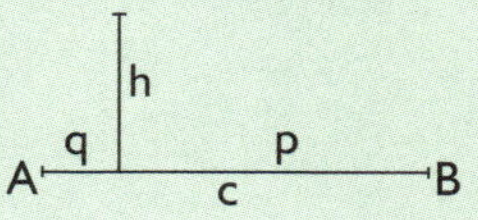
Satz des Pythagoras	Im rechtwinkligen Dreieck ist das Hypotenusenquadrat so groß wie die Summe der beiden Kathetenquadrate.	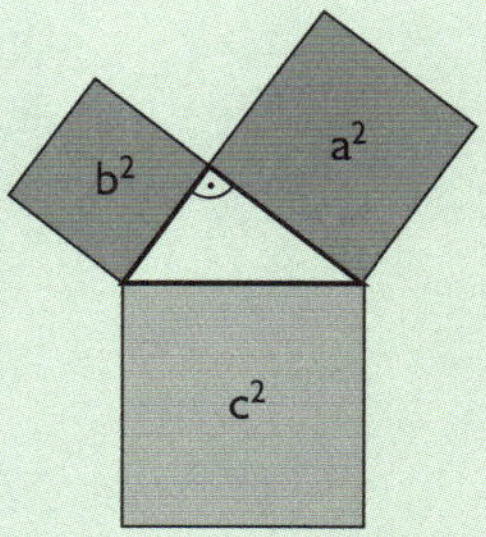 $c^2 = a^2 + b^2$

Begriffe	Erläuterungen	Beispiele
Kathetensatz	Im rechtwinkligen Dreieck ist das Quadrat über einer Kathete flächeninhaltsgleich dem Rechteck, gebildet aus der Hypotenuse und dem **anliegenden** Hypotenusenabschnitt.	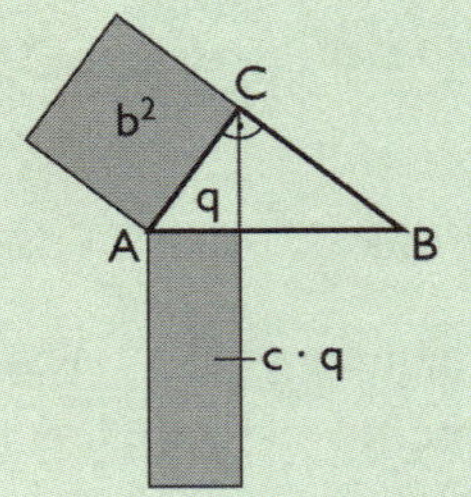 zur Kathete b ist q **anliegend**, also $b^2 = c \cdot q$ 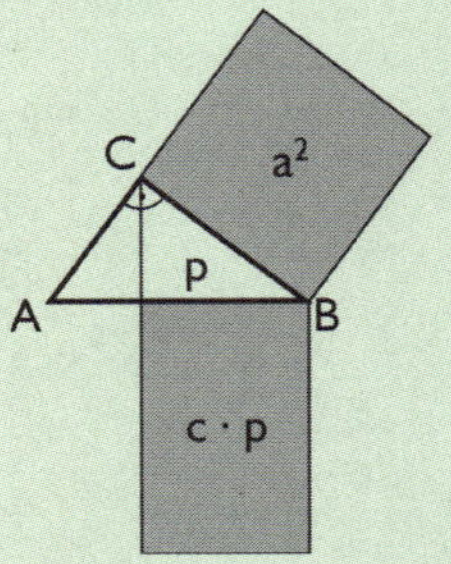 zur Kathete a ist p **anliegend**, also $a^2 = c \cdot p$
Höhensatz	Im rechtwinkligen Dreieck ist das Quadrat über der Höhe flächeninhaltsgleich dem Rechteck, gebildet aus den Hypotenusenabschnitten.	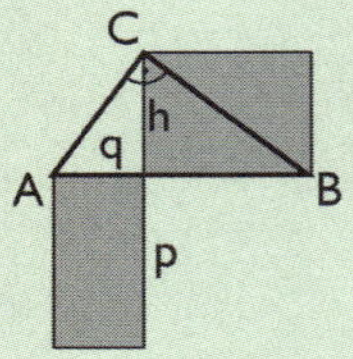 $h^2 = p \cdot q$

Test

Test 1

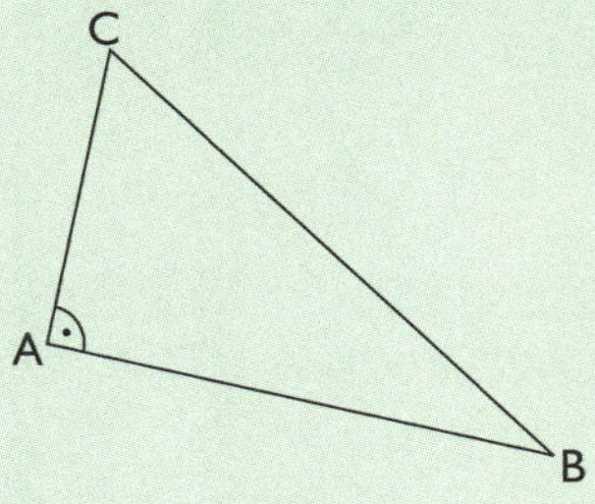

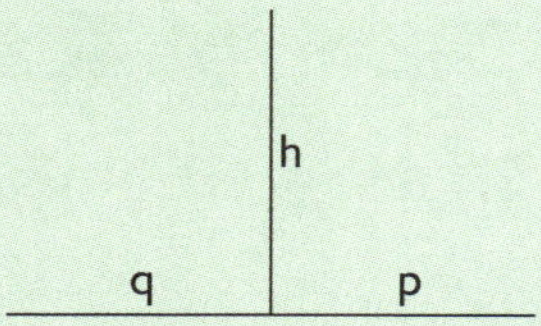

a) Zeichne h und p, q richtig angeordnet ein.
b) Gib für dieses Dreieck sämtliche Flächensätze für rechtwinklige Dreiecke an.

Test 2

Fülle diese Tabelle für ein rechtwinkliges Dreieck mit $\alpha = 90°$ aus.

a	b	c	h	p	q
10 cm		8 cm			
			12 cm	9 cm	
		6 cm			3 cm

Test 3

Berechne von einem gleichschenkligen Dreieck mit a = b den Umfang, wenn c = 12 cm und h = 8 cm gegeben sind.

Test 4

Wie groß sind Flächeninhalt und Umfang eines regelmäßigen Sechsecks mit s = 20 cm?

Test 5

Bestimme die Länge der Raumdiagonalen eines Quaders mit a = 26 cm, b = 25 cm, c = 22 cm.

9 Ähnlichkeit

Streckenverhältnisse

Was ist ein Streckenverhältnis?

Werden die Strecken mit der gleichen Einheit gemessen, so versteht man unter dem **Streckenverhältnis** das Verhältnis ihrer Maßzahlen.

$\overline{SA} : \overline{SB} = 3\,m : 7\,m = 3 : 7$

Man schreibt das Verhältnis auch als Bruch

$\frac{\overline{SA}}{\overline{SB}} = \frac{3\,m}{7\,m} = \frac{3}{7}$

In der Abbildung werden Parallelen mit gleichen Abständen von zwei Strahlen s_1 und s_2 geschnitten. Die Parallelen schneiden aus jedem Strahl jeweils gleich lange Abschnitte m und n heraus.

Für die Länge der Strecke $\overline{SA}$ gilt:

$\overline{SA} = 4 \cdot m$

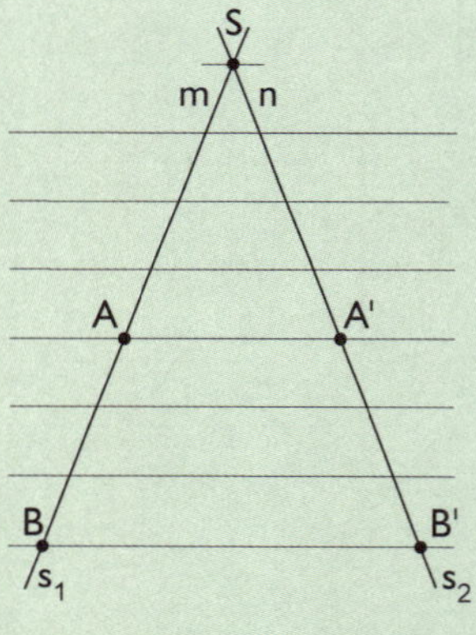

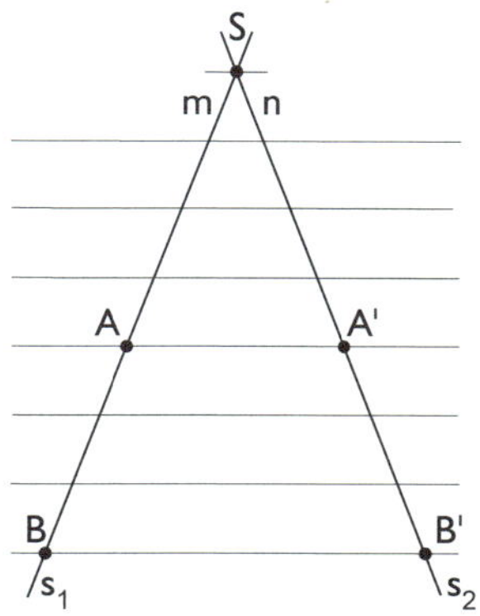

1.

a) Notiere die Längen von

$\overline{SA}$ = ______ $\overline{SB}$ = ______

$\overline{AB}$ = ______ $\overline{SA'}$ = ______

$\overline{SB'}$ = ______ $\overline{A'B'}$ = ______

b) Bilde folgende Streckenverhältnisse:

$\overline{SA} : \overline{AB}$ = ______

$\overline{SA'} : \overline{A'B'}$ = ______

$\overline{SA} : \overline{SB}$ = ______

$\overline{SA'} : \overline{SB'}$ = ______

c) Welche Streckenverhältnisse sind gleich?

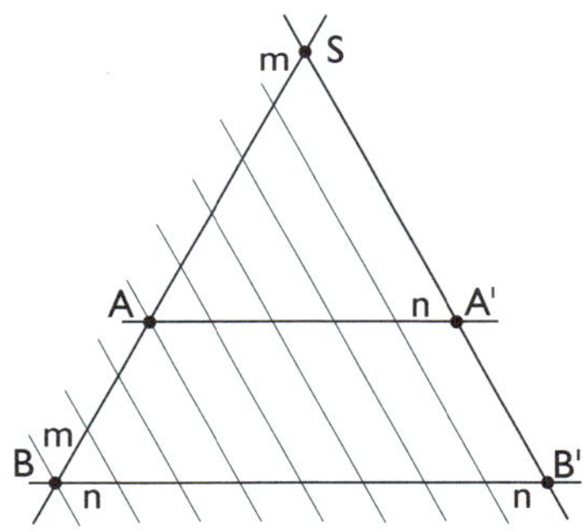

2.

Die Figur wird jetzt von einer Parallelenschar mit gleichen Abständen so geschnitten.

a) Gib die Länge der Streckenabschnitte mit Hilfe von m und n an:

$\overline{SA} = 5 \cdot m$;

$\overline{SB}$ = ______; $\overline{AB}$ = ______;

$\overline{AA'}$ = ______; $\overline{BB'}$ = ______

b) Bilde folgende Streckenverhältnisse:

$\overline{SA} : \overline{AB} = 5\,m : 3\,m$ = ______; $\overline{SA} : \overline{SB}$ = ______;

$\overline{AA'} : \overline{BB'}$ = ______; $\overline{BB'} : \overline{AA'}$ = ______;

$\overline{SB} : \overline{SA}$ = ______;

c) Welche Streckenverhältnisse sind gleich groß? Schreibe sie als Proportionen auf.

1. und 2. Strahlensatz

1. Strahlensatz:

Werden zwei Strahlen, die von einem Punkt S ausgehen, von zwei Parallelen geschnitten, so verhalten sich die Streckenabschnitte auf dem einen Strahl wie die **entsprechenden** Abschnitte auf dem anderen Strahl:

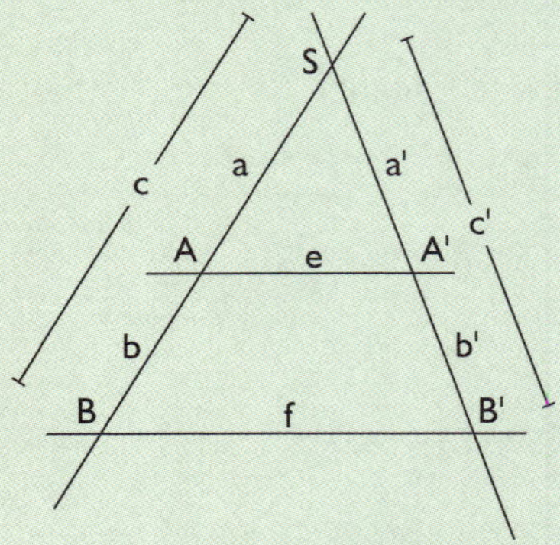

$\overline{SA}:\overline{SB} = \overline{SA'}:\overline{SB'}$ oder $\overline{SA}:\overline{AB} = \overline{SA'}:\overline{A'B'}$

$a:c = a':c'$ oder $a:b = a':b'$

2. Strahlensatz:

Werden zwei Strahlen, die von einem Punkt S ausgehen, von zwei Parallelen geschnitten, so verhalten sich die Abschnitte auf den Parallelen wie die **von S aus gemessenen entsprechenden** Abschnitte auf einem Strahl:

$\overline{AA'}\ \overline{BB'} = \overline{SA}:\overline{SB}$ oder $\overline{AA'}:\overline{BB'} = \overline{SA'}:\overline{SB'}$

$e:f = a:c$ oder $e:f = a':c'$

Beachte Die Proportionen des 1. Strahlensatzes beziehen sich **nur** auf **Abschnitte auf den Strahlen**. Der 2. Strahlensatz stellt dagegen eine Beziehung zwischen den **Parallelenabschnitten und den Abschnitten auf einem Strahl** her.

Bedenke, dass sich beim Aufstellen der Proportionen die Streckenabschnitte stets **entsprechen** müssen. So ist $e:f = c:a$ **keine** gültige Proportion, weil zu e der entsprechende Abschnitt a und zu f der entsprechende c heißt, also gilt:

$e:f = a:c$

1.

Die Figur zum 1. Strahlensatz kann auch so aussehen. Dabei ist das Dreieck SAA′ durch Drehung (Umwendung oder Punktspiegelung) um S um 180° entstanden aus Dreieck SCC′.
Schreibe noch einmal alle nach dem 1. Strahlensatz gültigen Proportionen auf.

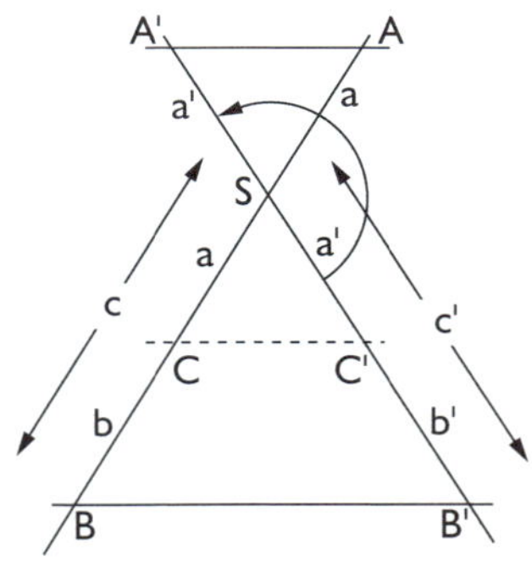

2.

Gilt auch die Proportion c : b = c′ : a′? Kontrolliere dies an der Abbildung zu Aufgabe 1 im Kapitel „Streckenverhältnisse". Wurden in der Proportion „entsprechende" Abschnitte verwendet? Berichtige die Proportion.

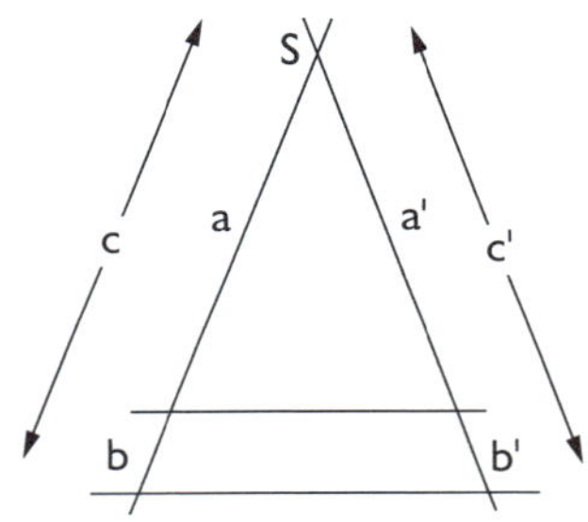

3.

Sind **drei** Streckenabschnitte gegeben, lässt sich die **vierte** berechnen.

Beispiel: a = 3 cm; b = 4 cm;
a′ = 6 cm; b′ = x

Man stellt den Strahlensatz so auf, dass man mit der gesuchten Größe beginnt. Auf diese Weise erspart man sich Gleichungsumformungen.

$\frac{x}{a'} = \frac{b}{a}$

$\frac{x}{6} = \frac{4}{3}$; $x = \frac{24}{3} = 8$, also b′ = 8 cm

Probe: Es gilt tatsächlich $\frac{8}{6} = \frac{4}{3}$.

Berechne ebenso und führe jeweils eine Kontrollrechnung durch:

a) a = x;	b = 12 cm;	a′ = 2 cm;	b′ = 3 cm
b) a = 4 cm;	b = 8 cm;	a′ = x;	b′ = 5 cm
c) a = 3 cm;	c = 15 cm;	a′ = 4 cm;	c′ = x
d) a = 6 cm;	c = 12 cm;	a′ = 5 cm;	b′ = x

Überlege bei d) zunächst, wie lang b ist. Stelle erst dann die Proportionen auf.

4.

Die Figur zum 2. Strahlensatz kann auch so aussehen. Auch hier ist das Dreieck SAA′ um S um 180° gedreht worden.

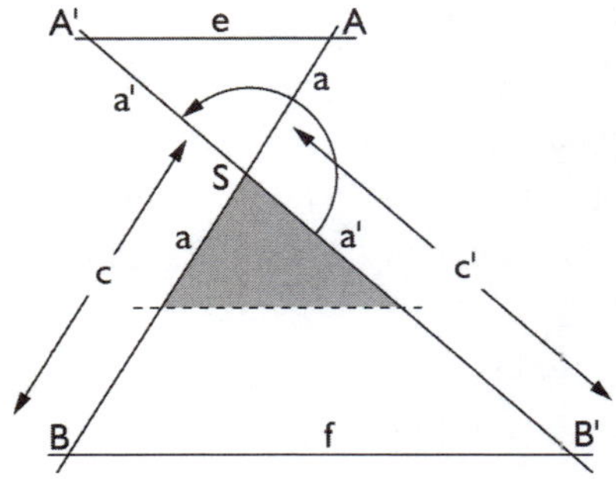

a) Schreibe noch einmal alle nach dem 2. Strahlensatz gültigen Proportionen auf.

b) Notiere auch alle aus dem 1. Strahlensatz folgenden Proportionen.

5.

Berechne jeweils den fehlenden Streckenabschnitt. Führe auch immer eine Kontrollrechnung aus.

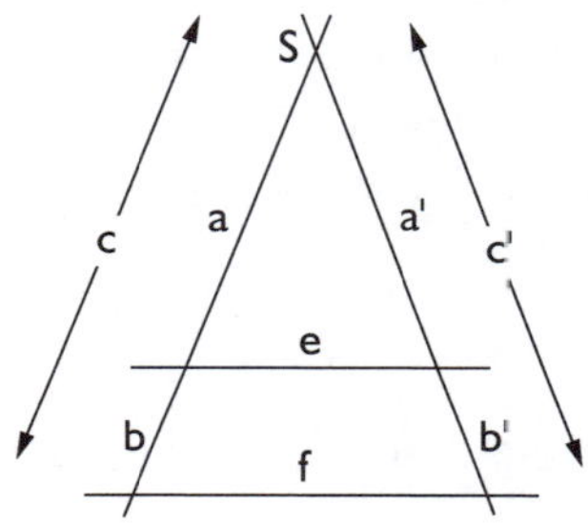

a) $a = 3\,cm$; $c = 12\,cm$
$e = 4\,cm$; $f = x$ also $\frac{x}{e} = \frac{c}{a}$

b) $a = 5\,cm$; $c = x$ $e = 3\,cm$; $f = 6\,cm$

c) $a = x$; $c = 10\,cm$ $e = 2\,cm$; $f = 8\,cm$

d) $a = 3\,cm$; $b = 4\,cm$ $e = x$; $f = 14\,cm$

Beachte: $c = a + b$

6.

Der Schatten dieses Baumes fällt mit dem Schatten eines 1 m langen Stabes zusammen. Wie hoch ist der Baum?
Übertrage zunächst a, b, c, e und f aus der Abbildung zur Aufgabe 5 in diese Abbildung.
Berechne dann die Höhe x des Baumes.

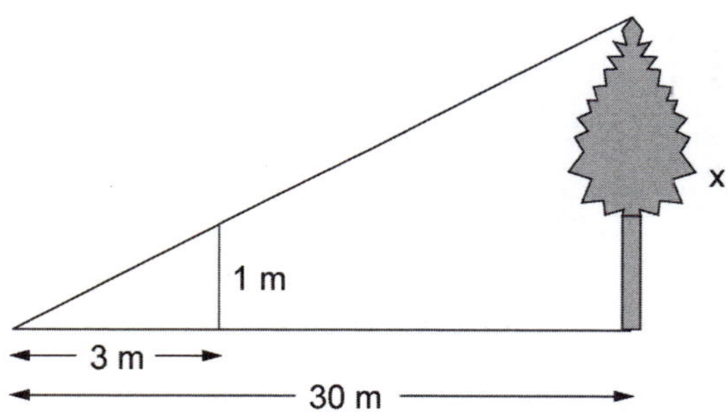

7.

Um die Breite x dieses Kanals zu ermitteln, werden um das Ufer die Strecken a = 10 m, b = 20 m und c = 30 m gemessen. Wie breit ist der Kanal?

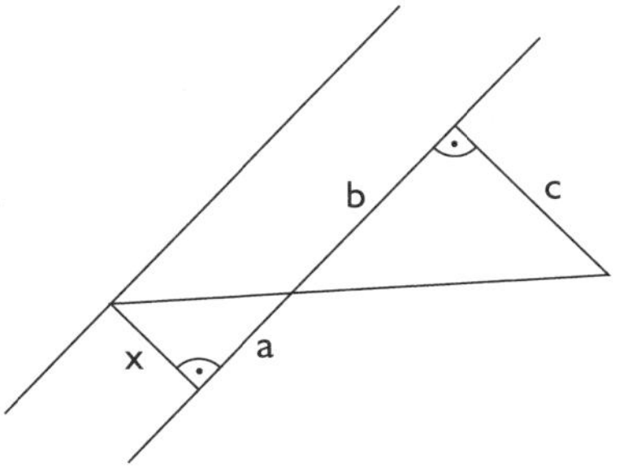

8.

Das Dachgeschoss eines Wohnhauses soll eine Zwischendecke bekommen. Die Zwischendecke wird in 2,60 m Höhe über dem bisherigen Fußboden eingezogen.

a) Wie breit wird der neue Fußboden?
b) Wie lang ist die Dachfläche des Giebels? Wende dazu den Satz des Pythagoras an.
c) Ermittle die Länge der Dachschrägen a und b der beiden Dachräume.

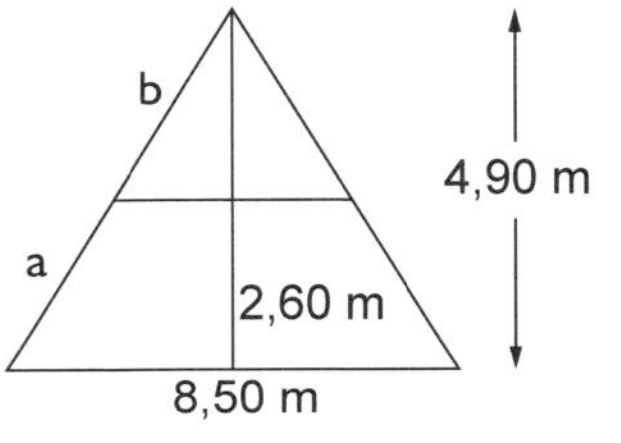

9.

In das Dachgeschoss dieses quadratischen Turms (h = 30 m) wird in 10 m Höhe eine Zwischendecke eingezogen.

a) Wie lang sind die Seiten der neuen Grundfläche?
b) Wie lang sind die Seitenkanten s der Pyramide? Wende den Satz des Pythagoras an.
c) Bestimme auch s_1 und s_2.

Zeichne dir zu den Aufgaben a) und c) die entsprechenden Strahlensatzfiguren.

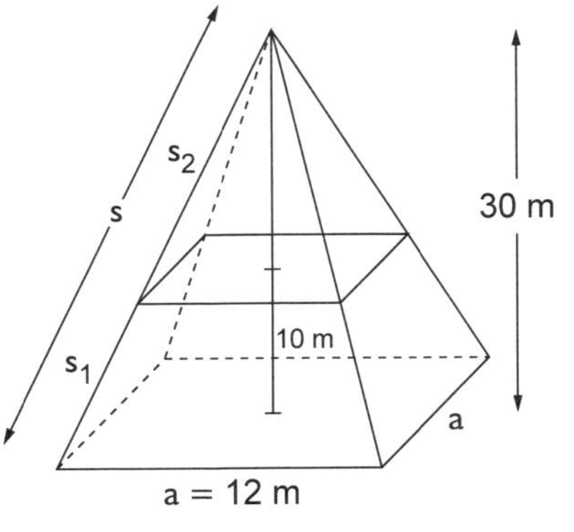

Zentrische Streckung

So wird ein Dreieck zentrisch gestreckt:

Das Dreieck ABC ist durch eine **zentrische Streckung** in A′B′C′ abgebildet worden.
Nach dem 1. Strahlensatz gilt:
$\overline{SA}' : \overline{SA} = \overline{SB}' : \overline{SB} = \overline{SC}' : \overline{SC} = k$

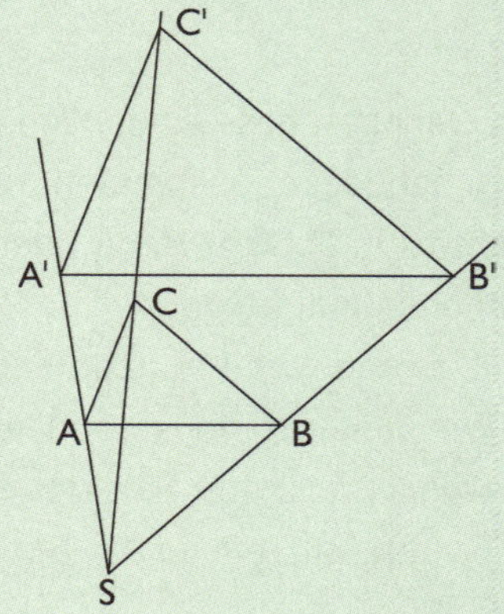

Diese Streckenverhältnisse sind also alle gleich. Man bezeichnet sie mit k. k heißt **Streckfaktor**, denn aus $\overline{SA}' : \overline{SA} = k$ folgt $\overline{SA}' = k \cdot \overline{SA}$, $\overline{SA}'$ ist also k-mal so lang wie $\overline{SA}$.

S heißt **Streckzentrum**.

Was ist eine zentrische Streckung?

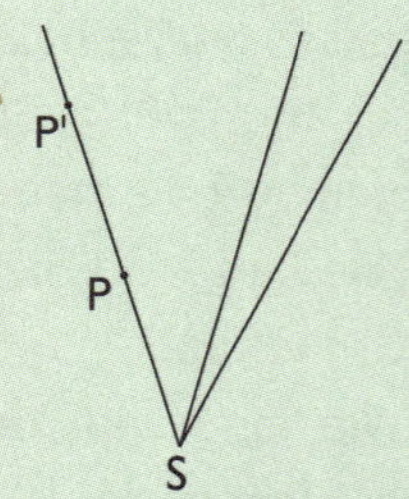

In der Ebene wird jedem Punkt P mit P ≠ S ein Bildpunkt P′ so zugeordnet, dass gilt:

1. P′ und P liegen auf einem Strahl durch S.
2. Das Streckenverhältnis $\overline{SP}' : \overline{SP} = k$ ist für alle P, P′ gleich groß. k heißt **Streckfaktor**.
3. Ist P = S, so fällt der Bildpunkt P′ von P mit S zusammen.

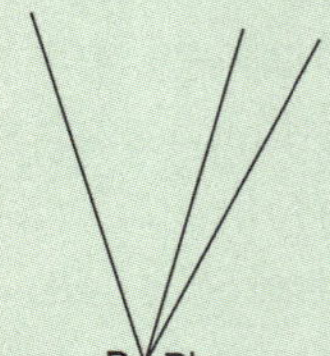

Eine solche Abbildung heißt **zentrische Streckung**.

Eigenschaften der zentrischen Streckung:

1. Die Seiten einer Figur werden parallel zu diesen abgebildet.
2. Die Winkel einer Figur werden nicht verändert (Winkeltreue).
3. Die Verhältnisse entsprechender Seiten von Bildfigur und Figur sind gleich: $a' : a = b' : b = \ldots = k$

1.

Dieses Dreieck soll zentrisch so gestreckt werden, dass k = 2 ist.

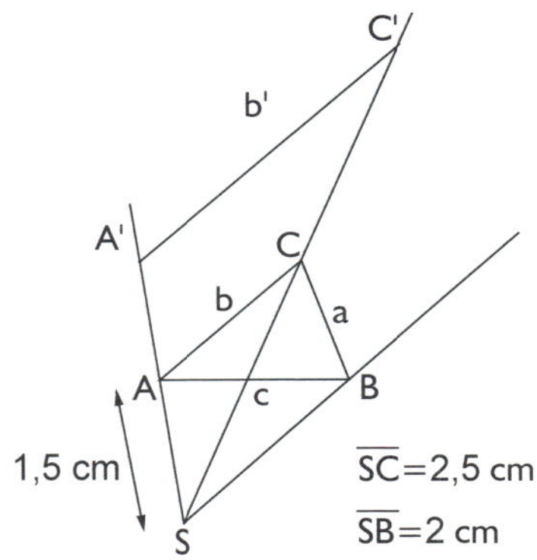

Gehe dabei so vor:

Zunächst wird die Lage von A′ ermittelt. Es muss gelten:

$\overline{SA'} : \overline{SA} = 2$

also $\overline{SA'} = 2 \cdot \overline{SA}$

$\overline{SA'} = 1{,}5\,\text{cm} \cdot 2 = 3\,\text{cm}$

A′ wird daher 3 cm entfernt von S abgetragen. Die Parallele durch A′ zu b schneidet den nächsten Strahl in C′.

a) Konstruiere jetzt die Lage von B′ (Parallele durch C′ zu a zeichnen.).

b) Verbinde A′ mit B′.

c) Kontrolliere durch Ausrechnen der Streckenverhältnisse

$\overline{SC'} : \overline{SC}$ und $\overline{SB'} : \overline{SB}$

die Genauigkeit deiner Konstruktion. Miss dazu die Strecken in der Zeichnung aus.

d) Welchen Streckfaktor k müsstest du bei genauer Zeichnung erhalten?

e) Entnimm der Abbildung die Längen von b, b′, a, a′ und c, c′. Bilde b′ : b, a′ : a und c′ : c. Welchen Wert müsstest du nach dem 2. Strahlensatz erhalten?

2.

Übertrage die Abbildung in dein Heft. Trage A′ so ein, dass $\overline{SA'} : \overline{SA} = 3$ gilt. Konstruiere die Lage von C′ und B′.

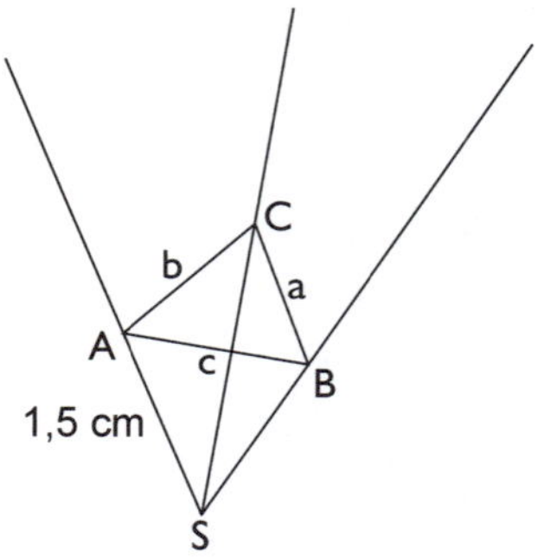

a) Wie viel mal länger ist jetzt $\overline{SA'}$ als $\overline{SA}$?
b) Überprüfe, ob alle entsprechenden Seiten der beiden Dreiecke parallel zueinander verlaufen.
c) Entnimm deiner Abbildung die Längen der Dreiecksseiten. Wie genau erhältst du $a' : a = b' : b = c' : c = k$?

3.

Jetzt soll $k = \frac{1}{2}$ sein.

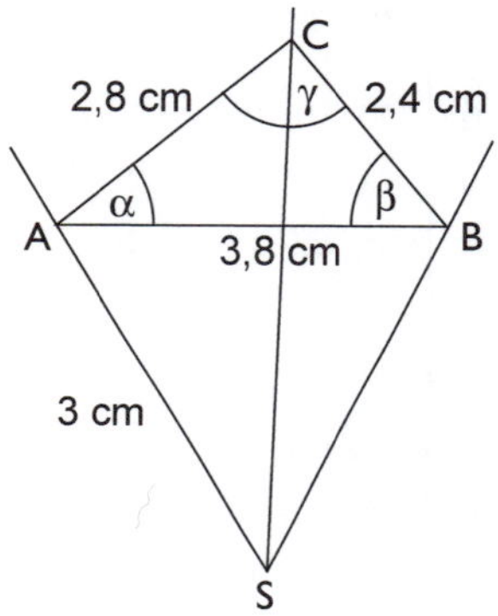

a) Wie viel mal länger ist jetzt $\overline{SA'}$ als $\overline{SA}$? Konstruiere.
b) Kontrolliere, ob die entsprechenden Winkel von Figur und Bildfigur gleich groß sind.
c) Entnimm deinen Abbildungen die Längen der Dreiecksseiten. Wie genau erhältst du $a' : a = b' : b = c' : c = k$?
d) Berechne die Seitenlängen von a′, b′ und c′.

4.

Strecke dieses Quadrat mit $k = 2$. Konstruiere in deinem Heft.

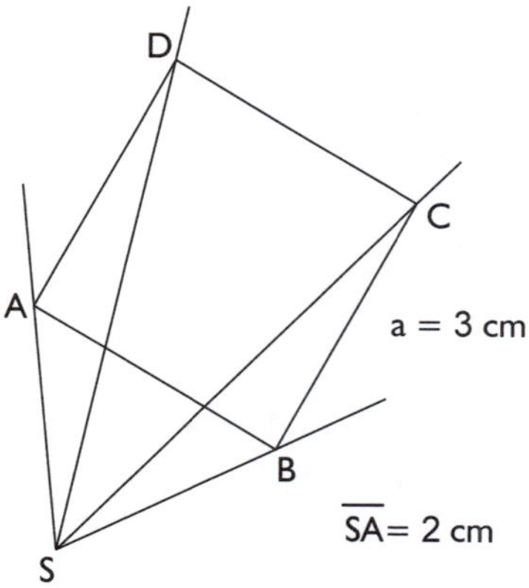

a) Sind die entsprechenden Winkel von Figur und Bildfigur gleich groß?
b) Wie genau hast du konstruiert? Bilde dazu $a' : a$.
c) Berechne a′.

Beachte: Das Streckzentrum S muss nicht außerhalb der zu streckenden Figur liegen!

5.

Das Streckzentrum S soll jetzt im Punkt A des Quadrates liegen.

a) Strecke die Figur mit k = 2. Berechne die Seiten a′ und kontrolliere deine Zeichung.

b) Strecke das Quadrat nun mit $k = \frac{1}{2}$. Berechne die neuen Seiten a″. Wie genau hast du gezeichnet?

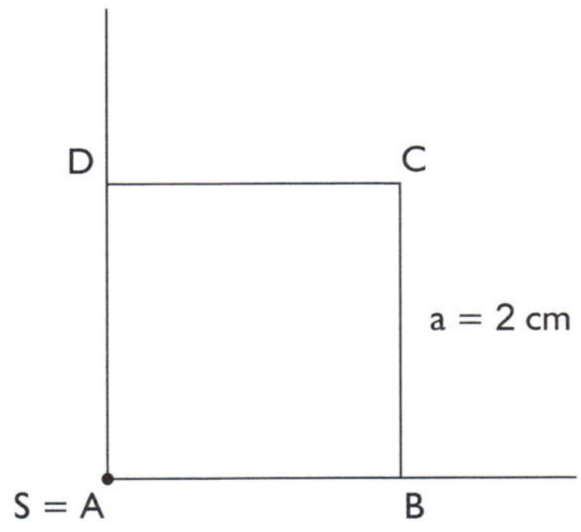

6.

Das Streckzentrum S soll hier im Schnittpunkt der Diagonalen des Rechtecks liegen.

a) Strecke mit k = 1,5.

b) Wie lang ist $\overline{AS}$?

c) Berechne a′ und b′.

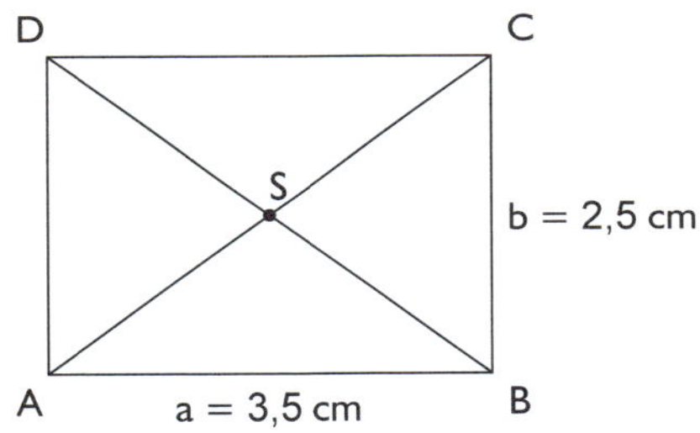

7.

a) Strecke das Quadrat im rechtwinklig-gleichschenkligen Dreieck von C aus so, dass D in A abgebildet wird.

b) Wie lang wird a′?
Hinweis: D teilt $\overline{AC}$.

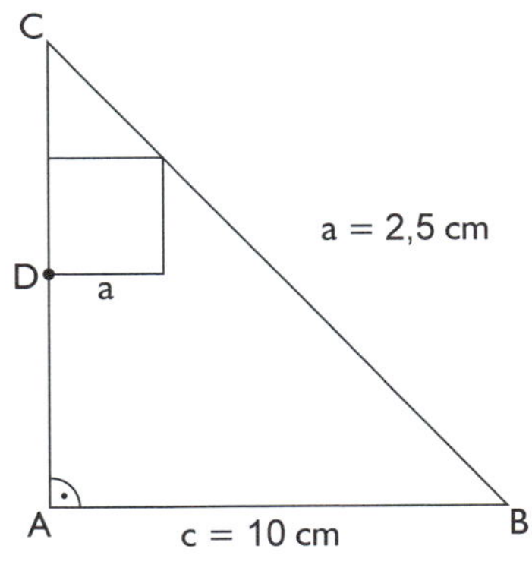

Der Begriff der Ähnlichkeit

Vergleichst du diese Figuren, so kommst du sicher zum Urteil: F und G sind „ähnlich“, F und H dagegen sind „nicht ähnlich“. In der Mathematik muss man diesen vagen Begriff der „Ähnlichkeit“ durch eine Definition schärfer fassen.

Was bedeutet Ähnlichkeit?

Vielecke sind **ähnlich**, wenn die entsprechenden Winkel gleich groß sind **und** wenn jeweils entsprechende Seiten **alle** das gleiche Seitenverhältnis besitzen.
Sind zwei Figuren F und G ähnlich, schreibt man $F \sim G$ und liest „F ähnlich G“.

Bei der zentrischen Streckung entstehen **ähnliche Figuren**. Ist k der Streckfaktor, so gilt für die Flächeninhalte von gestreckter Figur und Figur die Beziehung

$A' : A = k^2$ oder $A' = k^2 \cdot A$.

Dreiecke lassen sich besonders einfach auf Ähnlichkeit untersuchen.

Es gelten für Dreiecke die Ähnlichkeitssätze:

1. Dreiecke sind **schon** ähnlich, wenn sie in den entsprechenden Winkeln übereinstimmen.
2. Dreiecke sind **schon** ähnlich, wenn die Streckenverhältnisse der Seiten übereinstimmen.

1.

a) Überprüfe diese 3 Fünfecke, ob sie in den entsprechenden Winkeln übereinstimmen.

b) Miss die Seitenlängen der Figuren. Bilde die Längenverhältnisse **entsprechender** Seiten zwischen Figur I und II und dann zwischen I und III. Zwischen welchen Figuren sind diese Verhältnisse für **alle** Seiten gleich?

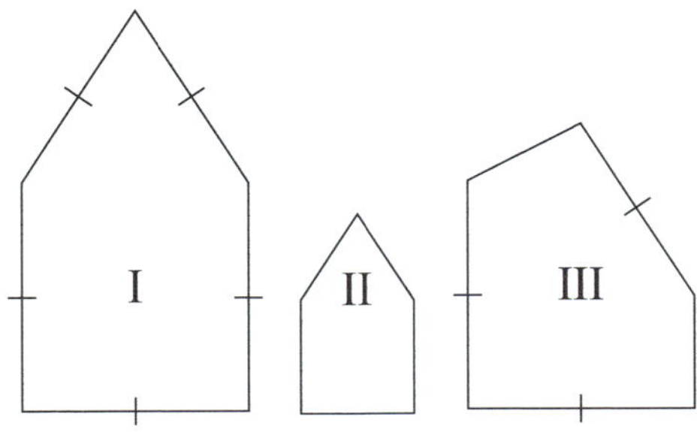

2.

Welche von diesen Figuren sind jeweils ähnlich?

a)
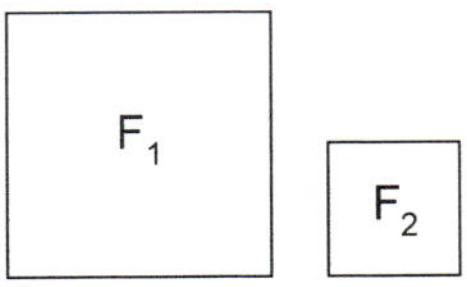

b)
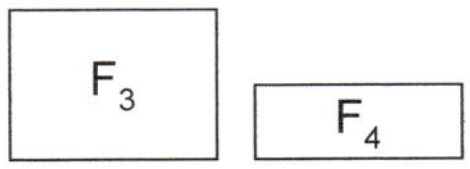

c)
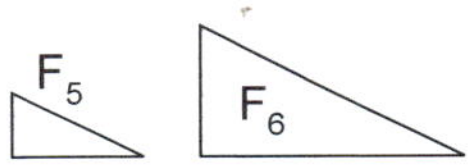

3.

Dieses Dreieck soll zentrisch so gestreckt werden, dass C nach C′ abgebildet wird.

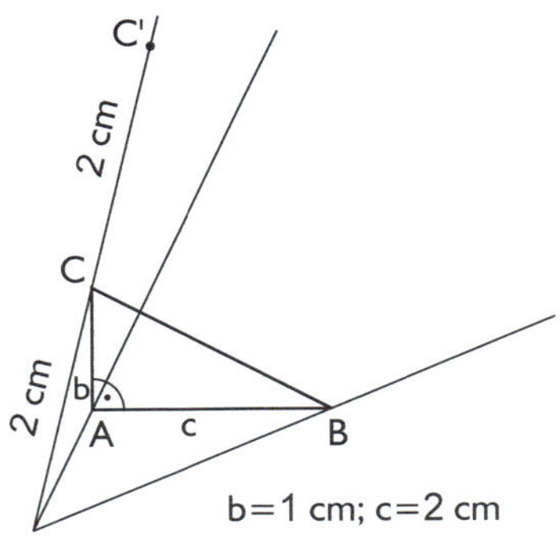

a) Ermittle die Lage von A′, indem du durch C′ die Parallele zu b zeichnest.

b) Bestimme nun B′.

c) Wie groß ist der Streckfaktor k?

$\frac{\overline{SC'}}{\overline{SC}} = k = ?$

d) Berechne die Länge von b′ nach dem 2. Strahlensatz so:

$\frac{b'}{b} = \frac{\overline{SC'}}{\overline{SC}} = k;\ \frac{b'}{1\,\text{cm}} = 2;\ b' = 2\,\text{cm}$

Ermittle in gleicher Weise die Länge von c′.

e) Da die Dreiecke ABC und A′B′C′ rechtwinklig sind, lassen sich ihre Flächeninhalte A und A′ mit Hilfe von b, c bzw. b′, c′ leicht berechnen. Wie groß sind also A und A′?

f) Gilt $A' : A = k^2$?

4.

Konstruiere diese zentrische Streckung in deinem Heft:

a) Wie groß ist der Streckfaktor k?

b) Berechne die Längen der Seiten b′ und c′ der gestreckten Figur (2. Strahlensatz).

c) Sind die beiden Dreiecke ähnlich?

d) Berechne die Flächeninhalte A der Figur und A′ der Bildfigur.

e) Bestätige, dass $A' : A = k^2$ gilt.

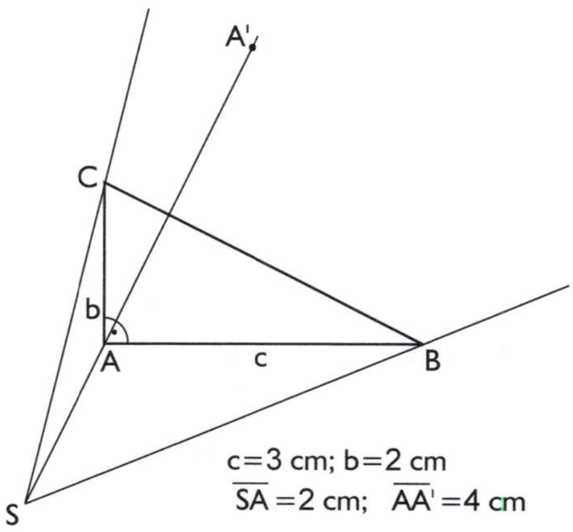

5.

Strecke dieses Quadrat (a = 2 cm):

a) Berechne k.

b) Wie lang ist a′?

c) Sind die beiden Quadrate ähnlich?

d) Berechne A und A′. Gilt wieder $A' : A = k^2$?

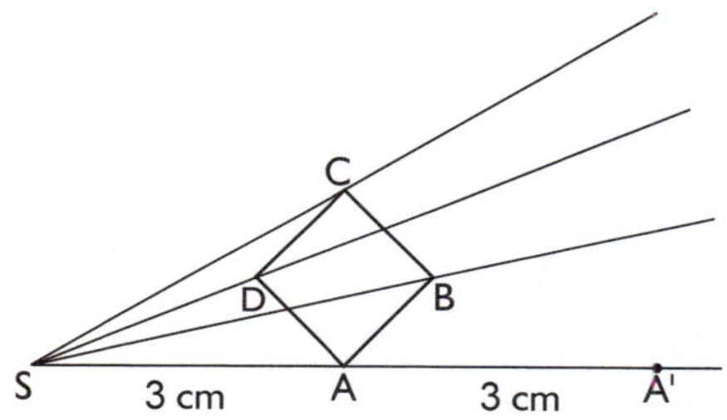

6.

a) Welche dieser Rechtecke sind ähnlich? Da in Rechtecken die entsprechenden Winkel gleich groß sind, brauchst du nur die Seitenverhältnisse zu untersuchen.

I: a = 4 cm; b = 3 cm	II: a = 6 cm; b = 4,5 cm
III: a = 8 cm; b = 5 cm	IV: a = 4 cm; b = 2,5 cm
V: a = 10 cm; b = 6 cm	VI: a = 5 cm; b = 4 cm

b) Berechne von allen Rechtecken den Flächeninhalt.

c) Bestimme k von den jeweils ähnlichen Figuren.

d) Überprüfe $A' : A = k^2$.

7.

Das Trapez wird durch die Diagonalen in vier Dreiecke zerlegt.

Begründe, warum die Dreiecke I und III zueinander ähnlich sind.

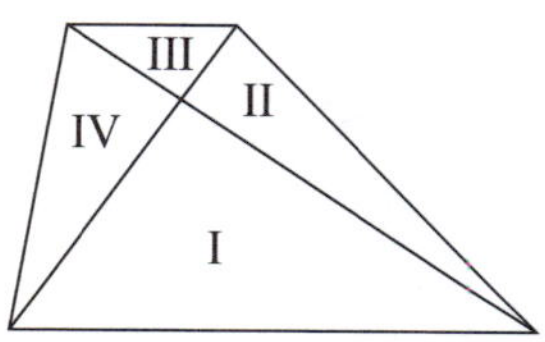

Zusammenfassung

Begriffe	Erläuterungen	Beispiele
Streckenverhältnis	Der Quotient von Maßzahlen von Strecken wird Streckenverhältnis genannt.	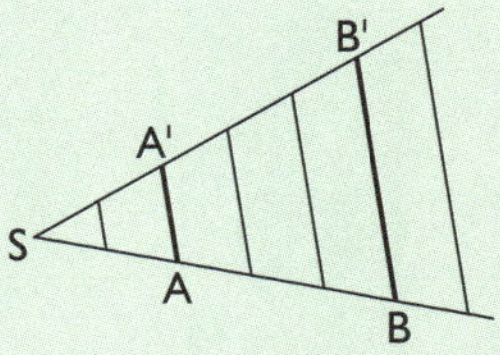 $\overline{SA}:\overline{SB} = \frac{\overline{SA}}{\overline{SB}} = \frac{2}{5}$
1. Strahlensatz	Werden zwei Strahlen, die von einem Punkt S ausgehen, von zwei parallelen Geraden geschnitten, so verhalten sich die Längen der Streckenabschnitte des einen Strahls wie die **entsprechenden** des anderen Strahls.	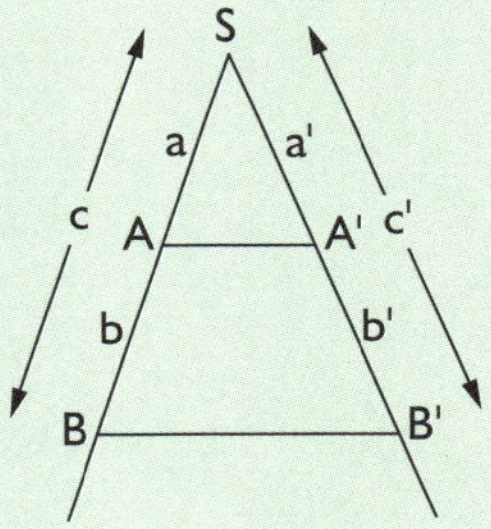 $\overline{SA}:\overline{SB} = \overline{SA'}:\overline{SB'}$ $a:c = a':c'$ $\overline{SA}:\overline{AB} = \overline{SA'}:\overline{A'B'}$ $a:b = a':b'$
2. Strahlensatz	Werden zwei Strahlen, die von einem Punkt S ausgehen, von zwei parallelen Geraden geschnitten, so verhalten sich die Längen der Streckenabschnitte auf den Parallelen wie die von **S aus gemessenen entsprechenden** Abschnitte (Scheitelabschnitte) auf einem Strahl.	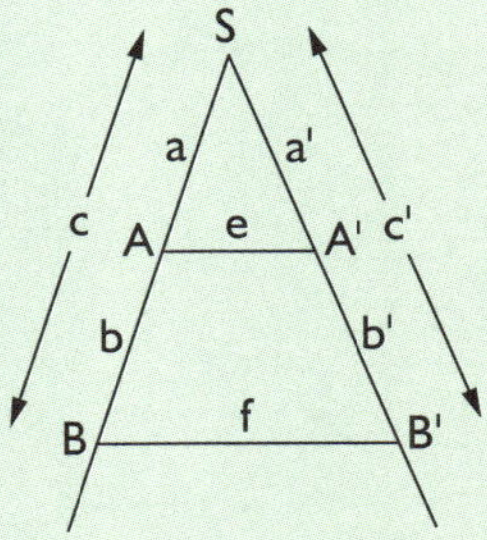 $\overline{AA'}:\overline{BB'} = \overline{SA}:\overline{SB}$ $e:f = a:c$ $\overline{AA'}:\overline{BB'} = \overline{SA'}:\overline{SB'}$ $e:f = a':c'$

Begriffe	Erläuterungen	Beispiele
Zentrische Streckung	Streckzentrum S Streckfaktor k: $\frac{\overline{SA'}}{\overline{SA}} = \frac{\overline{SB'}}{\overline{SB}} = \frac{\overline{SC'}}{\overline{SC}} = k$ gestreckte Strecken: $\overline{SA'} = k \cdot \overline{SA}$ $\overline{SB'} = k \cdot \overline{SB}$ $\overline{SC'} = k \cdot \overline{SC}$	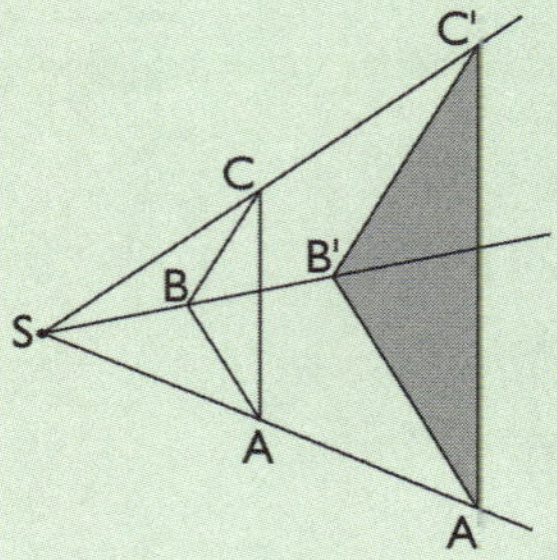
Kennzeichnung der zentrischen Streckung	Eine Abbildung, bei der jedem Punkt P der Ebene genau ein Punkt P′ zugeordnet wird, heißt **zentrische Streckung** mit dem Streckzentrum S und dem Streckfaktor k ($k \neq 0$), wenn gilt: 1. P und P′ liegen auf einer Geraden durch S. 2. Es gilt immer $\frac{\overline{SP'}}{\overline{SP}} = k$ bzw. $\overline{SP'} = k \cdot \overline{SP}$ 3. Ist P = S, so ist auch P′ = S.	
Ähnlichkeit	Figuren, die durch zentrische Streckung oder Kongruenzabbildung aufeinander abgebildet werden können, heißen **ähnlich**.	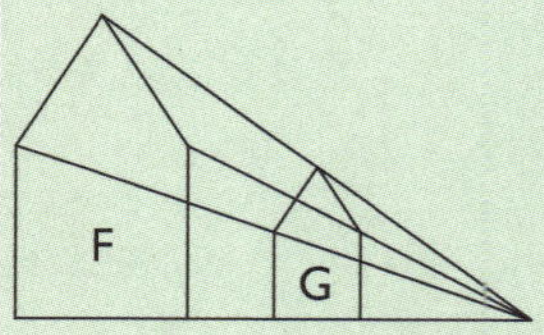 $F \sim G$
Eigenschaften ähnlicher Figuren	In ähnlichen Figuren sind entsprechende Winkel gleich groß und das Verhältnis der Längen entsprechender Seiten ist immer gleich.	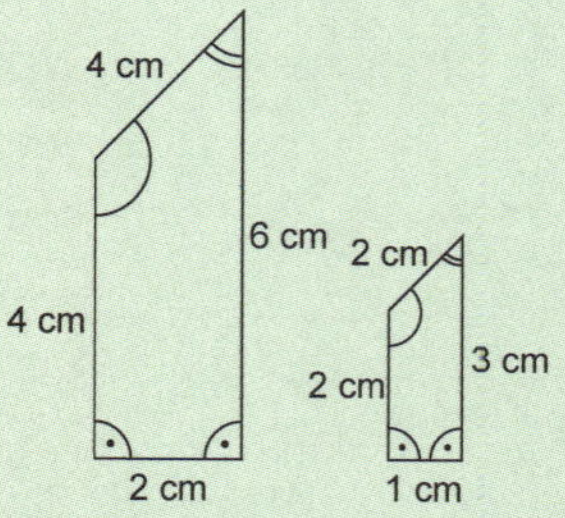 $\frac{4}{2} = \frac{\sqrt{8}}{\sqrt{2}} = \frac{2}{1} = \frac{6}{3} = 2$
	Für die Flächeninhalte gilt:	$A' : A = k^2$; $A' = k^2 \cdot A$
Ähnliche Dreiecke	1. Stimmen zwei Dreiecke in den Streckenverhältnissen ihrer Seiten überein, so sind sie ähnlich. 2. Zwei Dreiecke sind schon ähnlich, wenn sie in **zwei** Winkelgrößen übereinstimmen.	

Test

Test 1

Gib zu dieser Zeichnung alle Proportionen an, die

a) nach dem 1. Strahlensatz

b) nach dem 2. Strahlensatz

gelten.

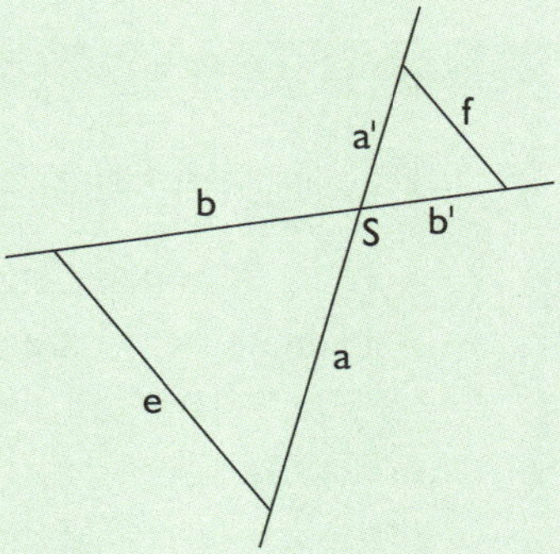

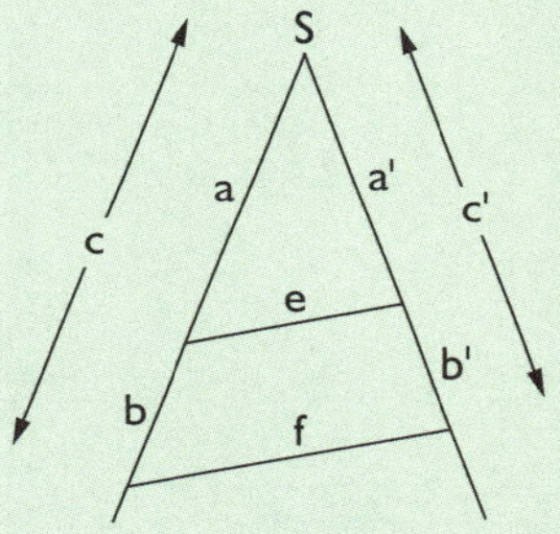

Test 2

Berechne hier jeweils die fehlende Strecke (4. Proportionale):

a) $a = 2\,cm$, $b = 6\,cm$, $a' = x$, $b' = 9\,cm$

b) $a' = 3\,cm$, $b' = 2\,cm$, $e = 4\,cm$, $f = x$

Test 3

Der Schatten eines Schornsteins fällt mit dem Schatten eines 3 m hohen Stabes zusammen. Wie hoch ist der Schornstein?

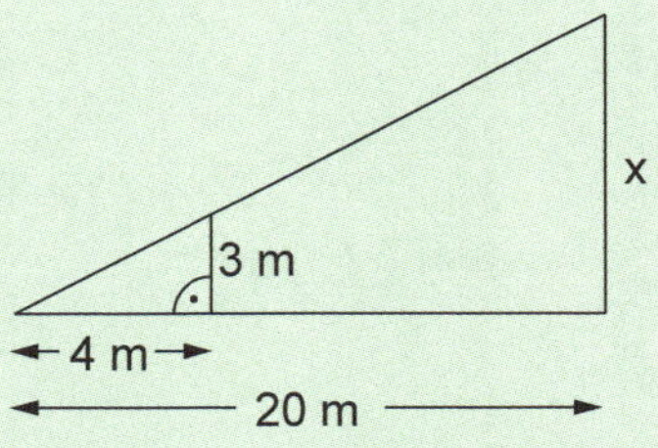

Test 4

Strecke dieses Dreieck zentrisch mit $k = \frac{1}{2}$.

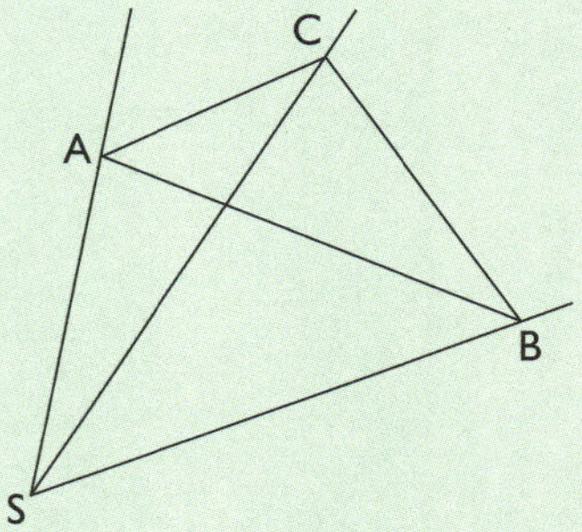

Test 5

Gegeben sind die Rechtecke:

① $a = 4\,cm$ $b = 6\,cm$

② $a = 5\,cm$ $b = 10\,cm$

③ $a = 8\,cm$ $b = 12\,cm$

a) Welche Rechtecke sind ähnlich?

b) Bestimme für sie k.

c) Bilde das Verhältnis ihrer Flächeninhalte. Was erhältst du?

10 Körperberechnungen

Prismen

Was ist ein Prisma?

Körper, in denen Grund- und Deckenflächen aus kongruenten Vielecken bestehen und deren Seitenflächen Parallelogramme sind, heißen **Prismen**.

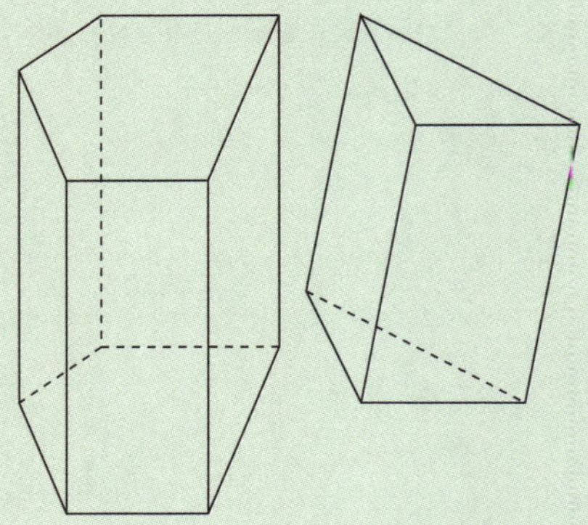

Du kannst einen Stapel Hefte ordentlich aufschichten. Verschiebst du jedes Heft ein wenig, so entsteht der zweite Stapel. Das Volumen des Stapels hat sich dabei natürlich **nicht** verändert.

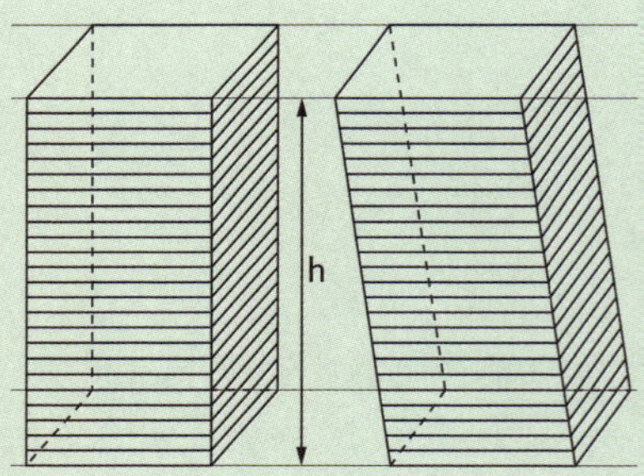

So berechnest du das Volumen von Prismen:

Das Volumen aller Prismen berechnet sich aus

Grundfläche G mal **Höhe** h:

$V = G \cdot h$

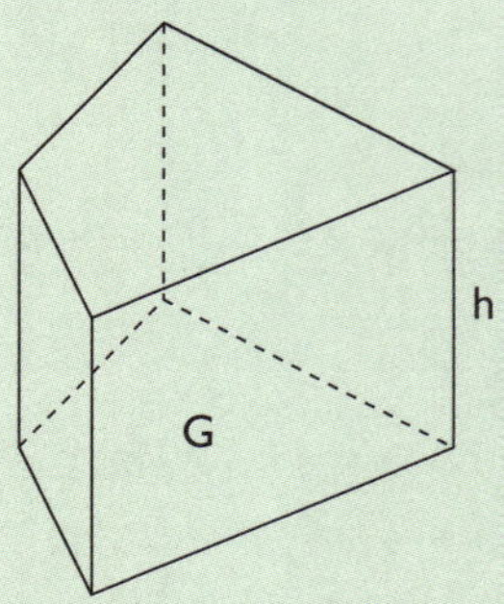

1.

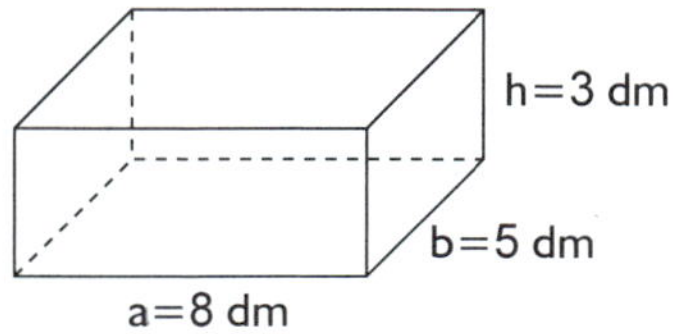

a) Wie groß ist das Volumen dieses Quaders?

b) Alle 6 den Körper begrenzenden Flächen bilden seine Oberfläche O. Berechne O.

2.

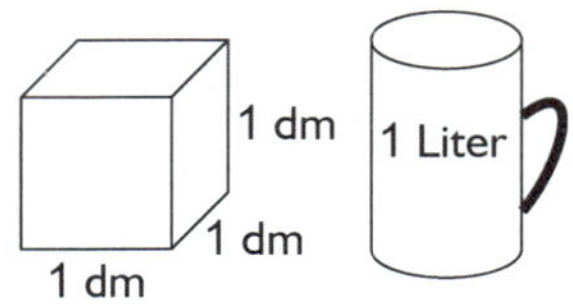

$1\,dm^3 = 1\,\ell$

a) Ein quaderförmiges Gefäß mit $a = 25\,dm$, $b = 8\,dm$ und $c = 5\,dm$ soll mit Wasser gefüllt werden. Wie viel ℓ passen hinein?
Bedenke: $1\,dm^3 = 1\,\ell$.

b) Das Gefäß soll bei gleicher Grundfläche $800\,\ell$ fassen. Wie groß muss seine Höhe h gewählt werden?

3.

Berechne das Volumen dieser Prismen. Berechne immer erst die Grundfläche G.

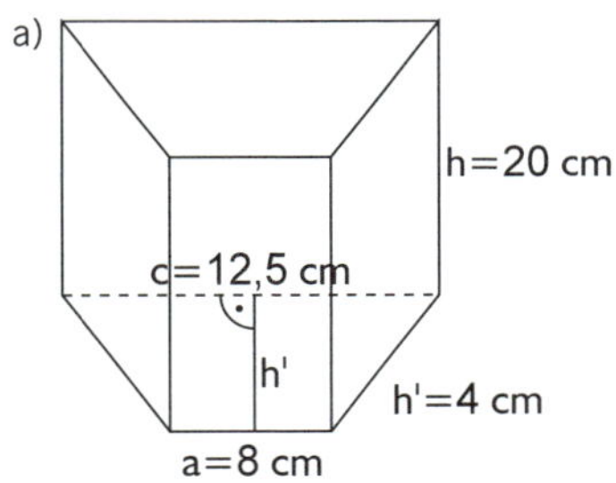

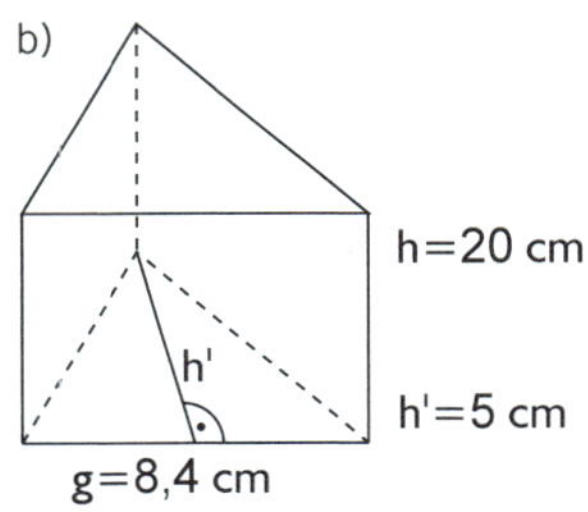

4.

a) Von einem Prisma mit trapezförmiger Grundfläche sind $a = 3{,}2\,dm$, $c = 1{,}8\,dm$ und $h' = 1{,}2\,dm$ gegeben. Die Höhe des Prismas beträgt $h = 15\,dm$. Bestimme sein Volumen.

b) Wie viel ℓ Wasser passen in ein solches Gefäß?

5.

a) Wie groß ist das Volumen eines Prismas ($h = 25\,cm$), das als Grundfläche ein gleichseitiges Dreieck mit $s = 6\,cm$ besitzt?

b) Berechne seine Oberfläche.

Zylinder

Was ist ein Zylinder?

Beim Zylinder bestehen Grund- und Deckfläche aus gleich großen Kreisen. Fasst man den Kreis als Vieleck mit sehr vielen Ecken auf, ist der Zylinder der Sonderfall eines Prismas.

Sein **Volumen** ergibt sich ebenfalls aus **Grundfläche mal Höhe**. Rollt man den Mantel M_Z des Zylinders ab, entsteht ein Rechteck.

So berechnest du V_Z und M_Z:

$V_Z = G \cdot h$
$V_Z = r^2 \pi \cdot h$

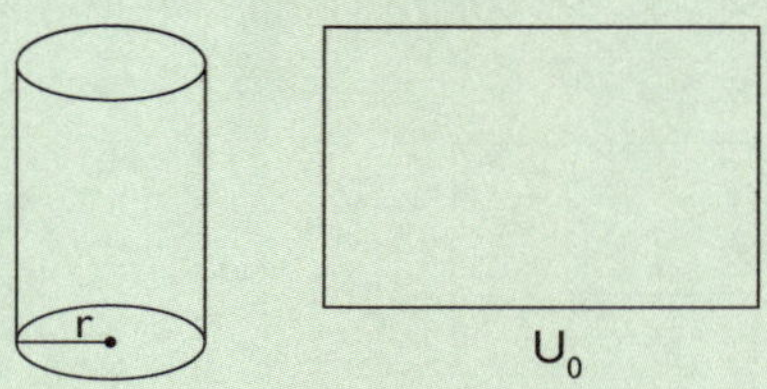

$M_Z = U_0 \cdot h$
$M_Z = 2r\pi \cdot h$

1.

Berechne von diesen Zylindern jeweils V_Z und M_Z.

a) $r = 5\,cm$; $h = 12\,cm$
b) $r = 40\,cm$; $h = 25\,cm$
c) $r = 2{,}5\,dm$; $h = 8\,dm$
d) $r = 1{,}8\,m$; $h = 20\,m$

2.

a) Wie viel ℓ Wasser passen in einen Zylinder mit $r = 4\,cm$ und $h = 30\,cm$? Bedenke: $1\,dm^3 = 1\,\ell$.
b) Wie groß muss man die Höhe des Zylinders wählen, damit sein Volumen $1\,\ell$ beträgt? Runde das Ergebnis auf eine Stelle nach dem Komma.
c) Wie groß muss h sein, wenn in den Zylinder $5\,\ell$ passen sollen? Runde das Ergebnis.

3.

a) In ein zylindrisches Gefäß mit r = 20 cm werden 8 ℓ gefüllt. Wie hoch steht das Wasser im Gefäß?

b) Wie hoch stünden die 8 ℓ in einem Zylinder mit r = 15 cm?

c) Das Wasser steht in einem Gefäß mit r = 15 cm randvoll genau 20 cm hoch. Wie viel ℓ wurden eingefüllt?

d) Wie groß ist der Mantel des letzten Gefäßes?

4.

Dieses Blatt soll, wie in der Abbildung angedeutet, zu einem Zylinder zusammengerollt werden.

a) Wie groß ist h und wie lang ist der Umfang U_0 der kreisförmigen Grundfläche?

b) Berechne r des Zylinders.

c) Wie groß ist V_Z?

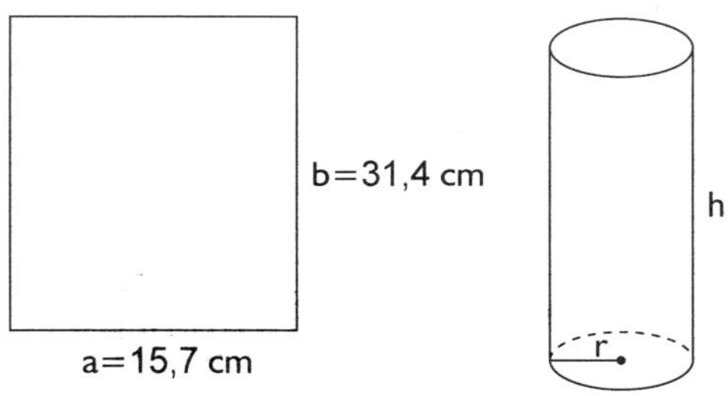

5.

Das Blatt der Aufgabe 4 wird jetzt so zu einem Zylinder zusammengerollt.

a) Wie groß ist jetzt h und wie lang ist U_0?

b) Berechne r des Zylinders.

c) Bestimme V_Z.

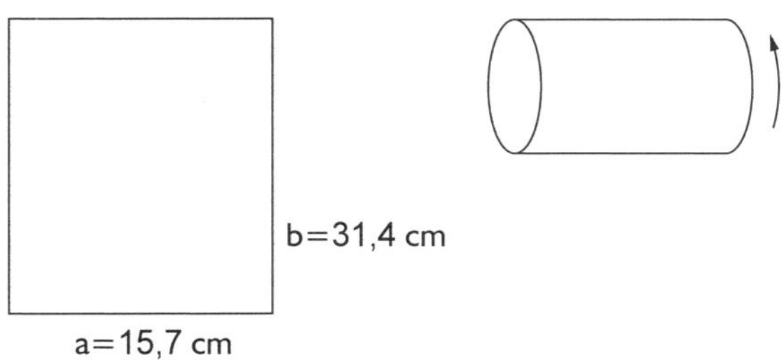

Pyramide und Kegel

Volumen von Pyramide und Kegel:

Die Rauminhaltsbestimmungen von Pyramide und Kegel beziehen sich auf die entsprechenden Berechnungen von Prismen und Zylindern. So berechnest du V_{Py} und V_K:

Das Volumen einer **Pyramide** beträgt ein Drittel vom Volumen des entsprechenden Prismas:

$$V_{Py} = \frac{1}{3} \cdot G \cdot h$$

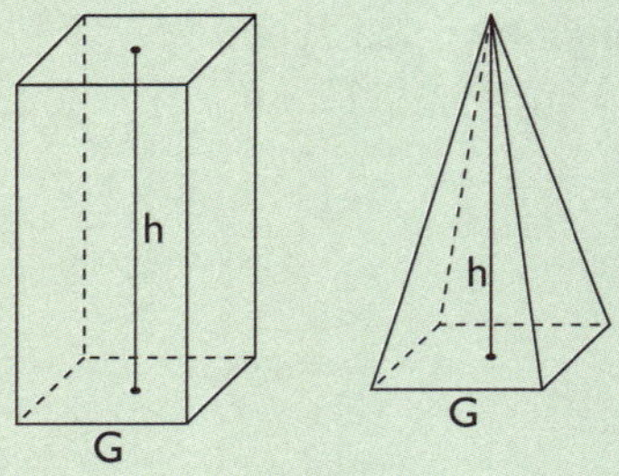

Das Volumen eines **Kegels** V_K ist ein Drittel des Volumens des entsprechenden Zylinders:

$$V_K = \frac{1}{3} \cdot r^2 \pi \cdot h$$

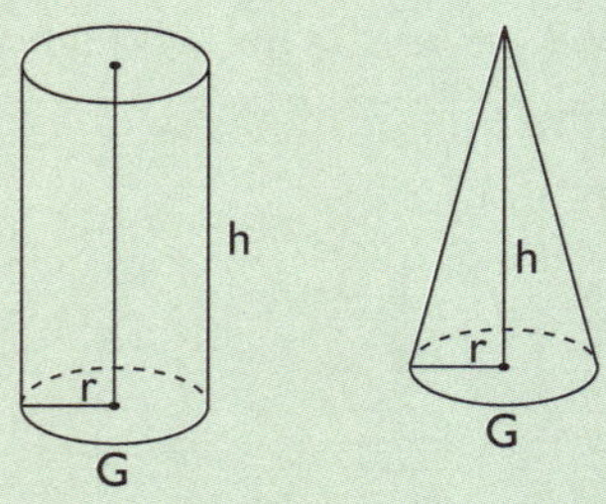

1.

Berechne die Rauminhalte:

a) Eine Pyramide mit rechteckiger Grundfläche $a = 12{,}5\,cm$; $b = 9\,cm$ ist $30\,cm$ hoch.

b) Eine Pyramide besitzt als Grundfläche ein Dreieck mit $g = 12\,cm$, $h' = 8\,cm$. Ihre Höhe beträgt $60\,cm$.

c) Eine quadratische Pyramide mit $a = 15\,cm$ ist $12\,cm$ hoch.

d) Ein $30\,cm$ hoher Kegel hat den Radius $r = 5\,cm$.

2.

Jeder dieser Körper soll ein Volumen von $1500\,cm^3$ besitzen. Wie groß muss jeweils h gewählt werden? Runde, wenn notwendig, auf eine Stelle nach dem Komma.

a) Rechteckige Pyramide:	$a = 22{,}5\,cm$; $b = 8\,cm$
b) Quadratische Pyramide:	$a = 15\,cm$
c) Dreieckige Pyramide:	$g = 22{,}5\,cm$; $h' = 16\,cm$
d) Kegel:	$r = 15\,cm$

3.

Stelle die Formeln für die Volumenberechnungen folgender Körper zusammen:

a) Quader ____________________ b) Würfel ____________________

c) Prisma ____________________ d) Zylinder ____________________

e) Kegel ____________________ f) Pyramide ____________________

4.

Forme jede der Formeln aus Aufgabe 3 so um, dass du h berechnen kannst.

a) h = ____________________ b) ____________________

c) ____________________ d) ____________________

e) ____________________ f) ____________________

5.

Ein Dach hat die Form einer quadratischen Pyramide. Die dreieckigen Dachflächen sollen mit Schiefer eingedeckt werden. Wie groß ist die gesamte Dachfläche? Du musst dazu die Höhe h_s der dreieckigen Flächen berechnen.

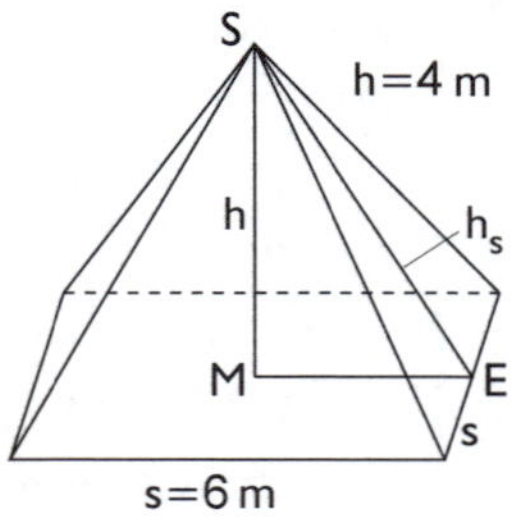

a) Das Dreieck MES ist rechtwinklig. Gib von diesem Dreieck die Hypotenuse und die beiden Katheten an.

b) Wie lang sind die Katheten?

c) Die Hypotenuse h_s musst du mit Hilfe des Pythagoras berechnen. Welche dieser Formeln ist richtig?

$h_s = \sqrt{h^2 - \left(\frac{s}{2}\right)^2}$; $h_s = \sqrt{h^2 + \left(\frac{s}{2}\right)^2}$; $h_s = \sqrt{\left(\frac{s}{2}\right)^2 - h^2}$

d) Rechne h_s aus.

e) Berechne den Flächeninhalt eines Dreiecks und dann den der gesamten Dachfläche.

6.

Diese Pyramide ist rechteckig. Der Mantel M soll berechnet werden.

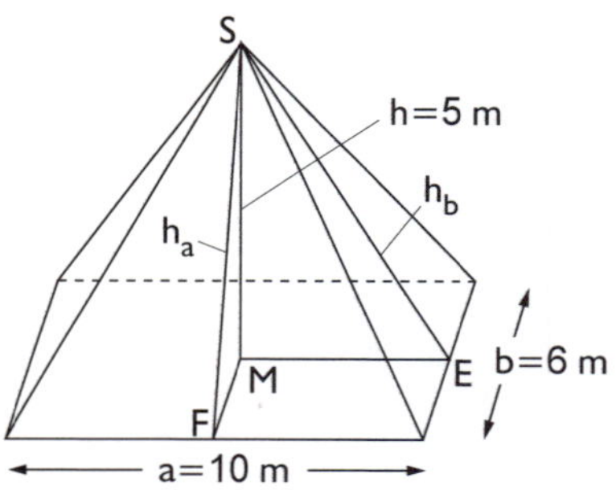

a) Wie heißt jeweils die Hypotenuse in den rechtwinkligen Dreiecken MFS und MES?

b) Wie lang sind jeweils die Katheten bei diesen Dreiecken?

c) Berechne h_a und h_b. (Die Wurzeln auf eine Stelle nach dem Komma runden.)

d) Berechne M.

7.

Eine andere rechteckige Pyramide hat die Abmessungen:
$a = 12\,m$; $b = 10\,m$; $h = 6\,m$.
Wie groß ist M?

Gehe so vor:

a) Skizze zeichnen und gegebene Werte eintragen.

b) h_a, h_b ermitteln.

c) M berechnen.

Vermischte Aufgaben

1.

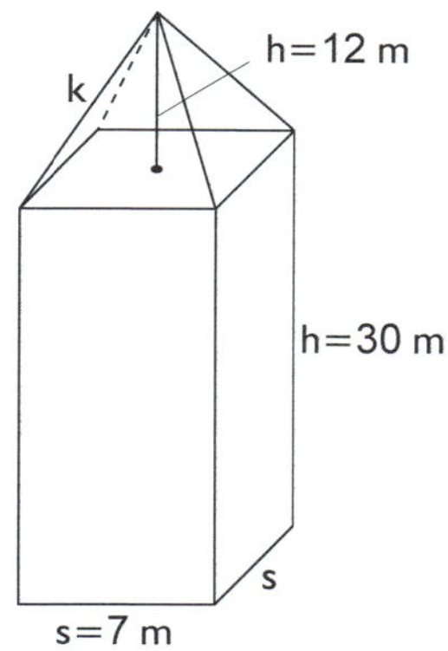

a) Welches Volumen hat dieser Turm?

b) Das Dach soll mit Ziegeln gedeckt werden. Wie viel Quadratmeter sind das? Gehe entsprechend der Aufgabe 7 (S. 120) vor.

2.

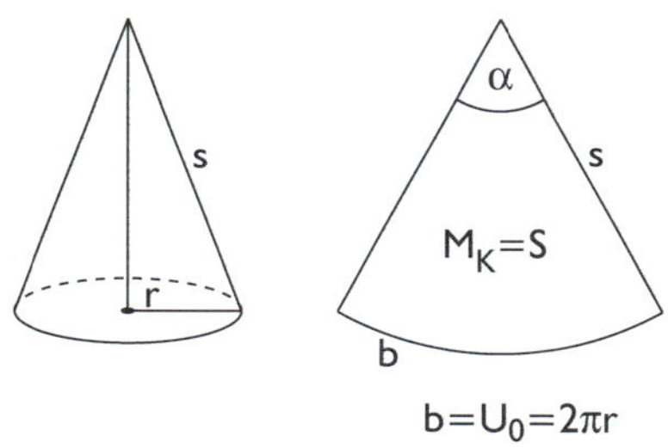

Wickelt man den Mantel M_K eines Kegels ab, so erhält man einen Kreisausschnitt S mit dem Radius s (Mantellinie genannt).

a) Zeige, dass aus

$M_K = S = \frac{1}{2} \cdot s \cdot b$ und $b = 2\pi r$

$\mathbf{M_K = \pi r s}$

folgt.

b) Berechne M_K für s = 12 cm und r = 5 cm.

3.

Von einem Kegel ist r = 3 cm und h = 4 cm gegeben.

a) Welchen Lehrsatz musst du anwenden, um s zu berechnen? Fertige eine Skizze an. Wie groß ist also s?

b) Bestimme M_K.

c) Ermittle V_K.

4.

Berechne von diesen Kegeln M_K und V_K.

a) r = 10 cm; h = 12 cm

b) r = 15 cm; h = 25 cm

5.

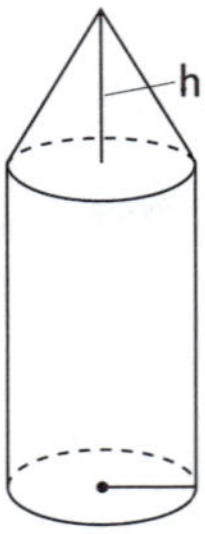

a) Wie groß ist der Rauminhalt des Turmes?
b) Der Turm soll angestrichen werden. Wie groß ist seine gesamte Oberfläche? Überlege dir dazu, aus welchen Teilflächen sich die Gesamtfläche zusammensetzt.

6.

Aus diesem Mantel soll ein Kegel geformt werden. Wie groß ist sein Volumen V_K?

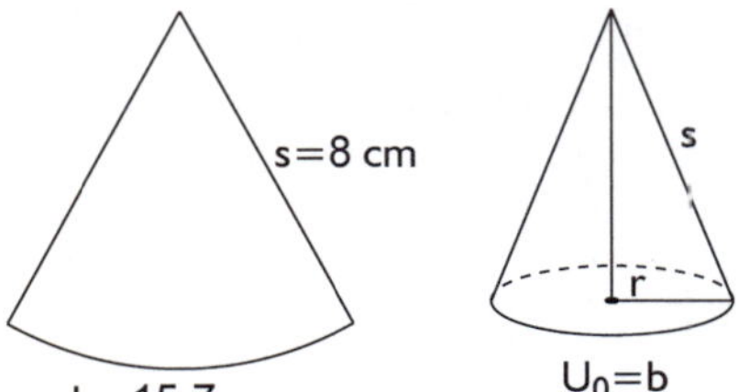

a) Beachte: Die Bogenlänge b ist gleich dem Umfang U_0 der Grundfläche des Kegels. Kannst du jetzt r berechnen?
b) Bestimme h (Pythagoras).
c) Berechne V_K.

7.

Wie groß ist jeweils V_K?

a) $b = 78{,}5\,\text{cm}$; $s = 20\,\text{cm}$
b) $b = 39{,}25\,\text{cm}$; $s = 25\,\text{cm}$

8.

Aus diesem Kreis soll mit $\alpha = 120°$ ein Kreissektor herausgeschnitten werden.

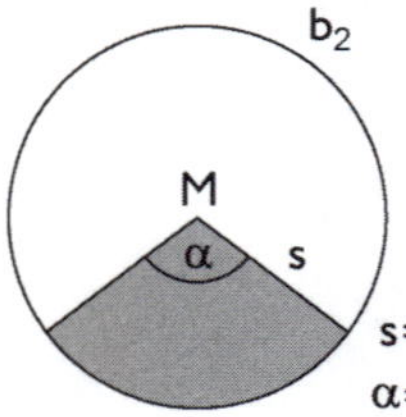

a) Wie lang ist b_1?
b) Bestimme das Volumen V_K des Kegels, der sich aus dem Kreissektor herstellen lässt.
c) Aus dem Rest des Kreises soll ebenfalls ein Kegel geformt werden. Wie groß ist sein Volumen?

9.

Gehe wie in Aufgabe 8 vor und berechne die Rauminhalte der entstehenden Kegel.

a) $\alpha = 100°$; $s = 20\,\text{cm}$
b) $\alpha = 270°$; $s = 15\,\text{cm}$

Kugel

So berechnest du Volumen und Oberfläche einer Kugel:

Für das **Volumen** und die **Oberfläche** einer Kugel mit dem Radius r gelten:

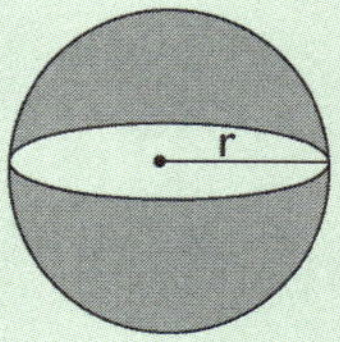

$V_{Ku} = \frac{4}{3}\pi r^3$

$O_{Ku} = 4\pi r^2$

1.
Berechne Volumen und Oberfläche einer Kugel mit
a) $r = 15\,cm$ b) $r = 3\,cm$ c) $r = 2{,}5\,m$

2.
Berechne den Radius der Kugeln mit
a) $V = 1\,m^3$ b) $V = 6\,\ell$ c) $O = 1\,m^2$ d) $O = 6{,}28\,m^2$

3.
Wie lang ist der Äquator U, wie groß sind Oberfläche und Rauminhalt der Erde, wenn man sie als Kugel mit dem Radius $r = 6380\,km$ betrachtet?

4.
a) Wo entsteht mehr Saft? Aus einer Orange mit 12 cm Durchmesser oder aus zwei Orangen mit je 9 cm Durchmesser? (Die Dicke der Schale wird vernachlässigt!)
b) Wo ist der Anteil an Orangenschale größer?

5.
Aus einem Glastropfen mit 20 mm Durchmesser wird eine Christbaumkugel von 10 cm Durchmesser geblasen. Wie dick ist die Glaswandung der Kugel?

Zusammenfassung

Begriffe	Erläuterungen	Beispiele
Prismen	Prismen sind Körper, deren Grund- und Deckflächen aus kongruenten Vielecken bestehen und deren Seitenflächen Parallelogramme sind. Volumen: $V = G \cdot h$	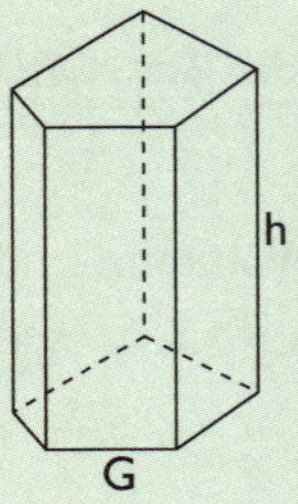
Zylinder	Volumen: $V_Z = G \cdot h$ $V_Z = r^2 \pi \cdot h$	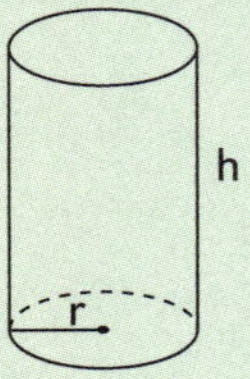
	Mantelfläche: $M_Z = U_O \cdot h$ $M_Z = 2 r \pi \cdot h$	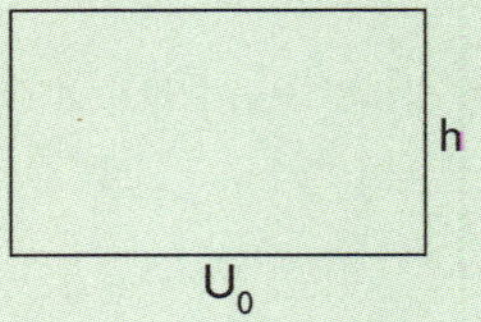
Pyramide	Das Volumen einer Pyramide V_{Py} beträgt ein Drittel vom Volumen des entsprechenden Prismas $V_{Py} = \frac{1}{3} \cdot G \cdot h$	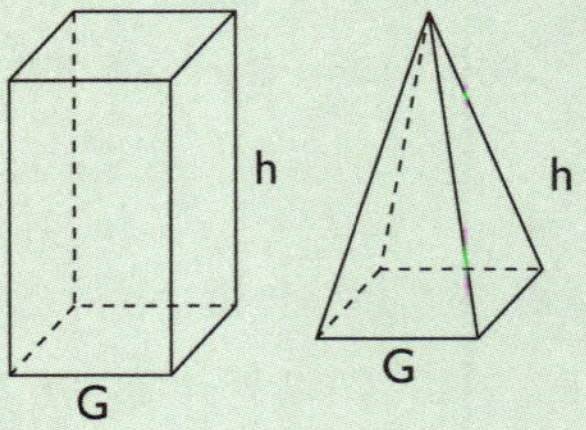
Kegel	Das Volumen eines Kegels V_K ist ein Drittel vom Volumen des entsprechenden Zylinders $V_K = \frac{1}{3} \cdot r^2 \pi \cdot h$	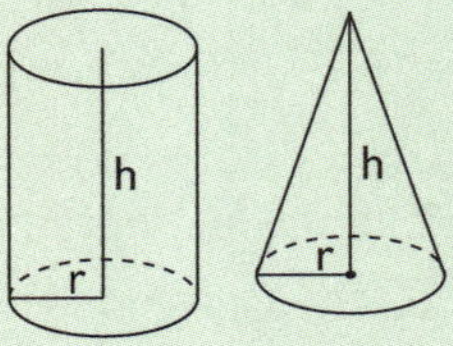

Begriffe	Erläuterungen	Beispiele
Kegelmantel	Der Kegelmantel M_K besteht aus einem Kreisausschnitt S mit dem Radius s (Mantellinie genannt) $M_K = \pi r s$	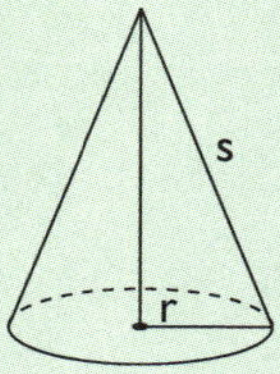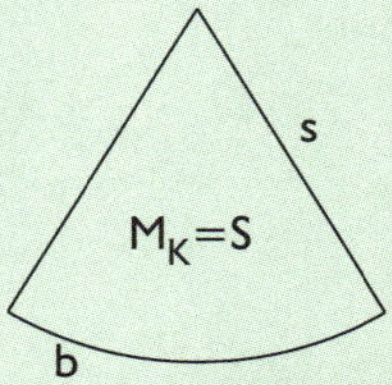
Kugel	Volumen: $V_{Ku} = \frac{4}{3} \cdot \pi r^3$ Oberfläche: $O_{Ku} = 4 \cdot \pi r^2$	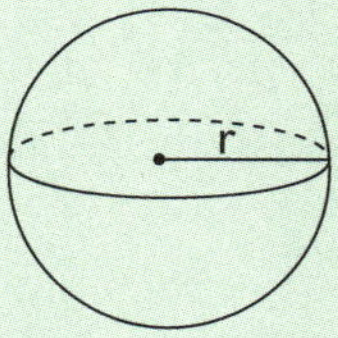

Test

Test 1

Stelle dir die Formeln zusammen, die man für die Volumenberechnungen von

a) Quader, b) Prisma, c) Pyramide,
d) Zylinder, e) Kegel, f) Kugel

benötigt.

Test 2

Ein Behälter soll 924 ℓ Öl fassen.

Berechne jeweils die fehlenden Größen, wenn er folgende Formen annehmen soll:

a) Quader mit a = 30 dm; b = 20 dm
b) dreieckiges Prisma mit einem gleichseitigen Dreieck (s = 40 dm) als Grundfläche
c) quadratische Pyramide mit a = 20 dm
d) Zylinder mit r = 10 dm
e) Kegel mit r = 20 dm
f) Kugel

Test 3

a) Berechne das Volumen dieses Großbehälters.
b) Die Oberfläche des Behälters einschließlich der Grundfläche soll gestrichen werden. Wie viele m^2 sind das?

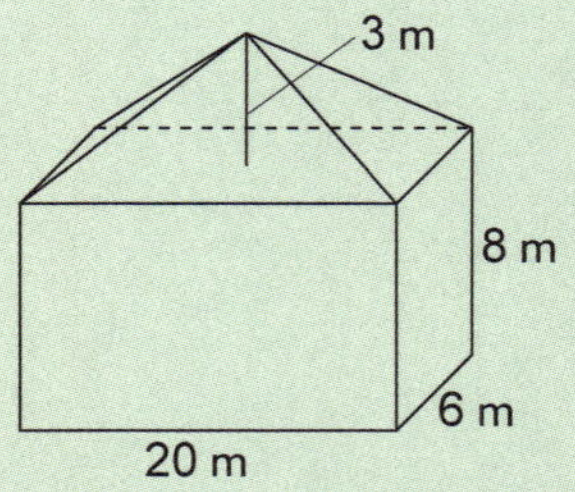

11 Trigonometrie

Winkelfunktionen im rechtwinkligen Dreieck

Die Straße über einen Alpenpass muss einen beträchtlichen Höhenunterschied überwinden. Das Verkehrsschild zeigt eine Steigung von 10 % an.

Eine **Steigung** von 10 % bedeutet:

$\frac{10\,m}{100\,m} = \frac{20\,m}{200\,m} = \frac{30\,m}{300\,m} = 0{,}10 = 10\,\%$

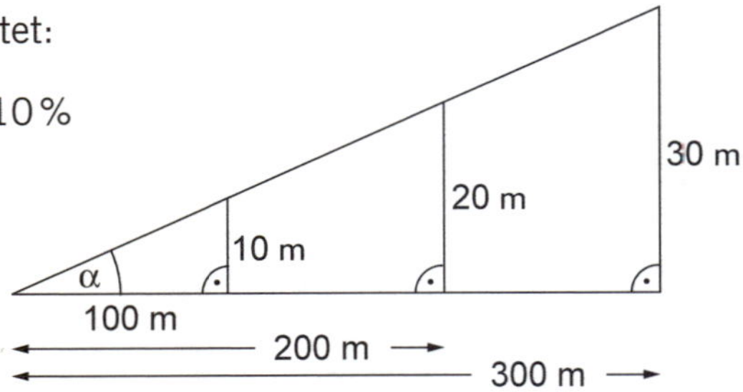

Alle diese rechtwinkligen Dreiecke stimmen in α und dem rechten Winkel überein. Folglich sind sie **ähnlich** und ihre entsprechenden Seitenverhältnisse gleich.

Was sind die Winkelfunktionen?

Für die Seiten und Winkel eines rechtwinkligen Dreiecks ($\beta = 90°$) wird vereinbart:

Sinus: $\sin\alpha = \frac{a}{b} = \frac{\text{Gegenkathete}}{\text{Hypotenuse}}$

Kosinus: $\cos\alpha = \frac{c}{b} = \frac{\text{Ankathete}}{\text{Hypotenuse}}$

Tangens: $\tan\alpha = \frac{a}{c} = \frac{\text{Gegenkathete}}{\text{Ankathete}}$

Kotangens: $\cot\alpha = \frac{c}{a} = \frac{\text{Ankathete}}{\text{Gegenkathete}}$

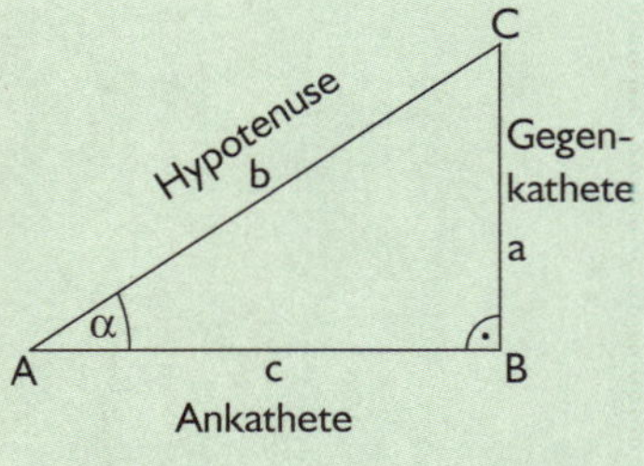

Merke Die beiden Katheten eines rechtwinkligen Dreiecks werden danach unterschieden, ob sie dem betrachteten Winkel (hier α) **gegen**überliegen (**Gegen**kathete) oder **an** dem betreffenden Winkel liegen (**An**kathete).

Die Hypotenuse liegt **immer** dem rechten Winkel gegenüber. **Beachte**

1.

Die Winkelfunktionen für den Winkel α sollen bestimmt werden.

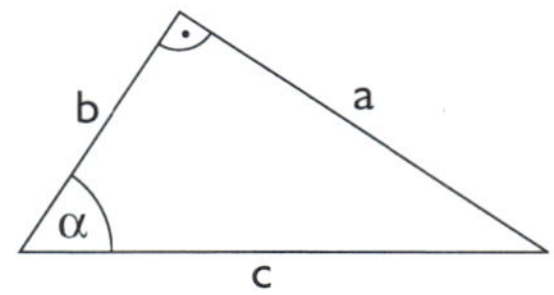

a) Welche Seite ist jetzt für α Ankathete, welche Gegenkathete? Welche Seite ist Hypotenuse?

b) Schreibe die Seitenverhältnisse für diese Winkelfunktionen auf:

$\sin\alpha = \text{———}$ $\cos\alpha = \text{———}$ $\tan\alpha = \text{———}$ $\cot\alpha = \text{———}$

2.

Bestimme für jeden Winkel die Winkelfunktionen. Überlege erst, wo für den betreffenden Winkel Ankathete, Gegenkathete und Hypotenuse liegen.

a)

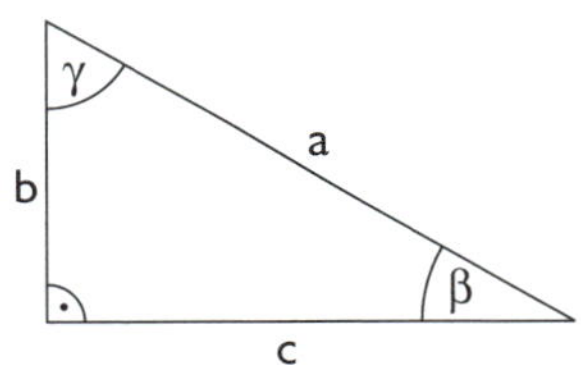

b)

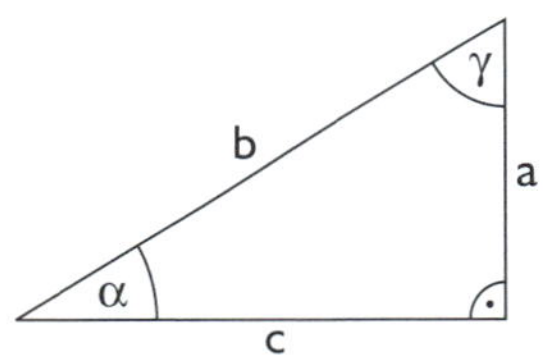

3.

a) Zeichne ein rechtwinkliges Dreieck ($\gamma = 90°$) mit $\alpha = 50°$ und $c = 5\,\text{cm}$. Dieses lässt sich einfacher zeichnen, wenn du β berechnest (Winkelsumme).

b) Miss die Längen von a und b und berechne näherungsweise die Werte $\sin\alpha$, $\sin\beta$, $\cos\alpha$, $\cos\beta$, $\tan\alpha$, $\tan\beta$, $\cot\alpha$, $\cot\beta$.

4.

Die Steigung einer Straße, einer Eisenbahnlinie oder einer Rampe mit dem Steigungswinkel α wird durch $\tan\alpha$ gemessen.

Bestimme diese Steigungen und gib sie in Prozent an:

$\frac{8\,\text{m}}{100\,\text{m}} = 0{,}08 = 8\,\%$

a)

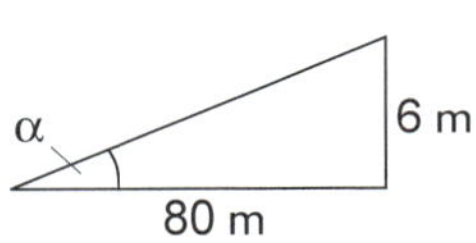

b)

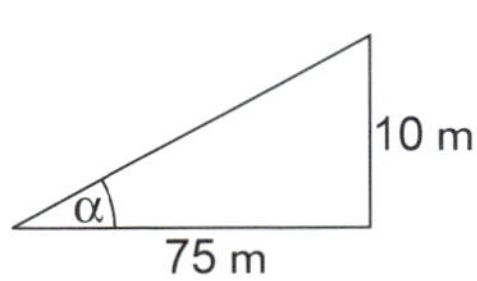

c)

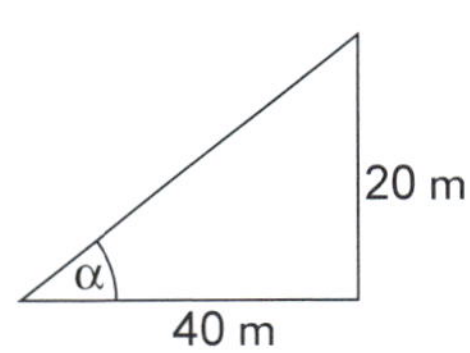

5.

a) Übertrage die nebenstehende Zeichnung im richtigen Maßstab in dein Heft. Wähle für den Radius 10 cm.

b) Lege eine Tabelle an:

α	10°	20°	…	80°
a				
c				
sin α				
cos α				

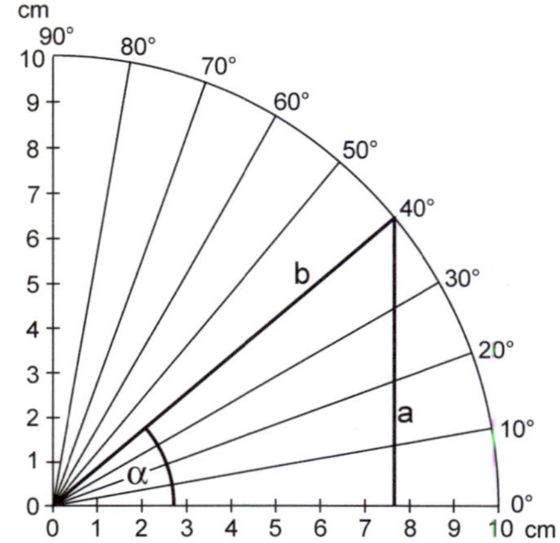

c) Lies für jeden Winkel α die Längen der Seiten a und c ab. Beachte, dass b = 10 cm für alle α gilt. Berechne nun jeweils sin α und cos α und trage dann die Werte in die Tabelle ein.

Merke Auf deinem Taschenrechner findest du die Tasten SIN und COS. Weiter findest du einen Schalter oder eine Taste zum Umschalten auf DEG (Winkelgrad) oder RAD (Bogenmaß).

Beispiel:
Schalte auf DEG.
Tippe: 40 SIN
Ergebnis: 0,6428 (gerundet).
Es gilt: sin 40° ≈ 0,6428.

6.

a) Welche Werte ergibt der Taschenrechner für sin 35°, cos 35°, sin 65°, cos 65°?

b) Stelle noch einmal eine Tabelle wie unter Aufgabe 5 b) auf und trage die mit dem Taschenrechner bestimmten Werte für sin α und cos α auf 4 Stellen gerundet ein. Vergleiche die aus der Zeichnung abgelesenen Werte mit den Taschenrechnerwerten.

7.

Kann im rechtwinkligen Dreieck ein Winkel 0° sein? Kann ein weiterer Winkel 90° sein?

Merke

Die Winkelfunktionen sind also bisher nur definiert für

$0° < \alpha < 90°$

Diese Überlegungen führen zu folgenden Vereinbarungen:

$\sin 0° = 0$ $\quad$ $\sin 90° = 1$

$\cos 0° = 1$ $\quad$ $\cos 90° = 0$

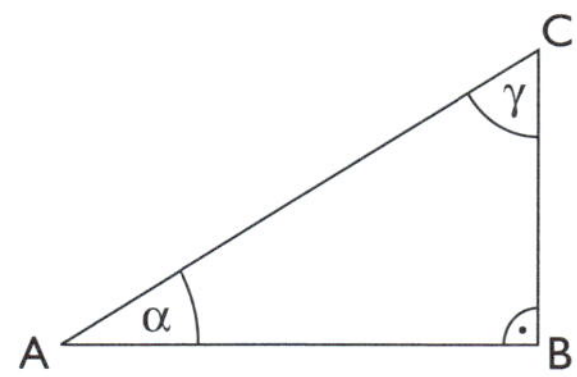

8.

a) Vergleiche in der Tabelle zu Aufgabe 5 b) die Werte von $\sin 10°$ mit $\cos 80°$, und $\sin 20°$ mit $\cos 70°$ usw. und bestätige damit die Formel:

$\sin(90° - \alpha) = \cos\alpha$

b) Zeige mit Hilfe der Formeln (Definitionen) der Winkelfunktionen:

$\tan\alpha = \frac{\sin\alpha}{\cos\alpha}$ $\qquad$ $\cot\alpha = \frac{1}{\tan\alpha}$

c) Auf deinem Taschenrechner ist sicherlich die Taste TAN, während eine Taste COT nicht zu finden ist. Nach der Formel aus b) lässt sich aber auch $\cot\alpha$ leicht berechnen.

Beispiel: $\cot 40° = \frac{1}{\tan 40°}$ Tippe: 40 TAN 1/X Ergebnis: ________

d) Trage in eine Tabelle (siehe Aufgabe 5) für α, $\tan\alpha$, $\cot\alpha$ die Werte für 0°, 10°, 20°, ..., 90° ein. Warum zeigt der Rechner für $\tan 90°$ und $\cot 0°$ einen Fehler an? Die Funktionswerte für $\tan 90°$ und $\cot 0°$ sind nicht definiert.

e) Zeige mit Hilfe der Formeln aus b) und den Festsetzungen für sin und cos, dass gilt:

$\tan 0° = 0$ $\quad$ $\cot 90° = 0$

9.

Berechne mit dem Taschenrechner (auf 4 Stellen nach dem Komma):

a) sin 45° $\quad$ b) cos 45° $\quad$ c) tan 45° $\quad$ d) cot 45°

e) tan 48,7° $\quad$ f) cos 72,45° $\quad$ g) sin 0,374° $\quad$ h) cot 36,7°

10.

Jetzt soll umgekehrt zu einem Winkelfunktionswert der entsprechende Winkel mit dem Taschenrechner bestimmt werden.

Beispiel: $\sin\alpha = 0{,}581$

$\alpha = x$

Tippe: 0,581 2nd SIN oder Taste SIN^{-1}

$\alpha = 35{,}5°$ Ergebnis: 35,5 (gerundet)

Berechne α auf eine Stelle nach dem Komma:

a) $\sin\alpha = 0{,}125$ b) $\sin\alpha = 0{,}825$ c) $\sin\alpha = 0{,}346$

d) $\cos\alpha = 0{,}346$ e) $\cos\alpha = 0{,}225$ f) $\cos\alpha = 0{,}428$

11.

a) Zeige, dass auch diese Beziehung gilt:
$(\sin\alpha)^2 + (\cos\alpha)^2 = 1$
Setze dazu für die Winkelfunktionen die entsprechenden Seitenverhältnisse ein und berücksichtige den Satz des Pythagoras.

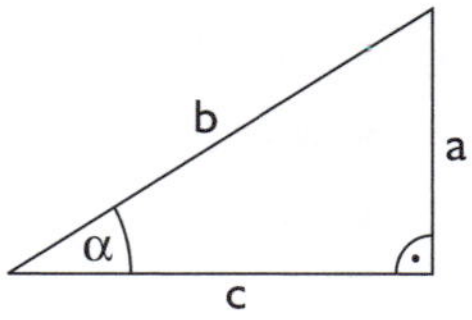

b) Überprüfe den Satz an $\alpha = 30°$ und $\alpha = 45°$.

12.

Berechne auch diese Winkel:

a) $\tan\alpha = 2{,}531$ b) $\tan\alpha = 0{,}945$ c) $\tan\alpha = 12{,}531$

13.

Beispiel: $\cot\alpha = 1{,}921$

Tippe: 1,921 1/X 2nd TAN Ergebnis: 27,5 (gerundet)

$\alpha = 27{,}5°$

a) $\cot\alpha = 0{,}874$ b) $\cot\alpha = 4{,}721$ c) $\cot\alpha = 1{,}213$

14.

Eine Autobahn steigt auf einer Länge von 820 m um 48,8 m. Wie groß sind der Anstiegswinkel α sowie der Anstieg in Prozent?

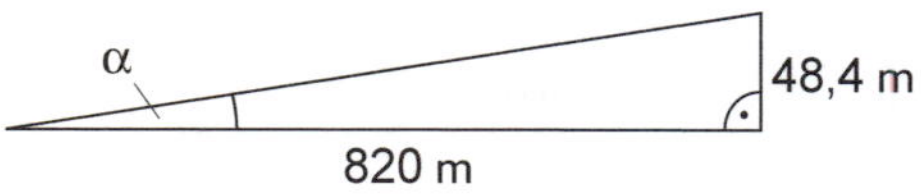

15.

Bei praktischen Vermessungsarbeiten, z. B. in der Stadt, lassen sich die Streckenlängen a und c oft leichter bestimmen als b. Berechne hier b, die Steigung in % sowie den Anstiegswinkel α.

$a = 24{,}5\,m$

$c = 225\,m$

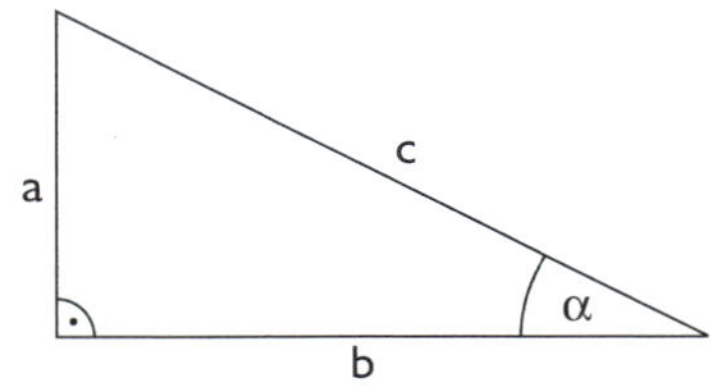

16.

Um die Höhe h eines Turmes zu bestimmen, wird eine Standlinie $\overline{AB}$ festgelegt, die auf den Fußpunkt des Turmes zuläuft, $\overline{AB} = s = 28\,m$. Der Erhebungswinkel zur Spitze des Turmes wird bei A mit $\alpha = 28{,}5°$ gemessen. Die Augenhöhe beim Messen beträgt $a = 1{,}5\,m$. Wie hoch ist der Turm?

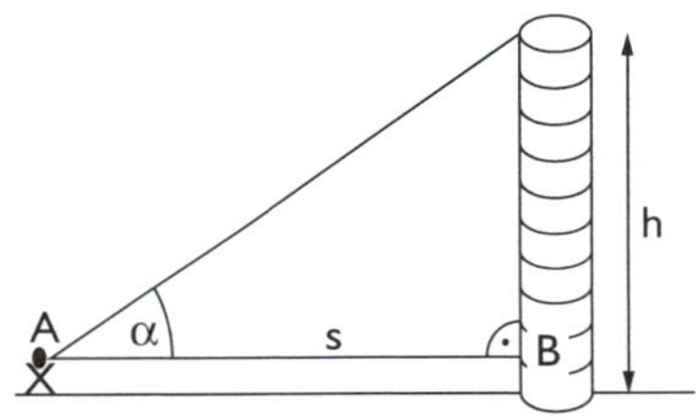

Anwendungen der Winkelfunktionen

Gehe bei Anwendungsaufgaben so vor:

1. Skizze anfertigen, gesuchte und gegebene Größen eintragen.
2. Überlegen, welche Winkelfunktionen am günstigsten zu verwenden sind.
3. Die Gleichung nach der gesuchten Größe auflösen und die Größe berechnen.

1.

In einem rechtwinkligen Dreieck ist $c = 6\,\text{cm}$ und $\alpha = 58°$.

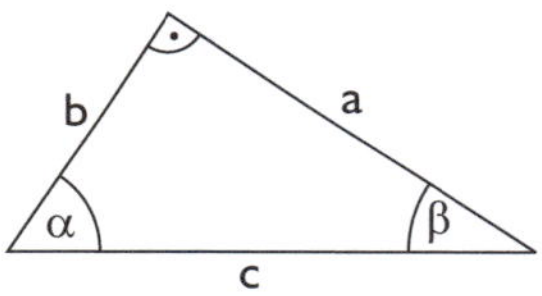

a) Wie lang ist a?

Gehe so vor:

Die Hypotenuse c ist gegeben. Da auch α bekannt ist, suchen wir die Gegenkathete a. Hypotenuse und Gegenkathete weisen auf den $\sin\alpha$ hin. Also:

$$\sin\alpha = \frac{a}{c}$$
$$a = c \cdot \sin\alpha$$

Berechne a.

b) Ermittle in gleicher Weise b.

c) Wie groß ist β?

2.

In einem rechtwinkligen Dreieck mit $\gamma = 90°$ ist $c = 12\,\text{cm}$ und $\beta = 61{,}2°$. Berechne a, b und α.

3.

Berechne in den folgenden rechtwinkligen Dreiecken die fehlenden Größen.

a) $\alpha = 90°$; $\beta = 35°$; $a = 8\,\text{cm}$

b) $\beta = 90°$; $\gamma = 17{,}5°$; $c = 9{,}5\,\text{cm}$

c) $\alpha = 90°$; $a = 10\,\text{cm}$; $b = 6\,\text{cm}$

d) $\gamma = 90°$; $a = 7\,\text{cm}$; $b = 5\,\text{cm}$

4.

a) Von diesem gleichschenkligen Dreieck ist $c = 12$ cm und $h = 8$ cm. Berechne a und die Winkel. Von welchem rechtwinkligen Dreieck musst du jetzt ausgehen?

b) Von einem anderen gleichschenkligen Dreieck mit $b = a$ sind die Seiten $a = 8{,}5$ cm und $c = 6$ cm gegeben. Berechne die Winkel und die Höhe.

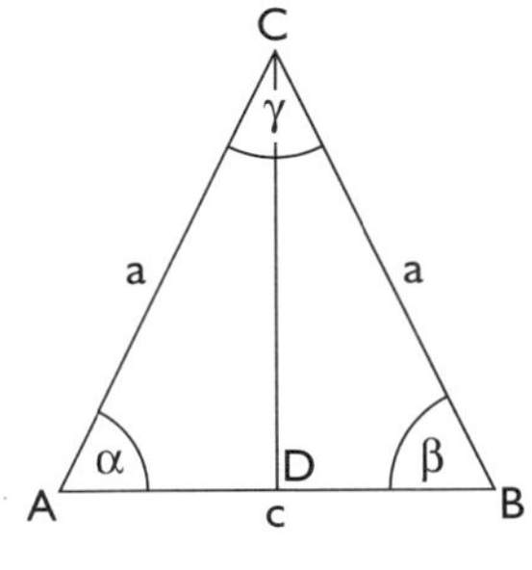

5.

Wie groß ist der Flächeninhalt eines gleichschenkligen Dreiecks mit $b = a$, wenn $a = 8{,}5$ cm und $\alpha = 41°$?

6.

a) $a = 15$ cm; $b = 8$ cm; $\alpha = 51°$
Wie groß ist der Flächeninhalt A_P dieses Parallelogramms?

b) $a = 6{,}5$ cm; $b = 5$ cm; $\alpha = 43°$
Wie groß ist jetzt der Flächeninhalt A_P?

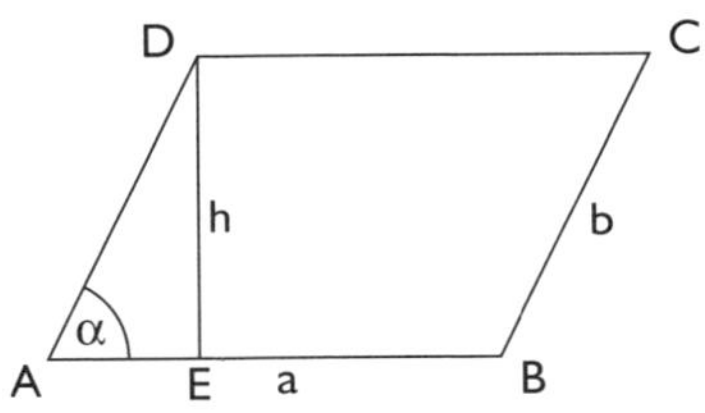

7.

$r = 5$ cm; $h = 8$ cm

a) Wie groß ist der Winkel an der Spitze des Kegels?

b) Welchen Neigungswinkel α besitzt der Kegelmantel?

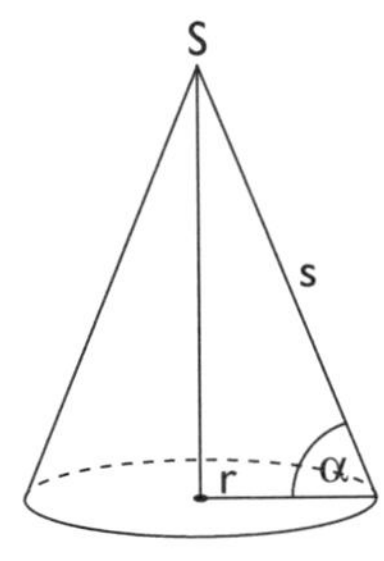

8.

Unter welchem Winkel ε schneiden sich die Diagonalen in diesem Rechteck?

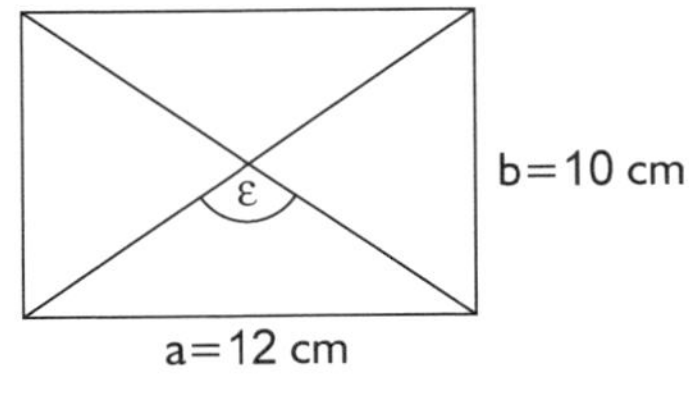

Winkelfunktionswerte für $\alpha > 90°$

Um den Mittelpunkt des Koordinatensystems ist ein Kreis mit dem Radius 1 gezeichnet, der **Einheitskreis**. Der Punkt P bewegt sich auf dem Einheitskreis **entgegengesetzt zum Uhrzeigersinn**.

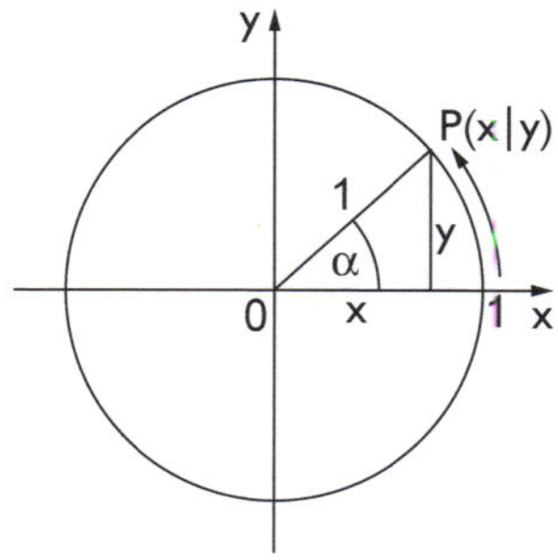

Es gilt

$\sin\alpha = \frac{y}{1} = y \qquad \cos\alpha = \frac{x}{1} = x$

Bisher sind diese Winkelfunktionen nur definiert für Winkel $0° \leqq \alpha \leqq 90°$. Wir erweitern jetzt diese Definition für Winkel $\alpha > 90°$.

Zwischen den Winkelfunktionen für $\alpha \leqq 90°$ und denen für $\alpha > 90°$ gelten diese Beziehungen:

für Winkel α mit $90° \leqq \alpha \leqq 180°$:

$\sin\alpha = \sin(180° - \alpha) \qquad \cos\alpha = -\cos(180° - \alpha)$

für Winkel α mit $180° \leqq \alpha \leqq 270°$:

$\sin\alpha = -\sin(\alpha - 180°) \qquad \cos\alpha = -\cos(\alpha - 180°)$

und für α mit $270° \leqq \alpha \leqq 360°$:

$\sin\alpha = -\sin(360° - \alpha) \qquad \cos\alpha = \cos(360° - \alpha)$

Zusammenhang zwischen 60° und 120°:

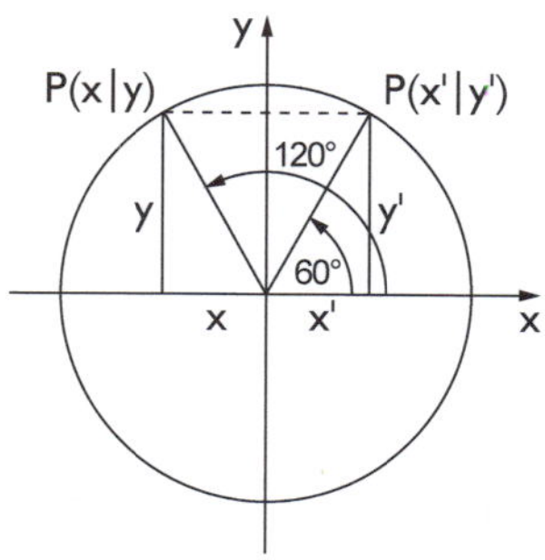

$x = -x'; \qquad y = y'$

also

$$\cos 120° = -\cos 60° = -\cos(180° - 120°)$$

$$\sin 120° = \sin 60° = \sin(180° - 120°)$$

1.

Berechne die Funktionswerte auf dem Taschenrechner auf 4 Stellen nach dem Komma gerundet. Benutze dazu die Beziehungen aus dem Merkekasten.

Beispiele: $\cos 143° = -\cos(180° - 143°)$
$= -\cos 37° = -0{,}799$ (gerundet)
$\sin 205° = -\sin(205° - 180°)$
$= -\sin 25° = -0{,}423$ (gerundet)

a)	b)	c)	d)
sin 145°	cos 236°	sin 105°	cos 246°
sin 315°	cos 188°	sin 211°	cos 100°
sin 165°	cos 345°	sin 216°	cos 296°

Mit dem Taschenrechner lassen sich diese Funktionswerte auch ohne Umrechnung ermitteln.

Beispiel: cos 143°
Tippe so: 143 COS   Ergebnis: −0,7986

2.

Suchst du zu einem Winkelfunktionswert den zugehörigen Winkel, so ergeben sich wegen der Beziehungen aus dem Merkekasten zwei Winkel.

Beispiele:
$\sin \alpha = 0{,}719$
Tippe: 0,719 2nd SIN   Ergebnis: 46 (gerundet)
$\alpha = 46°$ oder, da der Winkelfunktionswert im ersten und zweiten Quadranten positiv ist, kommt auch $180° - \alpha = 134°$ in Frage, denn dieser Winkel liegt im zweiten Quadranten.

$\cos \alpha = -0{,}403$
Tippe: 0,403 +/− 2nd COS   Ergebnis: 114 (gerundet)
$\alpha = 114°$. Weil der Kosinus aber auch im dritten Quadranten negativ ist, kommt noch $360° - \alpha = 246°$ in Betracht.

Berechne ebenso:

a)	b)	c)
$\sin \alpha = 0{,}258$	$\sin \alpha = 0{,}735$	$\sin \alpha = 0{,}901$
$\sin \alpha = -0{,}965$	$\sin \alpha = -0{,}092$	$\sin \alpha = -0{,}375$
$\cos \alpha = 0{,}421$	$\cos \alpha = 0{,}651$	$\cos \alpha = 0{,}092$
$\cos \alpha = -0{,}325$	$\cos \alpha = -0{,}810$	$\cos \alpha = 0{,}212$

Sinus- und Kosinusfunktion

Wie sind Sinus- und Kosinusfunktion definiert?

Die Sinusfunktion sin: $\alpha \mapsto \sin \alpha$, $\alpha \in D$
ist diejenige Funktion, die jedem Mittelpunktswinkel α im Einheitskreis die y-Koordinate des zugehörigen Punktes P auf dem Kreis zuordnet.

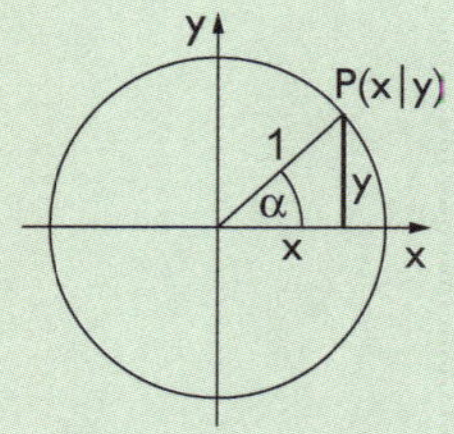

Die Kosinusfunktion cos: $\alpha \mapsto \cos \alpha$, $\alpha \in D$
ist diejenige Funktion, die jedem Mittelpunktswinkel α im Einheitskreis die x-Koordinate des zugehörigen Punktes P auf dem Kreis zuordnet.

Die Definitionsmenge D ist die Menge aller Winkelmaße.

Was ist das Bogenmaß?

Winkelgrößen lassen sich durch ihr Gradmaß α oder ihr **Bogenmaß** a kennzeichnen.

$\alpha = 360° \rightarrow a = 2\pi \cdot 1$ (U des Einheitskreises)

$\alpha = 180° \rightarrow a = \pi$

$\alpha = 90° \rightarrow a = \frac{\pi}{2}$

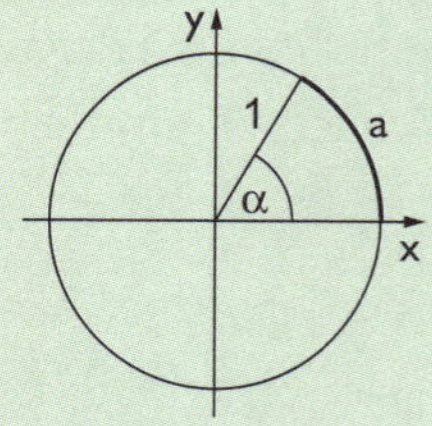

Auf dem Taschenrechner musst du beim Arbeiten mit dem Bogenmaß auf RAD umschalten.

So berechnest du Sinus- und Kosinuswerte für Bogenmaße a:

Taschenrechner zunächst auf RAD schalten!

sin 5 Tippe: 5 SIN Ergebnis: –0,959 (gerundet)

$\cos \frac{3}{2}\pi$ Tippe: 1,5 × π = COS Ergebnis: 0 (gerundet)

Ersetzen wir in der obigen Definition das Winkelmaß α durch das entsprechende Bogenmaß x, dann erhalten wir:

Sinusfunktion: sin: $x \mapsto \sin x,\ x \in \mathbb{R}$

Kosinusfunktion: cos: $x \mapsto \cos x,\ x \in \mathbb{R}$

1.

a) Übertrage diese Tabelle und das Koordinatensystem in dein Heft.

α	0°	30°	60°	... 360°
$y = \sin \alpha$	0	0,5	0,87	

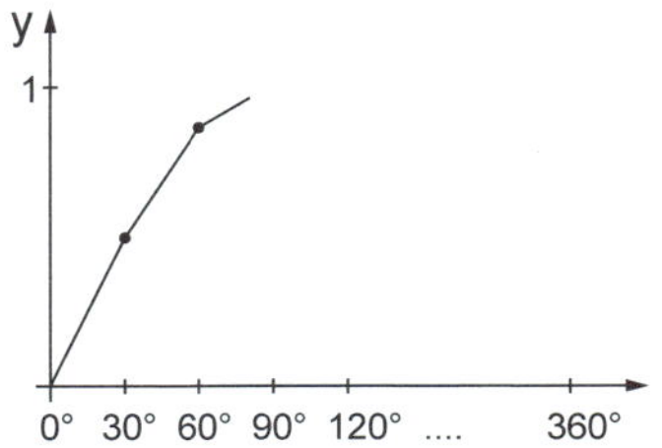

Vervollständige die Tabelle und zeichne die entsprechenden Punkte ein. Du erhältst den Graphen der Funktion $\alpha \mapsto \sin \alpha$ mit α aus D. Der Definitionsbereich D umfasst hier die Menge aller Winkel $0° \leqq \alpha \leqq 360°$.

b) Zeichne in gleicher Weise den Graphen für $\alpha \mapsto \cos \alpha$.

2.

a) Willst du das Gradmaß der Winkel α in ihr Bogenmaß a umrechnen, musst du bedenken:

$360° \rightarrow 2\pi \cdot 1$ (Umfang des Einheitskreises)

$1° \rightarrow \frac{2\pi}{360°}$; $\quad \alpha \rightarrow \frac{2\pi}{360°} \cdot \alpha = \frac{\pi}{180°} \cdot \alpha$

Das Bogenmaß a für α beträgt also $a = \frac{\pi}{180°} \cdot \alpha$

Tippe so auf dem Rechner: [π] [÷] 180 [×] α [=]

α = 30°; 50°; 75°; 122°; 246°; 310°; 351°

b) Das Bogenmaß a rechnest du so um:

$$\alpha = \frac{180°}{\pi} \cdot a$$

Berechne α für a = 0,7; 0,9; 1,1; 1,2; 1,7; 2; 2,5; 3

3.

Berechne auf 4 Stellen nach dem Komma:

a) $\sin \pi$, $\cos \pi$ b) $\sin 2\pi$, $\cos 2\pi$ c) $\sin \frac{\pi}{2}$, $\cos \frac{\pi}{2}$

d) $\sin \frac{3}{4}\pi$, $\cos \frac{3}{4}\pi$ e) $\sin 4$, $\cos 4$ f) $\sin 10$, $\cos 10$

Sinus- und Kosinussatz

Bei der Berechnung von Dreiecken mit Hilfe von Winkelfunktionen mussten wir uns bisher auf rechtwinklige Dreiecke beschränken. Mit dem Sinus- und Kosinussatz können wir Berechnungen in **beliebigen** Dreiecken ausführen.

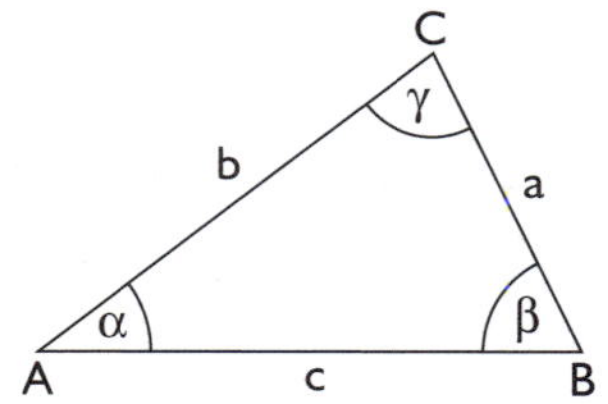

Sinussatz:

In jedem Dreieck ABC verhalten sich die Seiten wie die Sinuswerte ihrer Gegenwinkel.

$\frac{a}{b} = \frac{\sin\alpha}{\sin\beta}$; $\frac{a}{c} = \frac{\sin\alpha}{\sin\gamma}$; $\frac{b}{c} = \frac{\sin\beta}{\sin\gamma}$

Den Sinussatz benötigst du bei der Berechnung beliebiger Dreiecke, wenn

zwei Winkel und **eine Seite**, oder

zwei Seiten und **ein Gegenwinkel**

gegeben sind.

Kosinussatz:

Für alle Dreiecke ABC gilt:

$a^2 = b^2 + c^2 - 2bc \cos\alpha$

$b^2 = a^2 + c^2 - 2ac \cos\beta$

$c^2 = a^2 + b^2 - 2ab \cos\gamma$

Den Kosinussatz wendest du an, wenn

zwei Seiten und der **eingeschlossene Winkel** oder

drei Seiten

gegeben sind.

1.

$c = 6\,cm$; $\alpha = 40°$; $\beta = 75°$

Gesucht: a, b, γ

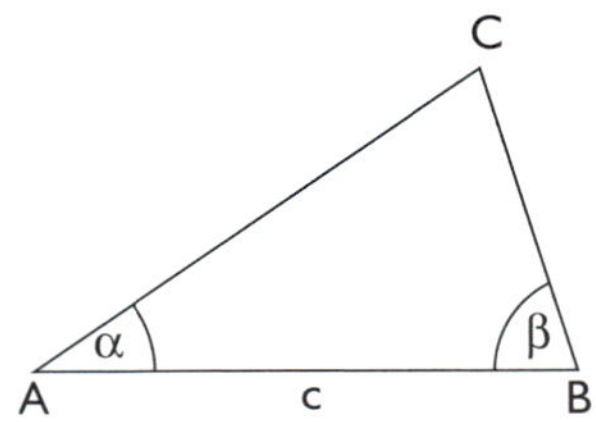

Gehe so vor:

Um den Sinussatz anwenden zu können, benötigt man von c den Gegenwinkel γ.

$180° - \alpha - \beta = \gamma$; $\gamma = 65°$

Berechnung von a: $\frac{a}{c} = \frac{\sin\alpha}{\sin\gamma}$; $a = \frac{\sin\alpha}{\sin\gamma} \cdot c$

Berechnung von b: $\frac{b}{c} = \frac{\sin\beta}{\sin\gamma}$; $b = \frac{\sin\beta}{\sin\gamma} \cdot c$

2.

$a = 7\,cm$; $b = 5\,cm$; $\alpha = 69°$

Berechne zunächst β.

Gehe so vor:

Bestimmen von β:

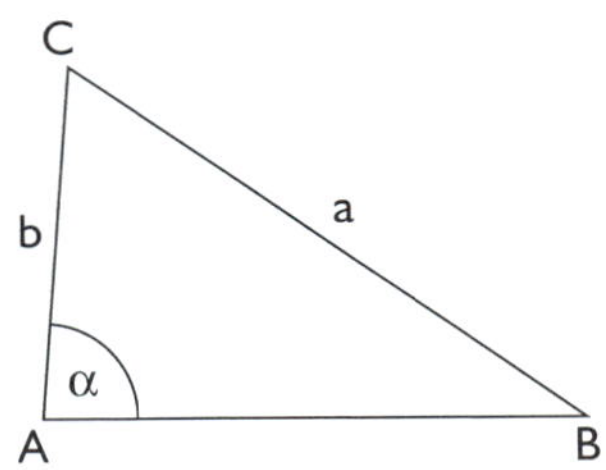

$\frac{\sin\beta}{\sin\alpha} = \frac{b}{a}$; $\sin\beta = \frac{b}{a} \cdot \sin\alpha$

$\sin\beta = \frac{5}{7} \cdot \sin 69° = 0{,}667$

$\beta_1 = 41{,}8°$ und

$\beta_2 = 180° - 41{,}8°$

$= 138{,}2°$;

denn zum positiven Sinuswert gehören stets zwei Winkel, einer im ersten, einer im zweiten Quadranten. β_2 kommt aber nicht in Betracht, da $\alpha + \beta_2 > 180°$ ist.

Berechne nun γ und c. Aus den Kongruenzsätzen für Dreiecke ergibt sich, dass ein Dreieck durch zwei Seiten und einen Winkel nur dann eindeutig bestimmt und damit berechenbar ist, wenn der gegebene Winkel der **größeren** Seite gegenüberliegt (siehe Aufgabe 1). Ist dies nicht der Fall, kann es zwei, eine oder keine Lösung der Aufgabe geben.

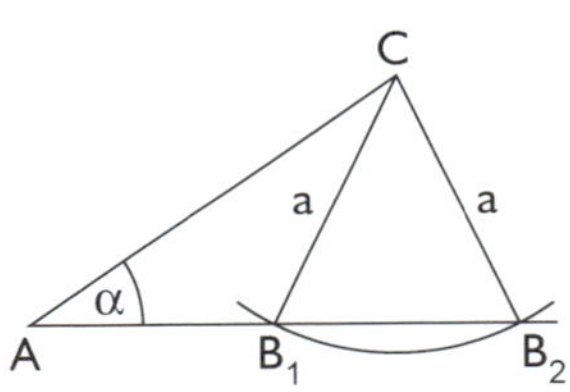

2 Lösungen

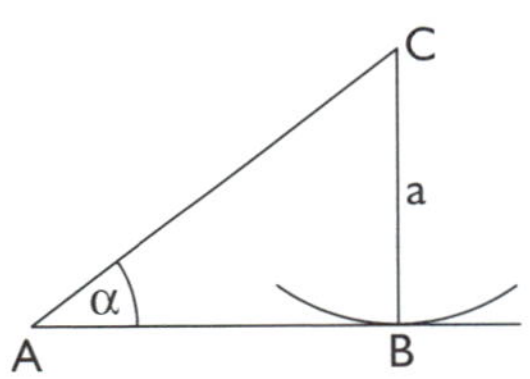

1 Lösung

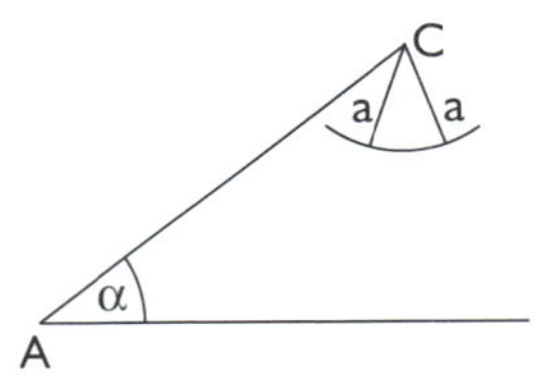

keine Lösung

3.

Gegeben: $a = 3{,}5\,\text{cm}$; $b = 4{,}1\,\text{cm}$; $\alpha = 49°$
Gesucht: β

Gehe so vor:
Kläre den Sachverhalt bei diesem Aufgabentyp erst durch eine Skizze. Wie viele Lösungen gibt es?

Berechnen von β:

$\frac{\sin\beta}{\sin\alpha} = \frac{b}{a}$; $\quad \sin\beta = \frac{b}{a}\cdot\sin\alpha$

$\sin\beta = \frac{4{,}1}{3{,}5}\cdot\sin 49° = 0{,}884$

$\beta_1 = 62{,}1°$ und $\beta_2 = 180° - 62{,}1° = 117{,}9°$

Da es nach der Skizze zwei Lösungen gibt, müssen wir auch $\beta_2 = 117{,}9°$ berücksichtigen.

a) Berechne für $\beta_1 = 62{,}1°$ $\quad c_1$ und γ_1.
b) Berechne für $\beta_2 = 117{,}9°$ $\quad c_2$ und γ_2.

4.

Berechne die fehlenden Seiten und Winkel.
a) $a = 12\,\text{cm}$; $\alpha = 47°$; $\beta = 69°$ b) $c = 17\,\text{cm}$; $\alpha = 37°$; $\beta = 69°$
c) $b = 9\,\text{cm}$; $\alpha = 105°$; $\gamma = 34°$ d) $a = 16\,\text{cm}$; $\beta = 45°$; $\gamma = 72°$

Tipp:
Falls bei diesen Aufgaben der gegebene Winkel der **größeren** gegebenen Seite nicht gegenüberliegt, fertige erst eine Skizze an.

5.

a) $a = 17\,\text{cm}$; $b = 12\,\text{cm}$; $\alpha = 70°$ b) $a = 8\,\text{cm}$; $c = 15\,\text{cm}$; $\gamma = 75°$
c) $a = 6\,\text{cm}$; $c = 8\,\text{cm}$; $\alpha = 63°$ d) $b = 4\,\text{cm}$; $c = 6\,\text{cm}$; $\beta = 71°$

6.

Von diesem Dreieck sind b, c und α gegeben. Kannst du die Seite a mit Hilfe des Sinussatzes berechnen?

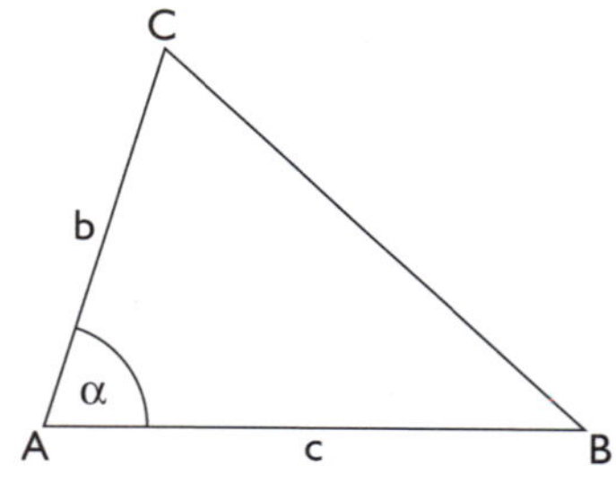

7.

$b = 14\,cm$; $c = 13\,cm$; $\alpha = 67°$
Gesucht: a, β, γ

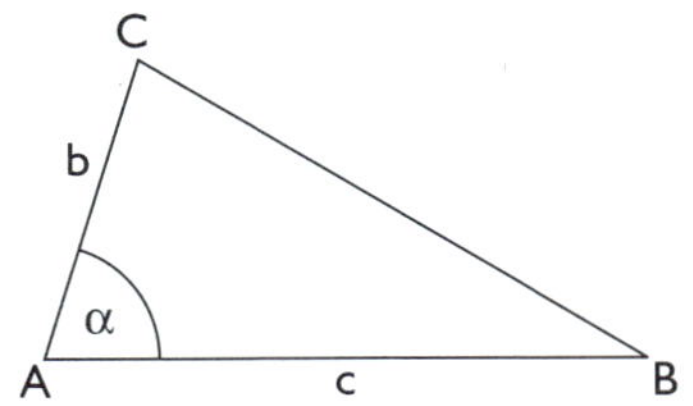

Gehe so vor:

Berechnung von a:

$a^2 = b^2 + c^2 - 2bc \cos \alpha$

$a^2 = 196 + 169 - 142$

$a = \sqrt{223} \approx 14{,}9$

$a = 14{,}9\,cm$

Berechnung von β:

Benutze den Sinussatz. Bedenke, dass du stets zwei Winkelwerte für β erhältst. Überlege dir mittels der Winkelsumme im Dreieck, welcher Winkel in Frage kommt. Ermittle dann γ.

8.

$a = 9\,cm$; $b = 4\,cm$; $c = 7\,cm$
Gesucht: α, β, γ

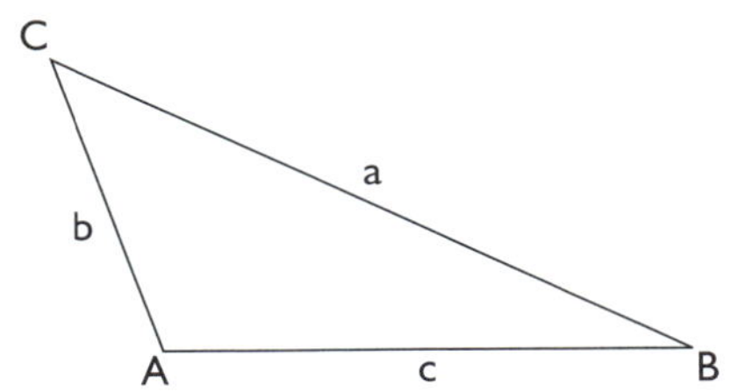

Gehe so vor:

Berechnung von α:

$a^2 = b^2 + c^2 - 2bc \cos \alpha$

$2bc \cos \alpha = b^2 + c^2 - a^2$

$\cos \alpha = \frac{b^2 + c^2 - a^2}{2bc}$

$\cos \alpha = \frac{16 + 49 - 81}{2 \cdot 4 \cdot 7} \approx -0{,}286$

$\alpha = 107°$ (gerundet)

9.

Berechne die fehlenden Seiten und Winkel. Lege vorher eine Skizze an.

a) $a = 5\,cm$; $b = 6\,cm$; $c = 7\,cm$
b) $a = 11\,cm$; $b = 9\,cm$; $\gamma = 71°$
c) $a = 20\,cm$; $c = 15\,cm$; $\beta = 103°$
d) $a = 9\,cm$; $b = 4\,cm$; $c = 11\,cm$

10.

Gegeben sind $b = 8\,cm$; $c = 6\,cm$; $\alpha = 90°$.
Rechne auch hier mit dem Kosinussatz. In welchen berühmten Satz geht jetzt der Kosinussatz über?

11.

Von einem beliebigen Dreieck sind gegeben
1. drei Seiten,
2. zwei Seiten und der Gegenwinkel der größeren Seite,
3. zwei Seiten und der eingeschlossene Winkel,
4. eine Seite und zwei Winkel.

In welchen Fällen muss man die Berechnungen
a) mit dem Kosinussatz und in welchen
b) mit dem Sinussatz beginnen?

12.

Berechne die fehlenden Seiten und Winkel:

a) $a = 8\,cm$; $\alpha = 67°$; $\beta = 39°$
b) $a = 7\,cm$; $c = 8\,cm$; $\beta = 108°$
c) $a = 25\,cm$; $b = 29\,cm$; $c = 18\,cm$
d) $b = 14\,cm$; $c = 9\,cm$; $\beta = 75°$
e) $c = 17\,cm$; $\alpha = 110°$; $\beta = 37°$
f) $b = 8\,cm$; $c = 10\,cm$; $\alpha = 47°$

13.

a) Aus $a^2 = b^2 + c^2 - 2bc \cos\alpha$ folgt: $\cos\alpha = \frac{b^2 + c^2 - a^2}{2bc}$
Bestimme die entsprechenden Formeln für $\cos\beta$ und $\cos\gamma$.
b) Berechne die drei Winkel: $a = 5\,cm$; $b = 6\,cm$; $c = 9\,cm$
c) Berechne die drei Winkel: $a = 4{,}8\,cm$; $b = 3{,}2\,cm$; $c = 2{,}5\,cm$

Tipp Von den Seiten und Winkeln eines beliebigen Dreiecks sind drei Größen gegeben, drei sind gesucht. Hier siehst du zusammengefasst, mit welchem Satz du die jeweilige Aufgabe lösen kannst.

Fälle	Gegebene Größen	Diesen Fall hast du gelöst in:
①	drei Seiten	Aufgabe 8 **Kosinussatz**
②	zwei Seiten und der eingeschlossene Winkel	Aufgabe 7 **Kosinussatz**
③	eine Seite und zwei Winkel	Aufgabe 1 **Sinussatz/Winkelsummensatz**
④	zwei Seiten und der Gegenwinkel der größeren Seite	Aufgabe 2 **Sinussatz**
⑤	zwei Seiten und der Gegenwinkel der kleineren Seite Achtung: In diesem Fall gibt es im Allgemeinen **zwei Lösungen**.	Aufgabe 3 **Sinussatz**

14.

Berechne die fehlenden Größen.
Gib zuerst von jeder Aufgabe an, zu welchem Aufgabentyp aus der Tabelle sie gehört.

a) $a = 3\,cm$; $b = 4{,}5\,cm$; $\beta = 50°$
b) $a = 5\,cm$; $c = 6{,}5\,cm$; $\beta = 70°$
c) $a = 4{,}1\,cm$; $b = 5{,}2\,cm$; $c = 7\,cm$
d) $a = 8\,cm$; $b = 5\,cm$; $\beta = 62°$
e) $b = 4\,cm$; $c = 2{,}8\,cm$; $\beta = 65°$

Zusammenfassung

Begriffe	Erläuterungen	Beispiele
Winkelfunktionen im rechtwinkligen Dreieck	$\sin\alpha = \frac{\text{Gegenkathete}}{\text{Hypotenuse}}$ $\cos\alpha = \frac{\text{Ankathete}}{\text{Hypotenuse}}$ $\tan\alpha = \frac{\text{Gegenkathete}}{\text{Ankathete}}$ $\cot\alpha = \frac{\text{Ankathete}}{\text{Gegenkathete}}$	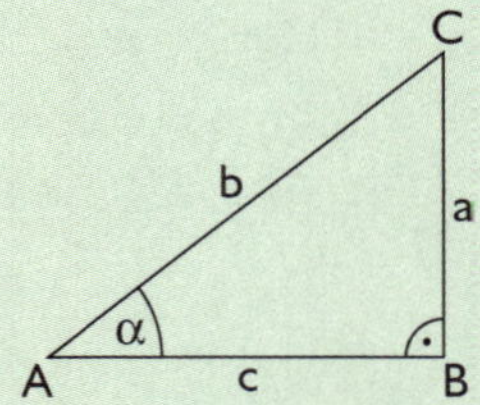 $\sin\alpha = \frac{a}{b}$ $\cos\alpha = \frac{c}{b}$ $\tan\alpha = \frac{a}{c}$ $\cot\alpha = \frac{c}{a}$
Spezielle Werte	$\sin 0° = 0$ $\sin 90° = 1$ $\cos 0° = 1$ $\cos 90° = 0$ $\tan 0° = 0$ – – $\cot 90° = 0$	
Beziehungen zwischen den Winkelfunktionen	$\sin^2\alpha + \cos^2\alpha = 1$ $\frac{\sin\alpha}{\cos\alpha} = \tan\alpha$ $\sin\alpha = \cos(90° - \alpha)$	 $\frac{\cos\alpha}{\sin\alpha} = \cot\alpha$ $\cos\alpha = \sin(90° - \alpha)$
Winkelfunktionen für Winkel $\alpha \geqq 90°$	$90° \leqq \alpha \leqq 180°$: $\sin\alpha = \sin(180° - \alpha)$, $\cos\alpha = -\cos(180° - \alpha)$ $180° \leqq \alpha \leqq 270°$: $\sin\alpha = -\sin(\alpha - 180°)$, $\cos\alpha = -\cos(\alpha - 180°)$	$270° \leqq \alpha \leqq 360°$: $\sin\alpha = -\sin(360° - \alpha)$, $\cos\alpha = \cos(360° - \alpha)$
Sinusfunktion	sin: $\alpha \mapsto \sin\alpha$, $\alpha \in D$ sin: $x \mapsto \sin x$, $x \in \mathbb{R}$ Jedem Winkel α im Einheitskreis (jedem Bogenmaß x) wird die y-Koordinate des zugehörigen Punktes P zugeordnet.	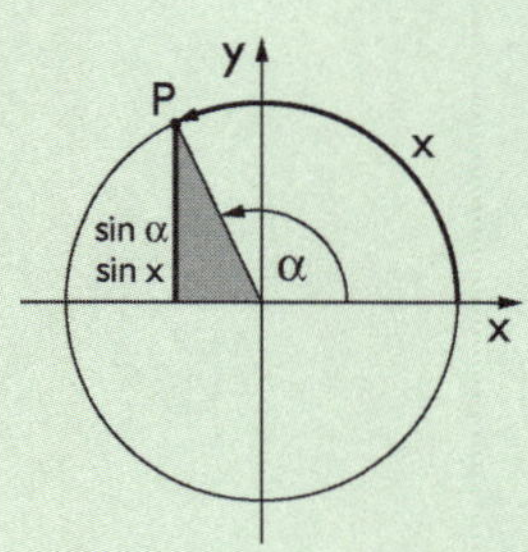

Begriffe	Erläuterungen	Beispiele
Kosinusfunktion	cos: $\alpha \mapsto \cos\alpha$, $\alpha \in D$ cos: $x \mapsto \cos x$, $x \in \mathbb{R}$ Jedem Winkel α im Einheitskreis (jedem Bogenmaß x) wird die x-Koordinate des zugehörigen Punktes P zugeordnet.	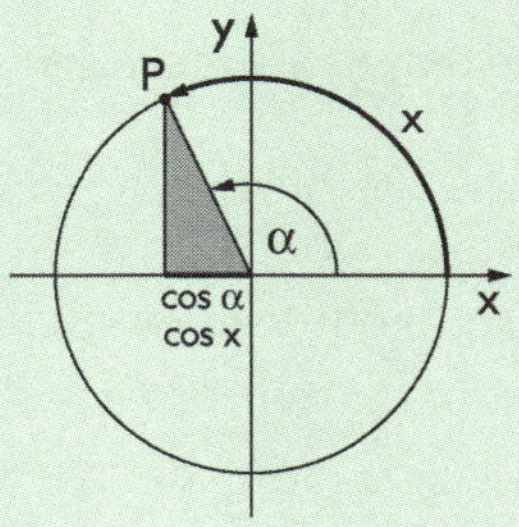
Sinussatz für beliebige Dreiecke	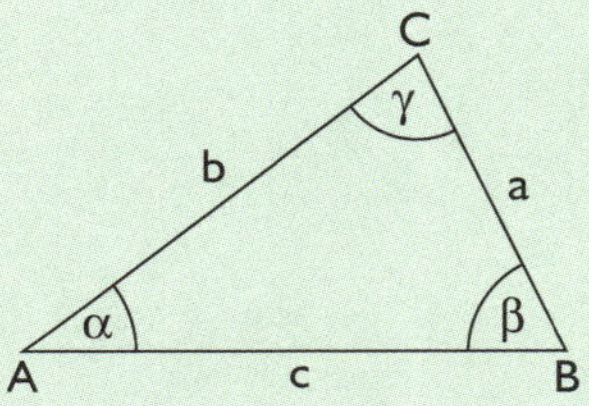 $\frac{a}{b} = \frac{\sin\alpha}{\sin\beta}$ $\frac{a}{c} = \frac{\sin\alpha}{\sin\gamma}$ $\frac{b}{c} = \frac{\sin\beta}{\sin\gamma}$	Anwendung, wenn gegeben sind: 1. zwei Winkel und eine Seite oder 2. zwei Seiten und ein Gegenwinkel
Kosinussatz für beliebige Dreiecke	$a^2 = b^2 + c^2 - 2bc\cos\alpha$ $b^2 = a^2 + c^2 - 2ac\cos\beta$ $c^2 = a^2 + b^2 - 2ab\cos\gamma$	Anwendung, wenn gegeben sind: 1. zwei Seiten und der eingeschlossene Winkel oder 2. drei Seiten

Test

Test 1

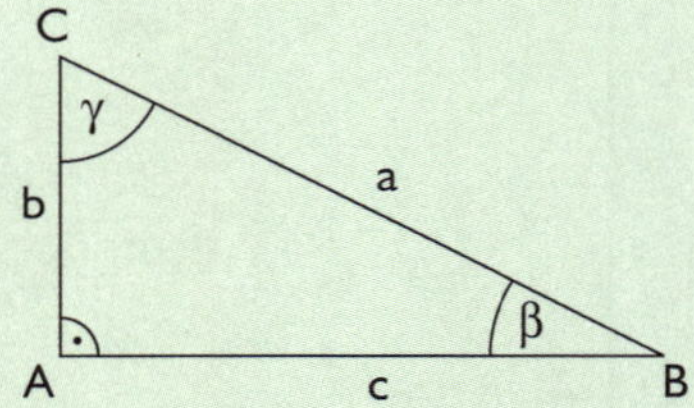

a) Durch welche Seitenverhältnisse sind in diesem Dreieck die Winkelfunktionen für β und γ definiert? Schreibe sie auf.
b) Berechne die Winkelfunktionen auf dem Taschenrechner für $\alpha = 35°$ und $\alpha = 120°$.

Test 2

Berechne die fehlenden Seitenlängen und Winkel in einem Dreieck ABC mit $\gamma = 90°$ und:

a) $a = 8{,}4\,cm$; $\alpha = 36°$
b) $c = 6{,}4\,cm$; $\beta = 52°$
c) $b = 5{,}3\,cm$; $\alpha = 45°$
d) $a = 12\,cm$; $b = 6{,}4\,cm$
e) $a = 4{,}2\,cm$; $c = 7{,}8\,cm$
f) $a = 9{,}4\,cm$; $h_c = 6\,cm$

Test 3

Zur Spitze eines Mastes misst man aus einer Entfernung von $a = 120\,m$ einen Erhebungswinkel von $\alpha = 24°$. Wie hoch ist der Mast?

Test 4

Notiere die drei möglichen Formen
a) des Sinussatzes,
b) des Kosinussatzes.

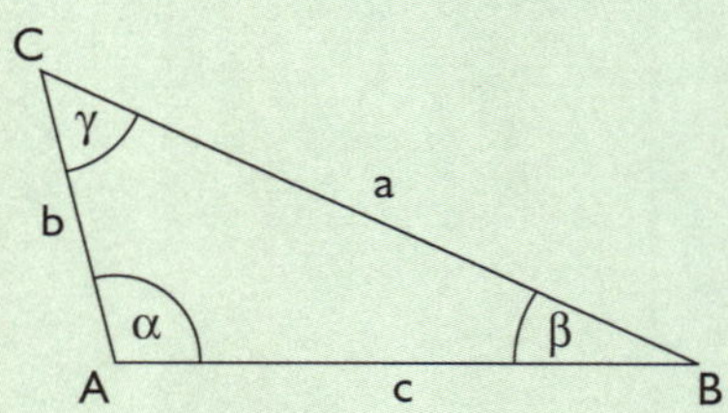

Test 5

Gib an, welche Größen eines Dreiecks gegeben sein müssen, damit man zur Berechnung anderer Größen
a) den Sinussatz
b) den Kosinussatz
anwenden muss.

Test 6

Berechne die fehlenden Größen, wenn von einem Dreieck gegeben sind:
a) $a = 5\,cm$, $b = 6\,cm$, $c = 7\,cm$
b) $c = 8\,cm$, $\alpha = 49°$, $\beta = 23°$

Prüfungsteil

A Aufgaben aus dem Problemkreis Produktionsprozesse

Aufgabe 1 (Musteraufgabe)

Eine Fabrik stellt die drei Produkte P_1, P_2, P_3 her. Dazu benötigt sie zwei Maschinen M_1 und M_2. Jedes Produkt muss nacheinander erst durch M_1 und dann durch M_2 laufen. In der Tabelle sind die unterschiedlichen Bearbeitungszeiten in Minuten für jedes Produkt angegeben.

	M_1	M_2
P_1	6	3
P_2	4	8
P_3	9	7

In welcher Reihenfolge müssen die drei Produkte jeweils durch die Maschine laufen, um eine **möglichst kleine** Gesamtbearbeitungszeit zu erreichen? Wie groß ist diese? Welche Kosten lassen sich auf diese Weise einsparen?

Lösungstipps

Zur Lösung ist es sinnvoll, die Fragen in folgende Teilprobleme zu zerlegen:

1. **Wie viele verschiedene Möglichkeiten gibt es, die Produkte anzuordnen?**
   Für die Ermittlung aller möglichen Anordnungen (man nennt sie Permutationen) lässt sich ein Baumdiagramm verwenden.

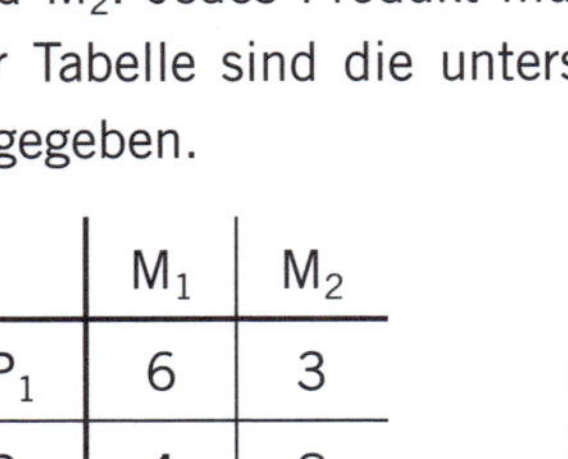

Der **erste** Ast des Baumes liefert also die Produktreihenfolge $P_1P_2P_3$.
Der **zweite** Ast ergibt dagegen $P_1P_3P_2$.
Zeichne den Baum zu Ende und beschrifte die Astenden. Kontrolliere deine Ergebnisse: In jeder Produktreihenfolge muss jedes Produkt genau einmal vorkommen.

2. **Welche Produktionszeiten benötigt man für jede Produktanordnung?**
   Verwende **Zeitskalen für jede Maschine** als Lösungshilfe.

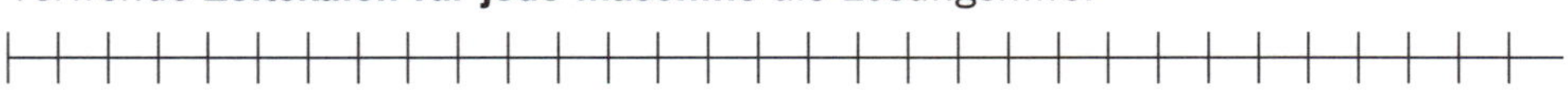

Jedes Produkt wird als ein Streifen gezeichnet, der so lang ist, wie seine Bearbeitungszeit angibt: $P_1 \rightarrow 6\,\text{min}$.

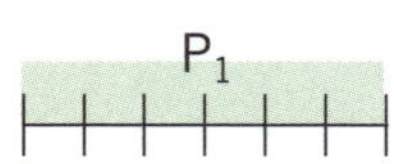

So kannst du jetzt die Gesamtzeit für jede Produktanordnung ermitteln:
Beispiel: $P_1P_3P_2$

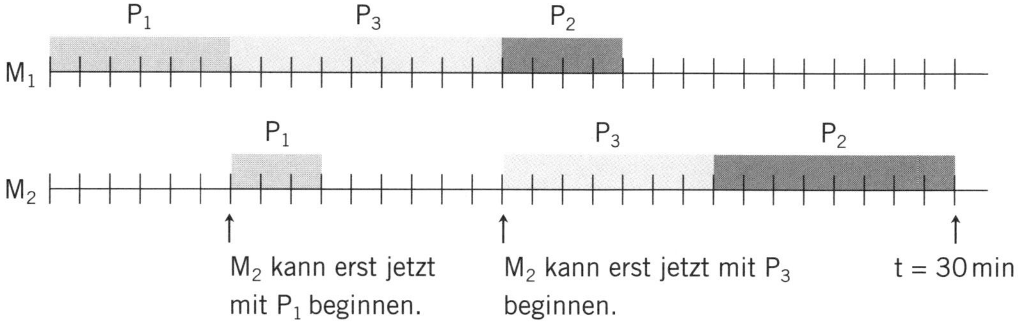

Ergebnis: Die Gesamtbearbeitungszeit für die Produktionsreihenfolge P_1, P_3, P_2 beträgt 30 min.

3. Löse jetzt die restlichen Teilprobleme so:

a) Untersuche wie in 2. die Produktreihenfolge $P_1P_2P_3$.

M_1 ____

M_2 ____

Welche Gesamtbearbeitungszeit erhältst du nun?

b) Bearbeite in gleicher Weise die noch fehlenden Produktreihenfolgen.

c) Trage alle Teilergebnisse in so eine Tabelle ein:

Produktreihenfolge	Gesamtbearbeitungszeit
$P_1P_2P_3$	
$P_1P_3P_2$	30 min

d) Welche Produktreihenfolge ermöglicht die geringste Gesamtbearbeitungszeit und wie groß ist diese?

e) Kürzere Gesamtbearbeitungszeiten bedeuten für die Firma geringere Kosten. Um wie viel % lassen sich die Kosten reduzieren, wenn man die günstigste statt der ungünstigsten Produktionsreihenfolge wählt?

Aufgabe 2

Bei einem anderem Produktionsprozess müssen drei Produkte P_1, P_2, P_3 in drei Maschinen M_1, M_2, M_3 bearbeitet werden.
Wieder gilt: Jedes Produkt läuft durch jede Maschine in der Reihenfolge M_1, M_2 und M_3.
Hier die Bearbeitungszeiten in Minuten:

	M_1	M_2	M_3
P_1	5	2	4
P_2	3	7	3
P_3	6	1	5

In welcher Reihenfolge müssen die drei Produkte jeweils durch die Maschine laufen, um eine möglichst kleine Gesamtbearbeitungszeit zu erreichen und wie groß ist diese? Welche Kostenersparnis ist dadurch möglich?

Lösungstipps

1. Ermittle die Anzahl der möglichen Anordnungen mit Hilfe eines Baumdiagramms.
2. Bestimme die Produktionszeiten für jede Produktanordnung. Verwende dazu für jede Maschine eine Zeitskala.
3. Trage alle Ergebnisse in eine Tabelle ein (s. Musteraufgabe).
4. Beantworte nun die Frage: Welche Produktreihenfolge ermöglicht die geringste Gesamtbearbeitungszeit und wie groß ist sie? Welche Kosten können eingespart werden?

Aufgabe 3

Auch hier geht es um Produktreihenfolgen und ihre Gesamtbearbeitungszeiten. Aus der Tabelle entnimmst du die Bearbeitungszeiten:

	M_1	M_2
P_1	4	3
P_2	5	2
P_3	2	7
P_4	6	3

Beantworte wieder die Fragen:
In welcher Reihenfolge müssen die vier Produkte jeweils die Maschine durchlaufen, um eine möglichst kleine Gesamtbearbeitungszeit zu erreichen? Wie groß ist sie? Um wie viel % können sich dadurch die Kosten verringern?
Beginne immer mit P_1.

Aufgabe 4

	M_1	M_2	M_3	M_4
P_1	5	3	6	5
P_2	2	6	1	8

Untersuche wie bisher diesen Produktionsprozess:
Beantworte alle entsprechenden Fragen der Aufgabe 2.

B Aufgaben aus dem Problemkreis Wirtschaft

Aufgabe 1 – Steuersenkungen (Musteraufgabe)

In der politischen Diskussion über notwendige Steuersenkungen stehen zwei Modelle zur Auswahl:

Modell A: Die Steuer wird einheitlich um 80 € gesenkt, unabhängig davon, wie viel jemand verdient.

Modell B: Die Steuersenkung hängt vom Einkommen ab. Je mehr jemand verdient, desto größer ist der abgesenkte Betrag.

Graphik I zeigt die beiden Modelle:

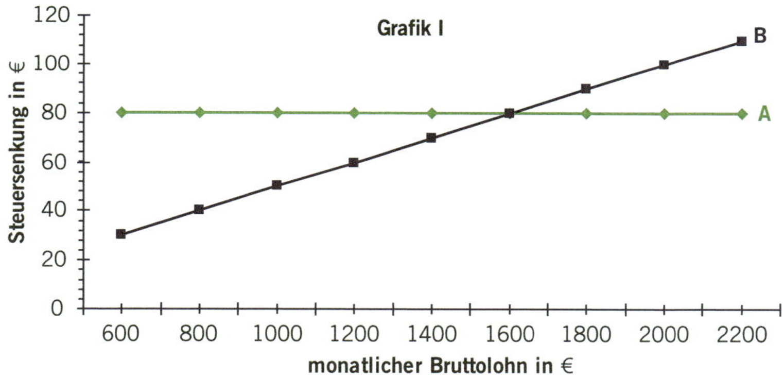

Welches Modell ist deiner Meinung nach gerechter? Begründe deine Meinung.

Lösungstipps

Um die Bewertung der einzelnen Modelle zu erleichtern, ist es günstig, folgende Fragen zu beantworten:

1. **Wie groß ist der jeweilige Steuersenkungsbetrag in Abhängigkeit vom Bruttolohn?**
   Entnimm die Werte der Graphik I.

Modell A

Bruttolohn in €	600	800	...
Steuersenkung in €			

Modell B

Bruttolohn in €	600	800	...
Steuersenkung in €			

Fülle die Tabellen aus.

2. **Wie groß ist bei beiden Modellen der prozentuale Anteil der Steuersenkungen in Bezug auf den Bruttolohn?**

Modell A

Bruttolohn in €	600		...
Steuersenkung in %			

Modell B

Bruttolohn in €	600		...
Steuersenkung in %			

Fülle auch hier die Tabellen aus. Runde auf eine Nachkommastelle.

3. **Zeichne zu den beiden Tabellen von Frage 2 je einen Graphen in dasselbe Koordinatensystem.**

Graphik II

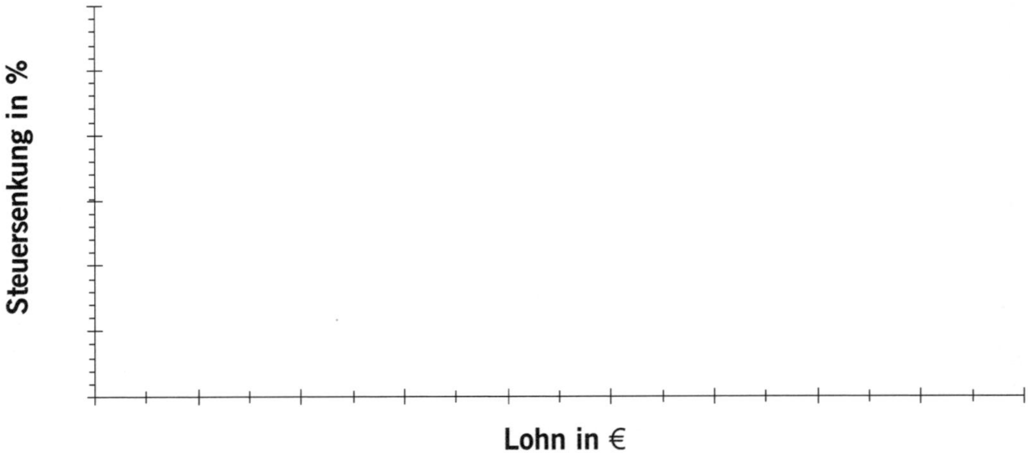

Beantworte anschließend folgende Fragen:

4. **Welche Lohngruppen profitieren stärker von einer gleichmäßigen Steuersenkung?**

5. **Für welche Lohngruppe sind beide Modelle gleich günstig?**

6. **Für welches Modell würdest du dich entscheiden?**

Mathematische Zusatzfragen

Folgende Zusatzfragen sollen dir helfen, die mathematischen Zusammenhänge genau zu verstehen.

7. **Stelle zu den Geraden der Graphik I die entsprechenden Funktionsgleichungen auf.**
   Bezeichne die Steuersenkung mit y und den Bruttolohn mit x.
   Überlege für die Gerade B: Welche Steigung hat die Gerade? Zeichne dazu das Steigungsdreieck in die Graphik ein und bilde den Quotienten $\frac{b}{a} = m$.

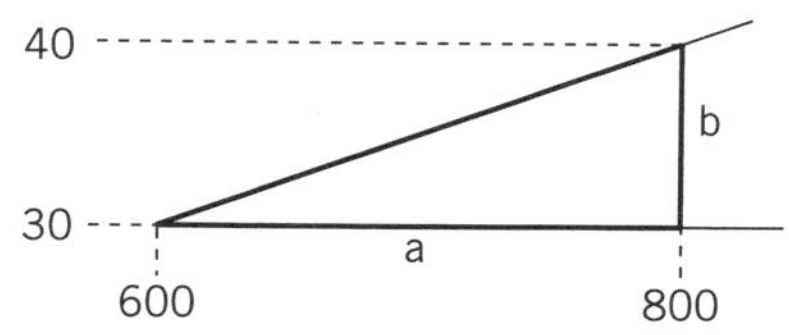

   Geht die Gerade durch den Nullpunkt? Verlängere dazu die Gerade nach links.

   Funktionsgleichungen:

   A: y = ______________________ B: y = ______________________

8. **Welche Funktionsgleichung liegt der Kurve des Modells A in der Graphik II zugrunde?**
   Bedenke: – In der Prozentrechnung gilt die wichtige Beziehung $p\% = \frac{P}{G}$ mit P = Prozentwert und G = Grundwert.
   – Setze $p\% = y$ und $G = x$.
   Wie groß ist im Modell A der Prozentwert P? Welche Funktionsgleichung erhältst du also? Wie heißt der Graph dieser Funktionsgleichung?

9. **Welche Funktionsgleichung gehört zur Geraden des Modells B in der Graphik II?**
   Beachte: – Gehe wieder von $p\% = \frac{P}{G}$ aus. Setze $p\% = y$ und $G = x$.
   Der Prozentwert P ergibt sich aus $\frac{1}{20} \cdot x$, weil die Höhe der Steuersenkung P von der Größe des Bruttolohns x abhängig ist.
   – Welche Funktionsgleichung erhältst du also?

Ist der Nullpunkt dagegen kein Geradenpunkt, so musst du neben der Steigung m den y-Abschnitt n bei der Aufstellung der Geraden berücksichtigen.

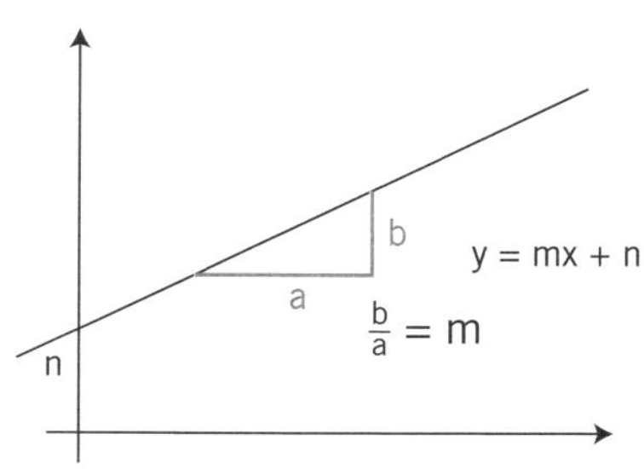

Aufgabe 2 – Lohnerhöhungen

In der Graphik sind zwei Lohnerhöhungsmodelle dargestellt.

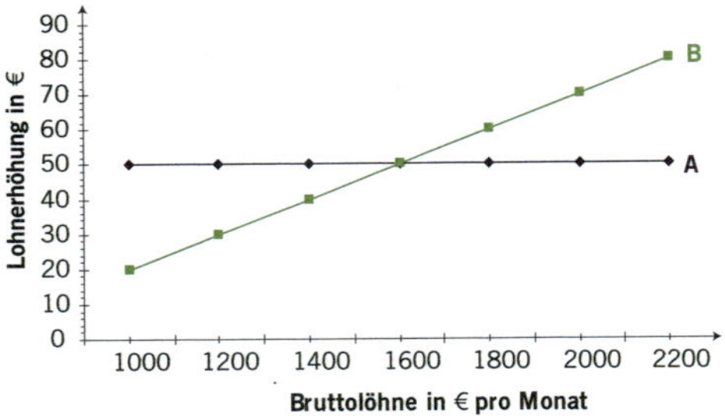

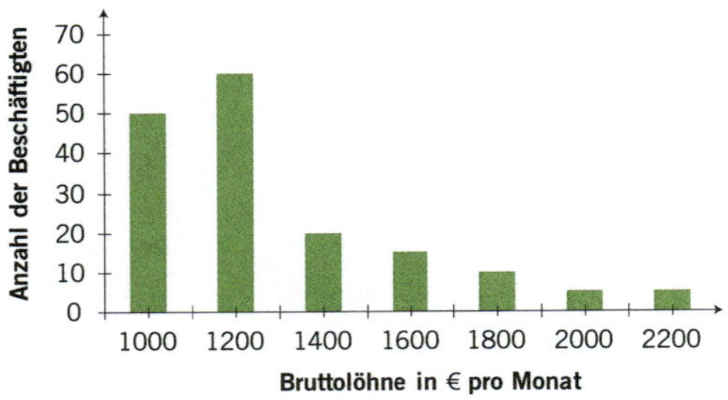

Jede Lohnerhöhung verursacht für die betreffende Firma eine Erhöhung der Produktionskosten. Daher müssen bei Verhandlungen über Lohnerhöhungen auch die Kosten der Lohnerhöhungen für die Firma berücksichtigt werden. Die Grafik zeigt, wie sich die Beschäftigten auf die Lohngruppen verteilen.

Welches Lohnerhöhungsmodell belastet die Firma stärker?

Lösungstipps

1. Ermittle die Gesamthöhe der Bruttolöhne, die die Firma bisher aufbringen muss.
2. Wie hoch sind diese Kosten jeweils nach einer Lohnerhöhung, die nach dem Modell A und nach dem Modell B entstehen?
3. Um wie viel Prozent steigen die Lohnkosten jeweils? Welches Modell ist also für die Firma günstiger?

Aufgabe 3 – Lohnerhöhungen

Mit welcher zusätzlichen Lohnsumme muss eine Firma hier rechnen?

Verteilung der Beschäftigten auf die einzelnen Lohngruppen:

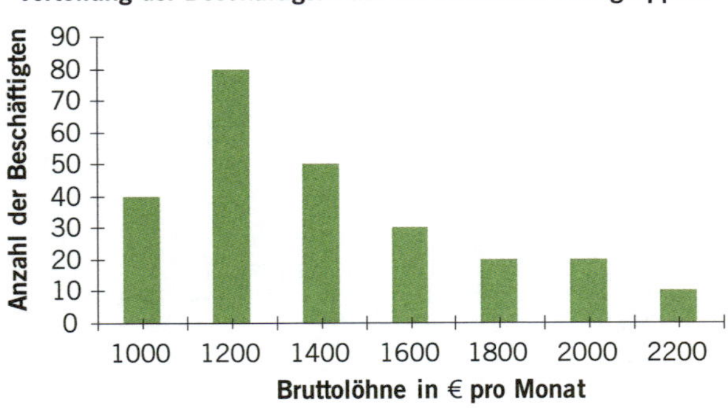

Lohnerhöhungsmodell A:

Einheitliche Lohnerhöhung um 60 € pro Monat.

Lohnerhöhungsmodell B:

Erhöhung des Bruttolohns pro Monat um 3 %.

Beantworte wieder die Frage:

Welche Lohnerhöhung belastet die Firma stärker? Beantworte dazu die Fragen von Aufgabe 2.

C Aufgaben aus dem Problemkreis Geometrie

Aufgabe 1 – kürzeste Wege (Musteraufgabe)

Ein Reiter will von A nach B reiten. Um das Pferd zu tränken, muss er zunächst an den Fluss. Da Pferd und Reiter eine lange Reise hinter sich haben, sucht der Reiter einen möglichst kurzen Weg.

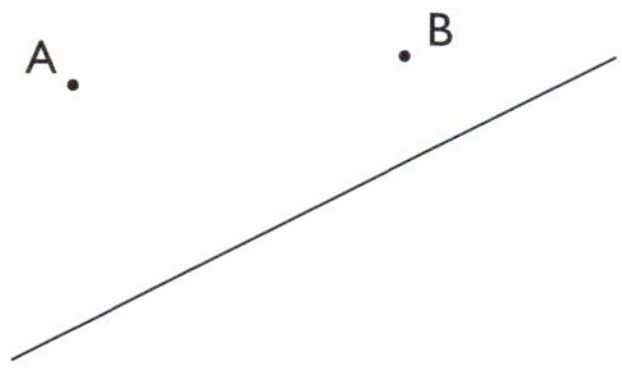

Lösungstipps

Hier ist es wieder sinnvoll, die Aufgabe in Teilprobleme zu zerlegen:

1. Wie muss er reiten? Konstruiere den kürzesten Weg.

a) Zeichne drei mögliche Wege ein. Miss ihre Längen aus. $x + y =$ ____
Du erhältst unterschiedliche Gesamtstrecken. Doch welche ist die kürzeste?

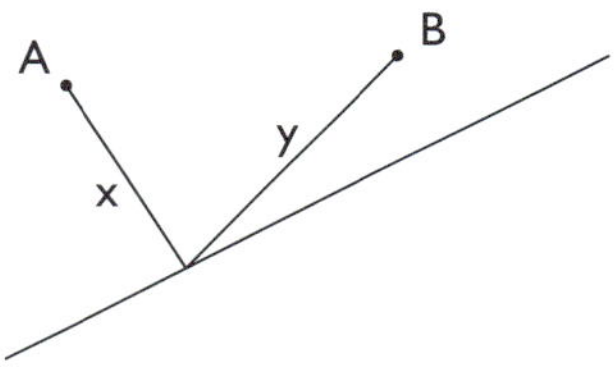

b) Müsste der Reiter nicht zunächst zum Fluss, könntest du leicht die kürzest mögliche Strecke ermitteln. Welches ist sie? Zeichne sie ein.

c) Spiegele den Punkt B am Fluss. Du erhältst B′. Welches ist jetzt die kürzeste Verbindung zwischen B und B′? Zeichne sie ein.

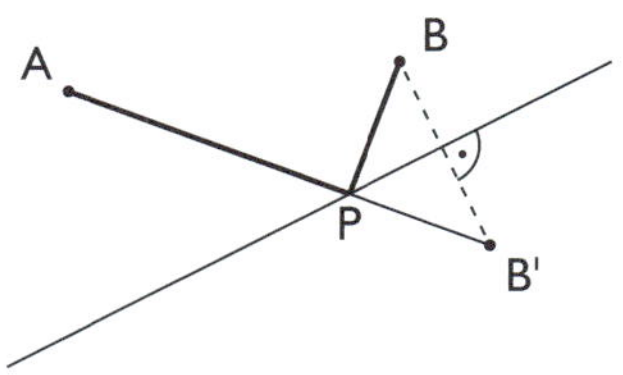

d) Begründe, warum der Streckenzug
A → P → B
die gesuchte kürzest mögliche Strecke ist.

2. Berechne die Länge des so ermittelten kürzesten Weges.

Um den kürzesten Weg berechnen zu können, muss die Entfernung der Punkte A und B vom Fluss bekannt sein.

a = 500 m
b = 300 m
e = 600 m

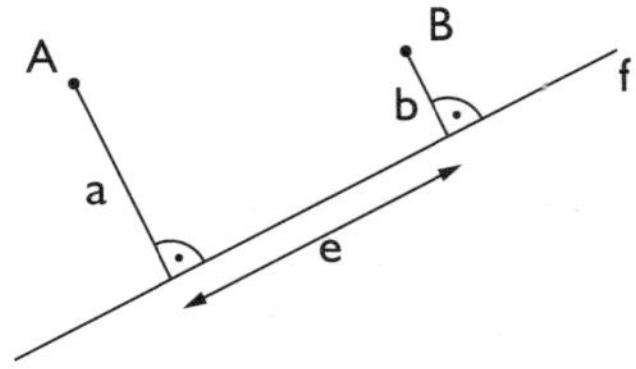

a) Übertrage diese Zeichnung in dein Heft und spiegele sowohl A als auch B an f. Bezeichne die gespiegelten Punkte mit A′ und B′. Verbinde den Punkt A mit B′ und B mit A′.

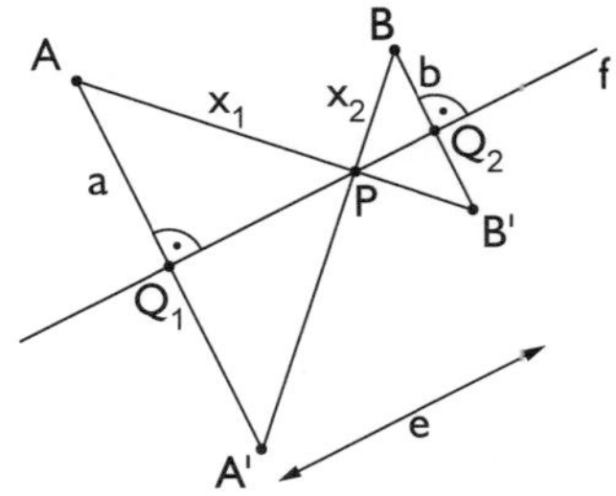

b) Wir suchen die Längen von x_1 und x_2. Sie sind die Hypotenusen der rechtwinkligen Dreiecke AQ_1P und PQ_2B.
Um sie mittels Pythagoras berechnen zu können, benötigen wir noch die Längen von $\overline{Q_1P}$ und $\overline{PQ_2}$. Von diesen Teilstrecken kennen wir aber immerhin $\overline{Q_1P} + \overline{PQ_2} = \overline{Q_1Q_2}$. Wie lang ist diese Strecke? Setze $\overline{Q_1P} = y$. Wie groß ist dann $\overline{PQ_2}$?
Trage die entsprechenden Größen in die obige Abbildung ein.

c) Auf diese Teilfigur können wir den 2. Strahlensatz anwenden:

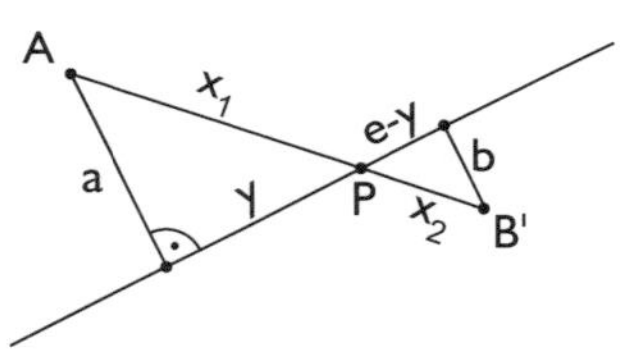

$\frac{a}{b} = \frac{y}{e-y}$

α) a = 500 m; b = 300 m; e = 600 m
Berechne $\overline{Q_1P} = y$; $\overline{PQ_2} = e - y$

β) Ermittle mit Hilfe von Pythagoras x_1 und x_2.

γ) Wie lang ist also der kürzest mögliche Weg?

d) $x = x_1 + x_2$ lässt sich auch so direkt berechnen:
ACB′ ist ein rechtwinkliges Dreieck, in dem $x_1 + x_2$ die Hypotenuse ist. Wie lang sind die beiden Katheten? Berechne $x_1 + x_2$. Trage dazu die gegebenen Größen a, b, e in die Abbildung ein.

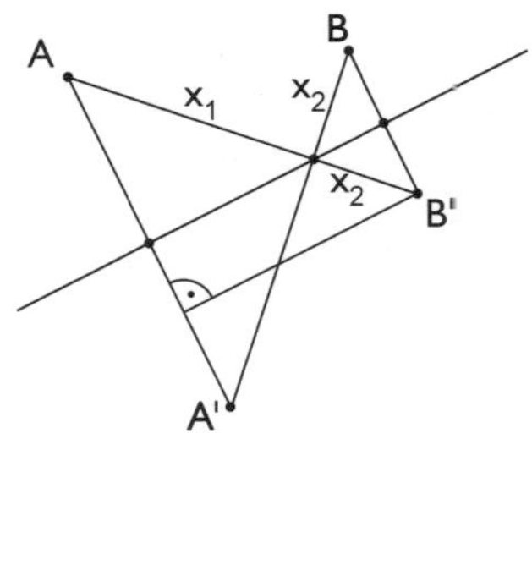

Aufgabe 2 – kürzeste Wege

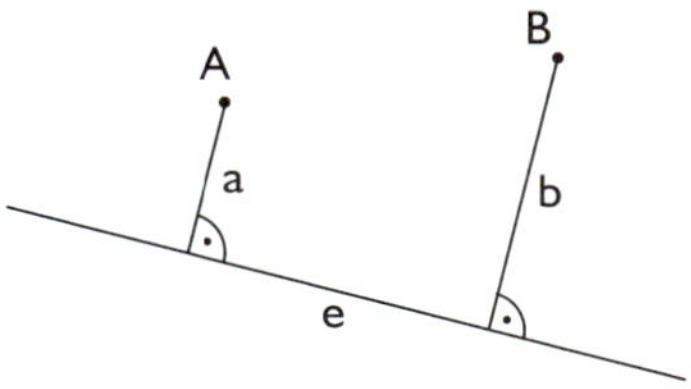

Welchen Weg muss dieser Reiter wählen?

a = 1 km

b = 1,8 km

e = 2 km

Bearbeite alle entsprechenden Fragen der Musteraufgabe (Aufgabe 1).

Aufgabe 3 – kürzeste Wege

Eine Billardkugel soll in A so angestoßen werden, dass sie an der Bande s reflektiert auf kürzestem Wege nach B rollt.

a = 4 dm

b = 7 dm

e = 8 dm

Konstruiere den kürzesten Weg.

Berechne wie in Aufgabe 1 die Länge des kürzesten Weges.

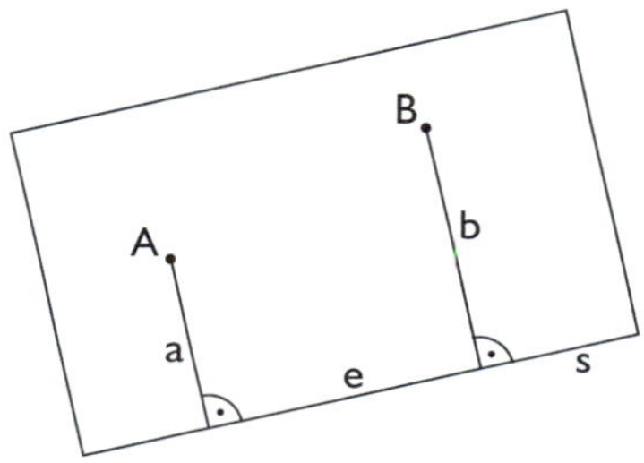

Aufgabe 4 – kürzeste Wege

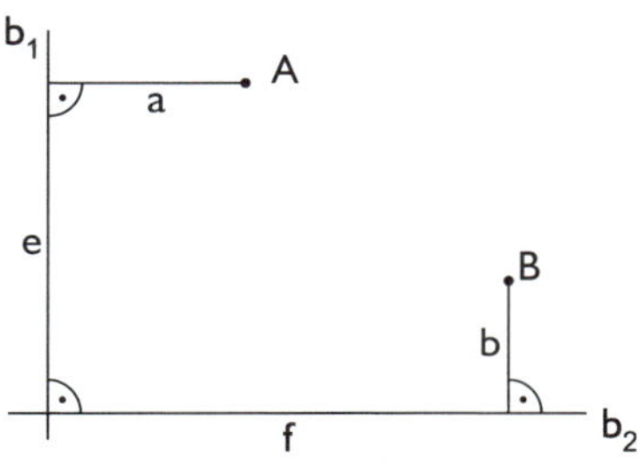

Ein Billardspieler will die Kugel von A nach B stoßen. Dabei soll die Kugel erst an der Bande b_1 und dann an der Bande b_2 reflektiert werden.

a = 3 dm; b = 2 dm

e = 5 dm; f = 7 dm

Konstruiere den Weg der Kugel. Verwende für die Zeichnung cm statt dm.

Berechne die Länge dieses Weges.

Versuche, die Aufgabe alleine zu lösen. Lösungstipps findest du auf der nächsten Seite.

Lösungstipps

1. Gehe bei der Konstruktion so vor:

a) Spiegele A an b_1. Du erhältst A′. Spiegele B an b_2. B′ heißt der neue Bildpunkt. Verbinde nun A′ mit B′. Die Verbindungslinie schneidet die Bande b_1 in P_1 und die Bande b_2 in P_2. Verbinde A mit P_1, P_1 mit P_2 und P_2 mit B.

b) Zeige, dass der Streckenzug $\overline{AP_1P_2B}$ die gleiche Länge besitzt wie $\overline{A'B'}$. Er ist zugleich die kürzest mögliche Verbindung.

2. Berechnen der Länge des Weges:

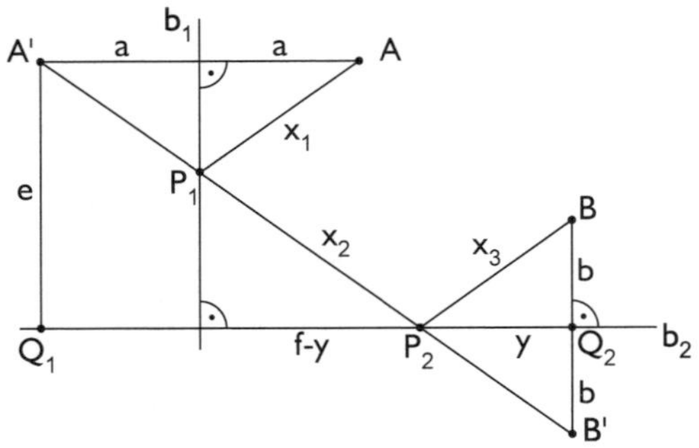

$a = 3\,dm$; $b = 2\,dm$
$e = 5\,dm$; $f = 7\,dm$

Gesucht ist die Länge x des Weges: $x = x_1 + x_2 + x_3$

Vorüberlegung:
Auf diese Teilfigur lässt sich der 2. Strahlensatz anwenden:

$$\frac{e}{b} = \frac{a + f - y}{y}$$

Daraus ergibt sich für y:

$$y = \frac{ab + bf}{b + e}$$

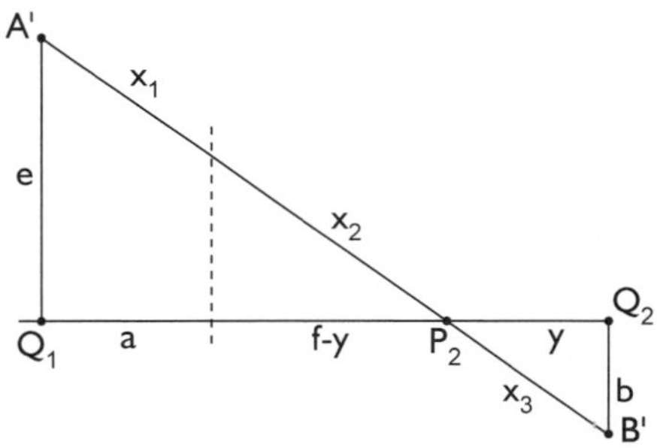

a) Kontrolliere diese Umformung durch Nachrechnen. Setze für a, b, e und f die gegebenen Werte ein und berechne y.

b) Wende auf das rechtwinklige Dreieck $P_2B'Q_2$ den Satz des Pythagoras an und bestimme die Länge von x_3.

c) Wende noch einmal den 2. Strahlensatz auf die Teilfigur an: $\frac{x_1 + x_2}{x_3} = \frac{e}{b}$
Setze $x_1 + x_2 = z$ und berechne z aus dieser Proportion.

d) Wie lang ist also $x = x_1 + x_2 + x_3$?

e) Miss in deiner Konstruktion die entsprechende Strecke $\overline{AP_1P_2B}$. Stimmt dieser Wert in etwa mit dem berechneten x-Wert überein? (Berücksichtige den für die Zeichnung verwendeten Maßstab!)

Aufgabe 5 – kürzeste Wege

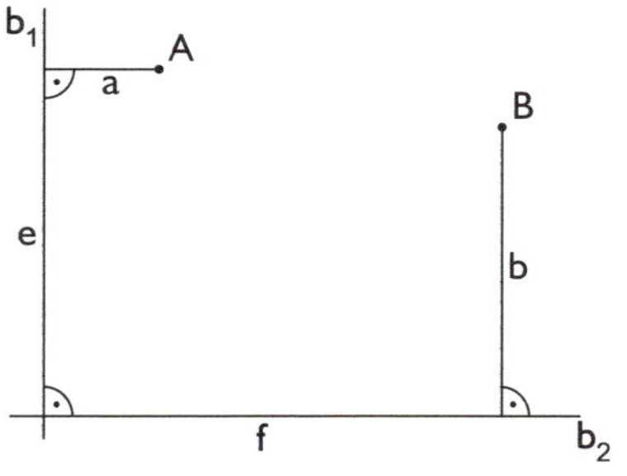

Löse wie in Aufgabe 4:
$a = 2\,dm$; $b = 5\,dm$
$e = 6\,dm$; $f = 8\,dm$

Konstruiere den Weg der Kugel.
Berechne die Länge des Weges.

Aufgabe 6 – kürzeste Wege

Bei dieser Aufgabe soll die Kugel, nachdem sie an den Banden b_1 und b_2 reflektiert wurde, an die Ausgangsposition zurückrollen. Hier fallen also die Punkte A und B zusammen.
$a = 6\,dm$; $b = 3\,dm$
Konstruiere den Weg der Kugel. Berechne seine Länge. Achtung! Bei dieser Berechnung benötigst du nur den Satz des Pythagoras.

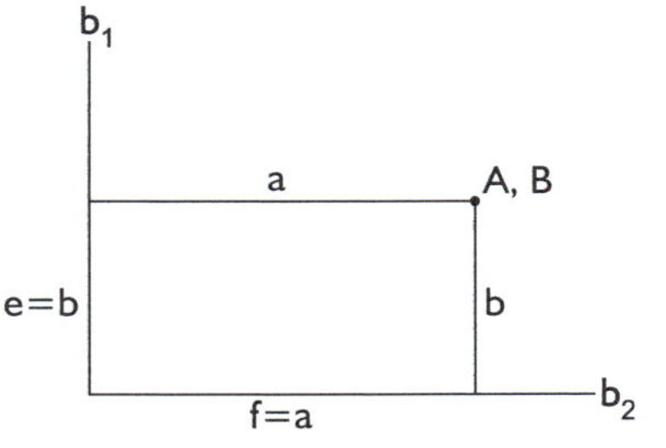

Aufgabe 7 – kürzeste Wege

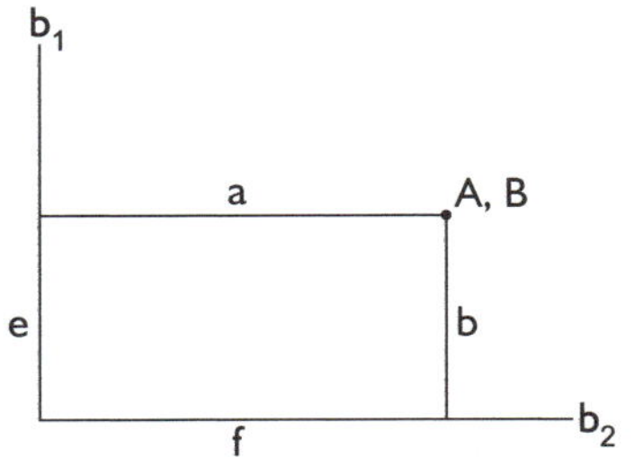

Arbeite wie in Aufgabe 6.
$a = 8\,dm$; $b = 4\,dm$

Aufgabe 8 – kürzeste Wege

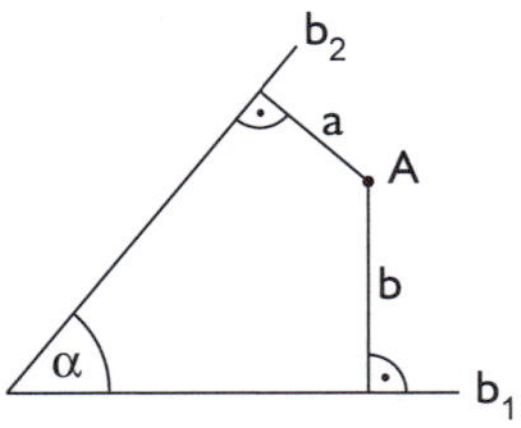

Bei diesem Billardspiel stehen die Banden, an denen die Kugeln reflektiert werden, nicht senkrecht aufeinander. Sie schließen den Winkel $\alpha = 50°$ ein. Jetzt soll die Kugel aus der Position A nach Reflexion an den Banden wieder nach A zurückrollen.

$a = 3\,\text{dm}$; $b = 4\,\text{dm}$

Konstruiere den sich ergebenden kürzesten Weg. Berechne die Länge dieses Weges.

Lösungstipps

Die Konstruktion schaffst du sicher ohne Hilfe. Bei der Berechnung der Länge x des Weges solltest du diese Zeichnung berücksichtigen.

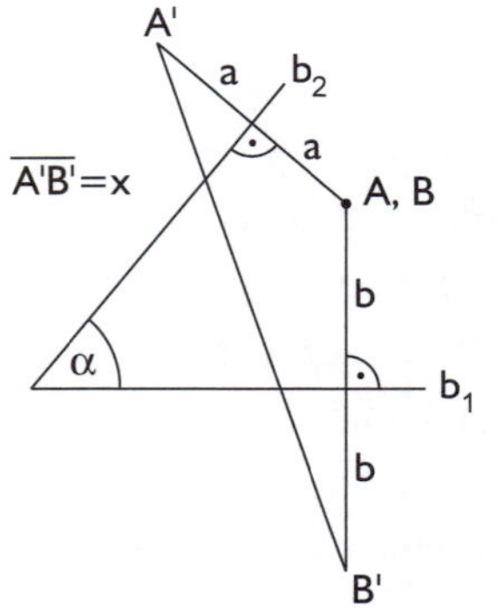

Die Länge x gehört also zum Dreieck A′(A,B)B′. Von diesem Dreieck sind die Seiten $a + a = 2a$ und $b + b = 2b$ sowie der eingeschlossene Winkel $180° - \alpha$ gegeben. Die Seite x lässt sich deshalb mit Hilfe des Kosinussatzes

$$c^2 = a^2 + b^2 - 2ab \cdot \cos\gamma$$

berechnen.

Ersetze: $c \rightarrow x$

$a \rightarrow 2a$

$b \rightarrow 2b$

$\gamma \rightarrow 180° - \alpha$

und bestimme x.

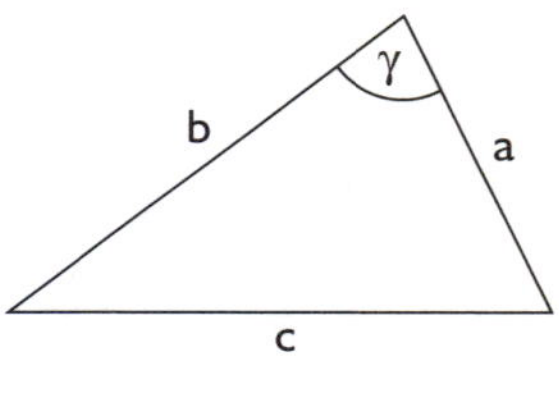

Aufgabe 9 – kürzeste Wege

Löse diese beiden Aufgaben:

a)

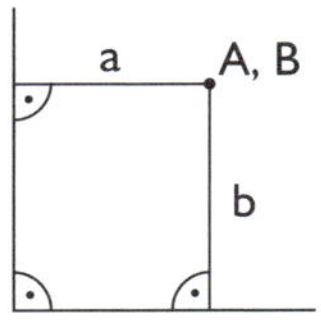

$a = 4\,dm$; $b = 5\,dm$

b)

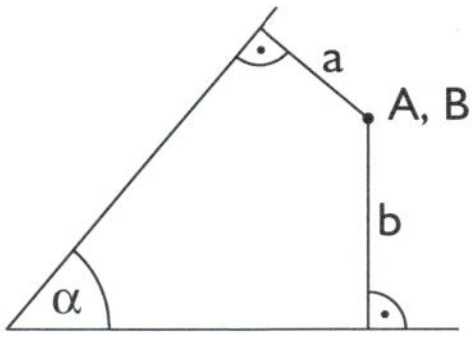

$a = 4\,dm$; $b = 5\,dm$; $\alpha = 40°$

Konstruiere und berechne jeweils den Weg der Billardkugel. In welchem Fall ergibt sich der kürzere Weg?

Aufgabe 10 – Umfänge und Flächeninhalte von Dreiecken

Gesucht werden alle Dreiecke mit ganzzahligen Seiten, die sich aus einem 7 cm langen Draht knicken lassen.
Beachte die **Dreiecksungleichung**: In einem Dreieck müssen zwei (kürzere) Dreiecksseiten zusammen immer größer als die dritte sein. Damit gilt: $a + b > c$.
Welches dieser Dreiecke besitzt den größten Flächeninhalt?

Lösungstipps

1. a) Ermittle **alle** möglichen Zerlegungen der 7 cm langen Strecke in drei Seiten.
   Um keinen Fall zu übersehen, gehe **systematisch** vor und fasse die Ergebnisse in einer Tabelle zusammen.
   $a + b + c = 7$

a	b	c	Dreieck möglich?
1	1	5	
1	2	4	
1	3	3	
1	4	2	
1	5	1	
2	1	4	
2	.	.	
.	.	.	

Vervollständige die Tabelle.
Überprüfe, in welchen Fällen die ermittelten Seiten zu einem Dreieck gehören. Kennzeichne sie in der Tabelle durch +.

b) Nicht alle gefundenen Dreiecke sind **verschiedene Dreiecke**. So sind zum Beispiel die Dreiecke mit den Seiten 1, 3, 3 und 3, 1, 3 und 3, 3, 1 wegen des Kongruenzsatzes sss gleich.

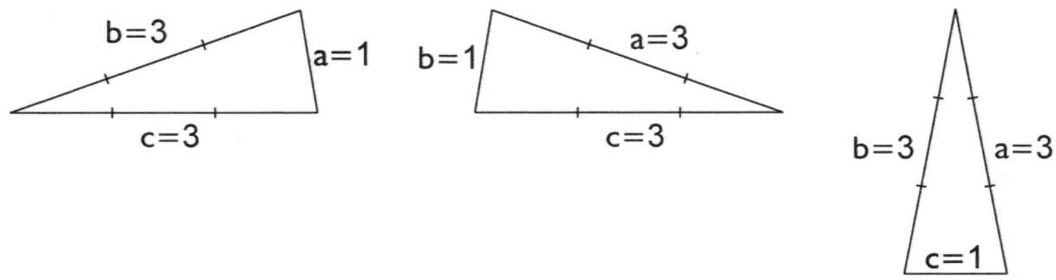

Wie viele **verschiedene** Dreiecke hast du also erhalten? Gib von jedem Dreieck einen Vertreter an und trage ihn in eine Tabelle ein:

Dreieck	**Dreiecksform**	**Flächeninhalt**
a = ___; b = ___; c = ___		

c) Welche Dreiecksformen kommen vor? Unterscheide zwischen gleichseitigen, gleichschenkligen, rechtwinkligen und beliebigen Dreiecken. Kennzeichne die entsprechenden Dreiecksformen in der Tabelle.

2. Welches der gefundenen Dreiecke besitzt den größten Flächeninhalt?

a) Berechne zur Wiederholung von diesen Dreiecken jeweils den Flächeninhalt:

①
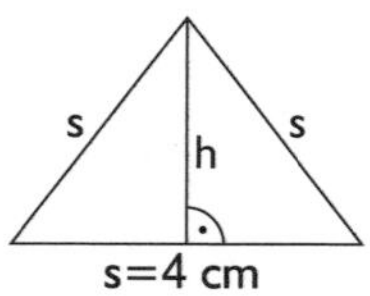

②
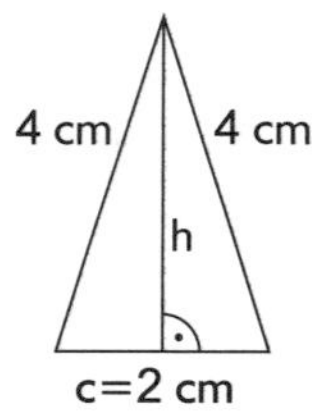

③
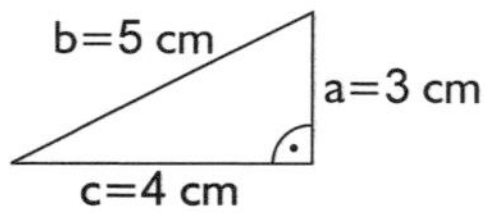

④
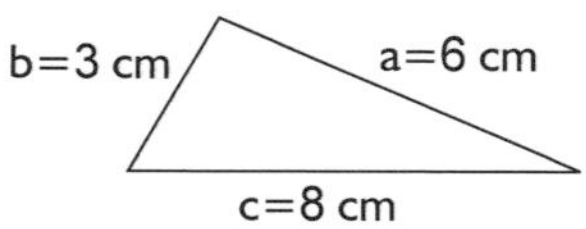

Als mathematisches Hilfsmittel musst du zum Bestimmen der Höhe in Dreieck ① und ② den Pythagoras und in ④ den Kosinussatz und die Sinusfunktion anwenden.

b) Ermittle nun die Flächeninhalte der Dreiecke, die du in 1b) gefunden hast. Trage sie ebenfalls in die Tabelle ein. Von welchem Dreieck ist der Flächeninhalt am größten?

Aufgabe 11 – maximale Flächeninhalte

Jetzt sollst du alle Dreiecke mit ganzzahligen Seiten ermitteln, die sich aus einem 9 cm langen Draht knicken lassen. Welches dieser Dreiecke besitzt den größten Flächeninhalt?

Lösungstipps

Gehe so vor:

1. Ermittle zunächst alle Aufteilungen der 9 cm in drei ganzzahlige Seiten, die möglich sind. Fasse alle Zerlegungen in einer Tabelle zusammen.
2. Untersuche jede Zerlegung daraufhin, ob sich aus den jeweiligen Seiten wirklich ein Dreieck knicken lässt. Kennzeichne diese Fälle in deiner Tabelle.
3. Manche der möglichen Dreiecke tauchen in der Tabelle mehrfach auf. Nimm jeweils nur einen Vertreter und trage diese Vertreter in eine neue Tabelle ein.

Dreieck	Dreiecksform	Flächeninhalt

4. Kennzeichne die Dreiecksform in der Tabelle von 3.
5. Berechne die Flächeninhalte und trage sie ebenfalls in die Tabelle von 3. ein. Gib an, welches Dreieck den größten Flächeninhalt besitzt.

Aufgabe 12 – maximale Flächeninhalte

Der Draht, aus dem Dreiecke mit ganzzahligen Seiten geknickt werden soll, ist nun 12 cm lang. Ermittle alle möglichen Dreiecke. Welches Dreieck von ihnen hat den größten Flächeninhalt?

Lösungen

1 Lineare Gleichunssysteme

Lineare Gleichungen

1. $2x - y = 5$

a) (1; 0) → $2 = 5$ falsche Aussage
(1; –3) → $2 + 3 = 5$ wahre Aussage
(–2; 1) → $-4 - 1 = 5$ falsche Aussage
(–1; 1) → $-2 - 1 = 5$ falsche Aussage
(2; –1) → $4 + 1 = 5$ wahre Aussage

b) (the true statements)

c) Die Wertepaare (1; –3) und (2; –1) sind Lösungen der Gleichung $2x - y = 5$.

2.

a) (–1; 5) → $-6 + 15 = 9$ w
(–1; 1) → $-6 + 3 = 9$ f
(1; 1) → $6 + 3 = 9$ w
(0; –2) → $-6 = 9$ f
(2; –1) → $12 - 3 = 9$ w
(–2; –1) → $-12 - 3 = 9$ f

b)

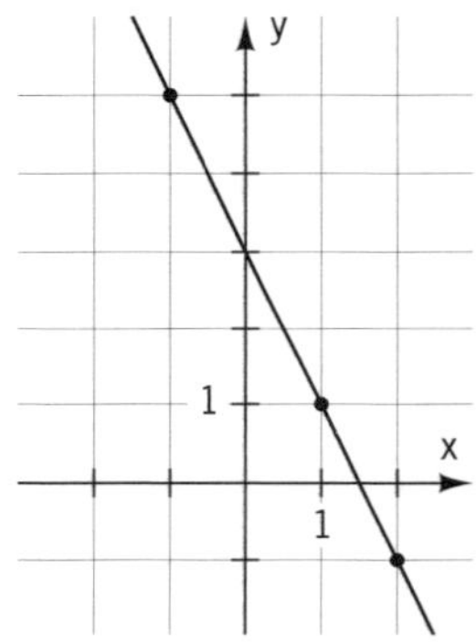

c) (–1; 5), (1; 1) und (2; –1) sind Lösungen.

d) $6x + 3y = 9$
$y = -2x + 3$

x	–2	–1	0	1	2
y	7	5	3	1	–1

e) Alle Lösungen von c) liegen auf der Geraden: (–1; 5), (1; 1), (2; –1)

3.

a) $2x - y = 5 \rightarrow y = 2x - 5$

x	–1	0	1	2	3
y	–7	–5	–3	–1	1

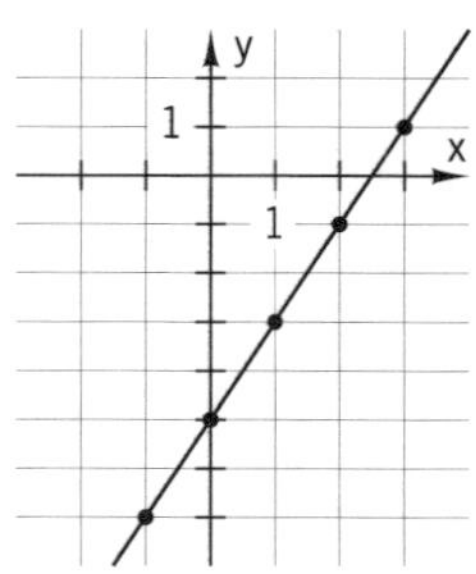

b) Die Lösungen von 1. liegen alle auf der Geraden:
(1; –3), (2; –1)

4.

a) $y = 3x - 2$

x	–2	–1	0	1	2
y	–8	–5	–2	1	4

b) Lösungen sind: (–1; –5), (0; –2), (1; 1).

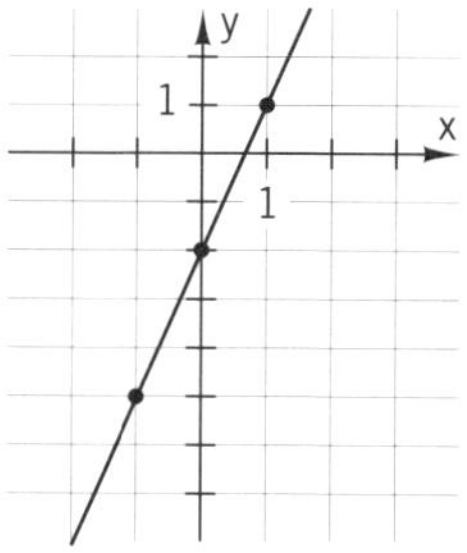

Zeichnerisches Lösen von linearen Gleichungssystemen

Im Folgenden sind nicht zu allen Aufgaben die Graphen gezeichnet.

1. a)

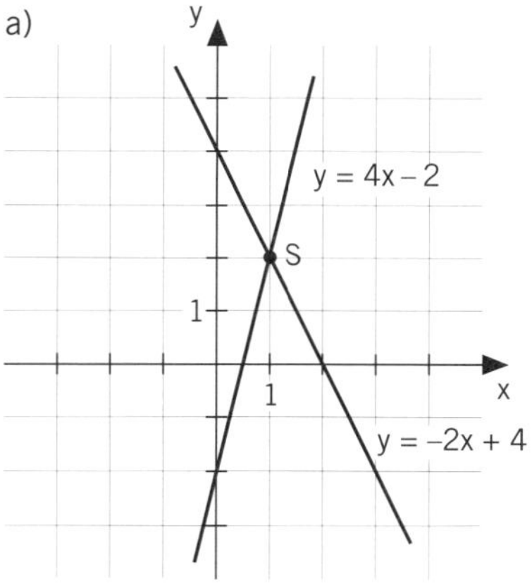

b) S(1|2)
Die Aussagen $2 = (-2) \cdot 1 + 4$ und $2 = 4 \cdot 1 - 2$ sind wahr.

c) Es ist dasselbe Gleichungssystem.

2.

a) 1.

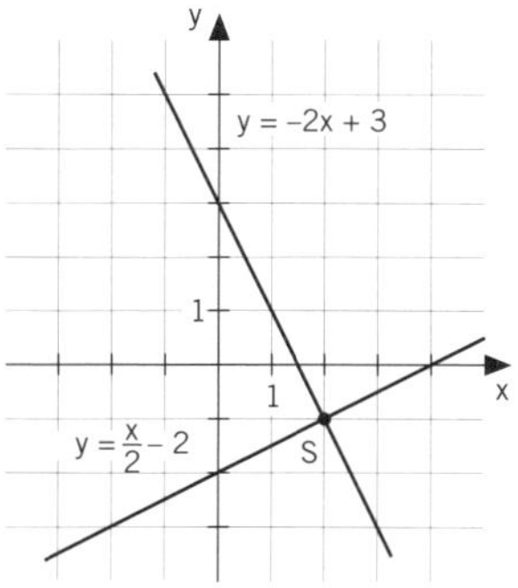

2. S(2|–1)
3. Die Aussagen $-1 = (-2) \cdot 2 + 3$ und $-1 = \frac{1}{2} \cdot 2 - 2$ sind wahr.
4. Lösung des linearen Gleichungssystems: (2; –1) bzw. L = {(2; –1)}

b) 1.

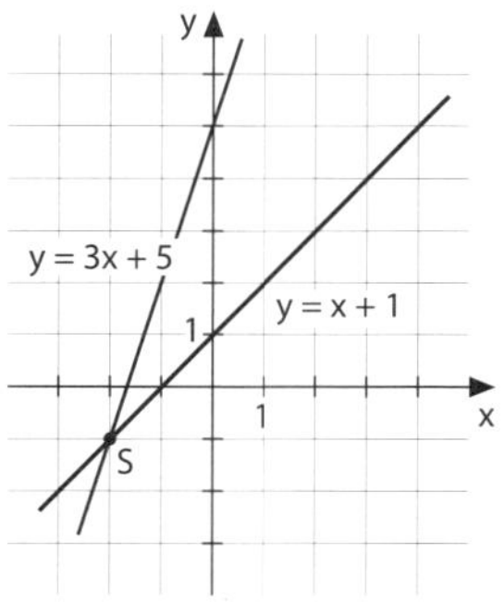

2. S(–2|–1)
3. Die Aussagen $-1 = (-2) + 1$ und $-1 = 3 \cdot (-2) + 5$ sind wahr.
4. (–2; –1) bzw. L = {(–2; –1)}

c) (–1; 3)
L = {(–1; 3)}

d) (0; 3)
L = {(0; 3)}

e) (4; 3)
L = {(4; 3)}

f) (1; 2)
L = {(1; 2)}

3.

a)

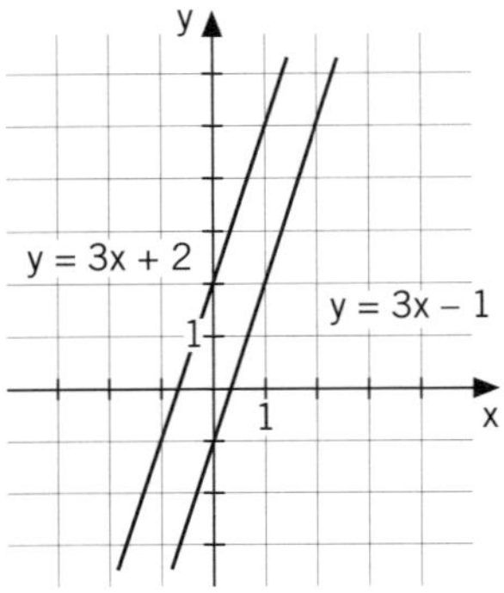

b) Die Geraden verlaufen parallel.

c) Es gibt keine Lösung.

4.

a)

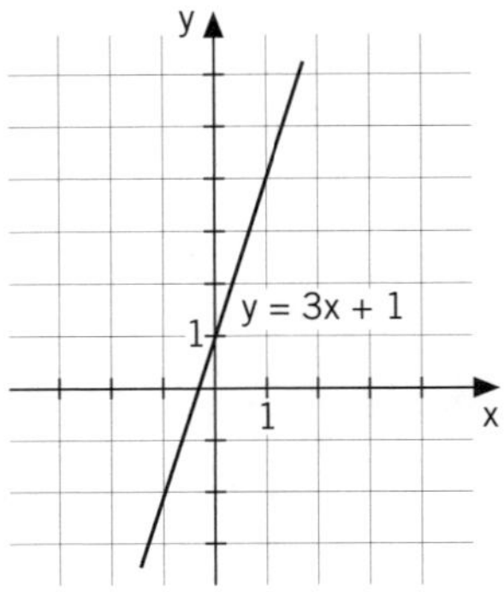

b) Die Geraden fallen zusammen (Doppelgerade).

c) Es gibt unendlich viele Lösungen.

5.

a)

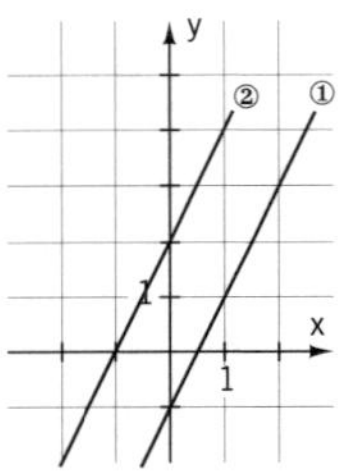

Die Geraden verlaufen paralllel.
L = { }

b)

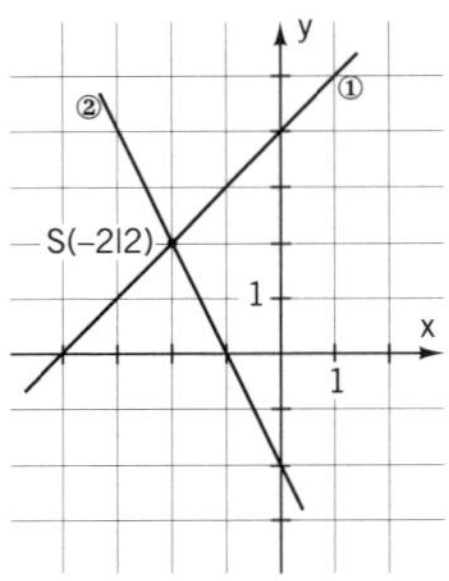

Die Geraden schneiden sich.
L = {(–2; 2)}

c)

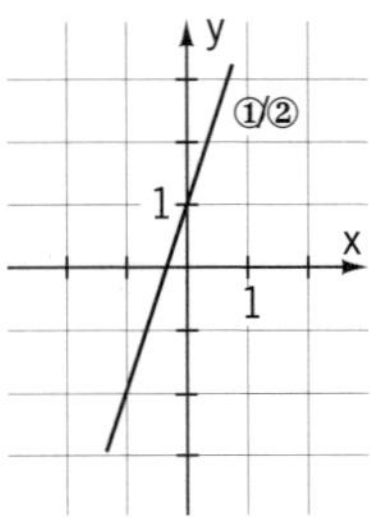

y = 3x + 1 ∧ y = 3x + 1
Doppelgerade L = ℝ

d)

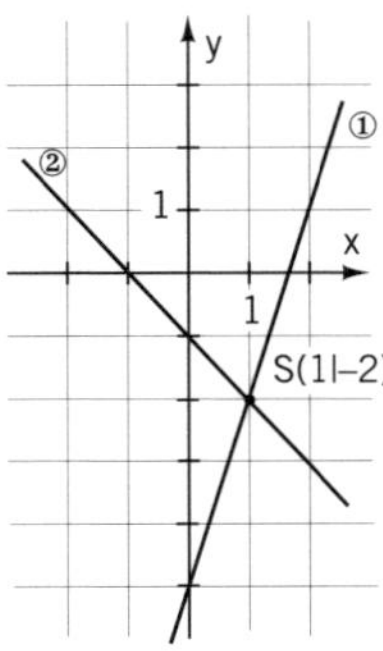

Die Geraden schneiden sich.
L = {(1; –2)}

e)

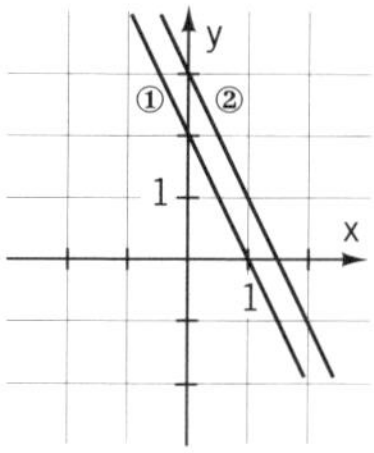

Die Geraden verlaufen parallel.

L = { }

f)

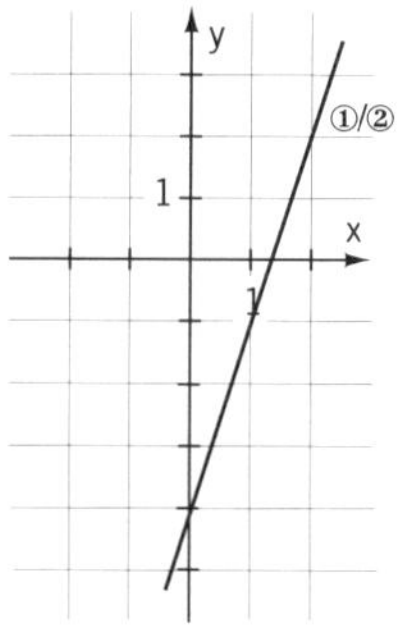

y = 3x – 4 ∧ y = 3x – 4

Doppelgerade. L = {(x; y) | y = 3x – 4}

Rechnerisches Lösen von linearen Gleichungssystemen

1.

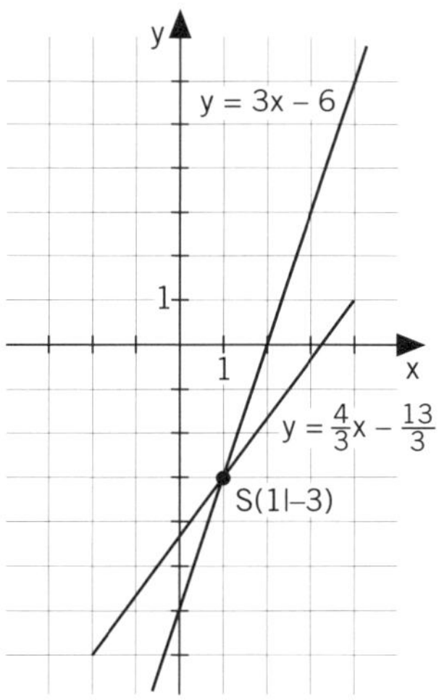

2.

a) (5; 4); L = {(5; 4)}

b) (4; –6); L = {(4; –6)}

c) (–1; 2); L = {(–1; 2)}

3.

L = {(2; –5)}

5.

a) L = {(–11; –13)}

b) L = {(–114; –69)}

c) L = {(0; 1)}

4.

a) L = {(8; 10)}

b) Die erste Gleichung mit –5, die zweite Gleichung mit 6 multiplizieren.
L = {(8; 10)}

6.

a) $L = \{(3;\ 2)\}$

$y = \frac{1}{2}x + \frac{1}{2} \wedge y = -x + 5$

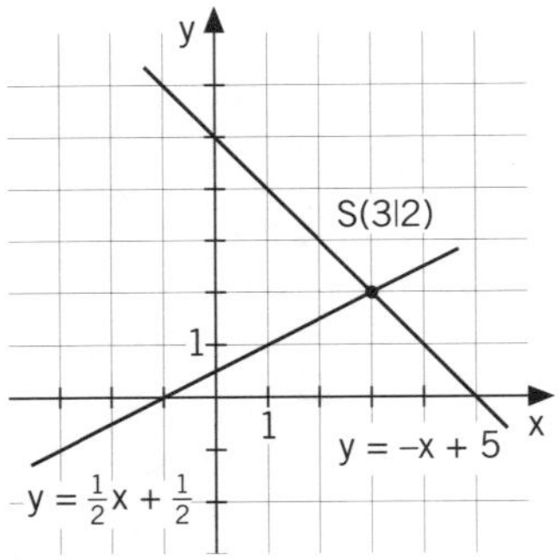

b) keine Lösung (Geraden laufen parallel)

$L = \{\}$. $y = -2x + 8 \wedge y = -2x + 6$

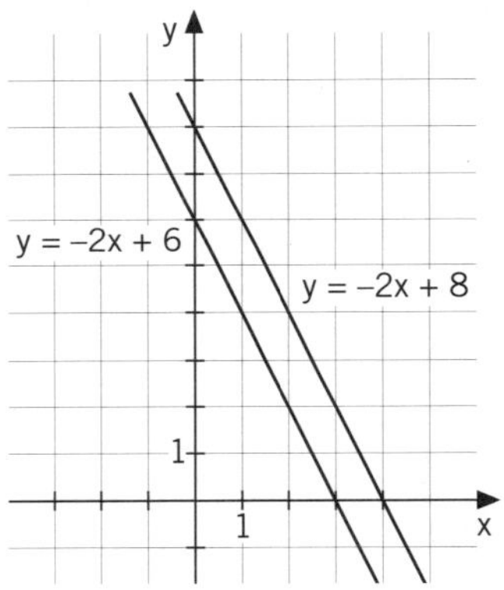

c) unendlich viele Lösungen (Doppelgerade)

$y = \frac{1}{2}x + 2 \wedge y = \frac{1}{2}x + 2$

$L = \left\{(x;\ y) \in \mathbb{Q} \times \mathbb{Q} \mid y = \frac{1}{2}x + 2\right\}$

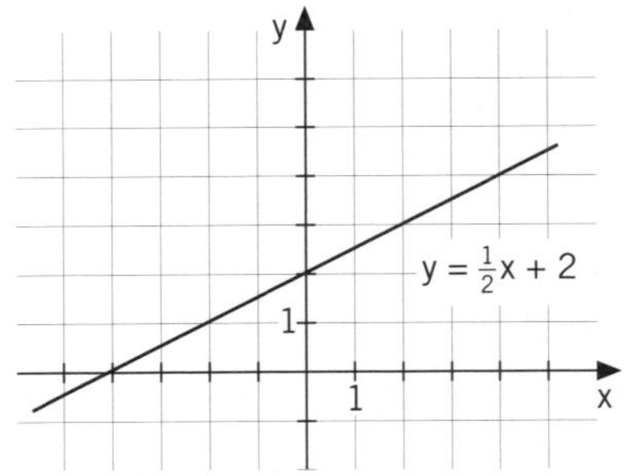

7.

a)
$$\begin{aligned} -7x + 3y &= -1 \\ \wedge\ -5x + 2y &= -2 \end{aligned}$$
$L = \{(4;\ 9)\}$

b)
$$\begin{aligned} -5x + 2y &= -4 \\ \wedge\ -4x + 4y &= 4 \end{aligned}$$
$L = \{(2;\ 3)\}$

c)
$$\begin{aligned} -10x + 4y &= 10 \\ \wedge\ -9x + 3y &= 6 \end{aligned}$$
$L = \{(1;\ 5)\}$

8.

a)
$$\begin{aligned} -4x + 3y &= -4 \\ \wedge\ -2x + 2y &= 2 \end{aligned}$$
$L = \{(7;\ 8)\}$

b)
$$\begin{aligned} -2x + 5y &= 2 \\ \wedge\ -3x + 7y &= 1 \end{aligned}$$
$L = \{(9;\ 4)\}$

c)
$$\begin{aligned} -6x + 2y &= 4 \quad &| \cdot (-3) \\ \wedge\ -9x + 3y &= 15 \quad &| \cdot 2 \end{aligned}$$

$$\begin{aligned} 18x - 6y &= -12 \\ \wedge\ -18x + 6y &= 30 \end{aligned}$$

$$0 = 18$$

$$\begin{aligned} -6x + 2y &= 4 \\ \wedge\ 0 &= 18 \end{aligned}$$

$$L = \{\}$$

Da 0 = 18 eine falsche Aussage ist, unabhängig von der Wahl der Wertepaare (x; y), kann das Gleichungssystem keine Lösung besitzen, also $L = \{\}$.

d) $6x - 3y = -9$
$\wedge\ 3x - y = -2$

$L = \{(1; 5)\}$

f) $-6x + 7y = -7$
$\wedge\ 2x - 3y = 3$

$L = \{(0; -1)\}$

9.

a) $L = \{(-5; 2)\}$

b) $L = \{(-5; -13)\}$

c) ist richtig! $L = \{(1; 1)\}$

e) $-12x + 3y = 6 \quad | \cdot 2$
$\wedge\ -8x + 2y = 4 \quad | \cdot (-3)$

$-24x + 6y = 12$
$\wedge\ 24x - 6y = -12$

$0 = 0$
$-12x + 3y = 6$
$\wedge\ 0 = 0$

$L = \{(x; y) \in \mathbb{Q} \times \mathbb{Q} \mid -12x + 3y = 6\}$

Die Aussage $0 = 0$ ist immer wahr, unabhängig von der Wahl der Wertepaare $(x; y)$. Daher sind alle Lösungen der Gleichung $-12x + 3y = 6$ auch Lösung des ursprünglichen Gleichungssystems. Zeichnerisch entsteht eine Doppelgerade.

Anwendungen linearer Gleichungssysteme

1.

x: erste Zahl

y: zweite Zahl

$x + y = 15$
$\wedge\ 3x + 4y = 50$

$x = 10$
$y = 5$

Die erste Zahl lautet 10, die zweite 5.

2.

x: erste Zahl

y: zweite Zahl

$x + y = 36$
$\wedge\ 2x - y = 36$

$x = 24$
$y = 12$

Die erste Zahl lautet 24, die zweite 12.

3.

Zehnerziffer: x

Einerziffer: y

$\frac{y}{4} = x$
$\wedge\ x + y = 5$

$x = 1$
$y = 4$

Die gesuchte Zahl heißt 14.

4.

x: erste Zahl

y: zweite Zahl

$x - y = 10$
$\wedge\ 2x + 4y = 110$

$x = 25$
$y = 15$

Die erste Zahl heißt 25, die zweite 15.

5.

$$\begin{aligned} & y = 60x \\ \wedge\ & y + 30x = 210 \\ \hline & x = 2\tfrac{1}{3} \\ & y = 140 \end{aligned}$$

6.

x: Anzahl der Stunden bis zum Treffpunkt
y: Entfernung des Treffpunktes von A

$$\begin{aligned} & 4x = y \\ \wedge\ & 36 - 5x = y \\ \hline & x = 4 \\ & y = 16 \end{aligned}$$

Sie treffen sich nach 4 Stunden 16 km von A entfernt.

7.

x: Geschwindigkeit des 2. Boten
y: Entfernung des Treffpunktes

$$\begin{aligned} & 4\tfrac{1}{2} \cdot 6 = y \\ \wedge\ & x \cdot 4 = y \\ \hline & x = 6\tfrac{3}{4} \\ & y = 27 \end{aligned}$$

Der zweite Bote muss $6\frac{3}{4}$ km in der Stunde zurücklegen.
Die Boten treffen sich nach 27 km.

8.

x: Anzahl der Stunden von Wendessen bis zum Treffpunkt
y: Entfernung des Treffpunktes von Wendessen

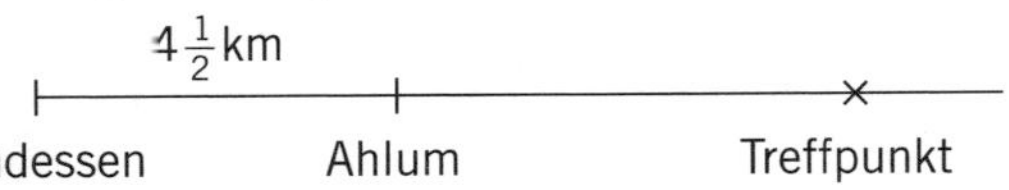

$$\begin{aligned} & 4 \cdot x = y \\ \wedge\ & 5\tfrac{1}{2}\left(x - 1\tfrac{1}{2}\right) = y - 4\tfrac{1}{2} \\ \hline & x = 2\tfrac{1}{2} \\ \wedge\ & y = 10 \end{aligned}$$

| Geschwindigkeit des 1. Wanderers: 12 km : 3 h = 4 km/h
Geschwindigkeit des 2. Wanderers:
4 km/h + $1\frac{1}{2}$ km/h = $5\frac{1}{2}$ km/h.
Der 2. Wanderer braucht nur noch $y - 4\frac{1}{2}$ km zurückzulegen.

Die Wanderer treffen sich nach $2\frac{1}{2}$ Std. 10 km von Wendessen entfernt.

Test

Test 1

a) 1) $y = -x + 3$ ①

$y = 4x - 2$ ②

2) $y = 2x + 3$ ①

$y = 2x + 4$ ②

3) $y = 3x + 2$ ①

$y = 3x + 2$ ②

1)

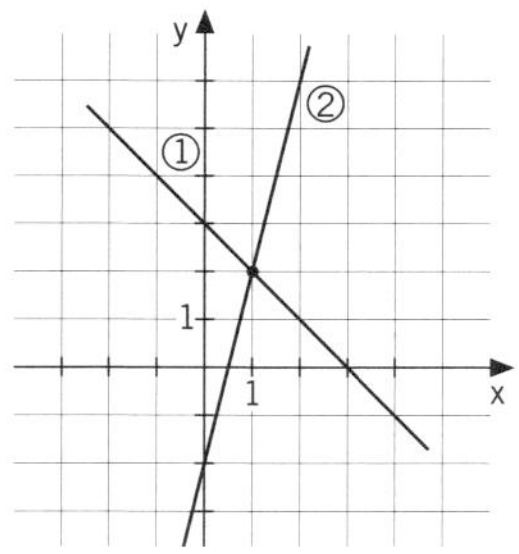

L = {(1; 2)}

2)

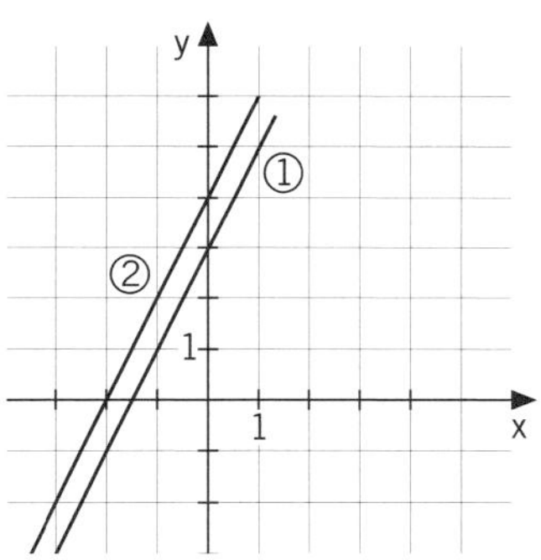

L = { }

3)

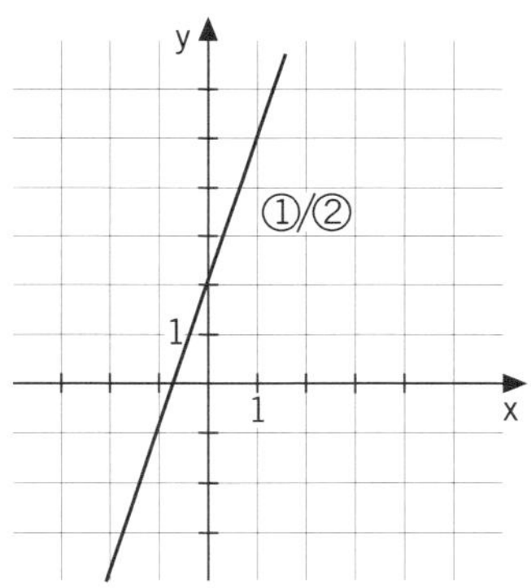

L = {(x; y) | y = 3x + 2}

b) 1) Geraden schneiden sich. L = {(1; 2)}

2) Geraden verlaufen parallel. L = { }

3) Geraden fallen aufeinander (Doppelgerade). L = {(x; y) | y = 3x + 2}

Test 2

a) 1) L = {(–3; 1)}

2) $L = \{(x; y) \in \mathbb{Q} \times \mathbb{Q} \mid 2x - 5y + 10 = 0\}$

3) L = { }

b) 1) genau eine Lösung

2) unendlich viele Lösungen

3) keine Lösung

Test 3

x: Einerziffer

y: Zehnerziffer

y ist die Zehnerziffer, das bedeutet, wir haben y Zehner, also $y \cdot 10$. Addieren wir dazu die Einer, so ergibt sich die Gesamtzahl aus der Addition der Zehner und Einer, also: $(y \cdot 10 + x)$.

$$x + y = 13$$
$$\wedge \quad (y \cdot 10 + x) - 9 = x \cdot 10 + y$$

$$x = 6$$
$$y = 7$$

Die gesuchte Zahl lautet 76.

Test 4

x: Anzahl der Stunden von 7.40 Uhr an bis zum Treffpunkt

y: Entfernung vom Ausgangsbahnhof

$$36 \cdot x = y$$
$$\wedge \quad 54\left(x - 1\tfrac{1}{3}\right) = y$$

$$x = 4$$
$$y = 144$$

$x - 1\frac{1}{3}$; denn der Personenzug fährt $1\frac{1}{3}$ Stunden später ab.

Die Züge treffen sich um 11.40 Uhr (4 Std. nach 7.40 Uhr) in 144 km Entfernung vom Ausgangsbahnhof.

Quadratische Funktionen 2

Die quadratische Funktion $x \mapsto x^2$

1.

a)

x	-2	$-1{,}5$	-1	$-0{,}5$	0	$0{,}5$	1	$1{,}5$	2
x^2	4	$2{,}25$	1	$0{,}25$	0	$0{,}25$	1	$2{,}25$	4

b) Die Symmetrieachse ist die y-Achse.

2.

①

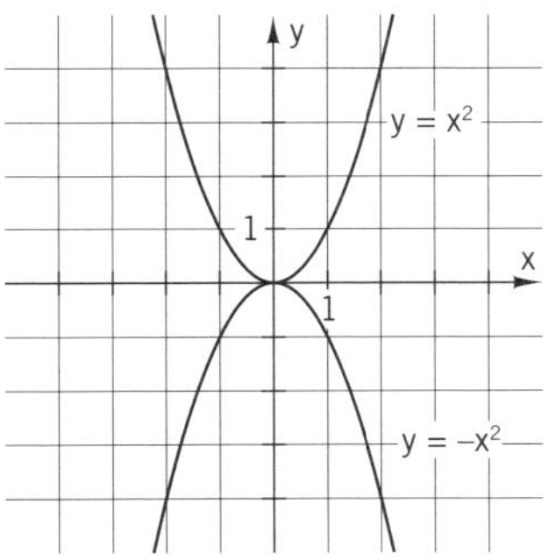

②

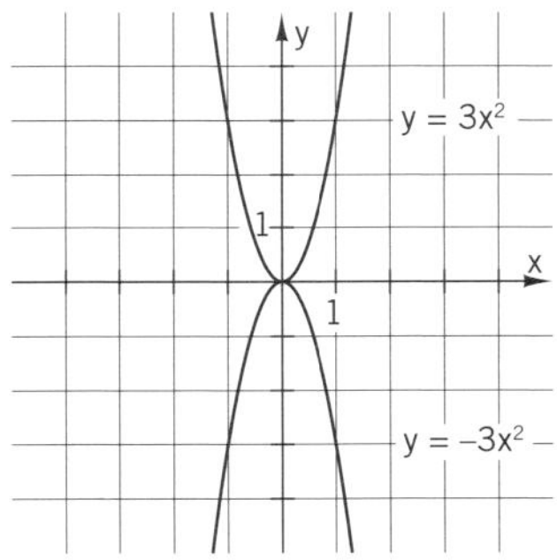

③

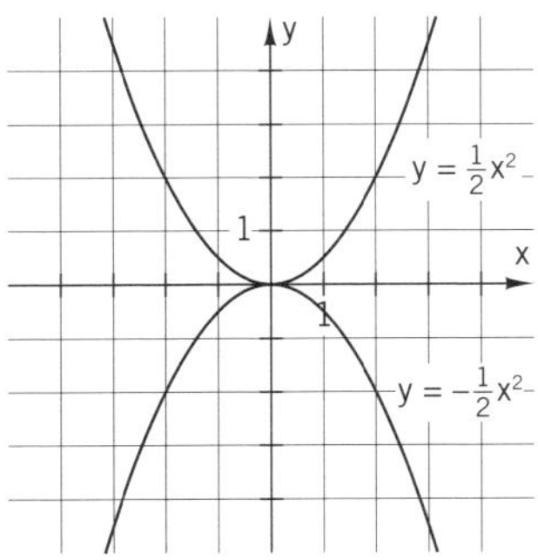

a) Alle Scheitel liegen bei S(0|0).

b) Ja.

c) Bei Funktionen mit negativen Vorzeichen sind die Parabeln nach unten geöffnet.

Also: $x \mapsto -x^2$

$x \mapsto -3x^2$

$x \mapsto -\frac{1}{2}x^2$

3. $a < 0$ gilt für ②.

4. ①

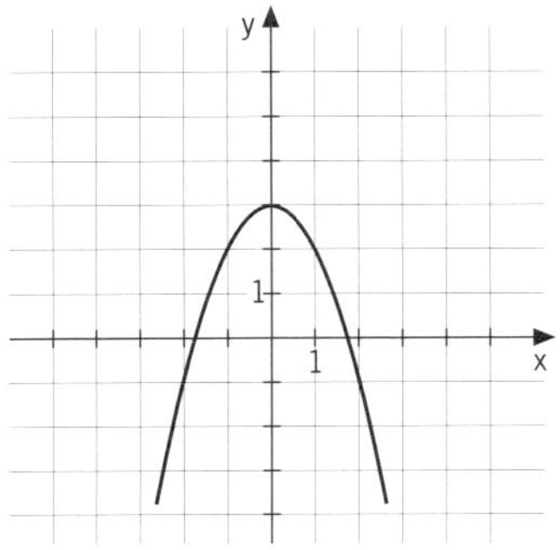

②

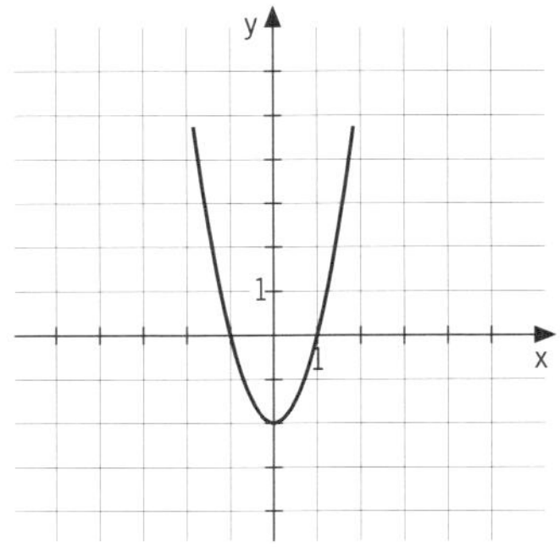

③ 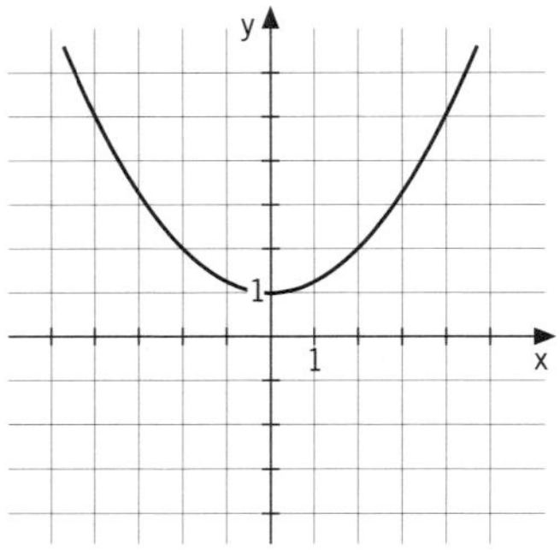

a) ① S(0|3) ② S(0|–2) ③ S(0|1)

b) bei ①

Allgemeine quadratische Funktionen

2.

a) ① gehört zu $x \mapsto (x + 4)^2$
② gehört zu $x \mapsto (x - 4)^2$

b) S(–4|0) gehört zu ①
S(4|0) gehört zu ②

3.

a) ① $x \mapsto (x + 5)^2$
② $x \mapsto x^2$
③ $x \mapsto (x - 3)^2$

b) ① S(–5|0)
② S(0|0)
③ S(3|0)

4.

a) ① $x \mapsto x^2 + 2$
② $x \mapsto x^2 - 3$

b) 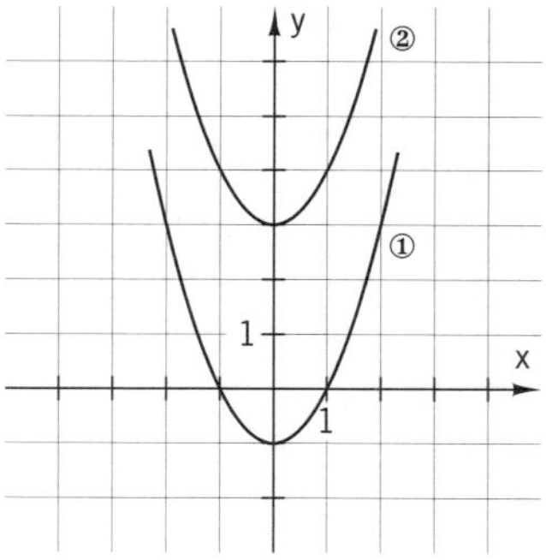

5.

a) $(x + 2)^2$ b) $(x + 5)^2$
c) $\left(x + \frac{1}{2}\right)^2$ d) $\left(x - \frac{1}{2}\right)^2$
e) $(x - 5)^2$ f) $(x - 3)^2$

6.

a) $(x - 1)^2 - 4$ b) $(x + 3)^2 - 7$ c) $(x - 4)^2 - 17$
d) $(x - 5)^2 - 16$ e) $(x + 2)^2 + 1$ f) $\left(x + \frac{1}{2}\right)^2 - \frac{5}{4}$

7.

a) $x \mapsto (x - 3)^2 + 2$ gehört zu ②
$x \mapsto (x + 3)^2 - 2$ gehört zu ①

b) zu ① S(–3|–2)
zu ② S(3|2)

8.

a)

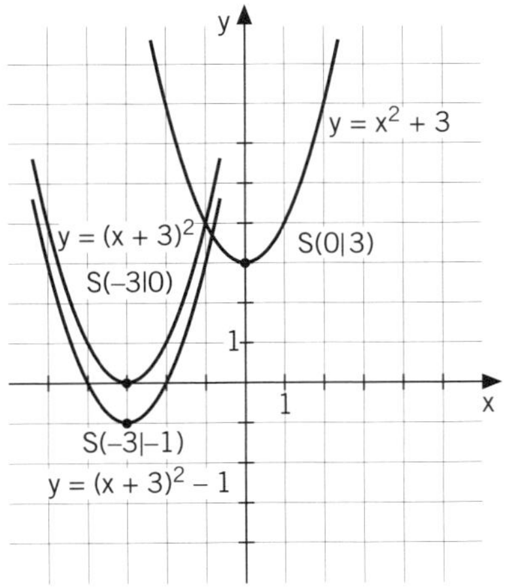

b)

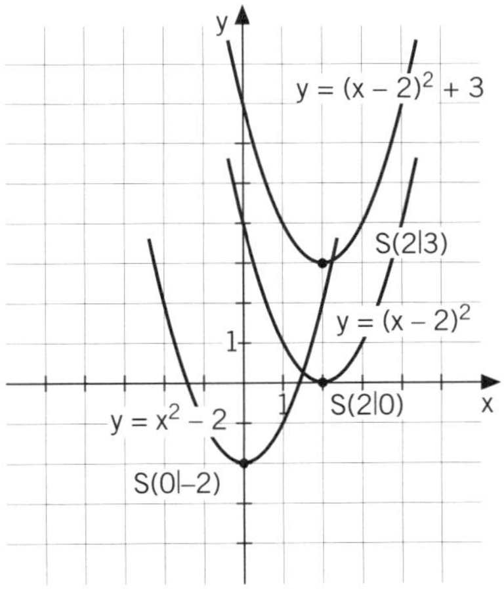

9.

a) $(x-3)^2+1$

b) $(x+1)^2-3$

c) $(x+4)^2-2$

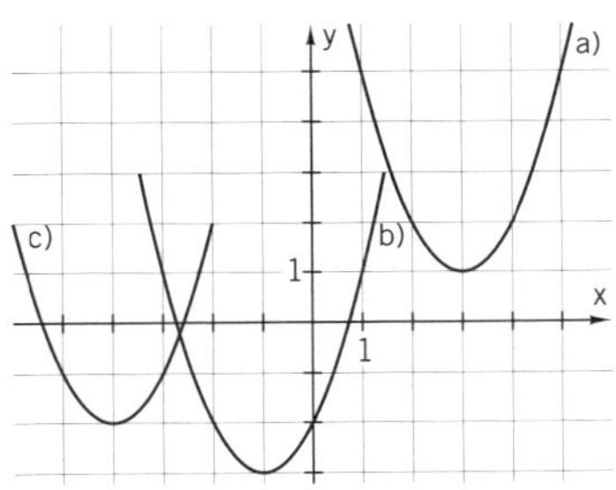

10. (ohne Abbildung)

a) $y=(x-1)^2-4$; S(1|−4)

b) $y=(x+3)^2-1$; S(−3|−1)

c) $y=(x-2)^2-3$; S(2|−3)

d) $y=(x+1)^2-3$; S(−1|−3)

Test

Test 1

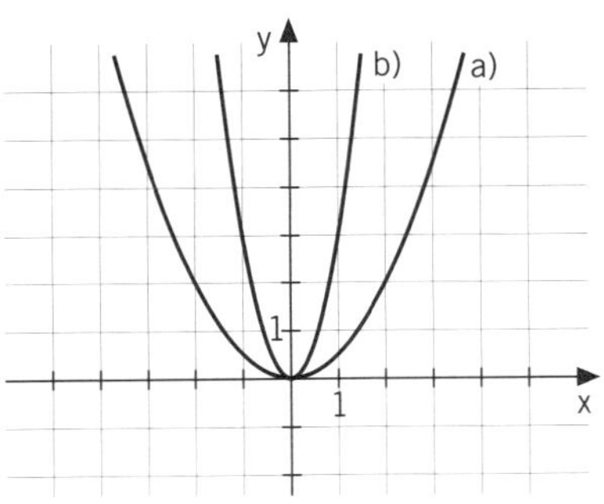

Test 2

a); b)

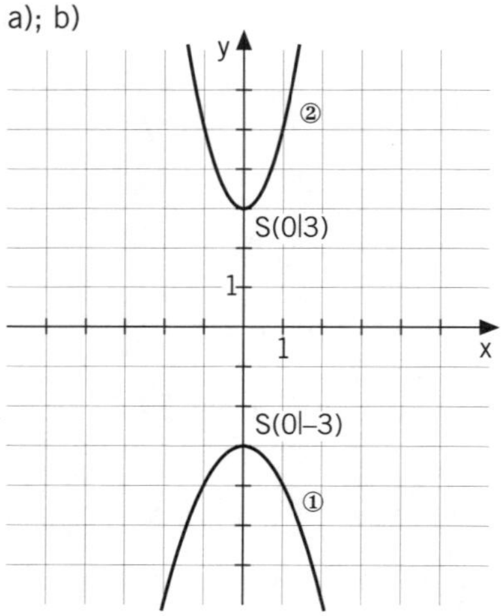

c) Bei ① ist die Parabel nach unten geöffnet.

Test 3

a) $y = (x - 2)^2 + 1$ S(2|1)

b) $y = (x + 1)^2 - 4$ S(–1|–4)

Test 4

a) ③ d) ② $(x + 1)^2 - 3$

b) ⑤ e) ⑥

c) ④ f) ①

Reelle Zahlen 3

Wurzelziehen

1.

6; 60; 100; 5; 50; 0,5; 1,5; 0,25

2.

a) $\frac{324}{16} = 20{,}25$

$\frac{324}{18} = 18$

also: $\sqrt{324} = 18$

b) $\sqrt{529} = 23$

c) $\sqrt{256} = 16$

d) $\sqrt{1{,}69} = 1{,}3$

3.

a) $\frac{400}{25} = 16$; $a_1 = 25$ ist zu groß, weil $a_2 < a_1$ ist. $\sqrt{400} = 20$

b) $\frac{196}{13} = 15{,}07...$; $a_1 = 13$ ist zu klein! $\sqrt{196} = 14$

c) $a_1 = 35$ ist zu groß. $\sqrt{625} = 25$

d) $a_1 = 18$ ist zu klein. $\sqrt{361} = 19$

4.

$A = 324\,m^2$

$a = \sqrt{A}$

$U = 4a$

$a = \sqrt{324\,m^2} = 18\,m$

$U = 4 \cdot 18\,m = 72\,m$

Der Zaun ist 72 m lang.

b) $U = 80\,m$

c) $U = 120\,m$

d) $U = 60\,m$

5.

a) $A = 576\,m^2$

$a = 16\,m$

$A = a \cdot b \rightarrow b = \frac{A}{a}$

$b = \frac{576\,m^2}{16\,m} = 36\,m$

$U = 2a + 2b$

$U = 2 \cdot 16\,m + 2 \cdot 36\,m = 104\,m$

Der Zaun wird 104 m lang.

b) $a = \sqrt{A}$; $U = 4a$

$a = 24\,m$

$U = 96\,m$

Der Zaun wäre dann 96 m lang.

Wurzelziehen durch Näherungsverfahren (Heron-Verfahren)

1.

$a_1 = 2$

$a_2 = 2:2 = 1$

$a_3 = \frac{2+1}{2} = 1,5$

Für a_3 bis a_6 erhält man die gleichen Näherungswerte wie im Beispiel.

2.

	$\sqrt{6}$	$\sqrt{15}$	$\sqrt{66}$	$\sqrt{120}$	$\sqrt{266}$
a_1	2	4	8	11	16

3.

Berechnung von $\sqrt{17}$:

$a_1 = 4$

$a_2 = 17:4 = 4,25$

$a_3 = \frac{4 + 4,25}{2} = 4,125$

$a_4 = 17:4,125 = 4,1212$

$a_5 = \frac{4,125 + 4,1212}{2} = 4,1231$

$\sqrt{17} \approx 4,12$

$\sqrt{7} \approx 2,65$

$\sqrt{5} \approx 2,24$

$\sqrt{12} \approx 3,46$

$\sqrt{61} \approx 7,81$

$\sqrt{91} \approx 9,54$

Reelle Zahlen

1.

$\frac{3}{4}$	$\frac{4}{5}$	$\frac{1}{3}$	$\frac{5}{6}$	$\frac{6}{15}$	$\frac{3}{11}$	$\frac{7}{9}$
0,75	0,8	$0,\overline{3}$	$0,8\overline{3}$	0,4	$0,\overline{27}$	$0,\overline{7}$

2.

a) $\frac{3}{4}$; $\frac{4}{5}$; $\frac{6}{15}$

b) $\frac{1}{3}$; $\frac{5}{6}$; $\frac{3}{11}$; $\frac{7}{9}$

3.

a) $0,\overline{3}$; $0,7\overline{9}$; $0,\overline{41}$; $0,\overline{734}$; $0,\overline{8}$; $0,\overline{04}$

b) 0,7171...; 0,0666...; 0,5757...; 0,209209...; 0,444...; 0,3888...

4.

a) $\frac{75}{100} = \frac{3}{4}$

b) $\frac{4}{9}$

c) $\frac{3}{99} = \frac{1}{33}$

d) $\frac{36}{99} = \frac{4}{11}$

e) $\frac{6}{10} = \frac{3}{5}$

f) $\frac{28}{99}$

5.

a) rational: $\frac{2}{3}$; $0,\overline{7}$; $\sqrt{9} = 3$; $0,5$
irrational: $\sqrt{2}$; $\sqrt{7}$
reell: $\frac{2}{3}$; $0,\overline{7}$; $\sqrt{9} = 3$; $0,5$; $\sqrt{2}$; $\sqrt{7}$

b)

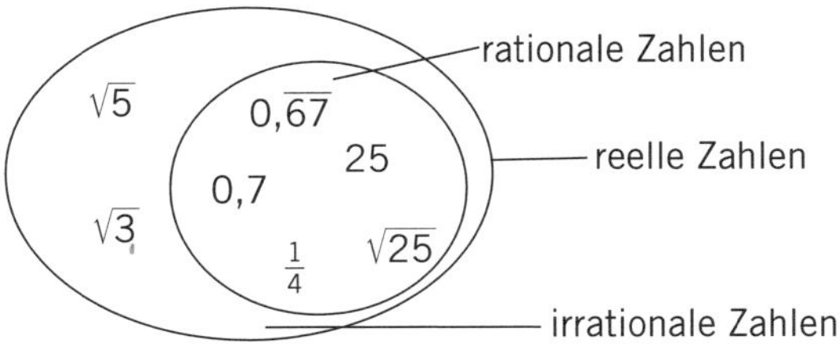

Test

Test 1

Näherung $\sqrt{7}$:

1. geschätzter Näherungswert	$a_1 = 3$, denn $3^2 = 9$
2. Divisionskontrolle	$a_2 = 7 : 3 = 2,\overline{3}$
3. Mittelwertsbildung	$a_3 = \frac{a_1 + a_2}{2} = \frac{3 + 2,\overline{3}}{2} = 2,\overline{6}$
4. Divisionskontrolle	$a_4 = 7 : 2,\overline{6} \approx 2,625$
5. Mittelwertsbildung	$a_5 = \frac{2,\overline{6} + 2,625}{2} \approx 2,6458$
6. Divisionskontrolle	$a_6 = 7 : 2,6458 \approx 2,6457$

$\sqrt{7} \approx 2,6457$ (Taschenrechner $\sqrt{7} = 2,6457513...$)

Test 2

a)

$\frac{3}{4}$	$\frac{2}{3}$	$\frac{5}{6}$	$\frac{3}{8}$	$\frac{4}{9}$	$\frac{6}{11}$
0,75	$0,\overline{6}$	$0,8\overline{3}$	0,375	$0,\overline{4}$	$0,\overline{54}$

b) abbrechend: $\frac{3}{4}$; $\frac{3}{8}$ unendlich periodisch: $\frac{2}{3}$; $\frac{5}{6}$; $\frac{4}{9}$; $\frac{6}{11}$

Test 3

rational: $\frac{3}{7}$; $0,4\overline{5}$; $\sqrt{\frac{4}{25}} = \frac{2}{5}$; $0,\overline{3}$
irrational: $\sqrt{7}$; $\sqrt{23}$

4 Quadratische Gleichungen

Reinquadratische Gleichungen

1.

a) $L = \{4; -4\}$ b) $L = \{5; -5\}$ c) $L = \{6; -6\}$ d) $L = \{1; -1\}$

2.

a) $L = \{+\sqrt{7}; -\sqrt{7}\}$
b) $L = \{+\sqrt{11}; -\sqrt{11}\}$
c) $L = \{+\sqrt{3}; -\sqrt{3}\}$
d) $L = \{+\sqrt{17}; -\sqrt{17}\}$

3.

a) $L = \{1; -7\}$
b) $L = \{4 + \sqrt{11}; 4 - \sqrt{11}\}$
c) $L = \left\{\frac{3}{2}; -\frac{1}{2}\right\}$
d) $L = \{5; -1\}$
e) $L = \{-8 + 2\sqrt{2}; -8 - 2\sqrt{2}\}$
f) $L = \left\{-\frac{1}{2}; -\frac{3}{2}\right\}$

4.

a) $x^2 = 4$
$L = \{2; -2\}$

b) $x^2 = 2$
$L = \{+\sqrt{2}; -\sqrt{2}\}$

c) $x^2 = 9$
$L = \{3; -3\}$

d) $x^2 = 3$
$L = \{+\sqrt{3}; -\sqrt{3}\}$

e) $x^2 = 5$
$L = \{+\sqrt{5}; -\sqrt{5}\}$

f) $x^2 = 16$
$L = \{4; -4\}$

g) $x^2 = 4$
$L = \{2; -2\}$

Quadratische Ergänzung

1.

a) $\left(x - \frac{5}{2}\right)^2 = -6 + \frac{25}{4}$
$L = \{2; 3\}$

b) $\left(x + \frac{3}{2}\right)^2 = 10 + \frac{9}{4}$
$L = \{2; -5\}$

c) $\left(x + \frac{5}{2}\right)^2 = -6 + \frac{25}{4}$
$L = \{-2; -3\}$

d) $(x + 4)^2 = 9 + 16$
$L = \{1; -9\}$

e) $\left(x - \frac{3}{2}\right)^2 = 40 + \frac{9}{4}$
$L = \{8; -5\}$

f) $\left(x - \frac{1}{2}\right)^2 = 12 + \frac{1}{4}$
$L = \{4; -3\}$

2.

a) $x^2 - 9x + 18 = 0$
$L = \{6; 3\}$

b) $x^2 + 8x + 12 = 0$
$L = \{-2; -6\}$

c) $x^2 + 2x - 3 = 0$
$L = \{1; -3\}$

3.

a) $x^2 - 2x - 3 = 0$; $L = \{3; -1\}$

b) $x^2 - 36 = 0$; $L = \{6; -6\}$

c) $x^2 - 7x + 6 = 0$; $L = \{1; 6\}$

d) $x^2 - \frac{7}{3}x + \frac{2}{3} = 0$; $L = \left\{\frac{1}{3}; 2\right\}$

4.

a) $x^2 - 2x - 8 = 0$; $L = \{4; -2\}$

b) $x^2 - 2x - 3 = 0$; $L = \{3; -1\}$

c) $x^2 - 8x + 14 = 0$; $L = \left\{4 + \sqrt{2}; 4 - \sqrt{2}\right\}$

d) $x^2 - 6x - 40 = 0$; $L = \{10; -4\}$

5.

a) $x_1 = -3$: $(-3)^2 - 2(-3) = 3$

$15 = 3$ (falsche Aussage)

$x_2 = -1$: $(-1)^2 - 2(-1) = 3$

$3 = 3$ (wahre Aussage)

Die richtigen Lösungen sind: $x_1 = 3$

$x_2 = -1$

also: $L = \{3; -1\}$

b) $x_2 = 6$ ergibt eine falsche Aussage. $L = \{1; -6\}$

c) $x_1 = -5$ ergibt eine falsche Aussage.

$x_2 = 2$ ergibt ebenfalls eine falsche Aussage.

$L = \{5; -2\}$

Allgemeines Lösungsverfahren

1.

a) $D = \frac{36}{4} - 10$

$D = -1$; keine Lösungen, $L = \{\,\}$

b) $D = 0$; $L = \{3\}$

c) $D = 1$; $L = \{2; 4\}$

2.

a) $D = -1$; $L = \{\,\}$

b) $D = 5$; $L = \left\{5 + \sqrt{5}; 5 - \sqrt{5}\right\}$

c) $D = 0$; $L = \{5\}$

d) $x^2 - x - 12 = 0$; $L = \{4; -3\}$

e) $x^2 - 3x - 40 = 0$; $L = \{8; -5\}$

f) $x^2 + x = 0$; $L = \{0; -1\}$

g) $x^2 - 5x + 6 = 0$; $L = \{2; 3\}$

h) $x^2 + 2x - 3 = 0$; $L = \{1; -3\}$

i) $x^2 - \frac{7}{3}x + \frac{2}{3} = 0$; $L = \left\{\frac{1}{3}; 2\right\}$

3.

a) $S_1(-1|1)$; $S_2(2|4)$

b) $L = \{2; -1\}$

c) Die x-Werte entsprechen den x-Koordinaten von a).

4.

Aus Platzgründen sind nicht alle Graphen abgebildet!

a) $y = x^2$

$y = -4x - 3$

$S_1(-1|1)$

$S_2(-3|9)$

$L = \{-1; -3\}$

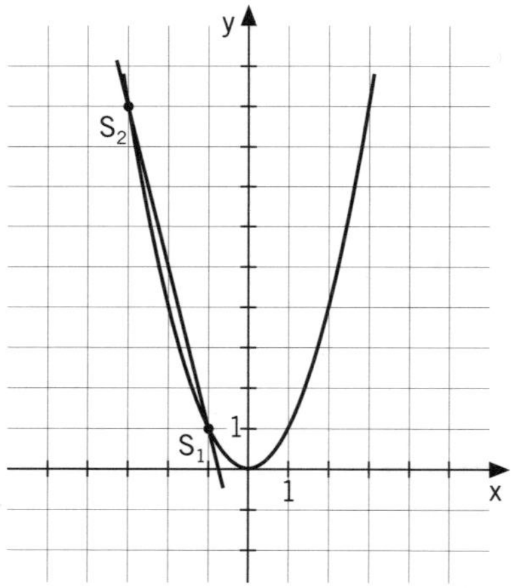

b) $y = x^2$

$y = 2x - 1$

$S_1(1|1)$

$L = \{1\}$

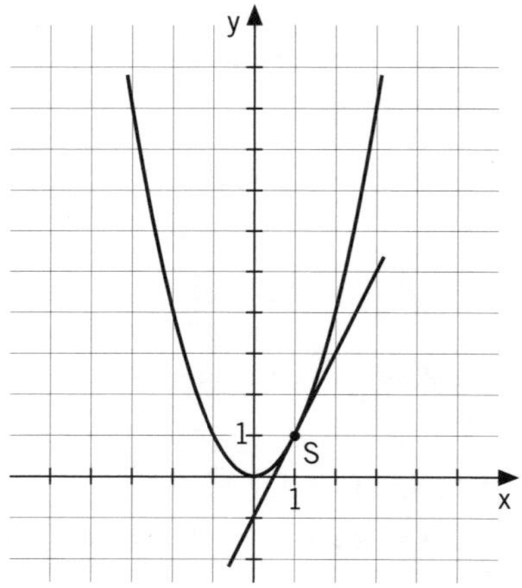

c) $S_1(1|1)$; $S_2(-4|16)$ $L = \{1; -4\}$

d) $y = x^2$

$y = 2x - 2$

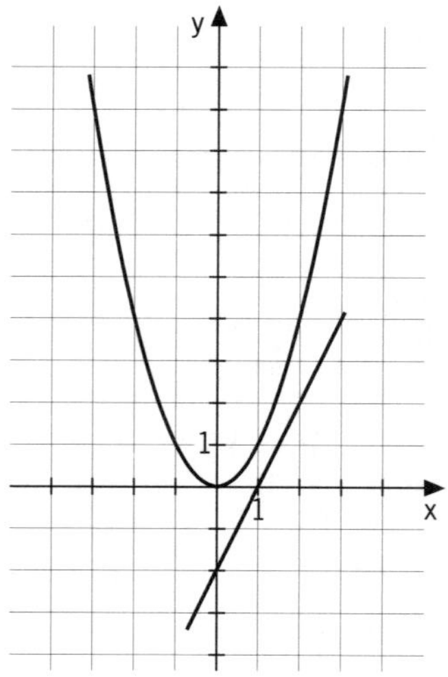

kein Schnittpunkt! $L = \{\}$

e) $y = x^2$

$y = 2x + 3$

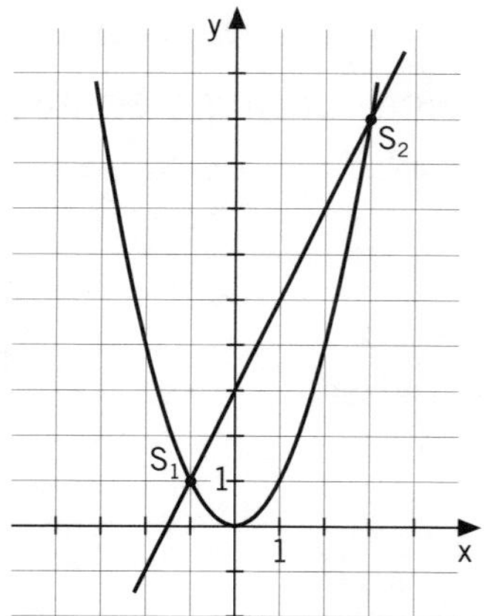

$S_1(-1|1)$; $S_2(3|9)$ $L = \{-1; 3\}$

f) $y = x^2$

$y = x - \frac{1}{4}$

$S\left\{\frac{1}{2}\middle|\frac{1}{4}\right\}$

$L = \left\{\frac{1}{2}\right\}$

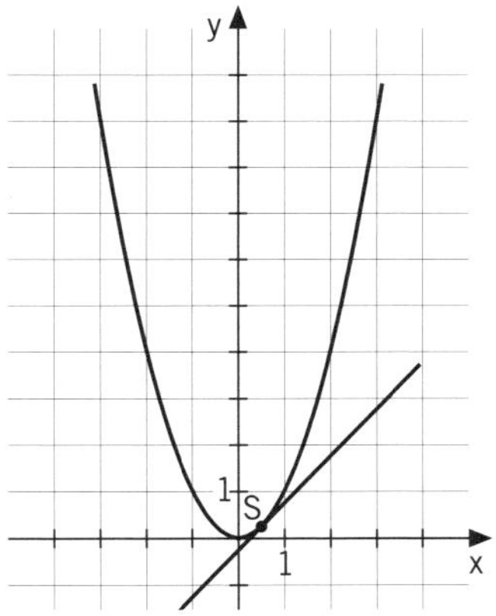

Satz von Vieta

1. b) $x_1 + x_2 = 5$; $x_1 \cdot x_2 = -6$

2. a) ① ja ② ja ③ nein

④ nein ⑤ nein ⑥ ja

b) ③ $x_1 = 5$; $x_2 = -3$

④ $x_1 = 1$; $x_2 = -3$

⑤ $x_1 = 3$; $x_2 = -2$

3. a) $L = \{7; -8\}$ b) $L = \left\{-\frac{2}{3}; \frac{1}{4}\right\}$

c) $L = \left\{\sqrt{5}; -\frac{3}{4}\right\}$ d) $L = \{5\}$

Test

Test 1

a) $L = \{2; -1\}$

b) $x_1 = 2$; $x_2 = -1$

c) $y = x^2$ und $y = x + 2$

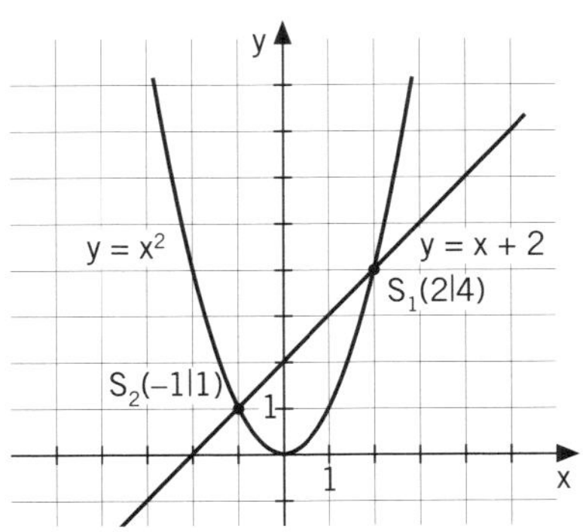

Test 2

a) $D = 0$; eine Lösung; $L = \{3\}$

b) $D = \frac{49}{4}$; zwei Lösungen; $L = \{3; -4\}$

c) $D = -3$; keine Lösung; $L = \{\}$

Test 3

a) $(x - 2)(x + 6) = 0$

$x^2 + 4x - 12 = 0$

b) $L = \{2; -6\}$

Vieta:

$x_1 + x_2 = -4$

$p = 4$

$x_1 \cdot x_2 = -12$

$q = -12$

5 Potenzen – Potenzfunktionen

Potenzen mit Exponenten aus ℕ

1.

a) 4^3 b) 4^5 c) $\left(\frac{1}{2}\right)^3$ d) $(-2)^4$ e) a^4 f) $(-x)^3$

2.

a) 8 und 9 b) 32 und 25 c) 27; –27; –27

3.

a) $1{,}43 \cdot 10^8$; $34\,000\,000\,000 = 3{,}4 \cdot 10^{10}$; $4{,}75 \cdot 10^{10}$

b) 3 080 000; 999 000 000; 84 300 000 000; 1 700 000

⟶ 6 Stellen

($\cdot 10^6$ bedeutet: Verschiebe das Komma um 6 Stellen nach rechts!)

4.

a) 11 200 000 000; 9 900 000 000; 32 000 000; 402 000 000 000

b) 1.734 13 1. 12 4.63 0,7

Rechnen mit Potenzen

1.

a) $x^{3+7} = x^{10}$; z^5; a^{10}

b) $\frac{1}{x^{4+5}} = \frac{1}{x^9}$; $\frac{1}{z^6}$; $\frac{1}{a^6}$

c) $x^{7-4} = x^3$; $z^0 = 1$; 1

d) $x^{2 \cdot 3} = x^6$; z^{21}; a^5

2.

a) $a^3 \cdot b^6$; $x^8 \cdot y^{12}$; $p^6 \cdot q^8$; $(3u^2)^3 \cdot v^3 = 27u^6 \cdot v^3$

b) $\frac{a^8}{b^{12}}$; $\frac{1}{64x^6}$; $8a^6b^9$; $\frac{x^{10} \cdot y^{20}}{z^{15}}$

3.

a) $3^3 \cdot 5^3 = (3 \cdot 5)^3 = 15^3$

b) $2^4 \cdot 2^5 = 2^{4+5} = 2^9$

4.

$$(x^2 - 2x + 1) \cdot (x - 4) = x^3 - 2x^2 + x - 4x^2 + 8x - 4$$
$$= x^3 - 6x^2 + 9x - 4$$

5.

a) $x^2 - 2x + 1$

b) $x^3 + 3x^2 - 9x + 5$

c) $a^3 - 4a^2 + 5a - 2$

d) $4y^2 - 4y + 1$

Potenzen mit Exponenten aus $\mathbb{Z}$

1.

a) $\frac{1}{5}$; $\frac{1}{5^2} = \frac{1}{25}$; $\frac{1}{125}$; $\frac{1}{9}$; $\frac{1}{27}$; $\frac{1}{100}$; $\frac{1}{1000}$

b) $\frac{1}{\left(\frac{1}{2}\right)^2} = 4$; 1; $-\frac{1}{27}$; -27; 81; $\frac{16}{9}$

c) $\frac{1}{a+b}$; 1; $\frac{1}{(a+b)^2}$

2.

a) $4{,}81 \cdot 10^{-3}$; $9{,}8 \cdot 10^{-5}$; $1{,}1 \cdot 10^{-4}$; $3{,}1 \cdot 10^{-3}$; $4{,}25 \cdot 10^{-2}$

b) 0,0015; 0,000 048 76; 0,000 009; 0,000 234; 0,0007

⟶ 3 Stellen ⟶ 5 Stellen

3.

a) $\frac{2^3}{2^5} = \frac{1}{4}$; $\frac{1}{2^8} = \frac{1}{256}$; $\frac{1}{2^4} = \frac{1}{16}$; $\frac{(-2)^3}{(-2)^6} = -\frac{1}{8}$

b) x^7; $\frac{1}{x}$; $\frac{1}{x^7}$

4.

a) $\frac{1}{2}$; $\frac{1}{2^5}$; 2^5; 2

b) $\frac{1}{x^3}$; $\frac{1}{x^7}$; x^3

5.

a) $x^{2-3} \cdot y^{3+2} \cdot z^{1+1} = \frac{y^5 \cdot z^2}{x}$

b) $a^3 \cdot b^2 \cdot c$

c) $\frac{a^2}{b^6}$

d) $0{,}4 \cdot 5 \cdot 8 \cdot a^{-1} \cdot b^2 = \frac{16b^2}{a}$

6.

a) $2^{-6} = \frac{1}{2^6} = \frac{1}{64}$; $2^6 = 64$; $(2^2)^3 = 64$

b) $\frac{1}{a^{12}}$; x^6; y^8

n-te Wurzeln

1.

a) $\sqrt[3]{27} = 3$, weil $3^3 = 27$

b) $\sqrt[4]{16} = 2$; $2^4 = 16$

c) $\sqrt[5]{100\,000} = 10$; $10^5 = 100\,000$

d) $\sqrt{25} = 5$; $5^2 = 25$

2.

a) $a \cdot b$ b) $\frac{x}{y}$ c) $\frac{1}{z}$

3.

a) $\sqrt[4]{3^3 \cdot 3} = \sqrt[4]{3^4} = 3$ b) $\sqrt[5]{2^3 \cdot 2^2} = \sqrt[5]{2^5} = 2$ c) $\sqrt[3]{10^3} = 10$

d) $\sqrt[3]{\frac{2^4}{2}} = \sqrt[3]{2^3} = 2$ e) $\sqrt[5]{\frac{3^7}{3^2}} = \sqrt[5]{3^5} = 3$ f) $\sqrt[4]{2^4} = 2$

4.

a) $\sqrt[3]{1000 \cdot 2} = \sqrt[3]{1000} \cdot \sqrt[3]{2} = 10\sqrt[3]{2}$ b) $\sqrt[4]{16 \cdot 3} = 2\sqrt[4]{3}$

c) $\sqrt[5]{32 \cdot 2} = 2\sqrt[5]{2}$

Potenzen mit Exponenten aus $\mathbb{Q}$

1.

a) $\sqrt[4]{16^3} = \sqrt[4]{2^{12}} = 2^{\frac{12}{4}} = 8$ b) $\frac{1}{\sqrt[4]{16^3}} = \frac{1}{\sqrt[4]{2^{12}}} = \frac{1}{8}$ c) $\sqrt[4]{\left(\frac{1}{16}\right)^3} = \sqrt[4]{\left(\frac{1}{2^4}\right)^3} = \frac{1}{3}$

d) 3 e) $\sqrt[5]{32} = \sqrt[5]{2^5} = 2$ f) $\frac{1}{\sqrt{4}} = \frac{1}{2}$

g) $\frac{1}{\sqrt[4]{81}} = \frac{1}{\sqrt[4]{3^4}} = \frac{1}{3}$

2. $x^{\frac{3}{4}}$; $\frac{1}{x^{\frac{3}{4}}} = x^{-\frac{3}{4}}$; $y^{\frac{3}{9}} = y^{\frac{1}{3}}$; $a^{\frac{12}{3}} = a^4$; $(a-x)^{\frac{5}{4}}$

3.

a) $a^{\frac{1}{2} + \frac{1}{4}} = a^{\frac{3}{4}} = \sqrt[4]{a^3}$

$a^{\frac{1}{3} + \frac{2}{9}} = a^{\frac{5}{9}} = \sqrt[9]{a^5}$

$x^{\frac{5}{6} - \frac{7}{12}} = x^{\frac{3}{12}} = x^{\frac{1}{4}} = \sqrt[4]{x}$

$x^{-\frac{3}{4} - \frac{1}{2}} = x^{-\frac{5}{4}} = \frac{1}{\sqrt[4]{x^5}}$

b) $\sqrt[4]{a}$; $\sqrt[4]{a}$; $\frac{1}{\sqrt[10]{x}}$; $\frac{1}{\sqrt[14]{y}}$; $\sqrt[5]{a^3}$; $\frac{1}{\sqrt[5]{x^7}}$

c) $\sqrt[6]{x}$; $\sqrt[3]{a^2}$; y; 1; a; x^2

4.

a) $6^{\frac{1}{3}} \cdot 6^{\frac{1}{4}} = 6^{\frac{1}{3} + \frac{1}{4}} = 6^{\frac{7}{12}} = \sqrt[12]{6^7}$ b) $9^{\frac{1}{2}} \cdot 9^{\frac{1}{3}} = 9^{\frac{5}{6}} = \sqrt[6]{9^5}$

c) $7^{\frac{1}{2}} : 7^{\frac{1}{3}} = 7^{\frac{1}{2} - \frac{1}{3}} = 7^{\frac{1}{6}} = \sqrt[6]{7}$ d) $x^{\frac{1}{3}} \cdot x^{\frac{1}{5}} = x^{\frac{8}{15}} = \sqrt[15]{x^8}$

e) $a^{\frac{1}{2}} \cdot a^{\frac{1}{n}} = a^{\frac{1}{2} + \frac{1}{n}} = a^{\frac{n+2}{2n}} = \sqrt[2n]{a^{n+2}}$ f) $a^{\frac{3}{5}} \cdot a^{\frac{4}{10}} = a$

g) $a^{\frac{3}{5}} : a^{\frac{4}{10}} = a^{\frac{3}{5} - \frac{2}{5}} = a^{\frac{1}{5}} = \sqrt[5]{a}$ h) $x^{\frac{1}{2}} : x^{\frac{2}{3}} = x^{\frac{1}{2} - \frac{2}{3}} = x^{-\frac{1}{6}} = \frac{1}{\sqrt[6]{x}}$

i) $x^{\frac{1}{3}} : x^{\frac{2}{5}} = x^{\frac{1}{3} - \frac{2}{5}} = x^{-\frac{1}{15}} = \frac{1}{\sqrt[15]{x}}$

5.

Du kannst diese Aufgabe mit Potenzen oder Wurzeln rechnen.

a) $(2^2 \cdot 3)^{\frac{1}{2}} = 2 \cdot 3^{\frac{1}{2}} = 2\sqrt{3}$ oder $\sqrt{12} = \sqrt{4 \cdot 3} = \sqrt{4} \cdot \sqrt{3} = 2\sqrt{3}$

$(5^2 \cdot 2)^{\frac{1}{2}} = 5\sqrt{2}$; $\sqrt{100} \cdot \sqrt{2} = 10\sqrt{2}$; $\sqrt{25} \cdot \sqrt{3} = 5\sqrt{3}$

$(2^3 \cdot 2)^{\frac{1}{3}} = 2\sqrt[3]{2}$; $\sqrt[3]{1000} \cdot \sqrt[3]{3} = 10\sqrt[3]{3}$; $\sqrt[3]{27} \cdot \sqrt[3]{2} = 3\sqrt[3]{2}$

b) $\sqrt{4a^2} = 2a$; $\sqrt{4a} = 2\sqrt{a}$; $\sqrt{2a^2} = a\sqrt{2}$; $\sqrt[3]{8a} = 2\sqrt[3]{a}$; $\sqrt[3]{2} \cdot \sqrt[3]{a^3} = a\sqrt[3]{2}$

6.

a) $\left(b^{\frac{1}{4}}\right)^{\frac{1}{3}} = b^{\frac{1}{12}} = \sqrt[12]{b}$

b) $\left((x^4)^{\frac{1}{2}}\right)^{\frac{1}{3}} = (x^4)^{\frac{1}{6}} = x^{\frac{2}{3}} = \sqrt[3]{x^2}$

c) $\left((a^{10})^{\frac{1}{5}}\right)^{\frac{1}{4}} = (a^{10})^{\frac{1}{20}} = a^{\frac{1}{2}} = \sqrt{a}$

d) $\left(\left(x^{\frac{1}{2}}\right)^{\frac{1}{2}}\right)^{\frac{1}{2}} = x^{\frac{1}{8}} = \sqrt[8]{x}$

7.

a) $\frac{\sqrt[4]{x^3}}{x}$ b) $\frac{\sqrt[5]{a^3}}{a}$ c) $\frac{5}{2} \cdot \sqrt[3]{4}$ d) $\frac{7 \cdot \sqrt[3]{a^2b}}{ab}$ e) $5 \cdot \frac{\sqrt[4]{x^2y^3}}{xy}$

Arbeiten mit dem Taschenrechner

1. Die Ergebnisse sind auf 4 Stellen nach dem Komma gerundet.

a) 64 b) 78125 c) 0,015

d) 0,0123 e) 35,7225 f) $9{,}5734 \cdot 10^{13}$

g) $1{,}0446 \cdot 10^{-14}$ h) 3,0852 i) 0,3241

2.

a) 3,3437 b) 2,5910 c) 0,0747 d) 17,9594 e) 66,9059

3.

a) 0,6300 b) 0,6412 c) 0,0934 d) 1,4427 e) 0,2738

4.

a) $2^{\frac{1}{4}} = 1{,}1892$ b) $10^{\frac{1}{3}} = 2{,}1544$ c) $28^{\frac{2}{5}} = 3{,}7920$

d) $0{,}87^{\frac{3}{6}} = 0{,}87^{\frac{1}{2}} = \sqrt{0{,}87} = 0{,}9327$ e) $3{,}756^{\frac{4}{5}} = 2{,}8826$

Potenzfunktionen mit Exponenten aus ℕ und aus ℤ

1.

a)

x	–3	–2	–1	0	1	2	3
x^2	9	4	1	0	1	4	9
x^3	–27	–8	–1	0	1	8	27
x^4	81	16	1	0	1	16	81
x^5	–243	–32	–1	0	1	32	243

b) Für x = 0 ist der Funktionswert immer 0.
Für x = 1 ist der Funktionswert immer 1.
Für x = –1 ist der Funktionswert bei geraden Exponenten 1; bei ungeraden Exponenten –1.

c)

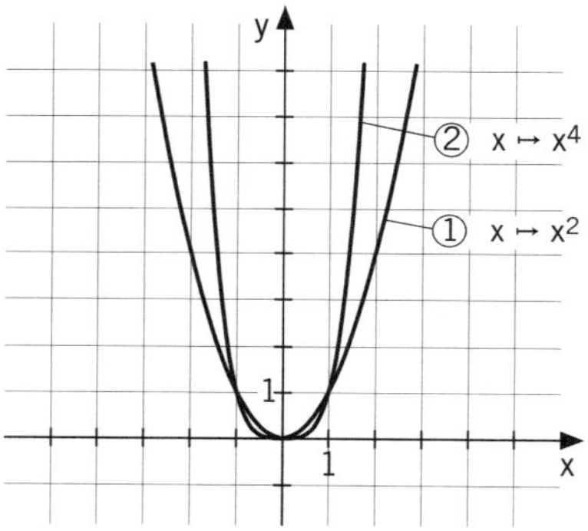

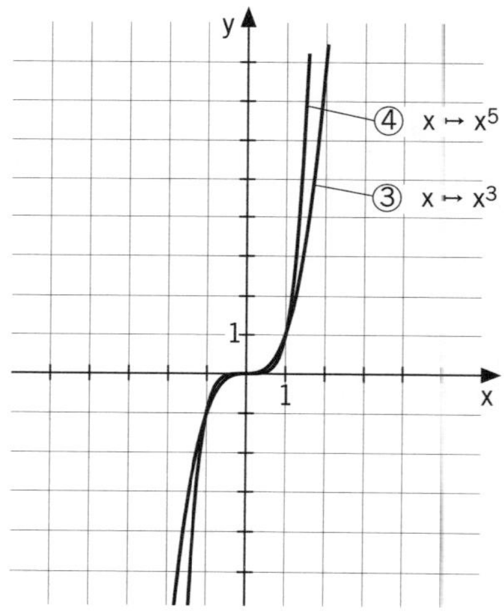

d) Die Graphen ①, ②, sind symmetrisch zur y-Achse, die Graphen ③, ④ sind punktsymmetrisch zum Ursprung.

2.

a)
b)
c)

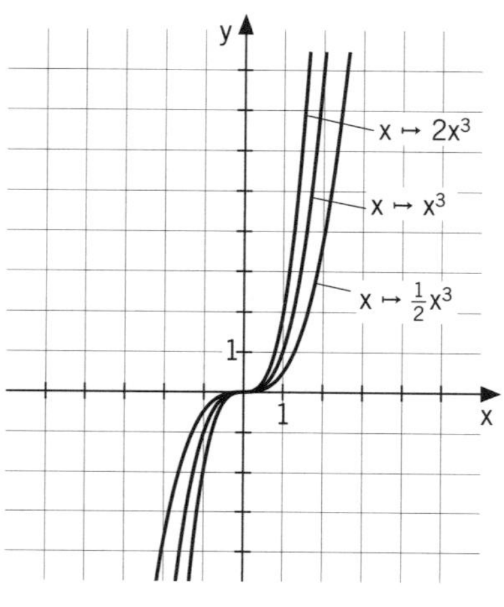

d)
e)
f)

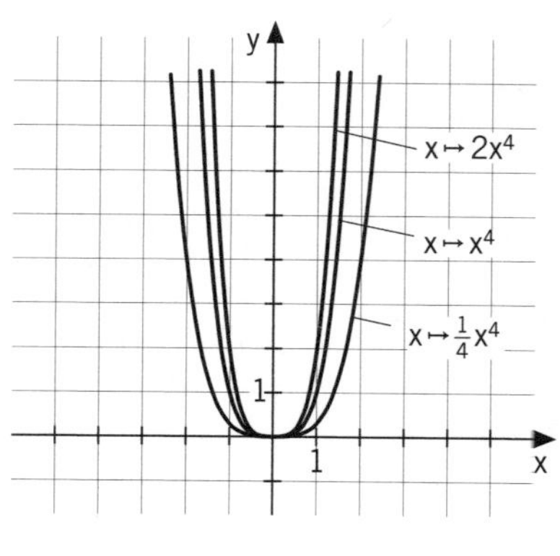

3.

a) $x \mapsto \frac{1}{x}$; $x \mapsto \frac{1}{x^2}$; $x \mapsto \frac{1}{x^3}$; $x \mapsto \frac{1}{x^4}$

b)

x	–3	–2	–1	–0,5	0	0,5	1	2	3
$\frac{1}{x}$	$-\frac{1}{3}$	$-\frac{1}{2}$	–1	–2		2	1	$\frac{1}{2}$	$\frac{1}{3}$
$\frac{1}{x^2}$	$\frac{1}{9}$	$\frac{1}{4}$	1	4		4	1	$\frac{1}{4}$	$\frac{1}{9}$
$\frac{1}{x^3}$	$-\frac{1}{27}$	$-\frac{1}{8}$	–1	–8		8	1	$\frac{1}{8}$	$\frac{1}{27}$
$\frac{1}{x^4}$	$\frac{1}{81}$	$\frac{1}{16}$	1	16		16	1	$\frac{1}{16}$	$\frac{1}{81}$

c) Für x = 0 sind die Funktionen nicht definiert.
Für x = 1 haben die Funktionen den gemeinsamen Funktionswert 1.
Für x = –1 ist er bei geraden Exponenten 1; bei ungeraden Exponenten –1.

d)

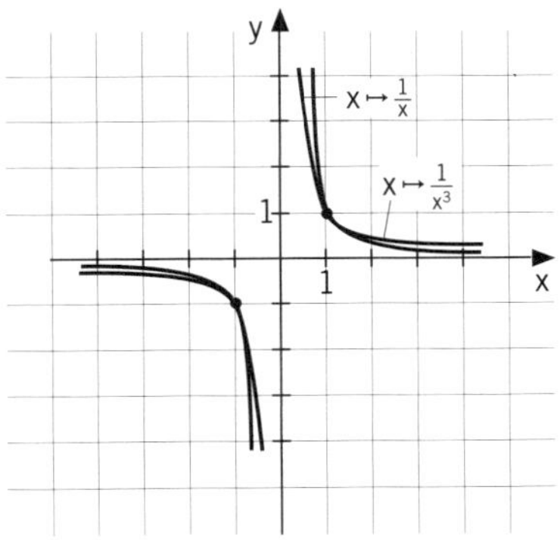

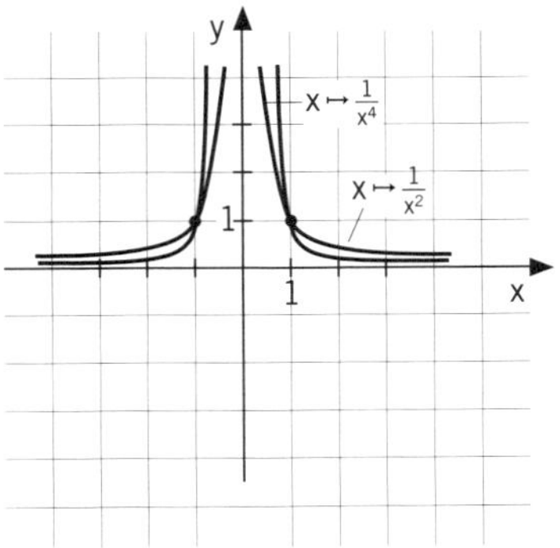

e) Die Hyperbeln der Funktionen mit geraden Exponenten sind symmetrisch zur y-Achse, die Hyperbeln der Funktionen mit ungeraden Exponenten dagegen punktsymmetrisch zum Ursprung.

Test

Test 1

$\frac{1}{16}$; $\frac{1}{\left(\frac{2}{3}\right)^3} = \frac{27}{8} = 3\frac{3}{8}$; $\frac{1}{0{,}1^4} = \frac{1}{0{,}0001} = 10\,000$

Test 2

a) $2{,}7 \cdot 10^7$; $1{,}5 \cdot 10^{-4}$

b) 705 000; 0,000 125

Test 3

a) $\frac{1}{x^2}$; $\frac{1}{x^{13}}$

b) $\frac{x^9}{y^6}$; $\frac{1}{x^6y^8}$

4.

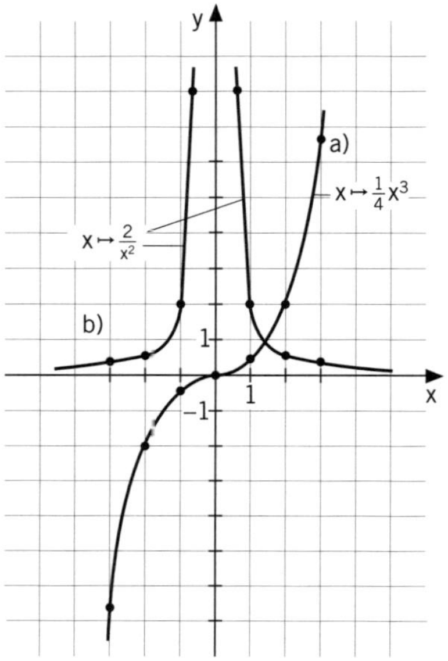

5.

a) $10;\ \frac{1}{2}$ b) $\sqrt{25} = 5;\ \frac{1}{\sqrt[3]{27}} = \frac{1}{3}$

6. $a^{\frac{11}{12}} = \sqrt[12]{a^{11}};\ x^{\frac{1}{5}} = \sqrt[5]{x};\ \frac{1}{a^{\frac{3}{8}}} = \frac{1}{\sqrt[8]{a^3}}$

7.

a) $a^{\frac{3}{2}} \cdot a^{\frac{4}{3}} = a^{\frac{17}{6}} = \sqrt[6]{a^{17}}$

$\frac{x^{\frac{1}{3}}}{x^{\frac{4}{5}}} = x^{\frac{1}{3} - \frac{4}{5}} = x^{-\frac{7}{15}} = \frac{1}{\sqrt[15]{x^7}}$

b) $a^{\frac{6}{5} \cdot \frac{1}{3}} = a^{\frac{2}{5}} = \sqrt[5]{a^2};$

$\left(\left(x^{\frac{1}{2}}\right)^{\frac{1}{2}}\right)^{\frac{1}{2}} = x^{\frac{1}{8}} = \sqrt[8]{x}$

Exponential- und Logarithmusfunktionen 6

Exponentialfunktionen

Aus Platzgründen sind nicht alle Graphen abgebildet.

1.

Achtung: Verdreifachen heißt $\cdot 3$ in jedem Jahr!

a) nach 1 Jahr: 3 Millionen €
nach 2 Jahren: 9 Millionen €
nach 3 Jahren: 27 Millionen €

b) vor 1 Jahr: $\frac{1}{3}$ Million €
vor 2 Jahren: $\frac{1}{9}$ Million €
vor 3 Jahren: $\frac{1}{27}$ Million €

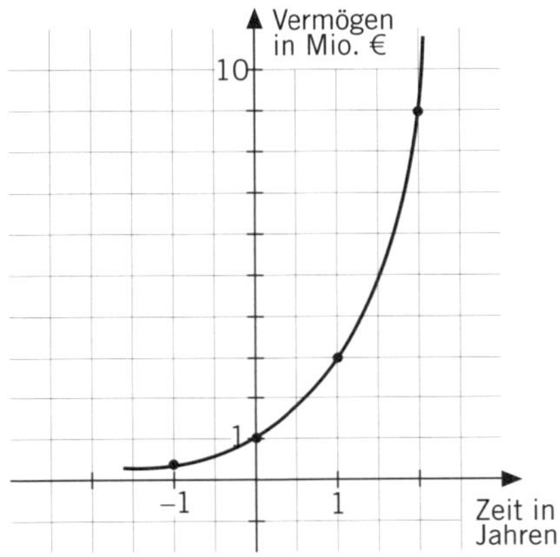

c)

x	–3	–2	–1	0	1	2	3	4
3^x	$\frac{1}{27}$	$\frac{1}{9}$	$\frac{1}{3}$	1	3	9	27	81

2.

a) nach 1 Jahr: $\frac{1}{3}$ Million €
nach 2 Jahren: $\frac{1}{9}$ Million €
nach 3 Jahren: $\frac{1}{27}$ Million €

b) vor 1 Jahr: 3 Millionen €
vor 2 Jahren: 9 Millionen €
vor 3 Jahren: 27 Millionen €

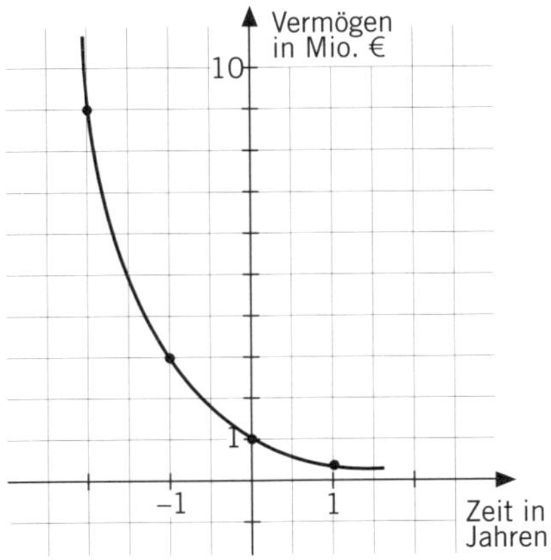

c)

x	–3	–2	–1	0	1	2	3	4
$\left(\frac{1}{3}\right)^x$	27	9	3	1	$\frac{1}{3}$	$\frac{1}{9}$	$\frac{1}{27}$	$\frac{1}{81}$

3.

a) nach 1 Monat: $1{,}2 \cdot 5000 = 6000$ Pflanzen
nach 2 Monaten: 7200 Pflanzen
nach 3 Monaten: 8640 Pflanzen

b) vor 1 Monat: $5000 : 1{,}2 \approx 4167$ Pflanzen
vor 2 Monaten: ≈ 3472 Pflanzen
vor 3 Monaten: ≈ 2894 Pflanzen

c)

x	–4	–3	–2	–1	0	1	2	3	4
$5000 \cdot 1{,}2^x$	2411	2894	3472	4167	5000	6000	7200	8640	10368

Achtung: Die Werte sind gerundet; bei Pflanzen gibt man keine Stelle nach dem Komma an.

d) Beispiel:
$x = -2$ in die Funktionsgleichung eingesetzt, ergibt: $5000 \cdot 1{,}2^{-2} = 3472{,}22$
Achtung: Beim Eintippen in den Taschenrechner Reihenfolge beachten:
1,2 [y^x] 2 [+/–] [×] 5000 [=]
d. h. erst $1{,}2^{-2}$ berechnen, dann mit 5000 multiplizieren.

Logarithmusfunktionen

1.

a)

x	–3	–2	–1	0	1	2	3
2^x	$\frac{1}{8}$	$\frac{1}{4}$	$\frac{1}{2}$	1	2	4	8

b)

x	$\frac{1}{8}$	$\frac{1}{4}$	$\frac{1}{2}$	1	2	4	8
$\log_2 x$	–3	–2	–1	0	1	2	3

c)

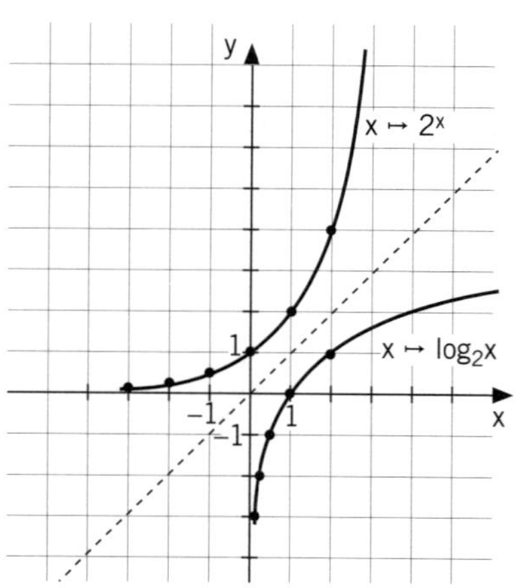

2.

$\log_2 4 = 2$ entspricht $2^2 = 4$

$\log_2 1 = 0$ entspricht $2^0 = 1$

$\log_2\left(\frac{1}{8}\right) = -3$ entspricht $2^{-3} = \frac{1}{8}$

$\log_2\left(\frac{1}{32}\right) = -5$ entspricht $2^{-5} = \frac{1}{32}$

3.

a) $\log_2 8 = x$, denn $2^x = 8$,
also $x = 3$, weil $2^3 = 8$

b) $x = -4$

c) $x = 6$

4.

a) $\log_2 x = 5$ entspricht $2^5 = x$; $x = 32$

b) $x = 8$

c) $x = 1000$

Rechnen mit Logarithmen

1.

a) $\log_2(4 \cdot 16) = \log_2 4 + \log_2 16 = 2 + 4 = 6$

b) $\log_2 32 - \log_2 4 = 5 - 2 = 3$

c) $1 + 3 = 4$

d) 2

2.

a) $\log_2 \frac{1}{2^2} = -\log_2 2^2 = -2\log_2 2 = -2 \cdot 1 = -2$

b) $\log_2 \frac{1}{2^4} = -\log_2 2^4 = -4\log_2 2 = -4 \cdot 1 = -4$

c) $-4\log_{10} 10 = -4$

d) $-3\log_{10} 10 = -3$

3.

a) $\log_2 2^6 = 6 \cdot \log_2 2 = 6 \cdot 1 = 6$

b) $\log_2 2^5 = 5$

c) $\log_{10} 10^2 = 2$

d) $\log_{10} 10^4 = 4$

e) $\frac{3}{4} \cdot \log_2 2 = \frac{3}{4}$

f) $-\frac{1}{2}$

g) $\frac{4}{5}$

h) $-\frac{2}{3}$

4.

a) $\log_5(25 \cdot 5) = \log_5 125 = 3$

b) $\log_7 \frac{7}{49} = \log_7 \frac{1}{7} = -1$

c) $\log_5 625^{\frac{1}{2}} = \log_5 \sqrt{625} = \log_5 25 = 2$

d) $\log_4 64^2 = \log_4 (4^3)^2 = \log_4 4^6 = 6$

e) $\log_2 16^{\frac{1}{2}} - \log_2 4^2 = \log_2 \sqrt{16} - \log_2 16 = \log_2 2^2 - \log_2 2^4 = 2 - 4 = -2$

f) $\log_2 8^{\frac{1}{3}} = \log_2 \sqrt[3]{8} = \log_2 2 = 1$

5.

a) $\log_2 3 + \log_2 5 = 1{,}5850 + 2{,}3219 = 3{,}9069$

b) $\log_2 3 + \log_2 4 = 1{,}5850 + 2 = 3{,}5850$

c) $2 \cdot \log_2 3 = 3{,}1700$

d) $\log_2 (2^2 \cdot 5^2) = 2 \log_2 2 + 2 \log_2 5 = 2 + 2 \cdot 2{,}3219 = 6{,}6438$

e) $\log_2 3 - \log_2 10 = \log_2 3 - \log_2 (2 \cdot 5) = \log_2 3 - (\log_2 2 + \log_2 5)$
$= 1{,}5850 - 1 - 2{,}3219 = -1{,}7369$

f) $\log_2 (2 \cdot 3) - \log_2 (3 \cdot 5) = 1 + 1{,}5850 - 1{,}5850 - 2{,}3219 = -1{,}3219$

6.

0,7782; 1,1761; 3,1374; –1,4597; 1,3763

Test

Test 1

a)

x	–2	–1	0	1	2
2^x	$\frac{1}{4}$	$\frac{1}{2}$	1	2	4
$\left(\frac{1}{2}\right)^x$	4	2	1	$\frac{1}{2}$	$\frac{1}{4}$

b)

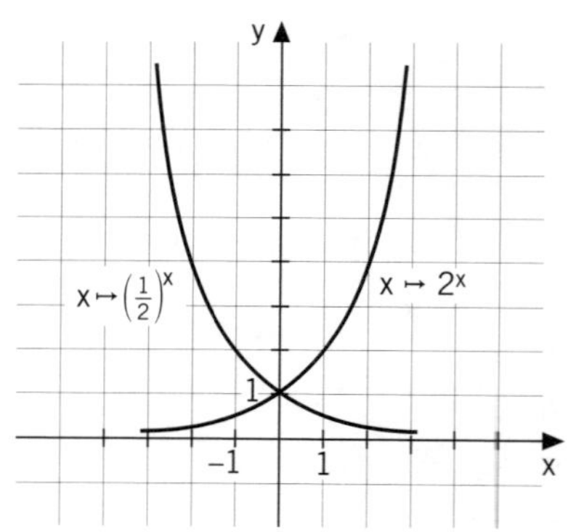

Test 2

a)

x	–2	–1	0	1	2
$y = 3^x$	$\frac{1}{9}$	$\frac{1}{3}$	1	3	9

b)

x	$\frac{1}{9}$	$\frac{1}{3}$	1	3	9
$y = \log_3 x$	–2	–1	0	1	2

c)

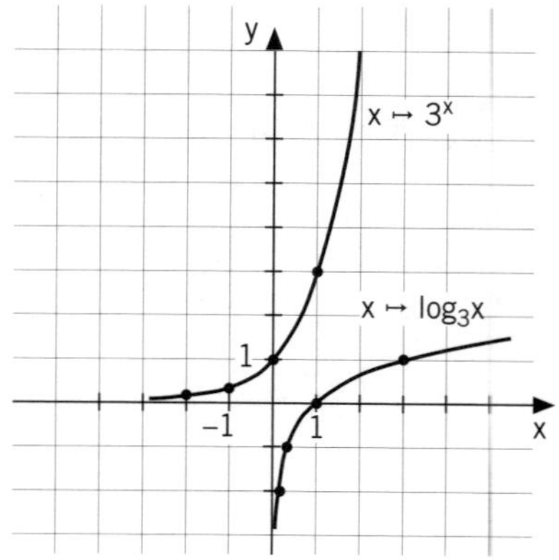

Test 3

a) 8 b) –2

c) –3 d) 4

Kreisberechnungen 7

Flächeninhalt und Umfang

Hinweis: Rechne mit $\pi = 3{,}14$. Genauer wird dein Ergebnis, wenn du den Taschenrechner mit der π-Taste benutzt.

1.

$A_O = r^2 \cdot \pi$; $U_O = 2r \cdot \pi$

a) $A_O = 25\,cm^2 \cdot \pi = 78{,}50\,cm^2$
$U_O = 10\,cm \cdot \pi = 31{,}40\,cm$

b) $d = 12\,cm$, also $r = 6\,cm$
$A_O = 113{,}04\,cm^2$
$U_O = 37{,}68\,cm$

c) $A_O = 176{,}63\,cm^2$
$U_O = 47{,}10\,cm$

d) $A_O = 4{,}52\,cm^2$
$U_O = 7{,}54\,cm$

2.

$U_O = 2r \cdot \pi$; $r = \frac{U_O}{2\pi}$

$A_O = r^2 \cdot \pi$; $r^2 = \frac{A_O}{\pi}$; $r = \sqrt{\frac{A_O}{\pi}}$

b) ist also richtig.

c) ist richtig.

3.

a) 1) $r = \frac{U_O}{2\pi}$; $r = \frac{18{,}84\,cm}{2 \cdot 3{,}14} = 3\,cm$ $\quad A_O = 9\,cm^2 \cdot \pi = 28{,}26\,cm^2$
2) $r = 4\,cm$; $A_O = 50{,}24\,cm^2$
3) $r = 8\,cm$; $A_O = 200{,}96\,cm^2$

b) 1) $r = \sqrt{\frac{A_O}{\pi}}$; $r = \sqrt{\frac{113{,}04\,cm^2}{\pi}} = \sqrt{36\,cm^2} = 6\,cm$
$U_O = 12\,cm \cdot \pi = 37{,}68\,cm$
2) $r = 10\,cm$; $U_O = 62{,}80\,cm$
3) $r = 5\,cm$; $U_O = 31{,}4\,cm$

4.

a) $r = \frac{U_O}{2\pi}$; $r = 24\,m$; $A_O = 576\,m^2 \cdot \pi \approx 1808{,}64\,m^2$
Die Fläche des Teiches beträgt $1808{,}64\,m^2$.

b) Der neue Radius beträgt $24\,m + 2\,m = 26\,m$.
$U_O = 2 \cdot 26\,m \cdot \pi \approx 163{,}28\,m$
Der äußere Rand des Weges ist $163{,}28\,m$ lang.

c) Die Wegfläche ergibt sich aus der Differenz des Flächeninhalts der beiden Kreise mit den Radien $r = 24\,m$ bzw. $r = 26\,m$.
$r = 24\,m$; $A_1 = 1808{,}64\,m^2$
$r = 26\,m$; $A_2 = 2122{,}64\,m^2$
$A_2 - A_1 = 314\,m^2$
Die Fläche des Weges beträgt $314\,m^2$.

5.

a) Großer Zeiger: $U_1 = 10\,cm \cdot \pi \approx 31{,}40\,cm$ Weglänge
Kleiner Zeiger: $U_2 = 6\,cm \cdot \pi \approx 18{,}84\,cm$ Weglänge

b) Großer Zeiger: 12 Umdrehungen
Kleiner Zeiger: 1 Umdrehung

c) Großer Zeiger: $U = 12 \cdot U_1 = 376{,}8\,cm$
Kleiner Zeiger: $U = 1 \cdot U_1 = 18{,}84\,cm$

6.

a) Fläche des Quadrats: $A_{\square} = 16\,cm \cdot 16\,cm = 256\,cm^2$.
Der Durchmesser des Kreises entspricht der Seite des Quadrats, also ist die Fläche des Deckels mit $r = 8\,cm$: $A_{\circ} = 64\,cm^2 \cdot \pi \approx 200{,}96\,cm^2$.
Die Fläche des Restbleches beträgt $A_{\square} - A_{\circ} = 55{,}04\,cm^2$.

b) Fläche eines Deckels mit $r = 4\,cm$: $A_{\circ} = 16\,cm^2 \cdot \pi \approx 50{,}24\,cm^2$
Gesamtfläche der 4 Deckel: $4 \cdot 50{,}24\,cm^2 = 200{,}96\,cm^2$.
Die Restfläche $A_{\square} - 4\,A_{\circ}$ ist wiederum $55{,}04\,cm^2$.

c) Fläche eines Deckels mit $r = 2\,cm$; $A_{\circ} = 4\,cm^2 \cdot \pi \approx 12{,}56\,cm^2$.
Gesamtfläche der 16 Deckel: $16 \cdot 12{,}56\,cm^2 = 200{,}96\,cm^2$.
Die Restfläche $A_{\square} - 16\,A_{\circ}$ beträgt $55{,}04\,cm^2$.
Die Restflächen in a), b) und c) sind gleich groß.

7.

a) $U_1 = \frac{U_{\circ}}{2}$; $U_1 = \frac{2 \cdot 9\,cm \cdot \pi}{2} \approx 28{,}26\,cm$

b) Durchmesser eines mittleren Bogens: $\frac{d}{3} = \frac{18}{3}\,cm = 6\,cm$
$U_2 = \frac{6\,cm \cdot \pi}{2} \approx 9{,}42\,cm$; $3 \cdot U_2 = 28{,}26\,cm$

c) Durchmesser eines kleinsten Bogens: $\frac{d}{9} = \frac{18}{9}\,cm = 2\,cm$
$U_3 = \frac{2\,cm \cdot \pi}{2} \approx 3{,}14\,cm$; $9 \cdot U_3 = 28{,}26\,cm$

d) Die Länge der Halbkreisbögen ist gleich.

8.

a) $S_1 = \frac{144\,cm^2 \cdot \pi}{360°} \cdot 60° \approx 75{,}36\,cm^2$

b) Mittelpunktswinkel der Restfläche: $\beta = 360° - \alpha = 300°$
$S_2 = \frac{144\,cm^2 \cdot \pi}{360°} \cdot 300° \approx 376{,}8\,cm^2$.

c) $S_1 + S_2 = 452{,}16\,cm^2$; $A_{\circ} = 144\,cm^2 \cdot \pi \approx 452{,}16\,cm^2$
Die Flächeninhalte stimmen überein.

9.

a) $b_1 = \frac{40\,\text{cm} \cdot \pi}{360°} \cdot 45° \approx 15{,}70\,\text{cm}$

b) Der Restwinkel β beträgt $360° - \alpha = 315°$, also folgt:
$b_2 = \frac{40\,\text{cm} \cdot \pi}{360°} \cdot 315° \approx 109{,}9\,\text{cm}$

c) $b_1 + b_2 = 125{,}6\,\text{cm}$; $U_o = 40\,\text{cm} \cdot \pi \approx 125{,}6\,\text{cm}$
Die Bogenlängen stimmen überein.

10.

a) $S = \frac{225\,\text{cm}^2 \cdot \pi}{360°} \cdot 120° \approx 235{,}5\,\text{cm}^2$

$b = \frac{30\,\text{cm} \cdot \pi}{360°} \cdot 120° \approx 31{,}4\,\text{cm}$

b) $S = 42{,}39\,\text{cm}^2$; $b = 9{,}42\,\text{cm}$

c) $S = 50{,}24\,\text{cm}^2$; $b = 12{,}56\,\text{cm}$

d) $S = 301{,}44\,\text{cm}^2$; $b = 50{,}24\,\text{cm}$

11.

In fünf Minuten überstreicht er $360° : 12 = 30°$.

a) 60°; 150°; 270°

b) 60°; 90°; 240°

c) $S = \frac{36\,\text{cm}^2 \cdot \pi}{360°} \cdot 240° \approx 75{,}36\,\text{cm}^2$

d) $S = \frac{16\,\text{cm}^2 \cdot \pi}{360°} \cdot 270° \approx 37{,}68\,\text{cm}^2$

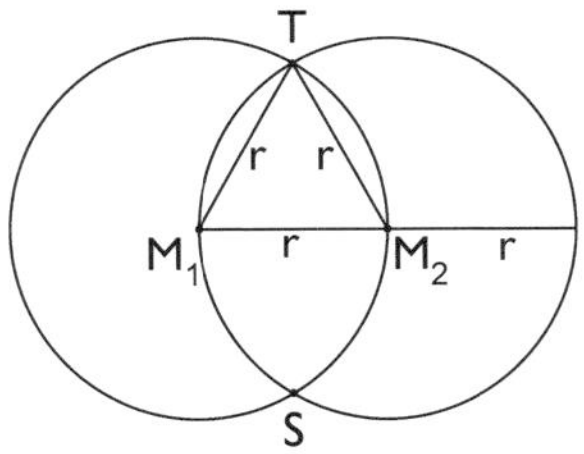

12.

$\overline{TM_1} = \overline{M_1M_2} = \overline{M_2T} = r$

$A = r^2\left(\frac{2\pi}{3} - \frac{\sqrt{3}}{2}\right)$

a) $r = 1\,\text{cm}$; $A = 1{,}227\,\text{cm}^2$

b) $r = 4{,}5\,\text{cm}$; $A = 24{,}852\,\text{cm}^2$

13.

größerer Kuchen: $A = \pi \cdot 12{,}25^2\,\text{cm}^2 \approx 471{,}435\,\text{cm}^2$

1 Stück: $29{,}46\,\text{cm}^2$

kleinerer Kuchen: $A = \pi \cdot 10{,}5^2\,\text{cm}^2 \approx 346{,}185\,\text{cm}^2$

1 Stück: $28{,}85\,\text{cm}^2$

Die Stücke des größeren Kuchens enthalten also ein bisschen mehr Schokoglasur als die des kleineren!

14.

Quadrat: $U = 20\,\text{cm} = 4a$; $a = 5\,\text{cm}$; $\frac{a}{2} = 2{,}5\,\text{cm}$

Kreis: $U = 20\,\text{cm} = 2\pi r$; $r = \frac{10}{\pi}\text{cm}$

$x = r - \frac{a}{2} = \frac{10}{\pi}\text{cm} - 2{,}5\,\text{cm} \approx 0{,}68\,\text{cm}$

Test

Test 1

a) $U_O = 2r \cdot \pi$ oder $U_O = d \cdot \pi$

b) $A_O = r^2 \cdot \pi$ oder $A_O = \frac{d^2}{4} \cdot \pi$

c) $S = \frac{r^2 \cdot \pi}{360°} \cdot \alpha$

d) $b = \frac{2r \cdot \pi}{360°} \cdot \alpha$ (wobei α den jeweils dazugehörigen Mittelpunktswinkel bezeichnet)

Test 2

a) Großer Zeiger: Kreisumfang $U = 2\pi r$;

$U = 2\pi \cdot 120\,\text{cm} = 753{,}6\,\text{cm} \approx 7{,}5\,\text{m}$

Kleiner Zeiger: $b = 2\pi r \cdot \frac{\alpha}{360°}$;

$b = 2\pi \cdot 80\,\text{cm} \cdot \frac{30°}{360°} = 41{,}9\,\text{cm} \approx 0{,}4\,\text{m}$

b) Großer Zeiger: $A = \pi r^2$; $A = 45\,216\,\text{cm}^2 \approx 4{,}5\,\text{m}^2$

Kleiner Zeiger: $S = r^2\pi \cdot \frac{\alpha}{360°}$; $S = 1674{,}7\,\text{cm}^2 \approx 0{,}17\,\text{m}^2$

c) $A = A_1 - A_2$

$A_1 = 45\,216\,\text{cm}^2 \approx 4{,}5\,\text{m}^2$

$A_2 = 20\,096\,\text{cm}^2 \approx 2\,\text{m}^2$

Die Fläche des Kreisringes A beträgt $25\,120\,\text{cm}^2 \approx 2{,}5\,\text{m}^2$.

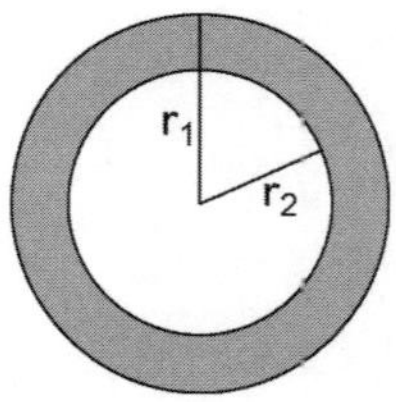

Test 3

$2r \cdot \pi = 6{,}28\,\text{m}$

$r = \frac{6{,}28\,\text{m}}{2 \cdot \pi} = 1\,\text{m}$

$A_O = r^2 \cdot \pi = 1\,\text{m}^2 \cdot \pi = 3{,}14\,\text{m}^2$

Satzgruppe des Pythagoras 8

Kathetensatz

1.

a)

a	4 cm		4 cm		
p				16 dm	
c		7,2 m			6,4 cm

b)

b		7,48 m		5,48 cm	
q			4,57 dm		8 cm
c	20 cm				

2.

a) $c = 2\,cm + 3\,cm = 5\,cm$

$a^2 = 2\,cm \cdot 5\,cm = 10\,cm^2$

$a \approx 3{,}2\,cm$

$b^2 = 3\,cm \cdot 5\,cm = 15\,cm^2$

$b \approx 3{,}9\,cm$

b) $c = 9\,cm$

$a = 6\,cm$

$b \approx 6{,}7\,cm$

c) $c = 16\,cm$

$a \approx 8{,}9\,cm$

$b \approx 13{,}3\,cm$

3.

a) $a = \overline{BC}$

b) Achtung: Hier ist die Seite a die Hypotenuse. Deshalb gilt nach dem Kathetensatz: $c^2 = p \cdot a$, wobei $a = p + q$

$a = 7\,cm$

$c^2 = 5\,cm \cdot 7\,cm = 35\,cm^2$

$c \approx 5{,}9\,cm$

Für b ergibt sich:

$b^2 = q \cdot a$

$b^2 = 2\,cm \cdot 7\,cm = 14\,cm^2$

$b \approx 3{,}7\,cm$

4.

Da die Hypotenusenabschnitte gleich lang sind, handelt es sich um ein gleichschenkliges Dreieck, d. h. es gilt $a = c$. (Die Hypotenuse des Dreiecks ist b.) Somit ist $b = p + q = 6\,\text{cm}$.

$c^2 = q \cdot b$

$c^2 = 3\,\text{cm} \cdot 6\,\text{cm} = 18\,\text{cm}^2$

$c \approx 4{,}2\,\text{cm}$; $a \approx 4{,}2\,\text{cm}$

5.

a)
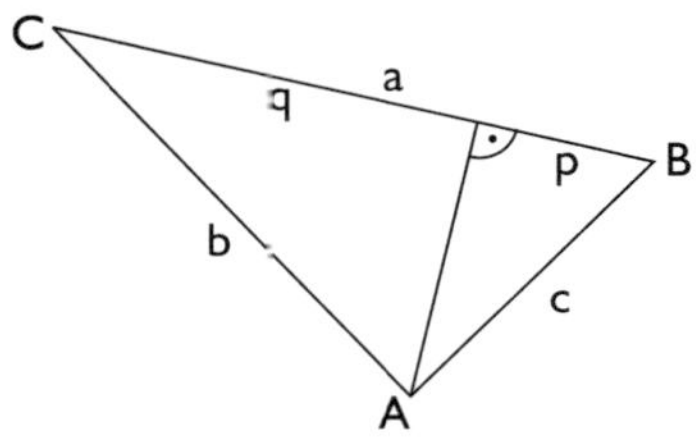

b) $p = a - q = 1{,}5\,\text{cm}$

$c = \sqrt{5 \cdot 1{,}5}\,\text{cm} \approx 2{,}7\,\text{cm}$

$b = \sqrt{5 \cdot 3{,}5}\,\text{cm} \approx 4{,}2\,\text{cm}$

Satz des Pythagoras

1.

a		6 dm		11,5 cm		
b			15 cm			8,1 cm
c	6,4 cm				20 dm	

2.

a) s: Hypotenuse, h und $\frac{s}{2}$: Katheten

b) $h^2 + \left(\frac{s}{2}\right)^2 = s^2$; $h^2 = s^2 - \frac{s^2}{4}$; $h = \sqrt{s^2 - \frac{s^2}{4}}$

$h = \sqrt{36\,\text{cm}^2 - 9\,\text{cm}^2} \approx 5{,}2\,\text{cm}$

c) $A_D = \frac{s \cdot h}{2}$; $A_D = 15{,}6\,\text{cm}^2$

3.

a) $h^2 + \left(\frac{c}{2}\right)^2 = s^2$: $h = \sqrt{s^2 - \frac{c^2}{4}}$; $h = 4\,\text{cm}$

$A_D = \frac{c \cdot h}{2}$; $A_D = 12\,\text{cm}^2$

b) $h \approx 19{,}4\,\text{cm}$; $A_D = 155{,}2\,\text{cm}^2$

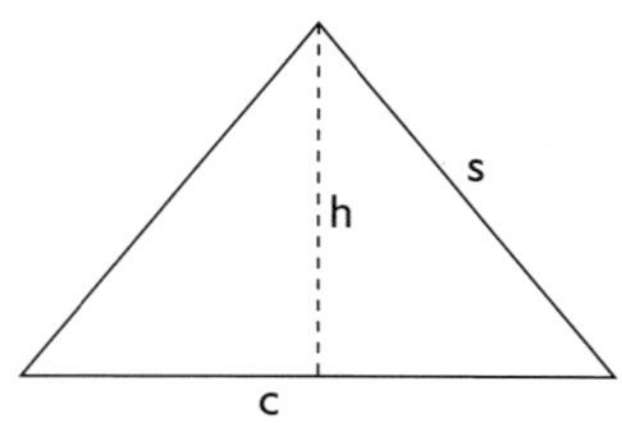

4.

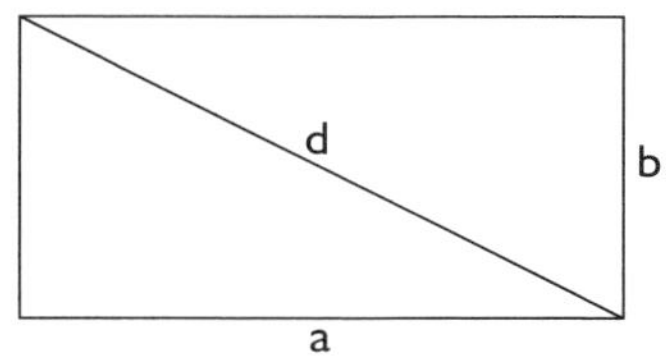

a) $d^2 = a^2 + b^2$

$d = \sqrt{a^2 + b^2}$

$d = \sqrt{16\,cm^2 + 25\,cm^2} \approx 6{,}4\,cm$

b) $d \approx 7{,}6\,cm$

5.

$d^2 = a^2 + a^2 = 2a^2$

$d = \sqrt{2a^2} = a \cdot \sqrt{2}$

a) $d = 5\,cm \cdot \sqrt{2} \approx 7{,}1\,cm$ b) $d \approx 11{,}3\,cm$ c) $d \approx 12{,}7\,cm$ d) $d \approx 17\,cm$

6.

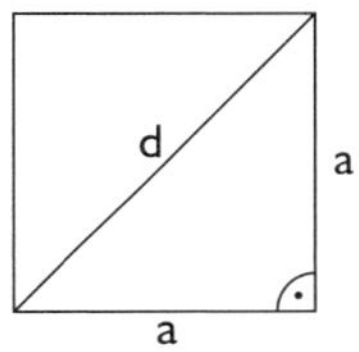

$a^2 + a^2 = d^2$

$2a^2 = d^2$

$a^2 = \frac{d^2}{2}$

$a = \sqrt{\frac{d^2}{2}} = \frac{d}{2} \cdot \sqrt{2}$

a) $a = \frac{8\,cm}{2} \cdot \sqrt{2} \approx 5{,}7\,cm$ b) $a \approx 21{,}2\,cm$ c) $a \approx 12{,}7\,cm$ d) $a \approx 31{,}8\,cm$

Höhensatz

1.

h	8 cm			12 cm		
p		6,4 cm			28 dm	
q			4 dm			36 cm

2.

a) $h^2 = p \cdot q$

$h = \sqrt{4\,m \cdot 9\,m} = \sqrt{36\,m^2}$

$h = 6\,m$

b) $a = \sqrt{p \cdot c}$

$a \approx 10{,}8\,m$

$b = \sqrt{q \cdot c}$

$b \approx 7{,}2\,m$

3.

a)

a			29,4 dm	31,2 cm
b		6,7 m	41,5 dm	
c	6,7 cm		50,9 dm	33,8 cm
h	2,6 cm	4,5 m		12 cm
p	1,3 cm	4 m		28,8 cm
q	5,4 cm	5 m	33,9 dm	
A	9 cm²	20,25 m²	610,8 dm²	202,8 cm²

Achtung: Durch Rundungsungenauigkeiten kannst du bei a) und b) etwas andere Werte erhalten.

b)

a	76,3 cm		25 cm	12,7 m
b	40 cm	24,5 dm	15 cm	
c		31,6 dm	20 cm	4,2 m
h	34 cm	19,4 dm	12 cm	
p				1,4 m
q	20,9 cm	15 dm		11,3 m
A	1297,1 cm²	388 dm²	150 cm²	25,4 m²

Achtung: Die Hypotenuse ist a, deshalb gelten folgende Beziehungen:

$a^2 = b^2 + c^2$ (Pythagoras)
$h^2 = p \cdot q$ (Höhensatz)

$\left.\begin{array}{l} c^2 = p \cdot a \\ b^2 = q \cdot a \end{array}\right\}$ (Kathetensatz)

Anwendungen der Flächensätze

1.

$s^2 = h^2 + \left(\frac{g}{2}\right)^2;\ s = \sqrt{h^2 + \frac{g^2}{4}}$

a) $s = \sqrt{25\,\text{cm}^2 + 144\,\text{cm}^2} = 13\,\text{cm}$ b) 60,5 cm

2.

2. Der rechte Winkel liegt bei B. $d = \overline{AC}$ ist Hypotenuse, $a = \overline{AB}$ und $b = \overline{BC}$ sind Katheten.
3. $d = \sqrt{a^2 + b^2}$; $d \approx 6{,}4\,\text{cm}$
4. Der rechte Winkel liegt bei C, die Hypotenuse ist $\overline{AG} = e$. $e = \sqrt{d^2 + c^2}$; $e \approx 7{,}1\,\text{cm}$

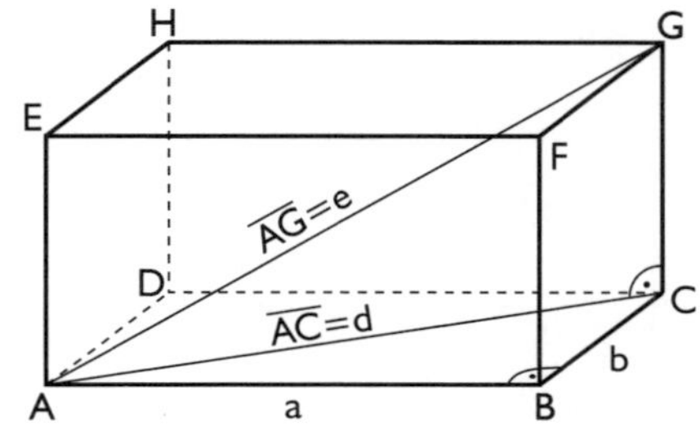

3.

a) Die Raute ist ein Parallelogramm mit 4 gleich langen Seiten.

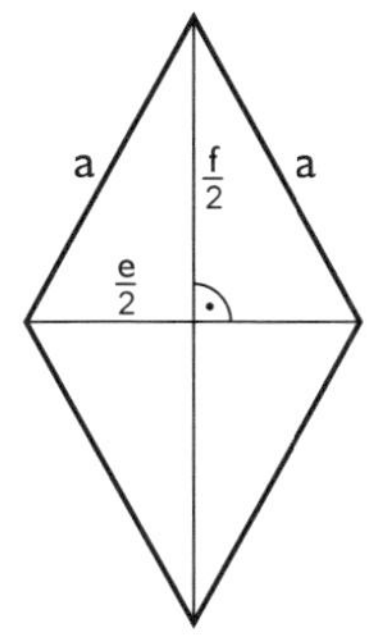

Es gilt daher $U_{Ra} = 4 \cdot a$

$a = \sqrt{\left(\frac{e}{2}\right)^2 + \left(\frac{f}{2}\right)^2}$

$a = \sqrt{400\,cm^2 + 441\,cm^2} = 29\,cm$

$U_{Ra} = 116\,cm$

Die Raute wird durch die Diagonale f in zwei flächengleiche Dreiecke zerlegt; für den Flächeninhalt A_{Ra} ergibt sich also:

$A_{Ra} = \frac{f \cdot \frac{e}{2}}{2} \cdot 2 = \frac{e \cdot f}{2}$

$A_{Ra} = 840\,cm^2$

b) $a = 13\,cm$; $U_{Ra} = 52\,cm$; $A_{Ra} = 120\,cm^2$

c) $a \approx 17{,}7\,m$; $U_{Ra} = 70{,}8\,m$; $A_{Ra} = 263{,}5\,m^2$

4.

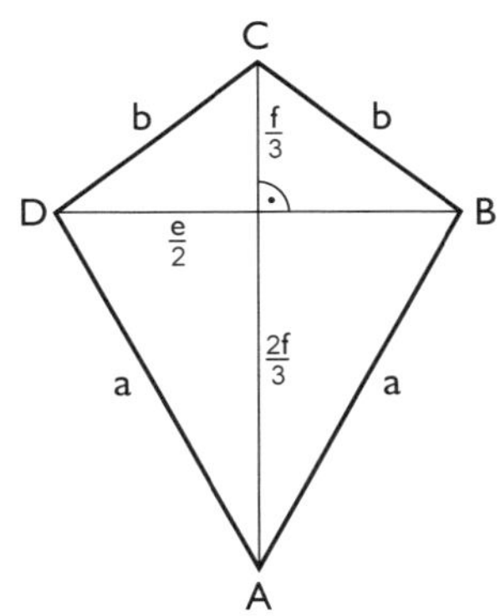

a) $U_{Dra} = 2a + 2b$

$a = \sqrt{\left(\frac{2f}{3}\right)^2 + \left(\frac{e}{2}\right)^2}$

$a \approx 44{,}7\,cm$

$b = \sqrt{\left(\frac{f}{3}\right)^2 + \left(\frac{e}{2}\right)^2}$

$b \approx 28{,}3\,cm$

$U_{Dra} = 146\,cm$

Der Faden muss 1,46 m lang sein.

b) Der Drachen setzt sich aus zwei flächengleichen Dreiecken ABC zusammen, für A_{Dra} gilt also:

$A_{Dra} = 2 \cdot \frac{f \cdot \frac{e}{2}}{2} = \frac{e \cdot f}{2}$

$A_{Dra} = 1200\,cm^2$

Man benötigt $0{,}12\,m^2$ Seidenpapier.

5.

a) Das regelmäßige Sechseck besteht aus 6 gleichseitigen Teildreiecken. Somit ist

$U_S = 6a$

$U_S = 240\,cm$

Der Umfang des Sechsecks beträgt 2,4 m.

b) Um den Flächeninhalt des Sechsecks zu bestimmen, musst du die Höhe h eines Teildreiecks berechnen.

$h = \sqrt{a^2 - \left(\frac{a}{2}\right)^2}$ (Pythagoras; h ist Kathete)

$h = \sqrt{1600\,cm^2 - 400\,cm^2} \approx 34{,}6\,cm$

Flächeninhalt des Teildreiecks: $A_D = \frac{a \cdot h}{2}$

Flächeninhalt des Sechsecks: $A_S = 6 \cdot \frac{a \cdot h}{2}$

$A_S = 6 \cdot \frac{40\,cm \cdot 34{,}6\,cm}{2} = 4152\,cm^2$

Der Flächeninhalt des sechseckigen Drachens beträgt $4152\,cm^2$.

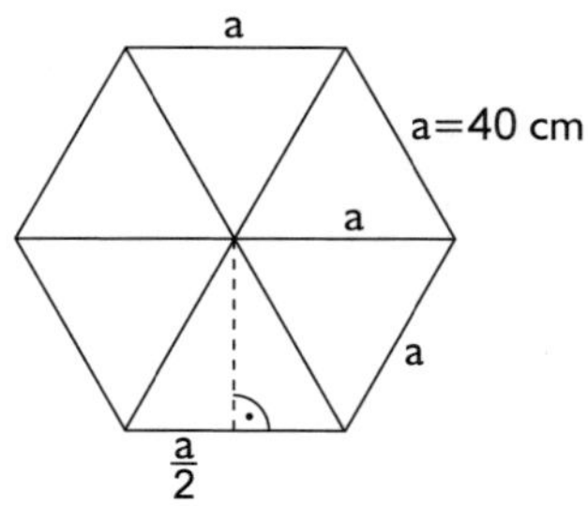

6.

a) $a_1 = \sqrt{2r^2}$ (Pythagoras)

$a_1 \approx 7{,}1\,cm$

$U_{Q_1} = 4 \cdot a_1$

$U_{Q_1} = 28{,}4\,cm$

$A_{Q_1} = a_1^2 = 2r^2$

$A_{Q_1} = 50\,cm^2$

Achtung: Beim Einsetzen von $a_1 = 7{,}1\,cm$ ergibt sich durch Rundungsfehler $A_{Q_1} = 50{,}41\,cm^2$

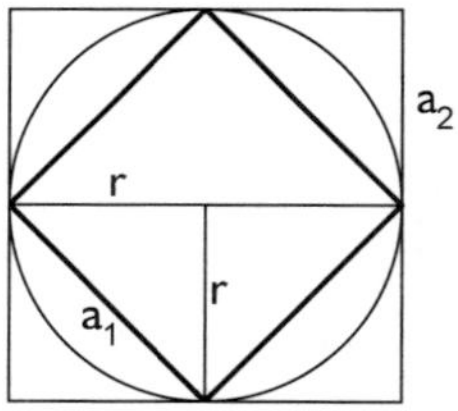

b) $a_2 = 2r$ $\quad U_{Q_2} = 4 \cdot a_2 = 8r$ $\quad A_{Q_2} = a_2^2 = (2r)^2 = 4r^2$

$a_2 = 10\,cm$ $\quad U_{Q_2} = 40\,cm$ $\quad A_{Q_2} = 100\,cm^2$

7.

a)

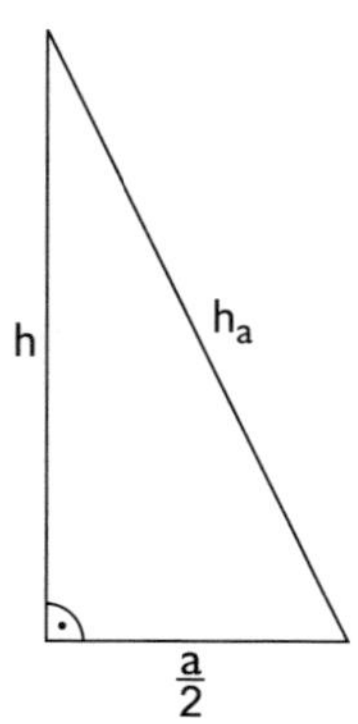

$h_a^2 = h^2 + \frac{a^2}{4}$

$h_a = \sqrt{h^2 + \frac{a^2}{4}}$

$h_a = \sqrt{144 + 16} = \sqrt{160}$

$h_a \approx 12{,}6\,cm$

Dreiecksfläche $A_{Dr} = \frac{a \cdot h_a}{2} = \frac{8 \cdot 12{,}6}{2}\,cm^2 = 50{,}4\,cm^2$

$4 \cdot A_{Dr} = 201{,}6\,cm^2$

Man benötigt $201{,}6\,cm^2$ Kupferblech.

b)

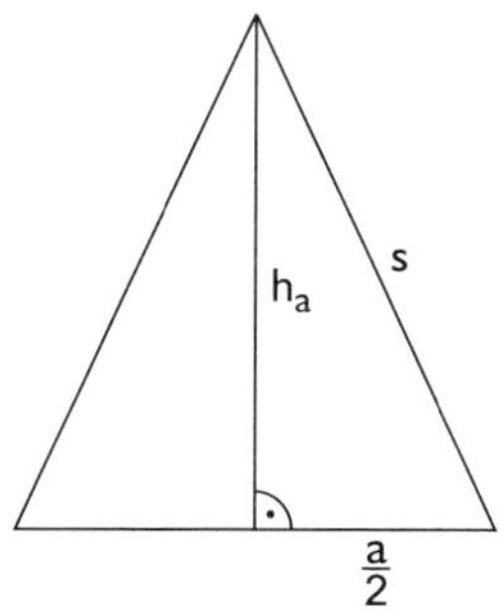

$s^2 = h_a^2 + \frac{a^2}{4}$

$s = \sqrt{h_a^2 + \frac{a^2}{4}}$

$s = \sqrt{160 + 16} = \sqrt{176}$

$s \approx 13{,}3\,\text{cm}$

Turmkanten: $4s = 4 \cdot \sqrt{176}\,\text{cm} \approx 53{,}1\,\text{cm}$

8.

a) –

b) Es wird jedes Mal der Satz des Pythagoras angewendet.

Hyp. 1. Dreieck: $\sqrt{1^2 + 1^2} = \sqrt{2}$

Hyp. 2. Dreieck: $\sqrt{2 + 1^2} = \sqrt{3}$

Hyp. 3. Dreieck: $\sqrt{3 + 1^2} = \sqrt{4}$

Hyp. 4. Dreieck: $\sqrt{4 + 1^2} = \sqrt{5}$

Hyp. 5. Dreieck: $\sqrt{5 + 1^2} = \sqrt{6}$

… usw.

Es handelt sich hierbei um die so genannte Wurzelspirale.

Test

Test 1

a)

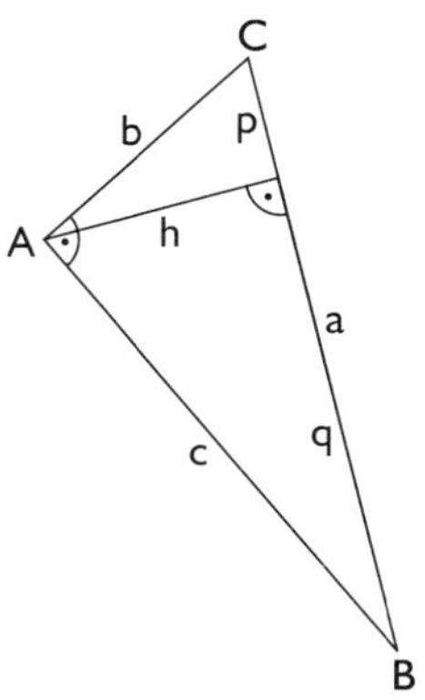

b) Satz des Pythagoras:

$a^2 = c^2 + b^2$

Kathetensatz:

$b^2 = a \cdot p$

$c^2 = a \cdot q$

Höhensatz:

$h^2 = q \cdot p$

Test 2

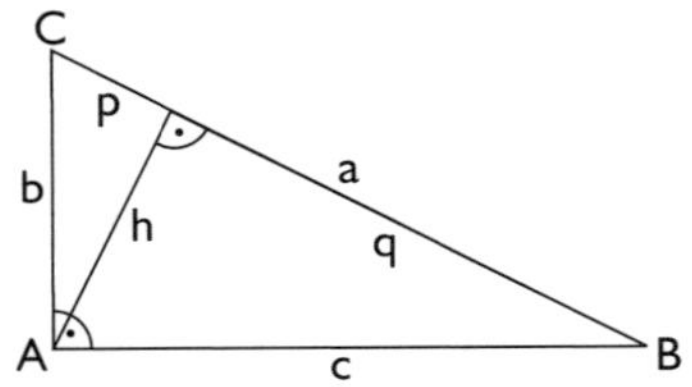

a	b	c	h	p	q
10 cm	6 cm	8 cm	4,8 cm	3,6 cm	6,4 cm
25 cm	15 cm	20 cm	12 cm	9 cm	16 cm
12 cm	10,4 cm	6 cm	5,2 cm	9 cm	3 cm

Test 3

$U = 2a + c$

$a = \sqrt{h^2 + \left(\frac{c}{2}\right)^2} = \sqrt{64\,cm^2 + 36\,cm^2} = 10\,cm$

$U = 32\,cm$

Test 4

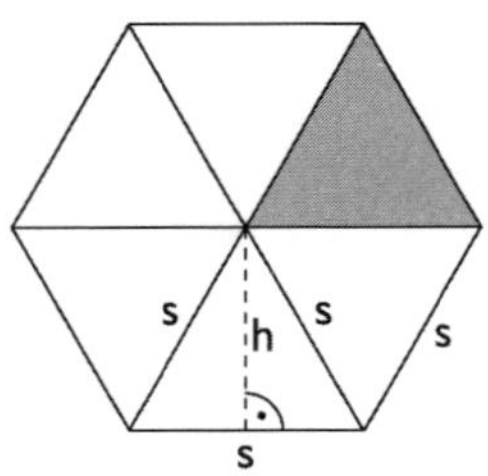

$U_S = 6 \cdot s = 120\,cm$

Das Seckseck setzt sich aus 6 gleichseitigen Dreiecken zusammen: $A_S = 6 \cdot A_D$

1. Berechnung von A_D

$A_D = \frac{s \cdot h}{2}$

$h^2 = s^2 - \frac{s^2}{4} = \frac{3}{4}s^2$

$h^2 = \frac{3}{4} \cdot 400\,cm^2$; $h \approx 17{,}3\,cm$

$A_D = \frac{20 \cdot 17{,}3}{2}\,cm^2 = 173\,cm^2$

2. Berechnung von A_S:

$A_S = 6 \cdot A_D = 1038\,cm^2$

Test 5

$d^2 = a^2 + b^2$

$d^2 = 1301\,cm^2$

$e^2 = d^2 + c^2$

$e = \sqrt{1301\,cm^2 + 484\,cm^2} \approx 42{,}2\,cm$

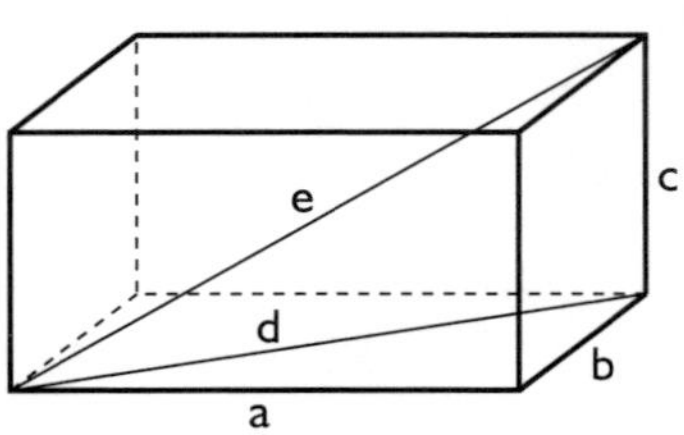

Ähnlichkeit 9

Streckenverhältnisse

1.

a) $\overline{SA} = 4\,m$; $\overline{SB} = 7\,m$; $\overline{AB} = 4\,m$; $\overline{SA'} = 4\,n$; $\overline{SB'} = 7\,n$; $\overline{A'B'} = 3\,n$

b) $\overline{SA} : \overline{AB} = 4:3$ $\overline{SA'} : \overline{A'B'} = 4:3$

$\overline{SA} : \overline{SB} = 4:7$ $\overline{SA'} : \overline{SB'} = 4:7$

c) $\overline{SA} : \overline{AB} = \overline{SA'} : \overline{A'B'}$ $\overline{SA} : \overline{SB} = \overline{SA'} : \overline{SB'}$

2.

a) $\overline{SB} = 8\,m$; $\overline{AB} = 3\,m$; $\overline{AA'} = 5\,n$; $\overline{BB'} = 8\,n$

b) $\overline{SA} : \overline{AB} = 5:3$; $\overline{SA} : \overline{SB} = 5:8$; $\overline{AA'} : \overline{BB'} = 5:8$; $\overline{BB'} : \overline{AA'} = 8:5$;

$\overline{SB} : \overline{SA} = 8:5$

c) $\overline{SA} : \overline{SB} = \overline{AA'} : \overline{BB'}$; $\overline{BB'} : \overline{AA'} = \overline{SB} : \overline{SA}$

1. und 2. Strahlensatz

1.

$\overline{SA} : \overline{SB} = \overline{SA'} : \overline{SB'}$; $\overline{SA} : \overline{AB} = \overline{SA'} : \overline{A'B'}$

$a : c = a' : c'$

Du kannst die Proportion aber auch so schreiben:

$\overline{SB} : \overline{SA} = \overline{SB'} : \overline{SA'}$; $\overline{SB} : \overline{AB} = \overline{SB'} : \overline{A'B'}$ oder $c : a = c' : a'$

2.

nein, denn $7:3 \neq 7:4$. Es wurden nicht entsprechende Abschnitte verwendet. Richtig ist: $c : b = c' : b'$.

3.

a) $\frac{x}{b} = \frac{a'}{b'}$; $\frac{x}{12} = \frac{2}{3}$; $x = \frac{24}{3} = 8$; $a = 8\,cm$; Probe: $\frac{8}{12} = \frac{2}{3}$

b) $\frac{x}{b'} = \frac{a}{b}$; $x = \frac{20}{8} = \frac{5}{2}$; $a' = 2{,}5\,cm$; Probe: $\frac{5}{2 \cdot 5} = \frac{4}{8}$

c) $\frac{x}{a'} = \frac{c}{a}$; $x = 20$; $c' = 20\,cm$

d) $b = c - a$ ← Hier musst du erst b) berechnen, um die Proportionen aufstellen zu können. $\frac{x}{a'} = \frac{b}{a}$; $x = 5$; $b' = 5\,cm$

4.

a) $e:f = a:c$; $e:f = a':c'$

$a:e = c:f$; $a':e = c':f$ (ergibt sich durch Umformung)

b) $a:c = a':c'$; $a:a' = c:c'$

$\left.\begin{array}{ll} a:(a+c) = a':(a'+c'); & a:a' = (a+c):(a'+c') \\ c:(a+c) = c':(a'+c'); & c:c' = (a+c):(a'+c') \end{array}\right\}$ Umformung

5.

a) $x = \frac{4 \cdot 12}{3} = 16$; $f = 16\,cm$; Probe: $\frac{16}{4} = \frac{12}{3}$

b) $\frac{x}{a} = \frac{f}{e}$; $x = \frac{5 \cdot 6}{3} = 10$; $c = 10\,cm$; Probe: $\frac{10}{5} = \frac{6}{3}$

c) $\frac{x}{c} = \frac{e}{f}$; $x = \frac{10 \cdot 2}{8} = \frac{5}{2}$; $a = 2{,}5\,cm$

d) $\frac{x}{f} = \frac{a}{c}$; $x = \frac{14 \cdot 3}{7} = 6$; $e = 6\,cm$

6.

$\frac{x}{e} = \frac{c}{a}$ (2. Strahlensatz)

$x = \frac{1 \cdot 30}{3} = 10$

Der Baum ist 10 m hoch.

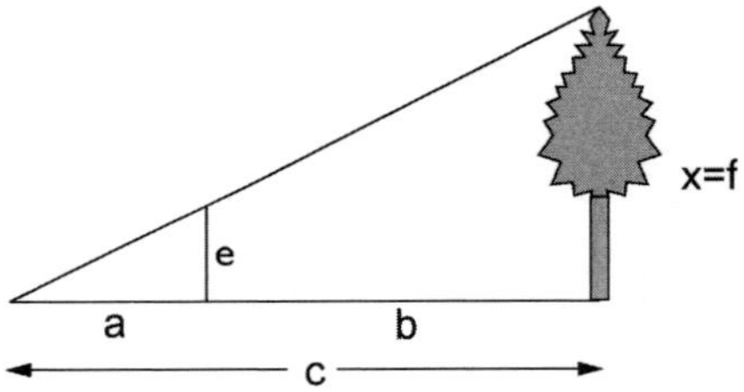

7.

$\frac{x}{c} = \frac{a}{b}$ (2. Strahlensatz)

$x = \frac{c \cdot a}{b} = \frac{30 \cdot 10}{20} = 15$

Der Kanal ist 15 m breit.

8.

a) 2. Strahlensatz: $\frac{x}{8{,}50} = \frac{b}{a+b}$

1. Strahlensatz: $\frac{b}{a+b} = \frac{2{,}30}{4{,}90}$

$\Rightarrow \frac{x}{8{,}50} = \frac{2{,}30}{4{,}90}$ (wobei $2{,}30\,m = 4{,}90\,m - 2{,}60\,m$)

$x = 8{,}50 \cdot \frac{2{,}30}{4{,}90} = 3{,}9898 \approx 3{,}99$

Der neue Fußboden wird 3,99 m breit.

b) Dachfläche des Giebels: $a + b$

$(a+b)^2 = 4{,}90^2 + 4{,}25^2$

$a + b = \sqrt{24{,}01 + 18{,}0625} = \sqrt{42{,}0725} = 6{,}486 \approx 6{,}5$

Die Dachfläche des Giebels ist 6,5 m lang.

c) $b^2 = 2{,}30^2 + 1{,}995^2$

$b = \sqrt{9{,}2696} = 3{,}04$

$a = 6{,}486 - 3{,}04 = 3{,}446$

Die Dachschräge a ist 3,45 m, b ist 3,04 m lang.

9.

a)

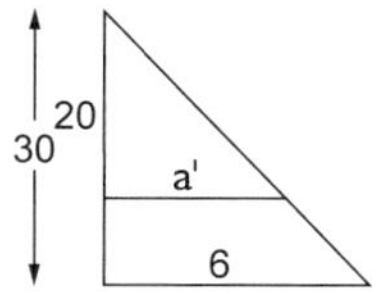

$\frac{a'}{6} = \frac{20}{30}$

$a' = 6 \cdot \frac{20}{30} = 4$

neue Grundseite $2a' = 8\,\text{m}$

b)

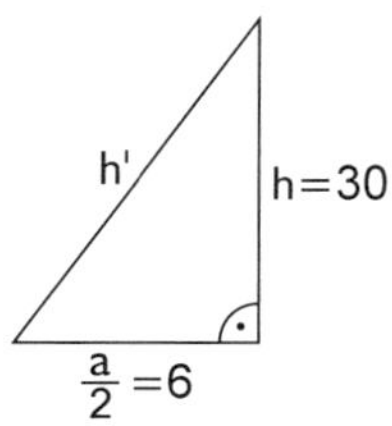

$h' = \sqrt{h^2 + \left(\frac{a}{2}\right)^2}$

$h' = \sqrt{936} \approx 30{,}6\,\text{m}$

$s = \sqrt{h'^2 + \left(\frac{a}{2}\right)^2}$

$s = \sqrt{972} \approx 31{,}2\,\text{m}$

c)

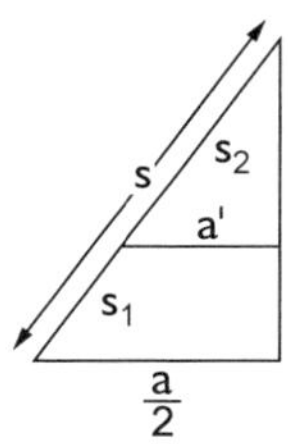

2. Strahlensatz:

$\frac{s_2}{s} = \frac{a'}{\frac{a}{2}}$

$s_2 = \frac{s \cdot a'}{\frac{a}{2}} = \frac{31{,}2 \cdot 4}{6} = 20{,}8\,\text{m}$

$s_1 = 31{,}2\,\text{m} - 20{,}8\,\text{m} = 10{,}4\,\text{m}$

(oder Lösungsansatz mit dem 1. Strahlensatz: $\frac{s_2}{s} = \frac{20}{30}$)

Zentrische Streckung

1.

a), b)

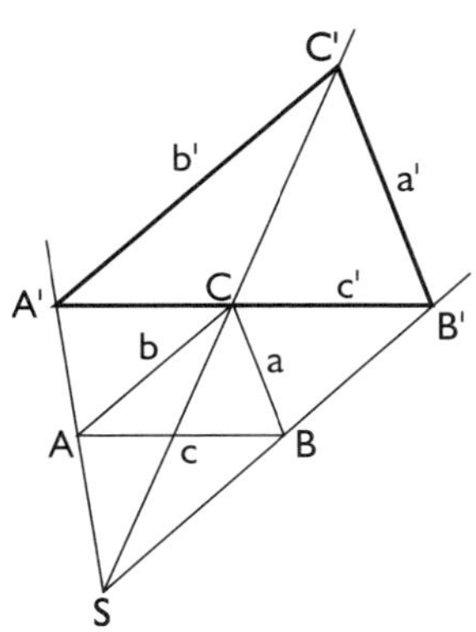

c) $\overline{SA} = 1{,}5\,\text{cm}$; $\overline{SA'} = 3\,\text{cm}$;
$\overline{SB} = 2\,\text{cm}$; $\overline{SB'} = 4\,\text{cm}$;
$\overline{SC} = 2{,}5\,\text{cm}$; $\overline{SC'} = 5\,\text{cm}$

$\frac{\overline{SA'}}{\overline{SA}} = \frac{3}{1{,}5} = 2$; $\frac{\overline{SB'}}{\overline{SB}} = \frac{4}{2} = 2$;

$\frac{\overline{SC'}}{\overline{SC}} = \frac{5}{2{,}5} = 2$

d) $k = 2$

e) $\frac{b'}{b} = \frac{a'}{a} = \frac{c'}{c} = 2$

2.

a) $\overline{SA'}$ ist 3-mal länger als $\overline{SA}$. $\overline{SA'} = 3 \cdot 1{,}5\,\text{cm} = 4{,}5\,\text{cm}$

3.

a) $\overline{SA'}$ ist die Hälfte von $\overline{SA}$.
$\overline{SA'} = \frac{1}{2} \cdot 3\,\text{cm} = 1{,}5\,\text{cm}$

b) $\alpha = \alpha'$; $\beta = \beta'$; $\gamma = \gamma'$

c) –

d) $a' = 1{,}2\,\text{cm}$; $b' = 1{,}4\,\text{cm}$; $c' = 1{,}9\,\text{cm}$

4.

a) ja

b) $6\,\text{cm} : 3\,\text{cm} = 2$

c) $a' = a \cdot k$; $a' = 3\,\text{cm} \cdot 2 = 6\,\text{cm}$

5.

a) $a' = 2\,\text{cm} \cdot 2 = 4\,\text{cm}$

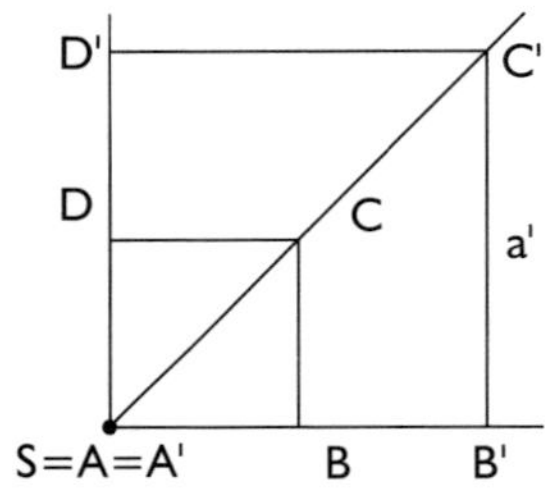

b) $a'' = 2\,\text{cm} \cdot \frac{1}{2} = 1\,\text{cm}$

6.

a) –

b) $\overline{AS} = \frac{1}{2} \cdot \overline{AC}$; $\overline{AC} = \sqrt{3{,}5^2 + 2{,}5^2}$
$= \sqrt{18{,}5} \approx 4{,}3$
$\overline{AS} = 2{,}15\,\text{cm}$

c) $a' = 1{,}5 \cdot 3{,}5\,\text{cm} = 5{,}25\,\text{cm}$
$b' = 1{,}5 \cdot 2{,}5\,\text{cm} = 3{,}75\,\text{cm}$

7.

a)

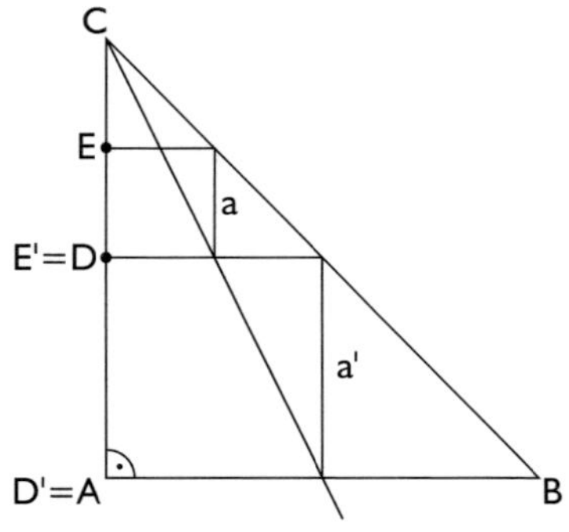

b) $a' = 2 \cdot 2{,}5\,\text{cm} = 5\,\text{cm}$

Der Begriff der Ähnlichkeit

1.

a) Die entsprechenden Winkel stimmen nur bei Figur I und II überein, da die entsprechenden Seiten parallel verlaufen.

b) Alle Seiten der Figur II sind jeweils halb so lang wie die entsprechenden der Figur I, also sind die Verhältnisse alle gleich. Für I und III gilt dies nicht.

2.

a) $F_1 \sim F_2$

b) F_3 ist nicht ähnlich zu F_4, da die Seitenverhältnisse nicht alle übereinstimmen.

c) $F_5 \sim F_6$

3.

a)

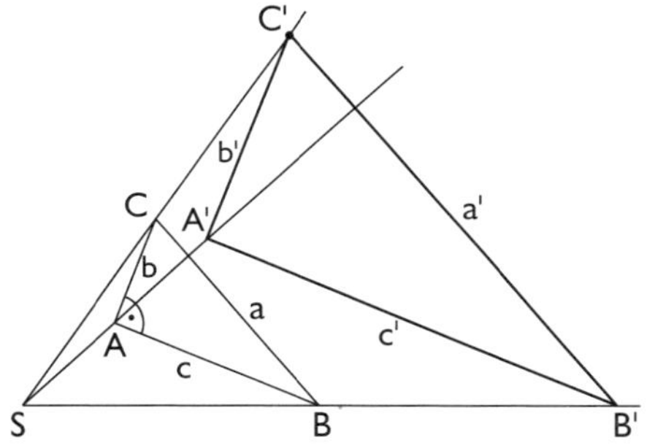

b) B′ erhält man durch eine Parallele zu c durch A′.

c) $k = \frac{4\,\text{cm}}{2\,\text{cm}} = 2$

d) $\frac{c'}{c} = \frac{\overline{SB'}}{\overline{SB}} = 2$; $\frac{c'}{2\,\text{cm}} = 2$; $c' = 4\,\text{cm}$

e) Flächeninhalt des Dreiecks: $A_D = \frac{1}{2} \cdot g \cdot h$

Die Höhe fällt hier mit der Seite b bzw. b′ zusammen, es gilt daher:

$A = \frac{1}{2} \cdot c \cdot b$; $A = 1\,\text{cm}^2$

$A' = \frac{1}{2} \cdot c' \cdot b'$; $A' = 4\,\text{cm}^2$

f) Ja, wegen $\frac{A'}{A} = \frac{4\,\text{cm}^2}{1\,\text{cm}^2} = 4$ und $k^2 = 2^2 = 4$.

4.

a) $\frac{\overline{SA'}}{\overline{SA}} = \frac{6}{2}$; k = 3

b) $\frac{b'}{b} = \frac{\overline{SA'}}{\overline{SA}} = k$; b′ = 6 cm $\frac{c'}{c} = k$; c′ = 9 cm

c) Ja, da die Winkel gleich sind und die Seitenverhältnisse übereinstimmen.

d) $A = \frac{1}{2} \cdot c \cdot b$; $A = \frac{3\,cm \cdot 2\,cm}{2} = 3\,cm^2$ $A' = \frac{1}{2} \cdot c' \cdot b'$; $A' = \frac{9\,cm \cdot 6\,cm}{2} = 27\,cm^2$

e) $\frac{A'}{A} = \frac{27\,cm^2}{3\,cm^2} = 9$; $k^2 = (3)^2 = 9$

5.

a) $\frac{\overline{SA'}}{\overline{SA}} = \frac{6}{3}$; k = 2

b) Nach dem 2. Strahlensatz gilt: $\frac{a'}{a} = \frac{\overline{SA'}}{\overline{SA}}$; $\frac{a'}{2\,cm} = \frac{6}{3}$; a′ = 4 cm

c) Ja, da das Seitenverhältnis entsprechender Seiten gleich groß ist (2 : 4).

d) $A = a^2$; $A = 4\,cm^2$ $A' = a'^2$; $A' = 16\,cm^2$ $\frac{A'}{A} = \frac{16\,cm^2}{4\,cm^2} = 4$; $k^2 = (2)^2 = 4$

6.

a) I ~ II, da k = 1,5 $\left(k = \frac{6}{4} = 1{,}5\right)$; III ~ IV, da k = 0,5

b) $A_I = 12\,cm^2$; $A_{II} = 27\,cm^2$; $A_{III} = 40\,cm^2$; $A_{IV} = 10\,cm^2$; $A_V = 60\,cm^2$; $A_{VI} = 20\,cm^2$

c) siehe a)

d) $A_{II} : A_I = 27 : 12 = 2{,}25$ $A_{IV} : A_{III} = 10 : 40 = 0{,}25$
$k^2 = (1{,}5)^2 = 2{,}25$ $k^2 = (0{,}5)^2 = 0{,}25$

7.

2. Strahlensatz: $\frac{\overline{AB}}{\overline{DC}} = \frac{\overline{AS}}{\overline{SC}} = \frac{\overline{BS}}{\overline{SD}} = k$

$\Rightarrow \overline{AB} = k \cdot \overline{DC}$

$\overline{AS} = k \cdot \overline{SC}$

$\overline{BS} = k \cdot \overline{SD}$, also I ~ III

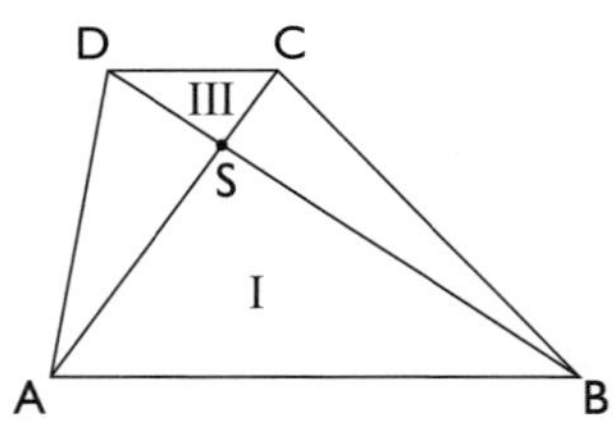

Test

Test 1

a) 1. Strahlensatz: $a':a = b':b$

b) 2. Strahlensatz: $e:f = a:a'$; $e:f = b:b'$

Test 2

a) $\frac{a}{b} = \frac{a'}{b'}$; $a' = b' \cdot \frac{a}{b}$; $a' = 9\,\text{cm} \cdot \frac{2\,\text{cm}}{6\,\text{cm}} = 3\,\text{cm}$

b) $\frac{f}{e} = \frac{a' + b'}{a'}$; $f = e \cdot \frac{a' + b'}{a'}$; $f = 4\,\text{cm} \cdot \frac{5\,\text{cm}}{3\,\text{cm}} = \frac{20}{3}\,\text{cm} \approx 6{,}7\,\text{cm}$

Test 3

$\frac{x}{3\,\text{m}} = \frac{20\,\text{m}}{4\,\text{m}}$

$x = 3\,\text{m} \cdot \frac{20}{4} = 15\,\text{m}$

Der Schornstein ist 15 m hoch.

Test 4

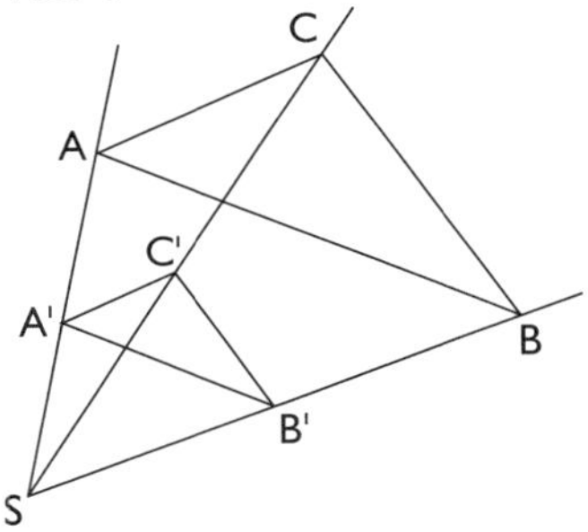

Test 5

a) ① ~ ③

b) $\frac{8}{4} = \frac{12}{6} = 2$; $k = 2$

c) $A_I = 24\,\text{cm}^2$; $A_{III} = 96\,\text{cm}^2$

$\frac{96\,\text{cm}^2}{24\,\text{cm}^2} = 4 = 2^2 = k^2$

Die Gleichung $A_{III} = k^2 \cdot A_I$ ist damit erfüllt.

10 Körperberechnungen

Prismen

1.

a) $V_Q = G \cdot h$; $V_Q = 8\,dm \cdot 5\,dm \cdot 3\,dm = 120\,dm^3$

b) $O = 2 \cdot a \cdot b + 2 \cdot a \cdot h + 2 \cdot b \cdot h$; $O = 158\,dm^2$

2.

a) $V = 1000\,dm^3 = 1000\,\ell$ In das Gefäß passen $1000\,\ell$.

b) $V = 800\,\ell = 800\,dm^3$, $G = 25\,dm \cdot 8\,dm = 200\,dm^2$

$h = \frac{V}{G}$; $h = 4\,dm$

3.

a) Grundfläche Trapez: $G_T = \frac{a+c}{2} \cdot h'$; $G_T = 41\,cm^2$ $V_P = G_T \cdot h$; $V_P = 820\,cm^3$

b) Grundfläche Dreieck: $G_D = \frac{g \cdot h'}{2}$; $G_D = 21\,cm^2$ $V_P = G_D \cdot h$; $V_P = 420\,cm^3$

4.

a) $G_T = 3\,dm^2$; $V_P = 45\,dm^3$

b) In das Gefäß passen $45\,\ell$.

5.

a)

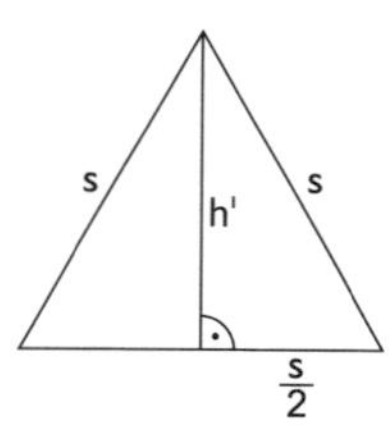

$h' = \sqrt{s^2 - \left(\frac{s}{2}\right)^2} = \sqrt{27}$

$h' \approx 5{,}2\,cm$

$G_D = \frac{s \cdot h'}{2}$; $G_D = 15{,}6\,cm^2$

$V_P = G_D \cdot h$; $V_P = 390\,cm^3$

b) $O_P = 2 \cdot G_D + 3 \cdot s \cdot h$ $O_P = 2 \cdot 15{,}6\,cm^2 + 3 \cdot 150\,cm^2 = 481{,}2\,cm^2$

Zylinder

Beachte: Hier wurde mit $\pi = 3{,}14$ gerechnet.

1.

a) $V_Z = 25\,cm^2 \cdot \pi \cdot 12\,cm \approx 942\,cm^3$

$M_Z = 10\,cm \cdot \pi \cdot 12\,cm \approx 376{,}8\,cm^2$

b) $V_Z \approx 125\,600\,cm^3$; $M_Z \approx 6280\,cm^2$

c) $V_Z \approx 157\,dm^3$; $M_Z \approx 125{,}6\,dm^2$

d) $V_Z \approx 203{,}472\,m^3$; $M_Z \approx 226{,}08\,m^2$

2.

a) $V_Z = 16\,cm^2 \cdot \pi \cdot 30\,cm \approx 1507{,}2\,cm^3 = 1{,}5072\,dm^3$

In das Gefäß passen etwa 1,5 ℓ.

b) $V_Z = r^2 \cdot \pi \cdot h$; $h = \frac{V_Z}{r^2 \cdot \pi}$

$h = \frac{1000\,cm^3}{16\,cm^2 \cdot \pi} \approx 20\,cm$

Bedenke: 1 ℓ = $1000\,cm^3$.

Für das Volumen von 1 ℓ müsste die Höhe 20 cm betragen.

c) $h = \frac{5000\,cm^3}{16\,cm^2 \cdot \pi} \approx 99{,}5\,cm$

Da sich die Grundfläche nicht verändert, kannst du auch so rechnen:

$h = 20\,cm \cdot 5\,cm = 100\,cm$

3.

a) $h = \frac{8000\,cm^3}{400\,cm^2 \cdot \pi} \approx 6{,}37\,cm$

b) $h = 11{,}32\,cm$

c) $V_Z = 14\,130\,cm^3 = 14{,}13\,dm^3 = 14{,}13\,ℓ$

d) $U_Z = 1884\,cm^2$

4.

a) h beträgt 31,4 cm; der Umfang U_O der Grundfläche entspricht a = 15,7 cm.

b) Der Radius berechnet sich aus dem Umfang des Kreises:

$U_O = 2r\pi$; $r = \frac{U_O}{2\pi}$; $r = 2{,}5\,cm$

c) $V_Z \approx 616{,}23\,cm^3$

5.

a) $h = a = 15{,}7\,cm$; $U_O = b = 31{,}4\,cm$ b) $r = 5\,cm$ c) $V_Z = 1232{,}45\,cm^3$

Pyramide und Kegel

1.

a) $G = 112{,}5\,cm^2$; $V_{Py} = \frac{112{,}5\,cm^2 \cdot 30\,cm}{3} = 1125\,cm^3$

b) $G = 48\,cm^2$; $V_{Py} = 960\,cm^3$

c) $G = 225\,cm^2$; $V_{Py} = 900\,cm^3$

d) $V_K = \frac{1}{3} \cdot 25\,cm^2 \cdot \pi \cdot 30\,cm \approx 785\,cm^3$

2. $V_{Py} = \frac{1}{3} \cdot G \cdot h;\ h = \frac{V_{Py} \cdot 3}{G}$

a) $h = \frac{1500\,cm^3 \cdot 3}{22{,}5\,cm \cdot 8\,cm} = 25\,cm$ b) $h = 20\,cm$

c) $h = 25\,cm$ d) $h = \frac{V_K \cdot 3}{r^2 \cdot \pi};\ h \approx 6{,}4\,cm$

3.

a) $V_Q = a \cdot b \cdot h$ oder $V_Q = G \cdot h$ b) $V_W = a^3$ c) $V_P = G \cdot h$

d) $V_Z = r^2 \cdot \pi \cdot h$ oder $V_Z = G \cdot h$ e) $V_K = \frac{1}{3} \cdot r^2 \cdot \pi \cdot h$ f) $V_{Py} = \frac{1}{3} \cdot G \cdot h$

4.

a) $h = \frac{V_Q}{a \cdot b}$ oder $h = \frac{V_Q}{G}$ b) h = a, da beim Würfel die Höhe der Seite a entspricht.

c) $h = \frac{V_P}{G}$ d) $h = \frac{V_Z}{r^2 \cdot \pi}$ e) $h = \frac{3 \cdot V_K}{r^2 \cdot \pi}$ f) $h = \frac{3 \cdot V_{Py}}{G}$

5.

a) h_s Hypotenuse, h und $\overline{ME}$ Katheten b) $h = 4\,m;\ \overline{ME} = \frac{s}{2} = 3\,m$

c) $h_s^2 = h^2 + \left(\frac{s}{2}\right)^2;\ h_s = \sqrt{h^2 + \left(\frac{s}{2}\right)^2}$ d) $h_s = \sqrt{16\,m^2 + 9\,m^2} = 5\,m$

e) $A_D = \frac{s \cdot h_s}{2};\ A_D = 15\,m^2$

Da sich das gesamte Dach aus 4 derartigen Dreiecken zusammensetzt, ist die Dachfläche $4 \cdot 15\,m^2 = 60\,m^2$ groß.

6.

a) Hypotenuse von MFS: h_a; Hypotenuse von MES: h_b

b) $\overline{FM} = \frac{b}{2} = 3\,m;\ \overline{ME} = \frac{a}{2} = 5\,m;\ \overline{MS} = h = 5\,m$

c) $h_a = \sqrt{\left(\frac{b}{2}\right)^2 + h^2};\ h_a \approx 5{,}8\,m;\ h_b = \sqrt{\left(\frac{a}{2}\right)^2 + h^2};\ h_b \approx 7{,}1\,m$

d) Der Mantel setzt sich aus 4 Dreiecken zusammen, von denen je 2 den gleichen Flächeninhalt besitzen.

$A_1 = \frac{a \cdot h_a}{2};\ A_1 = 29\,m^2;\ A_2 = b \cdot \frac{h_b}{2};\ A_2 = 21{,}3\,m^2$

Der Mantel der Pyramide betägt: $2A_1 + 2A_2 = 100{,}6\,m^2$.

7.

a)

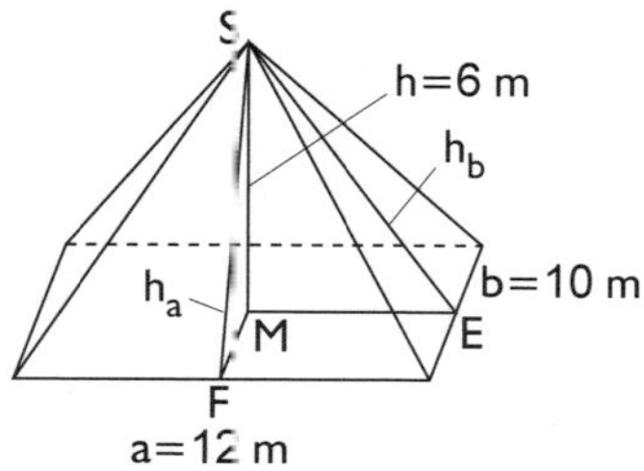

b) $h_a = \sqrt{25\,m^2 + 36\,m^2} \approx 7{,}8\,m;$
$h_b = \sqrt{36\,m^2 + 36\,m^2} \approx 8{,}5\,m$

c) $A_1 = \frac{12 \cdot 7{,}8\,m}{2} = 46{,}8\,m^2$

$A_2 = \frac{10\,m \cdot 8{,}5\,m}{2} = 42{,}5\,m^2$

Der Mantel M beträgt

$2A_1 + 2A_2 = 178{,}6\,m^2$.

Vermischte Aufgaben

Beachte: Auch hier wurde wieder mit $\pi = 3{,}14$ gerechnet.

1.

a) Das Volumen des Turms setzt sich aus dem Volumen der Dachpyramide und des Quaders zusammen: $V = V_{Py} + V_Q$

$V_{Py} = \frac{1}{3} \cdot s^2 \cdot h$; $V_{Py} = 196\,m^3$ $\qquad V_Q = 7\,m \cdot 7\,m \cdot 30\,m = 1470\,m^3$

Das Volumen des Turms beträgt: $\qquad V = V_{Py} + V_Q = 1666\,m^3$.

b) Zur Berechnung der Dreiecksflächen musst du zunächst h_s bestimmen:

$h_s = \sqrt{\left(\frac{s}{2}\right)^2 + h^2}$; $h_s = 12{,}5\,m$

$A_D = s \cdot \frac{h_s}{2}$; $A_D = 43{,}75\,m^2$

Die gesamte Dachfläche beträgt $4 \cdot A_D = 175\,m^2$.

2.

a) Aus $M_K = S = \frac{1}{2} \cdot s \cdot b$ mit $b = 2\pi r$ folgt $M_K = \frac{1}{2} \cdot s \cdot 2\pi r$

$M_K = \pi r s$

b) $M_K = \pi \cdot 5\,cm \cdot 12\,cm = 188{,}4\,cm^2$

3.

a)

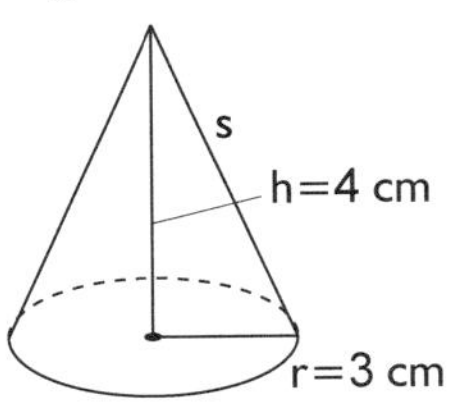

Mit dem Lehrsatz des Pythagoras berechnet man s:

$s = \sqrt{h^2 + r^2}$

$s = 5\,cm$

b) $M_K = \pi r s$; $\quad M_K = 47{,}1\,cm^2$

c) $V_K = \frac{1}{3} \cdot r^2 \cdot \pi \cdot h$; $\quad V_K = 37{,}68\,cm^3$

4.

a) $s = \sqrt{r^2 + h^2}$; $\quad s \approx 15{,}6\,cm$

$M_K = \pi \cdot 10\,cm \cdot 15{,}6\,cm = 489{,}84\,cm^2$; $\quad V_K = 1256\,cm^3$

b) $s \approx 29{,}2\,cm$; $\quad M_K = 1375{,}32\,cm^2$; $\quad V_K = 5887{,}5\,cm^3$

5.

a) Der Rauminhalt des Turmes setzt sich aus dem Volumen des Kegels und dem Volumen des Zylinders zusammen: $V = V_K + V_Z$

$V_K = \frac{1}{3} \cdot 16\,m^2 \cdot \pi \cdot 5\,m \approx 83{,}73\,m^3$

$V_Z = 16\,m^2 \cdot \pi \cdot 30\,m \approx 1507{,}2\,m^3$

Der Rauminhalt des Turmes beträgt: $V = V_K + V_Z = 1590{,}9\,m^3$

b) Die gesamte Oberfläche setzt sich aus einem Kegelmantel und dem Mantel eines Zylinders zusammen:

1. $M_K = \pi rs$
   $s = \sqrt{r^2 + h^2}$
   $s \approx 6{,}4\,m$
   $M_K \approx 80{,}38\,m^2$

2. Der Mantel des Zylinders ist ein Rechteck mit $a = U_O$ und $b = H$.
   $M_Z = 2\pi r \cdot H$
   $M_Z = 753{,}6\,m^2$
   Die Oberfläche des Turmes beträgt
   $M = M_K + M_Z = 833{,}98\,m^2$

6.

a) Die Grundfläche des Kegels ist ein Kreis, daher gilt:
$b = U_O = 2\pi r$; $r = \frac{b}{2\pi}$; $r = 2{,}5\,cm$

b) $h^2 + r^2 = s^2$ (Satz des Pythagoras)
$h = \sqrt{s^2 - r^2}$
$h \approx 7{,}6\,cm$

c) $V_K = \frac{1}{3} \cdot r^2 \cdot \pi \cdot h$
$V_K \approx 49{,}72\,cm^3$

7.

a) $r = 12{,}5\,cm$
$h = \sqrt{400\,cm^2 - 156{,}25\,cm^2} \approx 15{,}6\,cm$
$V_K = \frac{1}{3} \cdot 156{,}25\,cm^2 \cdot \pi \cdot 15{,}6\,cm$
$V_K = 2551{,}25\,cm^3$

b) $r = 6{,}25\,cm$
$h \approx 24{,}2\,cm$
$V_K = 989{,}43\,cm^3$

8.

a) $b_1 = 2 \cdot \pi \cdot s \cdot \frac{\alpha}{360°}$; $b_1 \approx 20{,}9\,cm$

b) $r = \frac{b_1}{2\pi}$; $r \approx 3{,}3\,cm$; $h = \sqrt{s^2 - r^2}$; $h = 9{,}4\,cm$; $V_K \approx 107{,}14\,cm^3$

c) $\beta = 360° - \alpha = 240°$; $b_2 = 2\pi s \cdot \frac{\beta}{360°}$; $b_2 \approx 41{,}9\,cm$
$r = 6{,}7\,cm$; $h = 7{,}4\,cm$; $V_K \approx 347{,}69\,cm^3$

9.

a) $\alpha = 100°$
$b_1 = 34{,}9\,cm$
$r = 5{,}6\,cm$
$h = 19{,}2\,cm$
$V_K = 630{,}21\,cm^3$

$\beta = 260°$
$b_2 = 90{,}7\,cm$
$r = 14{,}4\,cm$
$h = 13{,}9\,cm$
$V_K = 3016{,}81\,cm^3$

b) $\alpha = 270°$
$b_1 = 70{,}65\,cm$
$r = 11{,}25\,cm$
$h = 9{,}9\,cm$
$V_K = 1311{,}44\,cm^3$

$\beta = 90°$
$b_2 = 23{,}55\,cm$
$r = 3{,}75\,cm$
$h = 14{,}5\,cm$
$V_K = 213{,}42\,cm^3$

Kugel

Beachte: Hier wurde mit $\pi = 3{,}14$ gerechnet.

1.

a) $V = 14\,130\,\text{cm}^3$; $O = 2826\,\text{cm}^2$

b) $V = 113{,}04\,\text{cm}^3$; $O = 113{,}04\,\text{cm}^2$

c) $V \approx 65{,}42\,\text{m}^3$; $O = 78{,}5\,\text{m}^2$

2.

$r = \sqrt[3]{\frac{3 \cdot V}{4\pi}}$; $r = \sqrt{\frac{O}{4\pi}}$

a) $r = \sqrt[3]{\frac{3\,\text{m}^3}{12{,}56}} \approx 0{,}62\,\text{m}$

b) $r = \sqrt[3]{\frac{18\,\text{dm}^3}{12{,}56}} \approx 1{,}13\,\text{dm}$

c) $r = \sqrt{\frac{1\,\text{m}^2}{12{,}56}} \approx 0{,}28\,\text{m}$

d) $r = \sqrt{\frac{6{,}28\,\text{m}^2}{12{,}56}} \approx 0{,}71\,\text{m}$

3.

Der Äquator ist der Erdumfang in Ost-West-Richtung.

$U = 2\pi \cdot r$; $U = 40\,066{,}4\,\text{km}$;

$O = 4\pi \cdot r^2$; $O = 511\,247\,264\,\text{km}^2$

$V = \frac{4}{3}\pi \cdot r^3$; $V \approx 1{,}087 \cdot 10^{12}\,\text{km}^3$

4.

a) $r_1 = 6\,\text{cm}$; $r_2 = 4{,}5\,\text{cm}$; $V_1 = 904{,}32\,\text{cm}^3$; $2 \cdot V_2 = 763{,}02\,\text{cm}^3$

Die größere Orange ergibt mehr Saft als die 2 kleineren zusammen!

b) $O_1 = 452{,}16\,\text{cm}^2$; $2 \cdot O_2 = 508{,}68\,\text{cm}^2$

Von den beiden kleineren Orangen fällt mehr Schale an.

5.

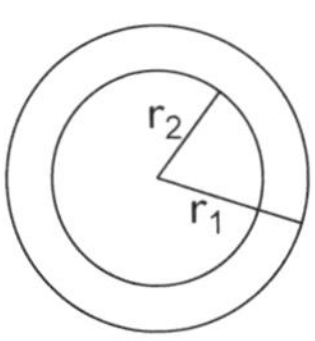

Die Christbaumkugel ist eine Hohlkugel, bei der das Volumen der Wandung V_W dem Volumen des Glastropfens V_T entspricht.

$V_W = V_T = \frac{4}{3}\pi \cdot (10\,\text{mm})^3 \approx 4186{,}7\,\text{mm}^3$

Die Wandstärke der Christbaumkugel ergibt sich aus $r_1 - r_2$, wobei $r_1 = 5\,\text{cm}$ (50 mm) gegeben ist. r_2 lässt sich aus der Differenz des Volumens von äußerer und innerer Kugel berechnen.

$V_W = \frac{4}{3}\pi(r_1^3 - r_2^3)$, daraus folgt $r_2 = \sqrt[3]{r_1^3 - 3 \cdot \frac{V_W}{4\pi}}$

$r_2 = \sqrt[3]{125\,000\,\text{mm}^3 - 1000\,\text{mm}^3} = \sqrt[3]{124\,000\,\text{mm}^3} \approx 49{,}9\,\text{mm}$

Die Wandstärke der Kugel beträgt $r_1 - r_2 = 50\,\text{mm} - 49{,}9\,\text{mm} = 0{,}1\,\text{mm}$.

Test

Test 1

a) $V = a \cdot b \cdot c$

b) $V = G \cdot h$

c) $V = \frac{1}{3}G \cdot h$

d) $V = r^2 \cdot \pi \cdot h$

e) $V = \frac{1}{3}r^2\pi \cdot h$

f) $V = \frac{4}{3}\pi r^3$

Test 2

a) $c = \frac{V}{a \cdot b}$; $c = 1{,}54\,dm$

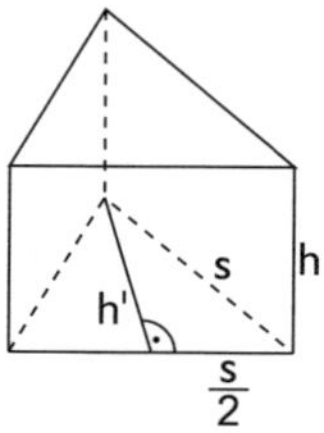

b) $h = \frac{V}{G}$

$G = \frac{1}{2}s \cdot h'$ (Dreiecksfläche)

$h' = \sqrt{s^2 - \left(\frac{s}{2}\right)^2}$ (Pythagoras)

$h' = 34{,}6\,dm$; $G = 692\,dm^2$; $h = 1{,}3\,dm$

c) $h = \frac{3V}{G}$; $G = a^2$; $G = 400\,dm^2$; $h = 6{,}93\,dm$

d) $h = \frac{V}{r^2\pi}$; $h \approx 2{,}94\,dm$

e) $h = \frac{3V}{r^2\pi}$; $h \approx 2{,}2\,dm$

f) $r \approx \sqrt[3]{\frac{3V}{4\pi}}$; $r = 6{,}04\,dm$

Test 3

a) Das Gesamtvolumen setzt sich aus dem Volumen des Quaders (V_Q) sowie dem der Pyramide (V_{Py}) zusammen.

$V_Q = 20 \cdot 6 \cdot 8\,m^3 = 960\,m^3$

$V_{Py} = \frac{1}{3} \cdot 120 \cdot 3\,m^3 = 120\,m^3$

$V = V_Q + V_{Py} = 1080\,m^3$

b)

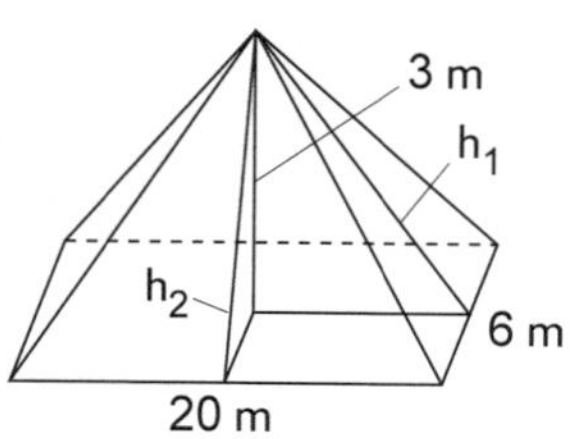

$h_1 = \sqrt{100\,m^2 + 9\,m^2} \approx 10{,}4\,m$

$h_2 = \sqrt{9\,m^2 + 9\,m^2} \approx 4{,}2\,m$

$A_1 = \frac{6\,m \cdot 10{,}4\,m}{2} = 31{,}2\,m^2$

$A_2 = \frac{20\,m \cdot 4{,}2\,m}{2} = 42\,m^2$

$M_{Py} = 2A_1 + 2A_2 = 146{,}4\,m^2$

Oberfläche des Quaders unter der Pyramide:

$O = 20 \cdot 6\,m^2 + 2 \cdot 20 \cdot 8\,m^2 + 2 \cdot 8 \cdot 6\,m^2 = 120\,m^2 + 320\,m^2 + 96\,m^2 = 536\,m^2$

Oberfläche des Großbehälters:

$O = 146{,}4\,m^2 + 536\,m^2 = 682{,}4\,m^2$

Trigonometrie 11

Winkelfunktionen im rechtwinkligen Dreieck

1.

a) b ist Ankathete, a ist Gegenkathete, c ist Hypotenuse

b) $\sin\alpha = \frac{a}{c}$; $\cos\alpha = \frac{b}{c}$; $\tan\alpha = \frac{a}{b}$; $\cot\alpha = \frac{b}{a}$

2.

a) $\sin\beta = \frac{b}{a}$ $\quad \sin\gamma = \frac{c}{a}$

$\cos\beta = \frac{c}{a}$ $\quad \cos\gamma = \frac{b}{a}$

$\tan\beta = \frac{b}{c}$ $\quad \tan\gamma = \frac{c}{b}$

$\cot\beta = \frac{c}{b}$ $\quad \cot\gamma = \frac{b}{c}$

b) $\sin\alpha = \frac{a}{b}$ $\quad \sin\gamma = \frac{c}{b}$

$\cos\alpha = \frac{c}{b}$ $\quad \cos\gamma = \frac{a}{b}$

$\tan\alpha = \frac{a}{c}$ $\quad \tan\gamma = \frac{c}{a}$

$\cot\alpha = \frac{c}{a}$ $\quad \cot\gamma = \frac{a}{c}$

3.

a) Zeichne die Strecke $\overline{AB}$ mit der Länge c = 5 cm und trage in A den Winkel α und in B den Winkel β = 40° an.

b) a = 3,8 cm; b = 3,2 cm

$\sin\alpha = \frac{a}{c} = \frac{3{,}8}{5} = 0{,}76$; $\sin\beta = 0{,}64$; $\cos\alpha = 0{,}64$; $\cos\beta = 0{,}76$

$\tan\alpha = 1{,}19$; $\tan\beta = 0{,}84$; $\cot\alpha = 0{,}84$; $\cot\beta = 1{,}19$

4.

a) $\frac{6\,\text{m}}{80\,\text{m}} = 0{,}075 = 7{,}5\,\%$ b) $\frac{10\,\text{m}}{75\,\text{m}} = 0{,}1333... \approx 13{,}3\,\%$ c) $\frac{20\,\text{m}}{40\,\text{m}} = 0{,}5 = 50\,\%$

5.

b), c)

α	10°	20°	30°	40°	50°	60°	70°	80°
a (cm)	1,7	3,4	5	6,4	7,6	8,6	9,3	9,8
c (cm)	9,8	9,4	8,6	7,6	6,4	5	3,4	1,7
sin α	0,17	0,34	0,50	0,64	0,76	0,87	0,94	0,98
cos α	0,98	0,94	0,87	0,76	0,64	0,50	0,34	0,17

6.

a) 0,5736; 0,8192; 0,9063; 0,4226

b)

α	10°	20°	30°	40°	50°	60°	70°	80°
sin α	0,1736	0,3420	0,5	0,6428	0,7660	0,8660	0,9397	0,9848
cos α	0,9848	0,9397	0,8660	0,7660	0,6428	0,5	0,3420	0,1736

Der Taschenrechner ermittelt die Werte für sin α bzw. cos α auf mehrere Stellen nach dem Komma genau.

7. nein; nein

8.

a) Beispiel: sin 10° = cos 80° = 0,1736; sin 20° = cos 70° = 0,3420

b) $\frac{\sin\alpha}{\cos\alpha} = \frac{\frac{a}{c}}{\frac{b}{c}} = \frac{a}{b} = \tan\alpha$; $\cot\alpha = \frac{b}{a} = \frac{1}{\frac{a}{b}} = \frac{1}{\tan\alpha}$ c) cot 40° = 1,1918

d)

α	0°	10°	20°	30°	40°	50°	60°	70°	80°	90°
tan α	0	0,1763	0,364	0,5774	0,8391	1,1918	1,7321	2,7475	5,6713	–
cot α	–	5,6713	2,7475	1,7321	1,1918	0,8391	0,5774	0,364	0,1763	0

$\cot 0° = \frac{1}{\tan 0°} = \frac{1}{0}$

$\tan 90° = \frac{\sin 90°}{\cos 90°} = \frac{1}{0}$

Achtung: Die Division durch 0 ist nicht erklärt. Viele Taschenrechner zeigen deshalb „E" (error) an.

e) $\tan 0° = \frac{\sin 0°}{\cos 0°} = \frac{0}{1} = 0$; $\cot 90° = \frac{1}{\tan 90°} = \frac{\cos 90°}{\sin 90°} = \frac{0}{1} = 0$

9.

a) 0,7071 b) 0,7071 c) 1 d) 1
e) 1,1383 f) 0,3015 g) 0,0065 h) 1,3416

10.

a) α = 7,2° b) α = 55,6° c) α = 20,2°
d) α = 69,8° e) α = 77° f) α = 64,7°

11.

a) Es gilt: $\left(\frac{a}{b}\right)^2 + \left(\frac{c}{b}\right)^2 = 1$

$\frac{a^2}{b^2} + \frac{c^2}{b^2} = 1 \quad | \cdot b^2$

(*) $a^2 + c^2 = b^2$

Satz des Pythagoras an diesem Dreieck: $a^2 + c^2 = b^2$
Folglich ist (*) richtig!

b) α = 30°: $(0,5)^2 + \left(\frac{1}{2}\sqrt{3}\right)^2 = 1$

$0,25 + \frac{3}{4} = 1$

$1 = 1$

α = 45°: $\left(\frac{1}{2}\sqrt{2}\right)^2 + \left(\frac{1}{2}\sqrt{2}\right)^2 = 1$

$\frac{1}{2} + \frac{1}{2} = 1$

$1 = 1$

12.

a) α = 68,4°
b) α = 43,4°
c) α = 85,4°

13.

a) α = 48,8°
b) α = 12,0°
c) α = 39,5°

14.

Anstieg in %: $\frac{48{,}4\,m}{820\,m} = 0{,}0590 \approx 5{,}9\,\%$
Anstiegswinkel: $\tan\alpha = 0{,}0590 \rightarrow \alpha \approx 3{,}4°$

15.

Berechnung von b:

$b = \sqrt{c^2 - a^2}$; $b = \sqrt{50625 - 600{,}25}\,m = \sqrt{50024{,}75}\,m$; $b \approx 223{,}7\,m$

Berechnung von α:

$\tan\alpha = \frac{a}{b}$; $\tan\alpha = 0{,}10954$, $\alpha = 6{,}25°$

Steigung in %: $\frac{24{,}5}{223{,}7} = 0{,}1095 = 10{,}95\,\% \approx 11\,\%$

16.

Die Höhe vom Fußpunkt B bis zur Spitze des Turmes sei h_1.

$\tan\alpha = \frac{h_1}{s} \Rightarrow \quad h_1 = s \cdot \tan\alpha$

$h_1 = 28\,m \cdot 0{,}54295 \approx 15{,}2\,m$

$h = h_1 + a = 15{,}2\,m + 1{,}5\,m = 16{,}7\,m$

Die Turmhöhe beträgt 16,7 m.

Anwendungen der Winkelfunktionen

Im Folgenden sind die Werte so gerundet:
- Winkelfunktionen: 4 Stellen nach dem Komma
- Längenmaße: 1 Stelle nach dem Komma
- Winkel: 1 Stelle nach dem Komma

1.

a) $a = 6\,cm \cdot \sin 58° = 6\,cm \cdot 0{,}8480$; $a = 5{,}1\,cm$

b) $\cos\alpha = \frac{b}{c}$; $b = c \cdot \cos\alpha$; $b = 3{,}2\,cm$

c) $\alpha + \beta + 90° = 180°$; $\beta = 180° - 90° - 58°$; $\beta = 32°$

2.

$\alpha = 28{,}8°$

$\sin\beta = \frac{b}{c}$; $b = c \cdot \sin\beta$; $b = 10{,}5\ cm$

$\cos\beta = \frac{a}{c}$; $a = c \cdot \cos\beta$; $a = 5{,}8\,cm$

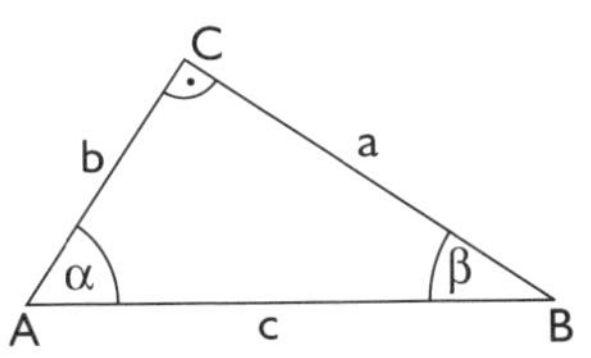

3.

a) $\gamma = 55°$; $b = a \cdot \sin\beta$; $c = a \cdot \cos\beta$
$b = 4{,}6\,cm$; $c = 6{,}6\,cm$

b) $\alpha = 72{,}5°$ $a = \frac{c}{\tan\gamma}$ $b = \frac{c}{\sin\gamma}$
$a = 30{,}1\,cm$ $b = 31{,}6\,cm$

c) $c = 8\,cm$ (mit Satz des Pythagoras)
$\sin\beta = \frac{b}{a}$ $\cos\gamma = \frac{b}{a}$
$\beta = 36{,}9°$ $\gamma = 53{,}1°$

d) $c = 8{,}6\,cm$ (mit Satz des Pythagoras)
$\tan\alpha = \frac{a}{b}$ $\tan\beta = \frac{b}{a}$
$\alpha = 54{,}5°$ $\beta = 35{,}5°$

4.

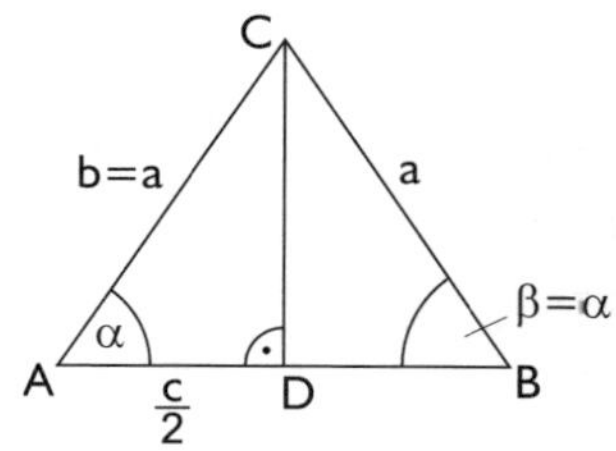

a) Betrachte das Dreieck ADC.

$\tan\alpha = \frac{h}{\frac{c}{2}} = 1{,}3333$

$\alpha = \beta = 53{,}1°$; $\gamma = 73{,}8°$

$a = \frac{h}{\sin\alpha}$; $a = b = 10\,\text{cm}$

b) $\cos\alpha = \frac{\frac{c}{2}}{a} = 0{,}3529$; $\alpha = 69{,}3°$; $\gamma = 41{,}4°$

$h = a \cdot \sin\alpha$; $h = 7{,}95\,\text{cm}$

5. $\cos\alpha = \frac{\frac{c}{2}}{a} = \frac{c}{2a}$; $c = 2a \cdot \cos\alpha$; $c = 12{,}8\,\text{cm}$

$\sin\alpha = \frac{h}{a}$; $h = a \cdot \sin\alpha$; $h = 5{,}6\,\text{cm}$; $A_D = \frac{c \cdot h}{2} = 35{,}84\,\text{cm}^2$

6.

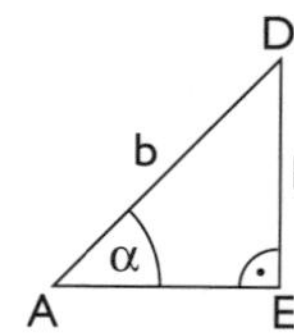

a) $\sin\alpha = \frac{h}{b}$; $h = b \cdot \sin\alpha$; $h = 6{,}2\,\text{cm}$; $A_P = 93\,\text{cm}^2$

b) $h = 3{,}4\,\text{cm}$; $A_P = 22{,}1\,\text{cm}^2$

7.

a) Winkel β an der Spitze: $\tan\beta = \frac{r}{h}$; $\beta = 32°$. Der Winkel an der Spitze ist $2 \cdot \beta = 64°$.

b) Neigungswinkel α: $\alpha = 180° - 90° - \beta$; $\alpha = 58°$

8.

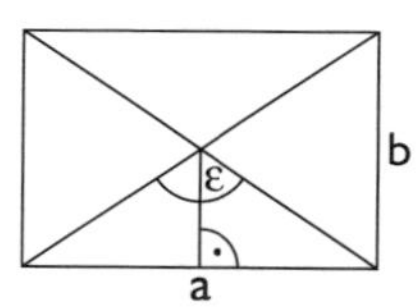

$\tan\frac{\varepsilon}{2} = \frac{\frac{a}{2}}{\frac{b}{2}} = \frac{a}{b} = 1{,}2$

$\frac{\varepsilon}{2} = 50{,}2°$ – $\varepsilon = 100{,}4°$

Winkelfunktionswerte für $\alpha > 90°$

1.

a) $\sin 145° = \sin(180° - 145°) = \sin 35° = 0{,}5736$

$\sin 315° = -\sin(360° - 315°) = -\sin 45° = -0{,}7071$

$\sin 165° = \sin(180° - 165°) = \sin 15° = 0{,}2588$

b) $\cos 236° = -\cos(236° - 180°) = -\cos 56° = -0{,}5592$

$\cos 188° = -\cos(188° - 180°) = -\cos 8° = -0{,}9903$

$\cos 345° = \cos(360° - 345°) = \cos 15° = 0{,}9659$

c) $\sin 105° = \sin 75° = 0{,}9659$

$\sin 211° = -\sin 31° = -0{,}5150$

$\sin 216° = -\sin 36° = -0{,}5878$

d) $\cos 246° = -\cos 66° = -0{,}4067$

$\cos 100° = -\cos 80° = -0{,}1736$

$\cos 296° = \cos 64° = 0{,}4384$

2.

a) $\alpha = 15°$; 165°
$\alpha = 254{,}8°$; 285,2°
$\alpha = 65{,}1°$; 294,9°
$\alpha = 109°$; 251°

b) $\alpha = 47{,}3°$; 132,7°
$\alpha = 185{,}3°$; 354,7°
$\alpha = 49{,}4°$; 310,6°
$\alpha = 144{,}1°$; 215,9°

c) $\alpha = 64{,}3°$; 115,7°
$\alpha = 202°$; 338°
$\alpha = 84{,}7°$; 275,3°
$\alpha = 77{,}8°$; 282,2°

Sinus- und Kosinusfunktion

1.

a), b)

α	0°	30°	60°	90°	120°	150°	180°	210°	240°	270°	300°	330°	360°
$\sin\alpha$	0	0,5	0,87	1	0,87	0,5	0	–0,5	–0,87	–1	–0,87	–0,5	0
$\cos\alpha$	1	0,87	0,5	0	–0,5	–0,87	–1	–0,87	–0,5	0	0,5	0,87	1

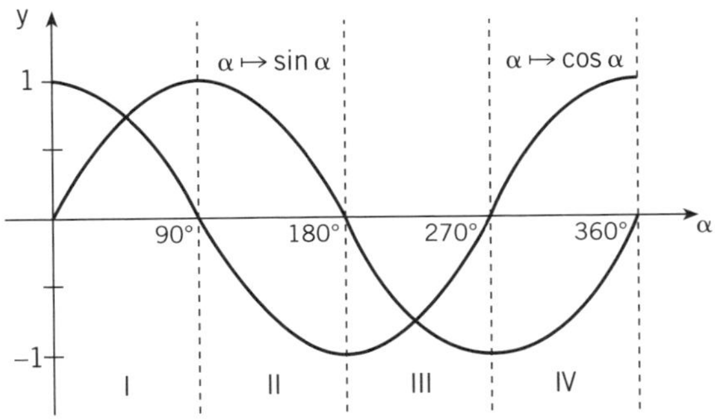

2.

a) $a = 0{,}52$; 0,87; 1,31; 2,13; 4,29; 5,41; 6,13

b) $\alpha = 40{,}1°$; 51,6°; 63°; 68,8°; 97,4°; 114,6°; 143,2°; 171,9°

3.

a) 0; –1 b) 0; 1 c) 1; 0 d) $\frac{1}{2}\sqrt{2} = 0{,}7071$; $-\frac{1}{2}\sqrt{2} = -0{,}7071$

e) –0,7568; –0,6536 f) –0,5440; –0,8391

Sinus- und Kosinussatz

1.

$a = c \cdot \frac{\sin\alpha}{\sin\gamma}$; $a = 4{,}3\,\text{cm}$

$b = c \cdot \frac{\sin\beta}{\sin\gamma}$; $b = 6{,}4\,\text{cm}$

2.

$\gamma = 69{,}2°$; $c = a \cdot \frac{\sin\gamma}{\sin\alpha}$; $c = 7\,\text{cm}$

3.

a) $\gamma_1 = 68{,}9°$; $c_1 = a \cdot \frac{\sin \gamma_1}{\sin \alpha}$; $c_1 = 4{,}3\,\text{cm}$

b) $\gamma_2 = 13{,}1°$; $c_2 = \frac{\sin \gamma_2}{\sin \alpha}$; $c_2 = 1{,}05\,\text{cm}$

Es gibt jeweils zwei Lösungen.

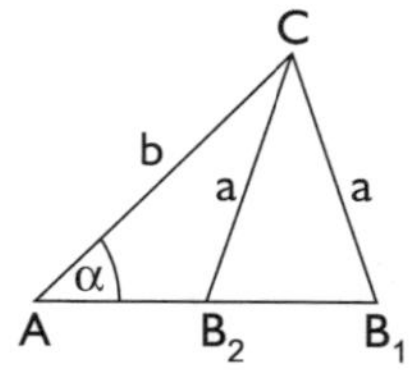

4.

a) $\gamma = 64°$; $b = \frac{a \cdot \sin \beta}{\sin \alpha}$; $c = \frac{a \cdot \sin \gamma}{\sin \alpha}$

$b = 15{,}3\,\text{cm}$; $c = 14{,}7\,\text{cm}$

b) $\gamma = 74°$; $a = 10{,}6\,\text{cm}$; $b = 16{,}5\,\text{cm}$

c) $\beta = 41°$; $a = 13{,}25\,\text{cm}$; $c = 7{,}7\,\text{cm}$

d) $\alpha = 63°$; $b = 12{,}7\,\text{cm}$; $c = 17{,}1\,\text{cm}$

5.

a) nur eine Lösung: $\sin \beta = \sin \alpha \cdot \frac{b}{a}$; $\beta = 41{,}6°$

$\gamma = 68{,}4°$; $c = a \cdot \frac{\sin \gamma}{\sin \alpha}$; $c = 16{,}8\,\text{cm}$

b) nur eine Lösung: $\sin \alpha = \frac{\sin \gamma \cdot a}{c}$; $\alpha = 31°$

$\beta = 74°$; $b = c \cdot \frac{\sin \beta}{\sin \gamma}$; $b = 14{,}9\,\text{cm}$

c) keine Lösung

d) keine Lösung

zu c)

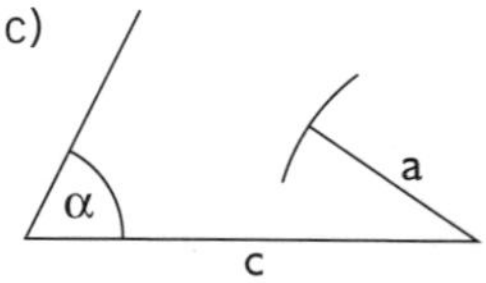

zu d)

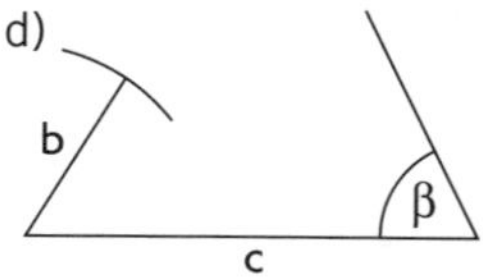

6. Man kann a nicht ausrechnen!

7. $\sin \beta = \frac{\sin \alpha \cdot b}{a}$ $\quad \beta_1 = 59{,}9°$; $\beta_2 = 120{,}1°$ (entfällt, da $\alpha + \beta > 180°$)

$\gamma = 180° - \alpha - \beta_1 = 53{,}1°$

8.

$b^2 = a^2 + c^2 - 2ac \cdot \cos \beta$

$\cos \beta = \frac{a^2 + c^2 - b^2}{2ac}$

$\cos \beta = 0{,}9048$; $\beta \approx 25°$

$c^2 = a^2 + b^2 - 2ab \cdot \cos \gamma$

$\cos \gamma = \frac{a^2 + b^2 - c^2}{2ab}$

$\cos \gamma = 0{,}6667$; $\gamma \approx 48°$

9.

a) $\cos \alpha = \frac{b^2 + c^2 - a^2}{2bc}$;

$\cos \alpha = 0{,}714$

$\alpha = 44{,}4°$

$\cos \beta = \frac{a^2 + c^2 - b^2}{2ac}$; $\gamma = 78{,}5°$

$\cos \beta = 0{,}543$

$\beta = 57{,}1°$

b) $c^2 = a^2 + b^2 - 2ab \cdot \cos \gamma$;

$c = 11{,}7\,\text{cm}$

$\sin \beta = \frac{\sin \gamma \cdot b}{c}$; $\alpha = 62{,}3°$

$\beta_1 = 46{,}7°$

$\beta_2 = 133{,}3°$ (entfällt, da $\gamma + \beta_2 > 180°$)

c) $b^2 = a^2 + c^2 - 2ac \cdot \cos\beta$; $b = 27{,}6\,\text{cm}$

$\sin\alpha = \frac{\sin\beta \cdot a}{b}$; $\gamma = 32{,}1°$

$\alpha_1 = 44{,}9°$

$\alpha_2 = 135{,}1°$ (entfällt)

d) $\cos\alpha = \frac{b^2 + c^2 - a^2}{2bc}$; $\alpha = 50{,}5°$ $\beta = 20°$

$\sin\beta = \frac{\sin\alpha \cdot b}{a}$; $\gamma = 109{,}5°$

10. $a^2 = b^2 + c^2 - 2bc \cdot \cos\alpha$. Da $\cos 90° = 0$, gilt: $a^2 = b^2 + c^2$

Für $\alpha = 90°$ geht der Kosinussatz in den Satz des Pythagoras über.

$a = 10\,\text{cm}$; $\cos\beta = \frac{a^2 + c^2 - b^2}{2ac}$; $\beta = 53{,}1°$; $\gamma = 36{,}9°$

11.

a) Fälle 1 und 3

b) Fälle 2 und 4

12.

a) $b = a \cdot \frac{\sin\beta}{\sin\alpha}$; $b = 5{,}5\,\text{cm}$

$c = a \cdot \frac{\sin\gamma}{\sin\alpha}$; $\gamma = 74°$; $c = 8{,}35\,\text{cm}$

b) $b^2 = a^2 + c^2 - 2ac \cdot \cos\beta$; $b = 12{,}1\,\text{cm}$

$\sin\alpha = \frac{\sin\beta \cdot a}{b}$; $\gamma = 38{,}6°$; $\alpha = 33{,}4°$

c) $\cos\alpha = \frac{b^2 + c^2 - a^2}{2bc}$; $\alpha = 58{,}9°$

$\cos\beta = \frac{a^2 + c^2 - b^2}{2ac}$; $\gamma = 38°$; $\beta = 83{,}1°$

d) $\sin\gamma = \frac{\sin\beta \cdot c}{b}$; $\alpha = 66{,}6°$; $\gamma = 38{,}4°$

$a = \frac{\sin\alpha \cdot b}{\sin\beta}$; $a = 13{,}3\,\text{cm}$

e) $\gamma = 33°$; $a = \frac{c \cdot \sin\alpha}{\sin\gamma}$; $a = 29{,}3\,\text{cm}$

$b = \frac{c \cdot \sin\beta}{\sin\gamma}$; $b = 18{,}8\,\text{cm}$

f) $a^2 = b^2 + c^2 - 2bc \cdot \cos\alpha$; $a = 7{,}4\,\text{cm}$

$\sin\beta = \frac{\sin\alpha \cdot b}{a}$; $\gamma = 80{,}8°$; $\beta = 52{,}2°$

13.

a) $\cos\beta = \frac{a^2 + c^2 - b^2}{2ac}$; $\cos\gamma = \frac{a^2 + b^2 - c^2}{2ab}$

b) $\cos\alpha = \frac{36 + 81 - 25}{2 \cdot 6 \cdot 9} = 0{,}852$; $\alpha = 31{,}6°$; $\beta = 38{,}9°$; $\gamma = 109{,}5°$

c) $\alpha = 114{,}2°$; $\beta = 37{,}5°$; $\gamma = 28{,}3°$

14.

a) zwei Seiten, Gegenwinkel der größeren Seite; Sinussatz

$\frac{\sin\alpha}{\sin\beta} = \frac{a}{b}$, $\sin\alpha = \frac{a}{b} \cdot \sin\beta$, $\alpha = 30{,}7°$

$\gamma = 180° - 50° - 30{,}7° = 99{,}3°$

$c = a \cdot \frac{\sin\gamma}{\sin\alpha}$; $c = 5{,}8\,\text{cm}$

b) zwei Seiten und eingeschlossener Winkel; Kosinussatz

$b^2 = a^2 + c^2 - 2ac \cdot \cos\beta$; $b = 6{,}7\,\text{cm}$

$\sin\alpha = \frac{a}{b} \cdot \sin\beta$; $\sin\alpha = 0{,}70126$; $\alpha = 44{,}5°$

$\gamma = 180° - \alpha - \beta = 65{,}5°$

c) drei Seiten; Kosinussatz

$\cos\alpha = \frac{b^2 + c^2 - a^2}{2bc}$; $\cos\alpha = \frac{59{,}23}{72{,}8} = 0{,}81359$, $\alpha = 35{,}6°$

$\sin\beta = \frac{b}{a} \cdot \sin\alpha$; $\beta = 47{,}5°$

$\gamma = 180° - \alpha - \beta = 96{,}9°$

d) zwei Seiten und Gegenwinkel der kürzeren Seite; Sinussatz

$\sin\alpha = \frac{a}{b} \cdot \sin\beta$

Setzt man die vorhandenen Zahlenwerte ein, ergibt sich bei $\sin\alpha$ „Error“, d. h. die Aufgabe kann so nicht gelöst werden.

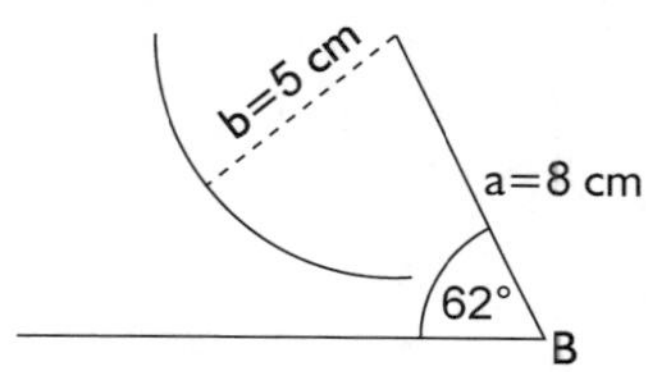

e) zwei Seiten, Gegenwinkel der längeren Seite; Sinussatz

$\sin\gamma = \frac{c}{b} \cdot \sin\beta$; $\gamma = 39{,}4°$

$\alpha = 180° - \beta - \gamma = 75{,}6°$

$a = b \cdot \frac{\sin\alpha}{\sin\beta}$; $a = 4{,}3\,\text{cm}$

Test

Test 1

a) $\sin\beta = \frac{b}{a}$ $\quad\sin\gamma = \frac{c}{a}$

$\cos\beta = \frac{c}{a}$ $\quad\cos\gamma = \frac{b}{a}$

$\tan\beta = \frac{b}{c}$ $\quad\tan\gamma = \frac{c}{b}$

$\cot\beta = \frac{c}{b}$ $\quad\cot\gamma = \frac{b}{c}$

b) $\sin 35° = 0{,}5736$ $\quad\sin 120° = 0{,}8660$

$\cos 35° = 0{,}8192$ $\quad\cos 120° = -0{,}5$

$\tan 35° = 0{,}7002$ $\quad\tan 120° = -1{,}7321$

$\cot 35° = 1{,}4281$ $\quad\cot 120° = -0{,}5774$

Test 2

a) $\beta = 90° - 36° = 54°$; $\frac{a}{c} = \sin\alpha$; $c = \frac{8{,}4\,\text{cm}}{\sin 36°} = 14{,}3\,\text{cm}$;
$b = 8{,}4\,\text{cm} \cdot \tan 54° = 11{,}6\,\text{cm}$

b) $\alpha = 38°$; $b = 5{,}0\,\text{cm}$; $a = 3{,}9\,\text{cm}$

c) $\beta = 45°$; $a = b = 5{,}3\,\text{cm}$; $c = 7{,}5\,\text{cm}$

d) $\tan\alpha = \frac{a}{b}$; $\alpha = 61{,}9°$; $\beta = 28{,}1°$; $c = 13{,}6\,\text{cm}$

e) $\sin\alpha = \frac{a}{c}$; $\alpha = 32{,}6°$; $\beta = 57{,}4°$; $b = 6{,}6\,\text{cm}$

f) $\sin\beta = \frac{h_c}{a}$; $\beta = 39{,}7°$; $\alpha = 50{,}3°$; $b = a \cdot \tan\beta = 7{,}8\,\text{cm}$; $c = 12{,}2\,\text{cm}$

Test 3

$\gamma = 180° - 90° - 24° = 66°$

Sinussatz: $\frac{h}{a} = \frac{\sin\alpha}{\sin\gamma}$

$h = a \cdot \frac{\sin\alpha}{\sin\gamma}$; $h = 53{,}4\,\text{m}$

Die Masthöhe beträgt 53,4 m.

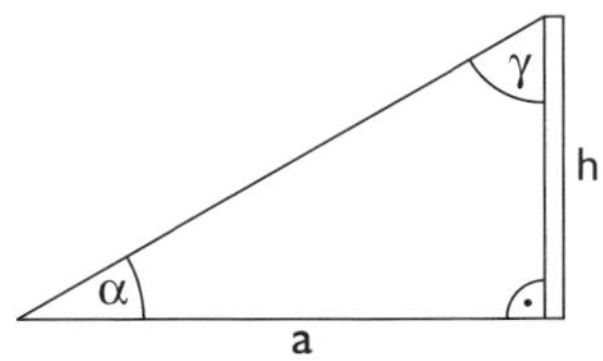

Test 4

a) $\frac{a}{b} = \frac{\sin\alpha}{\sin\beta}$, $\frac{a}{c} = \frac{\sin\alpha}{\sin\gamma}$, $\frac{b}{c} = \frac{\sin\beta}{\sin\gamma}$

b) $a^2 = b^2 + c^2 - 2bc \cdot \cos\alpha$ $\quad b^2 = a^2 + c^2 - 2ac \cdot \cos\beta$ $\quad c^2 = a^2 + b^2 - 2ab \cdot \cos\gamma$

Test 5

a) 2 Seiten und 1 Gegenwinkel; 2 Winkel und 1 Seite

b) 3 Seiten; 2 Seiten und der eingeschlossene Winkel

Test 6

a) Kosinussatz (3 Seiten): $\cos\alpha = \frac{b^2 + c^2 - a^2}{2bc}$; $\cos\alpha = 0{,}7143$; $\alpha = 44{,}4°$
$\sin\beta = \frac{b \cdot \sin\alpha}{a}$; $\sin\beta = 0{,}8396$; $\beta = 57{,}1°$; $\gamma = 78{,}5°$

b) Sinussatz (2 Winkel, 1 Seite): $\gamma = 108°$; $a = \frac{c \cdot \sin\alpha}{\sin\gamma}$; $a = 6{,}3\,\text{cm}$
$b = \frac{c \cdot \sin\beta}{\sin\gamma}$; $b = 3{,}3\,\text{cm}$

Prüfungsteil

Aufgaben zum Problemkreis Produktionsprozesse

Aufgabe 1

1.

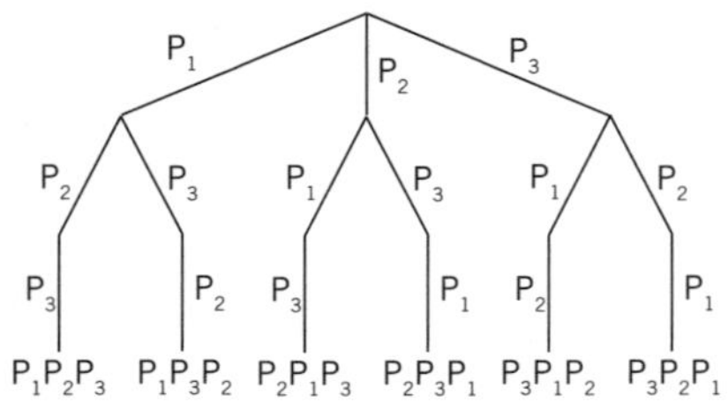

2. und 3.

Produktreihenfolge	Gesamtbearbeitungszeit
$P_1P_2P_3$	26 min
$P_1P_3P_2$	30 min
$P_2P_1P_3$	26 min
$P_2P_3P_1$	23 min
$P_3P_1P_2$	27 min
$P_3P_2P_1$	27 min

d) $p\,\% = \frac{P}{G}$; $P = 23\,\text{min}$; $G = 30\,\text{min}$

$p\,\% = \frac{23}{30} \approx 76{,}7\,\%$

$100\,\% - 76{,}7\,\% = 23{,}3\,\%$

23,3 % der Produktionskosten können eingespart werden.

e) Die günstigste Produktreihenfolge ist $P_2P_3P_1$ mit einer Gesamtbearbeitungszeit von 23 min. Sie führt zu einer Kostenersparnis von 23,3 % verglichen mit der schlechtesten Gesamtbearbeitungszeit.

Aufgabe 2

1.

Der Baumgraph für die möglichen Anordnungen der Produkte ist der gleiche wie in Aufgabe 1. Auch die Produktfolgen kannst du dort nachsehen.

2.

Du benötigst jetzt drei Zeitskalen, für jede Maschine eine.

3.

Produktreihenfolge	Gesamtbearbeitungszeit
$P_1P_2P_3$	23 min
$P_1P_3P_2$	24 min
$P_2P_1P_3$	22 min
$P_2P_3P_1$	22 min
$P_3P_1P_2$	24 min
$P_3P_2P_1$	23 min

4.

Die Produktreihenfolgen $P_2P_1P_3$ und $P_2P_3P_1$ ermöglichen die geringste Gesamtbearbeitungszeit von 22 min.

Günstigste Zeit: 22 min

Ungünstigste Zeit: 24 min

Mögliche Zeitersparnis:

$p\,\% = \frac{P}{G}$; $P = 22\,\text{min}$; $G = 24\,\text{min}$

$p\,\% = \frac{22}{24} \approx 91{,}7\,\%$

$100\,\% - 91{,}7\,\% = 8{,}3\,\%$

Die mögliche Zeit- bzw. Kostenersparnis beträgt 8,3 %.

Aufgabe 3

1.

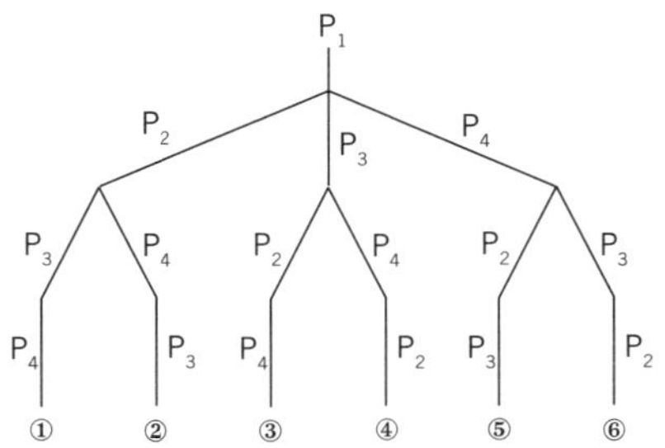

① $P_1P_2P_3P_4$
② $P_1P_2P_4P_3$
③ $P_1P_3P_2P_4$
④ $P_1P_3P_4P_2$
⑤ $P_1P_4P_2P_3$
⑥ $P_1P_4P_3P_2$

2. Du benötigst zwei Zeitskalen, für jede Maschine eine.

3.

Produktreihenfolge	Gesamtbearbeitungszeit
$P_1P_2P_3P_4$	21 min
$P_1P_2P_4P_3$	25 min
$P_1P_3P_2P_4$	20 min
$P_1P_3P_4P_2$	19 min
$P_1P_4P_2P_3$	24 min
$P_1P_4P_3P_2$	22 min

4.

Die kleinste Bearbeitungszeit wird für $P_1P_3P_4P_2$ mit 19 min erreicht.

$p\% = \frac{P}{G}$; $P = 19\,\text{min}$; $G = 25\,\text{min}$

$p\% = \frac{19}{25} = 76\%$

$100\% - 76\% = 24\%$

Die mögliche Zeit (Kosten) ersparnis beträgt 24 %.

Aufgabe 4

1.

Es gibt nur zwei mögliche Anordnungen der Produkte: P_1P_2 und P_2P_1

2.

Du musst jetzt 4 Zeitskalen verwenden.

3.

Produktreihenfolge	Gesamtbearbeitungszeit
P_1P_2	27 min
P_2P_1	22 min

4.

Die kürzeste Bearbeitungszeit wird für P_2P_1 mit 22 min erreicht.

$p\% = \frac{P}{G}$; $P = 22\,\text{min}$; $G = 27\,\text{min}$

$p\% = \frac{22}{27} \approx 81{,}5\%$

$100\% - 81{,}5\% = 18{,}5\%$

Die mögliche Zeitersparnis beträgt 18,5 %.

B Aufgaben zum Problemkreis Wirtschaft

Aufgabe 1 (Musteraufgabe) – Steuersenkungen

1.

Modell A:

Bruttolohn in €	600	800	1000	1200	1400	1600	1800	2000	2200
Steuersenkung in €	80	80	80	80	80	80	80	80	80

Modell B:

Bruttolohn in €	600	800	1000	1200	1400	1600	1800	2000	2200
Steuersenkung in €	30	40	50	60	70	80	90	100	110

2.

Modell A:

Bruttolohn in €	600	800	1000	1200	1400	1600	1800	2000	2200
Steuersenkung in %	13,3	10	8	6,7	5,7	5	4,4	4	3,6

Modell B:

Bruttolohn in €	600	800	1000	1200	1400	1600	1800	2000	2200
Steuersenkung in %	5	5	5	5	5	5	5	5	5

3.

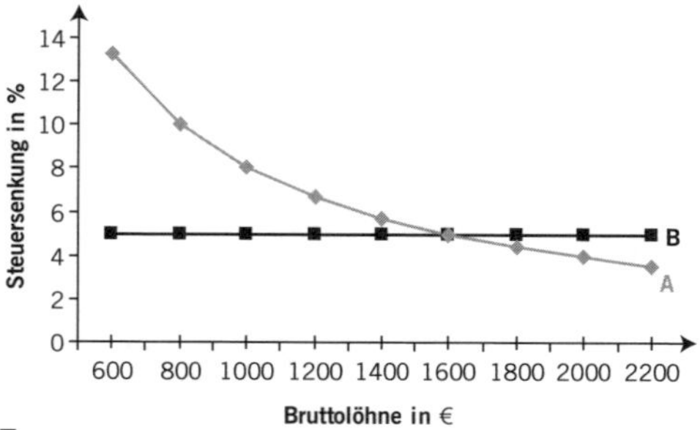

4.

Die unteren Lohngruppen

5.

Für 1600 € Bruttolohn.

6.

Für Modell A, weil es die kleinen Einkommen begünstigt.

7.

A: $y = 80$

B: Steigung $\frac{b}{a} = \frac{10}{200} = \frac{1}{20} = m$

Gerade geht durch den Nullpunkt, also: $y = \frac{1}{20} \cdot x$

8.

A: $p\% = \frac{P}{G}$ $p\% = y$; $G = x$; $P = 80$

$y = \frac{80}{x} \rightarrow$ Hyperbel

9.

B: $p\% = \frac{P}{G}$ $p\% = y$; $G = x$; $P = \frac{1}{20} \cdot x$; $y_0 = \frac{\frac{1}{20} \cdot x}{x}$

$y = \frac{1}{20} = 5\,\% \rightarrow$ Gerade parallel zur x-Achse

Aufgabe 2 – Lohnerhöhungen

1. **Lohnsumme:**

$50 \cdot 1000€ + 60 \cdot 1200€ + 20 \cdot 1400€ + 15 \cdot 1600€ + 10 \cdot 1800€ + 5 \cdot 2000€ + 5 \cdot 2200€$
$= 213\,000€$

2. **Lohnsumme nach A:**

Lohnerhöhungen: + 50€

$50 \cdot 50€ + 60 \cdot 50€ + 20 \cdot 50€ + 15 \cdot 50€ + 10 \cdot 50€ + 5 \cdot 50€ + 5 \cdot 50€ = 8250€$

Neue Lohnsumme: $213\,000€ + 8250€ = 221\,250€$

Lohnsumme nach B:

Lohnerhöhungen:

Bruttolohn in €	1000	1200	1400	1600	1800	2000	2200
Lohnerhöhung in €	20	30	40	50	60	70	80

Kosten der reinen Lohnerhöhungen:

$50 \cdot 20€ + 60 \cdot 30€ + 20 \cdot 40€ + 15 \cdot 50€ + 10 \cdot 60€ + 5 \cdot 70€ + 5 \cdot 80€ = 5700€$

Neue Lohnsumme: $213\,000€ + 5700€ = 218\,700€$

3. **Prozentualer Anstieg der Lohnkosten nach A:**

$G = 213\,000€;\quad P = 8250€$

$p\,\% = \frac{P}{G} \approx 3{,}9\,\%$

Prozentualer Anstieg nach B:

$G = 213\,000€;\quad P = 5700€$

$p\,\% = \frac{P}{G} \approx 2{,}7\,\%$

Ergebnis: Das Lohnerhöhungsmodell nach B ist für die Firma günstiger.

Aufgabe 3 – Lohnerhöhungen

1. **Lohnsumme:**

$40 \cdot 1000€ + 80 \cdot 1200€ + 50 \cdot 1400€ + 30 \cdot 1600€ + 20 \cdot 1800€ + 20 \cdot 2000€ + 10 \cdot 2200€$
$= 352\,000€$

2. **Lohnsumme nach A:**

Lohnerhöhungen: 60€

$40 \cdot 60€ + 80 \cdot 60€ + 50 \cdot 60€ + 30 \cdot 60€ + 20 \cdot 60€ + 20 \cdot 60€ + 10 \cdot 60€ = 15\,000€$

Neue Lohnsumme: $352\,000€ + 15\,000€ = 367\,000€$

Lohnsumme nach B: 3 % Erhöhung

Bruttolohn in €	1000	1200	1400	1600	1800	2000	2200
Lohnerhöhung in €	30	36	42	48	54	60	66

Kosten der reinen Lohnerhöhungen:

$40 \cdot 30€ + 80 \cdot 36€ + 50 \cdot 42€ + 30 \cdot 48€ + 20 \cdot 54€ + 20 \cdot 60€ + 10 \cdot 66€ = 10\,560€$

Neue Lohnsumme:

$352\,000€ + 10\,560€ = 362\,560€$

3. **Prozentualer Anstieg der Lohnkosten nach A:** **Prozentualer Anstieg nach B:**
G = 352 000 €; P = 15 000 € 3 %
$p\,\% = \frac{P}{G} \approx 4{,}3\,\%$
Ergebnis: Das Lohnerhöhungsmodell nach B ist für die Firma günstiger.

C Aufgaben zum Problemkreis Geometrie

Aufgabe 1 – kürzeste Wege

1. **Konstruktion des kürzesten Weges**

a)
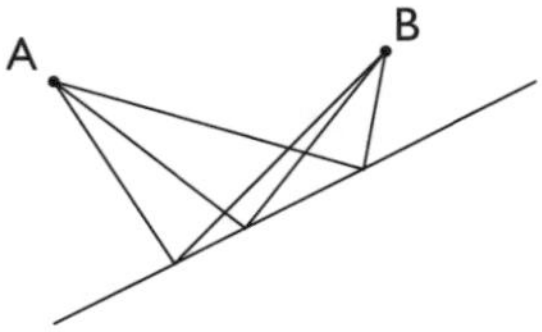

b)
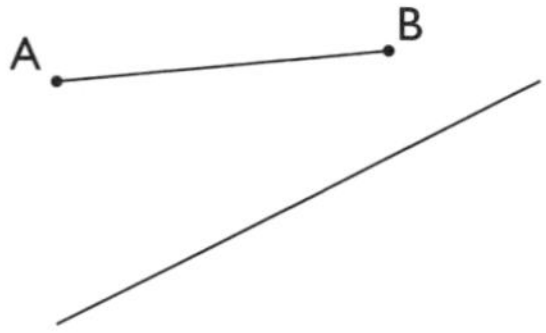

c)
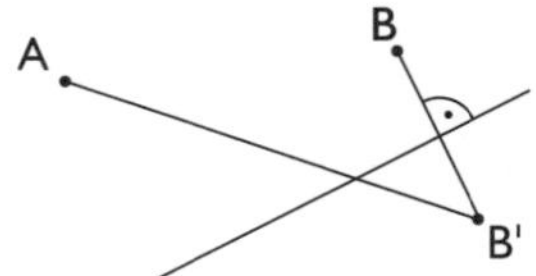

d)
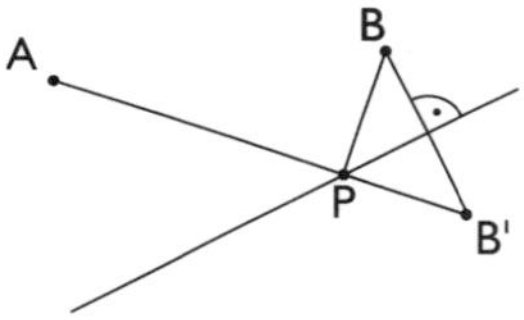

$\overline{PB} = \overline{PB'}$
also ist $\overline{AP} + \overline{PB}$ die kürzest mögliche Strecke.

2. **Berechnung der Weglänge**

a) Siehe Abbildung im Buch

b) $\overline{PQ_2} = e - y$

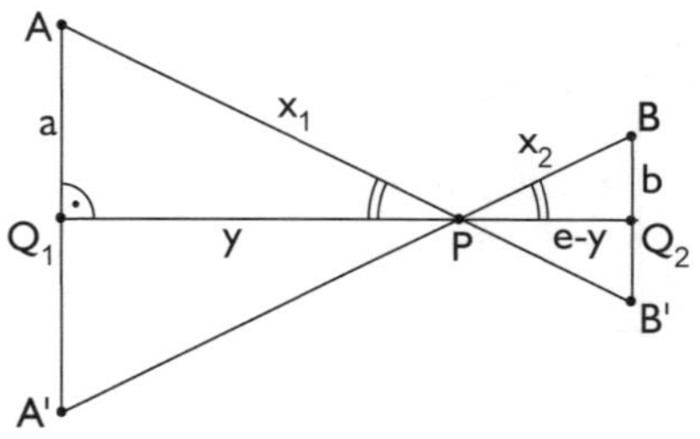

c) α) $\frac{a}{b} = \frac{y}{e-y}$ a = 500 m; b = 300 m; e = 600 m

$y = 375\,m$
$\overline{Q_1P} = 375\,m$
$\overline{PQ_2} = 225\,m$

β) $x_1 = \sqrt{a^2 + y^2}$ $x_1 = 625\,m$
$x_2 = \sqrt{b^2 + (e-y)^2}$ $x_2 = 375\,m$

γ) $x = x_1 + x_2$
$x = 1000\,m$

d)
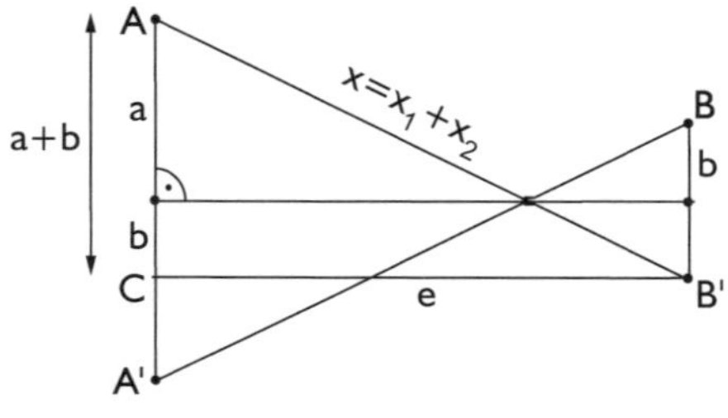

1. Kathete: a + b
2. Kathete: e
$x_1 + x_2 = x = \sqrt{(a+b)^2 + e^2}$
$x = \sqrt{800^2 + 600^2}$
$x = 1000\,m$
Das Ergebnis von c) ist richtig.

Aufgabe 2 – kürzeste Wege

1. Konstruktion wie in Aufgabe 1.

2. c) Berechnung der Weglänge:

α) $\frac{a}{b} = \frac{y}{e-y}$ a = 1 km; b = 1,8 km; e = 2 km

$y \approx 0{,}714\,\text{km}$

β) $x_1 = \sqrt{a^2 + y^2}$ $x_2 = \sqrt{b^2 + (e-y)^2}$

$x_1 \approx 1{,}229\,\text{km}$ $x_2 \approx 2{,}212\,\text{km}$

γ) $x = x_1 + x_2$

$x = 3{,}441\,\text{km}$

d) $x = \sqrt{(a+b)^2 + e^2}$

$x \approx 3{,}441$ $x = 3{,}441\,\text{km}$

Das Ergebnis von c) ist richtig.

Aufgabe 3 – kürzeste Wege

1. Konstruktion wie in Aufgabe 1.

2. c) Berechnung der Weglänge:

α) $\frac{a}{b} = \frac{y}{e-y}$ a = 4 dm; b = 7 dm; e = 8 dm

$y \approx 2{,}909\,\text{dm}$

β) $x_1 = \sqrt{a^2 + y^2}$ $x_2 = \sqrt{b^2 + (e-y)^2}$

$x_1 \approx 4{,}946\,\text{dm}$ $x_2 \approx 8{,}656\,\text{dm}$

γ) $x = x_1 + x_2$

$x = 13{,}602\,\text{dm}$

d) $x = \sqrt{(a+b)^2 + e^2}$

$x \approx 13{,}601$ $x = 13{,}602\,\text{dm}$

Das Ergebnis von c) ist bis auf Rundungsungenauigkeiten richtig.

Aufgabe 4 – kürzeste Wege

1.

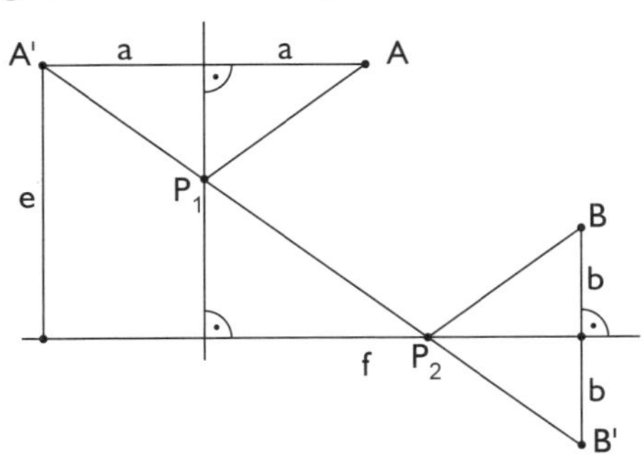

2. Berechnungen:

a = 3 dm; b = 2 dm; e = 5 dm; f = 7 dm

Diese Formeln musst du benutzen:

a) $y = \frac{ab + bf}{b + e}$ $y \approx 2{,}9\,\text{dm}$

b) $x_3 = \sqrt{y^2 + b^2}$ $x_3 \approx 3{,}5\,\text{dm}$

c) $x_1 + x_2 = z = \frac{x_3 \cdot e}{b}$ $z \approx 8{,}8\,\text{dm}$

d) $x = x_1 + x_2 + x_3$ $x \approx 12{,}3\,\text{dm}$

e) AP_1P_2B: 12,3 cm

Aufgabe 5 – kürzeste Wege

1. Konstruktion wie in Aufgabe 4.

2. Berechnungen: a = 2 dm; b = 5 dm; e = 6 dm; f = 8 dm

a) $y = \frac{ab + bf}{b + e}$ $y \approx 4{,}5\,\text{dm}$

b) $x_3 = \sqrt{y^2 + b^2}$ $x_3 \approx 6{,}7\,\text{dm}$

c) $x_1 + x_2 = z = \frac{x_3 \cdot e}{b}$ $z \approx 8\,\text{dm}$

d) $x = x_1 + x_2 + x_3$ $x \approx 14{,}7\,\text{dm}$

e) Die Werte stimmen bis auf Rundungsfehler überein.

Aufgabe 6 – kürzeste Wege

1. Die Kugel trifft also im Schnittpunkt beider Banden auf und wird dort reflektiert.

2. Berechnungen:

a) Für diesen Sonderfall des Billards kannst du die Länge des Weges allein mit dem Satz des Pythagoras berechnen.

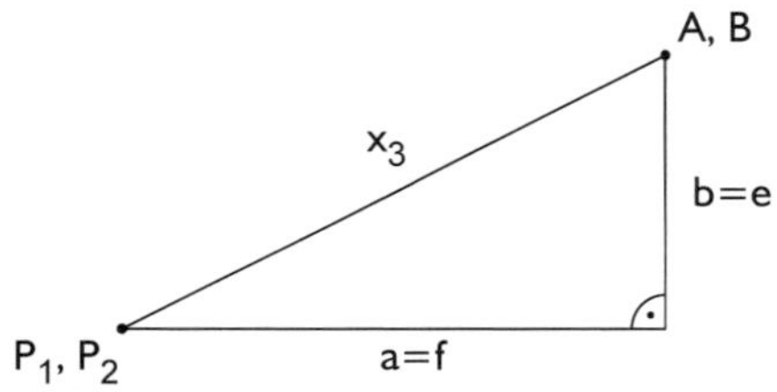

a = 6 dm; b = 3 dm; f = a = 6 dm; e = b = 3 dm

$x_3 = \sqrt{a^2 + b^2}$

$x_3 \approx 6{,}7\,\text{dm}$

Hinweg der Kugel: $x_3 \approx 6{,}7\,\text{dm}$

Rückweg der Kugel: $x_3 \approx 6{,}7\,\text{dm}$

Gesamtweg: $x = 2x_3 \approx 13{,}4\,\text{dm}$

b) Wenn du genau genug gezeichnet hast, ergibt deine Konstruktion etwa den gleichen Wert.

Aufgabe 7 – kürzeste Wege

1. Konstruktion wie in Aufgabe 6.

2. Berechnungen: a = 8 dm; b = 4 dm

$x_3 = \sqrt{a^2 + b^2}$ $\quad x_3 \approx 8{,}9\,\text{dm}$

$x = 2 \cdot x_3$ $\quad x \approx 17{,}8\,\text{dm}$

Die Konstruktion liefert etwa den gleichen Wert.

Aufgabe 8 – kürzeste Wege

1.

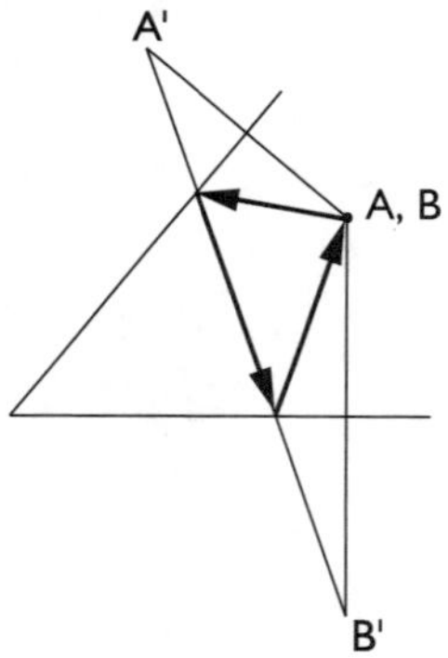

Du findest die Lage von (A,B), indem du den Schnittpunkt der Parallelen im Abstand von a zu b_1 und b zu b_2 konstruierst.

2. Berechnungen:

a = 3 dm; b = 4 dm; $\alpha = 50°$

$c^2 = a^2 + b^2 - 2ab \cdot \cos\gamma$ geht über in:

$x^2 = (2a)^2 + (2b)^2 - 2 \cdot 2a \cdot 2b \cdot \cos(180° - \alpha)$

$x^2 = 4a^2 + 4b^2 + 8ab\cos\alpha$

$x \approx 12{,}7\,\text{dm}$

Der konstruierte Wert ergibt etwa die gleiche Größe.

Aufgabe 9 – kürzeste Wege

a) 1. Konstruktion wie in Aufgabe 6.

2. Berechnungen:

a = 4 dm; b = 5 dm

$x^2 = \sqrt{a^2 + b^2}$ $\quad x_3 \approx 6{,}4$

$x = 2 \cdot x_3$ $\quad x \approx 12{,}8\,\text{dm}$

In Aufgabe a) ist der Weg am kürzesten!

b) 1. Konstruktion wie in Aufgabe 8.

2. Berechnungen:

a = 4 dm; b = 5 dm; $\alpha = 40°$

$x^2 = 4a^2 + 4b^2 + 8ab\cos\alpha$

$x \approx 16{,}9\,\text{dm}$

Aufgabe 10 (Umfänge und Flächeninhalte von Dreiecken)

1. a)

a	b	c	Dreieck möglich?
1	1	5	
1	2	4	
1	3	3	+
1	4	2	
1	5	1	
2	1	4	
2	2	3	+
2	3	2	+
2	4	1	
3	1	3	+
3	2	2	+
3	3	1	+
4	1	2	
4	2	1	
5	1	1	

b) + c)

Dreieck	Dreiecksform	Flächeninhalt
1 cm; 3 cm; 3 cm	gleichschenklig	$1{,}5\,\text{cm}^2$
2 cm; 2 cm; 3 cm	gleichschenklig	$1{,}95\,\text{cm}^2$

2.

a) ① $s = 4\,\text{cm}$

$h = \sqrt{s^2 - \left(\frac{s}{2}\right)^2}$; $h = \sqrt{12} \approx 3{,}5\,\text{cm}$

$A = \frac{4 \cdot 3{,}5}{2}\,\text{cm}^2 = 7\,\text{cm}^2$

② $a = b = 4\,\text{cm}$; $c = 2\,\text{cm}$

$h = \sqrt{a^2 - \left(\frac{c}{2}\right)^2}$; $h = \sqrt{15} \approx 3{,}9\,\text{cm}$

$A = \frac{2 \cdot 3{,}9}{2}\,\text{cm}^2 = 3{,}9\,\text{cm}^2$

③ $a = 3\,\text{cm}$; $b = 5\,\text{cm}$; $c = 4\,\text{cm}$

$h = a$: $h = 3\,\text{cm}$

$A = \frac{4 \cdot 3}{2}\,\text{cm}^2 = 6\,\text{cm}^2$

④ $a = 6\,\text{cm}$; $b = 3\,\text{cm}$; $c = 8\,\text{cm}$

Berechne zunächst den Winkel α. Mit ihm kannst du auch h ermitteln.

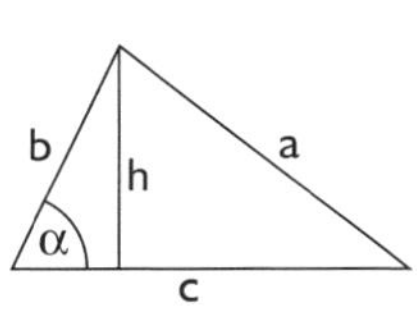

$a^2 = b^2 + c^2 - 2bc \cdot \cos\alpha$ (Kosinussatz)

$\cos\alpha = \frac{b^2 + c^2 - a^2}{2bc} = \frac{9 + 64 - 36}{2 \cdot 3 \cdot 8} = \frac{37}{48} \approx 0{,}77$

$\alpha \approx 39{,}6°$

Berechnung von h: $\frac{h}{b} = \sin\alpha$

$h = b \cdot \sin\alpha \approx 1{,}9\,\text{cm}$

$A = \frac{c \cdot h}{2} = \frac{8 \cdot 1{,}9}{2}\,\text{cm}^2 = 7{,}6\,\text{cm}^2$

b) Berechnung des Flächeninhalts der 1. Dreiecksform:

$a = 1\,\text{cm};\; b = 3\,\text{cm};\; c = 3\,\text{cm}$

$h = \sqrt{b^2 - \left(\frac{a}{2}\right)^2} = \sqrt{8{,}75} \approx 3\,\text{cm}$

$A = \frac{a \cdot h}{2} = \frac{1 \cdot 3}{2}\,\text{cm}^2 = 1{,}5\,\text{cm}^2$

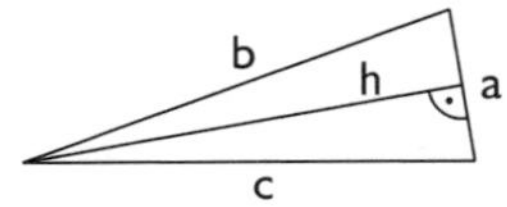

Berechnung des Flächeninhalts der 2. Dreiecksform:

$a = 2\,\text{cm};\; b = 2\,\text{cm};\; c = 3\,\text{cm}$

$h = \sqrt{a^2 - \left(\frac{c}{2}\right)^2} = \sqrt{1{,}75}\,\text{cm} \approx 1{,}3\,\text{cm}$

$A = \frac{c \cdot h}{2} = \frac{3 \cdot 1{,}3}{2}\,\text{cm}^2 = 1{,}95\,\text{cm}^2$

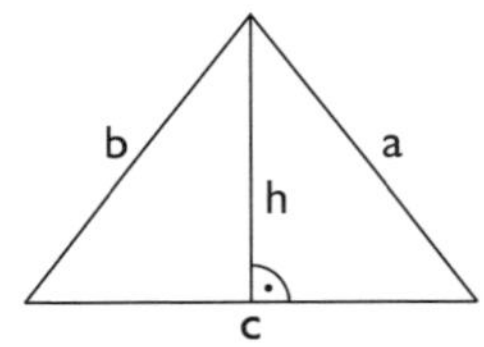

Der Flächeninhalt des Dreiecks mit a = 2 cm; b = 2 cm und c = 3 cm besitzt den größten Flächeninhalt.

Aufgabe 11 – maximale Flächeninhalte

1. + 2.

a	b	c	Dreieck möglich?
1	1	7	
1	2	6	
1	3	5	
1	4	4	+
1	5	3	
1	6	2	
1	7	1	
2	1	6	
2	2	5	
2	3	4	+
2	4	3	+
2	5	2	
2	6	1	

a	b	c	Dreieck möglich?
3	1	5	
3	2	4	+
3	3	3	+
3	4	2	+
3	5	1	
4	1	4	+
4	2	3	+
4	3	2	+
4	4	1	+
5	1	3	
5	2	2	
5	3	1	
6	1	2	
6	2	1	
7	1	1	

3. + 4.

Dreieck	Dreiecksform	Flächeninhalt
1 cm; 4 cm; 4 cm	gleichschenklig	$1{,}98\,\text{cm}^2$
2 cm; 3 cm; 4 cm	beliebig	$2{,}9\,\text{cm}^2$
3 cm; 3 cm; 3 cm	gleichseitig	$3{,}9\,\text{cm}^2$

5. **Berechnung der Flächeninhalte**

Gleichschenkliges Dreieck:

$h = \sqrt{b^2 - \left(\frac{c}{2}\right)^2}$

$h \approx 3{,}97\,\text{cm}$

$A = 1{,}98\,\text{cm}^2$

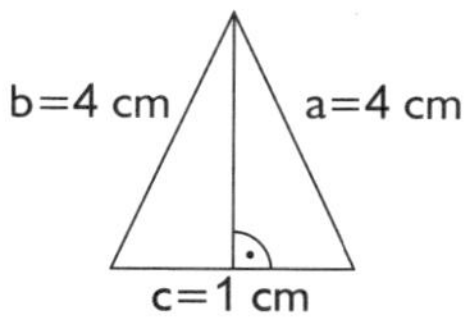

Beliebiges Dreieck:

$\cos\alpha = \frac{b^2 + c^2 - a^2}{2bc}$

$\alpha = 46{,}6°$

$h = b \cdot \sin\alpha$

$h \approx 1{,}45\,\text{cm}$

$A = \frac{c \cdot h}{2}$ $\quad A = 2{,}9\,\text{cm}^2$

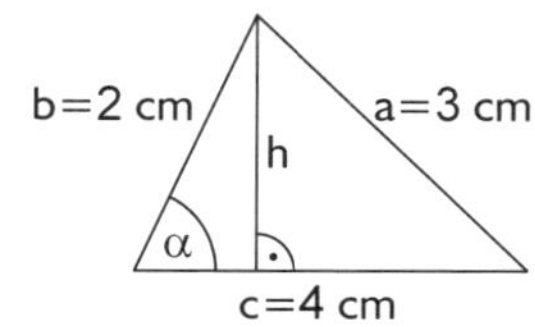

Gleichseitiges Dreieck;

$h = \sqrt{s^2 - \left(\frac{s}{2}\right)^2}$

$h \approx 2{,}6\,\text{cm}$

$A = \frac{s \cdot h}{2}$ $\quad A = 3{,}9\,\text{cm}^2$

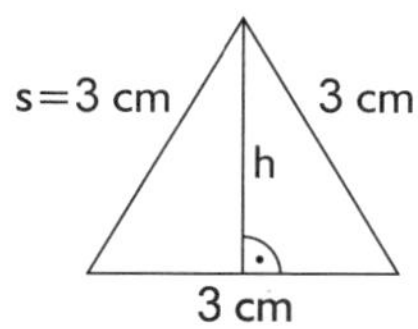

Das gleichseitige Dreieck mit s = 3 cm besitzt den größten Flächeninhalt.

Aufgabe 12 – maximale Flächeninhalte

1. + 2.

a	b	c	Dreieck möglich?
1	1	10	
1	2	9	
1	3	8	
1	4	7	
1	5	6	
1	6	5	
1	7	4	
1	8	3	
1	9	2	
1	10	1	
2	1	9	
2	2	8	
2	3	7	
2	4	6	
2	5	5	+
2	6	4	
2	7	3	
2	8	2	
2	9	1	

a	b	c	Dreieck möglich?
3	1	8	
3	2	7	
3	3	6	
3	4	5	+
3	5	4	+
3	6	3	
3	7	2	
3	8	1	
4	1	7	
4	2	6	
4	3	5	+
4	4	4	+
4	5	3	+
4	6	2	
4	7	1	
5	1	6	
5	2	5	+
5	3	4	+
5	4	3	+
5	5	2	+
5	6	1	

a	b	c	Dreieck möglich?
6	1	5	
6	2	4	
6	3	3	
6	4	2	
6	5	1	
7	1	4	
7	2	3	
7	3	2	
7	4	1	
8	1	3	
8	2	2	
8	3	1	
9	1	2	
9	2	1	
10	1	1	

3. + 4.

Dreieck	Dreiecksform	Flächeninhalt
2 cm; 5 cm; 5 cm	gleichschenklig	$4{,}9\,cm^2$
3 cm; 4 cm; 5 cm	rechtwinklig	$6\,cm^2$
4 cm; 4 cm; 4 cm	gleichseitig	$6{,}93\,cm^2$

5. **Berechnung der Flächeninhalte**

Gleichschenkliges Dreieck:

$h = \sqrt{b^2 - \left(\frac{c}{2}\right)^2}$

$h \approx 4{,}9\,cm$

$A = 4{,}9\,cm^2$

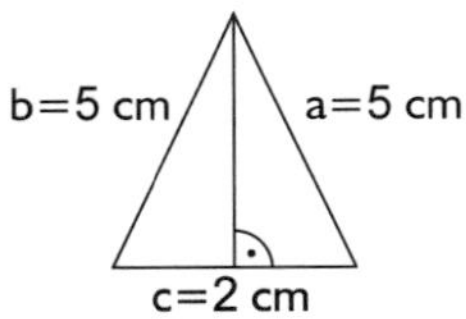

Gleichseitiges Dreieck:

$h = \sqrt{s^2 - \left(\frac{s}{2}\right)^2}$

$h \approx 3{,}46\,cm$

$A = \frac{s \cdot h}{2}$ $A = 6{,}93\,cm^2$

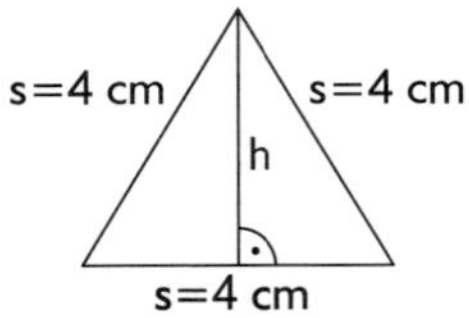

Das gleichseitige Dreieck mit $s = 4\,cm$ besitzt den größten Flächeninhalt.

Rechtwinkliges Dreieck:

$h = a = 3\,cm$

$A = 6\,cm^2$

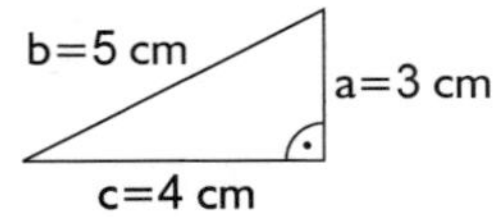

Hast du nicht erkannt, dass es sich bei diesen Seitenlängen um ein rechtwinkliges Dreieck handelt, so berechnest du wie bei einem beliebigen Dreieck zunächst die Höhe mit Hilfe des cos-Satzes und dann den Flächeninhalt A. Bis auf Rundungsungenauigkeiten erhältst du natürlich den gleichen Flächeninhalt wie hier.

Mehr davon?

Wenn du mit *Mathematik Übungsbuch 9./10. Klasse* zufrieden bist, haben wir hier noch weitere Tipps:

Englisch Übungsbuch 9. / 10. Klasse

Grammatik und Wortschatz sicher können

Broschur: 16,5 x 24 cm
ISBN 978-3-12-828306-7
7,95 €

Großes Wörterbuch Englisch

Das gründliche Wörterbuch für Schule, Studium, Beruf und Freizeit

Englisch-Deutsch
Deutsch-Englisch
Hardcover: 13,6 x 21,6 cm
Ca. 1.616 Seiten
ISBN 978-3-12-516810-7
9,95 €

... auch für Französisch, Italienisch und Spanisch.

Wo? Überall wo's Bücher gibt.